evaluación de impacto ambiental
conceptos y métodos

Luis Enrique Sánchez

evaluación de impacto ambiental
conceptos y métodos

traducción | Marcelo Canossa

© Copyright 2011 Oficina de Textos

CONSEJO EDITORIAL   Cylon Gonçalves da Silva; José Galizia Tundisi; Luis Enrique Sánchez;
Paulo Helene; Rozely Ferreira dos Santos; Teresa Gallotti Florenzano

PORTADA e PROYECTO GRÁFICO Malu Vallim
DIAGRAMACIÓN Douglas da Rocha Yoshida
FOTOS Luis Enrique Sánches
PREPARACIÓN DE IMÁGENES Cristina Carnelós e Malu Vallim
TRADUCCIÓN Marcelo Canossa
REVISIÓN DE TEXTO Marcel Iha

Dados Internacionais de Catalogação na Publicação (CIP)
(Câmara Brasileira do Livro, SP, Brtasil)

Sánchez, Luis Enrique
Evaluación de Impacto Ambiental : conceptos y métodos /
Luis Enrique Sánchez. — São Paulo : Oficina de Textos, 2011.

Bibliografía.
ISBN 978-85-7975-026-7

1. Desenvolvimento sustentável 2. Educação ambiental
3. Impacto ambiental — Avaliação 4. Impacto ambiental — Estudos
I. Título

06-8282   CDD-333.714

Índices para catálogo sistemático:
1. Impacto ambiental : Avaliação : Economia
333.714

Todos los direchos reservados a **Oficina de Textos**
Rua Cubatão, 959
CEP 04013-043 São Paulo - SP - Brasil
tel. 55(11) 3085 7933   fax 55(11) 3083 0849
site: www.ofitexto.com.br   e-mail: atend@ofitexto.com.br

PRESENTACIÓN

Veinte años para escribir un libro no es mucho. No es exagerado decir que comencé a escribirlo en julio de 1985, en un frío y gris verano de la también gris Aberdeen, en la costa oriental de Escocia. El *Center for Environmental Management and Planning* (*CEMP*), de la Universidad de Aberdeen, era reconocido por su seminario internacional de dos semanas que todos los años reunía, siempre en verano (!), especialistas de varios países para conferencias, debates y ejercicios sobre evaluación de impacto ambiental (EIA). Era una oportunidad de oro para quien, en pocos meses, pretendía iniciar un doctorado sobre ese tema. Fue un largo viaje desde Francia, en donde era becario del CNPq (Consejo Nacional de Desarrollo Científico y Tecnológico), en ómnibus, barco, tren y haciendo dedo, ya que había que economizar: los organizadores habían convenido ofrecerme una beca, pero yo tenía que llegar y hospedarme por mis propios medios.

En el invierno parisino de febrero de 1989, otro hecho influenciaría a este libro. Bill Kennedy, Rémy Barré, Ignacy Sachs y Pierre-Noël Giraud, estos últimos, respectivamente, co-orientador y orientador, llegaron a la conclusión de que aquel "objeto físico, prescripto por la ley, compuesto por una cierta cantidad de páginas dactilografiadas, que se supone que tiene alguna relación con la disciplina en la cual la persona se gradúa, y que no deja a la mesa examinadora en un estado de doloroso estupor", como Umberto Eco define una tesis[1], merecía la aprobación. Pues bien, yo había concluido una tesis sobre "Los roles de los estudios de impacto ambiental de los proyectos mineros", luego de cuatro años y medio como becario del CNPq. Fue, en verdad, el punto de partida para mi dedicación profesional a la evaluación de impacto ambiental.

De regreso a São Paulo, luego del doctorado, era alta la demanda de estudios de impacto ambiental, y felizmente pude comenzar enseguida a trabajar en ello. Pero mi interés estaba más volcado a la vida académica y poco tiempo después envié un trabajo basado en mi tesis a un simposio organizado por el Profesor Sérgio Médici de Eston, en la Escuela Politécnica, en agosto de 1989. Le siguió una invitación a dar algunas clases en una nueva disciplina que el Departamento de Ingeniería en Minas había creado para los alumnos de quinto año. Coincidentemente, se abrió un concurso para contratar un nuevo docente y, diez años después de graduarme en la Politécnica, volví como profesor. Mi primera disciplina fue de posgrado, justamente "Evaluación de impacto ambiental de proyectos mineros", en 1990.

Mi interés por los temas ambientales venía desde la carrera de grado, período que también me posibilitó las primeras experiencias de convivencia multidisciplinaria: ya en primer año de la Universidad ingresé al Centro Excursionista Universitario (CEU), en donde estudiantes de todas las áreas se reunían para caminatas, escaladas, visitas a cavernas y buceo. Para algunos adeptos del excursionismo, la actividad implicaba algo más que recreación y demandaba una verdadera interpretación de la naturaleza. Pronto noté que esto también era insuficiente: los (hermosos) lugares que visitábamos estaban cada vez más asediados por intereses económico-inmobiliarios, turísticos, mineros, cuyos impactos se iban haciendo evidentes.

[1] *Eco, U. (1986) – Comme si fa uma tesi di laurea. Bompiani, Milán, 249 p. Sé que no es usual colocar citas bibliográficas ya en la presentación, pero que el lector se vaya acostumbrando, porque serán muchas a lo largo del libro. Sólo quien es un buen lector logra escribir.*

PRESENTACIÓN

En esa época, percibí que Ingeniería era una carrera insuficiente para lidiar con la naturaleza y la sociedad y fui a buscar en la Geografía un complemento indispensable. A comienzos de los años 80, luego de graduarme en ingeniería en minas y mientras cursaba geografía, la evaluación de impacto ambiental surgió como un asunto promisorio para quien quisiese dedicarse al entonces reducido campo de la planificación ambiental.

El primer embrión de un libro sólo surgiría muchos años después, en 1998, cuando comencé a dictar una disciplina sobre evaluación de impacto ambiental en el Programa de Educación Continua en Ingeniería (PECE), de la Escuela Politécnica de la Universidad de São Paulo. Había que preparar un apunte, bien delgado ese primer año, pero que fue engordando cada vez más. Los alumnos del curso nocturno de especialización tenían un perfil diferente de los alumnos del posgrado académico. Para éstos, yo proponía una vasta bibliografía y que cada uno se arreglara como pudiera, pero pocos de ellos tenían tiempo de concurrir a las bibliotecas.

Otra motivación para escribir un libro llegaría con la aproximación a una disciplina de grado, iniciada en 2006. Una vez más, debía pensar en diferentes métodos de enseñanza y era muy bueno contar con un apunte completo. Obviamente, un libro sería mucho mejor. Los amigos ya me lo decían hacía años: ¿por qué demoraba en hacerlo? Sin consultarme, Rozely Ferreira dos Santos le entregó furtivamente un ejemplar de una versión del apunte a Shoshana Signer, que había fundado una innovadora casa editora y estaba interesada -¡increíble!- en textos para profesionales y estudiantes, y el medio ambiente era uno de sus temas favoritos. A partir de ese momento no pude más huir de esa responsabilidad. Le di mi palabra de que entregaría un texto completo, pero negocié varios meses de plazo.

Con esta breve historia de mi derrotero personal, quiero expresar que la evaluación de impacto ambiental es un tema fascinante, que aúna el trabajo de campo con el empleo de sofisticadas herramientas computacionales, engloba la conversación con un ciudadano común, la negociación privada con intereses económicos y el debate público. El profesional de la evaluación de impacto ambiente sólo triunfará si es capaz de dialogar con profesionales especializados, al mismo tiempo que cultiva la multidisciplinariedad.

***

El término "evaluación de impacto ambiental" tiene hoy en día múltiples sentidos. Designa diferentes metodologías, procedimientos o herramientas empleados por agentes públicos y privados en el campo de la planificación y gestión ambiental, siendo usado para describir los impactos ambientales generados por los proyectos de ingeniería, obras o cualquier tipo de actividad humana, incluyendo tanto los impactos causados por los procesos productivos como los generados por los productos de dicha actividad. Se lo usa tanto para describir los impactos que puede generar determinado emprendimiento a implantarse, como para designar el estudio de los impactos que ocurrieron en el pasado o están ocurriendo en el presente.

PRESENTACIÓN

De esta manera, bajo la denominación de evaluación de impacto ambiental, es común encontrar actividades tan diferentes como:

i. previsión de los impactos potenciales que un proyecto de ingeniería puede causar, en caso de ser implementado; hoy en día, esta modalidad de la evaluación de impacto ambiental se divide en ramas específicas, como evaluación de impacto social, de impactos sobre la salud humana y otros;

ii. identificación de las consecuencias futuras de planes o programas de desarrollo socioeconómico o de políticas gubernamentales (modalidad conocida como evaluación ambiental estratégica);

iii. estudio de las modificaciones ambientales ocurridas en una determinada región o en un determinado lugar, producto de una actividad individual o de una serie de actividades humanas, pasadas o presentes (en esta acepción, la evaluación de impacto ambiental también recibe el nombre de evaluación de daño ambiental o evaluación del pasivo ambiental, dado que se preocupa por los impactos ambientales negativos);

iv. identificación e interpretación de "aspectos e impactos ambientales" generados por las actividades de una organización, según las normas técnicas de la serie ISO 14.000;

v. análisis de los impactos ambientales generados durante el proceso de producción, utilización o descarte de un determinado producto (a esta forma particular de evaluación de impacto ambiental también se la llama análisis de ciclo de vida).

Aunque todas estas variantes de la evaluación de impacto ambiental tengan una raíz común, acabaron siguiendo sus propios caminos, lo que es natural en toda disciplina. No es posible abordar todas ellas con la debida profundidad en un solo libro. Para cada una de las cinco modalidades de evaluación de impacto ambiental se desarrollaron metodologías y herramientas específicas, dado que sus objetivos no son enteramente coincidentes. Es así como este libro aborda, esencialmente, la primera variante, aquella que dio origen a las demás y que tiene como objetivo prever las consecuencias futuras sobre la calidad ambiental de las decisiones tomadas hoy. Aquí se abordará la evaluación de impacto ambiental con ese enfoque.

El tema se presentará en seis partes. En la primera, se esbozan conceptos y definiciones esenciales para la buena comprensión del texto. En la segunda parte son abordados los orígenes y la evolución de la evaluación de impacto ambiental. En la tercera parte se define el proceso de EIA y se presentan sus etapas iniciales. En la cuarta parte se aborda la planificación y la preparación de un estudio de impacto ambiental (modelo para las demás modalidades de estudios ambientales). Las etapas del proceso de EIA que conducen a la toma de decisiones, es el tema que se discute en la quinta parte, en tanto que en la sexta y última parte se aborda la continuidad de la evaluación de impacto ambiental luego de la aprobación de los proyectos. Glosario, bibliografía y un apéndice con los documentos y direcciones para la búsqueda de información complementan el libro.

para Solange, Júlia e Felipe

AGRADECIMIENTOS

La preparación de un libro como éste sólo es posible con la colaboración de muchas personas, desde estudiantes que me hicieron preguntas difíciles hasta amigos que facilitaron el acceso a informaciones o señalaron casos interesantes. Nunca es posible hacerles justicia a todos, ni siquiera mediante una lista que obligatoriamente olvidaría nombres que no podrían faltar. Pero no puedo dejar de mencionar a algunas personas que tuvieron un impacto directo sobre este libro, al brindarme y autorizar la reproducción de diversas figuras: Amarílis Lúcia Casteli Figueiredo Gallardo, Ciro Terêncio Russomano Ricciardi, Cristina Catunda, João Claudio Estaiano, Lígia Mello; Maria Keiko Yamauchi, Michiel Schrage, Milton Akira Ishisaki, Paulo Sztutman, Richard Fuggle.

Elvira Gabriela Dias tuvo la paciencia de hacer una revisión minuciosa de la versión casi final del original, hallando errores e incoherencias y haciendo preguntas esenciales.

Solange, mi esposa, y Júlia y Felipe, mis hijos, fueron comprensivos con mis inevitables ausencias, especialmente durante la redacción y revisión final del libro. También fueron una fuente de estímulo y alegría en los momentos de la convivencia familiar.

Finalmente, Miles Davis, John Coltrane y Charlie Haden, entre otros, me dieron una estupenda mano cuando ni siquiera existía el proyecto del libro y yo sólo escribía mi tesis de doctorado.

CAPÍTULO UNO
CONCEPTOS Y DEFINICIONES — 15
- 1.1 Ambiente — 16
- 1.2 Cultura y patrimonio cultural — 21
- 1.3 Contaminación — 22
- 1.4 Degradación ambiental — 25
- 1.5 Impacto ambiental — 27
- 1.6 Aspecto ambiental — 31
- 1.7 Procesos ambientales — 33
- 1.8 Evaluación de impacto ambiental — 37
- 1.9 Recuperación ambiental — 40
- 1.10 Síntesis — 41

CAPÍTULO DOS
ORIGEN Y DIFUSIÓN DE LA EVALUACIÓN DE IMPACTO AMBIENTAL — 43
- 2.1 Orígenes — 44
- 2.2 Difusión internacional: los países desarrollados — 46
- 2.3 Difusión internacional: los países en desarrollo — 51
- 2.4 EIA en los tratados internacionales — 56
- 2.5 EIA en Brasil — 61

CAPÍTULO TRES
EL PROCESO DE EVALUACIÓN DE IMPACTO AMBIENTAL Y SUS OBJETIVOS — 67
- 3.1 Los objetivos de la evaluación de impacto ambiental — 69
- 3.2 El ordenamiento del proceso de EIA — 71
- 3.3 Las principales etapas del proceso — 73
- 3.4 El proceso de EIA en Brasil — 77
- 3.5 El proceso de EIA en otros países — 81

CAPÍTULO CUATRO
ETAPA DE TAMIZADO — 85
- 4.1 ¿Qué es impacto significativo? — 87
- 4.2 Criterios y procedimientos de tamizado — 90
- 4.3 Estudios preliminares en algunas jurisdicciones seleccionadas — 102
- 4.4 Síntesis — 108

CAPÍTULO CINCO
FOCALIZACIÓN DEL ESTUDIO Y FORMULACIÓN DE ALTERNATIVAS — 109
- 5.1 Determinación del alcance y la focalización de un estudio de impacto ambiental — 110
- 5.2 Historial — 112

5.3 Participación pública en esa etapa del proceso — 115
5.4 Términos de referencia — 117
5.5 Directrices para la identificación de las cuestiones relevantes — 123
5.6 La formulación de alternativas — 128
5.7 Síntesis y problemática — 136

CAPÍTULO SEIS
Etapas de la planificación y elaboración de un estudio de impacto ambiental — 137

6.1 Dos perspectivas contradictorias en la realización de un estudio de impacto ambiental — 138
6.2 Principales actividades en la elaboración de un estudio de impacto ambiental — 141
6.3 Costos del estudio y del proceso de evaluación de impacto ambiental — 151
6.4 Síntesis — 152

CAPÍTULO SIETE
Identificación de impactos — 155

7.1 Formulando hipótesis — 156
7.2 Identificación de las causas: acciones o actividades humanas — 159
7.3 Descripción de las consecuencias: aspectos e impactos ambientales — 170
7.4 Impactos acumulativos — 177
7.5 Herramientas — 180
7.6 Coherencia e integración — 193
7.7 Síntesis — 195

CAPÍTULO OCHO
Estudios de base y diagnóstico ambiental — 197

8.1 Fundamentos — 198
8.2 O conocimiento del medio afectado — 200
8.3 Planificación de los estudios — 201
8.4 Contenidos y abordajes de los estudios de base — 208
8.5 Descripción y análisis — 235

CAPÍTULO NUEVE
Previsión de impactos — 237

9.1 Planificar la previsión de impactos — 238
9.2 Indicadores de impactos — 239
9.3 Métodos de previsión de impactos — 243

9.4 Incertidumbres y errores de previsión — 261
9.5 Área de influencia — 266

CAPÍTULO DIEZ
Evaluación de la importancia de los impactos — 267
10.1 Criterios de importancia — 268
10.2 Métodos de agregación — 276
10.3 Análisis y comparación de alternativas — 284

CAPÍTULO ONCE
Análisis de riesgo — 293
11.1 Tipos de riesgos ambientales — 295
11.2 Un largo historial de accidentes tecnológicos — 297
11.3 Definiciones — 299
11.4 Estudios de análisis de riesgos — 302
11.5 Herramientas para el análisis de riesgos — 306
11.6 Percepción de riesgos — 310

CAPÍTULO DOCE
Plan de gestión ambiental — 313
12.1 Componentes de un plan de gestión — 315
12.2 Medidas mitigadoras — 318
12.3 Prevención de riesgos y atención de emergencias — 325
12.4 Medidas compensatorias — 328
12.5 Reasentamiento de poblaciones humanas — 331
12.6 Medidas de valorización de los impactos benéficos — 336
12.7 Estudios complementarios o adicionales — 337
12.8 Plan de monitoreo — 338
12.9 Medidas de capacitación y gestión — 340
12.10 Estructura y contenido de un plan de gestión ambiental — 342

CAPÍTULO TRECE
Comunicación de los resultados — 345
13.1 El interés de los lectores — 346
13.2 Objetivos, contenidos y vehículos de comunicación — 350
13.3 Deficiencias comunes de los informes técnicos — 354
13.4 Soluciones simples para disminuir el ruido en la comunicación escrita — 357
13.5 Mapas, planos y dibujos — 361
13.6 Comunicación con el público — 363

CAPÍTULO CATORCE
Análisis técnico de los estudios ambientales — 365
14.1 Fundamentos — 366
14.2 El problema de la calidad de los estudios ambientales — 368
14.3 Herramientas para análisis y evaluación de los estudios ambientales — 375
14.4 Los comentarios del público y las conclusiones del análisis técnico — 381

CAPÍTULO QUINCE
Participación pública — 383
15.1 La ampliación de la noción de derechos humanos — 384
15.2 Los diferentes grados de participación pública — 387
15.3 Objetivos de la consulta pública — 392
15.4 Formatos de consulta pública — 393
15.5 Procedimientos de consulta pública en algunas jurisdicciones — 399
15.6 La consulta pública voluntaria — 403

CAPÍTULO DIECISÉIS
La toma de decisiones en el proceso de evaluación de impacto ambiental — 407
16.1 Modalidades de procesos decisorios — 408
16.2 ¿Decisión técnica o política? — 413
16.3 Negociación — 415
16.4 Mecanismos de control — 421

CAPÍTULO DIECISIETE
La etapa de seguimiento en el proceso de evaluación de impacto ambiental — 423
17.1 La importancia de la etapa de seguimiento — 424
17.2 Instrumentos para el seguimiento — 428
17.3 Acuerdos para el seguimiento — 432
17.4 Integración entre planificación y gestión — 436

Glosario — 441
Apéndice A — 445
Apéndice B — 460
Referências bibliográficas — 458

Conceptos y definiciones

1

Las diferentes ramas de la ciencia desarrollaron una terminología propia, dándoles a las palabras un significado lo más exacto posible, eliminando ambigüedades y reduciendo el margen para las interpretaciones de significado. La gestión ambiental, por el contrario, utiliza varios términos del vocabulario común. Palabras como "impacto", "evaluación" e incluso la propia palabra "ambiente" o el término "medio ambiente", por ejemplo, no fueron acuñadas intencionadamente para expresar algún concepto preciso, sino apropiadas de la lengua común del país, y forman parte de la jerga de los profesionales de ese campo. Por esa razón, es necesario establecer, con la mayor claridad posible, qué se entiende por "impacto ambiental" y "degradación ambiental", entre otras. En este capítulo, se presentarán definiciones de varios términos corrientes en el campo de la planificación y gestión ambiental, empleados muy a menudo en este libro. Esta revisión conceptual tiene el propósito, en primer lugar, de mostrar la diversidad de acepciones, incluso entre especialistas, y en segundo lugar establecer una base terminológica sólida que se empleará a lo largo de todo el libro.

Una visión histórica sobre la comprensión colectiva de la problemática de la degradación ambiental constatará la gran diferencia conceptual que hay entre "impacto ambiental" y "contaminación", término bien incorporado al habla contemporánea. A partir de la década del 50, la palabra "contaminación" empezó a ser muy difundida, primero en el medio académico y, en seguida, a través de la prensa. Fue incorporada a una serie de leyes que establecieron condiciones y límites para la emisión y presencia de diversas sustancias nocivas – llamadas "contaminantes" – en los diversos estratos ambientales. Durante algún tiempo, la idea de "contaminación" dominó el debate sobre temas ambientales, pero la complejidad de los problemas del medio ambiente mostró que dicho concepto era insuficiente para dar cuenta de un sinnúmero de situaciones. Fue cuando se consolidó la idea de "impacto ambiental", a lo largo de los años 70.

El concepto mismo de "ambiente" admite múltiples acepciones, las cuales serán exploradas antes de tratar de conceptualizar el término "impacto ambiental". ¿La cuestión ambiental está relacionada con el medio natural o con el medio de vida de los seres humanos? Al declararse que determinado producto es preferible en relación a productos similares porque causa un menor impacto ambiental, ¿de qué ambiente se está hablando? Quien afirma que un determinado residuo industrial no representa un riesgo ambiental, ¿a qué ambiente se refiere? Cuándo se oye decir que la calidad ambiental en los países desarrollados mejoró en los últimos diez años, ¿debemos entenderlo en referencia al ambiente total o a determinado aspecto del medio ambiente?

1.1 Ambiente

El concepto de "ambiente", en el campo de la planificación y gestión ambiental, es amplio, multifacético y maleable. Amplio, porque puede incluir tanto la naturaleza como la sociedad. Multifacético, porque puede ser aprehendido desde diferentes perspectivas. Maleable, porque, al ser amplio y multifacético, puede ser disminuido o ampliado de acuerdo con las necesidades del analista o los intereses de los involucrados.

Muchos libros de texto de ciencia ambiental evitan sabiamente cualquier tipo de intento de definir el término. Verse envuelto en insolubles controversias filosóficas y epistemológicas o en ásperas discusiones sobre campos de competencias profesionales puede ser el destino del que se arriesga en ese cometido. Aun así, no son pocos los que lo hicieron, desde anónimos asesores parlamentarios, redactores de proyectos de ley, hasta renombrados científicos. Conceptualizar el término "ambiente" lejos está de tener solamente relevancia académica o teórica. La acepción amplia o limitada del concepto determina el alcance de las políticas públicas, de acciones empresariales y de iniciativas de la sociedad civil. En el campo de la evaluación de impacto ambiental, define el alcance de los estudios ambientales, de las medidas mitigadoras o compensatorias, de los planes y programas de gestión ambiental.

En ese sentido, la interpretación legal del concepto de "ambiente" es determinante en la definición del alcance de los instrumentos de planificación y gestión ambiental. En muchas jurisdicciones, los estudios de impacto ambiental no se limitan, en la práctica, a las repercusiones físicas y ecológicas de los proyectos de desarrollo, sino que incluyen también sus efectos en los planos económico, social y cultural. Este punto de vista adquiere gran sentido cuando se piensa que las repercusiones de un proyecto pueden ir más allá de sus consecuencias ecológicas (Fig. 1.1). Una represa que afecte los movimientos migratorios de los peces podrá causar una disminución en el stock de especies consumidas por la población humana local o las capturadas para fines comerciales. Ello ciertamente tendrá consecuencias para las comunidades humanas, su modo de vida o su capacidad de obtener ingresos. Se trata, claramente, de impactos sociales y económicos que, de ninguna manera, deberían ser ignorados o menospreciados en un estudio ambiental de dicha represa. ¿Y qué decir cuando los agricultores pierden sus tierras o incluso sus casas para dar lugar a una represa? No sólo se ve afectado su medio de subsistencia, sino también el propio lugar en el que viven, en donde nacieron muchos de los habitantes actuales y en donde descansan sus antepasados. ¿El impacto de una hipotética represa no incluye un cambio, posiblemente radical, sobre la manera de vivir y de obrar de esas personas? ¿Qué pensar cuando las aguas inundan los puntos de encuentro de la comunidad, los lugares de esparcimiento como las playas fluviales o una determinada curva del río desde donde se larga una procesión fluvial que se realiza todos los años? Se trata, en ese ejemplo, de un significativo impacto sobre la cultura popular. ¿Debería ser tenido en cuenta en el estudio de impacto ambiental?

Fig. 1.1 *Parque Nacional Kakadu, situado en los Territorios Septentrionales, Australia. En el plano medio, la mina de uranio Ranger y, al fondo, una escarpa arenítica en donde se rinde culto a los espíritus sagrados de los aborígenes. Una de las principales dificultades para la aprobación de este proyecto fue su impacto sobre los valores culturales de la población aborigen*

Una consulta rápida a leyes de distintos países muestra semejanzas y diferencias en el modo de definir su campo de aplicación. En la legislación brasileña, medio ambiente es "el conjunto de condiciones, leyes, influencias e interacciones de orden físico, químico y biológico, que permite, alberga y rige la vida en todas sus formas" (Ley Federal Nº 6.938, del 31 de agosto de 1981, art. 3º, I).

En Chile, medio ambiente es "el sistema global constituido por elementos naturales y artificiales de naturaleza física, química o biológica, socioculturales y sus interacciones, en permanente modificación por la acción humana o natural y que rige y condiciona la existencia y desarrollo de la vida en sus múltiples manifestaciones" (Ley de Bases del Medio Ambiente Nº 19.300, del 3 de marzo de 1994, art. 2º, k).

En Canadá, "ambiente" (*environment*) "significa los componentes de la Tierra, e incluye (a) tierra, agua y aire, incluyendo todas las capas de la atmósfera; (b) toda la materia orgánica e inorgánica y organismos vivos; y (c) los sistemas naturales en interacción que incluyan componentes mencionados en (a) y (b)" (Canadian Environmental Assessment Act (2) 1, sancionado el 23 de junio de 1992).

En la provincia canadiense de Quebec, "ambiente" (*environnement*) es "el agua, la atmósfera y el suelo o toda combinación de uno u otro o, de una manera general, el medio ambiente con el cual las especies vivas mantienen relaciones dinámicas" (Loi sur la Qualité de l'Environnement – L.R.Q., c. Q-2, Section I, 1). En Quebec, la cuestión del alcance de los estudios de impacto ambiental ha sido explicitada por la Oficina de Audiencias Públicas Ambientales (Bureau d'Audiences Publiques sur l'Environnement -BAPE-) de la siguiente forma:

> La noción de ambiente generalmente adoptada por el BAPE no se aplica solamente a las cuestiones de orden biofísico; tal como se expresa en la Ley sobre la Calidad del Ambiente (L.R.Q., c. Q-2 - a.20), ésta engloba los elementos que pueden "amenazar la vida, la salud, la seguridad, el bienestar o el confort del ser humano". Tengan o no un alcance social, económico o cultural, en el momento de analizar un proyecto estos elementos se abordan de la misma manera que las preocupaciones acerca del medio natural. Esta visión ampliada del concepto de ambiente está reconocida en el Reglamento sobre la evaluación y análisis de los impactos ambientales [...] (BAPE,1986).

En Hong Kong, "ambiente" (*environment*) "(a) significa los componentes de la tierra; y (b) incluye (i) tierra, agua, aire y todas las capas de la atmósfera; (ii) toda la materia orgánica e inorgánica y organismos vivos; y (iii) los sistemas naturales en interacción que incluyan cualquier de las cosas referidas en el subpárrafo (i) o (ii) (Environmental Impact Assessment Ordinance, Schedule I, Interpretation, del 5 de febrero de 1997).

Muchas veces, las definiciones legales terminan por revelarse tautológicas o bien incompletas, hasta el punto de que en muchas leyes el término ni siquiera está definido, dejando para la interpretación de los tribunales los eventuales cuestionamientos. El carácter múltiple del concepto de ambiente no sólo permite diferentes interpretaciones, como se refleja en una variedad de términos correlativos al de medio ambiente, provenientes de distintas disciplinas y acuñados en diferentes momentos históricos. El desarrollo de la ciencia llevó a un conocimiento cada vez más profundo de la naturaleza, pero también produjo una gran especialización no sólo de los científicos sino también de los profesionales formados en las universidades. Por esa razón, el campo de trabajo de la planificación y gestión ambiental requiere equipos multidisciplinarios (además de profesionales capaces de integrar las contribuciones de los diversos especialistas). Las contribuciones especializadas a los estudios ambientales suelen dividirse en tres grandes grupos, referidos como el medio físico, el medio biótico y el medio antrópico, agrupando cada uno de éstos el conocimiento de diversas disciplinas afines. La Fig. 1.2 muestra una síntesis de las diferentes acepciones de ambiente y de términos descriptivos de diferentes elementos, compartimientos o funciones.

Por un lado, ambiente es el medio de donde la sociedad extrae los recursos esenciales para su supervivencia y los recursos requeridos por el proceso de desarrollo socioeconómico. Generalmente, dichos recursos reciben la denominación de *naturales*. Por otro lado, el ambiente es también el medio de vida, de cuya integridad depende la preservación de las funciones ecológicas esenciales para la vida. De ese modo surgió el concepto de *recurso ambiental*, que se refiere ya no solamente a la capacidad de la naturaleza de proveer recursos físicos, sino también de brindar servicios y desempeñar funciones de *soporte de la vida*.

Hasta la primera mitad del siglo XX era casi universal el uso del término recurso natural. Se desarrollaron disciplinas especializadas, como la Geografía de los Recursos Naturales y la Economía de los Recursos Naturales. Implícita en ese concepto se halla la concepción de la naturaleza en tanto proveedora de bienes. Sin embargo, la superexplotación de los recursos naturales desencadena diversos procesos de *degradación ambiental*, afectando la propia capacidad de la naturaleza de brindar los servicios y las funciones esenciales para la vida.

Es claro, pues, que el concepto de ambiente oscila entre dos polos: el proveedor de recursos y el medio de vida, que son las dos caras de una misma realidad. No se puede definir el ambiente "solamente como un medio a defender, a proteger, o incluso a conservar intacto, sino también como potencial de recursos que permite renovar las formas materiales y sociales del desarrollo" (Godard, 1980, p. 7).

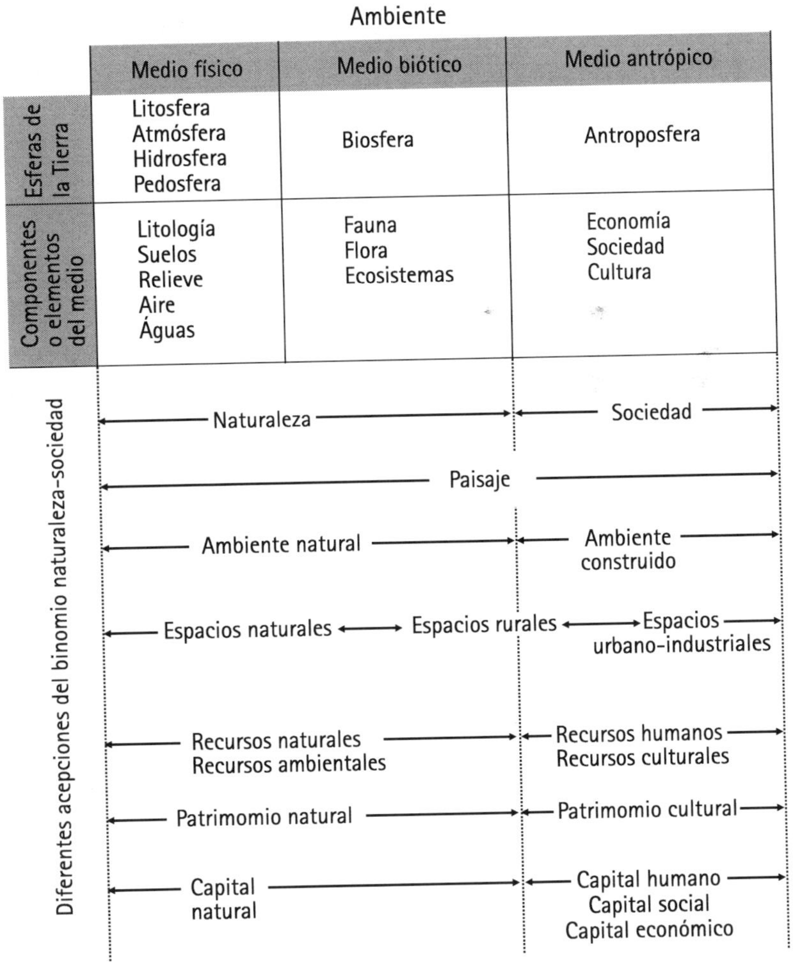

Para Theys (1993), que examinó varias clasificaciones, tipologías y defini-

		Ambiente		
		Medio físico	Medio biótico	Medio antrópico
Esferas de la Tierra		Litosfera Atmósfera Hidrosfera Pedosfera	Biosfera	Antroposfera
Componentes o elementos del medio		Litología Suelos Relieve Aire Aguas	Fauna Flora Ecosistemas	Economía Sociedad Cultura

Diferentes acepciones del binomio naturaleza-sociedad:
- Naturaleza ←→ Sociedad
- Paisaje
- Ambiente natural ←→ Ambiente construido
- Espacios naturales ←→ Espacios rurales ←→ Espacios urbano-industriales
- Recursos naturales / Recursos ambientales ←→ Recursos humanos / Recursos culturales
- Patrimonio natural ←→ Patrimonio cultural
- Capital natural ←→ Capital humano / Capital social / Capital económico

Fig. 1.2 *Alcance del concepto de ambiente y términos correlativos usados en diferentes disciplinas*

ciones de ambiente, hay tres maneras diferentes de conceptualizarlo: una concepción objetiva, una subjetiva y otra que, a falta de un término mejor, el autor llama tecnocéntrica. En la concepción objetiva, el ambiente es asimilado a la idea de naturaleza y se puede describir como: una colección de objetos naturales en diferentes escalas (de lo puntual a lo global) y niveles de organización (del organismo a la biosfera), y las relaciones entre ellos (ciclos, flujos, redes, cadenas tróficas). Dicha concepción puede ser vista como biocéntrica, dado que ninguna especie tiene más importancia que otra, y la sociedad misma, en cierta medida, puede ser analizada a la luz de esos conceptos, como lo hacen disciplinas como la Ecología Humana (Morán, 1990).

La concepción subjetiva visualiza el ambiente como "un sistema de relaciones entre el hombre y el medio, entre 'sujetos' y 'objetos' (Theys, 1993, p. 22). Estas relaciones entre los sujetos (individuos, grupos, sociedades) y los objetos (fauna, flora, agua, aire, etc.) que constituyen el ambiente implican necesariamente relaciones *entre* esos sujetos en lo que respecta a las reglas de apropiación de los objetos del ambiente, transformándolos en objetos de conflicto, y el ambiente, en un campo de conflictos. La concepción antropocéntrica puede ser profundamente fragmentada, en la medida que "cada individuo, cada grupo social, cada sociedad selecciona, entre los elementos del medio y entre los tipos de relaciones, aquellas que le importan" (Theys, 1993, p. 26), de modo que el ambiente no es una totalidad, y su aprehensión depende del punto de vista, de un sistema de valores, creencias, de la percepción (se verá una consecuencia práctica de ese relativismo en la sección 5.3, en un estudio de impacto ambiental de una gran represa en Canadá). En cualquier caso, el ambiente es algo externo al agente o a un sistema. Los conflictos entre "desarrollistas" o "productivistas" e integrantes de ciertas corrientes del movimiento ambientalista se pueden ver e interpretar fácilmente desde ese ángulo.

No obstante, la extensión de lo "natural" en el planeta Tierra se modifica a medida que la humanidad va expandiendo sin cesar sus actividades e interfiriendo de manera creciente en la naturaleza. La relación de las sociedades contemporáneas con su ambiente está mediada por el empleo de técnicas cada vez más sofisticadas, al punto de diluir, muchas veces, la noción misma de ambiente como un elemento distante o virtual. En la práctica, la sociedad moderna no tiene otra opción que no sea *administrar* el medio ambiente, o sea, ordenar y reordenar constantemente la relación entre la sociedad y el mundo natural. Pero como no hay ni puede haber independencia o autonomía de la cultura en relación a la naturaleza, se hace necesario administrar mejor dicha relación, siendo posibles dos perspectivas (Theys, 1993, p. 30):

> (i) tratar de determinar las condiciones de producción del mejor ambiente posible para el ser humano, renovando sin cesar las formas de apropiación de la naturaleza, o
> (ii) tratar de determinar qué es soportable para la naturaleza, estableciendo, por lo tanto, límites a la acción de la sociedad.

Es así que se debe tratar de entender el ambiente a partir de múltiples acepciones, partiendo de un punto de vista que, idealmente, incorpore las visiones y contribuciones de las diversas disciplinas al campo de la planificación y gestión ambiental: no solamente como una colección de objetos y de relaciones entre ellos, ni como algo externo a un sistema (la empresa, la ciudad, la región, el proyecto) y con el cual dicho sistema interactúa, sino también como un conjunto de condiciones y límites que debe ser conocido, mapeado, interpretado – en fin, definido colectivamente), y dentro del cual la sociedad evoluciona.

1.2 Cultura y patrimonio cultural

Ya se expresó anteriormente que las repercusiones de un proyecto pueden ir más allá de sus consecuencias ecológicas. Las acciones humanas repercuten sobre las personas, tanto en el plano económico como en el social o en el cultural. El reasentamiento de una población desplazada por un emprendimiento puede deshacer toda una red de relaciones comunitarias, causar la desaparición de puntos de encuentro o de referentes históricos y, con ello, relegar al olvido leyendas, mitos o manifestaciones de la cultura popular. Además, los emprendimientos modernizadores modifican profundamente los modos de vida de las poblaciones tradicionales, no siempre preparadas o incluso deseosas de esas modificaciones.

La palabra "cultura" refleja una noción muy amplia. En cierto sentido, todo lo que hace el ser humano es cultura. La cultura puede ser entendida como lo opuesto o el complemento de la naturaleza. Los científicos sociales hablan de cultura técnica, de administradores, de cultura organizacional. Para discutir el "impacto cultural", es necesario tener una definición operativa de cultura. Bosi (1994) sintetiza el concepto de cultura como "herencia de valores y objetos compartida por un grupo humano relativamente cohesionado". Morin y Kern (1993, p. 60) la definen como:

> conjunto de reglas, conocimientos, técnicas, saberes, valores, mitos, que permite y asegura la alta complejidad del individuo y de la sociedad humana y que, no siendo innato, necesita ser transmitido y enseñado a cada individuo en su período de aprendizaje para poder autoperpetuarse y perpetuar la alta complejidad antropo-social.

Una manera de abordar la cultura echa mano de la noción de "patrimonio cultural", que en la actualidad es un concepto muy amplio, abarcando un sinnúmero de creaciones humanas, pasadas y presentes. En el pasado, el concepto de "patrimonio" se limitaba a bienes de naturaleza material que recibían alguna forma de reconocimiento social, como en la expresión "patrimonio histórico". Modernamente, "patrimonio cultural" incluye también bienes de carácter inmaterial, así como productos de la cultural popular. La Constitución brasileña brinda una definición amplia y actual de patrimonio cultural (art. 216):

> Constituyen el patrimonio cultural brasileño los bienes de naturaleza material e inmaterial, tomados individualmente o en conjunto, y que implican una referencia a la identidad, a la acción, a la memoria de los diferentes grupos componentes de la sociedad brasileña, entre los cuales sin incluyen:
> I - las formas de expresión;
> II - los modos de crear, hacer y vivir;
> III - las creaciones científicas, artísticas y tecnológicas;
> IV - las obras, objetos, documentos, edificaciones y demás espacios destinados a las manifestaciones artístico-culturales;

V - los conjuntos urbanos y sitios de valor histórico, paisajístico, artístico, arqueológico, paleontológico, ecológico y científico.

Los bienes inmateriales o intangibles incluyen una amplia variedad de producciones colectivas, como lenguas, leyendas, mitos, danzas y festividades, actualmente tan necesitadas de protección como los recursos ambientales.

Los bienes materiales pueden clasificarse en muebles e inmuebles. Los primeros están más fácilmente protegidos de los impactos que puedan generar los proyectos de desarrollo debido a su propia movilidad (lo que no impide, sin embargo, su descontextualización, que en sí es un impacto). Los bienes inmuebles constituyen sitios de interés cultural, que pueden ser sitios arqueológicos, históricos, religiosos o naturales. Ejemplos de sitios naturales son las cavernas, los volcanes, los géiseres, las cascadas, los cañones, los sitios paleontológicos y lugares-tipo de las formaciones geológicas. Los paisajes, que muchas veces combinan atributos naturales con la interferencia del hombre, también han sido encuadrados dentro de esta categoría. El patrimonio genético representado por la biodiversidad también debe ser considerado como patrimonio cultural, además de natural, ya que supone un conocimiento (científico o tradicional) que permite su aprovechamiento.

1.3 Contaminación

En países de Latinoamérica, la incorporación de temas ambientales al debate público se dio años o décadas después de la inclusión del tema en la agenda internacional, y las primeras leyes que explícitamente tendían a la protección ambiental (o de una parte de él) abordaban principalmente problemas relativos a la contaminación. Dicho de otra manera, a partir del momento en que el concepto de ambiente paulatinamente se fue asimilando a la idea de medio de vida (y, por lo tanto, de calidad de vida), y ya no sólo como recurso natural, los problemas hasta entonces denominados ambientales fueron asimilados a la noción de contaminación.

El verbo contaminar es de origen latino, *contaminare*, y significa profanar, contagiar, pervertir. Contaminar es profanar la naturaleza, ensuciándola. En el informe preparado para la Conferencia de las Naciones Unidas sobre el Ambiente Humano, realizada en Estocolmo, en 1972, titulado *Una Sola Tierra*, Ward y Dubos (1972) discuten "el precio de la contaminación", del cual el mundo se concientizaba: entre otros ejemplos, los autores citan el gran *smog* londinense de 1952, al que se atribuyeron más de 3.000 muertes.

Básicamente, la contaminación es entendida como una condición del entorno de los seres vivos (aire, agua, suelo) que pueda llegar a serles nociva. Las causas de la contaminación son las actividades humanas que, en el sentido etimológico, "ensucian" el ambiente. De esta forma, dichas actividades deben ser controladas para evitar o disminuir la contaminación. Ya en 1948, los Estados Unidos contaban con una Ley de Control de la Contaminación de las Aguas y a partir de 1955, con una Ley de Control de la Contaminación del Aire, en tanto que, en 1956, el Reino Unido decretaba una Ley del Aire Limpio.

La Declaración de Estocolmo recomendaba que los gobiernos actuaran para controlar las fuentes de contaminación, y la década del 70 vio florecer leyes de control de la contaminación y surgir entidades gubernamentales encargadas de la vigilancia ambiental y de la fiscalización de las actividades contaminantes. Los Estados Unidos modificaron y actualizaron sus leyes de control de la contaminación durante esa década, mientras que, en Brasil, los estados de Río de Janeiro, en 1975, y São Paulo, en 1976, establecieron sus propias leyes de control de la contaminación. Es interesante ver cómo éstas definen contaminación:

> Toda modificación de las propiedades físicas, químicas o biológicas del medio ambiente, causada por cualquier forma de materia o energía resultante de las actividades humanas, que directa o indirectamente:
> I - sea nociva o perjudicial para la salud, la seguridad y el bienestar de la población;
> II - cree condiciones inadecuadas de uso del medio ambiente, para fines domésticos, agropecuarios, industriales, públicos, comerciales, recreativos y estéticos;
> III - ocasione daños a la fauna, la flora, al equilibrio ecológico y a las propiedades;
> IV - no esté en armonía con el entorno natural.
> (Decreto-ley Estadual de Río de Janeiro N° 134/75, art. 1°.)

> La presencia, el vertido o la liberación, en las aguas, el aire o el suelo, de cualquier forma de energía o materia con una intensidad, en cantidad, en una concentración o con características que estén en desacuerdo con las que se establezca a partir de esta ley, o que transformen o puedan transformar las aguas, el aire o el suelo en:
> I - impropios, nocivos o perjudiciales para la salud;
> II - no convenientes para el bienestar público;
> III - dañinos para los materiales, la fauna y la flora;
> IV - perjudiciales para la seguridad, el uso y goce de la propiedad y las actividades normales de la comunidad.
> (Ley Estadual de São Paulo N° 997/76.)

Otras definiciones legales de contaminación, adoptadas años más tarde, mantienen la misma noción, como la de la ley chilena:

> La presencia en el ambiente de sustancias, elementos, energía o combinación de ellos, en concentraciones o concentraciones y permanencia superiores o inferiores, según corresponda, a las establecidas en la legislación vigente.
> (Ley de Bases del Medio Ambiente No 19.300/94, art. 2°, c.)

La ley mexicana define contaminante como:

> Toda materia o energía en cualesquiera de sus estados físicos y formas, que al incorporarse o actuar en la atmósfera, agua, suelo, flora, fauna o cualquier elemento natural, altere o modifique su composición y condición natural
> (Ley General del Equilibrio Ecológico y la Protección al Ambiente del 28 de enero de 1988, art. 3°, VII.)

Estas definiciones legales son coherentes con el concepto de contaminación vigente desde los años 70 (y que sigue siendo actual). Común a todas es la *connotación negativa* del concepto de contaminación. Otra idea común es la asociación entre contaminación y emisiones o presencia de materia o energía. Esto significa que se pueden correlacionar con la contaminación ciertas *magnitudes físicas* o *parámetros químicos o físico-químicos*, que se pueden medir o para los cuales se pueden establecer valores de referencia, conocidos como *estándares ambientales*. Son ejemplos de contaminantes:

- Elementos o compuestos químicos presentes en las aguas superficiales o subterráneas, cuyas concentraciones pueden medirse mediante procedimientos estandarizados (normalmente, se expresan en mg/ℓ, µg/ℓ o incluso ppm) y para algunos de los cuales existen patrones establecidos por la reglamentación.
- Material particulado o gases potencialmente nocivos presentes en la atmósfera, cuyas concentraciones se pueden medir mediante métodos normalizados (generalmente, se expresan en µg/m^3) y para algunos de los cuales también existen estándares establecidos por la reglamentación.
- Ruido, generalmente medido en decibeles -dB(A)-, cuyos niveles de presión sonora están determinados en texto legales o normas técnicas.
- Vibraciones, medidas, por ejemplo, en mm/s, cuyos valores están establecidos por normalización técnica.
- Radiaciones ionizantes, medidas, por ejemplo, en Bq/ℓ o Sievert, que también son objeto de reglamentación específica.

La posibilidad de medir la contaminación y establecer estándares ambientales permite definir con claridad los derechos y responsabilidades del contaminador y del controlador (los órganos públicos), así como de la población. Abre también un campo para estudios científicos que definan la capacidad de asimilación del medio, estableciendo, de esa forma, los estándares ambientales. Estos no son estáticos, fijados de una vez y para siempre, sino que están en continua evolución, siendo fruto de investigaciones que tienden a profundizar nuestro conocimiento de los procesos naturales, de los efectos de los contaminantes sobre el hombre y los ecosistemas y de los efectos sinérgicos y acumulativos de diferentes contaminantes.

Esta claridad está ausente en la definición de contaminación adoptada en la ley de Política Nacional del Medio Ambiente brasileña (Ley Federal Nº 6.938, del 31 de agosto de 1981):

> la degradación de la calidad ambiental producto de actividades que directa o indirectamente:
> a) perjudiquen la salud, la seguridad y el bienestar de la población;
> b) creen condiciones adversas para las actividades sociales y económicas;
> c) afecten las condiciones estéticas o sanitarias del medio ambiente;
> d) arrojen materia o energía no compatibles con los estándares ambientales

Al igualar contaminación y degradación ambiental, esta ley propone una definición muy amplia y demasiado subjetiva.

Hay una serie de procesos de degradación ambiental a los cuales no está asociada la emisión de contaminantes, como es el caso de la modificación del paisaje –por ejemplo, la construcción de un complejo turístico en el litoral marítimo o el anegamiento de las Sete Quedas – un conjunto de cascadas de gran volumen de agua– a partir de la construcción del reservorio de Itaipú –una gran central hidroeléctrica situada sobre el río Paraná, entre Brasil y Paraguay –, o de los daños a la fauna causados por la supresión de la vegetación o por la modificación de hábitats, como el aterramiento de un manglar.

Fue por razones como éstas, o sea, porque muchísimas actividades humanas causan perturbaciones ambientales que no se reducen a la emisión de contaminantes, que el concepto de contaminación se fue tanto sustituyendo como complementando con el concepto más amplio de impacto ambiental.

De esta forma, se puede trabajar con la siguiente definición operativa y concisa de contaminación: *introducción en el medio ambiente de cualquier forma de materia o energía que pueda afectar negativamente al hombre o a otros organismos*. De una forma general, con pequeños cambios en la formulación o en la terminología, es ése el concepto de contaminación que se encuentra en el literatura técnica internacional de las últimas cinco décadas.

1.4 Degradación ambiental

Degradación ambiental es otro término de connotación claramente negativa. Su uso en la "moderna literatura ambiental científica y de divulgación casi siempre está vinculado a un cambio artificial o a una perturbación de origen humano: se trata generalmente de la percepción de una disminución de las condiciones naturales o del estado de un ambiente" (Johnson et al., 1997, p. 583). El agente causante de la degradación ambiental es siempre el ser humano: "los procesos naturales no degradan ambientes, sólo causan cambios" (Ídem, p. 584).

La degradación de un objeto o de un sistema muchas veces está asociada a la idea de pérdida de la calidad. Degradación ambiental sería, pues, una pérdida o deterioro de la calidad ambiental. La legislación brasileña (Ley de Política Nacional del Medio Ambiente) define degradación ambiental como "modificación adversa de las características del medio ambiente" (art. 3º, inciso II), definición suficientemente amplia como para abarcar todos los casos de perjuicios a la salud, la seguridad, el bienestar de las poblaciones, las actividades sociales y económicas, la biosfera y las condiciones estéticas o sanitarias del medio, que la misma ley atribuye a la contaminación.

Calidad ambiental es, ciertamente, otro concepto controvertido y difícil de definir. Johnson et al. (1997), que se dedicaron a la realización de una compilación y reflexión sobre el significado de los términos más usuales en planificación y gestión ambiental, consideran que calidad ambiental "es una medida de la condición de un ambiente en lo relativo a los requisitos de una o más especies y/o de cualquier necesidad u objetivo humano" (p. 584). Si, de algún modo, la calidad ambiental se puede medir por indicadores, como se trata de hacer con la calidad de vida o el desarrollo humano, Sachs (1974, p. 556) recuerda que "la calidad ambiental debe ser descripta con la ayuda de indicadores 'objetivos' y aprehendida en el plano de la percepción que de ella tienen los diferentes actores sociales".

De esta forma, la degradación ambiental puede ser conceptualizada como *cualquier modificación adversa de los procesos, funciones o componentes ambientales*, o como una *modificación adversa de la calidad ambiental*. En otras palabras, degradación ambiental corresponde a impacto ambiental negativo.

La degradación se refiere a cualquier estado de alteración de un ambiente y a cualquier tipo de ambiente. El ambiente construido se degrada, así como los espacios naturales. Tanto el patrimonio natural como el cultural pueden ser degradados, desnaturalizados y hasta destruidos. Varios de estos términos descriptivos se utilizarán para caracterizar los impactos ambientales. Así como la contaminación se manifiesta a partir de un cierto nivel, también se puede percibir la degradación en diferentes grados. El grado de perturbación puede ser tal que un ambiente se recupere espontáneamente; pero, a partir de cierto nivel de degradación, la recuperación espontánea puede volverse imposible o darse solamente a largo plazo, en tanto se elimine o reduzca la fuente de perturbación. La mayoría de las veces, se hace necesaria una acción correctiva. La Fig. 1.3 muestra de manera esquemática el concepto de degradación ambiental y los objetivos de las acciones de recuperación ambiental.

Si es posible degradar el ambiente de diversas maneras, la expresión *zona degradada* sintetiza los resultados de la degradación del suelo, de la vegetación y muchas veces de las aguas. Pese a lo relativo del concepto de degradación ambiental, la Fig. 1.4 muestra una zona innegablemente degradada. Situada en Sudbury, provincia de Ontario, Canadá, una vasta área (cerca de 10.000 ha) en los alrededores de las plantas metalúrgicas de níquel y cobre se degradó por las emisiones de SO_2, provenientes de los hornos de fundición, por desechos de las minas y por la contaminación de las aguas, desde que las primeras fundiciones comenzaron a funcionar en 1888, liberando óxido de azufre prácticamente al nivel de suelo, matando la vegetación y acidificando el suelo y las aguas (Winterhalder, 1995).

La capacidad de un sistema natural de recuperarse de una perturbación impuesta por un agente externo (acción humana o proceso natural) se denomina *resiliencia*. Este concepto surgió en la Ecología, a inicios de los años 70, a partir de analogías con conceptos de la física, como resistencia y elasticidad. Westman (1978, p. 705) revisó diversas definiciones y definió resiliencia como "el grado, manera y ritmo de restauración de la estructura y función iniciales de un ecosistema luego de una perturba-

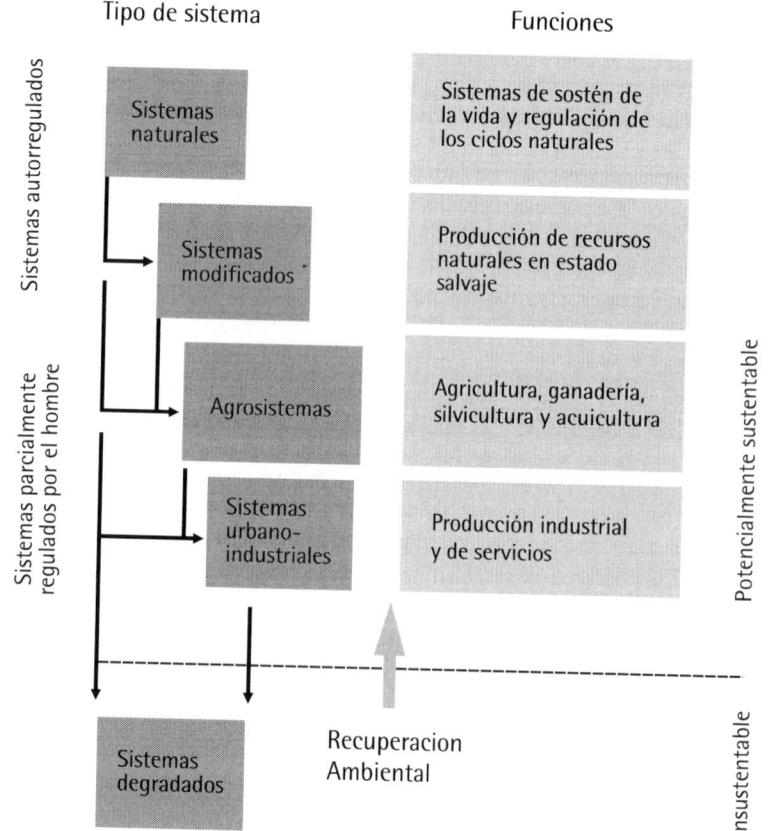

Fig. 1.3 *Conceptos de degradación y recuperación ambiental y su relación con la sustentabilidad (modificado de UICN/PNUMA/WWF, 1991)*

ción". Por su parte, Holling (1973, p. 17) le da al concepto de resiliencia un sentido distinto: "la capacidad de un sistema de absorber los cambios (...) y aun así persistir". Para este autor, resiliencia es diferente de estabilidad, entendida como "la capacidad de un sistema de retornar a un estado de equilibrio después de una perturbación temporaria".

1.5 Impacto ambiental

La locución "impacto ambiental" se encuentra con frecuencia en la prensa y en la vida cotidiana. La mayoría de las veces, el sentido común la asocia con algún daño a la naturaleza, como la mortandad de la fauna silvestre luego de un derrame de petróleo en el mar o en un río, cuando la opinión pública se asombra (o se ve "impactada") ante las imágenes de aves totalmente negras debido a la capa de

Fig. 1.4 *Zona degradada en Sudbury, Canadá. La lluvia ácida producto de las emisiones de SO_2 degradó la vegetación, con la consecuente pérdida de suelo y degradación de las aguas. La zona originalmente estaba cubierta de bosques de coníferas, pero quedó sujeta a la explotación forestal desde fines del siglo XIX. Al fondo, una chimenea de 381 m de altura tiene el objetivo de diluir y dispersar los contaminantes atmosféricos (ver lámina en color 1)*

petróleo que las recubre. En ese caso, se trata indudablemente de un impacto ambiental derivado de una situación indeseada, que es el derrame de una materia prima.

Aunque este sentido esté incluido en la noción de impacto ambiental, sólo da cuenta de una parte del concepto. En la literatura técnica, hay varias definiciones de impacto ambiental, casi todas ellas ampliamente concordantes en cuanto a sus elementos básicos, aunque estén formuladas de diferentes maneras. Algunos ejemplos son:

- Cualquier alteración en el medio ambiente en uno o más de sus componentes, provocada por una acción humana (Moreira, 1992, p. 113.).
- El efecto de una acción inducida por el hombre sobre el ecosistema (Westman, 1985, p. 5.).
- El cambio de un parámetro ambiental, en un determinado período y en una determinada zona, resultado de una determinada actividad, comparado con la situación que ocurriría si dicha actividad no se hubiera realizado (Wathern, 1988a, p. 7.).

La definición adoptada por Wathern, en línea con lo propuesto por Munn (1975, p. 22), tiene la interesante característica de introducir la dimensión dinámica de los *procesos* del medio ambiente como base para comprender las modificaciones ambientales denominadas impactos (Fig. 1.5). Se puede dar un ejemplo de aplicación de dicho concepto con la siguiente situación: vamos a suponer la existencia de una determinada superficie ocupada por una formación vegetal, que en el pasado fue modificada por la acción del hombre, mediante el corte selectivo de especies arbóreas. Se puede describir el estado actual de la vegetación de dicha área con la ayuda de diferentes indicadores, como la biomasa por hectárea, la densidad de los ejemplares arbóreos por encima de un determinado diámetro del tronco o algún índice de diversidad de especies. Si la

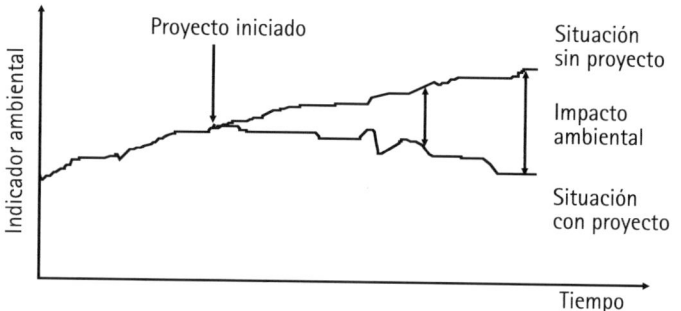

Fig. 1.5 *Representación del concepto de impacto ambiental*

vegetación ha sido degradada en el pasado por la acción antrópica, pero actualmente no sufre presiones de ese tipo, probablemente se hallará en un proceso de regeneración natural, o sea, tenderá, dentro de un cierto período (tal vez del orden de las decenas de años), a volver a una situación cercana a la original o a la de *clímax*. La descripción de la situación actual de dicha área mediante el uso de algún indicador puede sugerir que ésta tenga poca importancia ecológica, por ejemplo, por albergar pocos ejemplares arbóreos de gran tamaño. Pero con el paso del tiempo, el área debería estar en mejores condiciones que las actuales, albergando árboles mayores y con más diversidad. De acuerdo con el concepto de Munn y Wathern, si un emprendimiento viene a derribar la vegetación actual, su impacto debería evaluarse no comparando la posible situación futura (área sin vegetación) con la actual, sino comparando dos situaciones futuras hipotéticas: la que no incluya el emprendimiento propuesto y la situación resultante de su implantación.

En la práctica de la evaluación de impacto ambiental, no siempre es posible emplear este concepto, debido a la dificultad en prever la evolución de la calidad ambiental en una determinada zona. En esos casos, que son muy frecuentes, el concepto operacional de impacto ambiental termina siendo la diferencia entre la probable situación futura de un indicador ambiental (con el proyecto propuesto) y su situación presente. Imaginemos el problema de evaluar el impacto sobre la calidad del aire de una nueva fuente de emisión de contaminantes: el escenario de referencia para comparar normalmente sería el actual, y no un hipotético escenario futuro, en el cual nuevas fuentes contribuirían a deteriorar la calidad del aire, dado que esas hipotéticas nuevas fuentes no están bajo análisis en la actualidad, y en caso de que en un futuro se las considere, será necesario evaluar su impacto, tomando en cuenta la situación de ese momento futuro.

Se encuentra otra definición de impacto ambiental en la norma ISO 14.001: 2004 (versión actualizada de la primera norma ISO 14.001, de 1996:"cualquier modificación del medio ambiente, adversa o benéfica, que sea resultado, en todo o en parte, de las actividades, productos o servicios de una organización" (punto 3.4 de la norma). Es interesante conocer el concepto de impacto ambiental adoptado por esa norma ya que muchas empresas y otras organizaciones han venido adoptando sistemas de gestión ambiental basados en ésta. Desde ese punto de vista, impacto ambiental es una consecuencia de "actividades, productos o servicios" de una organización; o sea, un proceso industrial (actividad), un agrotóxico (producto) o el transporte de una mercancía (servicio o actividad) son causas de modificaciones ambientales, o impactos. Según dicha definición, impacto es cualquier modificación ambiental, independientemente de su importancia, concepto coherente con el de muchas otras definiciones de impacto ambiental.

También las leyes de diferentes países procuraron definir qué entienden por impacto ambiental. En la legislación portuguesa, conjunto de modificaciones favorables y desfavorables producidas en los parámetros ambientales y sociales, en un determinado período de tiempo y en una determinada zona (situación de referencia), resultantes de la realización de un proyecto, comparadas con la situación que ocurriría, en ese período de tiempo y en esa zona, si dicho proyecto no llegara a tener lugar.

En la legislación finlandesa,

los efectos directos e indirectos dentro y fuera del territorio finlandés de un proyecto u operaciones sobre (a) la salud humana, las condiciones de vida y *amenity*, (b) el suelo, el agua, el aire, el clima, los organismos, la interacción entre éstos, y la diversidad biológica, (c) la estructura de la comunidad, los edificios, el paisaje, el paisaje urbano y el patrimonio cultural, y (d) la utilización de recursos naturales.

En la legislación de Hong Kong,

(a) un cambio *on-site* u *off-site* que el proyecto pueda causar en el ambiente; (b) un efecto de los cambios en relación a (i) el bienestar de las personas, la flora, la fauna y los ecosistemas; (ii) el patrimonio físico y cultural; (iii) una estructura, sitio u otra cosa que sea de importancia histórica o arqueológica; (c) un efecto *on-site* u *off-site* de cualquiera de las cosas referidas en el inciso (b) de las actividades desarrolladas para el proyecto; (d) un cambio del proyecto que el ambiente pueda causar, si dicho cambio o efecto ocurriere dentro o fuera del recinto del proyecto

En Brasil, la definición legal es la de la Resolución Conama Nº 1/86, art 1º:

Cualquier alteración de las propiedades físicas, químicas o biológicas del medio ambiente, causada por cualquier forma de materia o energía resultante de las actividades humanas, que directo o indirectamente afecten:
I - la salud, la seguridad y el bienestar de la población;
II - las actividades sociales y económicas;
III - las condiciones estéticas y sanitarias del medio ambiente;
IV - la calidad de los recursos ambientales.

En el caso brasileño, salta a la vista lo impropio de dicha definición, que felizmente no se cumple al pie de la letra en la práctica de la evaluación de impacto ambiental ni se la toma en su sentido restringido en la interpretación de los tribunales. Se trata, en realidad, de una definición de contaminación, lo que se observa en la mención a "cualquier forma de materia o energía" como factor responsable de la "alteración de las propiedades físicas, químicas o biológicas" del ambiente. Paradójicamente, la definición de contaminación que da la Ley de Política Nacional del Medio Ambiente refleja mejor el concepto de impacto ambiental, aunque solamente en lo que se refiere a impacto negativo. Como se sabe, el impacto ambiental también puede ser positivo.

Es oportuno ahora señalar algunas características del concepto de impacto ambiental en la comparación con el de contaminación:

- Impacto ambiental es un concepto más amplio y sustancialmente diferente al de contaminación.
- En tanto contaminación tiene sólo una connotación negativa, impacto ambiental puede ser benéfico o adverso (positivo o negativo).
- Contaminación se refiere a materia o energía, o sea, magnitudes físicas que se pueden medir y para las cuales se pueden establecer estándares (niveles admisibles de emisión o de concentración o intensidad).
- Varias acciones humanas causan un significativo impacto ambiental sin hallarse fundamentalmente asociadas a la emisión de contaminantes (por ejemplo, la construcción de represas o la instalación de un parque de generadores eólicos).
- La contaminación es una de las causas de impacto ambiental, pero los impactos pueden estar ocasionados por otras acciones además del acto de contaminar.
- Toda contaminación (o sea, emisión de materia o energía más allá de la capacidad de asimilación del medio) causa impacto ambiental, pero no todo impacto ambiental tiene la contaminación como causa.

La posibilidad de que ocurran impactos ambientales positivos es una noción que debe ser bien asimilada. Un ejemplo común de impacto positivo, hallado en muchos estudios de impacto ambiental, es el denominado "creación de empleos". Se trata, como es evidente, de un impacto social y económico, campo en el que es relativamente fácil comprender que puedan existir impactos benéficos. Pero también hay impactos positivos en relación a los componentes físicos y bióticos del medio. Un proyecto que incluya los desagües cloacales y su posterior tratamiento redundará en una mejora de la calidad de las aguas, una recuperación del hábitat acuático, teniendo asimismo efectos benéficos sobre la salud pública. Una industria que sustituya una caldera a aceite pesado por una a gas, emitirá menos contaminantes, como material particulado y óxidos de azufre, a la vez que, si llega abastecerse mediante tuberías de gas, se eliminarán las emisiones de los camiones de transporte de hidrocarburo y las molestias causadas por el tráfico pesado.

Si impacto ambiental es una alteración del medio ambiente provocada por la acción humana, entonces queda claro que dicha modificación puede ser benéfica o adversa. Aun más, un proyecto típico generará diversas alteraciones, algunas negativas, otras positivas, y esto último deberá tenerse en consideración al momento de preparar un estudio de impacto ambiental, aunque la ley exija la elaboración de dicho estudio a partir de las consecuencias negativas.

Es posible, por lo tanto, postular que el impacto ambiental puede ser causado por una acción humana que implique:

1. *Supresión* de ciertos elementos del ambiente, como por ejemplo:
   - supresión de componentes del ecosistema, como la vegetación;
   - destrucción completa de hábitats (por ejemplo, aterramiento de un manglar);
   - destrucción de componentes físicos del paisaje (por ejemplo, excavaciones);
   - supresión de elementos significativos del ambiente construido;
   - supresión de referencias físicas a la memoria (por ejemplo, lugares sagrados, como cementerios, puntos de encuentro de miembros de una comunidad);
   - supresión de elementos o componentes valorizados del ambiente (por ejemplo, cavernas, paisajes notables).

2. *Inserción* de ciertos elementos del ambiente, como por ejemplo:
   - introducción de una especie exótica;
   - introducción de componentes construidos (por ejemplo, represas, carreteras, edificios, zonas urbanizadas).

3. *Sobrecarga* (*introducción de factores de estrés más allá de la capacidad de soporte del medio, generando desequilibrio*), como por ejemplo:
   - cualquier contaminante;
   - introducción de una especie exótica (por ejemplo, conejos en Australia);
   - reducción del hábitat o de la disponibilidad de recursos para una determinada especie (por ejemplo, impacto de los elefantes en el África contemporánea);
   - aumento de la demanda de bienes y servicios públicos (por ejemplo, educación, salud).

A la luz de todas estas consideraciones, el concepto de impacto ambiental adoptado en este libro será "alteración de la calidad ambiental resultante de la modificación de procesos naturales o sociales provocada por la acción humana" (Sánchez, 1998a). Esta definición, al trabajar desde la óptica de los *procesos* ambientales, procura reflejar el carácter *dinámico* del ambiente. Es dable pensar que las cuestiones vinculadas a la supresión o inserción de elementos en un ambiente no se hallan suficientemente explicitadas en esta definición, pero la ventaja de la concisión es preponderante.

El impacto ambiental es, claramente, el *resultado* de una acción humana, que es su causa. Por lo tanto, no se debe confundir la causa con la consecuencia. Una carretera no es un impacto ambiental; una carretera *causa* impactos ambientales. De la misma forma, una reforestación con especies nativas no es un impacto ambiental benéfico, sino una acción (humana) que tiene el propósito de alcanzar ciertos objetivos ambientales, como la protección del suelo y de los recursos hídricos o la recreación del hábitat de la vida salvaje.

Se debe tener cuidado con la noción de impacto ambiental como resultado de una determinada acción o actividad, no confundiéndolo con ésta. Una lectura medianamente atenta de muchos estudios de impacto ambiental revelará que este error básico es frecuente. Evidentemente, dicho error conceptual compromete la calidad del estudio ambiental.

1.6 Aspecto ambiental

La serie ISO 14.000 es una familia de normas sobre gestión ambiental. Comenzaron a desarrollarse en 1993, tomando como base una norma británica de 1992 y reglamentos europeos sobre auditoría y gestión ambiental. La familia ISO 14.000 comprende normas sobre sistemas de gestión, desempeño ambiental, evaluación del ciclo de vida de productos (equivalente a la evaluación de impactos ambientales de productos), etiquetado ambiental (sello verde) e integración de aspectos ambientales en el diseño de productos (*ecodesign*).

La norma ISO 14.001 introdujo el término *aspecto ambiental*. Este término era desconocido para los profesionales participantes de la evaluación de impacto ambiental, o se lo utilizaba con otra connotación. Sin embargo, debido a las normas de la serie ISO 14.000, empezó lentamente a ser incorporado al vocabulario de los profesionales de la industria y de los consultores, llegando también a los organismos gubernamentales. La norma ISO 14.001: 2004 define aspecto ambiental de la siguiente manera: "elemento de las actividades, productos o servicios de una organización que puede interactuar con el medio ambiente" (ítem 3.3)

Esta definición requiere explicación y ejemplificación. Situaciones típicamente descriptas como aspectos ambientales son la emisión de contaminantes y la generación de residuos. Producir efluentes líquidos, contaminantes atmosféricos, residuos sólidos, ruidos o vibraciones no es el objetivo de las actividades humanas, pero dichos aspectos están indisolublemente vinculados a los procesos productivos. Son, por lo tanto, elementos, o partes, de esas actividades o productos o servicios. Los elementos que pueden interactuar con el ambiente son denominados aspectos ambientales. Otros aspectos ambientales típicos son los que están vinculados al consumo de recursos naturales. Al consumir agua (recurso renovable), se reduce su disponibilidad para otros usos o para sus funciones ecológicas. Al consumir combustibles fósiles, disminuyen sus existencias (finitas). El consumo de agua o de combustibles, parte indisociable de un sinnúmero de actividades, son aspectos ambientales.

La palabra "aspecto" parece poco adecuada, ya que es de uso corriente, pero consta en una norma internacional, y por ello es inevitable emplearla. Una característica positiva de la diferenciación entre aspecto e impacto ambiental adoptada por la norma es dejar claro que la emisión de un contaminante no es un impacto ambiental. Impacto es la alteración de la calidad ambiental resultante de dicha emisión. Es la manifestación en el receptor, sea éste un componente del medio físico, biótico o antrópico. La Fig. 1.6 muestra esquemáticamente la relación entre las acciones humanas, los aspectos y los impactos ambientales.

Las acciones son las causas, los impactos son las consecuencias, mientras que los aspectos ambientales son los mecanismos o los procesos a partir de los cuales tienen lugar las consecuencias.

Aspecto ambiental puede ser entendido como el mecanismo a través del cual una acción humana causa un impacto ambiental. Hallamos ejemplos de esta cadena de relaciones en el Cuadro 1.1.

Evidentemente, una misma acción puede llevar a varios aspectos ambientales y, por consiguiente, causar diversos impactos ambientales. De la misma forma, un determinado impacto ambiental puede tener varias causas.

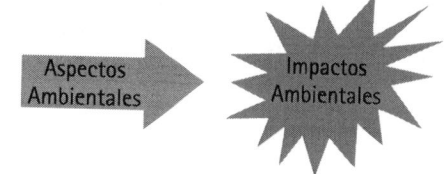

Fig. 1.6 *Relación entre acciones humanas, aspectos e impactos ambientales*

Por su parte, Munn (1975, p. 21), uno de los autores pioneros en el campo de la evaluación de impacto ambiental, define *efecto ambiental* como "un proceso (como erosión del suelo, dispersión de contaminantes, desplazamiento de personas) que es resultado de una acción humana". De esta forma, se establece una diferencia con impacto

Cuadro 1.1 *Ejemplos de relaciones actividad-aspecto-impacto ambiental*

Actividad		Aspecto		Impacto
Lavado de ropa	→	consumo de agua	→	reducción de la disponibilidad hídrica
Lavado de vajilla	→	vertido de agua con detergentes	→	eutrofización
Cocción de pan en horno a leña	→	emisión de gases y partículas	→	deterioro de la calidad del aire
Pintura de una pieza metálica	→	emisión de compuestos orgánicos volátiles	→	deterioro de la calidad del aire
Almacenamiento de combustible	→	derrame	→	contaminación del suelo y agua subterránea
Transporte de carga en camiones	→	emisión de ruidos	→	molestia para los vecinos
Transporte de carga en camiones	→	aumento del tráfico	→	congestionamientos más frecuentes

ambiental, entendido éste como una alteración en la calidad del medio ambiente. Según Munn, las acciones humanas generan efectos ambientales, los cuales, a su vez, producen impactos ambientales.

El concepto de efecto ambiental se usa en algunos estudios de impacto ambiental y en algunos libros de texto sobre evaluación de impacto ambiental. Tiene la ventaja de servir de "puente" entre las causas (acciones humanas) y sus consecuencias (impactos) y a la vez reservar la expresión impacto ambiental para las alteraciones que sufre el receptor, sea éste un elemento del ambiente físico, biótico o antrópico. A fin de volverla coherente con las demás definiciones adoptadas en este texto, la definición de efecto ambiental se reformulará como *alteración de un proceso natural o social resultante de una acción humana*. De esta forma, es posible percibir que hay puntos en común entre la noción de aspecto ambiental y la noción de efecto ambiental, dado que ambos representan interfaces o mecanismos entre una causa (acción humana) y su consecuencia (impacto ambiental).

1.7 Procesos ambientales

El ambiente es dinámico. Flujos de energía y materia, tramas de relaciones intra e interespecíficas son algunas de las facetas de los procesos naturales que ocurren en cualquier ecosistema, natural, alterado o degradado. Una de las maneras de estudiar los impactos ambientales es comprender de qué manera las acciones humanas afectan los procesos naturales. Un ejemplo puede ayudar a entenderlo: los procesos erosivos.

La erosión es un fenómeno (proceso) que afecta a toda la superficie de la Tierra. Su intensidad varía de acuerdo a factores como el clima, el tipo de suelo, el declive y la cobertura vegetal. En los climas húmedos, se da la formación de suelos espesos y vegetación que tiende a cubrir toda la superficie; en climas áridos, por su parte, la vegetación es más rala y los suelos más planos; en esos casos, la erosión eólica puede ser intensa. En climas tropicales, hay lluvias intensas (o sea, gran cantidad de agua en cortos períodos de tiempo), de gran potencial erosivo. A su vez, las laderas muy escarpadas están más sujetas a la acción erosiva de la lluvia que las vertientes suaves. De esta forma, la erosión natural varía en intensidad y se la puede medir en términos de masa de suelo perdida por unidad de superficie y por intervalo de tiempo (t/ha/año). La acción humana interfiere en el proceso erosivo, tornándolo en general más intenso. La sustitución de un bosque por un área de cultivo, así como la apertura de una carretera o de una mina, son acciones que exponen al suelo desprovisto de su protección vegetal natural a la acción de la lluvia y el viento, aumentando las tasas de erosión.

El Cuadro 1.2 muestra ejemplos de tasas de erosión laminar en diferentes lugares sometidos a distintas formas de uso del suelo. La pérdida de suelos se mide mediante experimentos realizados en el campo, y la búsqueda de correlaciones entre los tipos de uso del suelo y las tasas erosivas viene realizándose hace décadas. Se observa claramente que el bosque actúa como principal protector del suelo; cuando se lo sustituye por pasto, las tasas de erosión son cercanas a un orden de magnitud (diez veces) mayor; en tanto, cuando se lo reemplaza por cultivos, el proceso erosivo es cercano a los tres órdenes de magnitud (mil veces) más intenso: las tasas de erosión varían mucho de cultivo a cultivo y dependen también de las prácticas agrícolas usadas, como la plantación en curvas de nivel, por ejemplo. La implantación de loteos urbanos y la apertura de minas elevan aún más las tasas de erosión, dado que los suelos quedan expuestos directamente a la acción de la lluvia y también de los vientos. Por lo tanto, no es correcto afirmar que la construcción de una carretera, la apertura de una mina o el talado de un bosque causan erosión, habida cuenta que los procesos erosivos ya actuaban antes. Lo que hacen dichas acciones es intensificar la erosión, acelerando un proceso natural (Figs. 1.7 y 1.8).

Cuadro 1.2 *Estimativas de tasas de erosión, según diferentes categorías de uso del suelo*

Tipo de uso, lugar	Pérdida de suelo (t/ha/año)	Contexto geomorfológico	Fuente
Bosque Amazónico primario, Roraima	150	Vertiente con declive del 20% Latosuelo rojo-amarillo	(1)
Pastaje de *Brachiaria* en antigua zona de selva primaria, Roraima	1.128	Vertiente con declive del 20% Latosuelo rojo-amarillo	(1)
Selva Amazónica primaria, Rondônia	330	–	(1)
Pastaje, Rondônia	3.556	–	(1)
Bosque, Goiânia		Vertiente con declive del 16% Latosuelo rojo-amarillo	(2)
Pastaje de capín *napier*, Goiânia	230	Vertiente con declive del 14% Latosuelo rojo-amarillo	(2)
Cultivo de arroz, Goiânia	51.655	Vertiente con declive del 11% Latosuelo rojo-amarillo	(2)
Zonas urbanas, Cuadrilátero Ferrífero, Minas Gerais	170.000	Suelos de alteración de filitos, esquistos e itabiritos, cuencas hidrográficas con vertientes escarpadas	(3)
Zonas de explotación minera, Cuadrilátero Ferrífero, Minas Gerais	700.000	Suelos de alteración de filitos, esquistos e itabiritos, cuencas hidrográficas con vertientes escarpadas	(3)

(1) Barbosa e Fearnside (2000); (2) Casseti, (1995); (3) Coppedê Jr. y Boechat (2002)

Nota: todos los lugares citados se localizan en Brasil.

El corolario de la erosión es el asoreamiento o agradación de los cuerpos de agua. Parte de los sedimentos transportados por acción de las aguas queda retenido en el fondo de ríos y lagos. Estudios realizados en un lago adyacente a un afluente del río Madeira, en Rondônia, en el Oeste de la Amazonía Brasileña, mostraron que, entre los años 1875 y 1961, la tasa de sedimentación media era de 0,12 g/cm²/año, pero que a partir de esa época, con la construcción de la ruta BR-364, la deforestación progresiva en dicha cuenca hidrográfica y la explotación minera aluvial de casiterita, la tasa de sedimentación aumentó de forma exponencial hasta alcanzar un valor diez veces mayor en 1985 (Forsberg et al., 1989).

Este ejemplo muestra que acciones tales como la remoción de vegetación nativa también afectan a otros procesos, además del erosivo. La infiltración de agua en el suelo es otro de los procesos modificados por la remoción de la vegetación. En este caso, el proceso se ve retardado, o sea, en vez de infiltrarse y alimentar los reservorios subterráneos, una mayor proporción de agua de lluvia escurre superficialmente, aumentando el volumen de agua de los ríos. Estudios realizados en la Amazonía por los autores Barbosa y Fearnside (2000) mostraron que el escurrimiento superficial aumentó

Figs. 1.7 y 1.8 *Región de Nyanga, en Zimbabue, uno de los muchos lugares del planeta afectados por el uso excesivo de las capacidades de soporte del suelo, en este caso por actividades de cría extensiva de ganado en tierras comunitarias, cuyo resultado fue la degradación de los suelos y la erosión intensa, ejemplificada por la erosión por surcos*

casi tres veces en Roraima, en donde la selva fue reemplazada por pastaje, y hasta 30 veces en Rondônia, en una situación similar.

En este último caso, bajo cobertura vegetal, solamente el 2,2% de la lluvia escurría superficialmente, pero en áreas de pastaje el escurrimiento aumentó a 49,8%. Además de acelerar la erosión, el aumento del escurrimiento superficial tiene como consecuencia una mayor intensidad y frecuencia de las inundaciones, otro proceso del medio físico modificado a partir de acciones humanas.

La acción del hombre puede inducir o provocar otros procesos. Por ejemplo, el bombeo de agua subterránea en zonas de rocas calcáreas con presencia de cavernas (conocidas como regiones cársticas) puede disparar un proceso de hundimiento de la superficie, formando depresiones cerradas, conocidas como dolinas.

Varios procesos pueden ser retardados por la acción humana. En un claro abierto en una selva tropical, el proceso denominado sucesión ecológica tiende a restablecer la vegetación nativa, primero por el crecimiento de especies arbóreas adaptadas a la intensa luz solar y a la elevada temperatura –las pioneras o colonizadoras- y, en seguida, luego del sombreamiento de la zona, por el crecimiento de otras especies adaptadas a la sombra y a temperaturas más amenas características del suelo de esas selvas. La dispersión de semillas por acción del viento y los animales ayuda a la regeneración. Sin embargo, el manejo humano de ese claro puede retardar o incluso impedir la regeneración, como ocurre en el caso de la siembra de gramíneas forrajeras para la cría de ganado.

Finalmente, los procesos naturales pueden ser modificados en forma compleja, como es el caso del vertido de residuos del tratamiento de bauxita en un lago situado a las márgenes del río Trombetas, en Oriximiná, Pará, Brasil (Figs. 1.9 y 1.10). Hasta la implantación de dicho emprendimiento, el lago Batata había sufrido poquísima alteración antrópica, lo que lo transforma en un caso de estudio muy interesante. Los desechos, constituidos por una pulpa de arcillas y agua, cubrieron los sedimentos lacustres naturales, de donde los nutrientes como nitratos, fosfatos y sulfatos, eran liberados hacia la columna de agua e incorporados al fitoplancton, y de allí a toda la cadena alimentaria, hasta retornar al fondo del lago en forma de detritos. Los desechos acumulados en el fondo del lago interrumpieron ese ciclo, afectando la calidad del agua y todo el ecosistema lacustre, con las consecuencias siguientes (Esteves, Bozelli y Roland, 1990):

- disminución de la densidad de fito y zooplancton y de peces;
- disminución de la densidad y alteración de la diversidad de la comunidad bentónica;
- disminución de la liberación de nutrientes del sedimento hacia la columna de agua;
- disminución de la concentración de materia orgánica en el sedimento;
- alteración del ciclaje y de la disponibilidad de nutrientes.

Figs. 1.9 y 1.10 *Dos imágenes del lago Batata, situado a las márgenes del río Trombetas, Pará, Brasil. La primera muestra el lago en su condición natural, y la segunda, cubierto por desechos del lavado de la bauxita (ver lámina en color 2 y 3)*

Fornasari Filho et al. (1992) presentan una lista de procesos del medio físico que usualmente se ven modificados por las actividades humanas, varios de los cuales se muestran en el Cuadro 1.3, con algunos procesos ecológicos. Además de completar el cuadro con decenas de otros procesos físicos y ecológicos, es posible agregar también procesos sociales, lo que constituye una base para comprender cómo las actividades humanas afectan la dinámica ambiental. Un proceso social frecuentemente generado por obras de ingeniería y otros proyectos públicos y privados atrae a personas que están en busca de oportunidades de trabajo, verdaderos flujos migratorios puestos en marcha por el solo anuncio de un gran proyecto.

La Fig. 1.11 muestra la relación entre procesos e impactos ambientales. Es posible ejemplificar la situación ambiental actual en un establecimiento rural de cría de bovinos, en el que un emprendedor decida la realización de un loteo; entre los procesos actuales, se puede seleccionar el erosivo, que, al actuar sobre los pastos, implica cierta pérdida de suelo. La puesta en marcha de un loteo genera una intensificación de los procesos erosivos, debido a la apertura de caminos y a la construcción de casas, con mayor exposición del suelo a la acción de las aguas pluviales. Dichos procesos modificados (en este ejemplo, intensificados) conducen a una nueva situación ambiental, y el impacto ambiental del loteo, con relación al proceso erosivo, está representado por la situación futura con el loteo en relación a la evolución (situación futura) sin el loteo. En este ejemplo, a fines de simular la situación futura sin el loteo, se puede plantear la hipótesis de que ésta sería muy semejante a la situación actual (pastaje), de modo que, en esa hipótesis, se puede determinar el impacto comparando la probable situación futura con la situación actual.

Cuadro 1.3 *Ejemplos de procesos ambientales físicos y ecológicos*

PROCESOS GEOLÓGICOS DE SUPERFICIE
Erosión
Movimiento de masa (deslizamientos, etc.)
Hundimientos cársticos
PROCESOS HIDROLÓGICOS
Transporte de contaminantes en las aguas
Eutrofización de cuerpos de agua
Acumulación de contaminantes en los sedimentos
Inundaciones
Deposición de sedimentos en ríos y lagos
PROCESOS HIDROGEOLÓGICOS
Difusión de contaminantes en el agua subterránea
Recarga de acuíferos
PROCESOS ATMOSFÉRICOS
Transporte y difusión de contaminantes gaseosos
Propagación de ondas elásticas
PROCESOS ECOLÓGICOS
Biodegradación de materia orgánica en cuerpos de agua
Bioacumulación de metales pesados
Sucesión ecológica
Ciclaje de nutrientes

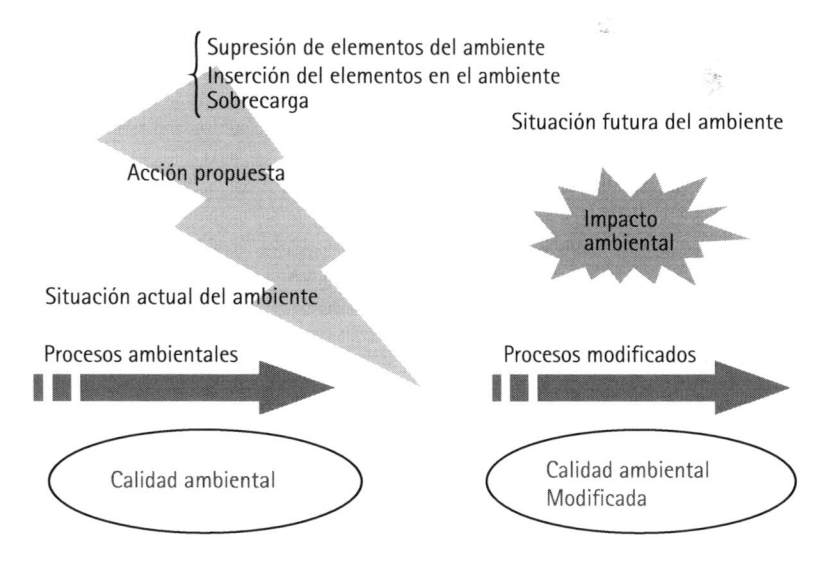

Fig. 1.11 *Proceso e impacto ambiental*

1.8 Evaluación de impacto ambiental

El término evaluación de impacto ambiental (EIA) entró en la terminología y en la literatura ambiental a partir de la legislación pionera que creó dicho instrumento de planificación ambiental, National Environmental Policy Act (NEPA), la ley de política nacional del medio ambiente de los Estados Unidos. Esa ley, aprobada por el Congreso en 1969, entró en vigencia el 1º de enero de 1970 y acabó transformándose en un modelo para las legislaciones similares en todo el mundo. La ley exige la preparación de una "declaración detallada" sobre el impacto ambiental de las iniciativas del gobierno federal americano.

Dicha declaración (*statement*) equivale al actual estudio de impacto ambiental necesario en muchos países para la aprobación de nuevos proyectos que puedan causar impactos ambientales significativos. El término *assessment* empezó a usarse en la literatura para designar el proceso de preparación de los estudios de impacto ambiental. Esta palabra inglesa tiene raíz latina – la misma que dio origen a asentar, sentar, en portugués y español- y es sinónimo de *evaluation*, otra palabra de origen latino, igual que evaluar. De allí que la traducción más común en lenguas latinas de *environmental impact assessment* sea evaluación de impacto ambiental, *avaliação de impacto ambiental*, *évaluation d'impact sur l'environnement*, *valutazione d'impatto ambientale*.

El significado y el objetivo de la evaluación de impacto ambiental se prestan a muchas interpretaciones. Sin duda, su sentido dependerá de la perspectiva, del punto de vista y del propósito de evaluar impactos. Las principales definiciones de evaluación de impacto ambiental se encuentran en los libros de texto sobre el tema. Algunas de ellas se trascriben a continuación:

- Actividad que tiene por objeto identificar, prever, interpretar y comunicar informaciones sobre las consecuencias de una determinada acción sobre la salud y el bienestar humanos (Munn, 1975, p. 23.).
- *Procedimiento* para alentar a los encargados de la toma de decisiones a que tengan en cuenta los posibles efectos de las inversiones en proyectos de desarrollo sobre la calidad ambiental y la productividad de los recursos naturales, e *instrumento* para recolectar y organizar datos que los planificadores necesitan para hacer que los proyectos en desarrollo sean más sustentables y ambientalmente menos agresivos (Horberry, 1984, p. 269).
- Instrumento de política ambiental, constituido por un *conjunto de procedimientos*, que desde el comienzo del proceso es capaz de asegurar la realización de un examen sistemático de los impactos ambientales de una acción propuesta (proyecto, programa, plan o política) y de sus alternativas, y que los resultados se presenten adecuadamente al público y a los responsables de la toma de decisión, y que sean puestos a su consideración. (Moreira, 1992, p. 33).
- La evaluación oficial de los probables efectos ambientales de una política, programa o proyecto; alternativas a la propuesta; y medidas a adoptar para proteger el ambiente (Gilpin, 1995, p. 4-5).
- Un proceso sistemático que examina anticipadamente las consecuencias ambientales de acciones humanas (Glasson, Therivel e Chadwick, 1999, p. 4).
- El proceso de identificar, prever, evaluar y mitigar los efectos más importantes de orden biofísico, social u otros de proyectos o actividades previo a la toma de importantes decisiones (IAIA, 1999).

La International Association for Impact Assessment (IAIA) adopta una definición sintética: "una evaluación de impacto, definida de manera simple, es el proceso de identificar las consecuencias futuras de una acción presente o que ha sido propuesta".

Aunque con diferentes formulaciones, dichos conceptos difieren poco en su esencia. Sea como instrumento o como procedimiento (o ambos), la evaluación de impacto ambiental es presentada como tendiente a prever las posibles consecuencias de una decisión. Está claro que los libros de texto toman como presupuesto las legislaciones adoptadas, a partir de la pionera ley americana de 1969, en gran número de países y que vinieron a exigir la aplicación de ese instrumento en determinadas situaciones. A estas exigencias se les sumaron los procedimientos adoptados por instituciones multi o bilaterales de ayuda al desarrollo y, más recientemente, las políticas voluntarias asumidas por algunas empresas. En todos esos contextos, la evaluación de impacto ambiental guarda determinadas características comunes: el carácter previo y el vínculo con el proceso decisorio son atributos esenciales del EIA, a los cuales se les adiciona la necesidad de participación pública en dicho proceso.

El carácter previo y preventivo de la EIA predomina en la literatura, pero también se pueden encontrar referencias a la evaluación de impactos de acciones o eventos pasados, por ejemplo, luego de un accidente que implique el vertido de alguna sustancia química. Aunque la noción de impacto ambiental presente en dichas evaluaciones sea fundamentalmente la misma que la de la EIA preventiva, el objetivo del estudio no es el mismo, como tampoco lo es el eje de las investigaciones. En este caso, la preocupación es en relación a los *daños* causados, o sea, los impactos negativos.

Es evidente que también los procedimientos de investigación son diferentes, ya que no se trata de anticipar una situación futura, sino de tratar de medir el daño ambiental y, ocasionalmente, de estimar económicamente las pérdidas. La Fig. 1.12 representa gráficamente esas dos acepciones de evaluación de impacto ambiental.

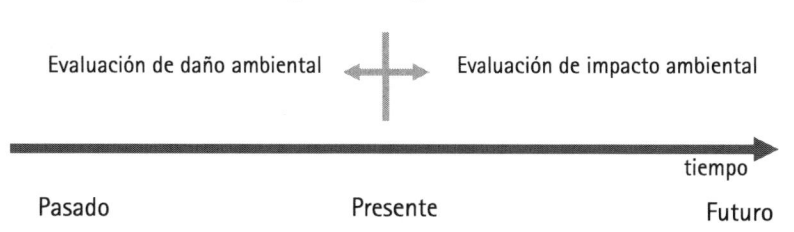

Fig. 1.12 *Dos acepciones distintas de la evaluación de impacto ambiental*

Para una mayor claridad, en este libro, EIA siempre estará referida como un ejercicio prospectivo, anticipatorio, previo y preventivo. El otro significado será el de actividad de *evaluación de daño ambiental*. Una se preocupa por el futuro, otra, por el pasado y el presente. Ambas tienen un procedimiento común, que es la comparación entre dos situaciones: en la evaluación de daño ambiental, se trata de efectuar la comparación entre la situación actual del ambiente y la que se supone que existió en algún momento del pasado. En la evaluación de impacto ambiental, se parte de la descripción de esa situación actual del ambiente para hacer una proyección de su situación futura con y sin el proyecto en análisis. Queda claro que, en ambos casos, es necesario el conocimiento de la situación actual del ambiente. Se denomina *diagnóstico ambiental* a la descripción de las condiciones ambientales existentes en determinada zona en el momento presente. El alcance y la profundidad del diagnóstico ambiental dependerá de los objetivos y de la finalidad de los estudios.

En ese orden de preocupaciones con el pasado, otro término muy utilizado es *pasivo ambiental o deuda ecológica*, entendido aquí como "el valor monetario necesario para reparar los daños ambientales" (Sánchez, 2001, p. 18). Algunos también usan en término para designar la propia manifestación (física) del daño ambiental: "acumulación de daños ambientales que deben ser reparados a fin de mantener la calidad ambiental de un determinado lugar" (Sánchez, 2001, p. 18).

1.9 RECUPERACIÓN AMBIENTAL

El ambiente afectado por la acción humana puede, en cierta medida, recuperarse mediante acciones dirigidas a ese fin. La recuperación de ambientes o de ecosistemas degradados implica medidas de mejoramiento del medio físico, por ejemplo, las condiciones del suelo, a fin de que se pueda restablecer la vegetación, o la calidad del agua, para que se puedan restablecer las comunidades bióticas, y medidas de manejo de los elementos bióticos del ecosistema, como la colocación de plantones de especies arbóreas o la reintroducción de la fauna.

Cuando se trata de ambientes terrestres, se ha usado el término *recuperación de zonas degradadas*. La Fig. 1.13 muestra diferentes ideas o variaciones del concepto de recuperación de zonas degradadas. En el eje vertical, se representa de manera cualitativa el grado de perturbación del medio, mientras que el eje horizontal muestra una escala temporal. A partir de una determinada condición inicial (no necesariamente la condición "original" de un ecosistema, sino la situación inicial a fines de estudiar la degradación), la zona analizada pasa a un estado de degradación cuya recuperación requiere, la mayoría de las veces, una intervención planificada: la recuperación de zonas degradadas. Vale recordar el concepto de recuperación ambiental expresado en la Fig. 1.3, que fundamentalmente significa darle a un ambiente degradado condiciones de uso productivo, restableciendo un conjunto de funciones ecológicas y económicas.

Recuperación ambiental es un término general que designa la *aplicación de técnicas de manejo tendientes a transformar un ambiente degradado en apto para un nuevo uso productivo, en tanto sea sustentable*. Entre las variantes de la recuperación ambiental, la restauración es entendida como *el retorno de una zona degradada a las condiciones existentes antes de la degradación*, con el mismo sentido empleado en la restauración de bienes culturales, como los edificios históricos. En ciertas situaciones, las acciones de recuperación pueden llevar un ambiente degradado a una condición ambiental mejor que la situación inicial (aunque, obviamente, sólo cuando la condición ambiental fuera la de un ambiente modificado). Un ejemplo sería una zona de pastaje con erosión intensa que pasa a usarse para la explotación mineral y a continuación es repoblada con vegetación nativa a los fines de la conservación ambiental.

La *rehabilitación* es la modalidad más frecuente de recuperación. En el caso de las actividades de la minería, ésta es la modalidad de recuperación ambiental

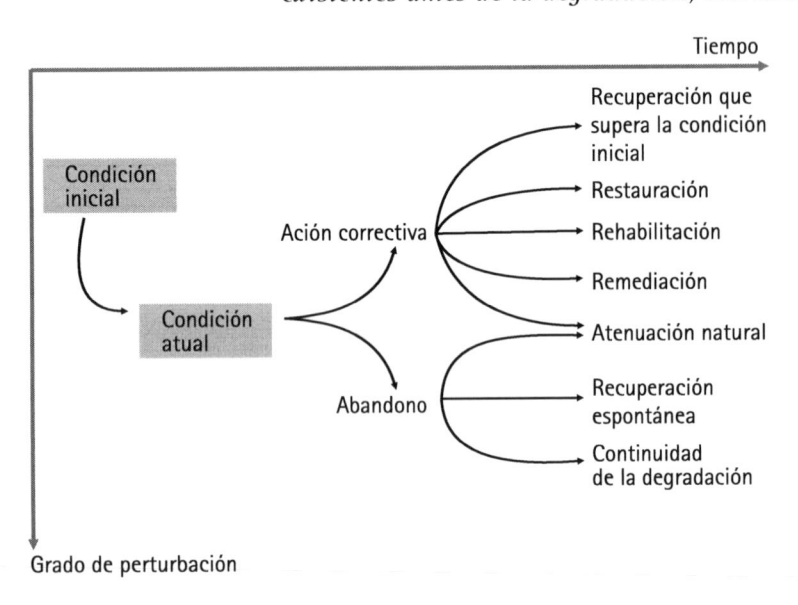

Fig. 1.13 *Diagrama esquemático de los objetivos de recuperación de zonas degradadas*

que pretende el reglamentador en muchos países, al establecer que el sitio degradado deberá tener una forma de utilización. Las acciones de recuperación ambiental tienden a habilitar la zona para que ese nuevo uso pueda tener lugar. La nueva forma de uso deberá adaptarse al ambiente rehabilitado, que puede tener características muy diferentes del que precedió la acción de degradación, por ejemplo, un ambiente acuático en lugar de un ambiente terrestre, práctica relativamente común en la minería. Rodrigues y Gandolfi (2001, p. 238) denominan esta nueva forma de uso como "redefinición", a través de la creación de un "ecosistema alternativo" (Cairns Jr., 1986, p. 473).

En Brasil, el Decreto Federal No 97.632, del 10 de abril de 1989, que establece la necesidad de preparación de un Plan de Recuperación de Zonas Degradadas para todas las actividades de extracción mineral, define que: "La recuperación deberá tener por objetivo el retorno del sitio degradado a una forma de utilización, de acuerdo con un plan preestablecido para el uso del suelo, tendiente a la obtención de una estabilidad del medio ambiente" (art. 3º).

La *remediación* es el término utilizado para designar la recuperación ambiental de un tipo particular de zona degradada, que son los sitios contaminados. Remediación es definida como la "aplicación de una técnica o conjunto de técnicas en un sitio contaminado, tendiente a la remoción o contención de los contaminantes presentes, de manera de asegurar una utilización para la zona, con límites aceptables de riesgos para los bienes a proteger"[1] (Cetesb, 2001). En México, remediación es entendida como "el conjunto de medidas a las que se someten los sitios contaminados para eliminar o reducir los contaminantes hasta un nivel seguro para la salud y el ambiente o prevenir su dispersión en el ambiente sin modificarlos"[2]. Una modalidad de remediación es conocida como *atenuación natural*, en la cual no se interviene directamente en la zona contaminada, sino que se deja que actúen los procesos naturales, como la biodegradación de moléculas orgánicas. La atenuación natural es una forma de regeneración que sólo es autorizada en zonas contaminadas si está acompañada de un programa de monitoreo.

La inexistencia de acciones de recuperación ambiental configura el abandono de la zona. Según el grado de perturbación o de la resiliencia del ambiente afectado, puede darse un proceso de regeneración, que es una recuperación espontánea. El abandono de una zona contaminada también puede, en ciertos casos, mediante procesos de atenuación natural de la contaminación, llevar a su recuperación.

Cuando se trata de ambientes urbanos degradados, se han empleado términos como *recalificación y revitalización*. Los ambientes urbanos pueden degradarse a causa de procesos socioeconómicos, como la disminución de las inversiones públicas o privadas en ciertas zonas, o como producto de la degradación del medio físico, como la contaminación de los ríos o de los suelos.

1.10 Síntesis

Definir con claridad el significado de los términos que emplea es una obligación del profesional ambiental. Este profesional está siempre en contacto con legos y técnicos

---

[1] *"Bienes a proteger" es la terminología adoptada en el Manual de Zonas Contaminadas de la CETESB, la agencia ambiental del Estado de São Paulo. Corresponden a los recursos ambientales definidos en la Ley de Política Nacional del Medio Ambiente, para la salud y el bienestar públicos.*

[2] *Ley General para la Prevención y Gestión Integral de los Residuos de 28 de abril de 2003, Art. 5, XXVIII.*

de las más diversas áreas y especialidades. La comunicación es una necesidad indisociable de la actuación profesional en el área ambiental. Por otro lado, establecer una terminología común es obligatorio para una comunicación eficaz entre autor y lector. A lo largo de este texto, se adoptarán los siguientes conceptos.

- Contaminación: introducción en el medio ambiente de cualquier forma de materia o energía que pueda afectar negativamente al hombre o a otros organismos.
- Impacto ambiental: alteración de la calidad ambiental que es resultado de la modificación de procesos naturales o sociales provocada por la acción humana.
- Aspecto ambiental: elemento de las actividades, productos o servicios de una organización que puede interactuar con el medio ambiente (según ISO 14.001: 2004).
- Efecto ambiental: alteración de un proceso natural o social resultante de una acción humana.
- Degradación ambiental: cualquier alteración adversa de los procesos, funciones o componentes ambientales, o alteración adversa de la calidad ambiental.
- Recuperación ambiental: aplicación de técnicas de manejo tendientes a transformar un ambiente degradado en apto para un nuevo uso productivo, en tanto sea sustentable.
- Diagnóstico ambiental: descripción de las condiciones ambientales existentes en determinada zona en el momento presente.
- Evaluación de impacto ambiental: proceso de examen de las consecuencias futuras de una acción presente o que ha sido propuesta.

Origen y difusión de la evaluación de impacto ambiental

2

La evaluación de impacto ambiental (EIA) es un instrumento de política ambiental adoptado actualmente en muchísimas jurisdicciones –países, regiones o gobiernos locales- y por parte de entidades privadas. En los tratados internacionales se la reconoce como un mecanismo potencialmente eficaz de prevención del daño ambiental y de promoción del desarrollo sustentable. Su formalización ocurrió por primera vez en los Estados Unidos, a través de una ley aprobada por el Congreso americano en 1969. A partir de entonces, la EIA se diseminó, alcanzando hoy en día una difusión mundial. En la actualidad, más de un centenar de países incorporaron a sus legislaciones previsiones en las que se requiere la evaluación previa de los impactos ambientales. Si a esto se le suman los procedimientos formales seguidos por las agencias bi y multilaterales de desarrollo, se puede afirmar que la EIA se emplea a nivel universal.

2.1 Orígenes

La sistematización de la evaluación de impacto ambiental como actividad obligatoria, a realizarse antes de la toma de determinadas decisiones que puedan significar consecuencias ambientales negativas, ocurrió en los Estados Unidos a partir de la ley de política nacional del medio ambiente de dicho país, la National Environmental Policy Act, normalmente referida con la sigla NEPA. Esta ley fue aprobada por el Congreso en diciembre de 1969 y entró en vigor el día 1º de enero de 1970, requiriendo de "todas las agencias del gobierno federal" (artículo 102 de la ley):

> (A) utilizar un abordaje sistemático e interdisciplinario que garantizará el uso integrado de las ciencias naturales y sociales y de las artes de la planificación ambiental en las tomas de decisión que puedan tener un impacto sobre el ambiente humano;
> (B) identificar y desarrollar métodos y procedimientos, en consulta con el Consejo de Calidad Ambiental establecido por el Título II de esta ley, que garantizarán que los valores[1] ambientales que en el presente no han sido cuantificados serán tomados adecuadamente en consideración en la toma de decisiones, junto con consideraciones técnicas y económicas;
> (C) incluir, en cualquier recomendación o informe sobre propuestas de legislación y otras importantes[2] acciones federales que afecten significativamente la calidad del ambiente, una declaración[3] detallada del funcionario responsable sobre:
> (i) el impacto de la acción propuesta,
> (ii) los efectos ambientales adversos que no pueden evitarse, en caso de que la propuesta se implemente,
> (iii) alternativas a la acción propuesta,
> (iv) la relación entre los usos locales y de corto plazo del ambiente humano y el mantenimiento y mejora de la productividad a largo plazo, y
> (v) cualquier compromiso irreversible e irrecuperable de recursos a involucrar si la acción propuesta se llegara a implementar.

[1] *En inglés, amenities.*

[2] *En el original, major.*

[3] *En inglés, statement.*

El campo de aplicación de la NEPA es muy complejo. Resumidamente, la ley se aplica a decisiones del gobierno federal que puedan acarrear modificaciones ambientales significativas, lo que incluye proyectos de agencias gubernamentales y también proyectos privados que necesiten de aprobación del gobierno federal, como la explotación minera en tierras públicas, centrales hidroeléctricas y nucleares etc.

El Consejo de Calidad Ambiental (Council on Environmental Quality [CEQ]), la institución creada por la NEPA, es un elemento fundamental para alcanzar los objetivos de "crear y mantener las condiciones para que hombre y naturaleza puedan existir en armonía productiva y cumplir con los anhelos sociales y económicos de las generaciones presentes y futuras de americanos" (Sec. 101 [a]). El CEQ está formado por tres miembros nombrados por el Presidente, con la aprobación del Senado; está directamente subordinado a la Presidencia, y tiene un estatus equivalente al del Consejo de Actividades Económicas. Supuestamente, ello permitiría que las consideraciones ambientales merecieran la misma atención que las cuestiones económicas en las decisiones gubernamentales. Una de las principales funciones del CEQ es asegurar que las agencias del gobierno federal implementen efectivamente los requisitos de la NEPA, o sea, tomen en cuenta las consecuencias de sus acciones sobre el ambiente humano *antes* de la toma de decisiones.

Uno de los artífices de la NEPA fue el profesor de ciencia política Lynton Caldwell, invitado por el Senado como asesor en la discusión y redacción del proyecto de ley. Según Caldwell (1977, p. 12), para que la política fuese eficaz, eran necesarios dos enfoques: el primero era establecer un fundamento sustantivo, "expresado a través de declaraciones, resoluciones, leyes o directrices"; el segundo, brindar los medios para la acción, teniendo en cuenta "que un aspecto crítico es el mecanismo para asegurar que la acción pretendida [realmente] se lleve a cabo. El mecanismo fue justamente el *environmental impact statement* (EIS), inicialmente concebido como una "*checklist* de criterios para la planificación ambiental" (Caldwell, 1977, p. 12). De acuerdo, también, a Caldwell (p. 15), "entre las decenas de proyectos de ley sobre política ambiental (...) ninguno era operativo", o sea, ninguno de ellos incluía algún mecanismo para garantizar la implementación práctica de los principios retóricos enunciados. Durante los debates de 1969, la idea de "evaluar los efectos (...) sobre el estado del medio ambiente" ganó fuerza y se transformó en la redacción de la Sección 102 (C) de la ley, antes transcripta. Caldwell (p. 16) afirma que, curiosamente, "la exigencia de un EIS no generó debate ni suscitó apoyos u objeciones externas".

Fue recién luego de la aprobación de la ley que sus implicaciones empezaron a entenderse: "la NEPA tomó por sorpresa a los empresarios y a los burócratas públicos (...) e inclusive las agencias gubernamentales no la tomaron en serio hasta que los tribunales comenzaron a exigir el estricto cumplimiento de la exigencia del estudio de impacto ambiental" (Caldwell, 1989, p. 27). Fueron varios los cuestionamientos llevados ante la Justicia, desde planteos de que las agencias implementaban la ley de forma meramente formal, hasta la alegación de supuestas tomas de decisión sin tener en cuenta la ley. En dos años, las agencias federales produjeron 3.635 estudios de impacto ambiental, llegando a 149 el número de acciones judiciales interpuestas. Nueve años más tarde, ya había cerca de 11.000 estudios y nada menos que 1.052 acciones en la Justicia (Clark, 1997).

Otro actor privilegiado del proceso de concepción y aprobación de la NEPA fue el asesor legislativo Daniel Dreyfus, para quien la NEPA es una excepción a la regla según la cual "las intenciones originales de los formuladores de políticas públicas terminan sufriendo transformaciones cuando los responsables de su implementación toman las riendas. En el caso de la NEPA, los objetivos fueron ampliados durante la implementación, y el impacto de la ley se sintió más allá de las expectativas iniciales" (Dreyfus e Ingram, 1976, p. 243). Para el senador Henry Jackson, que presentó el proyecto al Congreso, "el aspecto más importante de ley es que establece nuevos procesos decisorios para todas las agencias del gobierno federal" (Spensley, 1995, p. 310).

Los mecanismos de implementación no eran triviales. El objetivo del *environmental impact statement* no era "recabar datos o preparar descripciones, sino forzar un cambio en las decisiones administrativas" (Dreyfus e Ingram, 1976, p. 254). A fin de guiar la aplicación de los requisitos de la Política Nacional de Medio Ambiente de los Estados Unidos, el Consejo de Calidad Ambiental publicó, el 1º de agosto de 1973, sus lineamientos para la elaboración y presentación del EIS. Esos lineamientos establecieron los fundamentos de lo que vendrían a ser los estudios de impacto ambiental no sólo en los EEUU sino en diversos países, que terminaron inspirándose en el modelo americano para implementar sus propias leyes y reglamentos sobre la evaluación de impacto ambiental.

[4] *43 Federal Register 55.990, Nov. 28, 1978. Un decreto de 1977 (Executive Order 11.991) determinó que el CEQ adoptara un reglamento para uniformizar los procedimientos de preparación y análisis de los EIS. En el sistema norteamericano, los reglamentos (regulations) tienen aplicación obligatoria, al contrario de las directrices (guidelines).*

El texto de la NEPA, al establecer principios y líneas generales de la política ambiental, nunca fue modificado. Sin embargo, la aplicación de directrices establecidas por el CEQ en 1973 reveló ser, en varios puntos, insatisfactoria, lo que motivó su reemplazo por un reglamento, publicado el 28 de noviembre de 1978[4]. Es tarea de las diferentes agencias (ministerios, departamentos, servicios etc.) aplicar la NEPA. Para ello, cada agencia desarrolló sus propias directrices y procedimientos. La responsabilidad del CEQ es solamente establecer las directrices generales, velar por la buena aplicación de la ley y efectuar un seguimiento de su aplicación. En ciertas situaciones, también le cabe un rol de árbitro, cuando hay desacuerdo entre agencias gubernamentales acerca de los impactos ambientales de ciertos proyectos. Se trata del proceso conocido como referral, el que no obstante es ocasional. El CEQ registró solamente 27 casos hasta 2003.

Por otro lado, como la NEPA sólo se aplica a acciones del gobierno federal, diversos Estados aprobaron sus propias leyes en los años que le siguieron a la aprobación de la NEPA. Actualmente hay 17 Estados con "requisitos de planificación ambiental similares a los de la NEPA", siendo California, Washington y Nueva York reconocidos como los más avanzados (Welles, 1997, p. 209).

Un punto fundamental en cuanto a los orígenes de la evaluación de impacto ambiental es que el instrumento no nació listo ni fue concebido por un grupo de iluminados. Por un lado, la EIA es resultado de un proceso político que procuró atender una demanda social, que estaba más madura en los Estados Unidos a fines de los años 60. Por el otro, la EIA evolucionó a lo largo del tiempo, modificándose a medida que la experiencia práctica iba dejando su lección. Evolucionó en los propios Estados Unidos y se modificó o se adaptó según se fue aplicando en otros contextos culturales o políticos, pero siempre dentro del objetivo primario de prevenir la degradación ambiental y de colaborar con el proceso decisorio, para estar informado de las consecuencias antes de tomar cada decisión.

2.2 Difusión internacional: los países desarrollados

En los países del Norte, la adopción de la EIA se debió fundamentalmente a la similitud de sus problemas ambientales, resultantes, a su vez, de su estilo de desarrollo. Canadá

(1973), Nueva Zelanda (1973) y Australia (1974) estuvieron entre los primeros países en adoptar políticas que disponían que la evaluación de los impactos ambientales debía preceder las decisiones gubernamentales importantes (Cuadro 2.1). De la misma

Cuadro 2.1 *Hitos de la introducción de la EIA en algunos países desarrollados seleccionados*

Jurisdicción	Año de introducción	Principales instrumentos legales
Canadá	1973	Decisión del Consejo de Ministros de establecer un proceso de evaluación y examen ambiental del 20 de diciembre de 1973, modificado el 15 de febrero de 1977 Decreto sobre las directrices del proceso de evaluación y examen ambiental, del 22 de junio de 1984. Ley Canadiense de Evaluación Ambiental sancionada el 23 de junio de 1992
Nueva Zelanda	1973	Procedimientos de protección y mejora ambiental de 1973 Ley de Gestión de Recursos de julio de 1991
Australia	1974	Ley de Protección Ambiental (Impacto de Propuestas), de diciembre de 1974, modificada en 1987 Ley de Protección Ambiental y Protección de la Biodiversidad de 1999
Francia	1976	Ley 629 de Protección de la Naturaleza, del 10 de julio de 1976 Ley 663 sobre las Instalaciones Registradas para la Protección del Ambiente, del 19 de julio de 1976 Decreto 1.133, del 21 de septiembre de 1977, sobre instalaciones registradas Decreto 1.141, del 12 de octubre de 1977, para la aplicación de la Ley de Protección de la Naturaleza Ley 630, del 12 de julio de 1983, sobre la democratización de las consultas públicas
Unión Europea	1985	Directiva 85/337/EEC, del 27 de junio de 1985, sobre la evaluación de los efectos ambientales de ciertos proyectos públicos y privados Modificada por la Directiva 97/11/EC, del 3 de marzo de 1997
Rusia (en esa época, Unión Soviética)	1985	Instrucción del Soviet Supremo para la realización de "peritaje ecológico de Estado" Decisión del Comité Estatal de Construcción de 1989, estableciendo la presentación de una "evaluación documentada de impacto ambiental" Ley de Protección Ambiental de la República Rusa de 1991 Reglamento de 1994, del Ministerio de Medio Ambiente, sobre EIA
España	1986	Real Decreto Legislativo 1.302, del 28 de junio de 1986, modificado por el Real Decreto 1/2008 y por la Ley 6/2010 (modificación del texto refundido de la Ley de Evaluación de Impacto Ambiental de Proyectos)
Holanda	1987	Decreto sobre EIA, del 1° de septiembre de 1987, modificado el 1° de septiembre de 1994
República Checa	1992	Ley 244, del 15 de abril de 1992, sobre EIA Decreto 499, del 1° de octubre de 1992, sobre competencia profesional para la evaluación de impactos y sobre medios y procedimientos para la discusión pública de la opinión de los peritos
Hungría	1993	Decreto 86: reglamento provisorio sobre la evaluación de los impactos ambientales de ciertas actividades Ley Ambiental de marzo de 1995, incluyendo un capítulo sobre EIA
Hong Kong	1997	Ley de Evaluación de Impacto Ambiental, del 5 de febrero de 1997
Japón	1999	Ley de Evaluación de Impacto Ambiental, del 12 de junio de 1999

Fuentes: elaborado a partir de diversas fuentes, incluyendo folletos editados por organismos gubernamentales, sites gubernamentales y Bellinger et al. (2000).

forma que los Estados Unidos, dichos países fueron colonias británicas, habiendo heredado un sistema jurídico y político muy semejante. Por otro lado, la explotación de los recursos naturales tuvo un rol históricamente muy importante en todos ellos y, al intensificarse luego de la Segunda Guerra Mundial, puso en evidencia el vasto alcance de los impactos ambientales acumulados. Países de estructura federativa, varias provincias y Estados en Australia y en Canadá, así como en los Estados Unidos, también adoptaron leyes sobre EIA, ampliando así el objetivo y el campo de aplicación de dicho instrumento (Cuadro 2.2).

Cuadro 2.2 *Ejemplos de institucionalización de la EIA en algunas jurisdicciones subnacionales*

Jurisdicción	Año de introducción	Principales instrumentos legales
California, EEUU	1970	Ley de Calidad Ambiental de California, diversas modificaciones posteriores
Nueva York, EEUU	1978	Ley de Examen de la Calidad Ambiental, de 1978, modificada en 1987 y en 1996
Alberta, Canadá	1973	Ley de Conservación y Recuperación de Tierras
Ontario, Canadá	1974	Ley de Evaluación de Impacto Ambiental, de 1975 Ley sobre las Evaluaciones Ambientales, de 1990
Quebec, Canadá	1978	Modificación de la Ley sobre la Calidad del Ambiente (de 1972) Reglamento sobre la evaluación de impacto ambiental, de 1980, modificado en 1996
Columbia Británica, Canadá	1979	Ley de Ambiente y Uso del Suelo y otras leyes (hasta 2002 no había un proceso único de EIA, sino diferentes procesos creados por diferentes leyes que establecían la necesidad de obtención de licencias) Ley de Evaluación Ambiental de diciembre de 2002
Norte de Quebec, Canadá	1975	Convención de la Bahía James y del Norte de Quebec (este acuerdo, firmado entre los gobiernos de Canadá y de Quebec y las comunidades autóctonas Inuit y Cri, establece un régimen particular de EIA en toda la porción norte del territorio provincial; los Cri y los Inuit crearon sus propios comités para dirigir el proceso de EIA)
Nueva Gales del Sur, Australia	1974	Principios y Procedimientos para Evaluación de Impacto Ambiental de la Comisión Estadual de Control de Contaminación, de 1974
Victoria, Australia	1978	Directrices para Evaluación Ambiental, de 1977 Ley sobre Efectos Ambientales, de marzo de 1978 Directrices para Evaluación Ambiental, de 1977
Australia Occidental, Australia	1978	Ley de Protección Ambiental, modificada en 1986 Procedimientos Administrativos de Evaluación de Impacto Ambiental, de 1993, modificados en 2002
Islas Baleares, España	1986	Decreto 4/1986, sobre implementación y regulación de los estudios de impacto ambiental
Castilla y León, España	1994	Ley 8/1994, sobre Evaluación de Impacto Ambiental y Auditoría Ambiental, modificada por la Ley 6/1996 Decreto 209/1995, que aprueba el reglamento de la ley

Fuentes: elaborado a partir de diversas fuentes, incluyendo folletos editados por organismos gubernamentales, sites gubernamentales, Couch (1988), Morrison-Saunders y Bailey (2000) y Palerm (1999).

En Europa, en tanto, el modelo americano de EIA no fue bien visto, por lo menos en un primer momento. Los gobiernos sostenían que sus políticas de planificación ya tomaban en cuenta la variable ambiental, situación que se opondría a la de los Estados Unidos, país donde la planificación tenía poca tradición. Aun así, luego de cinco años de discusión y cerca de 20 borradores (Wathern, 1988b), la Comisión Europea adoptó una resolución (Directiva 337/85), de aplicación obligatoria por parte de los países miembros de la entonces Comunidad Económica Europea (actual Unión Europea), obligándolos a adoptar procedimientos formales de EIA como criterio de decisión para una serie de emprendimientos considerados capaces de causar una significativa degradación ambiental. En verdad, la elaboración de la directiva europea tardó diez años, dado que los estudios preliminares comenzaron en 1975.

Para Wathern (1988b), cuando finalmente se aprobó la directiva, representó grandes cambios para aquellos países donde la EIA había sido prácticamente omitida en las políticas públicas: Bélgica, España, Grecia, Italia y Portugal. Los demás países, de diferentes formas, ya aplicaban alguna modalidad de EIA (en general asociada a la planificación territorial), aunque solamente Francia tenía un sistema formalizado y asentado en una ley.

Francia, de hecho, se anticipó y fue el primer país de Europa en adoptar la evaluación de impacto ambiental a través de la ley de 1976. En rigor de verdad, fue el único en legislar sobre la EIA antes de la directiva europea.

A diferencia de los Estados Unidos –y sin duda en función de un régimen jurídico y de una organización administrativa muy diferentes–, la EIA se adoptó en Francia como una modificación en el sistema de licenciamiento (o autorización gubernamental) de industrias y otras actividades que puedan causar impacto ambiental, de manera que los estudios de impacto ambiental los debe hacer el propio interesado, mientras que, según la NEPA, en los Estados Unidos es la agencia gubernamental encargada de la toma de decisiones la que debe proceder a la evaluación de los potenciales impactos que podría causa dicha decisión. Además, en el modelo francés, la exigencia se aplica a cualquier propuesta, sea ésta de un proponente público o privado, mientras que la legislación federal americana se aplica, fundamentalmente, a propuestas públicas federales o a decisiones del gobierno federal sobre iniciativas privadas[5].

Como sucedió en muchos países, en Francia hubo mucha resistencia de algunos sectores gubernamentales y empresariales a la nueva exigencia de preparación previa de un estudio de impacto ambiental (Sánchez, 1993b). La reglamentación de la ley francesa tardó más de un año, y los nuevos procedimientos efectivamente entraron en vigencia en 1978. No obstante, la aplicación de la ley se consolidó rápidamente y su vasto campo de aplicación llevó a la preparación de aproximadamente 5.000 a 6.000 estudios de impacto por año (Turlin y Lilin, 1991), cifra mucho más alta que la cantidad de estudios de impacto preparada en otros países, como los EEUU (Kennedy, 1984). Un aspecto relevante de la EIA en Francia es que los procedimientos instituidos en 1976 introdujeron una nueva exigencia –la presentación previa de un estudio de impacto– a un proceso de licenciamiento que ya estaba en vigencia para algunas actividades desde 1917. Inclusive, ya existían procedimientos de consulta pública para obras que necesitaran de un decreto de utilidad pública a los fines de una

---

[5] *Varios Estados americanos también adoptaron legislaciones que exigían la aplicación de la evaluación de impacto ambiental para las decisiones dentro de su ámbito jurisdiccional, en algunos casos aplicándose también a diferentes tipos de proyectos privados, como es el caso de California.*

expropiación. O sea, la EIA representó una evolución de las prácticas de planificación ya existentes y fue incorporada a una estructura administrativa preexistente. Aquí también se advierte una diferencia entre la manera como surgió en Francia la EIA y como se la adoptó en otros países, puesto que no se creó ninguna nueva institución para implementar el nuevo instrumento, sino tan sólo un departamento dentro del Ministerio de Medio Ambiente, activo desde 1971. Es más, el término evaluación de impacto ambiental hasta hoy es poco usado en Francia, predominando simplemente el término *étude d'impact*, que resume tanto el propio estudio como el proceso de evaluación de impacto ambiental.

Un indicador que ilustra las diferencias de receptividad del EIA en los Estados Unidos y en Francia es el porcentaje de casos que generaron interposiciones de acciones judiciales: mientras en los EEUU nada menos que el 10% de las decisiones basadas en un *environmental impact statement* merecieron una acción judicial en los tribunales en el período 1970-1983 (Kennedy, 1984), solamente el 0,65% de los *études d'impact* franceses fueron objetados judicialmente durante los primeros cinco años de aplicación de la nueva ley (Hébrard, 1982).

El extenso campo de aplicación de los estudios de impacto en Francia y su recepción "suave" por parte de la administración pública dieron como resultado una cierta banalización del procedimiento y su excesiva burocratización (Sánchez, 1993b). Aun así, las nuevas exigencias ayudaron a modificar sustancialmente la postura de las empresas públicas y privadas, lo que condujo a la modificación de los proyectos como condición indispensable para su aprobación, llegándose inclusive al rechazo en la concesión de algunas licencias.

Sin duda, la preocupación por evitar la avalancha de acciones judiciales observada en los Estados Unidos estuvo presente en la configuración de la mayoría de los procedimientos de evaluación de impactos. En Alemania, diversos estudios sugerían la elevación al Parlamento de un proyecto de ley, preparado en 1973 por un grupo de especialistas a invitación del gobierno federal. No obstante, el proyecto nunca se envió al Parlamento (Cupei, 1994). El gobierno federal adoptó recomendaciones, el 12 de octubre de 1975, bajo el rótulo de "Principios para la Evaluación de Impacto Ambiental de Acciones Federales", cuyo cumplimiento no era obligatorio y no podía ser controlado por los tribunales. Además, los Estados tampoco tenían ninguna obligación en ese sentido (Kennedy, 1981). Ese documento, "por su escaso poder formal, no logró obligar a nadie a producir dicho informe [de impacto ambiental]" (Summerer, 1994, p. 407).

Sólo después de la aprobación de la directiva europea, y como obligación de todo Estado miembro, Alemania adoptó una ley sobre EIA, conocida como *Umweltverträglichkeitprufung* (UVP), cuya traducción directa sería "examen de compatibilidad ambiental" (según Muller-Planterberg y Ab'Sáber (1994, p. 323), y, para Schlupmann (1994, p. 366), "estudio de consecuencias ambientales"). Schlupmann (1994) relata que fueron pocas las discusiones que precedieron a la aprobación del proyecto del ley en el Parlamento, lo que parece paradójico en un país en el cual el movimiento ambientalista fue pionero en lograr un amplio reconocimiento local. Este autor considera que, justamente, el "temor a la presión popular", que tenía como trasfondo las protestas contra las centrales nucleares, "constituyó el hilo conductor de la historia de la Ley de EIA" (p. 373), la cual, en su análisis y haciendo de eco de otros críticos, establece un procedimiento excesivamente burocrático con poco espacio para la participación pública. La ley alemana sobre UVP data del 12 de febrero de 1990, cuando ya habían transcurrido 20 años desde la NEPA.

En parte, las dificultades de adaptación de la directiva europea al ordenamiento jurídico de cada país miembro son resultado de la existencia anterior, en dichos países, de exigencias de planificación territorial y de control de contaminación, que tuvieron que ser modificadas para incorporar el nuevo instrumento sin poner en riesgo las garantías representadas por dichas leyes. Si en algunos países, como España, la introducción de la EIA se dio a través de nuevas leyes o decretos que establecieron la necesidad de preparación de un estudio de impacto ambiental dentro de los moldes preconizados por la directiva europea, casi transcribiéndola, en otros países las exigencias de EIA contuvieron una compleja legislación de planificación, como en el Reino Unido, donde la directiva europea se implementó a través de más de 40 "reglamentos secundarios" (Glasson y Salvador, 2000).

La difusión de la EIA en otros países desarrollados continuó durante la década del 90, llegando a Japón y a Hong Kong, ex colonia británica y luego Región Administrativa Especial de China. A la vez, en países en donde la práctica ya estaba bien establecida, como Canadá, Australia y Nueva Zelanda, los procesos se vieron fortalecidos mediante la creación de leyes o la reforma de los procedimientos (Cuadros 2.1 y 2.2). Es por ello que no se puede dejar de registrar que la EIA ha pasado por una continua evolución, en la cual se vienen reviendo las prácticas y se formulan nuevos procedimientos y exigencias, en base al aprendizaje que brinda una evaluación crítica de los resultados, esencial para la vigencia de toda política pública. Un avance significativo es la evaluación ambiental estratégica, o evaluación del impacto de políticas, planes y programas, y no de proyectos, obras o actividades. Ese tema, sin embargo, no será abordado en este libro.

2.3 Difusión internacional: los países en desarrollo

Las razones de la difusión internacional de la EIA son muchas. Tal vez la principal de ellas sea que tanto los países llamados desarrollados como los que se ha dado en llamar en desarrollo tienen diferentes problemas ambientales en común. En otras palabras, el estilo de desarrollo adoptado engendra formas semejantes de degradación ambiental.

> En 1972, en la época de la Conferencia de Estocolmo, existían sólo once organismos ambientales nacionales, la mayoría en países industrializados. En 1981, la situación había cambiado drásticamente: ahora se trataba de 106 países, la mayoría en países en vías de desarrollo. Tras una nueva década, en 1991, prácticamente todos los países disponían de algún tipo de institución similar (Monosowski, 1993, p. 3).

También tuvo un importante rol en la adopción del instrumento por parte de los países del Sur la actuación de las agencias bilaterales de fomento al desarrollo, como la U.S. Agency for International Development (USAID) y sus congéneres de los países de la OCDE (Organización para la Cooperación y Desarrollo Económico), así como las agencias multilaterales, que son los bancos de desarrollo, como el Banco Mundial y el Banco Interamericano de Desarrollo (BID).

Hubo en los EEUU sentencias de los tribunales en las que se decidió que incluso las acciones externas del gobierno federal americano deberían sujetarse a la NEPA, afectado así sus proyectos de cooperación para el desarrollo e incluso las actividades de investigación en la Antártida que, coordinadas por el U.S. National Research Council, fueron consideradas como acciones del gobierno federal que podían causar una significativa degradación ambiental. En 1975, cuatro ONG ambientalistas americanas interpusieron una acción judicial contra la USAID, tratando de obligarla a preparar estudios de impacto ambiental, en los términos de la NEPA. En consecuencia, la USAID fue la primera agencia de cooperación internacional en aplicar regularmente procedimientos de evaluación de los impactos de sus proyectos (Horberry, 1988; Runnals, 1986).

La ley americana de cooperación para el desarrollo (Foreign Assistance Act) fue modificada en 1978, pasando a imponer la necesidad formal de preparar estudios de impacto ambiental para los proyectos de cooperación (Runnals, 1986). A partir de la acción de las ONGs en la Justicia americana y después de la modificación de la ley de asistencia, la USAID estableció una política ambiental y creó diversos procedimientos para tomar en consideración las consecuencias ambientales de sus proyectos; también tuvo que realizar una reforma administrativa y contratar nuevos técnicos para actuar en planificación y gestión ambiental (Horberry, 1988). Posteriormente, las principales agencias de cooperación para el desarrollo, como la canadiense ACDI/CIDA, la dinamarquesa Danida y varias otras, establecieron sus propios procedimientos de evaluación de proyectos, empleando en general los mismos criterios que debían usar otras agencias de sus respectivos gobiernos para analizar sus proyectos internos. Sin embargo, hasta 1986, las agencias de cooperación de la mayoría de los países de la OCDE tenían una experiencia muy limitada con la evaluación ambiental de sus actividades (OECD, 1986). Aunque la mayoría de sus países miembros aplicara la EIA para muchos proyectos internos que podían causar impactos significativos, dicho procedimiento no se aplicaba para los mismos tipos de proyecto cuando se llevaban a cabo en un país en desarrollo con financiamiento de un país de la OCDE (Kennedy, 1988). Fue recién a partir de fines de los años 80 y principalmente en los 90 que dicha actividad se consolidó.

Un hito en ese proceso de internacionalización de la evaluación de impacto ambiental es la Recomendación del Consejo Directivo de la OCDE, aprobada el 20 de junio de 1985, según la cual los países miembros de la organización deben garantizar que:

> (a) Proyectos y programas de asistencia al desarrollo que, debido a su naturaleza, envergadura y/o ubicación, puedan afectar significativamente el ambiente, deben ser evaluados desde un punto de vista ambiental en la etapa más inicial posible;
> (b) Al examinar si un proyecto o programa específico debe estar sujeto a una evaluación ambiental detallada, las agencias de cooperación de los países miembros deben prestar especial atención a los proyectos o programas enumerados en el Anexo [...]

El documento trae un anexo con una lista de los proyectos y programas que más necesitan de evaluaciones ambientales. Actualmente, las principales agencias de cooperación tienen listas propias y procedimientos más sofisticados para encuadrar los proyectos de asistencia de acuerdo con el nivel de detalle de la evaluación ambiental necesaria.

Otra recomendación del Consejo de la OCDE, aprobada el 23 de octubre de 1986, exhorta a los países miembros a:

> (a) Apoyar activamente la adopción formal de una política de evaluación ambiental para sus actividades de asistencia al desarrollo;
> (b) Examinar la adecuación de los procedimientos y prácticas actuales en lo relativo a la implementación de dicha política;
> (c) Desarrollar, a la luz de este examen y en la medida necesaria, procedimientos eficaces para un proceso de evaluación ambiental, considerando, en la medida que sea necesario, el Anexo I; [...]
> (g) Garantizar la provisión de recursos humanos y financieros para los países en desarrollo que desean mejorar su capacitación para realizar evaluaciones ambientales, considerando en todo o en parte las medidas del Anexo II.

De esta forma, la OCDE recomendó un modelo de proceso de evaluación de impacto ambiental para analizar los proyectos de ayuda al desarrollo que es consistente con las buenas prácticas internacionales de EIA, proponiendo fomentar la capacidad de los países receptores en la evaluación interna de los impactos ambientales. Consecuentemente, no solamente muchos proyectos fueron evaluados individualmente, sino que también se multiplicaron los programas de cooperación dirigidos específicamente al fortalecimiento institucional y a la formación de recursos humanos que participan de la evaluación ambiental en los países en desarrollo. Por ejemplo, la agencia canadiense de cooperación financió cerca de 41 millones de dólares canadienses para un Proyecto de Desarrollo de Gestión ambiental en Indonesia, liderado por la Universidad Dalhousie y que llevó a cabo entre 1983 y 1994 un consorcio de universidades canadienses e indonesias, en colaboración con el Ministerio de Medio Ambiente de Indonesia. El proyecto incluyó un gran componente de capacitación en evaluación de impacto ambiental y la publicación de guías y directrices (Villamere y Nazrudin, 1992).

También en las instituciones multilaterales, como los bancos de desarrollo, el período que va de fines de los años 80 a inicios de los 90 marcó una inflexión en las políticas relativas a las consecuencias ambientales de sus actividades. El Banco Mundial tuvo un rol muy importante en la difusión de la EIA, tomando en cuenta que mueve miles de millones de dólares anuales en proyectos de desarrollo en los países del Sur, muchos de ellos capaces de causar impactos ambientales significativos. Los primeros estudios de impacto ambiental hechos en Brasil estuvieron dirigidos a proyectos financiados en parte por el Banco Mundial, como las represas de Sobradinho, en el río San Francisco, en 1972 (Moreira, 1988), y Tucuruí, en el río Tocantins, éste realizado en 1977 (Monosowski, 1986; 1990), un año después de iniciada la construcción de la represa. En esa época, no había legislación brasileña que exigiera tales estudios, que por lo tanto no estuvieron sometidos a la aprobación gubernamental, sino que el Banco los utilizó para decidir acerca de las condiciones de los préstamos.

El Banco Mundial se vio involucrado, entre otras razones, por la presión que ejercieron las organizaciones no gubernamentales ambientalistas, y por las fuertes críticas de estas organizaciones a los importantes impactos ecológicos y socioculturales de los grandes proyectos financiados por el Banco (Rich, 1985). Un caso sistemáticamente citado como uno de los peores ejemplos de actuación del Banco fue el préstamo concedido al gobierno brasileño para la pavimentación de la carretera BR-364, de Cuiabá a Porto Velho, en los años 80: se señaló que la obra impulsaba un proceso perverso de ocupación de la región, causando la deforestación indiscriminada y diezmando a grupos indígenas (Lutzemberger, 1985). Las críticas tuvieron repercusión en el Congreso de los Estados Unidos, país que, por ser el mayor accionista del Banco, siempre eligió a su presidente. Los congresistas convocaron al secretario del Tesoro (equivalente al ministro de Economía) para exponer acerca de los actos del Banco, presionándolo para exigirle que se le diera mayor importancia a los impactos ambientales de los proyectos financiados por el Banco, como uno de los criterios para la concesión de préstamos (Walsh, 1986).

El primer documento de política ambiental del Banco, que data de 1984, estipulaba que los impactos de proyectos de desarrollo fueran evaluados durante la preparación del proyecto y que sus resultados se publicaran recién *después* de la implantación (Goodland, 2000). Finalmente, en 1989, el Banco promovió una reorganización interna, creando un Departamento de Medio Ambiente y contratando un equipo multidisciplinario cuya tarea era analizar previamente, desde el punto de vista ambiental, los proyectos enviados al Banco, ya que, hasta ese momento, el equipo encargado de los asuntos ambientales estaba compuesto por sólo cinco personas, frente a más de 300 proyectos analizados anualmente por la institución (Runnals, 1986)[6]. También en 1989, el Banco adoptó una nueva política al respecto, estableciendo procedimientos internos de cumplimiento obligatorio, que incluían la elaboración de un estudio de impacto ambiental (Beanlands, 1993a).

[6] *Según Goodland (2000, p. 3), la categoría "profesional ambiental" fue en ese momento agregada a la lista oficial de especialidades, que antes encuadraba a los analistas ambientales como "otros especialistas técnicos".*

Además de la Directiva Operacional 4.00 de octubre de 1989, reemplazada por la Directiva Operacional 4.01 en septiembre de 1991, el Banco adopta en la actualidad una serie de procedimientos relativos a las consideraciones ambientales en el análisis de solicitudes de préstamos, que deben cumplir las condiciones impuestas por diversos documentos de políticas operacionales, conocidos como políticas de salvaguardas, de las cuales es posible citar las siguientes, de mayor importancia en el campo ambiental: OP 4.04 Hábitat naturales; OP 4.10 Pueblos indígenas; OP 4.11 Patrimonio cultural; OP 4.12 Reasentamiento involuntario; OP 4.36 Sector forestal; OP 4.37 Seguridad de las represas.

Goodland (2000) señala que la versión de 1989 de la política de evaluación ambiental halló mucha resistencia interna y, por esa razón, era restringida: excluía, por ejemplo, todo procedimiento de participación pública. En tanto, la versión de 1991 finalmente se acercó a los estándares internacionales de evaluación de impactos, incluyendo, entre otras modificaciones, procedimientos para la participación y la consulta públicas. Sin embargo, sólo los *proyectos* presentados al banco para su financiamiento estaban comprendidos dentro de esa política, que no incluía préstamos para ajuste estructural o sectorial. A lo largo de los años 90, otros organismos multilaterales siguieron los pasos del Banco Mundial, adoptando políticas y procedimientos internos para la evaluación ambiental.

Es así que muchos países adoptaron leyes sobre evaluación de impacto ambiental o introdujeron exigencias de evaluación de impactos en leyes ambientales más amplias. El Cuadro 2.3 muestra algunos ejemplos. Se debe destacar el carácter pionero de Colombia, que ya en 1974 incluyó previsiones sobre EIA en su Código Nacional de

Cuadro 2.3 *Hitos de la institucionalización de la EIA en algunos países en desarrollo*

Jurisdicción	Año de introducción	Principales instrumentos legales
Colombia	1974	Código Nacional de Recursos Naturales Renovables y de Protección del Medio Ambiente, del 18 de diciembre de 1974
Filipinas	1978	Decreto sobre Política Ambiental Decreto sobre el Sistema de Estudios de Impacto Ambiental, de 1978 Reglamentos sobre EsIA del Consejo Nacional de Protección Ambiental, de 1979
China	1979	Ley "Provisoria" de Protección Ambiental, revisada y finalizada en 1989 Decreto de 1981 sobre "Protección Ambiental de Proyectos de Construcción", modificado en 1986 y en 1998 Decreto de 1990 sobre procedimientos de EIA Ley de Evaluación de Impacto Ambiental, del 28 de octubre de 2002
Brasil	1981	Ley de Política Nacional del Medio Ambiente del 31 de agosto de 1981 Resolución 1 del 23 de enero de 1986 del Consejo Nacional del Medio Ambiente sobre estudios de impacto ambiental
México	1982	Ley Federal de Protección Ambiental, de 1982 Ley General del Equilibrio Ecológico y la Protección del Ambiente, del 28 de enero de 1988 Reglamento del 30 de mayo de 2000
Indonesia	1986	Ley de Previsiones Básicas para Gestión Ambiental, de 1982 Reglamento 29 de 1986, sobre análisis de impacto ambiental, modificado por el Reglamento 51, de 1993, y por el Reglamento 27, de 1999, incluyendo mecanismos de participación pública
Malasia	1987	Ley de 1985, que modifica la Ley de Calidad Ambiental (de 1974) Decreto sobre Calidad Ambiental (Actividades Controladas), de 1987
Sudáfrica	1991	Art. 39 de la Ley de Minería, de 1991 Ley de Conservación Ambiental, de 1989, y Reglamento sobre Evaluación de Impacto Ambiental, del 1º de septiembre de 1997, relativo a la Ley de Conservación Ambiental
Túnez	1991	Decreto del 13 de marzo de 1991 sobre los estudios de impacto ambiental
Bolivia	1992	Ley Nº 1.333 y Decreto 24.176/96
Chile	1994	Ley de Bases del Medio Ambiente 19.300, del 3 de marzo de 1994 Reglamento del Sistema de Evaluación de Impacto Ambiental, del 3 de abril de 1997, modificado el 7 de diciembre de 2002
Uruguay	1994	Ley 16.246, del 8 de abril de 1992, requiere EIA para las actividades portuarias Ley de Prevención y Evaluación de Impacto Ambiental 16.466, del 19 de enero de 1994 Decreto 435/994, del 21 de septiembre de 1994 (reglamento)
Bangladesh	1995	Ley de Conservación Ambiental, de 1995 Reglas de Conservación Ambiental, de 1997
Ecuador	1999	Ley de Gestión Ambiental Texto Unificado de Legislación Ambiental Secundaria

Fuentes: elaborado a partir de diversas fuentes, incluyendo folletos editados por organismos gubernamentales, sites gubernamentales, Ahammed y Harvey (2004), Mao y Hills (2002), Memon (2000) y Purnama (2003).

Recursos Naturales Renovables y de Protección del Medio Ambiente. El artículo 28 de esta ley (actualmente modificada) establecía que:

> Para la ejecución de obras, el establecimiento de industrias o el desarrollo de cualquier otra actividad que, por sus características, pueda producir deterioro grave a los recursos naturales renovables o al ambiente o introducir modificaciones considerables o notorias al paisaje, será necesario el estudio ecológico y ambiental previo y, además, obtener licencia. En dicho estudio se tendrán en cuenta, aparte de los factores físicos, los de orden económico y social, para determinar la incidencia que la ejecución de las obras mencionadas pueda tener sobre la región.

Actualmente, la mayoría de los países en vías de desarrollo cuentan con leyes nacionales que exigen la preparación previa de estudios de impacto ambiental. El proceso de difusión y consolidación de la EIA continúa, incluso después de la adopción de leyes nacionales. De esta forma, en los préstamos de bancos multilaterales o donaciones bilaterales, es frecuenta la exigencia de evaluaciones que pueden ir más allá de los requisitos legales nacionales. Puede ser el caso de que exija una evaluación ambiental estratégica o que se insista en procesos participativos y de consulta pública que superen las formalidades previstas en la ley.

Muchos países reciben sumas de ayuda económica que representan un porcentaje significativo de sus presupuestos públicos y, para mantener el flujo de recursos, se deben someter a las exigencias de los financiadores y donantes que, a su vez, están sujetos a presiones en sus jurisdicciones. Para un donante internacional, nada peor que comprobar que un proyecto, en vez de haber contribuido al desarrollo humano, en realidad empeoró la calidad de vida de la población a la que supuestamente debería haber ayudado, o causó daños ambientales.

2.4 EIA en los tratados internacionales

Varios Estados promovieron activamente la difusión internacional de la EIA, no sólo actuando en el plano bilateral, sino también buscando insertarla en los acuerdos internacionales. De la misma forma, algunas grandes ONG internacionales trabajaron para incluir cláusulas relativas a la EIA en los tratados internacionales, que se vienen multiplicando en los últimos años.

Un gran impulso para la difusión internacional de la EIA vino de la mano de la Conferencia de las Naciones Unidas sobre Medio Ambiente y Desarrollo (CNUMAD), la Río-92. Además de toda la discusión pública, de gran repercusión en la prensa, suscitada durante el período preparatorio de la conferencia, uno de los documentos resultantes de dicho encuentro, la Declaración de Río, establece en su principio 17:

> Deberá emprenderse una evaluación del impacto ambiental, en calidad de instrumento nacional, respecto de cualquier actividad propuesta que probablemente haya de producir un impacto negativo considerable en el medio ambiente y que este sujeta a la decisión de una autoridad nacional competente.

En otro documento resultante de la CNUMAD, la Agenda 21, los Estados signatarios reconocen a la EIA como instrumento que debe ser fortalecido para fomentar el desarrollo sustentable. Varias veces la Agenda 21 menciona la necesidad de evaluar los impactos de nuevos proyectos de desarrollo. Las menciones al rol de la EIA aparecen, entre otros, en los siguientes puntos de la Agenda 21:

Velar por que todas las decisiones estén precedidas de evaluaciones de los efectos en el medio ambiente y tengan en cuenta además los costos de toda consecuencia ecológica;
(en el Cap. 7 – Promoción del desarrollo sustentable de los asentamientos humanos [7.41 (b)])

Promover el desarrollo en el plano nacional de metodologías apropiadas para la adopción de decisiones integradas de política energética, ambiental y económica para el desarrollo sostenible, entre otras cosas mediante evaluaciones del impacto ambiental;
(en el Cap. 9 – Protección de la atmósfera [9.12 (b)])

Elaborar, mejorar y aplicar sistemas de evaluación del impacto ambiental a fin de fomentar el desarrollo industrial sostenible;
(en el Cap. 9 – Protección de la atmósfera [9.18 (d)])

Realizar inversiones y estudios de viabilidad, incluidas evaluaciones del impacto ambiental, a fin de establecer empresas de elaboración de productos forestales;
(en el Cap. 11 – Lucha contra la deforestación [11.23 (b)])

Adoptar los procedimientos apropiados para la evaluación de las repercusiones ambientales de los proyectos propuestos que sea probable que vayan a surtir efectos considerables sobre la diversidad biológica, tomando medidas para que la información pertinente sea fácilmente asequible y para la participación del público, cuando proceda, y fomentar la evaluación de las repercusiones de las políticas y programas pertinentes sobre la diversidad biológica;
(en el Cap. 15 – Conservación de la diversidad biológica [15.5 (k)])

Evaluar obligatoriamente el impacto ambiental de todos los principales proyectos de aprovechamiento de recursos hídricos que puedan perjudicar la calidad de la misma y los ecosistemas acuáticos, juntamente con la formulación de medidas correctivas apropiadas y un control reforzado de las instalaciones industriales nuevas, los vertederos de residuos sólidos y los proyectos de desarrollo de la infraestructura;
(en el Cap. 18 – Protección de la calidad y del abastecimiento de los recursos hídricos: aplicación de criterios integrados en el desarrollo, manejo y uso de los recursos hídricos [18.40 (b) (v)])

Los gobiernos deberían tomar la iniciativa de establecer y fortalecer, según proceda, procedimientos nacionales de evaluación del impacto ambiental teniendo en cuenta el método de gestión desde la producción hasta la eliminación de los desechos peligrosos, y a fin de determinar las posibilidades de reducir al mínimo la producción de desechos peligrosos mediante la manipulación, el almacenamiento, la eliminación y la destrucción más seguros de tales desechos;
(en el Cap. 20 – Manejo ambientalmente sustentable de los residuos peligrosos, incluyendo la prevención del tráfico internacional ilícito de residuos peligrosos [20.19 (d)])

Mayor desarrollo y promoción del uso más amplio posible de las evaluaciones del impacto ambiental, incluidas actividades con los auspicios de los organismos especializados del sistema de las Naciones Unidas, y en relación con todo proyecto o actividad importante de desarrollo económico.[7]
(en el Cap. 38 – Arreglos institucionales internacionales, acerca del rol del Programa de las Naciones Unidas para el Desarrollo [38.22 (i)])

[7] *Citas extraídas de la versión oficial en español de los documentos de la Conferencia de Río (http://www.un.org/esa/dsd/agenda21)*

La Declaración de Río y la Agenda 21[8] son documentos cuya preparación requirió intensas negociaciones internacionales, incluso con la participación de ONGs y otros grupos de interés. La preparación de la Conferencia de Río fue un proceso muy rico, cuyos resultados superan ampliamente los documentos firmados durante los días del evento. Muchos países aprobaron nuevas leyes, prepararon informes de calidad ambiental, y las ONG estimularon a los ciudadanos a tener una mayor participación en los procesos decisorios. El surgimiento de nuevas leyes que requieren la evaluación previa de impacto ambiental fue una de las consecuencias de la Conferencia.

[8] *La Agenda 21 es "un documento de baja normatividad, sin la efectividad de una declaración y mucho menos de un tratado o convención internacional" (Soares, 2003, p. 67)*

Durante el período preparatorio de la Conferencia de Río y en los años que le siguieron, nuevos países incorporaron la EIA a sus legislaciones, principalmente en Latinoamérica, en África y en Europa Oriental, como son los casos de Perú en 1990, Bolivia en 1992, Chile, Uruguay y Nicaragua en 1994, Túnez en 1991, Costa de Marfil en 1996, Bulgaria en 1992 y Rumania en 1995 (Cuadro 2.3).

Además de documentos genéricos como la Declaración de Río y la Agenda 21, diversas convenciones internacionales han venido incorporando la EIA en sus textos, debiéndose citar la Convención sobre Diversidad Biológica, también aprobada durante la Conferencia de Río:

Artículo 14. Evaluación del impacto y reducción al mínimo del impacto adverso
1. Cada Parte Contratante, en la medida de lo posible y según proceda:
a) Establecerá procedimientos apropiados por los que se exija la evaluación del impacto ambiental de sus proyectos propuestos que puedan tener efectos adversos importantes para la diversidad biológica con miras a evitar o reducir al mínimo esos efectos y, cuando proceda, permitirá la participación del público en esos procedimientos.
b) Establecerá arreglos apropiados para asegurarse de que se tengan debidamente en cuenta las consecuencias ambientales de sus programas y políticas que puedan tener efectos adversos importantes para la diversidad biológica; [...]

[9] *Varias convenciones internacionales poseen disposiciones de evaluación y actualización, mediante la realización de reuniones periódicas oficiales de representantes de los países, las conferencias de las partes contratantes.*

La Convención avanzó mucho en las recomendaciones referentes al uso de la EIA. En su 6ª Conferencia de las Partes Contratantes (COP), realizada en La Haya[9], Holanda, en 2002, aprobó un documento titulado "Directrices para la incorporación a la legislación y/o al proceso de evaluación de impacto ambiental y a la evaluación ambiental estratégica de cuestiones relativas a la biodiversidad" (Resolución VI/7), que contiene recomendaciones detalladas sobre el tema.

La Convención sobre Cambio Climático, también firmada durante la Conferencia de Río, también hace mención a la EIA, en este caso sobre su empleo, para evaluar medidas de mitigación o de adaptación a los cambios climáticos, recordando que muchas veces las propias iniciativas ambientales deben contar con una evaluación de impactos:

Artículo 4 - Obligaciones
1. Todas las Partes, teniendo en cuenta sus responsabilidades comunes pero diferenciadas y el carácter específico de sus prioridades nacionales y regionales de desarrollo, de sus objetivos y de sus circunstancias, deberán:
[...]
f) Tener en cuenta, en la medida de lo posible, las consideraciones relativas al cambio climático en sus políticas y medidas sociales, económicas y ambientales pertinentes y emplear métodos apropiados, por ejemplo evaluaciones del impacto, formulados y determinados a nivel nacional, con miras a reducir al mínimo los efectos adversos en la economía, la salud pública y la calidad del medio ambiente, de los proyectos o medidas emprendidos por las Partes para mitigar el cambio climático o adaptarse a él; [...]

Incluso las convenciones firmadas antes de la difusión internacional de la EIA incorporaron sus principios, como es el caso de la Convención de Ramsar para la Protección de Zonas Húmedas de Importancia Internacional. Dicha convención fue firmada en 1971, en la ciudad iraní de Ramsar, con el objetivo principal de proteger los hábitat de las aves migratorias, cuya supervivencia depende del estado de conservación de humedades, lagos, estuarios, manglares y demás zonas húmedas. Como otras convenciones firmadas bajo la égida de la ONU, los países adherentes se reúnen periódicamente en las Conferencias de las Partes, durante las cuales se toman decisiones relativas a la implementación de la convención. Las resoluciones de la 6ª Conferencia de las Partes Contratantes (COP), realizada en Brisbane, Australia, en 1996, de la 7ª COP, realizada en San José, Costa Rica, en 1999, y de la 8ª COP, realizada en Valencia, España, en 2002, preconizan el uso de la EIA para proteger las zonas húmedas. Por ejemplo, la Resolución VI.16., tomada en San José:

> PIDE a las Partes Contratantes que fortalezcan y consoliden sus esfuerzos para asegurarse de que todo proyecto, plan, programa y política con potencial de alterar el carácter ecológico de los humedales incluidos en la Lista Ramsar o de impactar negativamente a otros humedales situados en su territorio, sean sometidos a procedimientos rigurosos de estudios de impacto y formalizar dichos procedimientos mediante los arreglos necesarios en cuanto a políticas, legislación, instituciones y organizaciones;
>
> ALIENTA a las Partes Contratantes a asegurarse de que los procedimientos de evaluación del impacto se orienten a la identificación de los verdaderos valores de los ecosistemas de humedales en términos de los múltiples valores, beneficios y funciones que proveen, para permitir que estos amplios valores ambientales, económicos y sociales se incorporen a los procesos de toma de decisiones y de manejo;
>
> ALIENTA, además, a las Partes Contratantes a asegurarse que los procesos de evaluación de impacto referentes a humedales sean llevados a cabo de una manera transparente y participativa, y que se incluya a los interesados directos locales [...] (Secretaría de la Convención de Ramsar (2004).

Otra convención que inicialmente no hacía mención a la EIA, pero que incorporó recomendaciones explícitas, es la Convención sobre la Conservación de Especies Migratorias de Animales Salvajes, firmada en Bonn, Alemania, en 1979. La Resolución 7/2 de la 7ª COP, realizada en Bonn, en 2002,

> DESTACA la importancia de la evaluación de impacto ambiental y de la evaluación ambiental estratégica de buena calidad como herramientas para implementar el Artículo II(2) de la Convención, para evitar amenazas a las especies migratorias [...]
>
> URGE a las Partes a que incluyan, cuando fuere relevante, en las evaluaciones de impacto ambiental y en las evaluaciones ambientales estratégicas, el estudio más completo posible de los efectos que impliquen un impedimento para la migración [...], de los efectos transfronterizos sobre las especies migratorias y de los impactos sobre los patrones migratorios.

Un punto que no es abordado por las legislaciones nacionales es el de que algunos emprendimientos pueden causar impactos más allá de las fronteras. Un tratado internacional promovido por la Comisión Económica de las Naciones Unidas para Europa, pero abierto a la adhesión de países que no sean miembros de dicha organización, es la Convención sobre Evaluación de Impacto Ambiental en un Contexto Transfronterizo, conocida como Convención de Espoo, ciudad de Finlandia en donde fue aprobada en 1991. Se trata de la primera convención multilateral de ese tipo, y está en vigor desde el 10 de septiembre de 1997. A semejanza de las leyes nacionales sobre EIA, la Convención establece:

- una lista de actividades a las cuales se aplica (Anexo I);
- un procedimiento a seguir;
- la necesidad de que los países potencialmente afectados sean notificados;
- procedimientos para la participación pública en todos los países potencialmente afectados;
- un contenido mínimo para la documentación del proceso de EIA (Anexo II).

Esta convención procuró fomentar la cooperación internacional, evitar el surgimiento de conflictos entre Estados y, si los hubiera, establecer mecanismos para resolverlos. Ciertamente, son necesarias convenciones similares en otras regiones del planeta, como lo muestra la controversia generada, en 2005 y 2006, entre Uruguay y Argentina, motivada por la propuesta de construcción de dos fábricas de celulosa en el primer país, y que suscitó reacciones gubernamentales y manifestaciones populares en Argentina, inclusive con el bloqueo de puentes internacionales, debido al temor a la contaminación de las aguas del río Uruguay, que en esa zona actúa como frontera entre los dos países, y a los posibles impactos sobre la agricultura y el turismo.

Se trata de proyectos de gran envergadura para un país como el Uruguay. El mayor de éstos prevé inversiones de US$ 1.100 millones en una industria de celulosa y en plantaciones de eucaliptos, cuya "influencia socioeconómica se extenderá directa o indirectamente a todo el Uruguay e incluso a zonas vecinas en la provincia argentina de Entre Ríos" (Botnia, 2004, *EIA Summary*, p. 95). Las dos fábricas se localizan en la pequeña ciudad de Fray Bentos, de 22 mil habitantes. El presidente argentino solicitó que se realizara un "estudio de impacto ambiental independiente" (A. Vidal, "*Kirchner pidió a Uruguay que frene por 90 días las papeleras*", El Clarín, 2 de marzo de 2006). Obsérvese, entonces, que además de las leyes nacionales o subnacionales, la evaluación de impacto ambiental es promovida en muchísimos documentos de ámbito internacional, que preconizan su uso, voluntario u obligatorio, para diferentes finalidades de planificación o de ayuda en la toma de decisiones. Cada vez más, la EIA viene a cubrir una necesidad de establecer mecanismos de control social y de decisión participativa acerca de proyectos e iniciativas de desarrollo económico.

2.5 EIA en Brasil

La evaluación de impactos actualmente se efectúa en toda Latinoamérica, pero cada país tiene sus particularidades en términos de legislación e instituciones, habiéndose avanzado poco en la integración entre los países, incluso en los casos de existencia de acuerdos comerciales, como el Mercosur. En cada país, la adopción de leyes nacionales fue impulsada tanto por agentes interno como por organismos internacionales. En esta sección se mostrará un historial de la introducción de la EIA en Brasil y de sus antecedentes.

Los primeros estudios ambientales preparados en Brasil para algunos grandes proyectos hidroeléctricos durante los años 70 son, en gran parte, un reflejo de la influencia de demandas originadas en el exterior, algo similar a lo ocurrido en otros países. ¿Pero no habría también presiones internas para prevenir el surgimiento de daños ambientales causados por los grandes proyectos de desarrollo?

La década del 70 estuvo marcada por el significativo crecimiento de la actividad económica y por la expansión de las fronteras económicas internas, con la progresiva incorporación a la economía de mercado de vastas zonas como el *cerrado* (savana) y la Amazonia. La expansión económica y territorial fue impulsada por inversiones gubernamentales de gran volumen en proyectos de infraestructura, de los cuales son íconos la carretera Transamazónica y la represa de Itaipú. La estrategia de desarrollo económico de la cual formaban parte esos proyectos era criticada por algunos sectores de la intelectualidad (por ejemplo, Furtado, 1974, 1982; Cardoso y Muller, 1978; Oliveira, 1980), pero sus impactos ambientales sólo se mencionaban al pasar. Sin embargo, en esa misma época comienza a cristalizarse en el país un pensamiento "ecológico" muy crítico de ese mismo modelo de desarrollo (Lago y Pádua, 1984).

El estudio de impacto de la central hidroeléctrica de Tucuruí ciertamente no influenció en la decisión de realizar el proyecto, que se llevó a cabo en 1977, aunque las obras ya habían comenzado el año anterior. Dicho estudio lo realizó un solo profesional[10], que básicamente compiló la información disponible e identificó los principales impactos potenciales. Luego, un Plan de Trabajo Integrado para Control Ambiental, de junio de 1978, orientó la posterior profundización de los estudios, con varios relevamientos de campo realizados por instituciones de investigación y la "adopción de algunas acciones de mitigación de impactos negativos" (Monosowski, 1994, p. 127). Según esta autora, en ausencia de exigencias legales para la evaluación previa de impactos ambientales,

> entre los factores que motivaron la realización de los estudios se incluyen la falta de experiencia en la implantación de proyectos hidroeléctricos de gran envergadura en regiones de selva tropical húmeda, la influencia de prácticas adoptadas por las agencias de financiamiento internacionales y la presión de la opinión pública nacional e internacional, en especial de la comunidad científica, de grupos ecologistas y de intereses locales (p. 127).

[10] *Robert Goodland realizó su doctorado sobre la ecología del cerrado brasileño y fue coautor de* Amazon Jungle: Green Hell to Red Desert?, *publicado en Brasil como* La Selva Amazónica: ¿del Infierno Verde al Desierto Rojo?, *en una versión de la cual se suprimieron (censuraron) menciones a la actuación gubernamental y su papel en la destrucción de la selva amazónica. (Goodland e Irwin, 1975). Más tarde, este ecólogo fue uno de los primeros profesionales del área ambiental contratados por el Banco Mundial al reformularse el Departamento de Medio Ambiente, en 1989.*

En el medio académico, por otro lado, ya comenzaban a investigarse los impactos ambientales de los grandes proyectos, como las represas en el curso inferior del río Tietê, en el estado de São Paulo. Tundisi (1978) montó un experimento de muchos años de duración tendiente a establecer una línea de base de las condiciones ecológicas antes de la construcción de dos reservorios, a la que se pudiera comparar con las condiciones posteriores al llenado. También en 1978 se realizó un seminario sobre los "Efectos de las Grandes Represas en el Medio Ambiente y en el Desarrollo Regional", y Garcez (1981) contrapuso cualitativamente los "efectos benéficos y perjudiciales de las grandes represas".

Fue una conjunción de factores internos y externos, o endógenos y exógenos, según el análisis de Pádua (1991), lo que propició un avance de las políticas ambientales en Brasil y que terminó llevando al Poder Ejecutivo a formular el proyecto de ley sobre Política Nacional de Medio Ambiente, aprobado por el Congreso el 31 de agosto de 1981, y que incluyó la evaluación de impacto ambiental como uno de los instrumentos para alcanzar los objetivos de esa ley, que son, entre otros (art. 4º):

* compatibilizar el desarrollo económico y social con la protección ambiental;
* definir áreas prioritarias de acción gubernamental;
* establecer criterios y estándares de calidad ambiental y normas para uso y manejo de recursos ambientales;
* preservar y restaurar los recursos ambientales "con vistas a su utilización racional y disponibilidad permanente, coadyuvando al mantenimiento del equilibrio ecológico propicio para la vida";
* obligar al contaminador y al predador a recuperar y/o indemnizar los daños.

No hay dudas de que la actuación de agentes financieros multilaterales y de otras organizaciones internacionales tuvo un rol central en la adopción de la EIA por parte de muchos países en desarrollo. No obstante, fueron las condiciones internas –los factores endógenos– los que propiciaron una acogida más o menos favorable para que se pusieran en práctica los principios de prevención y de precaución inherentes a la EIA. En Brasil, parece haberse dado una convergencia entre las demandas planteadas por agentes exógenos y las demandas internas formuladas por determinados grupos sociales, como el Movimiento de los Afectados por las Represas (MAB) y diversos sectores del movimiento ambientalista. Durante las décadas del 70 y del 80, a pesar de las restricciones a la democracia impuestas por el gobierno militar, el movimiento ambientalista paulatinamente se fue afirmando y legitimando su discurso (Silva-Sánchez, 2010; Viola, 1987, 1992), siendo los impactos socioambientales de los grandes proyectos estatales o privados uno de los focos de la crítica al modelo de desarrollo adoptado, visto como socialmente excluyente y ecológicamente destructivo (Lutzemberger, 1980; Sánchez, 1983).

En términos de institucionalización, la evaluación de impacto ambiental llegó a Brasil por medio de las legislaciones estaduales -Río de Janeiro y Minas Gerais-, adelantándose a la legislación federal. El caso de Río de Janeiro tiene un mayor interés, ya que fue a partir de esa experiencia pionera que más tarde se reglamentó el estudio de impacto ambiental en el país. El origen de la EIA en el Estado está vinculado a la implementación de un sistema estadual de licenciamiento de fuentes de contaminación (Moreira, 1988) en 1977, que le otorgó a la Comisión Estadual de Control Ambiental (Ceca) la posibilidad de establecer los instrumentos necesarios para analizar los pedidos de licenciamiento. Según Wandesforde-Smith y Moreira (1985), fueron algunos de los propios técnicos de la Feema[11] (Fundación Estatal de Ingeniería del Medio Ambiente) quienes plantearon la posibilidad de exigir un informe de impacto ambiental como elemento extra para el licenciamiento. Ello permitiría tomar en cuenta aspectos relativos al "uso del suelo, fauna y flora, y variables demográficas y económicas", en vez de restringir el análisis a cuestiones de calidad del aire y del agua. Una relación tan directa entre la EIA y el licenciamiento fue una estrategia empleada por ese grupo para facilitar la aceptación de una nueva herramienta de planificación ambiental, y establecer un contexto de aplicación que ya era familiar, o sea, el licenciamiento ambiental. En otras palabras, se trataba de un compromiso entre el uso ideal del EIA (la planificación de nuevos proyectos, planes o programas) y la posibilidad de aplicación inmediata.

[11]*Organismo gubernamental encargado de velar por la protección ambiental, en especial en lo que se refiere al control de la contaminación. Fue creado en marzo de 1975.*

El esfuerzo rindió pocos frutos, ya que hasta 1983 la Ceca sólo ejerció su poder de exigir un informe de impacto ambiental dos veces y, en ambos casos, con magros resultados. Sin embargo, los profesionales comprometidos con la EIA lograron poner en práctica, entre 1980 y 1983, un programa de capacitación técnica, con la asistencia del Programa de las Naciones Unidas para el Medio Ambiente, que incluyó intercambios internacionales y brindó una sólida formación acerca de los fundamentos y los métodos de evaluación de impactos, llegando a darle al grupo "un nivel de visibilidad y competencia que le granjeó respeto y legitimidad" (Wandesforde-Smith e Moreira, 1985, p. 235). Dicho conocimiento tendría capital importancia algunos años más tarde, cuando los estudios de impacto ambiental fueron reglamentados en la esfera de la legislación federal.

La EIA, por lo tanto, recién se afirmaría en Brasil a partir de la legislación federal. Inicialmente, cabe mencionar la evaluación de impacto ambiental prevista por la Ley Nº 6.803, del 2 de julio de 1980, para colaborar con la planificación territorial de los lugares oficialmente reconocidos como "zonas críticas de contaminación" (Esta denominación fue introducida por el Decreto-ley Nº 1.413, del 14 de agosto de 1975). El proyecto de ley sobre zonificación industrial, antes de ser votado en el plenario, fue examinado por una comisión mixta del Congreso Nacional. Al proyecto gubernamental se le propusieron 17 enmiendas, de las cuales 8 incluían la introducción del estudio de impacto, que había emanado de la Sociedad Brasileña de Derecho del Medio Ambiente. La propuesta fue aceptada en parte (Machado, 2003).

Según este mismo autor, que en esa época era presidente de dicha sociedad, la propuesta elevada al Congreso tenía el tenor siguiente:

> El Estudio de Impacto comprenderá un informe detallado sobre el estado inicial del lugar y de su medio ambiente; las razones que motivaron su elección; las modificaciones que acarreará el proyecto, incluso los daños irreversibles de los recursos naturales; las medidas propuestas para suprimir, disminuir y, si es posible, compensar las consecuencias perjudiciales para el medio ambiente; la relación entre los usos locales y regionales, a corto plazo, del medio ambiente y el mantenimiento y mejora de la productividad, a largo plazo; las alternativas propuestas. El Estudio de Impacto será accesible al público, sin costo alguno para la consulta de los interesados.

> Los congresistas no aceptaron íntegramente la propuesta, pero incluyeron la idea:
> [...]
> § 2° Habiéndose escuchado la opinión de los gobiernos estadual y municipal interesados, será responsabilidad exclusiva de la Nación aprobar la delimitación y autorizar la implantación de zonas de uso estrictamente industrial que se destinen a la localización de polos petroquímicos, cloroquímicos, carboquímicos, así como instalaciones nucleares y otras definidas por ley.
> § 3° Además de los estudios que normalmente se exigen para el establecimiento de una zonificación urbana, la aprobación de las zonas a las que se refiere el punto anterior estará precedida por estudios especiales de alternativas y de evaluación de impacto, que permitan determinar la confiabilidad de la solución a adoptar.

Aparte de esa iniciativa pionera, fue a partir de la aprobación de la Ley de Política Nacional del Medio Ambiente, de 1981, que la EIA efectivamente se incorporó a la legislación brasileña, incorporación ésta confirmada y fortalecida con el art. 225 de la Constitución Federal de 1988:

> Art. 225 –Todos tienen derecho a un medio ambiente ecológicamente equilibrado, bien de uso común del pueblo y esencial para la sana calidad de vida, imponiéndose al Poder Público y a la colectividad el deber de defenderlo y preservarlo para las presentes y las futuras generaciones.
> § 1° Para garantizar la efectividad de ese derecho, es responsabilidad del Poder Público:
> [...]
> IV – exigir, como lo determina la ley, para la instalación de una obra o actividad potencialmente causante de una significativa degradación ambiental, un estudio previo de impacto ambiental, al que se dará publicidad;

A partir de ese momento, distintas constituciones estaduales y leyes orgánicas municipales también adoptaron este principio, y el Estado de Río de Janeiro aprobó una ley específica sobre EIA, número 1.356/88.

En la práctica, las legislaciones estaduales que precedieron a la Ley N° 6.938/81 se pusieron en práctica en pocas ocasiones, empezando a aplicarse realmente dicho instrumento a partir de la reglamentación de la parte específicamente referida a la EIA, en 1986. La ley le había otorgado al Consejo Nacional de Medio Ambiente (Conama) una serie de atribuciones para reglamentarla y, utilizando dicha prerrogativa, el Consejo aprobó su Resolución 1/86, el 23 de enero de ese año, estableciendo una serie de requisitos. El Conama está compuesto por representantes del gobierno federal, de gobiernos estaduales y de entidades de la sociedad civil, incluyendo organizaciones empresariales y organizaciones ambientalistas. Algunos consejeros actuaron activamente en la preparación de la Resolución 1/86. Esta establece:

- una lista de actividades sujetas al EIA como condición para el licenciamiento ambiental;
- los lineamientos generales para la preparación del estudio de impacto ambiental;
- el contenido mínimo del estudio de impacto ambiental;
- el contenido mínimo del informe de impacto ambiental;

* que el estudio deberá ser elaborado por un equipo multidisciplinario independiente del emprendedor;
* que los gastos de elaboración del estudio correrán por cuenta del emprendedor;
* la accesibilidad pública del informe de impacto ambiental y la posibilidad de que el público participe del proceso.

Quedó establecido de esta forma que, dentro del proceso de evaluación de impacto ambiental, el proponente del proyecto debería presentar dos documentos, preparados por un equipo técnico multidisciplinario independiente:
* el Estudio de Impacto Ambiental (EsIA); y
* el Informe de Impacto Ambiental (Rima, en la abreviatura brasileña), documento destinado a la información y consulta pública y que, por tal razón, debe estar escrito en un lenguaje no técnico y contener las conclusiones del EsIA.

La Resolución Conama 237/97 abolió la "independencia" del equipo que elabora el EsIA. Teóricamente, la reglamentación brasileña, de manera innovadora, preveía que el EsIA fuera el equivalente de una auditoría de tercera parte, en la cual un equipo independiente formula un dictamen sobre determinada actividad, a imagen y semejanza de una auditoría contable. Como la propia reglamentación también establecía que los gastos correrían por cuenta del proponente de los emprendimientos sometidos a evaluación de impacto ambiental, en la práctica dichos emprendedores contrataban empresas de consultoría, pagando directamente por el servicio prestado. La Resolución Conama 237/97 definió criterios de aptitud para el licenciamiento ambiental, cuyos principios ya constaban en la Ley de Política Nacional del Medio Ambiente (artículo 10). Cuando se votó la Resolución 1/86 en el Conama, algunos consejeros sugirieron que debía ser la administración pública la que eligiera el equipo multidisciplinario que realizaría los estudios, pero esta previsión no fue aprobada.

Es conveniente conocer la correspondencia entre la terminología americana –muy usada en la literatura internacional– y los términos usados en portugués y español:
* en inglés, la sigla EIA –Environmental Impact Assessment– equivale a EIA, Evaluación de Impacto Ambiental;
* en inglés, la sigla EIS –Environmental Impact Statement– equivale a EsIA, Estudio de Impacto Ambiental.

En literatura técnica, también es posible encontrar EIA (en inglés) como Environmental Impact Analysis y EIR –Environmental Impact Report– como sinónimo de EIS. Además, también se usan términos como *environmental assessment*.

La legislación americana no previó el Rima, pero la práctica impuso tal necesidad: muchas veces al equivalente de ese documento se lo denomina *summary* EIS. Otras legislaciones, como la brasileña, también requieren la presentación de una versión del EIA escrita en lenguaje no técnico.

Cuando se promulgó la Constitución, la ley ya existía –era justamente la Ley de Política Nacional del Medio Ambiente– y había sido reglamentada en 1983, mediante el Decreto Federal 88.351, que estableció que "será responsabilidad del Conama fijar los criterios básicos, según los cuales se exigirán estudios de impacto ambiental a fines de un licenciamiento (...)" (Art. 17, punto 1º). Dicho decreto fue revocado y sustituido por el Decreto 99.274, del 6 de junio de 1990, que mantuvo sin cambios esa disposición.

De esta forma, en Brasil, el proceso de evaluación de impacto ambiental está vinculado al licenciamiento ambiental, que primariamente es de competencia estadual. Debido a su reglamentación, en Brasil el proceso de EIA lo pasaron a conducir los organismos estaduales de medio ambiente. Frente a la necesidad de otorgar licencias ambientales, establecidas por la ley federal, muchos estados tuvieron que crear estructuras administrativas para recibir y analizar los pedidos, dado que, a mediados de los años 80, la mayoría aún no disponía de instituciones con esa finalidad. Sólo a partir de la publicación de la Resolución Conama 1/86 empezaron efectivamente a realizarse estudios de impacto ambiental en Brasil. En un corto lapso, en estados como São Paulo, los estudios realizados alcanzaron a contarse por decenas, llegando incluso a un centenar. El Instituto Brasileño de Medio Ambiente y Recursos Naturales Renovables (Ibama), en su calidad de organismo federal, es responsable del otorgamiento de licencias de obras o actividades de competencia nacional.

- Hay que observar que no se exige la presentación de un estudio de impacto ambiental a cualquier tipo de actividad que necesite una licencia ambiental para funcionar. La Constitución brasileña, al igual que la NEPA y muchas leyes de otros países, establece que sólo se debe preparar un EsIA en el caso de aquellas que poseen el potencial de causar una significativa degradación ambiental. En principio, la lista del artículo 2º de la Resolución Conama 1/86 establece el listado de esas actividades, pudiendo el organismo otorgante de la licencia, eventualmente, exigir el EsIA también para otras actividades, en tanto sean capaces de causar impactos significativos (este tema será abordado en el Cap. 4).

El proceso de evaluación de impacto ambiental y sus objetivos

3

La finalidad de la evaluación de impacto ambiental es considerar los impactos ambientales antes de tomar cualquier decisión que pueda implicar una significativa degradación de la calidad del medio ambiente. Para cumplir ese papel, la EIA está organizada en una serie de actividades secuenciales, concatenadas de manera lógica. A ese conjunto de actividades y procedimientos se le da el nombre de *proceso de evaluación de impacto ambiental*. En general, dicho proceso es objeto de reglamentación, que define detalladamente los procedimientos a seguir, los tipos de actividades sujetos a la elaboración previa de un estudio de impacto ambiental, el contenido mínimo de dicho estudio y las modalidades de consulta pública, entre otros asuntos.

En una primera aproximación, es posible señalar las siguientes características del proceso de EIA:

- *Es un conjunto estructurado de procedimientos*: los procedimientos están orgánicamente vinculados entre sí y deben ser concebidos a fin de que cumplan con los objetivos de la evaluación de impacto ambiental.
- *Está regido por una ley o reglamentación específica*: los principales componentes del proceso están previstos en una ley u otra figura jurídica que tenga instituida la EIA en una determinada jurisdicción; en el caso de las organizaciones (como un banco multilateral o una empresa que adopte voluntariamente la EIA), el proceso se rige por disposiciones internas que emanan de la superioridad.
- *Está documentado*: esta característica tiene una doble connotación; por un lado, los requisitos a cumplir están previamente establecidos; por otro, en cada caso, debe demostrarse el cumplimiento de dichos requisitos con ayuda de registros documentales (p. ej., la preparación de un EsIA, el dictamen de análisis técnico, las actas de una consulta pública, etc.).
- *Incluye diversos participantes*: en todos los casos, los involucrados en el proceso de EIA son varios (el proponente de una acción, la autoridad responsable, el consultor, el público afectado, los grupos de interés, etc.)
- *Está dedicado a analizar la viabilidad ambiental de una propuesta*: este objetivo mayor de la EIA es lo que guía todo el proceso, es su finalidad; no se establece una serie de requisitos y de procedimientos en el vacío, sino para alcanzar determinado propósito, perspectiva que no se puede perder al analizar el proceso de EIA, ya que los procedimientos o exigencias que no encajen con esa finalidad no tienen razón de ser y son mera formalidad burocrática.

Establecidos esos fundamentos, se puede definir el *proceso de evaluación de impacto ambiental como un conjunto de procedimientos concatenados de manera lógica, con la finalidad de analizar la viabilidad ambiental de proyectos, planes y programas, y fundamentar una decisión al respecto.*

El concepto de proceso de EIA se utiliza de manera amplia e irrestricta tanto en la literatura especializada internacional como en documentos gubernamentales y de organizaciones internacionales. A veces, el término *sistema de evaluación de impacto ambiental* se emplea con un significado próximo al de proceso de EIA. Wood (1995) lo utiliza, aunque sin definirlo, en el sentido de una traducción legal del proceso de EIA en cada jurisdicción, observando que "no todos los pasos del proceso de EIA (…) están presentes (…) en cada sistema de EIA" (p. 5) y que "cada sistema de EIA es producto de un conjunto particular de circunstancias legales, administrativas y políticas" (p. 11). Espinoza y Alzina (2001) definen el sistema de EIA como la estructura organizativa y administrativa necesaria para implementar el proceso de EIA, al que, a su vez, definen como "los pasos y los estadios que se deben cumplir para que un análisis ambiental preventivo sea considerado suficiente y útil, de acuerdo con estándares normalmente aceptados a nivel internacional" (p. 20).

Por lo tanto, *un sistema de EIA es el mecanismo legal e institucional que vuelve operativo el proceso de EIA en una determinada jurisdicción* (un país, un territorio, un estado, una provincia, un municipio o cualquier otra entidad territorial administrativa).

3.1 Los objetivos de la evaluación de impacto ambiental

La pregunta "¿para qué sirve la evaluación de impacto ambiental?" se viene debatiendo desde su origen. Este debate ha crecido a medida que florece el campo de aplicación de la EIA. Si al comienzo la EIA estaba orientada casi exclusivamente a los proyectos de ingeniería, su campo incluye hoy en día planes, programas y políticas (la evaluación ambiental estratégica, que se consolidó a partir de los años 80), los impactos de la producción, consumo y descarte de bienes y servicios (la evaluación del ciclo de vida, que se consolidó a partir de los años 90) y la evaluación de la contribución neta de un proyecto, un plan, un programa o una política, a la sustentabilidad (el análisis de sustentabilidad, que se viene afirmando en la primera década del siglo XXI).

Comprender los objetivos y propósitos de la EIA es esencial para entender sus roles y funciones, y también para apreciar su alcance y sus límites. La EIA es sólo un instrumento de política pública ambiental y, por ello, no es la solución para todas las deficiencias de planificación o las brechas legales que permiten, consienten y facilitan la continuidad de la degradación ambiental. Como lo recuerda Wathern (1988a), "el objetivo de la EIA no es forzar a aquellos que toman decisiones a adoptar la alternativa del menor daño ambiental. Si así fuese, se implementarían pocos proyectos. El impacto ambiental es sólo una de las cuestiones" (p. 19). Ortolano y Shepherd (1995a, 1995b) enumeran algunos "efectos de la EIA sobre los proyectos", o sea, los resultados reales de la EIA y su influencia en las decisiones: (i) retiro de los proyectos inviables; (ii) legitimación de los proyectos viables; (iii) selección de mejores alternativas de emplazamiento; (iv) reformulación de planes y proyectos; (v) redefinición de objetivos y responsabilidades de los proponentes de proyectos.

Hay una convergencia en la literatura en cuanto a las funciones de la EIA. Glasson, Therivel y Chadwick (1999) describen estas funciones como (i) ayuda al proceso decisorio; (ii) ayuda a la elaboración de proyectos y propuestas de desarrollo; (iii) un instrumento para el desarrollo sustentable. Sánchez (1993a) propone que la EIA es eficaz si llega a desempeñar cuatro roles complementarios: (i) ayuda a la decisión; (ii) ayuda a la concepción y planificación de proyectos; (iii) instrumento de negociación social; (iv) instrumento de gestión ambiental.

La función de la EIA en el proceso decisorio es la más reconocida. Se trata de prevenir daños, y la prevención requiere previsión, o anticipación a la probable situación futura (Milaré y Benjamin, 1993). La EIA presupone la racionalidad de las decisiones públicas, que siempre deberían observar principios jurídicos administrativos, como el de la impersonalidad, el de la moralidad pública y el de la publicidad (Mukai, 1992). Se sabe que las decisiones gubernamentales siempre estuvieron sujetas a presiones e intereses privados, y la mera introducción de un nuevo requisito, el ambiental, no es suficiente para cambiar las prácticas arraigadas.

Las personas encargadas de la toma de decisiones, públicas y privadas, deciden sobre aquello que les es puesto a consideración. Los tomadores de decisión raramente son creativos, innovadores o emprendedores. Así pues, la prevención del daño ambiental no puede empezar por el fin (la toma de decisión) sino, obviamente, por el comienzo, o sea, la formulación, la concepción y la creación de proyectos y alternativas de soluciones para determinados problemas. De esta forma, la función del proceso de EIA sería la de "incitar a los proponentes a concebir proyectos ambientalmente menos agresivos y no simplemente juzgar si los impactos de cada proyecto son aceptables o no" (Sánchez, 1993a, p. 21). Lo que tradicionalmente hacen los ingenieros y otros técnicos es reproducir, ante cada nuevo problema, maneras de solucionarlos que cumplen con ciertos criterios técnicos y económicos, mientras que lo que se pretende con la EIA es introducir el concepto de viabilidad ambiental y ponerlo en pie de igualdad con los criterios tradicionales de análisis de proyectos. La EIA tiene la capacidad de estructurar la búsqueda de soluciones que puedan cumplir con los nuevos y más exigentes criterios ambientales, lo que, idealmente, redundaría en un aprendizaje y, en consecuencia, en proyectos que tomaran en cuenta los aspectos ambientales desde su concepción.

Una de las grandes dificultades prácticas de la EIA es hacer que las alternativas de menor impacto sean formuladas y analizadas de forma comparativa con las alternativas tradicionales. Ortolano (1997), al estudiar la resistencia cultural de los ingenieros del Cuerpo de Ingenieros del Ejército Americano (U.S. Army Corps of Engineers) a las nuevas exigencias ambientales en el análisis de proyectos, observó cambios "notables" luego de la contratación de "centenares de especialistas ambientales" para atender los requisitos de la NEPA. El autor constata que algunos de dichos profesionales, contratados fundamentalmente para elaborar estudios de impacto ambiental, supieron "influenciar a los ingenieros responsables de la elaboración de proyectos", encontrando, a veces, soluciones innovadoras. Ortolano concluye que los cambios "fueron extraordinarios, dada la enorme burocracia dominada por ingenieros con una tradición de constructores, y sus aliados en el Congreso, interesados en promover nuevos proyectos en sus bases políticas".

El concepto de viabilidad ambiental no es unívoco, como por otra parte tampoco lo es el de viabilidad económica. Para el análisis económico, un proyecto es viable si se encuadra dentro de determinadas condiciones presentes, dadas ciertas hipótesis que se hacen sobre el futuro (costos, precios, demandas, etc.) y en función del nivel de riesgo aceptable para los inversores. Para el análisis ambiental, un proyecto puede ser viable bajo determinados puntos de vista, en tanto se observen ciertas condiciones (el cumplimiento de requisitos legales, por ejemplo). Pero los impactos socioambientales de un proyecto (que en el análisis económico son considerados como externalidades) se distribuyen de manera desigual. Los grupos humanos beneficiados por un proyecto generalmente no son los mismos que soportan las consecuencias negativas: un nuevo relleno sanitario beneficia a toda la población de un municipio, pero puede perjudicar a los vecinos; una central hidroeléctrica beneficia a consumidores residenciales e industriales, pero perjudica a aquellos que viven en la zona de inundación.

El debate sobre costos y beneficios de los proyectos de desarrollo actualmente está mediado por la evaluación de impacto ambiental, que pasó a desempeñar un rol de instrumento de negociación entre los actores sociales. Muchos de los proyectos sometidos al proceso de EIA son polémicos, y se puede argumentar, inclusive, que si un proyecto no es controvertido, no tiene sentido someterlo a la EIA; lo mejor es abordarlo con procedimientos más simples y baratos, como el licenciamiento ambiental tradicional (como la autorización para la emisión controlada de ciertas cargas contaminantes, existente en muchos países). El proceso de EIA puede organizar el debate con los interesados (la consulta pública forma parte del proceso), teniendo el EsIA como fuente de información y base para las negociaciones.

La EIA tiene también el rol de facilitar la gestión ambiental del futuro emprendimiento. La aprobación del proyecto implica ciertos compromisos asumidos por el emprendedor, que son delineados en el estudio de impacto ambiental, pudiendo ser modificados en virtud de negociaciones con los interesados. La manera de implementar las medidas mitigadoras y compensatorias, su cronograma, la participación de otros actores en calidad de socios y los indicadores de éxito pueden establecerse durante el proceso de EIA, que no termina con la aprobación de una licencia, sino que continúa durante todo el ciclo de vida del proyecto.

Para concluir esta sección, el Cuadro 3.1 muestra los objetivos de la EIA, según la Asociación Internacional de Evaluación de Impactos (IAIA).

Cuadro 3.1 *Objetivos de la evaluación de impacto ambiental*

1. Asegurar que las consideraciones ambientales sean explícitamente consideradas e incorporadas al proceso
2. Anticipar, evitar, minimizar o compensar los efectos negativos más importantes: biofísicos, sociales y otros
3. Proteger la productividad y la capacidad de los sistemas naturales, así como los procesos ecológicos que mantienen sus funciones
4. Promover el desarrollo sustentable y optimizar el uso y las oportunidades de la gestión de recursos

Fuente: IAIA (1999).

3.2 El ordenamiento del proceso de EIA

Es contra el trasfondo de dichos objetivos como debe ser entendido el proceso de EIA. Aunque las diferentes jurisdicciones establezcan procedimientos de acuerdo con sus particularidades y la legislación vigente, cualquier sistema de evaluación de impacto ambiental debe, obligatoriamente, contar con un número de mínimo de componentes, que definen cómo se realizarán ciertas *tareas obligatorias*. Esto hace que los sistemas de EIA vigentes en las más diversas jurisdicciones guarden muchísimas coincidencias entre sí. La Fig. 3.1 muestra esas actividades al representar un esquema genérico de EIA. No se trata del proceso brasileño, mexicano o americano, sino de un proceso universal. Cada jurisdicción puede conceder mayor o menor importancia a alguna de dichas actividades, o inclusive omitir una de ellas, pero esencialmente el proceso será siempre muy semejante.

La literatura internacional sobre EIA valida la idea de un proceso genérico. Wathern (1988a) habla de "principales componentes de un sistema de EIA". Wood (1995), uno de los principales investigadores sobre estudios comparativos en EIA, habla de "elementos del proceso de EIA". Para Glasson, Therivel y Chadwick (1999), "en esencia, la EIA es un proceso, un proceso sistemático que examina, previamente, las consecuencias ambientales de acciones de desarrollo" (p. 4). Espinoza y Alzina (2001) muestran un proceso de EIA "estandarizado" o "clásico". André et al. (2003, p. 69) presentan un "proceso-tipo de EIA". Weaver (2003) describe los principales "pasos" del proceso. El *Manual de Entrenamiento en Evaluación de Impacto Ambiental*, del Programa de las Naciones Unidas para el Medio Ambiente (Unep, 1996), define un proceso de EIA y sus "principales etapas". El Estudio Internacional sobre la Eficacia de la Evaluación Ambiental (Sadler, 1996) establece los elementos básicos del proceso, en tanto que los *Principios de la Mejor Práctica para la Evaluación de Impacto Ambiental*, elaborados por la Asociación Internacional de Evaluación de Impactos, describen "principios operativos" y "los principales pasos y actividades específicas" de la EIA (IAIA, 1999). Finalmente, la 6ª Conferencia de las Partes de la Convención de la Diversidad Biológica reitera lo establecido en la literatura internacional en sus *Directrices para la incorporación de cuestiones relativas a la biodiversidad en la legislación y/o en el proceso de evaluación de impacto ambiental y en la evaluación ambiental estratégica* (Resolución VI/7).

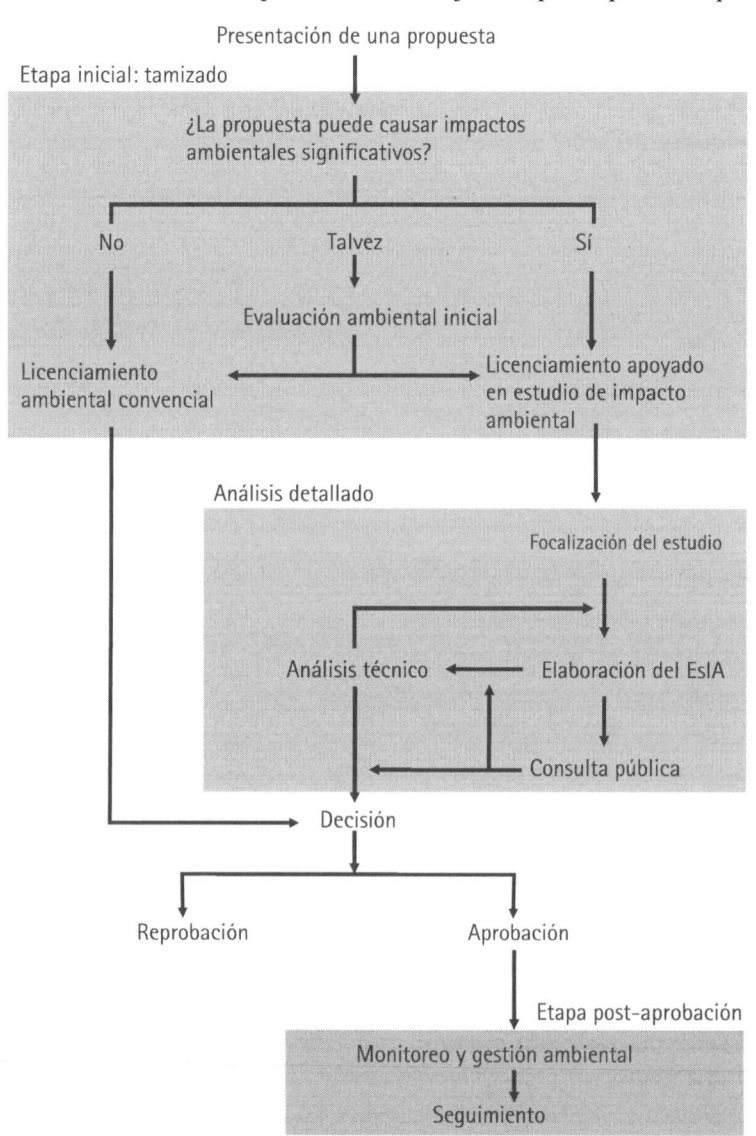

Se puede dividir el proceso de EIA en tres etapas, cada una de de las cuales agrupa diferentes actividades: (i) la etapa inicial, (ii) la etapa de análisis detallado y (iii) la etapa post-aprobación, en caso de que la decisión hubiera sido favorable a la implementación del emprendimiento. Las etapas iniciales tienen la función de determinar si es necesario evaluar de manera detallada los impactos ambientales de una futura acción y, en caso positivo, definir el alcance y la profundidad de los estudios necesarios. Se

Fig. 3.1 *Proceso de evaluación de impacto ambiental*

puede ejemplificar con la legislación ambiental brasileña, según la cual una serie de emprendimientos están sujetos al *licenciamiento ambiental*, pero no todos necesitan la preparación previa de un estudio de impacto ambiental. Según el régimen de licenciamiento, las actividades que utilizan recursos ambientales o que, por alguna razón, puedan coadyuvar a la degradación de la calidad ambiental, deberán obtener previamente una *autorización* gubernamental, sin la cual no es posible construir, instalar ni funcionar. En algunos de esos casos, si hay una posibilidad potencial de impactos *significativos*, la autoridad gubernamental exigirá la presentación de un estudio de impacto ambiental.

Es importante resaltar que, en caso de que no se crea necesario presentar un estudio de impacto ambiental, hay otros instrumentos que permiten un control gubernamental sobre dichas actividades y sus impactos ambientales. De esta forma, el licenciamiento ambiental se basa en normas – técnicas y jurídicas –, que regulan y ordenan la actividad a la que se otorgó licencia, como, entre otras, las normas y estándares de emisiones de contaminantes, las reglas de destino de residuos sólidos, las reglas que determinan el mantenimiento de un cierto porcentaje de cobertura vegetal en cada inmueble rural y la zonificación, que establece condiciones y limitaciones para el ejercicio de una serie de actividades en función de su localización.

El procedimiento de análisis detallado se aplica solamente en los casos de actividades que potencialmente puedan causar impactos significativos. El análisis detallado, a su vez, está compuesto por una serie de actividades, que van desde la definición del contenido preciso del estudio de impacto ambiental hasta su eventual aprobación, mediante un proceso decisorio propio de cada jurisdicción.

Finalmente, en caso de que el emprendimiento se implemente, la evaluación de impacto ambiental continúa, mediante la aplicación de las medidas de gestión preconizadas en el estudio de impacto ambiental y el monitoreo de los impactos reales causados por la actividad; por lo tanto, ya no más como ejercicio de previsión de consecuencias futuras, sino como control de la actividad con el propósito de alcanzar objetivos y metas de protección ambiental. Un buen estudio de impacto ambiental brindará elementos e informaciones de gran valor para la gestión ambiental del emprendimiento, principalmente si se adopta un sistema de gestión ambiental en los moldes propuestos por la norma ISO 14.001.

3.3 Las principales etapas del proceso

La Fig. 3.1 representa un proceso genérico de EIA. Cada jurisdicción, basada en sus leyes y normas jurídicas, así como en su estructura institucional y sus procedimientos administrativos, adapta el proceso genérico a sus necesidades. Ese modelo genérico representa simplemente una concatenación lógica para atender la necesidad de llevar a cabo ciertas *tareas*. Los componentes básicos del proceso de EIA, que corresponden a las tareas a realizar, son:

Presentación de la propuesta

El proceso tiene comienzo cuando una determinada iniciativa, como un proyecto o un plan, programa o política (PPP) se presenta para la aprobación o análisis de una instancia decisoria, en el marco de una organización que posea un mecanismo institucionalizado de decisión. Esta organización puede ser una empresa privada, un organismo financiero, una agencia de desarrollo, o incluso un organismo gubernamental. Este último es el caso más general y por ello se usará aquí como modelo de referencia. Normalmente, se debe describir la iniciativa en sus líneas generales, informando la localización de un proyecto o el alcance de un PPP. Muchas iniciativas tienen un potencial bajísimo de causar impactos ambientales importantes, mientras que otras, de manera irrefutable, serán capaces de causar profundas y duraderas modificaciones. Como regla general, la evaluación previa de los impactos ambientales sólo se realizará para las iniciativas que tengan el potencial de causar impactos significativos. En la Fig. 3.1, a fin de simplificar, se utiliza el término "propuesta" para designar cualquier acción que pueda causar impactos ambientales (significativos o no), incluyendo proyectos, programas o políticas.

También a fin de simplificar, se denomina "licenciamiento ambiental convencional" al procedimiento de análisis de solicitudes de licencia ambiental que no requiera la presentación de un estudio de impacto ambiental o estudio similar. Hay que destacar que la expresión "licenciamiento ambiental convencional" normalmente no se usa en las leyes o reglamentos, empleándose aquí tan sólo para fines didácticos.

Tamizado[1]

[1] *En la literatura en lengua inglesa, esta etapa es conocida como screening, término que también se puede traducir por clasificación, o incluso encuadramiento.*

Se trata de tamizar (o seleccionar), entre las innumerables acciones humanas, aquellas que tengan potencialidad de causar alteraciones ambientales significativas. Debido al conocimiento acumulado sobre el impacto de las acciones humanas, se sabe de muchos tipos de acciones que realmente han causado impactos significativos, mientras que otras causan impactos irrelevantes o tienen medidas ampliamente conocidas de control de los impactos. No obstante, hay un campo intermedio en el cual no son claras las consecuencias que puede generar determinada acción, casos en que es necesario un estudio simplificado para encuadrarla en una de las categorías. El tamizado da como resultado un encuadramiento del proyecto, normalmente en una de estas tres categorías: (a) son necesarios estudios más profundos; (b) no son necesarios estudios más profundos; (c) hay dudas acerca de la potencialidad de causar impactos significativos o sobre las medidas de control. Los criterios básicos de encuadramiento suelen ser:

- Listas positivas: son listas de proyectos para los cuales es obligatoria la realización de un estudio detallado;
- Listas negativas: son listas de exclusión, que comprenden proyectos cuyos impactos son sabidamente poco significativos o bien proyectos de los cuales se sabe de la eficacia de las medidas, técnicas o gerenciales, para mitigar los impactos negativos;
- Criterios de corte: aplicados tanto para listas positivas como para listas negativas, basados generalmente en la envergadura del emprendimiento;
- Localización del emprendimiento: en zonas consideradas sensibles, se puede exigir la realización de estudios completos independientemente de la envergadura o del tipo de emprendimiento;
- Recursos ambientales potencialmente afectados: para proyectos que afecten determinados tipos de ambiente que se quiera proteger (como cavernas, zonas húmedas de importancia internacional, etc.).

Las listas ayudan al encuadramiento, pero no logran resolver todas las situaciones. La elaboración de algún tipo de estudio simplificado es una práctica común en muchas jurisdicciones (Canadá y Estados Unidos, por ejemplo).

FOCALIZACIÓN DEL ESTUDIO DE IMPACTO AMBIENTAL[2]

En los casos en que se hace necesaria la realización del EsIA, antes de comenzarlos es imprescindible establecer su focalización, o sea, el alcance y profundidad de los estudios a realizarse. Aunque el contenido genérico de un EsIA esté definido de antemano por la propia reglamentación, dichas normas son generales, aplicándose a todos los estudios; por lo tanto, no pueden ser normas específicas ni normas aplicables a un caso particular, dado que la reglamentación debe prever todas las situaciones posibles. En realidad, en función de los impactos que pueden sobrevenir con cada emprendimiento debería definirse un plan de trabajo para la realización de estudios que, una vez concluidos, mostrarán cómo se manifestaron, su magnitud o intensidad y los medios disponibles para mitigarlos o compensarlos.

Por ejemplo, en un proyecto de generación de electricidad a partir de combustibles fósiles, evidentemente el EsIA deberá brindar una especial atención a los problemas de calidad del aire. En tanto, en una represa, es evidente que deben recibir gran atención las cuestiones relativas a la calidad de las aguas, a la existencia de restos de vegetación nativa en el área inundada y a la presencia de poblaciones y actividades humanas en dicha área, mientras que la calidad del aire posiblemente sería abordada de manera rápida en el EsIA, debido a que los impactos de una represa sobre dicho elemento son, en general, de pequeña magnitud e importancia.

La etapa de determinación del alcance normalmente concluye con la preparación de un documento que establece las directrices de los estudios que se deben realizar, conocido como *términos de referencia* o instrucciones técnicas.

Elaboración del estudio de impacto ambiental

Esa es la actividad central del proceso de evaluación de impacto ambiental, la que normalmente consume más tiempo y recursos y sienta las bases para el análisis de la viabilidad ambiental del emprendimiento. El estudio lo debe preparar un equipo compuesto por profesionales de diferentes áreas, cuyo objetivo será determinar la extensión e intensidad de los impactos ambientales que podrá causar y, si es necesario, proponer modificaciones al proyecto, de manera de reducir o, dentro de lo posible, eliminar los impactos negativos. Como los informes que describen los resultados de dichos estudios suelen ser muy técnicos, es usual preparar un resumen escrito en lenguaje simplificado y destinado a comunicar las principales características del emprendimiento y sus impactos a todos los interesados.

Análisis técnico del estudio de impacto ambiental

Los estudios deben ser analizados por una tercera parte, normalmente el equipo técnico del organismo gubernamental encargado de autorizar el emprendimiento, o el equipo de la institución financiera a la cual se le solicitó un préstamo para realizar el proyecto.

[2] *En la literatura en lengua inglesa, esta etapa es conocida como* scoping. *En la legislación portuguesa, se denomina "definición del marco del estudio de impacto ambiental". En Quebec, se la conoce como definición del alcance (*portée*) del estudio de impacto ambiental.*

El fin es verificar si el estudio concuerda con los términos de referencia y con la reglamentación o los procedimientos aplicables. Se busca también verificar si el estudio describe adecuadamente el proyecto propuesto, si analiza debidamente los impactos y si propone medidas mitigadoras capaces de atenuar suficientemente los impactos negativos. El análisis lo efectúa no sólo un equipo multidisciplinario, sino que también puede ser interinstitucional, o sea, se pueden consultar diferentes organismos especializados de la administración, como el encargado del patrimonio cultural, o el responsable de la utilización de las aguas de una cuenca hidrográfica. Normalmente, los analistas se preocupan más con los aspectos técnicos de los estudios, como el grado de detalle del diagnóstico ambiental, los métodos utilizados para la previsión de la magnitud de los impactos y la adecuación de las medidas mitigadoras propuestas. Las manifestaciones expresadas en la consulta pública pueden ser tenidas en cuenta y eventualmente incorporadas a los fines del análisis de los estudios.

Consulta pública

Desde su origen, en la legislación moderna, el proceso de EIA comprende mecanismos formales de consulta a los interesados, incluyendo los directamente afectados por la decisión, pero no se limita a éstos. Hay diferentes procedimientos de consulta, de los cuales la audiencia pública es uno de los más conocidos. También hay diferentes momentos en el proceso de EIA en los cuales se puede proceder a la consulta, como la preparación de los términos de referencia, la etapa que lleva a la decisión sobre la necesidad de realización de un estudio de impacto ambiental, o incluso durante la realización de ese estudio. Sin embargo, una vez concluido, dicha consulta es más típica y necesaria, ya que sólo en ese momento se contará con el cuadro más completo posible sobre las implicaciones de la decisión a tomar.

Decisión

Los modelos decisorios en el proceso de EIA son muy variados y están más vinculados a la tradición política de cada jurisdicción que a las características intrínsecas de la evaluación de impacto ambiental. En líneas generales, la decisión final puede estar en manos de (i) la autoridad ambiental, (ii) la autoridad del área tutelar a la cual se subordina el emprendimiento, muchas veces conocida como órgano competente (las decisiones sobre un proyecto forestal, por ejemplo, le corresponden al ministerio responsable de ese sector), o (iii) al gobierno (por medio de un consejo de ministros o del jefe de gobierno). Está también el modelo de decisión colegiada, mediante un consejo con participación de la sociedad civil –muy usado en Brasil- en que esos órganos colegiados están subordinados a la autoridad ambiental. Son posibles tres tipos de decisión: (i) no autorizar el emprendimiento, (ii) aprobarlo incondicionalmente, o (iii) aprobarlo con condiciones. Además existe la posibilidad de retornar a etapas anteriores, solicitando modificaciones o la complementación de los estudios presentados.

Monitoreo y gestión ambiental

Luego de una decisión positiva, la implementación del emprendimiento debe estar acompañada por la puesta en práctica de todas las medidas tendientes a disminuir, eliminar o compensar los impactos negativos, o a potenciar los positivos. Lo mismo se debe observar durante las etapas de funcionamiento y de desactivación y cierre de la obra o actividad. La gestión ambiental, en el sentido aquí empleado, corresponde a todas las actividades que le siguen a la planificación ambiental y que tienden a asegurar la implementación satisfactoria del plan. El monitoreo es una parte esencial de las actividades de gestión ambiental y, entre otras funciones, debe permitir confirmar o no las previsiones hechas en el estudio de impacto ambiental, constatar si el emprendimiento cumple con los requisitos aplicables (exigencias legales, condiciones de la licencia ambiental y otros compromisos) y, por consiguiente, alertar acerca de la necesidad de ajustes y correcciones.

La gestión ambiental es actualmente una actividad cada vez más sofisticada y hay diversas herramientas desarrolladas para la gestión de emprendimientos y de organizaciones, que pueden estar conjugadas e integradas a la evaluación de impacto ambiental (Sánchez, 2006a), tales como sistemas de gestión ambiental (ISO 14.001), auditorías ambientales (ISO 19.011) y evaluación de desempeño ambiental (ISO 14.031).

Seguimiento[3]

Se ha constatado, en todo el mundo, varias dificultades en la correcta implementación de las medidas propuestas por el estudio de impacto ambiental y adoptadas como condiciones vinculadas a la licencia ambiental del emprendimiento (de acuerdo, entre otros, con Sadler, 1996). Por esta razón, se han buscado mecanismos para garantizar el pleno cumplimiento de todos los compromisos asumidos por el emprendedor y demás intervinientes. El seguimiento agrupa el conjunto de actividades que le siguen a la decisión de autorizar la implantación del emprendimiento.

[3] *En literatura en lengua inglesa, el término correspondiente es* follow-up.

Las actividades de seguimiento incluyen fiscalización, supervisión y/o auditoría, observándose que el monitoreo es también esencial para esta etapa. La función de la supervisión es primariamente la de asegurar que las condiciones establecidas en la autorización se cumplan de manera efectiva. En el sentido usado aquí, la supervisión ambiental la realiza el emprendedor, en tanto que la fiscalización es una función de los agentes gubernamentales; la auditoría, entre tanto, puede tener carácter público o privado.

Documentación

La complejidad del proceso de EIA y sus múltiples actividades hacen necesaria la preparación de un gran número de documentos. El Cuadro 3.2 brinda una visión de conjunto de la documentación, tomando como base las exigencias brasileñas de licenciamiento ambiental. Dada la relativa autonomía, en Brasil, de cada organismo licenciador estadual o municipal, aparte del término estudio de impacto ambiental, los nombres dados a cada documento dependerán de la reglamentación en vigencia en cada jurisdicción. El gran número de documentos involucrados da una idea del tiempo necesario hasta la obtención de una licencia ambiental, y también permite inferir que los costos no son despreciables, tanto para el emprendedor como para el agente público gestor del proceso.

3.4 El proceso de EIA en Brasil

La primera norma de referencia para la evaluación de impacto ambiental en Brasil fue la Resolución 1/86 del Consejo Nacional del Medio Ambiente (Conama). Esta resolución establece la orientación básica para la preparación de un estudio de impacto ambiental. Aunque de manera concisa, los principales elementos del proceso de EIA son abordados en dicha norma. Otras resoluciones del Conama y ciertos reglamentos estaduales y municipales establecen requisitos adicionales, pero los elementos esenciales del proceso no han cambiando desde 1986.

Cuadro 3.2 *Principales documentos técnicos de las diferentes etapas del proceso de evaluación de impacto ambiental*

Documentos de entrada	Etapa	Documentos resultantes
Memoria descriptiva del proyecto[1]		
Publicación en periódico anunciando la intención de llevar a cabo determinada iniciativa[2]	Presentación de la propuesta	Dictamen técnico que define el nivel de evaluación ambiental y el tipo de estudio ambiental necesarios
Evaluación ambiental inicial u estudio preliminar[3]	Tamizado	Dictamen técnico sobre el nivel de evaluación ambiental y el tipo de estudio ambiental necesarios
Plan de trabajo	Focalización	Términos de referencia[4]
Términos de referencia	Elaboración del EsIA y del Rima	EsIA y Rima
EsIA	Análisis técnico	Dictamen técnico
EsIA y Rima, publicación en periódico	Consulta pública	Actas de audiencia y otros documentos de consulta pública
EsIA, estudios complementarios, documentos de consulta pública	Análisis técnico	Dictamen técnico conclusivo
EsIA, Rima, dictámenes técnicos, documentos de consulta pública	Decisión	Licencia previa[5] (o denegación del pedido de licencia)
Planes de gestión[6]		
Informes de implementación del plan de gestión	Decisión Implantación / construcción	Licencia de instalación
Licencia de operación		
Varios documentos	Operación	Renovación de la licencia de operación, informes de monitoreo y desempeño ambiental[7]
Plan de cierre[8]	Desactivación	Licencia de desactivación o de cierre[9]

Nota: el cuadro toma como referencia principalmente las exigencias brasileñas de licenciamiento ambiental.

[1] Ejemplos: MCE – Memoria de Caracterización del Emprendimiento (São Paulo), FCE – Formulario de Caracterización del Emprendimiento (Minas Gerais).

[2] La publicación en periódicos de gran circulación es una de las formas más comunes de anunciar la intención de realizar un emprendimiento, pero hay otras formas diferentes de divulgar dicha información; la divulgación permite que el público pueda manifestarse y que, por lo tanto, sus inquietudes puedan ser empleadas como un criterio de tamizado.

[3] Ejemplos: RAP – Informe Ambiental Preliminar (São Paulo), RAS – Informe Ambiental Simplificado, RCA – Informe de Control Ambiental.

[4] En Río de Janeiro, este documento recibe el nombre de "Instrucción Técnica".

[5] La licencia puede incluir condicionantes que sólo la transforman en válida si se cumplen las condiciones.

[6] Ejemplos: PBA – Proyecto Básico Ambiental (sector eléctrico), PCA – Plan de Control Ambiental (sector de minería).

[7] Ejemplo: Rada – Informe de Evaluación de Desempeño Ambiental (Minas Gerais). En algunos estados, se exigen informes de auditoría ambiental para ciertas actividades.

[8] En Brasil se exige el Prad – Plan de Recuperación de Zonas Degradadas para emprendimientos de minería y planes de desactivación para algunas categorías de emprendimientos (según resoluciones del Conama); en el estado de São Paulo, desde diciembre de 2002 se exige un plan de cierre para ciertas actividades; en el estado de Minas Gerais es obligatorio un plan ambiental de cierre para minas.

[9] Todavía no existente en Brasil.

* Tamizado: se lleva a cabo mediante una lista positiva (Art. 2º) (otras resoluciones del Conama introdujeron otros criterios que confluirían en el EsIA).
* Focalización: el párrafo único del Art. 6º establece que es responsabilidad del órgano licenciador establecer "instrucciones adicionales" para la preparación de los estudios de impacto ambiental, tomando en cuenta "peculiaridades del proyecto y características ambientales del área" (no hay requisitos procedimentales para definir el alcance de un EsIA. El órgano ambiental puede hacerlo internamente, sin ninguna forma de consulta).
* Elaboración del EsIA y del Rima[4]: abordada en los Arts. 5º, 6º, 7º, 8º y 9º; la Resolución establece las directrices y el contenido mínimo de los estudios, y define la responsabilidad de su ejecución ("equipo multidisciplinario habilitado") y a quién se le imputan los costos (al emprendedor).
* *Análisis técnico del EsIA*: el Art. 10 establece que debe haber un plazo para que se manifieste el órgano licenciador, pero no lo estipula.
* *Consulta pública*: el Art. 11 establece que el Rima será accesible al público y a los organismos públicos que manifiesten interés o tengan relación directa con el proyecto; los interesados tendrán un plazo para enviar sus comentarios; podrá promoverse una audiencia pública para "informar acerca del proyecto y sus impactos ambientales y discutir el Rima".
* *Decisión*: el Art. 4º establece que los procesos de licenciamiento deberán ser compatibles con las etapas de planificación e implantación de los proyectos; el licenciamiento es responsabilidad de los "organismos ambientales competentes", que también determinan "la puesta en marcha del estudio de impacto ambiental y la presentación del Rima" (Art. 11, § 2º).
* *Seguimiento y monitoreo*: la "elaboración del programa de seguimiento y monitoreo de los impactos positivos y negativos" es una "actividad técnica" que se exige para el estudio de impacto ambiental (Art. 6º, IV).

[4] *Resúmen non técnico del EsIA, conforme sección 2.5*

De manera general, la Resolución Conama 1/86 aborda todos los componentes principales del proceso de EIA e, indudablemente, permite la aplicación inmediata de la evaluación de impactos por parte de los organismos ambientales estaduales, los principales encargados de ponerlos en práctica. Es obvio que muchísimas dificultades surgirían con la práctica, pero la experiencia acumulada en ese proceso, los errores y los aciertos, permitirían perfeccionarla.

Desde entonces, el Conama estableció otras normas relativas al licenciamiento ambiental, pero la responsabilidad de definir los procedimientos, criterios y normas adecuados a sus peculiaridades recayó en los organismos ambientales estaduales, en su calidad de principales operadores del licenciamiento. El estado de Río de Janeiro fue el primero en normalizar el proceso, inclusive con su propia ley. La Secretaría de Medio Ambiente (SMA) del estado de São Paulo, a través de distintas Resoluciones, procuró resolver los problemas planteados por la práctica de la EIA. Tal vez el problema que más esfuerzos haya exigido del SMA haya sido definir qué elementos deben estar sujetos a la presentación de un estudio de impacto ambiental, o sea, la etapa de tamizado del proceso de EIA (Gouvêa, 1998).

Por otro lado, en 1992, el Consejo Estadual del Medio Ambiente (Consema) tomó la iniciativa de reglamentar los procedimientos para el análisis de los estudios de impacto ambiental en el estado de São Paulo, constituyendo para ello una comisión interna que estudió el asunto, escuchó a especialistas, realizó debates y propuso al plenario un procedimiento que transformaría y al mismo tiempo consolidaría los procedimientos adoptados hasta ese momento. Una vez aprobadas por el Consema y elevadas al Secretario, las propuestas de la comisión se transformaron en la Resolución 42/94 de la SMA. Esta aborda os principales elementos del proceso de EIA.

- *Tamizado*: se introdujo un estudio inicial, denominado Informe Ambiental Preliminar (RAP), cuyo análisis puede conducir a tres caminos: rechazo del pedido de licencia, exigencia de presentación de EsIA y Rima, o eximición de presentación de EsIA y Rima. Posteriormente, con la edición de la Resolución SMA 54/04, se creó el Estudio Ambiental Simplificado (EAS), en principio aplicable a proyectos considerados de impactos ambientales muy pequeños y no significativos, pero que puede servir de base para exigir un RAP, si el organismo ambiental considera necesaria la realización de estudios ambientales más detallados.
- *Focalización*: la elaboración de un EsIA está precedida por la presentación de un plan de trabajo "que deberá explicitar la metodología y el contenido de los estudios necesarios para la evaluación de todos los impactos ambientales importantes"; dicho plan, luego de ser debidamente analizado por el Departamento de Evaluación de Impacto Ambiental (Daia), da origen a un término de referencia para la elaboración del EsIA.
- *Elaboración del EsIA* y el Rima: además de las directrices generales establecidas en la Resolución Conama 1/86, el EsIA deberá observar explícitamente el término de referencia; cada EsIA debe tener su propio término de referencia.
- *Análisis técnico* del EsIA: debe considerar explícitamente las manifestaciones del público; como resultado de dicho análisis, el Daia debe emitir "un informe sobre la calidad técnica del EsIA y el Rima, informando si demuestran la viabilidad ambiental del emprendimiento y sugiriendo condiciones para las diferentes etapas del licenciamiento".
- *Consulta pública*: ha sido muy ampliada; los interesados pueden manifestarse por escrito luego de la publicación del pedido de licenciamiento (punto 2), solicitar que se realice una audiencia pública antes de la presentación del plan de trabajo (punto 4), ser escuchados por las cámaras técnicas del Consema (punto 9), además de solicitar una audiencia pública para analizar el EsIA y debatir el proyecto, en los términos ya anteriormente instituidos por la reglamentación federal. (La cuestión de la solicitud de audiencia pública para el análisis del EsIA fue suplantada por la edición de la Resolución Consema 34/01, que establece la realización de audiencia pública toda vez que el emprendimiento se someta a EsIA/Rima – Art 1º, § 1º).
- *Decisión*: la decisión sobre la aprobación de los estudios es responsabilidad del Consema (punto 12), práctica que ya estaba en vigencia en el estado.
- *Seguimiento y monitoreo*: es tarea del Daia preparar un "informe técnico certificando el cumplimiento de las exigencias" que constan en la Licencia Previa y en la Licencia de Instalación (puntos 13 y 15).

Como se ve, la Resolución 42/94 abordó de manera ordenada y orgánica los principales elementos del proceso genérico de EIA. Otras resoluciones, publicadas posteriormente, detallaron algunas de esas tareas, como la realización de reuniones informativas públicas y las formalidades de publicación de convocatorias y anuncios. Sin embargo, un punto controvertido del proceso de EIA en São Paulo es el uso del informe ambiental preliminar como estudio ambiental apto para orientar el licenciamiento ambiental de diferentes emprendimientos. Otros problemas son la falta de complementación de la lista de proyectos del Artículo 2º de la Resolución Conama 1/86 y las deficiencias de la etapa de seguimiento.

3.5 El proceso de EIA en otros países

Para ejemplificar los puntos comunes (y también para ilustrar algunas diferencias) del proceso de EIA en diferentes jurisdicciones, se muestran los procedimientos adoptados en dos países: Estados Unidos y Sudáfrica. El primero por su importancia histórica, ya que el proceso americano sirvió de modelo para muchos países, y el segundo por tratarse de un país en vías de desarrollo, en el cual la introducción del EIA coincidió con la democratización.

La Fig. 3.2 muestra los principales componentes del proceso Nepa. La aplicación de la ley americana es descentralizada, en la que cada agencia (departamento, servicio) está a cargo de la elaboración de su propio conjunto de procedimientos para cada etapa del proceso, naturalmente, respetando la ley y su reglamento, elaborado por el Consejo de Calidad Ambiental.

Un campo en el que cada agencia tiene mucha libertad es el tamizado, siendo común el empleo de listas positivas y de listas negativas. Según Weiner (1997), el procedimiento de implementación de la Nepa que adopta cada agencia "debería identificar las acciones que típicamente requieren un EsIA y las que no lo requieren (exclusión categórica)" (p. 77), resolviéndose el encuadramiento de las acciones caso por caso. El encuadramiento de los casos intermedios, que son numerosos, se resuelve mediante la preparación de una evaluación inicial denominada *environmental assessment*, literalmente, evaluación ambiental. La evaluación ambiental debe conducir la propuesta por uno de estos tres caminos: (1) la preparación de un estudio de impacto ambiental (*Environmental Impact Statement – EIS*), porque los impactos potenciales son

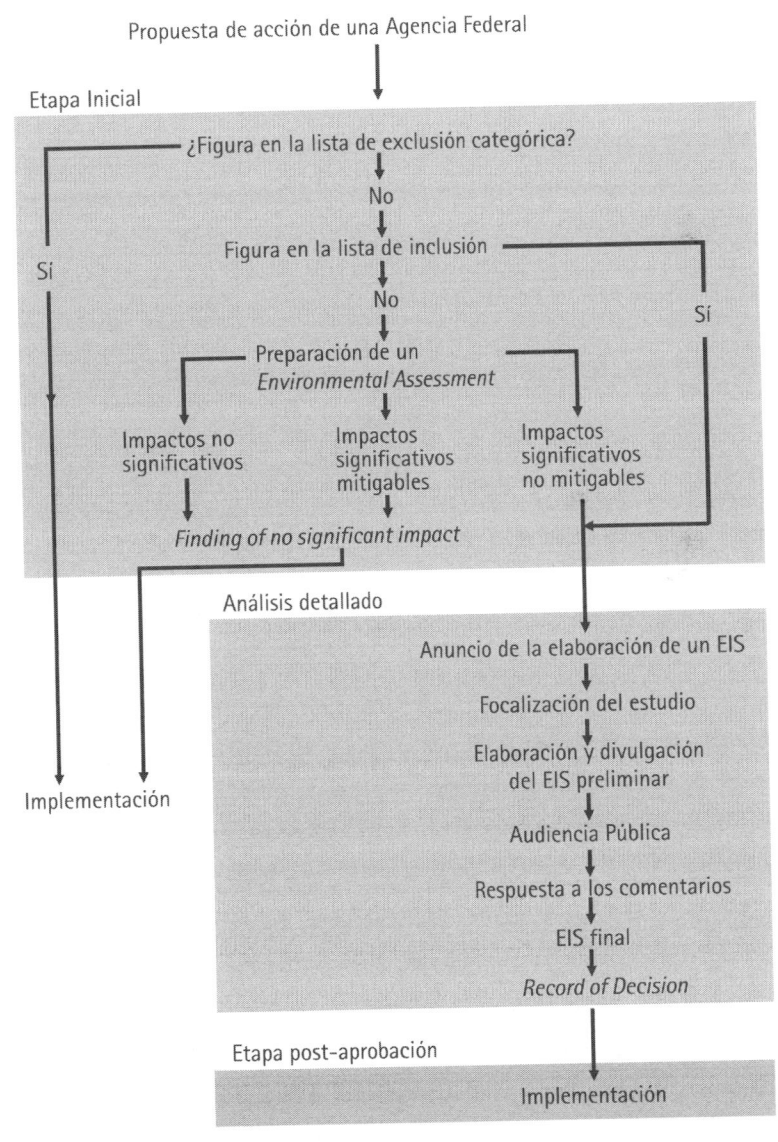

Fig. 3.2 *Proceso de evaluación de impacto ambiental en los EEUU*
Fuente: adaptado de Ortolano (1997).

significativos; (2) la eximición de un EIS porque se conocen las medidas mitigadoras adecuadas y de comprobada eficacia; o (3) la eximición de un EsIA porque se constata que los impactos ambientales no son significativos. En los últimos dos casos, es obligatoria la elaboración de un Informe de Ausencia de Impacto Ambiental Significativo, o *Finding of No Significant Impact* (*Fonsi*).

En caso de que la propuesta llegue a ocasionar impactos significativos, es obligatoria la preparación de un estudio de impacto ambiental. Este comienza con la presentación de la propuesta en un anuncio público (*notice of intent*) de que se preparará un EsIA, anuncio que debe contener una breve descripción de la propuesta y de sus alternativas, así como informar dónde pueden los interesados obtener más informaciones.

El paso siguiente es el *scoping*, procedimiento obligatorio que frecuentemente incluye la realización de reuniones públicas, pero que también puede basarse en la recepción de manifestaciones escritas luego de la divulgación de la *notice of intent*. Por medio del scoping se identifican (1) acciones, (2) alternativas y (3) impactos a abordar en el EsIA, cuyo análisis puede, de esta manera, "concentrarse en las cuestiones que son verdaderamente significativas" (Eccleston, 2000, p. 71).

Contando con las directrices y orientaciones resultantes del *scoping*, la agencia gubernamental prepara el estudio de impacto ambiental. Nótese que, aun en el caso de un proyecto privado, la agencia responsable es la que debe preparar el EsIA (o contratar el servicio), dado que dicha agencia es la que tiene poder decisorio, y la ley requiere que ésta lo haga para fundamentar su decisión. En la práctica, sin embargo, cuando hay un proyecto privado (por ejemplo, el proyecto de una mina en tierras públicas), el propio interesado es el que prepara un borrador del EsIA y lo eleva a la autoridad, que, naturalmente, puede aceptarlo o no. El borrador (*draft EIS*) es un documento de trabajo destinado a la revisión, críticas y comentarios. Se trata de un documento completo, puesto a disposición de los interesados para la consulta pública. El plazo para los comentarios es de 45 días, contados a partir de la publicación en el Boletín Oficial (*Federal Register*).

Todas las críticas y comentarios sustantivos deben ser respondidos. La agencia prepara un estudio de impacto ambiental final, corregido, que debe enviarse a todos aquellos que presentaron comentarios, y lo pone a disposición del público. Se abre un nuevo período de 30 días para los comentarios públicos, y recién al término de ese plazo la agencia puede formalizar su decisión, emitiendo un Registro de Decisión (*Record of Decision*), "una declaración pública que explica la decisión (...), el peso de los factores ambientales frente a los factores de orden técnico y económico (...) y las acciones para mitigar los efectos ambientales adversos (Ortolano, 1997, p. 320).

La Fig. 3.3 muestra el proceso de EIA en Sudáfrica. La focalización se da en dos estadios: el primero es una lista positiva prevista por la reglamentación. El segundo estadio consiste en la preparación de una evaluación inicial denominada *scoping report*. La preparación de este informe está precedida por la presentación de un plan de estudios y su aprobación por parte de la autoridad competente. Las conclusiones del informe de *scoping* pueden ser suficientes para justificar la aprobación del proyecto, caso en el cual se establecen condiciones para su implementación y funcionamiento. Sin embargo, cuando se trata de casos más complejos, el informe de *scoping* conforma la base para el futuro estudio de impacto ambiental; en ese caso, se presenta un nuevo plan de estudios, aprovechando los relevamientos y análisis ya realizados. Luego de que la autoridad competente aprueba dicho plan, el interesado prepara y presenta el EsIA.

La consulta pública se efectúa en varios momentos: en la definición del contenido del informe de *scoping* y en su análisis, y también en la preparación del plan de estudios para el EsIA y en su análisis. Luego de la aprobación del EsIA, la autoridad decide acerca de la aprobación del proyecto, pudiendo imponer condiciones y requerir la preparación de un plan de gestión ambiental.

Esos dos ejemplos ilustran lo que se afirmó al comienzo del capítulo acerca de la convergencia de los sistemas de evaluación de impacto ambiental. Sus semejanzas se deben a los objetivos similares.

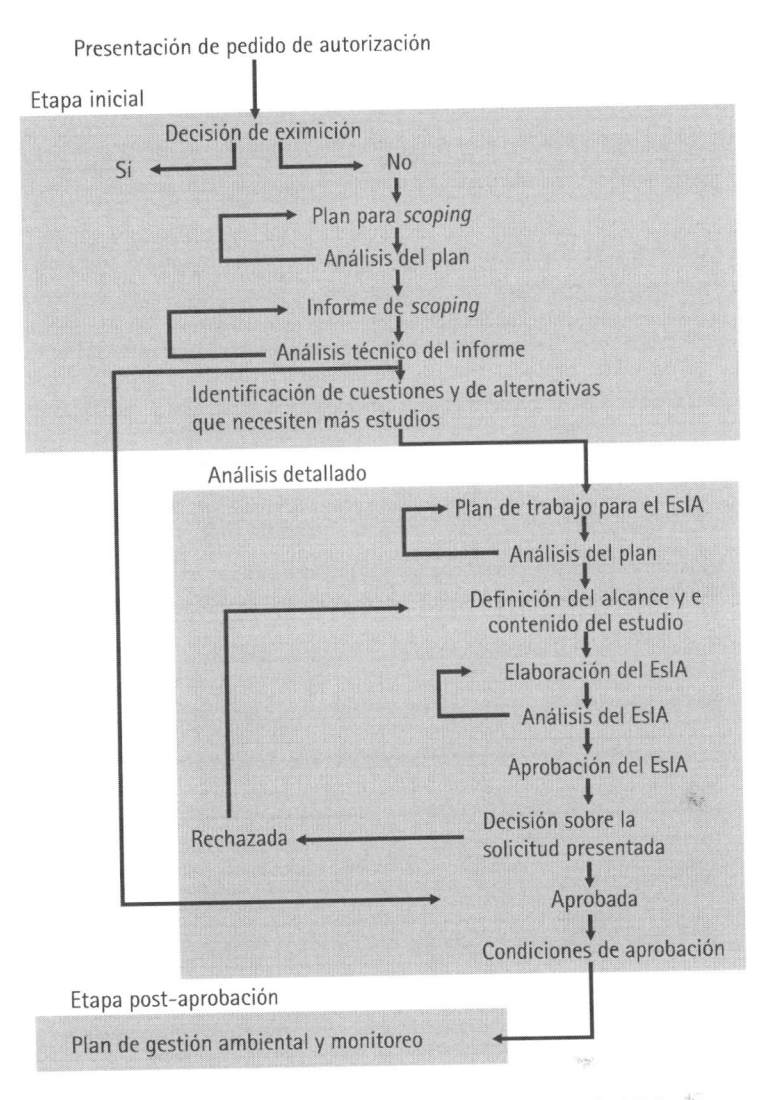

Fig. 3.3 *Proceso de evaluación de impacto ambiental en Sudáfrica*
Fuente: adaptado de Rossouw et al. (2003).

Etapa de tamizado

4

Todo sistema de EIA debe definir el universo de acciones humanas (proyectos, planes, programas) sujetos al proceso, o sea, su campo de aplicación. Es intuitivo o de sentido común pensar que no se va a exigir un estudio previo de impacto ambiental a todo proyecto o a cualquier intervención en el medio natural, ¿pero a partir de qué estadio debería aplicarse el proceso? El concepto clave aquí es el de *impacto significativo*.

> [1] *Jurisdicciones incluye: gobiernos nacionales, regionales y locales. Organizaciones incluye: empresas públicas o privadas que adoptan la evaluación de impacto ambiental en sus políticas corporativas, así como organizaciones internacionales que adoptan la evaluación de impacto ambiental como requisito para ciertas decisiones de asignación de recursos, como es el caso del Banco Mundial y de otras instituciones multilaterales.*

Todas las jurisdicciones y organizaciones[1] en las cuales se adoptó la evaluación de impacto ambiental establecen, de una forma o de otra, que ese instrumento de política ambiental deberá emplearse para fundamentar decisiones en cuanto a la viabilidad ambiental de obras, actividades y otras iniciativas que puedan afectar negativamente el medio ambiente. Más precisamente, las leyes, reglamentos y políticas adoptados por esas jurisdicciones y organizaciones establecen, como parte del proceso de EIA, la necesidad de preparar un estudio de impacto ambiental (EsIA) antes de la toma de decisiones sobre iniciativas que potencialmente pueden causar modificaciones ambientales *significativas*. En los Estados Unidos, la Nepa establece la necesidad de preparar un *environmental impact statement* para aquellas acciones que "puedan afectar significativamente la calidad del ambiente humano" (Sección 102 [C]). Las leyes de muchos países y las convenciones internacionales que mencionan el EIA (según el capítulo 2).

De esa forma, las primeras etapas del proceso de evaluación de impacto ambiental implican una decisión acerca de qué tipos de proyectos o acciones deben ser sometidos al proceso. En principio, todas las acciones que puedan causar impactos ambientales *significativos* deben ser objeto de un estudio de impacto ambiental. Algunas acciones pueden pasar por un proceso más simple de evaluación de impacto, mientras que otras difícilmente provocarán algún impacto ambiental de digno de mencionar.

El Banco Mundial, por ejemplo, clasifica los proyectos sometidos a su consideración en tres categorías, de acuerdo con su potencial de impacto[2]:

- Categoría A: proyectos que requieren una evaluación ambiental completa, ya que pueden causar impactos significativos e irreversibles.
- Categoría B: proyectos que, si bien no requieren una evaluación ambiental completa, deben ser objeto de un análisis ambiental simplificado, mediante la selección de medidas ya conocidas para la minimización de impactos, el empleo de tecnologías cuyos impactos ya se conocen y que son ampliamente mitigables, o por medio de otros procedimientos.
- Categoría C: proyectos que normalmente no causan impactos ambientales significativos.

(Política Operativa OP 4.01, Evaluación Ambiental, enero de 1999.)

> *Hay una cuarta categoría, FI, usada cuando el Banco gira fondos a agentes financieros intermedios, pero esta categoría no nos interesa aquí.*

Uno de los problemas más críticos que deben resolver las reglamentaciones sobre evaluación de impacto ambiental es, por lo tanto, el de la definición operativa que se le debe dar al término "significativo". La respuesta a esta cuestión depende de diversos factores, uno de los cuales es la propia definición que se le da al término (y al instrumento) "evaluación de impacto ambiental", las funciones y los objetivos que se le atribuyen al estudio de impacto ambiental y la apertura para que se realicen estudios ambientales de diferentes niveles de profundidad, según el potencial de impacto de la propuesta analizada.

4.1 ¿Qué es impacto significativo?

En una primera aproximación, significativo es todo aquello que tiene un significado; es sinónimo de notable. Pero la locución *impacto ambiental significativo* debe entenderse con el sentido de considerable, suficientemente grande, o incluso como importante. La definición, no obstante, no resuelve el problema, porque impacto *significativo* es un término cargado de subjetividad. Y difícilmente podría ser de otra manera, dado que la importancia que las personas le atribuyen a las alteraciones ambientales llamadas impactos depende de su punto de vista, de sus valores, de su percepción.

Reconocer que existen dificultades contextualiza el problema, pero no lo resuelve. Si no se arbitran límites para el campo de aplicación de la EIA[3], ésta se volverá totalmente ineficaz. Aplicada a todo, se banaliza. El siguiente ejercicio ayudará a formular a formular mejor el problema.

Claramente, una panadería o una central electronuclear no tienen el mismo potencial de causar impactos ambientales y habrían pocas o ninguna duda en incluir un proyecto de generación de electricidad a partir de materias fisionables dentro del campo de aplicación de la EIA. Pero el caso de la panadería puede dar un margen de duda. El problema se puede dividir en dos: (1) ¿Puede una panadería causar impacto ambiental? (2) ¿Puede una panadería causar impacto ambiental significativo?

Una panadería artesanal consume una cierta cantidad de recursos naturales, emite una determinada carga de contaminantes y además causa otros impactos ambientales. Harina, agua y leña son sus principales insumos, además de energía eléctrica y algunos otros ingredientes. A su vez, al observarse la cadena productiva de los principales insumos, se advierte que la producción de leña, la producción de trigo y su transformación en harina, así como el abastecimiento de agua, son actividades que causan impactos ambientales, de la misma forma que el transporte de dichos insumos hasta la panadería. Para simplificar el problema, los impactos asociados a la producción y al transporte de materias primas e insumos no se tienen en cuenta, porque debe haber otros controles ambientales para dichas actividades. De esta forma, el límite del problema es el proceso de fabricación de pan y su comercialización. En la fabricación, se emiten gases de combustión a través de la chimenea de la panadería, que también emite material particulado. Por las rejillas de los sumideros se escurren efluentes líquidos, mientras que el calor y el ruido son los otros contaminantes emitidos por el proceso productivo. Son desechados los envases y los residuos sólidos orgánicos. Las normas de higiene determinan que se deben usar diariamente productos de limpieza, así como periódicamente productos químicos biocidas. Si el pan es bueno, los clientes acuden de a montones, a pie, en bicicleta o en automóvil, ayudando a perturbar el tránsito y ocupando sitios para aparcar, emitiendo más ruidos y contaminantes atmosféricos.

Son muchas las interrelaciones entre la fabricación de pan y el medio ambiente. ¿Todo ello justificará la realización de un estudio de impacto ambiental antes de la apertura de toda nueva panadería?

Ciertamente que no, ya que hay otras maneras de regular la actividad de producción de pan, de manera de reducir sus impactos ambientales. Se puede exigir que la leña provenga

[3] *Se entiende por campo de aplicación de la evaluación de impacto ambiental el conjunto de acciones humanas (actividades, obras, emprendimientos, proyectos, planes, programas) sujetas al proceso de EIA en una determinada jurisdicción.*

[4] *Emprendimiento sujeto a licenciamiento ambiental.*

[5] *Hay normas de emisión para vehículos automotores y procedimientos de inspección.*

[6] *Las terminales portuarias también requieren licencia ambiental.*

* *En español, Siete Cascadas, o saltos del Guayrá, sobre el río Paraná (N. del T.)*

de plantaciones sustentables y certificadas (leña con "sello verde"), que todo consumidor de leña, como una panadería, pague una tasa para financiar la reposición forestal, que el trigo se produzca sin agrotóxicos, que el molino harinero no descargue su efluentes líquidos directamente en un río[4], que los camiones que entregan la harina y la leña sufran controles a fin de que emitan el mínimo de humo negro y otros contaminantes atmosféricos[5], que la terminal portuaria que reciba el trigo importado tenga licencia ambiental[6], etcétera. Se puede también determinar, mediante zonificación municipal, que no se instalen panaderías en determinadas calles o cuadras, o que ofrezcan cierta cantidad de lugares de aparcamiento a sus clientes, por citar sólo algunas medidas de gestión ambiental aplicables a ese tipo de establecimiento comercial.

Una central nuclear es incomparablemente más compleja, entre otras razones porque representa un riesgo para la salud y la seguridad de las personas y los ecosistemas. También una gran represa causa impactos ambientales totalmente diferentes de los generados por una panadería, como por ejemplo Itaipú, que inundó un sitio de incomparable belleza escénica, las Sete Quedas* (Fig. 4.1). Las personas que nacieron hacia fines del siglo XX y las generaciones siguientes fueron privadas de la posibilidad de apreciar un paisaje de belleza poco común debido a una decisión, prácticamente irreversible, de construir una represa de una determinada altura en un determinado lugar. Se trata, indudablemente, de un impacto ambiental significativo, irreversible, permanente, y que afecta potencialmente a toda la población del planeta, presente y futura. Una decisión de semejantes implicaciones justificaría un análisis detallado de sus consecuencias y una amplia discusión pública. Ese es, justamente, el objetivo de la evaluación de impacto ambiental, y es en esos casos que se hace necesario emplear el llamado proceso completo de evaluación de impacto ambiental, incluyendo la preparación de un estudio de impacto ambiental, su publicidad, la realización de audiencias públicas y el análisis técnico criterioso de los estudios presentados.

El potencial que tiene determinada obra o acción humana de causar alteraciones ambientales depende de dos tipos de factores:

- las demandas al medio a través de la acción o del proyecto, o sea, la sobrecarga impuesta al ecosistema, representada por la emisión de contaminantes, la supresión o el agregado de elementos al medio;
- la vulnerabilidad del medio, o sea, lo inverso de la resiliencia, que su vez dependerá del estado de conservación del ambiente y de las demandas efectuadas anteriormente y cuyos efectos se acumularon; o la importancia del ambiente o del ecosistema: muchas veces es difícil hacer operativos los conceptos de vulnerabilidad o de resiliencia, siendo más fácil designar los tipos de ambiente que se desea proteger (debido a su importancia ecológica, valor cultural u otro atributo), o inclusive zonas geográficamente delimitadas.

La Fig. 4.2 ilustra, de modo esquemático, la conjugación de dichos factores. La confrontación de la demanda (o presión) impuesta por el proyecto con la vulnerabilidad del ambiente definirá la respuesta del medio. Aquellos proyectos que impliquen una gran presión sobre un ambiente de alta vulnerabilidad (o baja capacidad de soporte) representarán un alto potencial de impactos significativos, como también lo ilustra la Fig. 4.3. Por lo tanto, esos proyectos deberían ser objeto de una planificación cuidadosa, con la contribución de la evaluación de impacto ambiental. Por otro lado, los proyectos de baja presión o demanda, ejecutados en un medio resiliente, no necesitarían, a priori, cuidados especiales, debiendo solamente tomarse precauciones para minimizar los impactos ambientales, por medio de técnicas ya bien conocidas.

Piénsese en un proyecto de relleno sanitario para disposición de residuos sólidos urbanos. Si el sitio deseado se localiza en una zona de recarga de acuíferos (zona por donde el agua superficial se infiltra y alimenta la capa freática), los riesgos de contaminación del acuífero (potencial de impacto sobre la calidad de las aguas subterráneas) son altos. Se trata de un medio vulnerable para ese tipo de actividad. Pero si este mismo proyecto se implanta en un lugar con sustrato arcilloso bien consolidado y de baja permeabilidad (o sea, un medio de baja vulnerabilidad), su potencial de impacto será más bajo.

De la misma forma, los proyectos propuestos en ambientes importantes debido a uno o más atributos (recursos ambientales o culturales) deberían ser cuidadosamente evaluados, a la vez que los mismos tipos de proyectos, en otro contexto ambiental o cultural, podrían verse eximidos de un estudio de impacto ambiental.

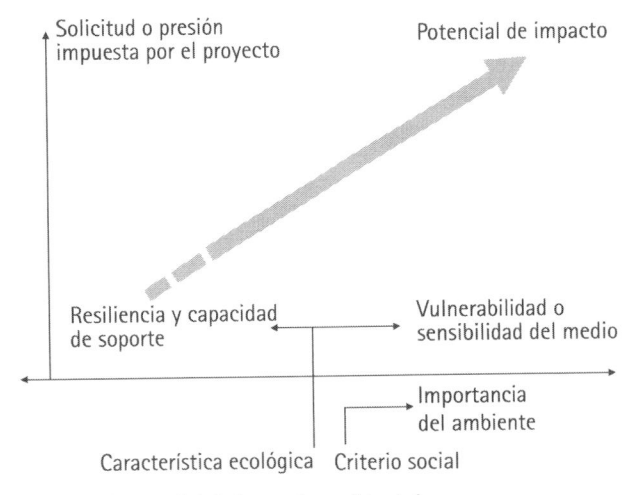

Así, el potencial de impacto ambiental es resultado de una combinación entre la demanda o presión (característica inherente al proyecto y sus procesos tecnológicos) y la vulnerabilidad del medio. Dicha combinación se da en una relación directa, como lo muestra la Fig. 4.3, o sea, cuanto mayor la demanda y mayor la vulnerabilidad, mayor el potencial de impactos. Inversamente, cuanto menor la demanda y mayor la resiliencia del ambiente, menor el potencial de impactos. Lo inherente al proyecto no es el potencial de impacto sino la demanda o presión que éste puede ejercer sobre los recursos ambientales.

En términos prácticos, la demanda o presión potencial que un emprendimiento puede imponer al medio (y, consecuentemente, su capacidad de causar impactos)

Fig. 4.1 *Vista de las Sete Queda, en el río Paraná, cubiertas por la represa de Itaipú, en 1984, por decisión del gobierno militar y antes de la reglamentación de la evaluación de impacto ambiental en Brasil. El lugar había sido declarado Parque Nacional en 1961, pero el decreto de creación fue revocado para permitir la construcción de la central. En ese momento, las entidades ambientalistas hicieron una manifestación en protesta por la pérdida de un sitio de gran belleza escénica y valor simbólico (ver lámina en color 4)*

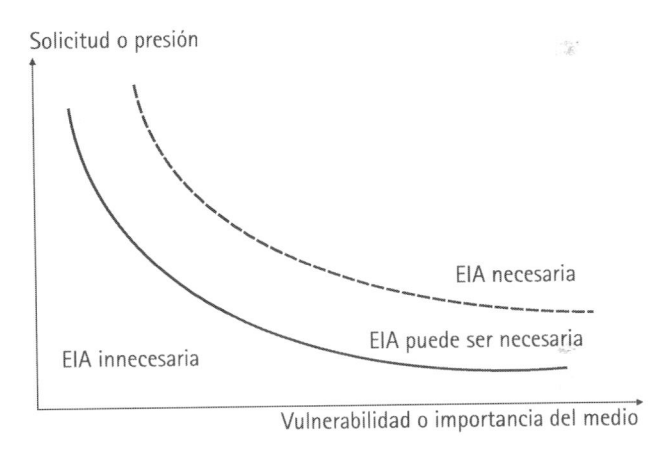

Fig. 4.2 *Diagrama esquemático para determinar la necesidad de realizar estudios ambientales*

Fig. 4.3 *Potencial de impacto ambiental*

depende no solamente de sus características técnicas intrínsecas, sino también, y en gran medida, de la capacidad gerencial de la organización responsable del proyecto. Es indiscutible que si dos proyectos idénticos son llevados a cabo por dos empresas con culturas organizativas distintas, los impactos ambientales resultantes pueden ser muy diferentes.

4.2 Criterios y procedimientos de tamizado

Con el propósito de definir a qué actividades se les aplicará la evaluación de impacto ambiental, la relación teórica *demanda o presión/vulnerabilidad*, que define el potencial de impactos ambientales, debe transformarse en un conjunto de criterios prácticos que permitan encuadrar cada nueva propuesta en uno de los tres campos de la Fig. 4.2.

Esta figura sitúa el campo de aplicación de la EIA dentro del universo de las acciones antrópicas. Hay tres conjuntos, cuyos límites son líneas discontinuas, para indicar la inexistencia de fronteras nítidas. El siempre creciente conjunto de las actividades, constantemente ampliado por la inventiva humana, implica un subconjunto de actividades que pueden afectar el medio ambiente o causar alguna forma de impacto negativo o degradación ambiental y que, por esa razón, pueden ser objeto de regulación gubernamental, como el licenciamiento, las normas de zonificación, el pago de tasas o cualquier otro instrumento de política ambiental pública. Dentro de ese subconjunto hay otro, el de las actividades capaces de causar impactos significativos, y que deben estar sujetas a la evaluación previa de sus impactos antes de ser autorizadas.

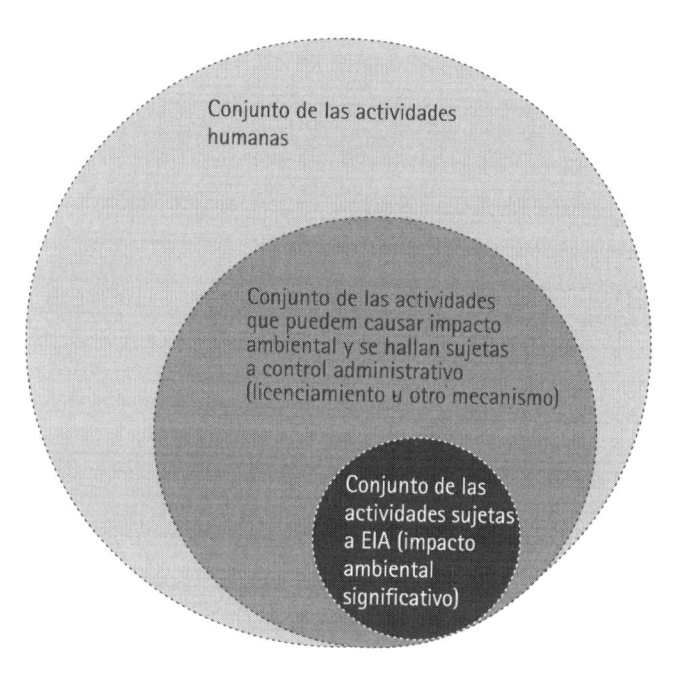

Fig. 4.4 *Campo de aplicación de la EIA*

Es importante destacar el hecho de que eximir a un proyecto de la presentación de un estudio de impacto ambiental no significa que el mismo estará desprovisto de toda forma de control ambiental gubernamental, como se ejemplificó con el caso de la panadería. Otro ejemplo está dado por los puestos de abastecimiento de combustible. Se puede discutir si los impactos de este tipo de emprendimiento son o no significativos, pero el hecho de que no se exija un EsIA para todo nuevo puesto se ve compensado por la existencia de otros mecanismos de control, que son el licenciamiento ambiental[7], normas técnicas para el proyecto, la construcción e instalación de tanques subterráneos, rutinas de inspección, pozos de monitoreo y, en algunos países, la exigencia de acreditación para el personal operativo involucrado en la instalación y mantenimiento. Además, las reglas de zonificación del uso del suelo pueden fijar criterios de ubicación para dichos emprendimientos.

Entre la panadería -o el puesto de combustibles- y la central hidroeléctrica de Itaipú hay evidentemente un vasto campo intermedio al cual se le aplica, o no, el procedimiento completo de evaluación de impacto ambiental. El problema de seleccionar los proyectos que deberán someterse al proceso ha sido resuelto mediante la aplicación

---

[7] *La obligatoriedad de licenciamiento ambiental para los puestos de suministro de combustibles es reciente en la legislación brasileña. Estos establecimientos ni siquiera constaban en la lista de fuentes de contaminación sujetas al licenciamiento estadual en São Paulo a partir de 1976.*

de dos criterios ampliamente utilizados por las reglamentaciones de EIA en diferentes jurisdicciones: el tipo de emprendimiento y el lugar pretendido para su implantación. Sin embargo, no siempre estos dos criterios son suficientes, siendo necesario recurrir a alguna forma de análisis de las singularidades de cada caso.

Clasificación por tipo de emprendimiento

Este criterio es llevado a la práctica mediante el establecimiento de listas de emprendimientos sujetos a la preparación previa de un estudio de impacto ambiental (denominadas listas positivas) o eximidos de tal procedimiento (denominadas listas negativas); dichas listas pueden venir acompañadas de criterios de envergadura para los emprendimientos enumerados. Las listas positivas son probablemente el mecanismo más común para delimitar el campo de aplicación de la EIA. Forman parte de la reglamentación de la Unión Europea y de la ley federal canadiense, pero no figuran en la Nepa ni en su reglamento, que dejan esa tarea para las agencias federales.

Una lista positiva es la principal herramienta empleada por la reglamentación brasileña para definir los tipos de emprendimientos sujetos a la presentación y aprobación previa de un estudio de impacto ambiental: el artículo 2º de la Resolución Conama 1/86 enumera diecisiete tipos de emprendimientos, algunos de los cuales van acompañados por un criterio de envergadura. Un ejemplo es el inciso XI, "centrales de generación de electricidad, cualquiera sea la fuente de energía primaria, por encima de los 10MW".

Las listas positivas se utilizan ampliamente debido a la facilidad de su aplicación y a su aparente objetividad. Otra ventaja es que se pueden adaptar fácilmente a las condiciones locales. Por ejemplo, en una determinada jurisdicción puede ser importante someter al proceso de evaluación de impacto ambiental a cualquier tipo de carretera y, en otras, sólo a las carreteras de una determinada clase, como las autopistas. Los cuadros 4.1, 4.2 y 4.3 brindan ejemplos de listas positivas, tomadas, respectivamente, de las legislaciones brasileña, mexicana y chilena.

La clasificación según tipo de emprendimiento también contiene listas negativas, igualmente adoptadas en varias jurisdicciones, como por ejemplo los Estados Unidos y Canadá. En los EEUU, las listas negativas son muy difundidas y empleadas por varias agencias federales, mientras que en Canadá integran el reglamento de la ley federal de evaluación ambiental.

Las listas, tanto positivas como negativas, aunque sean de fácil aplicación, reflejan una clasificación previa genérica del potencial de daño ambiental de un emprendimiento que no toma en cuenta las condiciones locales: es así que un proyecto turístico en una zona costera con manglares, restingas y ecosistemas diversificados podrá causar impactos significativos aunque ocupe una superficie mucho menor a las 100 ha (el criterio de envergadura que figura en la lista positiva brasileña), mientras que un gran emprendimiento turístico en una zona rural ocupada por pastajes tal vez no acabe causando impactos significativos.

Esa es una de las razones por las cuales las legislaciones suelen dejar cierto margen de maniobra a la autoridad gubernamental encargada de aplicar la evaluación de impacto

Cuadro 4.1 *Lista de emprendimientos sujetos a la presentación de un estudio de impacto ambiental en Brasil*

I - Carreteras con dos o más carriles;

II - Ferrocarriles;

III - Puertos y terminales de minerales, petróleo y productos químicos;

IV - Aeropuertos, conforme fueron definidos en el inciso 1, Artículo 48, del Decreto-Ley Nº 32, del 18/11/1966;

V - Oleoductos, gasoductos, mineroductos, colectores troncales y colectores emisarios de líquidos cloacales;

VI - Líneas de transmisión de energía eléctrica, superiores a los 230 KV;

VII - Obras hidráulicas para la explotación de recursos hídricos, tales como: represa para fines hidroeléctricos, por encima de los 10 MW, de saneamiento o de irrigación, apertura de canales para la navegación, drenaje e irrigación, rectificación de cursos de agua, apertura de barras y embocaduras, trasposición de cuencas, diques;

VIII - Extracción de combustible fósil (petróleo, pizarra bituminosa, carbón);

IX - Extracción de minerales, incluyendo los de la clase II, definida en el Código de Minería;

X - Rellenos sanitarios, procesamiento y destino final de residuos tóxicos o peligrosos;

XI - Centrales de generación de electricidad, cualquier sea la fuente de energía primaria, superiores a los 10 MW;

XII - Complejo y unidades industriales y agroindustriales (petroquímicos, siderúrgicos, cloroquímicos, destilerías de alcohol, hulla, extracción y cultivo de recursos hídrico-ícticos);

XIII - Distritos industriales y zonas estrictamente industriales (ZEI);

XIV - Explotación económica de madera o leña, en zonas superiores a 100 hectáreas o menores, cuando abarca superficies significativas en términos porcentuales o de importancia desde el punto de vista ambiental;

XV - Proyectos urbanísticos, superiores a las 100 ha, o en zonas consideradas de gran interés ambiental según criterio de la Sema y de los organismos municipales y estaduales competentes;

XVI - Cualquier actividad de utilice carbón vegetal, en una cantidad superior a las diez toneladas diarias;

XVII - Proyectos agropecuarios que contemplen superficies superiores a las 1.000 ha o menores (en este caso, cuando se trate de superficies significativas en términos porcentuales o de importancia desde el punto de vista ambiental, incluso en las zonas de protección ambiental).

Fuente: Resolución Conama 1/86 del 23 de enero de 1986, Art. 2º.

Cuadro 4.2 *Lista de actividades sujetas a evaluación de impacto ambiental en México*

I - Obras hidráulicas, vías generales de comunicación, oleoductos, gasoductos, carboductos y poliductos;

II - Industria del petróleo, petroquímica, química, siderúrgica, papelera, azucarera, del cemento y eléctrica;

III - Exploración, explotación y beneficio de minerales y sustancias reservadas a la Federación en los términos de las Leyes Minera y Reglamentaria del Artículo 27 Constitucional en Materia Nuclear;

IV - Instalaciones de tratamiento, confinamiento o eliminación de residuos peligrosos, así como residuos radiactivos;

V - Aprovechamientos forestales en selvas tropicales y especies de difícil regeneración;

VI - Plantaciones forestales (ítem derogado)

VII - Cambios de uso del suelo de áreas forestales, así como en selvas y zonas áridas;

VIII - Parques industriales donde se prevea la realización de actividades altamente riesgosas;

IX - Desarrollos inmobiliarios que afecten los ecosistemas costeros;

X - Obras y actividades en humedales, manglares, lagunas, ríos, lagos y esteros conectados con el mar, así como en sus litorales o zonas federales;

XI - Obras en áreas naturales protegidas de competencia de la Federación;

XII - Actividades pesqueras, acuícolas o agropecuarias que puedan poner en peligro la preservación de una o más especies o causar daños a los ecosistemas, y

XIII - Obras o actividades que correspondan a asuntos de competencia federal, que puedan causar desequilibrios ecológicos graves e irreparables, daños a la salud pública o a los ecosistemas, o rebasar los límites y condiciones establecidos en las disposiciones jurídicas relativas a la preservación del equilibrio ecológico y la protección del ambiente.

Fuente: Ley General de Equilibrio Ecológico y la Protección al Ambiente del 28 de enero de 1988, Art. 28, de acuerdo con las modificaciones de 2003 y 2005.

ambiental a fin de encuadrar los proyectos. Es también una de las razones que lleva a la frecuente adopción de un criterio práctico diferente de tamizado, el de las zonas de interés ambiental.

Por ejemplo, en Brasil, los emprendimientos de pequeña envergadura dentro de una zona de protección ambiental[8] muchas veces están sujetos a la preparación previa de un estudio de impacto ambiental. La citada resolución Conama contempla esa posibilidad, al expresar, en el caso de los emprendimientos urbanísticos, la posibilidad de que se exija un EsIA para los proyectos que ocuparán un superficie inferior a las 100 ha, aunque estén situados "en zonas consideradas de importante interés ambiental".

EFECTUAR UNA CLASIFICACIÓN TOMANDO EN CUENTA EL LUGAR DEL PROYECTO

La presencia de ecosistemas sensibles o de zonas de reconocida importancia natural o cultural es un criterio muy usado a fin de exigir un EsIA, incluso para aquellos tipos de emprendimientos que no figuren en las listas positivas. La legislación mexicana, según el Cuadro 4.2, nos brinda dos ejemplos: "Desarrollos inmobiliarios que afecten los ecosistemas costeros" y "Obras y actividades en humedales, manglares, lagunas, ríos, lagos y esteros conectados con el mar, así como en sus litorales o zonas federales". El inciso IX incluye en la lista de emprendimientos los de tipo inmobiliario, en tanto que los proyectos industriales o de infraestructura que puedan afectar los ambientes costeros, por sus propias características, ya están incluidos, lo que no ocurre con los inmobiliarios, a los cuales solo se les exigirá el EsIA en esa situación. A su vez, el inciso X abarca cualquier tipo de emprendimiento, en tanto estén situados en los lugares específicos. Al mismo tiempo, la lista chilena (Cuadro 4.3) contempla "proyectos de desarrollo o explotación forestales en suelos frágiles, en terrenos cubiertos de bosque nativo" (letra m) y "ejecución de obras, programas o actividades en parques nacionales, reservas nacionales, monumentos naturales (...) o en cualesquiera otras áreas colocadas bajo protección oficial, en los casos en que la legislación respectiva lo permita" (letra p).

En la legislación brasileña, las características de determinados ambientes también son consideradas como un criterio de tamizado. La Constitución considera como patrimonio nacional la Mata Atlántica**, vegetación forestal característica de toda la zona oriental del Brasil. La ley que protege los remanentes de este bioma (ley federal 11.428, de 2006), determina que solamente podrá autorizarse la supresión de este tipo de vegetación en los casos de obras consideradas de utilidad pública y de emprendimientos mineros, en tanto previamente se prepare un estudio de impacto ambiental que demuestre la inexistencia de alternativas de ubicación que eviten la deforestación.

Se trata, pues, de situaciones particulares que obligan a exigir la presentación de un EsIA incluso en los casos de emprendimientos que no figuren en una lista positiva general. En cada región o país, determinado tipo de ambiente puede ser valorizado por razones de orden histórico o social, a las que se adiciona su importancia ecológica, como es el caso de la Mata Atlántica, en Brasil, de las *ancient woodlands*, en Gran Bretaña, de las *old-growth forests*, en Canadá, de las *wetlands* (zonas húmedas), en los Estados Unidos y otros países, de los suelos aptos para la agricultura en Quebec y de las *reservas agrícolas nacionales* en Portugal.

---

[8] *Zona de protección ambiental (ZPA) es una de las categorías de unidades de conservación que la legislación brasileña clasifica como de uso sustentable (Ley No 9.985, del 18 de julio de 2000). Las demás categorías de uso sustentable son Zona de Importante Interés Ecológico, Selva Nacional, Reserva Extractivista, Reserva Faunística, Reserva de Desarrollo Sustentable y Reserva Particular del Patrimonio Natural.*

**Mata Atlántica, también llamada Selva Paranaense. (N. del T.)*

Cuadro 4.3 *Proyectos o actividades que deben someterse al sistema de evaluación de impacto ambiental en Chile*

a) Acueductos, embalses o tranques y sifones que deban someterse a la autorización establecida en el artículo 294 del Código de Aguas, presas, drenaje, desecación, dragado, defensa o alteración, significativos, de cuerpos o cursos naturales de aguas;

b) Líneas de transmisión eléctrica de alto voltaje y sus subestaciones;

c) Centrales generadoras de energía mayores a 3 MW.

d) Reactores y establecimientos nucleares e instalaciones relacionadas;

e) Aeropuertos, terminales de buses, camiones y ferrocarriles, vías férreas, estaciones de servicio, autopistas y los caminos públicos que puedan afectar áreas protegidas;

f) Puertos, vías de navegación, astilleros y terminales marítimos;

g) Proyectos de desarrollo urbano o turístico, en zonas no comprendidas en alguno de los planes a que alude la letra siguiente;

h) Planes regionales de desarrollo urbano, planes intercomunales, planes reguladores comunales, planes seccionales, proyectos industriales o inmobiliarios que los modifiquen o que se ejecuten en zonas declaradas latentes o saturadas;

i) Proyectos de desarrollo minero, incluidos los de carbón, petróleo y gas comprendiendo las prospecciones, explotaciones, plantas procesadoras y disposición de residuos y estériles, así como la extracción industrial de áridos, turba o greda;

j) Oleoductos, gasoductos, ductos mineros u otros análogos;

k) Instalaciones fabriles, tales como metalúrgicas, químicas, textiles, productos de materiales para la construcción, de equipos y productos metálicos y curtiembres, de dimensiones industriales;

l) Agroindustrias, mataderos, planteles y establos de crianza, lechería y engorda de animales, de dimensiones industriales;

m) Proyectos de desarrollo o explotación forestales en suelos frágiles, en terrenos cubiertos de bosque nativo, industrias de celulosa, pasta de papel y papel, plantas astilladoras, elaboradoras de madera y aserraderos, todos de dimensiones industriales;

n) Proyectos de explotación intensiva, cultivo, y plantas procesadoras de recursos hidrobiológicos;

ñ) Producción, almacenamiento, transporte, disposición o reutilización habituales de sustancias tóxicas, explosivas, radioactivas, inflamables, corrosivas o reactivas;

o) Proyectos de saneamiento ambiental, tales como sistemas de alcantarillado y agua potable, plantas de tratamiento de aguas o de residuos sólidos de origen domiciliario, rellenos sanitarios, emisarios submarinos, sistemas de tratamiento y disposición de residuos industriales líquidos o sólidos;

p) Ejecución de obras, programas o actividades en parques nacionales, reservas nacionales, monumentos naturales, reservas de zonas vírgenes, santuarios de la naturaleza, parques marinos, reservas marinas o en cualesquiera otras áreas colocadas bajo protección oficial, en los casos en que la legislación respectiva lo permita, y

q) Aplicación masiva de productos químicos en áreas urbanas o zonas rurales próximas a centros poblados o a cursos o masas de agua que puedan ser afectadas.

Fuente: Ley Base 19.300, del 9 de marzo de 1994, Art. 10.

En el Cuadro 4.4, presentamos una tipología de ambientes, a fin de determinar la focalización de los EsIA. Extraída de un manual del Gobierno Federal brasileño sobre licenciamiento ambiental, el propósito original de esta tipología es orientar a los analistas ambientales en la formulación de términos de referencia, advirtiendo acerca de la necesidad de un mayor cuidado (estudios más detallados sobre aspectos específicos) en caso de que un emprendimiento pueda afectar algún tipo de ambiente valorizado por su importancia ecológica o cultural (lo que se da en llamar tipologías especiales de ambientes). Transpuesta de su aplicación original, esta tipología permite apreciar la existencia de una variedad de situaciones que también pueden servir para determinar la necesidad de elaborar un EsIA o algún otro tipo de estudio ambiental, como se verá en la sección siguiente.

Cuadro 4.4 *Tipología de ambientes*

Tipos básicos de ambientes
Son tres los tipos básicos. (...) estos ambientes pueden darse en simultáneo en un emprendimiento, pero no sobre la misma superficie, siendo por lo tanto excluyentes entre sí, para cada porción de la superficie estudiada. Son los siguientes:
Tipo 1: Ambientes de uso antrópico intensivo
Son ambientes en donde los impactos ambientales más importantes tienen que ver con el medio antrópico. Pueden subdividirse en: Zonas urbanizadas o concentraciones habitacionales rurales; Zonas rurales de uso intensivo (pastajes, cultivos, reforestaciones comerciales, etc.).
Tipo 2: Ambientes de uso antrópico extensivo
Son ambientes que ya fueron alterados a nivel antrópico, pero cuyos ambientes ecológicos originales se hallan relativamente conservados, como por ejemplo zonas de pastajes extensivas, zonas deforestadas con crecimiento de vegetación secundaria, etc. En este caso, son importantes los impactos sobre los medios antrópico, biótico y físico.
Tipo 3: Ambientes conservados
Son ambientes con poca o ninguna alteración antrópica, en donde son más importantes los impactos sobre el medio biológico. Pueden estar en cualquier bioma, incluso en aquellos en que existen mayores restricciones en cuanto al uso y la ocupación.
Tipo 4: Tipologías especiales de ambiente
Además de esta clasificación, existen situaciones especiales, que pueden ser acumulativas entre sí o a cualquiera de los tres tipos de ambientes:
Terrenos kársticos: los terrenos kársticos son los formados por la disolución de las rocas por la acción del agua, con presencia de cavernas y ríos subterráneos. Son ambientes especialmente sensibles a impactos sobre las aguas y la fauna subterránea, al patrimonio espeleológico y al patrimonio arqueopaleontológico.
Ambientes acuáticos: se refiere a ambientes costeros, de ríos y de lagos. Son ambientes sensibles a impactos, para los cuales existen leyes y normas específicas.
Zonas con patrimonio natural y cultural de importancia: son ambientes en donde existen elementos del patrimonio natural (picos y/o monumentos naturales), patrimonio histórico (núcleos históricos, ruinas, etc.) o prehistóricos (sitios arqueológicos).
Zonas de sensibilidad socioeconómica: son zonas en donde existen municipios y núcleos urbanos con poca población e infraestructura urbana deficiente en comparación con la envergadura del emprendimiento. En este caso, la demanda de mano de obra, asociada a la inducción a migrar hacia esta zona, puede provocar una sobrecarga en las frágiles estructuras urbanas y sociales.
Zonas con presencia de poblaciones tradicionales son zonas (demarcadas o no) en donde existen poblaciones indígenas, remanentes de *quilombos**** u otros grupos sociales organizados en forma tradicional e históricamente vinculados a una región.

Fuente: Ministerio de Medio Ambiente/Ibama, Manual de Normas y Procedimientos para el Licenciamiento Ambiental en el Sector de Extracción Mineral, 2001.

****Quilombos: lugares o concentraciones políticamente organizadas de negros esclavos cimarrones, en especial durante el siglo XIX. (N. del T.)*

Estos ambientes especiales pueden verse valorizados por su belleza escénica, por su biodiversidad, por su vulnerabilidad ambiental o por su importancia cultural, atributos que muchas veces se presentan juntos (Figs. 4.5, 4.6 y 4.7). A menudo estos lugares son zonas protegidas, como los parques nacionales, en donde la legislación puede impedir la realización de determinados emprendimientos. Otras veces, el reconocimiento de la importancia de estos lugares se puede dar a partir de otra forma de protección legal, como las leyes de zonificación o de ordenamiento territorial.

Ab'Sáber (1977), al proponer criterios para una política de preservación de espacios naturales, sugiere que se aplique "el principio de la distinción entre los paisajes considerados banales y los paisajes reconocidamente excepcionales (cerros testigos, topografías ruiniformes, altos picos rocosos, domos de exfoliación, 'mares de piedra', cañones y grutas, configuraciones kársticas, cavernas y cuevas, afloramientos rocosos dotados de minienclaves ecológicos, islas continentales, promontorios, puntas costeras y anteplayas)" (p. 6). A dicho criterio se sumaría la preservación de "muestras significativas de diferentes ecosistemas", que es el principio que actualmente gobierna la selección de zonas para crear unidades de conservación.

Por otro lado, también ocurre que dichos lugares no suelen gozar de protección jurídica suficiente, y la proposición de un proyecto de alto potencial de impacto puede ser el detonador de conflictos irreconciliables en torno a posiciones antagónicas estilo "proyecto o preservación". La región del río Tatshenshini, en la Columbia Británica, frontera entre Canadá y Alaska, es uno de esos casos: la zona no gozaba de protección legal cuando una empresa minera pretendió abrir una mina de cobre; la propuesta provocó un gran movimiento de entidades ambientalistas, que termi-

Fig. 4.5 *Chapada dos Parecis, Mato Grosso. Al comienzo del período de expansión del cultivo de soja en el Centro-Oeste de Brasil, en los años 80, el borde de este altiplano arenítico todavía exhibía, en buen estado de conservación, un ambiente en el que los atributos físicos, bióticos y humanos merecían protección (ver lámina en color 5)*

Fig. 4.6 *Afloramiento calcáreo y entrada de caverna en el valle del río Iporanga, municipio homónimo situado al sur del Estado de São Paulo. En esta región kárstica, se mezclan la vulnerabilidad del terreno, el valor paisajístico, la elevada biodiversidad, el patrimonio cultural actual y el arqueológico. En un caso de reconocimiento precoz de su importancia, la zona fue declarada parque estadual en 1958 (ver lámina en color 6)*

naron venciendo la batalla. Se le negó la autorización a la mina y la zona fue declarada parque provincial en junio de 1993[9]. Al final del año siguiente, ya estaba en la lista de sitios del patrimonio mundial de la Unesco[10].

Un destino similar tuvo la región marina conocida como Banco de Abrolhos, en la costa de Bahía (Fig. 4.8), en donde la Agencia Nacional de Petróleo retiró de la licitación, para la exploración y explotación de petróleo y gas, bloques evaluados como de alta sensibilidad a los daños ambientales, según un estudio dirigido por investigadores de ONGs e instituciones públicas. Para fundamentar científicamente el estudio de zonas sensibles, Marchioro et al. (2005) efectuaron una evaluación ambiental estratégica y simularon los posibles impactos de las actividades de prospección sísmica, perforación y producción sobre una vasta zona del litoral.

Tanto las listas de proyectos como el tamizado mediante el criterio de ubicación y sensibilidad o importancia del ambiente afectado son mecanismos que presentan ventajas irrefutables, entre ellas:
* son de aplicación simple y rápida;
* permiten la consistencia de uso y la consecuente consistencia de las decisiones de tamizado que se han tomado, así como dar un trato equitativo a los diferentes proponentes;
* facilitan el control judicial y del público.

No obstante, una aplicación automática de esos mecanismos no necesariamente garantizaría la inclusión en el proceso de EIA de todos los proyectos con potencial de causar impactos significativos. A la inversa, un exceso de celo en la confección de esas listas podría extender el campo de aplicación de la EIA a los proyectos de bajo impacto, exigiendo innecesariamente al proponente en lo que respecta a tiempo y costos, a la vez que aumentaría la demanda de tiempo y recursos de los agentes públicos, tiempo y recursos que podrían emplearse de manera más eficiente en el análisis y control de emprendimientos de alto impacto.

En un extremo, un proyecto de alto potencial de impacto podría ser automáticamente excluido de la exigencia de presentar un EsIA por alguna manipulación del emprendedor, como reducir la envergadura del proyecto a un nivel inmediatamente inferior al nivel de exigencia, o dividirlo en proyectos menores. En otro extremo, para un pequeño proyecto de bajo potencial de impacto se podría requerir un EsIA, a un costo incompatible con la dimensión económica del emprendimiento. Por esa razón, es deseable que exista alguna flexibilidad en cuanto a la toma de decisión sobre el encuadramiento de un proyecto a los fines de la exigencia de un EsIA, o, según la expresión de Glasson, Therivel y Chadwick (1999), "abordajes híbridos", que combinen el uso de listas y niveles indicativos con un análisis caso por caso. André et al. (2003) también reconocen que es inevitable algún tipo de análisis caso por caso, resumiendo los procedimientos de tamizado en dos modalidades: por categorías (de proyecto, de ubicación) y discrecionales, o alguna combinación de ambos.

Tanto el criterio de listas positivas o negativas como el de zonas sensibles tienen cierta dosis de arbitrariedad y pueden estar sujetos a maniobras por parte de los emprendedores. Por ejemplo, en la ciudad de São Paulo existe una reglamentación

---

[9] *También puede ocurrir lo inverso: que una zona pierda su protección legal para dar lugar a un proyecto de impacto significativo. Fue lo que ocurrió con Sete Quedas, que era un parque nacional desde 1961 (Pádua e Coimbra Filho, 1979, p. 202) y dio lugar a la represa de Itaipú.*

[10] *La Organización de las Naciones Unidas para la Educación, la Ciencia y la Cultura (Unesco) otorga el título de "sitio del patrimonio mundial" a lugares de excepcional valor por razones históricas, culturales o naturales. Otras categorías de importancia internacional son las Reservas de la Biosfera, también bajo la égida de la Unesco, y los Sitios Ramsar, zonas húmedas de importancia internacional, designadas según los términos de la Convención de Ramsar.*

Fig. 4.7 *Ruinas de Tulum, Yacatán, México. En este lugar, se superponen diversos atributos que valorizan el sitio: construcciones monumentales de la cultura maya, relieve kárstico, zona costera e importancia económica derivada del turismo (ver lámina en color 7)*

Fig. 4.8 *Archipiélago de Abrolhos, en el litoral sur de Bahía, parte del Parque Nacional Marino de Abrolhos (ver lámina en color 8)*

que determina la necesidad de obtener un dictamen de la Compañía de Ingeniería de Tráfico –un departamento especializado en administrar la circulación de vehículos en la vía pública– antes de la implantación de estacionamientos que superen determinada cantidad de lugares, debido al posible impacto sobre el tránsito. La reglamentación establece criterios de corte orientativos, por ejemplo, doscientos lugares para usos no residenciales y quinientos lugares para uso residencial, o incluso ochenta lugares en zonas consideradas "especiales de tráfico".

Sin embargo, en el caso de los condominios residenciales, no basta que el emprendimiento tenga apenas 490 lugares para liberarlo del procedimiento, ya que es obvio que los impactos sobre el tráfico de un estacionamiento de 490 lugares no son muy diferentes de otro de 510 lugares. Hay un análisis caso por caso, que toma en cuenta otros factores. Por esa razón, muchas reglamentaciones establecen un espacio de *discrecionalidad* de la autoridad decisoria.

Si la discrecionalidad es inevitable, ¿cómo ejercerla de la manera menos arbitraria posible? Una de las respuestas es hacer públicos todos los actos administrativos, permitiendo su control judicial y por parte del público, y ampliando la transparencia del proceso decisorio. Pero si dicha salida puede solucionar el problema político, no lo hace desde el punto de vista técnico. Entre la panadería y la central nuclear sigue existiendo un vasto campo en el que diferentes proyectos pueden o no producir impactos ambientales significativos.

La solución adoptada por muchas jurisdicciones es preparar un estudio preliminar o una evaluación inicial que indique la posibilidad de que el emprendimiento cause impactos ambientales significativos. Si la conclusión de dicho estudio es positiva, el proyecto se debe someter al proceso completo de evaluación de impacto ambiental. Si es negativa, pasará por otras vías de decisión, que normalmente requieren la obtención de una serie de autorizaciones, como por ejemplo para suprimir vegetación nativa, captar recursos hídricos superficiales o subterráneos, emitir contaminantes atmosféricos o hídricos, u otras, de acuerdo con el entramado de reglamentaciones ambientales existente hoy en la mayoría de las jurisdicciones.

En realidad, si se reconoce que el concepto de impacto ambiental significativo tiene mucho de subjetividad y depende de la percepción de los individuos y grupos sociales, se debe admitir que deberían confluir tanto razones técnicas como políticas (en el sentido más positivo de la palabra) para decidir qué nivel de detalle y, por lo tanto, qué tipo de estudio ambiental será necesario para fundamentar decisiones en cuanto al licenciamiento de un proyecto.

La Fig. 4.9 sintetiza los criterios que se pueden adoptar, incluyendo la manifestación de interés y preocupación del público como una de las razones que pueden determinar la necesidad de elaborar un estudio completo. Para que ocurra dicha manifestación es necesario que exista un procedimiento que reglamente (a) la divulgación de las intenciones del proponente del proyecto y (b) las formas y los canales de manifestación del público. Tales procedimientos también forman parte de las etapas iniciales del proceso de EIA y constituyen una de las modalidades de participación pública en éste.

Estudios preliminares

Una evaluación ambiental inicial, a través de estudios preliminares más simples y más rápidos que un EsIA (y, consecuentemente, más baratos), es una solución ampliamente adoptada para el campo intermedio de aplicación de la EIA, en el que no queda clara la posibilidad de que ocurran impactos significativos. Unep (1996, p. 237) define dichos estudios (allí llamados exámenes ambientales iniciales) como "evaluaciones ambientales de bajo costo que usan información ya disponible". En los casos en que la información disponible sea sólo de carácter nacional, un reconocimiento de campo efectuado con un equipo reducido puede atender las necesidades de dichas evaluaciones.

Los estudios simplificados sirven no sólo para encuadrar la propuesta entre las que necesitan un EIA o las que pueden verse eximidas de ese estudio, sino que también cumplen con el objetivo de determinar las condiciones en las que el proyecto se puede llevar a cabo, en caso de estar exento de presentación de un EsIA. Dicho de otra manera, los estudios preliminares pueden ser suficientes para establecer las

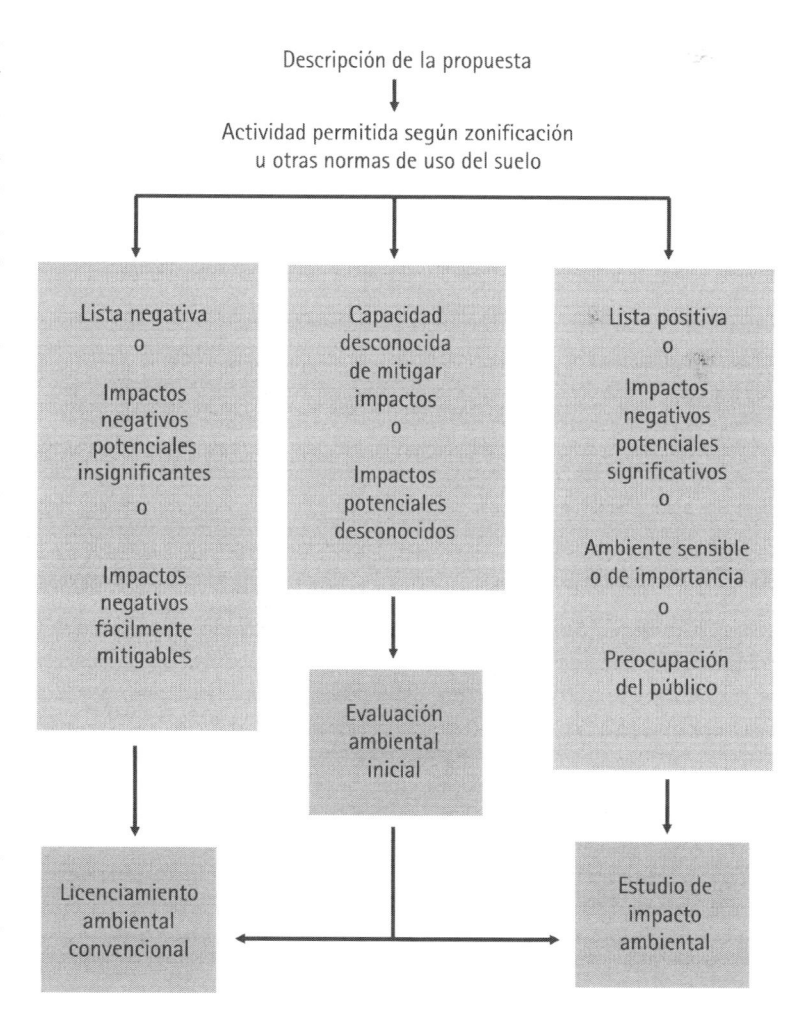

Fig. 4.9 *Criterios de tamizado para la evaluación de impacto ambiental*

condiciones particulares de implantación, funcionamiento y desactivación de un emprendimiento (condicionantes de la licencia ambiental), o sea, las condiciones que van más allá de los requisitos legales automáticamente obligatorios.

En el Estado de São Paulo, este sistema fue introducido por la Resolución SMA 42/94, una reglamentación de la Secretaría de Medio Ambiente que ordenó los procedimientos de evaluación de impacto ambiental y creó, para el caso de los proyectos cuyo potencial de impactos no es evidente, un documento para la evaluación inicial llamado "informe ambiental preliminar" (IAP). Procedimientos semejantes de evaluación inicial se emplean en varios países, como Estados Unidos y Canadá, tema que será abordado en este capítulo.

En el plano internacional, un ejemplo del uso de estudios preliminares está dado por el Protocolo de Madrid sobre Protección Ambiental, firmado en la capital española en 1991 bajo la égida del Tratado Antártico de 1959. El Protocolo establece tres niveles, entre otros requisitos para la evaluación de impacto ambiental de iniciativas de turismo, investigación y otras actividades en el continente. Una "evaluación preliminar" sirve para determinar si una actividad propuesta tiene "menos que un impacto mínimo o transitorio". En caso contrario, el interesado, por ejemplo, una operadora de turismo o una institución de investigación, debe preparar una "evaluación ambiental inicial". Para aquellos proyectos que impliquen "más que un impacto mínimo o transitorio", es necesario preparar una "evaluación ambiental completa", un tipo de estudio que no se viene haciendo para el turismo sino para actividades como la construcción de una pista de aterrizaje, de una base de investigación y sondeos para la recolección de muestras de hielo y roca (Kriwoken y Rootes, 2000, p. 145).

El tamizado y el campo de aplicación de la EIA

Ahora es posible resumir el campo de aplicación de la evaluación de impacto ambiental y el papel de la etapa de tamizado. La Fig. 4.2 muestra tres campos, en el primero de los cuales sería necesaria la evaluación de impacto ambiental, otro en el que no lo sería, y un tercero, intermedio, en que podría ser necesaria, sugiriendo que, en la práctica, la conjugación de los principios de demanda o presión x vulnerabilidad puede llegar a requerir un examen más detenido antes de aplicarse a ciertos casos. Una representación más detallada del campo de aplicación de la EIA se presenta ahora en la Fig. 4.10, en la cual la demanda o presión ambiental de las actividades humanas está representada como un espectro continuo, sobre el cual se definen arbitrariamente (esencialmente, en base a la observación de casos pasados similares) límites administrativos, con el objeto de definir el campo de aplicación de la evaluación de impacto ambiental. Obsérvense los siguientes campos, cuyos límites, sin embargo, no siempre son precisamente identificables, posibilitando una decisión caso por caso de la autoridad gubernamental:

- La línea horizontal superior representa la aplicación del criterio de listas positivas (por tipo o envergadura de emprendimiento).
- El cuadrante inferior izquierdo representa un campo en el que no sería necesario el EsIA, campo que puede ser delimitado por listas negativas combinadas con criterios de ubicación (por ej., están exentos de presentar EsIA los emprendimientos de tipo X, en tanto no estén ubicados en zonas con las características

C1 o C2). Los casos de eximición de EsIA pueden ser abordados mediante otras formas de control, como la zonificación de uso del suelo (que discrimine las actividades permitidas en cada zona, en caso de haberse adoptado criterios ambientales en el plan de uso del suelo) y la obligatoriedad de cumplir con determinadas normas técnicas o requisitos reglamentarios -como los estándares de emisión de contaminantes- o el empleo de determinadas tecnologías de control –como el empleo de tanques de doble pared para almacenamiento subterráneo de derivados del petróleo-.

* El campo a la derecha de la línea entrecortada, en función de la importancia o la sensibilidad del ambiente, representa la situación en la que ciertos emprendimientos pueden ser sencillamente prohibidos y, por lo tanto, no hay por qué exigir EsIA; por ejemplo, determinadas categorías de industrias en zonas de protección de manantiales o centrales hidroeléctricas en parque nacionales. Para aplicar este criterio, es necesario que dichas zonas estén geográficamente delimitadas, pero como la autoridad responsable de ellas puede no ser la misma que administre el proceso de EIA, se hace necesaria una buena dosis de coordinación institucional para este criterio se aplique eficazmente.

* El campo intermedio es aquel en que un EsIA puede hacerse necesario como fundamento de decisiones. La necesidad aumenta de acuerdo a la conjugación de los factores demanda o presión x vulnerabilidad, o cuando la importancia del ambiente se acerca a los límites superiores. En esos casos, puede ser conveniente realizar una evaluación ambiental inicial (estudio preliminar) antes de tomar la decisión sobre la necesidad del EsIA. La decisión también puede tomarse en base a otros tipos de estudios ambientales, más simples que el EsIA.

Se puede apreciar el papel que juega la zonificación en el estudio comparativo de siete sistemas de EIA realizado por Wood (1995), todos éstos de países desarrollados. Solamente dos (Reino Unido y Holanda) no usaban evaluaciones ambientales iniciales o algún tipo de estudio ambiental de menor alcance que el EsIA (estudios preliminares), justamente los únicos dos que disponían de "fuertes sistemas de planificación de uso del suelo" (p. 128), sistemas que permiten controlar proyectos que causan impactos menos significativos, e instituciones lo suficientemente fuertes como para hacer valer las reglas de zonificación.

En resumen, el Cuadro 4.5 sintetiza los procedimientos que se pueden utilizar para la etapa de tamizado del

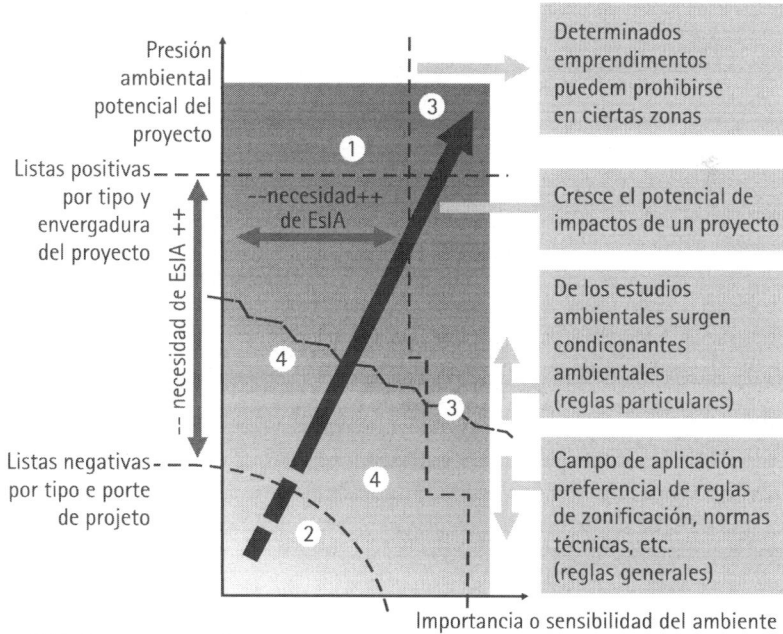

1 EsIA siempre necesario
2 EsIA innecesario; se aplican otros instrumentos de planificación ambiental
3 Reglas de zonificación impiden la realización de determinados tipos de emprendimientos (por lo tanto, no tiene sentido preparar un EsIA)
4 La necesidad de EsIA se determina mediante análisis caso por caso; los estudios preliminares puedem ser suficientes para la toma de decisión

Fig. 4.10 *Campo de aplicación de la evaluación de impacto ambiental y su relación con otros instrumentos de planificación ambiental*

proceso de evaluación de impacto ambiental. Cada sistema de EIA puede emplear más de un procedimiento, o una combinación de éstos.

Cuadro 4.5 *Procedimientos de tamizado para el proceso de EIA*

Abordaje	Procedimiento
Por categorías	Lista positiva con niveles
	Lista negativa con niveles
	Lista positiva sin niveles
	Lista negativa sin niveles
	Lista de recursos o de zonas importantes o sensibles
Discrecional	Criterios generales
	Análisis caso por caso con evaluación ambiental inicial
	Análisis caso por caso sin evaluación ambiental inicial
Mixta	Combinación del abordaje por categorías con el abordaje discrecional

Fuente: André et al. (2003, p. 293).

Base para la decisión: descripción del proyecto

Para aplicar los criterios de tamizado a cada caso real, la autoridad pública encargada del proceso de EIA debe estar informada acerca de la propuesta pretendida por el proponente, normalmente mediante un documento descriptivo de dicha propuesta. Se trata de un documento que desencadena todo el proceso de EIA. La "presentación de una propuesta" (Fig. 3.1) se efectúa con algún "documento de entrada" (Cuadro 3.2), tal como una memoria descriptiva del proyecto, una *notice of intent* americana o un *avis de projet* canadiense. Son diferentes denominaciones (que pueden admitir diferentes formatos y contenido) para un documento que debe servir de base para la decisión relativa a la clasificación del proyecto y a la exigencia de presentación de un EsIA, o de otro tipo de estudio ambiental.

Este documento de entrada debe presentar suficiente información como para encuadrar la propuesta en el campo de aplicación de la EIA (Fig. 4.10): una descripción del proyecto y de sus alternativas, su ubicación y una breve descripción de las características ambientales del lugar y su entorno. El anuncio público de la intención de realizar el proyecto (con información sobre su ubicación) permite que vecinos y otros interesados manifiesten su interés o su preocupación.

Con ese documento en su poder, el analista del organismo ambiental, tal como lo muestra la Fig. 4.9, puede (1) verificar si la ubicación propuesta está permitida por las leyes de zonificación eventualmente existentes; (2) verificar su encuadramiento en listas positivas o negativas; (3) constatar si ciudadanos o asociaciones se manifestaron al respecto; y (4) en caso de no haber un encuadramiento automático en listas positivas o negativas, evaluar si la información presentada es suficiente para una decisión de encuadramiento o si es necesaria una evaluación ambiental inicial.

4.3 Estudios preliminares en algunas jurisdicciones seleccionadas

Tomando como base el principio de proporcionalidad entre los fines y los medios, diferentes jurisdicciones adoptaron distintos niveles de estudios ambientales: estudios exhaustivos para emprendimientos más complejos, estudios simplificados para emprendimientos con menor potencial de causar impactos ambientales significativos. Para los juristas Milaré y Benjamin (1993, p. 27), el estudio de impacto ambiental, "por su alto costo y complejidad, se debe usar con mesura y prudencia, preferentemente para los proyectos más importantes desde el punto de vista ambiental". El Banco Mundial, la legislación federal canadiense, la reglamentación de la Nepa y la reglamentación del Estado de São Paulo brindan ejemplos de aplicación de dicho principio.

El Banco Mundial clasifica en tres categorías los proyectos puestos a consideración para su posible financiamiento, de acuerdo a su capacidad de causar impactos ambientales significativos. La clasificación se hace en base al "criterio profesional y a la información disponible en el momento de la identificación del proyecto" (Environmental Assessment Sourcebook Update, Nº 2, abril de 1993), y debe tomar en cuenta los componentes de un proyecto con máximo potencial de causar impactos negativos. El Banco publicó una lista positiva a fines ilustrativos (Cuadro 4.6) para colaborar con el tamizado de los proyectos. La lista se basa en la "experiencia internacional y en la del Banco", que muestra que los "proyectos de ciertos sectores o de ciertos tipos" se clasifican de esa manera según su potencial de causar impactos significativos (Operacional Directive 4.01, octubre de 1991, anexo E)[11]. Otros criterios a considerar en el tamizado son los siguientes:

* ubicación, como, por ejemplo: (i) proximidad de ecosistemas sensibles como las zonas húmedas, arrecifes del coral o hábitat de especies amenazadas; (ii) zonas de interés histórico, arqueológico o cultural; (iii) zonas densamente pobladas; (iv) lugares en donde puedan haber conflictos por el uso de los recursos naturales; (v) a lo largo de ríos, en zonas de recarga de acuíferos o zonas de manantiales; (vi) zonas que contienen recursos importantes, como recursos pesqueros, minerales, plantas medicinales o suelos agrícolas;
* cuestiones sensibles para los criterios del Banco o del país que solicita el préstamo, como, por ejemplo, destrucción de selvas tropicales o zonas húmedas, existencia de zonas o sitios protegidos, tierras o derechos de pueblos indígenas u otras minorías vulnerables afectados, reasentamiento involuntario, impactos sobre cursos de agua internacionales y disposición de residuos tóxicos;
* naturaleza de los impactos, como la conversión permanente de recursos productivos como las selvas, la destrucción de hábitats y la pérdida de biodiversidad, riesgos para la salud o la seguridad del hombre, desplazamiento de gran número de personas o actividades económicas que no cuenten con medidas mitigadoras o compensatorias eficaces;
* magnitud de los impactos, incluyendo la posibilidad de que ocurran impactos acumulativos.

Para el tamizado, "el Banco realiza un análisis ambiental preliminar de cada uno de los proyectos propuestos para determinar el grado y tipo apropiado de evaluación ambiental" (Política Operativa OP 4.01, Evaluación Ambiental, enero de 1999).

En Canadá, la ley federal de 1993 (Canadian Environmental Assessment Act), que entró en vigencia en 1995, establece dos categorías de estudios ambientales, las autoevaluaciones y las evaluaciones independientes. Estas abarcan complejas audiencias públicas o encuentros públicos de mediación, conducidos por una comisión independiente. Las

[11] *Este documento ya no es más usado por el Banco, habiendo sido reemplazado por la Política Operativa OP 4.01, Evaluación Ambiental, enero de 1999. Como los procedimientos de clasificación no cambiaron en su esencia, aquí se mantiene la referencia inicial.*

autoevaluaciones constituyen cerca del 99% de las evaluaciones de impacto realizadas en cumplimiento de la legislación federal, y también comprenden dos niveles: las evaluaciones previas *(screening/examen préalable)* y los estudios detallados *(comprehensive studys/étude approfondie)*. La reglamentación de dicha ley impone cuatro listas, muy detalladas, de actividades sujetas a – o eximidas de – una evaluación ambiental. Las listas positivas son: (i) una lista de inclusión (enumera diversos tipos de proyectos sometidos a evaluación previa), (ii) una lista de emprendimientos sujetos a estudios detallados (obligatoriamente, debe realizarse un estudio de impacto ambiental) y (iii) una lista de licencias administrativas cuya concesión está condicionada a una evaluación de impacto ambiental. El Cuadro 4.7 muestra algunos ejemplos de actividades incluidas en la lista de estudios detallados.

Cuadro 4.6 *Clasificación de proyectos para el tamizado adoptado por el Banco Mundial*

CATEGORÍA A – EVALUACIÓN AMBIENTAL COMPLETA NECESARIA
(a) represas y reservatorios
(b) proyectos de producción forestal
(c) proyectos industriales de gran escala
(d) proyectos de gran escala de irrigación, drenaje y control de inundaciones
(e) supresión de vegetación nativa y rellenado
(f) minería y producción de petróleo y gas
(g) proyectos portuarios
(h) rellenados y colonización de nuevas zonas
(i) reasentamientos y todos los grandes proyectos con impactos sociales potencialmente importantes
(j) proyectos que involucran cuencas hidrográficas
(k) producción de energía eléctrica de origen hídrico o térmico
(l) fabricación, transporte y uso de pesticidas y otras sustancias peligrosas o tóxicas
CATEGORÍA B – NORMALMENTE, NO ES NECESARIO PREPARAR UN ESTUDIO DE IMPACTO COMO TAL, LOS IMPACTOS PUEDEN ANALIZARSE EN UN CAPÍTULO ESPECÍFICO DEL ESTUDIO DE VIABILIDAD
(a) agroindustrias de pequeña escala
(b) transmisión de electricidad
(c) acuicultura y maricultura
(d) irrigación y drenaje a pequeña escala
(e) energía renovable
(f) electrificación rural
(g) turismo
(h) suministro de agua y saneamiento en zona rural
(i) gestión y rehabilitación de cuencas hidrográficas
(j) proyectos de pequeña escala de mantenimiento, rehabilitación y mejora
CATEGORÍA C – PROYECTOS CUYA POSIBILIDAD DE CAUSAR IMPACTOS ADVERSOS ES MÍNIMA
(a) educación
(b) planificación familiar
(c) salud
(d) nutrición

(e) desarrollo institucional

(f) asistencia técnica

(g) proyectos de recursos humanos

Nota: estas listas no implican una clasificación automática de los proyectos. Sólo se utilizan como guía para colaborar con el tamizado, que se debe realizar caso por caso utilizando el "mejor criterio profesional", tomando en cuenta también otros criterios, entre los cuales se incluyen la ubicación del proyecto, la sensibilidad del medio, cuestiones ambientales consideradas a priori sensibles para el Banco (como la destrucción de selvas tropicales y zonas húmedas, proyectos que afecten los derechos de pueblos indígenas u otras minorías vulnerables y otras cuestiones) y la magnitud de los impactos.

Fuente: Operational Directive 4.01, annex E, octubre 1991.

En ambos casos, la adopción de esos múltiples niveles de estudios ambientales fue consecuencia de la maduración en la aplicación de la evaluación de impacto ambiental. Después de años adoptando un procedimiento simple para tratar de resolver un problema complejo, los procedimientos de tamizado fueron modificados, reconociendo que entre la panadería y la central nuclear hay un sinnúmero de casos intermedios. Mientras la experiencia del Banco Mundial y el tipo de proyectos en que esta organización está involucrada da un gran margen para la toma de decisiones caso por caso, la experiencia canadiense evolucionó hacia el establecimiento de listas detalladas de clases de emprendimientos, considerando también su envergadura y ubicación.

En los Estados Unidos, la reglamentación del CEQ estableció un procedimiento de tamizado que incluye la evaluación preliminar de los impactos de cada acción de las agencias del gobierno federal. El tamizado se da a través de la preparación de un documento llamado *environmental assessment*, al que se definió como "un documento público conciso de responsabilidad de la agencia federal que sirve para: (1) brindar en lapso breve evidencias y análisis para determinar si se debe preparar un estudio de impacto ambiental o un informe de ausencia de impacto ambiental significativo; (2) ayudar a la agencia a aplicar la ley cuando no es necesario un estudio de impacto ambiental; (3) facilitar la preparación del estudio cuando éste sea necesario". El contenido de dichos documentos también está definido en la reglamentación: "debe incluir una breve discusión sobre la necesidad de la iniciativa, las alternativas (...), los impactos ambientales de la acción propuesta y sus alternativas y una lista de agencias y personas consultadas".

Cuadro 4.7 *Algunos emprendimientos sujetos a estudios de impacto ambiental según la legislación federal canadiense*

4. Proyecto de construcción, desactivación o cierre:
a) Central eléctrica alimentada con combustible fósil, con una capacidad igual o superior a los 200 MW
b) Central hidroeléctrica con una capacidad igual o superior a los 200 MW
7. Proyecto de construcción de una línea de transmisión eléctrica con un voltaje igual o superior a los 345 kV o una extensión igual o superior a los 75 km
11. Proyecto de construcción, desactivación o cierre:
b) De una instalación de tratamiento de aceite pesado o arenisca asfáltica cuya capacidad de procesamiento de petróleo es de más de 10.000 m^3/día

> **22. Proyecto de construcción, desactivación o cierre, o proyecto de ampliación de la capacidad de producción de más del 35%:**
>
> a) De una instalación de producción de acero primario con una capacidad productiva de metal igual o superior a 5.000 t/día.
>
> b) De una fundición de metales no ferrosos con una capacidad productiva igual o superior a 1.000 t/día
>
> d) De una instalación de fabricación de productos químicos con una capacidad productiva igual o superior a 250.000 t/año
>
> i) De una curtiembre con una capacidad productiva igual o superior a 500.000 m²/año
>
> l) De una instalación de fabricación de baterías de plomo
>
> **23. Proyecto de construcción de una base o instalación militar, o un campo de entrenamiento, o de tiro, o de centro de pruebas para entrenamiento militar, o tests de armas**
>
> **24. Proyecto de desactivación de una base o instalación militar**
>
> **28. Proyecto de construcción, desactivación o cierre:**
>
> a) De un canal, esclusa o estructura semejante para controlar el nivel del agua en las vías navegables existentes
>
> c) De una terminal marítima proyectada para recibir buques de más de 25.000 t
>
> **29. Proyecto de construcción:**
>
> a) De un nuevo ferrocarril con una extensión superior a 32 km
>
> b) De un camino público permanente con una extensión superior a 50 km
>
> c) De un ferrocarril proyectado para trenes cuya velocidad media es superior a los 200 km/h
>
> **32. Proyecto de construcción, desactivación o cierre de una instalación utilizada exclusivamente para el tratamiento, la incineración, la eliminación o el reciclado de residuos peligrosos, o un proyecto de ampliación de dicha instalación que implique un aumento de la capacidad de producción de más del 35%**

Fuente: Canada Gazette/Gazette du Canada Part II/Partie II, vol. 128, nº 21, p. 3.401-3.409, octubre 19,1994.

En los dos primeros años de aplicación de la Nepa, se prepararon 3.635 estudios de impacto ambiental, o sea, cerca de 1.800 por año. Al cabo de nueve años, el promedio anual de EsIAs había caído a cerca de 900, y a mediados de la década del 90, se realizaban anualmente entre 400 y 500 estudios de impacto ambiental federales. En contrapartida, cada año se llevan a cabo nada menos que 50.000 *environmental assessments* (Clark, 1997).

Al realizarse un balance de los 25 años de aplicación de la Nepa, Clark (1997), en su calidad de director del Consejo de Calidad Ambiental, comenta que una de las consecuencias imprevistas de las directrices de 1978 fue el fenomenal aumento de la cantidad de estudios preliminares, denominados *environmental assessments* (EAs), y el uso excesivamente liberal de listas negativas en la etapa de tamizado, llevando a un elevado número de "declaraciones de ausencia de impacto significativo" (*Findings Of No Significant Impacts – Fonsi*)[12].

[12] *La Fig. 3.2 muestra el procedimiento estadounidense.*

También en los EEUU es extendida (y criticada) la práctica de usar los EA para evitar los estudios completos. Para Ortolano (1987, p. 318), las agencias del gobierno federal americano "frecuentemente ven los *environmental assessments* como documentos que se pueden usar para justificar (y defender) la declaración de ausencia de impacto significativo, y algunos EA tienen el volumen y el aspecto de un estudio completo de impacto ambiental". En ese caso, las declaraciones Fonsi indican medidas mitigadoras para el proyecto analizado. Parte de las críticas se fundamentan en la poca participación pública cuando una decisión está basada exclusivamente en un EA y en la gran mayoría de esas decisiones, que no toman en cuenta los impactos acumulativos.

En la provincia canadiense de Ontario también es baja la cantidad de emprendimientos que pasan por el proceso completo de evaluación de impacto ambiental. Cerca del 90% de los proyectos que requieren alguna forma de autorización son eximidos de cualquier tipo de estudio ambiental; de los 10% restantes sometidos a una evaluación preliminar, apenas el 1% se ve sometido a la evaluación completa, con la preparación de un estudio de impacto ambiental y, de éstos, sólo el 0,1% se somete al procedimiento más complejo, que incluye una audiencia pública[13] (Sadler, 1996).

[13] *Las audiencias públicas en Ontario, así como en la mayor parte de las provincias canadienses, son muchísimo más complejas que las audiencias públicas ambientales en la mayoría de los países; duran varios días y las conduce una comisión independiente, que formula recomendaciones para la decisión gubernamental.*

En el estado de São Paulo, las evaluaciones ambientales iniciales, efectuadas en un tipo de estudio denominado Informe Ambiental Preliminar, fueron introducidas en diciembre de 1994 (conforme sección 3.2), en el momento en que fueron modificados los procedimientos de evaluación de impacto ambiental. Los RAP han venido utilizándose para el licenciamiento de centenares de proyectos, a la vez que el número de EsIA fue bajo. A los RAP se les hacen cuatro críticas principales. La primera es que un uso excesivamente liberal de los RAP habría eximido a proyecto de significativo impacto de la presentación del EsIA. La segunda crítica es que el procedimiento necesariamente tenía comienzo con la presentación de un RAP, lo cual alargaba los plazos de análisis para aquellos proyectos que terminaban necesitando un EsIA. Este último problema fue corregido con una nueva modificación de los procedimientos (en noviembre de 2004), según la cual, cuando se trata de una actividad que pueda causar un impacto significativo, no se presenta más el RAP sino el plan de trabajo para el estudio de impacto ambiental. La tercera crítica, similar a la mencionada para los EA estadounidenses, es que muchos RAP tienen el volumen y el aspecto de un EsIA, estando lejos del nivel de detalles compatible con un proyecto conceptual, y son mucho más caros y demorados que un estudio hecho en base a datos secundarios y una visita al campo; en realidad, se trata de verdaderos EsIA sometidos a un trámite un poco más simplificado y con menor participación pública. Esta es, justamente, una cuarta crítica, la de que el licenciamiento fundado en el RAP no es lo suficientemente abierto a la participación pública.

En muchas otras jurisdicciones se utilizan evaluaciones preliminares. La ley federal australiana adopta dos tipos de estudios: el estudio de impacto ambiental *(environmental impact statement)* y el informe ambiental público *(public environment report – PER)*. Este documento describe sucintamente el proyecto, presenta sus impactos ambientales y las medidas necesarias para proteger el ambiente. Se solicita el PER cuando el proyecto suscita un número relativamente pequeño de cuestiones, dado que dicho estudio propicia un "tratamiento selectivo" de las consecuencias ambientales. Sin embargo, el proceso tiene comienzo con la presentación de una *Notice of Intention*, documento que describe brevemente el proyecto –y que tiene que estar debidamente ilustrado con "mapas, planos y fotos"-, presenta la lista de alternativas que el proponente analizó e indica el "potencial de impactos ambientales" de la alternativa elegida.

La preparación de estudios simplificados en la etapa inicial también se usa en la región belga de Valonia, en donde el interesado debe presentar una "noticia de evaluación previa". En Holanda, el proponente de un proyecto debe, inicialmente, presentar un "documento de registro", en el que se describen la actividad propuesta, su ubicación, su justificativa y los efectos ambientales. En base a este documento la autoridad competente evalúa la necesidad de presentar un estudio de impacto ambiental.

En Portugal, el Decreto-Ley Nº 69/2000, que modificó los procedimientos de EIA, prevé el caso de "eximición del procedimiento de EIA", para lo cual el proponente debe presentar "un requerimiento de eximición del procedimiento de EIA debidamente fundamentado, en el que describa el proyecto e indique sus principales efectos en el ambiente" (Art. 3º, 2). En caso de que el dictamen de la "autoridad de la EIA" esté a favor de la eximición, éste debe "prever medidas de minimización de los impactos ambientales considerados importantes, a imponerse en el licenciamiento o en la autorización del proyecto" (Art. 3º, 4).

4.4 Síntesis

Los procedimientos y criterios usados para el tamizado de las acciones sujetas a la evaluación de impacto ambiental son sumamente importantes a fin de estructurar un proceso eficaz. Por un lado, los criterios muy inclusivos delimitan un universo demasiado amplio de tipos de propuestas que pueden demandar la elaboración de un EsIA, con el riesgo de banalizar y burocratizar dicho instrumento. Por otro lado, exigir la elaboración de un EsIA sólo en una situación excepcional deja afuera una amplia gama de emprendimientos que pueden acarrear impactos adversos significativos. Una solución, empleada en varios países y organizaciones internacionales, es concebir un procedimiento que dé lugar a diferentes niveles de evaluación, conforme al potencial de impacto de cada proyecto, demandando así un análisis preliminar rápido.

Además del análisis preliminar, los criterios más frecuentes de encuadramiento son las listas positivas y negativas por tipo y envergadura de proyectos, y la importancia o sensibilidad ambiental del lugar. Las acciones o emprendimientos no encuadrados en la necesidad de preparar un EsIA, pero que puedan causar alguna forma de impacto ambiental, están regulados y controlados por medio de otros instrumentos de política ambiental pública, como zonificación, licenciamiento, normas técnicas y estándares legales.

Focalización del Estudio y Formulación de Alternativas

5

La realización de un estudio ambiental, como por otra parte la de cualquier trabajo técnico, requiere planificación. No se comienza un estudio de impacto ambiental simplemente acopiando toda la información disponible, sino definiendo previamente los objetivos del trabajo y lo que se puede llamar amplitud o alcance. Este capítulo debate la necesidad y el rol de esa etapa del proceso de EIA y presenta una breve evolución histórica que llevó a su consolidación. Una adecuada planificación de los estudios ambientales, que tome por base aquello que es realmente importante para la toma de decisión, es la *clave de la eficacia de la evaluación de impacto ambiental.*

Enumeraremos las funciones de la etapa de selección de las cuestiones relevantes:
- dirigir los estudios para los temas que realmente importan;
- establecer los límites y el alcance de los estudios;
- planificar los relevamientos a fines de realizar el diagnóstico ambiental (estudios de base), definiendo las necesidades de investigación y de recolección de datos;
- definir las alternativas a analizar.

5.1 Determinación del alcance y la focalización de un estudio de impacto ambiental

La experiencia práctica en evaluación de impacto ambiental ha demostrado que, en la discusión pública de emprendimientos que pueden causar significativos impactos ambientales, el debate generalmente se da en torno a algunas pocas cuestiones claves, que atraen la atención de los interesados. Por ejemplo, en el análisis de seis casos de aplicación de la EIA en el estado de São Paulo, para emprendimientos que suscitaron el interés del público, se observó que las controversias abarcaban sólo unos pocos puntos críticos (Sánchez, 1995b). Uno de los casos estudiados fue el proyecto de duplicación de la carretera Fernão Dias, en el cual una buena parte de las discusiones sobre la viabilidad y aceptabilidad del proyecto derivaron del hecho de que la carretera atravesaba el Parque Estadual de la Sierra de la Cantareira – situada en la franja norte de la ciudad de São Paulo - y la consecuente posibilidad de estimular la ocupación intensiva de una zona de manantiales de abastecimiento público. En otro caso muy polémico, el rellenado de residuos industriales Brunelli, en Piracicaba, estado de São Paulo, uno de los principales puntos críticos fue el riesgo de contaminación de las aguas subterráneas: el asunto fue tan controvertido que generó nada menos que siete diferentes dictámenes técnicos adicionales al EsIA (Sánchez et al., 1996).

Esta característica parece ser universal: aunque el potencial de causar impactos ambientales propio de la mayoría de los emprendimientos sea, en principio, muy grande, no todos los impactos potenciales tendrán igual importancia. Por ejemplo, el impacto visual causado por una línea de transmisión de energía eléctrica en una región turística será ciertamente más significativo que el impacto visual causado por una línea semejante ubicada en una zona industrial. En cada una de estas situaciones, las cuestiones claves que orientarían los respectivos estudios ambientales serían diferentes.

De esta manera, se trata de reconocer el principio de que se debe emplear la evaluación de impacto ambiental para identificar, prever, evaluar y gerenciar impactos *significa-*

tivos. Así como el instrumento evaluación de impacto ambiental se utiliza como ayuda en la toma de decisiones que puedan causar una *significativa* degradación ambiental, de la misma forma el estudio de impacto ambiental debe estar dirigido a analizar los impactos *significativos*.

Son enormes las consecuencias prácticas de la adopción del principio de que la EIA aborda los impactos significativos, ya que los estudios ambientales dejan de ser meras compilaciones de datos (muchas veces datos secundarios e irrelevantes para la toma de decisiones) y pasan a ser *herramientas para organizar la recolección y el análisis de informaciones pertinentes y relevantes*. Infelizmente, son muchos los estudios ambientales puestos en marcha sin habérsele dado la debida atención a una definición clara y precisa de su alcance y focalización. Un ejemplo, entre varios, es el proyecto propuesto por el Ministerio de Transportes de Brasil tendiente a mejorar las condiciones de navegación de tramos de los ríos Araguaia y Tocantins, en el Centro-Oeste brasileño, proyecto denominado Hidrovía Araguaia-Tocantins. Uno de sus objetivos era incrementar el transporte fluvial. En ese caso, se hicieron, sucesivamente, dos estudios de impacto ambiental (el primero fue considerado insuficiente y retirado del análisis). Como el proyecto era muy polémico, hubo mucha discusión pública, incluso antes de la conclusión del EsIA, lo que, a su vez, tuvo gran repercusión en la prensa.

Entre los puntos críticos identificados en las discusiones públicas, una de las cuestiones tenía que ver con el posible impacto del emprendimiento sobre la actividad turística en el río Araguaia, concentrada en el mes de julio, época de la bajante del río, y que se centraba en la pesca deportiva y en los atractivos de las playas fluviales, atributos que podrían ser modificados por la hidrovía. No había datos oficiales sobre las actividades turísticas en esa zona (origen de los visitantes, tiempo de permanencia, actividades desarrolladas etc.), pero todo lo que se puede leer en el EsIA es justamente esa constatación (Fadesp, Fundação de Amparo e Desenvolvimento da Pesquisa, Estudio de Impacto Ambiental, Hidrovía Araguaia-Tocantins, 8 volúmenes, versión preliminar, 1997). Si eran *necesarias* las informaciones sobre el nivel de actividades turísticas para identificar y evaluar mejor los impactos del emprendimiento sobre el turismo, entonces le cabría al equipo que preparó el EsIA recabar tales informaciones: si no existen datos secundarios o no están disponibles, entonces se deben producir los datos primarios.

La selección de las cuestiones relevantes depende de la identificación preliminar de los impactos probables. Una lista de cuestiones relevantes, a su vez, sirve para estructurar y planificar las actividades ulteriores del estudio de impacto ambiental. Si no se identifica un determinado impacto ya en esa etapa preliminar, entonces los estudios de base no estarán encaminados a recabar informaciones sobre el componente ambiental que podrá verse afectado, y el pronóstico de la situación futura no se podrá efectuar de manera confiable; en consecuencia, será difícil evaluar adecuadamente la importancia de los impactos y más difícil aún proponer medidas mitigadoras (conforme la secuencia de actividades en la planificación y ejecución de un estudio ambiental presentada en el Cap. 6).

En la literatura internacional sobre EIA, la cuestión de la identificación de las cuestiones relevantes y la definición del alcance y focalización de los estudios ambientales recibe el nombre de *scoping*. En la legislación española, se lo traduce como "determinación del alcance del estudio de impacto ambiental". El *scoping* está reconocido como una de las actividades esenciales del proceso de evaluación de impacto ambiental, y es una etapa obligatoria según las reglamentaciones de EIA de diversas jurisdicciones.

Para Tomlinson (1984, p. 186), *scoping* es un término usado para "el proceso de desarrollar y seleccionar alternativas a una acción propuesta e identificar las cuestiones a considerar en una evaluación de impacto ambiental". Para Wood (2000), su propósito es estimular las evaluaciones dirigidas ("focused") y la preparación de EsIAs más relevantes y útiles.

Beanlands (1988, p. 33) define *scoping* como "el proceso de identificar, entre un vasto conjunto de potenciales problemas, un cierto número de cuestiones prioritarias que deben ser abordadas en la EIA". Significa, por lo tanto, escoger, seleccionar y clasificar los impactos potenciales, para que los estudios estén guiados por los de mayor relevancia.

Fuggle et al. (1992) definen *scoping* como "un procedimiento para determinar la amplitud y el abordaje apropiado para una evaluación ambiental", que incluye las siguientes tareas:
- grado de participación de las autoridades relevantes y de las partes interesadas;
- identificación y selección de alternativas;
- identificación de cuestiones significativas a examinar en el estudio ambiental;
- determinación de directrices específicas o términos de referencia para el estudio ambiental.

En términos de la legislación española *(Real Decreto Legislativo 1/2008, artículo 8)*, esta actividad es la "determinación de la amplitud y el nivel de detalle del estudio de impacto ambiental".

No todas las jurisdicciones que reglamentaron el EIA incluyen una etapa formal de definición del ámbito o focalización del EsIA: en Brasil, sólo unos pocos Estados adoptan explícitamente ese procedimiento. Incluso ante la ausencia de reglamentación, es imprescindible que quien lleva a cabo un estudio ambiental realice una selección de las cuestiones relevantes que deben ser tratadas en profundidad en el estudio; dicha selección debería hacerse, preferentemente, en base a criterios claros previamente definidos. Las directrices de la Comisión Europea establecen como objetivo del *scoping* "garantizar que los estudios ambientales brinden toda la información relevante sobre (i) los impactos del proyecto, en particular los más relevantes; (ii) las alternativas al proyecto; (iii) cualquier otro asuntos incluirse en los estudios" (European Commission, 2001a).

El *scoping* es, por lo tanto, parte del proceso de evaluación de impacto ambiental y a la vez parte de las etapas de la planificación y elaboración de un estudio ambiental.

5.2 HISTORIAL

Ya durante los primeros años de experiencia práctica se percibió la necesidad de inserción de una etapa formal de *scoping* en el proceso de evaluación de impacto ambiental. Los estudios excesivamente largos y detallados, así como por el contrario los estudios demasiado sucintos y lacónicos, reflejaban la falta de directrices para su conducción.

Mediante la reglamentación de 1978 del Consejo de Calidad Ambiental de los Estados Unidos el *scoping* fue reconocido como una etapa formal del proceso de EIA. Su exigencia puede explicarse en parte por la interpretación jurídica de la ley americana Nepa y por ciertas decisiones de los tribunales que dispusieron que algunos estudios de impacto ambiental debían analizar las posibles implicaciones ambientales de los emprendimientos. De hecho, algunos de los primeros estudios de impacto ambiental eran excesivamente sucintos. Beanlands y Duinker (1983) citan que el primer EsIA realizado para un oleoducto en Alaska, de 1.900 km de extensión, ¡tenía solamente ocho páginas! Considerado por la Justicia como incompatible con los objetivos de la Nepa, dicho EsIA fue rehecho, dando como resultado un voluminoso y poco objetivo informe de millares de páginas.

El oleoducto vincula la bahía de Prudhoe, en la costa del mar de Beaufort, junto a los campos petrolíferos del norte de Alaska, con una terminal marítima situada en el estrecho del Príncipe William, al sur, conocido por ser el lugar donde, el 24 de marzo de 1989, ocurrió el tristemente célebre naufragio del buque petrolero Exxon-Valdez. El EsIA había sido presentado en febrero de 1970, inmediatamente después de que la Nepa entrara en vigencia; cuestionado en la Justicia por grupos ambientalistas, el Bureau of Land Management hizo un detallado estudio, aprobado tres años más tarde (Burdge, 2004, p. 5). El nuevo estudio estaba compuesto por "seis gordos volúmenes de análisis ambiental, más tres volúmenes de análisis económico y de riesgo, además de cuatro volúmenes con comentarios del público sobre los nueve volúmenes precedentes" (Beanlands y Duinker, 1983, p. 31). Burdge, en contraste con el punto de vista de Beanlands y Duinker, es de la opinión que, en el nuevo estudio, "la mayoría de los problemas ambientales potenciales fue abordada de manera satisfactoria para los tribunales, para los ambientalistas y para la empresa proponente", pero los impactos sociales fueron descuidados por completo.

El CEQ, entonces, transformó en obligatoria una etapa de *scoping*, en la cual se definirían el alcance y el contenido del estudio de impacto ambiental. El Consejo definió el *scoping* como "un proceso abierto y precoz *(early)* para determinar la focalización de las cuestiones a abordar y para identificar las cuestiones significativas relacionadas con una acción propuesta (Sección 1501.7)".

El Cuadro 5.1 muestra las directrices establecidas por la reglamentación en vigencia en los Estados Unidos para la realización de ese ejercicio. Estas incluyen la consulta al público y a agencias gubernamentales y llegan a determinar que los estudios ambientales deben eliminar cuestiones no significativas, limitándose a justificar por qué no lo son y enfocando el estudio en las cuestiones relevantes. El reglamento del CEQ define lo que denomina *proceso de scoping*, o sea, una serie de actividades articuladas y coordinadas con el objeto de determinar la focalización de las cuestiones a abordar y para identificar las cuestiones relevantes.

El principio fue adoptado por otras jurisdicciones, que empezaran a exigir, en general de manera formal, la identificación previa y el debido tratamiento de las cuestiones relevantes en los estudios ambientales. Hoy en día, este principio forma parte de las buenas prácticas de evaluación ambiental, recomendada en todos los manuales y obras de referencia (Unep, 1996). Wood (2000) reporta que de un total de 25 países cuyos sistemas de EIA fueron examinados para el *Estudio Internacional sobre la Eficacia de la Evaluación de Impacto Ambiental* (Sadler, 1996), cerca de la mitad tenía requisitos específicos sobre procedimientos de *scoping*, y tan sólo dos no utilizaban ninguna forma de *scoping*.

Cuadro 5.1 *Directrices para scoping del Council on Environmental Quality de los Estados Unidos*

(A) COMO PARTE DEL PROCESO DE SCOPING LA AGENCIA PRINCIPAL DEBERÁ:

Invitar a participar del proceso a las agencias federales, al proponente de la acción y a otras personas interesadas (incluyendo aquellas que puedan no estar de acuerdo con la acción en términos ambientales).

Determinar la focalización y las cuestiones relevantes a analizar en profundidad en el estudio de impacto ambiental.

Identificar y eliminar del estudio detallado las cuestiones que no son significativas o que hayan sido cubiertas por un estudio anterior, limitando la discusión de dichas cuestiones, en el estudio de impacto ambiental, a una breve presentación de las razones por las cuales éstas no tienen un efecto significativo sobre el ambiente humano, o haciendo referencia a otro estudio que las aborde.

Asignar responsabilidades entre agencias.

Indicar otros estudios que se están preparando o se prepararán.

Identificar otros requisitos de estudios o consultas.

Indicar la relación entre el cronograma de preparación de los análisis ambientales y el cronograma de planificación y decisión de la agencia.

(B) COMO PARTE DEL PROCESO DE *SCOPING* LA AGENCIA PRINCIPAL DEBERÁ:

Establecer límites de páginas para los documentos ambientales.

Establecer límites de tiempo.

Adoptar procedimientos de acuerdo con la Sección 1507.3 para armonizar el proceso de evaluación ambiental con el proceso de *scoping*.

Realizar una reunión de *scoping*, que debe integrarse con otros encuentros de planificación que la agencia realice.

(C) UNA AGENCIA DEBERÁ REVISAR LO DETERMINADO EN LOS PÁRRAFOS (A) Y (B) DE ESTA SECCIÓN SI POSTERIORMENTE A LA ACCIÓN PROPUESTA SE EFECTÚAN CAMBIOS SUSTANCIALES O SI SE PRESENTAN NUEVAS CIRCUNSTANCIAS O INFORMACIONES SIGNIFICATIVAS.

Fuente: CEQ Regulations, § 1501.7; 29 de noviembre de 1978.

Muchas de las deficiencias de los primeros EsIAs (y los consecuentes resultados insatisfactorios del proceso de EIA) se imputaron a la falta de enfoque y a la excesiva generalidad de los estudios. Una revisión crítica de treinta EsIAs canadienses, dirigida por Beanlands y Duinker (1983), concluyó que "la norma es que se debe examinar todo, aunque sea superficialmente, sin importar cuán insignificante esto pueda resultar para el público o para los tomadores de decisión" (p. 29). Estos autores también señalan las incongruencias de los estudios excesivamente abarcadores:

> [...] la preparación de directrices cada vez más extensas genera documentos más voluminosos. Como se observó varias veces durante las reuniones de trabajo, los borradores de las directrices invariablemente crecen en tamaño a medida que circulan entre diferentes agencias gubernamentales [...]. El resultado es que

los estudios de impacto ambiental ahora se escriben con el objetivo de cumplir con demandas tan distintas entre sí que se hace necesario que una cobertura amplia de todas las cuestiones preceda los exámenes más dirigidos, aunque rigurosos, de aquellas que parecen ser más críticas (p. 21).

El fortalecimiento de la etapa de selección de las cuestiones relevantes es una de las cuatro áreas prioritarias para mejorar los procesos de EIA, según el *Estudio Internacional sobre la Eficacia de la Evaluación de Impacto Ambiental* (Sadler, 1996, p. 117), que recomienda que la determinación del alcance la efectúe la autoridad responsable:
- de acuerdo con las leyes y directrices aplicables a cada jurisdicción;
- de manera consistente con las características de la actividad propuesta y la condición del ambiente receptor;
- tomando en cuenta las preocupaciones de los afectados por el proyecto.

Las demás áreas prioritarias identificadas en dicho estudio son: evaluación de la importancia de los impactos, análisis técnico de la calidad de los estudios y monitoreo y seguimiento.

5.3 Participación pública en esa etapa del proceso

Existe gran interés en involucrar al público en la etapa de determinación del alcance y la focalización de los estudios ambientales. La principal razón es que el concepto de impacto significativo depende de una serie de factores, entre ellos la escala de valores de las personas o grupos interesados. Hay innumerables motivos por los cuales las personas valorizan determinado componente o elemento ambiental, inclusive razones de orden estético o sentimental, perfectamente válidas cuando se discute los impactos de un emprendimiento. Uno de los primeros estudios de impacto ambiental realizado en el estado de Minas Gerais analizó la ampliación del área de extracción de una mina de fosfato en el municipio de Araxá.

El proyecto implicaba la supresión de algunas hectáreas de vegetación secundaria, en una zona conocida como Mata da Cascatinha (Fig. 5.1). Según diversos observadores de la época, el lugar no tenía gran importancia ecológica, pero era muy preciado por la población como zona de esparcimiento y su valor era consecuencia, por lo tanto, de su uso recreativo, real o potencial. El resultado de la movilización popular fue que la expansión de la mina hacia ese sector no fue aprobada por el organismo ambiental, decisión que se mantuvo hasta la actualidad.

Por otro lado, la realización de un estudio de impacto ambiental es una tarea eminentemente técnica, y no se puede determinar su contenido únicamente en

Fig. 5.1 *Vista de la mina de roca fosfática de Araxá, Minas Gerais (junio de 1989), obsérvese, en la parte centro-derecha de la foto, un bosque conocido como Mata da Cascatinha, cuya supresión no fue autorizada. En la parte centro-izquierda, la mina y, al fondo, la pila de roca estéril (ver lámina en color 9)*

función de las preocupaciones del público. Hay cuestiones que sólo los técnicos o científicos logran identificar y valorizar adecuadamente, ya que su apreciación depende del conocimiento especializado. Por ello, Beanlands y Duinker (1983) proponen dos criterios complementarios para el *scoping*, el social y el ecológico, término que podría extenderse al científico. El *scoping* social tiene por objetivo identificar y comprehender los valores de diferentes grupos sociales y del público en general, y de qué manera éstos se pueden traducir en directrices para el estudio de impacto ambiental. El *scoping* científico, en cambio, establece los términos y las condiciones que efectivamente pueden guiar los estudios.

Reconociendo esa realidad, muchas reglamentaciones sobre EIA establecen que la responsabilidad del *scoping* la comparten el organismo gubernamental regulador y el proponente del proyecto, aunque el público debe ser escuchado de manera formal.

La forma de consulta o participación puede variar, incluyendo hasta audiencias públicas, convocadas con el fin específico de debatir y discutir las directrices para los estudios ambientales que le seguirán. Reuniones abiertas, encuestas de opinión, encuentros con pequeños grupos o con líderes y la creación de comisiones pluripartitas, son también técnicas apropiadas para esa etapa del proceso de EIA, que teóricamente debería dar como resultado una "mayor comprensión de los efectos ambientales potenciales" y "esclarecer" cuáles son los problemas percibidos por la comunidad (Beanlands, 1988, p. 38).

Snell y Cowell (2006, p. 359) se refieren a un "dilema entre dos racionalidades para el *scoping*: la precaución y la eficiencia del proceso decisorio". Mientras el principio de la precaución puede incitar a ampliar la gama de cuestiones a estudiar, la preocupación por los plazos, los costos y por la proporcionalidad entre la pormenorización de los estudios y el potencial de impactos puede llevar justamente a lo contrario, un agolpamiento de las cuestiones, la formación de un "embudo". En tanto un modelo "tecnocrático" busca resolver la cuestión basándose sólo en la eficiencia del proceso (no desperdiciar recursos que podrían usarse de manera más productiva en otra tarea), un modelo "deliberativo" busca construir consensos que puedan durar hasta el final de la evaluación de impactos. Indudablemente, esos dos polos se fundamentan en razones de orden práctico, y la tensión entre ambos debe resolverse en la práctica y, generalmente, caso por caso.

[1] *El tercer y definitivo estudio (que condujo a la aprobación del proyecto) fue: Consorcio Nacional de Ingenieros Consultores (CNEC), Estudio de Impacto Ambiental, Central Hidroeléctrica Piraju, Compañía Brasileña de Aluminio (CBA), 5 volúmenes, 1996.*

Son muy frecuentes las dificultades derivadas de una insatisfactoria comprensión de las preocupaciones del público –y, consecuentemente, de la inadecuada focalización de los estudios ambientales–, causando atrasos, aumento de costos o incluso haciendo inviable la aprobación de proyectos. En el caso de la central hidroeléctrica de Piraju, situada en el río Paranapanema, en São Paulo, donde se tuvieron que hacer tres versiones sucesivas del EsIA[1], una de las principales razones de la oposición al proyecto fue que la alternativa elegida por el proponente implicaba el desvío de las aguas del río, con la consecuente disminución de su volumen en el tramo urbano. El río Paranapanema es visto por la población local como un componente esencial de la vida y del paisaje de la ciudad: un lecho casi seco parecía inaceptable y la población se movilizó en torno a esta causa, logrando modificaciones sustanciales al proyecto. Una discusión previa estructurada habría mostrado inequívocamente las dificultades de dicha alternativa; el EsIA habría sido direccionado hacia el análisis de otras alternativas más viables, y se habría obtenido la licencia ambiental más rápidamente y con menores costos.

En otro caso, un estudio de impacto ambiental hecho para una nueva fábrica de cemento y calera en Mato Grosso do Sul (Centro de Tecnología Promon, Estudio de Evaluación de Impacto Ambiental, Fábrica de Cemento Eldorado, Bodoquena, MS, Camargo Corrêa Industrial S/A CCI, 2 volúmenes, 1988) suscitó polémicas en cuanto a los impactos del emprendimiento sobre las cavernas existentes en la región. En ese estudio, no se abordó el patrimonio espeleológico con la suficiente profundidad como para concluir si habría o no impacto y, si hubiese, cual sería su magnitud; como eso exigiría un relevamiento de campo, la cuestión se trató solamente en base a la consulta bibliográfica.

La protesta de una organización no gubernamental local, difundida por la prensa, derivó en la interposición de una causa civil por parte del Ministerio Público, y el estudio tuvo que ser completado, a un costo mucho mayor para el emprendedor que si la cuestión hubiese sido debidamente abordada desde el comienzo. Además de los costos indirectos, la imagen de la empresa se vio afectada, y el proceso de licenciamiento demoró mucho más. En ese caso, un incorrecto relevamiento de las cuestiones relevantes dio como resultado una inadecuada planificación del estudio de impacto ambiental, que tuvo que ser completado.

Estos ejemplos ilustran la importancia de identificar correctamente las cuestiones relevantes antes de la preparación del estudio de impacto ambiental, *independientemente de la existencia de exigencias legales* para ello. Dicho de otra forma, aunque la legislación no exija la consulta pública durante la etapa de planificación del EsIA, el emprendedor tiene gran interés por conocer los puntos de vista y las preocupaciones de la comunidad en la que pretende implantarse y de los demás interesados.

5.4 Términos de referencia

Uno de los objetivos del *scoping* es el de formular directrices para la preparación de estudios ambientales. De esta forma, ese resultado del ejercicio de *scoping* normalmente se sintetiza en un documento que recibe el nombre *términos de referencia o instrucciones técnicas*. Diferentes jurisdicciones adoptan sus propios términos. Por ejemplo, el Banco Mundial emplea *terms of reference*, y la legislación de Hong Kong usa EsIA *study brief*. Los términos de referencia pueden definirse como las directrices para preparar un EsIA; un documento que (i) orienta la elaboración de un EsIA; (ii) define su contenido, alcance, métodos; y (iii) establece su estructura.

Hay diferentes maneras o estilos de preparar los términos de referencia. Algunos son muy detallados, pudiendo establecer obligaciones para el emprendedor y su consultor en cuanto a la metodología a utilizarse en los relevamientos de campo, en cuanto a la forma y frecuencias de las consultas públicas a llevarse a cabo durante el período de preparación del estudio de impacto ambiental, y también en cuanto a la forma de presentación de los estudios, por ejemplo definiendo de antemano las escalas de los mapas a presentar. Otros enumeran los puntos principales que se deben abordar, dejando al emprendedor y a su consultor la elección de las metodologías y procedimientos.

La Comisión Europea recomienda que las directrices para la elaboración de un estudio de impacto ambiental incluyan (European Comission, 2001a):

- alternativas a considerar;
- estudios e investigaciones de base que se deban realizar;
- métodos y criterios a usarse para la previsión y evaluación de los efectos;
- medidas mitigadoras que se deban considerar;
- organizaciones a consultar durante la realización de los estudios;
- la estructura, el contenido y el tamaño del EsIA.

En los Cuadros 5.2 y 5.3 se muestran dos ejemplos de términos de referencia que establecen detalles del EsIA a llevarse a cabo. En ambos sólo se muestran extractos de un documento más extenso. En el primer ejemplo, los términos de referencia citan específicamente algunas especies de fauna amenazadas de extinción cuya presencia en la zona era sospechosa, ya que relevamientos anteriores a escala regional habían hallado indicios de lo que estaba ocurriendo. Esas especies se caracterizan como componentes valorizados del ecosistema, concepto presentado más adelante en este capítulo. No siempre los términos de referencia llegan a tal nivel de detalle, lo cual ocurrió aquí debido a la existencia de una evaluación inicial (RAP, o Informe Ambiental Preliminar) que precedió la planificación del EsIA y que, a su vez, utilizó datos de un relevamiento anterior realizado voluntariamente por la propia empresa interesada.

Cuadro 5.2 *Extracto de términos de referencia para realizar un estudio de impacto ambiental de un proyecto minero de pequeña envergadura*

VEGETACIÓN – EL ESTUDIO DE LA VEGETACIÓN REMANENTE INCLUIRÁ:
Realización de un relevamiento botánico de las diferentes fitofisonomías presentes en la zona de influencia directa; los lugares donde se realicen muestreos deberán identificarse en el plano a una escala 1:10.000;
Mapeo de las formaciones vegetales a escala 1:10.000 y determinación de su estadio sucesional;
Delimitación en carta 1:10.000 de las zonas de preservación permanente;
Cuantificación y cualificación de toda intervención necesaria para mejorar los accesos, implantación del patio o cualquier otro tipo de actividad.
FAUNA – EL ESTUDIO DE LA FAUNA NATIVA INCLUIRÁ:
Relevamiento de campo de la ornitofauna, realizado en por lo menos cuatro campañas trimestrales; el relevamiento deberá realizarse por observación directa, vocalización y otros métodos usuales, con el objeto de identificar las especies de aves existentes en la zona; las campañas deberán tener una duración suficiente para permitir la identificación del mayor número posible de especies; las zonas en las cuales se realicen observaciones y relevamientos deberán ubicarse en un plano a escala 1:10.000;
Estudios específicos tendientes a confirmar la presencia de *Pyroderus scutatus, Anthus hellmayn, Anthus natteréri y Taoniscus nanus* en la zona de influencia directa;
Descripción de otras comunidades faunísticas, en especial mamíferos y reptiles; esos grupos faunísticos deberán ser descriptos a través de medios directos o indirectos, tales como observaciones, entrevistas, visualización de rastros y otros métodos que no incluyan recolección.

Fuente: Prominer Projetos S/C Ltda, EsIA Extracción de Bauxita Cia. Geral de Minas-Alcoa, 2002.

El segundo ejemplo muestra aspectos de los términos de referencia (guidelines) para el EsIA de un gran proyecto hidroeléctrico en el norte de Quebec, Canadá, el proyecto Gran Ballena. Dichos términos de referencia tienen nada menos que 713 tópicos y un centenar de páginas, aparte de los anexos, e ilustran los problemas señalados por

Cuadro 5.3 *Extracto de términos de referencia para realizar un estudio de impacto ambiental de un proyecto hidroeléctrico de gran envergadura*

Cap. 3 Descripción de los ambientes biofísico y social

302. Tres principios deben guiar la descripción del ambiente y sus componentes. El proponente debe disponer de una definición de ambiente coherente con el carácter multicultural del territorio en el cual se construiría el proyecto propuesto, debe identificar y orientar el análisis de los componentes valorizados del ecosistema, y debe indicar y justificar los límites espaciales y temporales escogidos para cada componente.

304. Mientras el proceso de clasificación de los componentes valorizados y de la estructura del ambiente es universal, la manera de realizar tales clasificaciones depende de la cultura. Es así que los Cri, los Inuit y otros habitantes de la región afectada por el proyecto propuesto pueden definir el ambiente de su entorno de maneras diferentes. Por consecuencia, además de definir el ambiente de acuerdo con métodos científicos actualizados, el proponente también debe describirlo de acuerdo con el conocimiento de los Cri y los Inuit, empleando, entre otras metodologías, las desarrolladas en el campo de la etnociencia.

346. El proponente debe presentar un análisis de la oceanografía física (temperatura, salinidad, circulación, condiciones de hielo, etc.) y química del estrecho de Manitounuk, cubriendo, en particular, los procesos de mixtura que determinan los tiempos de residencia de las aguas en el estrecho y de las aguas costeras entre los estuarios de los ríos Gran Ballena y Pequeña Ballena. También se deben discutir el transporte de nutrientes y sedimentos en condiciones naturales y la composición de la vegetación subcostera del estrecho y de la línea de la costa de la bahía de Hudson, así como se debe evaluar la importancia ecológica de las zonas naturalmente libres de hielo.

Cap. 4 Descripción del proyecto

401. El proponente debe describir el proyecto hidroeléctrico Gran Ballena en su totalidad, acceso, alojamiento, infraestructura de comunicación, así como el sistema de transmisión (...)

402. O El proyecto seleccionado es la única alternativa que debe ser cubierta detalladamente en el estudio de impacto. Cualquier tipo de retorno a otras alternativas requiere una nueva autorización, precedida por un nuevo EsIA y una nueva consulta pública.

408. El proponente debe hacer un análisis comparativo de los impactos ambientales y económicos y de los argumentos técnicos que llevaron a escoger el proyecto, de manera tal que los comités y las comisiones de evaluación puedan juzgar de manera razonable la validez de las elecciones realizadas.

Cap. 4 Impactos del proyecto

504. A fin de evitar las tendencias reduccionistas y compartimentadoras de un enfoque enciclopédico, los impactos del proyecto propuesto sobre los diversos componentes del ambiente deben evaluarse en términos de cinco cuestiones fundamentales: (i) salud; (ii) acceso al territorio; (iii) disponibilidad de recursos; (iv) cohesión social; (v) respeto por los valores.

Cap. 6 Medidas mitigadoras y compensatorias

613. En caso de aprobación del proyecto, el proponente debe indicar cómo se mantendrá el libre movimiento de los pueblos nativos, de manera de garantizarles el acceso a los territorios, incluyendo el reemplazo de rutas de acceso para la pesca y la caza (...) tanto en verano como en invierno.

614. Adicionalmente, el proponente debe indicar las medidas específicas para garantizar que las actividades de los nativos puedan continuar con seguridad. En los lugares en donde los cursos de agua se tornen total o parcialmente inadecuados para la navegación debido al aumento o disminución de su nivel, el proponente debe especificar las medidas mitigadoras.

Cap. 7 Supervisión ambiental, monitoreo y programas de gestión de largo plazo

705. La supervisión ambiental abarca la supervisión general de la construcción para garantizar que se respeten las condiciones de la autorización y todas las leyes, reglamentos y códigos ambientales.

706. El proponente debe identificar medidas de supervisión específicas a implementarse, el código ambiental a aplicar, así como las obligaciones de los contratistas (...)

707. El proponente debe describir las medidas a tomar a fin de garantizar que los trabajadores de la construcción estén bien informados de los derechos de los nativos y de los modos de vida tradicionales.

Fuente: Evaluating Committee, Kativik Environmental Quality Commission, Federal Review Committee North of the 55th Parallel, Federal Environmental Assessment Review Panel, Guidelines, Environmental Impact Statement for the Proposed Great Whale Hydroelectric Project, 1992.

Beanlands y Duinker (1983, p. 21), antes citados, de "borradores de las directrices [que] invariablemente crecen en tamaño a medida que circulan entre diversas agencias gubernamentales". Se trata de un EsIA realizado en un contexto institucional muy complejo, dado que se aplican disposiciones de nada menos que tres diferentes regímenes jurídicos y sistemas de EIA, a saber, el sistema federal canadiense y dos sistemas administrados por las "Primeras Naciones", el término canadiense para designar a los pueblos indígenas descendientes de los primeros habitantes del territorio. Como el documento orientativo para dicho EsIA es extremadamente largo, se seleccionaron sólo unos pocos tópicos para el Cuadro 5.3. Tal vez la principal característica y la originalidad de las directrices sea su marcado sesgo multicultural. Es también interesante destacar los requisitos de supervisión ambiental, entre ellos la adopción de procedimientos sistematizados de gestión, mediante lo que en ese documento se denominan "códigos"; en ese sentido, las directrices reflejan prácticas de gestión ambiental avanzadas para la época, y que sólo serían difundidas a partir de la publicación de las primeras normas de la serie ISO 14.000 (este tema será abordado en el Cap. 16)

El Cuadro 5.4 contiene un extracto de términos de referencia muy "abiertos", o sea que, básicamente, enumeran los problemas que se deben abordar, dejando las soluciones enteramente para el interesado. Este documento guió la preparación de un EsIA para una mina de hierro y un nuevo ferrocarril en el estado de Australia Occidental, situado en una zona árida y de baja densidad poblacional, pero habitada por aborígenes. Adviértanse las exigencias de consulta pública y, en especial, una preocupación por la posibilidad de controlar y efectuar el seguimiento de la implementación satisfactoria de las medidas mitigadoras.

Cumplir con las orientaciones de los términos de referencia puede adquirir variadas formas en el EsIA. Algunas exigencias pueden ser abordadas en el texto principal, mientras que la comprensión de los estudios detallados se puede ver facilitada si el estudio se presenta en forma completa en un anexo. Una deferencia para con el lector (incluyendo al analista del organismo gubernamental responsable) es indicar claramente en qué parte del EsIA se encuentra la respuesta a las cuestiones planteadas. Esto se puede llevar a cabo mediante cuadros explicativos que relacionen los asuntos planteados con los capítulos y secciones del EsIA en los cuales se puedan encontrar las informaciones y análisis requeridos. El Cuadro 5.5 muestra, a título de ejemplo, en qué sitio se pueden encontrar las respuestas a las cuestiones planteadas durante las reuniones públicas de *scoping* para el EsIA de un proyecto de perforación para exploración de petróleo en la plataforma continental. En este caso, los autores del EsIA optaron por colocar casi todo como estudios individualizados, pero ésta no es necesariamente la mejor respuesta en todos los casos; una estrategia de este tipo requiere atención especial del equipo coordinador, no sólo para garantizar la coherencia entre los diferentes estudios especializados, sino también para integrar los análisis y conclusiones de cada especialista en el estudio principal.

Para colaborar con la preparación de términos de referencia, existen directrices para la selección de cuestiones relevantes y también modelos de términos de referencia producidos por diferentes organizaciones, como el Banco Mundial, la Comisión Europea y, en Brasil, por el Ministerio de Medio Ambiente (por ejemplo, Ministerio de Medio Ambiente/Ibama, Manual de Normas y Procedimientos para Licenciamiento Ambiental en el Sector de Extracción Mineral, Brasilia, Ministerio de Medio Ambiente, 2001).

Cuadro 5.4 *Extracto de términos de referencia para realizar un estudio de impacto ambiental de un proyecto minero de gran envergadura*

Visión general
Propósito de un EsIA
Cuestiones clave
La cuestión crítica para la propuesta es, probablemente, la gestión de las actividades mineras y de transporte en un enclave dentro del Parque Nacional de la Sierra Hamersley (...) Por lo tanto, es crítico que el EsIA muestre una comprensión detallada del paisaje y de los valores sociales de la zona y si éstos están representados en otros lugares. Los valores de conservación de las zonas que se verán perturbadas deben ser examinados detalladamente (...) En este caso, las cuestiones clave deberían incluir: • las razones para la elección del lugar de la mina y del corredor de transporte;   • flora, fauna y ecosistemas;   • paisaje y valores recreativos;   • gestión del agua: (1) aprovisionamiento de agua subterránea, necesidades de bombeo, zonas de influencia, impactos en la flora, fauna y comunidades vegetales; (2) desagües y efluentes, erosión y asoreamiento (...)
Consulta y participación pública
Presentar una descripción de las actividades de consulta y participación públicas desarrolladas por el proponente durante la preparación del EsIA. Se deben describir las actividades, fechas, grupos e individuos involucrados, y los objetivos de las actividades. Se deben hacer referencias a los ítems del EsIA que indiquen claramente cómo serán abordadas en el proyecto las preocupaciones de la comunidad (...)
Lista detallada de compromisos ambientales
Los compromisos asumidos por el proponente se deben definir claramente y enumerar de manera separada (...) Los compromisos deben ser numerados e incluir: (a) responsable; (b) descripción; (c) cronograma; (d) organismo a atender. Todos los compromisos pasibles de auditoría realizados en el cuerpo del EsIA deben estar resumidos en la lista.

Fuente: Hamersley Iron Pty. Ltd., Marandoo Iron Ore Mine and Central Pilbara Railway, Environmental Review and Management Programme, 1992.

En Brasil, son pocas las jurisdicciones que adoptan un sistema estructurado de preparación de términos de referencia. En el estado de São Paulo, la modificación de los procedimientos de EIA introducida por la Resolución SMA Nº 42/94 estableció que el proponente debe presentar un documento denominado *Plan de Trabajo*, en el cual se exponen el contenido sugerido por el EsIA y los métodos de trabajos a emplearse (por ejemplo, en los relevamientos para el diagnóstico ambiental, o en el análisis de los impactos). De acuerdo con dicha reglamentación, el interesado prepara un Plan de Trabajo, "que deberá explicitar la metodología y el contenido de los estudios necesarios para la evaluación de todos los impactos ambientales relevantes del Proyecto, considerando, también, las manifestaciones escritas (...), así como las que se realicen en la Audiencia Pública, en caso de que ésta se lleve a cabo". El Plan de Trabajo es analizado por la Secretaría de Medio Ambiente, la cual, al aprobarlo (muchas veces con modificaciones), fija los términos de referencia, documento oficial para guiar la elaboración de los estudios. Textualmente:

> [...] en base al análisis del Plan de Trabajo, del RAP [Informe Ambiental Preliminar] y de otras informaciones que constan en el proceso, el Daia [Departamento de Evaluación de Impacto Ambiental] definirá el Término de Referencia (TR), fijando el plazo para la elaboración del EsIA y el Rima, y publicando su decisión [...]

Cuadro 5.5 *Cuestiones relevantes en un proyecto de exploración de petróleo*

Chevron Overseas (Namibia) Ltd. obtuvo derechos de exploración y explotación de petróleo en la plataforma continental de Namibia. Se preparó un EsIA para la perforación de pozos de exploración de petróleo (o sea, la etapa que precede la perforación de pozos de producción) en la plataforma continental a lo largo de la costa de Namibia, en el Atlántico Sur, en un sitio conocido como Bloque 2.815 (10.000 km^2); el proyecto prevé la perforación de al menos dos pozos, con posibilidad de perforaciones adicionales, de acuerdo a los resultados.

Las cuestiones relevantes fueron identificadas en reuniones de trabajo con participación de las partes interesadas y afectadas, y luego trabajadas por el consultor.

CONTAMINACIÓN Y GESTIÓN DE RESIDUOS

CUESTIONES CLAVE	ACCIONES PARA ABORDAR LAS CUESTIONES CLAVE
Derrame de petróleo	Modelado de dispersión (apéndices A, B y E)
Contaminación resultante de barros de perforación	Estudio Chevron (apéndice C)
Otras formas de contaminación	Ya discutido en el Cap. 3
Impactos causados por la ruptura o deriva de plataformas (como colisiones con buques)	Chevron respetará todos los requisitos de seguridad marítima y los códigos de comunicación

MEDIO BIOFÍSICO

CUESTIONES CLAVE	ACCIONES PARA ABORDAR LAS CUESTIONES CLAVE
Impactos en zonas húmedas costeras	Estudio especializado "I"
Impacto sobre Gracilaria (alga)	Estudio especializado "J"
Impacto sobre las existencias e industria de la langosta	Estudio especializado "K"
Impacto sobre la maricultura	Estudio especializado "L"
Impacto sobre las existencias e industria pesquera	Estudios especializados "D" y "M"
Impacto sobre aves costeras y pelágicas	Estudio especializado "N"
Impacto sobre focas	Estudio especializado "O"
Impacto sobre delfines y ballenas	Estudio especializado "P"
Daños y situación ambiental actual	Situación actual evaluada en los diferentes estudios especializados

PREOCUPACIONES SOCIALES EN LÜDERITZ

CUESTIONES CLAVE	ACCIONES PARA ABORDAR LAS CUESTIONES CLAVE
Preocupaciones diversas, como la falsa expectativa de crecimiento económico, el contacto con trabajadores de las plataformas, etc.	Reuniones de trabajo y encuentros de seguimiento

IMPACTOS SOBRE LA INFRAESTRUCTURA

CUESTIONES CLAVE	ACCIONES PARA ABORDAR LAS CUESTIONES CLAVE
Impactos en Lüderitz (abastecimiento de agua y gestión de residuos, impacto sobre el puerto)	Estudios especializados "Q", "R", "S" y "T"
Impactos nacionales (red de transporte)	Chevron hará un acuerdo con Transnamib

CONSIDERACIONES LEGALES

CUESTIONES CLAVE	ACCIONES PARA ABORDAR LAS CUESTIONES CLAVE
Respeto a todas las exigencias legales aplicables y demandas de compensación	Chevron se compromete a respetar la legislación, tomando en consideración las demandas razonables de acuerdo con la descripción del proyecto (capítulo 3)

RELACIONES PÚBLICAS Y COMUNICACIONES

CUESTIONES CLAVE	ACCIONES PARA ABORDAR LAS CUESTIONES CLAVE
Prevención de peligros para la navegación	Chevron se compromete a cumplir con el Código de Comunicaciones Marítimas

Fuente: CSIR, EIA for Exploration Drilling in Offshore Area 2.815, 1994.

En Río de Janeiro, se denomina instrucciones técnicas al documento por el cual el organismo regulador establece oficialmente el contenido de los estudios a presentar:

> La Fundación Estadual de Ingeniería de Medio Ambiente (FEEMA), orientará la realización de cada Estudio de Impacto Ambiental a través de una Instrucción Técnica (IT) específica, de modo de compatibilizarlo con las peculiaridades del proyecto, las características ambientales de la zona y la magnitud de los impactos (Art. 2º, Ley N° 1.356 del 3 de octubre de 1988).

Adviértase que la Resolución Conama 1/86 ya establecía que cada estudio debe ser objeto de directrices específicas:

> Al disponer la ejecución de un estudio de impacto ambiental, el organismo estadual competente, o el Ibama o, cuando corresponda, el Municipio, fijará las directrices adicionales que, por las peculiaridades del proyecto y las características de la zona, se consideren necesarias, incluyendo los plazos para la conclusión y análisis de los estudios.
> (Art. 5º, Párrafo Único, Res. Conama 1/86)

En algunas jurisdicciones, las actividades preliminares de preparación de estudios ambientales dan como resultado un documento denominado *scoping report* (por ejemplo, en Sudáfrica)[2], que sintetiza los resultados de una evaluación ambiental inicial y señala los impactos más relevantes. Esa es una de las funciones del Informe Ambiental Preliminar (RAP), empleado en el estado de São Paulo.

5.5 Directrices para la identificación de las cuestiones relevantes

Al planificar un estudio de impacto ambiental, el analista se enfrenta con la necesidad de establecer criterios para incluir o excluir determinado impacto potencial de la lista de aquellos que merecerán estudios y relevamientos detallados durante la preparación de los estudios. En otras palabras, ¿cuáles serán los impactos significativos de un proyecto bajo análisis? Identificar las cuestiones relevantes para un estudio ambiental y el método para establecer su focalización.

Se podrían adoptar innumerables criterios para tratar de responder a esa pregunta, pero, en términos prácticos, han demostrado ser útiles para definir las cuestiones relevantes en un estudio de impacto ambiental al menos tres tipos de criterios:
- la experiencia profesional de los analistas;
- la opinión del público;
- requisitos legales.

Los requisitos legales constituyen el grupo más evidente de criterios para seleccionar las cuestiones relevantes. Se trata, indudablemente, de cuestiones que el público (la sociedad) considera relevantes, teniendo en cuenta que fueron incorporadas a leyes votadas por parlamentos o insertadas en reglamentos resultantes de esas leyes. Algunos ejemplos de requisitos legales existentes en la mayoría de los países son:
- protección de especies de la flora y la fauna amenazadas de extinción;
- protección de ecosistemas que desempeñan relevantes funciones ecológicas, como arrecifes de coral, manglares y otras zonas húmedas;
- protección de bienes históricos y arqueológicos;
- protección de elementos del patrimonio natural, como cavernas y paisajes notables;

[2] *Nuevamente, la terminología puede variar según las jurisdicciones. Según los términos de la legislación federal canadiense, este estudio se denomina screening report o estudio preliminar (étude préalable). El término genérico empleado por la Comisión Europea es también scoping report (European Commission, 2001a).*

* protección de modos de vida tradicionales y otros elementos valorizados de la cultura popular;
* restricción de actividades en zonas protegidas, como parques nacionales y otras unidades de conservación;
* restricciones al uso del suelo, establecidas en zonificaciones, planes maestros y otros instrumentos de planificación territorial.

Fig. 5.2 *Delta del Okavango, Botswana, una zona húmeda de importancia internacional (sitio Ramsar), inundada estacionalmente por la crecida de los ríos que lo alimentan. Uno de los pocos deltas de un río situado en el interior de un continente, su zona inundable alcanza los 18.000 km², formando uno de los lugares de mayor riqueza de vida salvaje de África (ver lámina en color 10)*

Fig. 5.3 *Gran Barrera de Arrecifes, Australia. Los arrecifes de coral forman ecosistemas de gran riqueza y diversidad biológicas. Pueden verse afectados por proyectos terrestres que alteren la calidad de las aguas costeras y por emprendimientos marítimos, como puertos y perforaciones para producción petrolera. Los arrecifes también están amenazados por el calentamiento global (ver lámina en color 11)*

Fig. 5.4 *Manglar de la isla de Cardoso, São Paulo, con la Selva Paranaense (Mata Atlántica) al fondo. Los manglares son ecosistemas costeros de transición entre los ambientes terrestre y marino, típicos de la zona intertropical. Su flora está adaptada a condiciones de salinidad y al ciclo de las mareas. Considerados cunas de la vida marina, estos ecosistemas se ven valorizados por su importancia ecológica, social y económica. Las comunidades locales (caiçaras) hacen un uso directo de los recursos del ecosistema, a la vez que crecen las demandas para usos turísticos, recreativos y educativos*

Fig. 5.5 *Ouidah, Benin, monumento construido en el tramo final de la "ruta de los esclavos", en uno los principales puntos de embarque de esclavos de África Occidental rumbo a América. Los sitios de importancia cultural pueden tener un significado particular para cada comunidad*

Las Figs. 5.2 a 5.7 ilustran algunos elementos valorizados del ambiente (y reconocidos formalmente por medio de protección legal) que pueden ser determinantes en la definición de los términos de referencia de un estudio de impacto ambiental. Además de los ejemplos antes mencionados, que gozan de reconocimiento casi universal, en ciertos países determinados recursos ambientales son objeto de protección especial, generalmente debido a su escasez, como puede ser el caso de los suelos potencialmente aptos para la agricultura, de los recursos hídricos superficiales y subterráneos, y de zonas de recarga de acuíferos subterráneos.

Nótese que muchos de estos requisitos están presentes en convenciones internacionales, lo que realza su carácter universal y de interés común de la humanidad. "El hecho de que un tratado internacional haya sido aprobado por el Congreso Nacional, ratificado internacionalmente y promulgado por el Presidente de la República hace que el tratado pase a integrar el ordenamiento jurídico nacional, internalizado según el proceso legislativo instituido por la Constitución Federal", como apunta Silva (2002, p. xvii) para el caso de Brasil, según principios del derecho internacional. Algunos de los tratados internacionales sobre la protección de los recursos ambientales y culturales son:

* Convención de Ramsar Relativa a los Humedales de Importancia Internacional especialmente como Hábitat de Aves Acuáticas (1971).
* Convención para la protección del Patrimonio Cultural y Natural del Mundo (París, 1972).
* Convención sobre el Comercio Internacional de Especies Amenazadas de Flora y Fauna Silvestres (Cites) (Washington, 1973).
* Convención sobre el Derecho del Mar (Montego Bay, 1982).
* Convención sobre la Diversidad Biológica (Río de Janeiro, 1992).
* Convención sobre el Cambio Climático (Río de Janeiro, 1992).
* Convención sobre la Protección del Patrimonio Cultural Subacuático (París, 2001).

Fig. 5.6 *Cueva da Boa Vista, la mayor caverna de Sudamérica. Situada en Campo Formoso, Bahía, no está incluida en ninguna unidad de conservación, pero goza de protección legal como patrimonio espeleológico. No explotada turísticamente, esta caverna, como muchas otras, viene siendo intensamente estudiada por científicos naturales de varias especialidades, que hacen de ésta un verdadero laboratorio, particularmente propicio para estudios sobre cambios climáticos ocurridos en el pasado (paleoclimas) (ver lámina en color 12)*

Fig. 5.7 *Parque Nacional Kruger, Sudáfrica. Creado en 1926 a partir de una reserva de caza existente desde 1898, el más conocido y más visitado de los parques sudafricanos ya enfrentó diversas amenazas a su integridad, como la propuesta de construcción de un mineroducto que cruzaría el parque, un proyecto que fue rechazado. Las propuestas que afectan directamente unidades de conservación, normalmente requieren estudios detallados de alternativas*

Por lo general, la existencia de un requisito legal significa no sólo que un impacto que pueda afectar el bien o el recurso designado sea potencialmente significativo, sino también que dichos impactos merecerán una particular atención en los estudios ambientales, o bien para conocer mejor cómo se verán afectados los bienes o recursos, o bien para orientar la búsqueda de proyectos alternativos a fin de evitar o reducir los impactos, o inclusive para advertir acerca de la necesidad de formular medidas mitigadoras para disminuir la magnitud y la importancia de los impactos.

Los documentos emanados de entidades reconocidas –intergubernamentales, no gubernamentales o profesionales- también pueden servir de referencia para la selección de cuestiones relevantes. Un ejemplo de documento proveniente de una organización del primer tipo es la *Carta de Venecia* sobre la Conservación y Restauración de los Monumentos y los Sitios, elaborada en 1964 bajo el auspicio del Consejo Internacional de Monumentos y Sitios (Icomos, International Council on Monuments and Sites), entidad vinculada a la Unesco (Organización de las Naciones Unidas para la Educación, la Ciencia y la Cultura). Una directriz de gran importancia adoptada por dicha carta es que

> La noción de monumento histórico comprende la creación arquitectónica aislada así como el conjunto urbano o rural que da testimonio de una civilización particular, de una evolución significativa, o de un acontecimiento histórico. Se refiere no sólo a las grandes creaciones sino también a las obras modestas que han adquirido con el tiempo una significación cultural (Art. 1º).

Otra declaración emanada del Icomos y que puede tener relevancia en EIA es la *Declaración de Tlaxcala*, México, de 1982, sobre la conservación del patrimonio monumental y la revitalización de los pequeños asentamientos. Los participantes de ese coloquio

> 1. Reafirman que los pequeños asentamientos son custodias de maneras de vivir que atestiguan nuestras culturas, retienen la escala apropiada para ellas y al mismo tiempo personifican las relaciones de comunidad que dan una identidad a sus habitantes. [...]
> 3. [...] el patrimonio ambiental y arquitectural de pequeños asentamientos es un recurso no renovable y su conservación llama para un desarrollo cuidadoso de procedimientos [...]

Es posible usar varios otros documentos a fin de orientar la planificación de un EsIA, como por ejemplo la *Recomendación para la Conservación de los Bienes Culturales Amenazados por Obras Públicas o Privadas*, adoptada por la Conferencia General de la Unesco celebrada en París en 1968 (Las referencias y citas antes señaladas fueron extraídas de la traducción brasileña publicada por el Instituto del Patrimonio Histórico y Artístico Nacional, Cartas Patrimoniales, Brasilia, 1995, 343 p.)

Ejemplo de documentos ampliamente reconocidos originados en ONGs son las listas de especies de fauna y flora amenazadas de extinción (las llamadas listas rojas) y sus criterios de encuadramiento, promovidas por la Unión Internacional para la Conservación de la Naturaleza y sus Recursos (IUCN), entidad no gubernamental con sede en Suiza.

Una entidad profesional del campo de la evaluación de impactos es la IAIA *(International Association for Impact Assessment)*, la cual, entre otras iniciativas, publica lineamientos y recomendaciones para la buena práctica de la evaluación de impactos.

La opinión del público constituye otro conjunto de criterios a usarse para definir las cuestiones relevantes. Como se mencionó, la opinión del público se puede recabar a través de diferentes medios, como las audiencias públicas, las consultas por escrito, las reuniones abiertas o con pequeños grupos y las encuestas de opinión, entre otros, sin que exista la obligación legal de hacerlo. Por el contrario, como se vio en los ejemplos anteriores, el proponente del proyecto debería tener interés en conocer la opinión de los interesados antes de seguir adelante con el proyecto y con los estudios ambientales. En los casos en que el promotor del emprendimiento no tenga suficiente sensibilidad para realizar estas consultas, es tarea del consultor explicar y explicitar sus ventajas. Se debe advertir que los canales formales de consulta en esa etapa del proceso de evaluación de impacto ambiente no siempre son suficientes o adecuados para establecer un medio eficaz de comunicación con las partes interesadas.

Finalmente, la experiencia de los consultores y analistas, como lo señalaron Beanlands y Duinker (1983), con su conocimiento de las características del medio afectado, del perfil de la comunidad afectada, o su comprensión de los procesos naturales o sociales modificados por el proyecto, constituye otro aporte importante para efectuar los ajustes al estudio de impacto ambiental y definir su focalización y alcance. También puede ser útil consultar a organismos especializados de la administración pública, como se hace en algunas jurisdicciones para el análisis técnico de los estudios de impacto, con vistas a definir los términos de referencia de los futuros estudios.

Una manera práctica de sistematizar tanto la experiencia profesional de los analistas como las opiniones del público interesado es mediante la identificación de *elementos relevantes del ambiente* o *atributos ambientales relevantes*. El concepto inicialmente utilizado por Beanlands y Duinker (1983) fue "componentes valorizados del ecosistema" *(valued ecosystem components)*, o sea, los "atributos o componentes" del ambiente que se consideran importantes debido a sus funciones ecológicas o que el público los percibe de esa manera. Son ejemplos de esto las especies de la fauna o la flora nativas de interés económico o cultural, como aquellas especies utilizadas en la alimentación de subsistencia o para su comercialización, o incluso las especies medicinales. Muchas veces no existen requisitos legales para protegerlas, y éstas no figuran en las listas de especies amenazadas, pero su importancia para las poblaciones locales es motivo suficiente para que se estudien los posibles impactos que el proyecto podría tener sobre éstas. Un emprendimiento que pueda afectar el hábitat de estas especies –por ejemplo, mediante el rellenado de un manglar o el drenaje de una vega o un bajo- debe contar con una cuidadosa evaluación de sus impactos sobre ambientes y especies.

Por último, hay que recordar que el gestor del proceso de evaluación de impacto ambiental tiene un rol muy importante en la definición de los términos de referencia, al integrar las demandas y puntos de vista de todos los interesados. Caso contrario, las diferentes rondas de consultas podrían conducir a una sumatoria de cuestiones que deberán abordarse en el estudio de impacto ambiental, haciéndole nuevamente perder la focalización y anulando el objetivo del *scoping*. Es por esta razón que la reglamentación estadounidense exige que en el estudio de impacto sean claros los criterios, tanto de inclusión como de exclusión de ítems, llegando al punto de determinar que se establezcan límites máximos para el número de páginas de un EsIA.

Bregman y Mackenthum (1992) recomiendan preparar un *preliminary environmental analysis* antes del *scoping meeting* que exige la reglamentación estadounidense. Ese breve documento condensaría informaciones sobre la ubicación del proyecto, las características de las alternativas, las características ambientales importantes de la zona y las cuestiones significativas.

La planificación y organización de un EsIA debe tomar en cuenta las cuestiones relevantes, pero hay muchas maneras de insertarlas. Algunos temas se pueden abordar en estudios especializados anexados al estudio principal, en tanto sus conclusiones y sus principales consideraciones sean efectivamente utilizadas para el análisis del proyecto. Si un estudio detallado y especializado forma parte de un EsIA, sus conclusiones y recomendaciones deberán ser incorporadas a éste y explicadas claramente al lector. Infelizmente, no siempre es lo que ocurre. Algunos coordinadores parecen contentarse con anexar estudios, a la vez que algunos organismos gubernamentales todavía aceptan estudios fragmentados y poco conclusivos. El Cuadro 5.5 muestra un ejemplo, extraído de un EsIA preparado para la perforación de petróleo en la plataforma continental de Namibia, en la que el equipo del EsIA encomendó la realización de veinte estudios especializados para abordar los temas planteados por el público. Cada tema es tratado en un informe independiente, pero las conclusiones están integradas en un informe final. Dicho informe es suficientemente sintético como para ofrecer una visión general del proyecto, sus impactos y medidas mitigadoras. El que necesita o desea tener informaciones y análisis más detallados es remitido al estudio especializado correspondiente.

En suma, la buena práctica internacional de la EIA recomienda que la selección de las cuestiones relevantes sea una etapa formal del proceso de evaluación, y que los estudios ambientales se hallen abocados a los impactos potencialmente significativos. Los términos de referencia, preparados antes de la realización de los estudios ambientales, deberían orientar a los estudios de base para que éstos recaben los datos necesarios para el análisis de los impactos relevantes y ayuden a definir las medidas de gestión que garanticen una efectiva protección ambiental si el proyecto es aprobado.

5.6 La formulación de alternativas

En la pasada década del 70 se estaban construyendo las primeras líneas de tren subterráneo en la ciudad de São Paulo. Una de las principales estaciones fue proyectada para la Praça da República, en el centro de la ciudad. Estando el proyecto muy avanzado, se hizo público que la construcción implicaría la demolición de un edificio, el colegio Caetano de Campos, que en el pasado había sido uno de los más importantes establecimientos de enseñanza pública de la ciudad, ocupando el mismo edificio de la antigua Escuela Normal, uno de los notables edificios diseñados por el célebre ingeniero y arquitecto Ramos de Azevedo (Lemos, 1993). Según los ingenieros proyectistas, la demolición de dicho edificio era "la única alternativa" para la construcción de una estación moderna y funcional, acorde con una verdadera metrópoli.

La propuesta suscitó una reacción de ciudadanos y de organismos gubernamentales dedicados a la protección del patrimonio histórico, y ganó repercusión en la prensa. Finalmente, la idea fue abandonada, surgieron otras alternativas, la estación se construyó y sigue funcionando. La prensa registra que: "En 1975, la administración del alcalde Olavo Setúbal decidió demoler el edificio histórico de 1894, por donde pasaron alumnos como Mário de Andrade, Cecília Meirelles y Sérgio Buarque de Holanda, para dar lugar a una megaestación del tren subterráneo." Ex alumnos recurrieron a la Justicia para impedir la demolición, "obtuvieron el apoyo de los periódicos y de la población (...) y el movimiento antidemolición creció. 'Fue la primera reacción popular contra una decisión del régimen militar desde 1969', estima [el líder del movimiento]" (Sérgio Dávila, "Muito além dos Jardins", Folha de São Paulo, 21 de diciembre de 2003, p. C1). El ejemplo muestra que la idea de "única alternativa" no se sostiene. Siempre hay una alternativa para alcanzar determinado objetivo, y es necesario analizar un conjunto de alternativas "razonables" durante el proceso de EIA. La búsqueda y la comparación de alternativas es uno de los pilares de la evaluación de impacto ambiental, que tiene como una de sus funciones "alentar a los proponentes a concebir proyectos ambientalmente menos agresivos y no simplemente evaluar si los impactos de cada proyecto son aceptables o no" (Sánchez, 1993a, p. 21).

Si fuese de otra manera, tendría poco sentido invertir tiempo y recursos en la preparación de EsIAs para un resultado muy pobre: sí o no al proyecto. Por el contrario, una de las ventajas de la EIA es la de permitir un cuestionamiento creativo de los proyectos tradicionales, así como estimular la propia formulación de nuevas alternativas, que ni siquiera serían consideradas si el proyecto no tuviera que pasar por un test de viabilidad ambiental. Ortolano (1997) observó que es posible cambiar prácticas muy arraigadas a partir del proceso de EIA (según sus estudios sobre el U.S. Army Corps of Engineers, citados en la sección 3.1), y uno de los caminos hacia el cambio es la apertura mental en el momento de considerar las alternativas. El Cuadro 5.6 muestra algunos ejemplos de alternativas presentadas en estudios de impacto ambiental.

Ross (2000) cita un caso muy interesante, que sucedió durante las audiencias públicas de un proyecto de industria de celulosa en Alberta, Canadá, en el cual la comisión de evaluación recomendó que no fuera aprobado hasta que se esclarecieran mejor ciertas cuestiones, en especial las emisiones de compuestos organoclorados en el río Athabasca. Luego de la divulgación del informe de la comisión, la empresa

> "súbitamente descubrió una nueva y mejor tecnología de blanqueamiento, que reduciría las emisiones de compuestos organoclorados a una quinta parte de la cantidad inicial. Durante las audiencias, le habíamos preguntado a la empresa si existía esa alternativa, y ésta lo negó, pero milagrosamente encontró dicha alternativa dos semanas después de concluido el informe" (p. 97).

Benson (2003) advierte una "debilidad inherente" en la evaluación de impactos de proyectos, justamente por abordar solamente proyectos y por estar "controlada por el proponente", de manera que, cuando llega el momento de preparar un EsIA, las ubicaciones alternativas ya han sido rechazadas, así como los diseños o proyectos alternativos. Además, Benson señala, con toda razón, que la alternativa de no realizar el proyecto raramente forma parte de la agenda del proponente (no obstante lo cual, se trata de una alternativa a considerar seriamente en el caso de los proyectos gubernamentales). Para Tomlinson (2003), parece "inevitable" que la proposición de alternativas sea poco frecuente, pero eso no constituye una "debilidad" de la EIA, en la medida que es tarea de un organismo gubernamental "considerar los méritos" de la propuesta.

Cuadro 5.6 *Ejemplos de alternativas presentadas en EsIAs* *

Desactivación de un tanque flotante de almacenamiento de petróleo crudo en el Mar del Norte

Objeto del proyecto: remoción y disposición final de la estructura oceánica denominada Bret Spar, una plataforma cilíndrica de 140 m de altura, 29 m de diámetro y un peso de 15.500 t, dotada de helipuerto y alojamientos, y que contiene residuos peligrosos, además de fuentes radiactivas naturales de baja actividad.

Alternativas consideradas: (1) desmantelamiento en tierra firme; (2) desmantelamiento en el mar; (3) hundimiento en el lugar; (4) remolque y hundimiento en aguas profundas; (5) recuperación y reutilización; (6) mantenimiento continuo y permanencia en el lugar.

Alternativas estudiadas en detalle: (1) desmantelamiento en tierra firme; (4) remolque y hundimiento en aguas profundas.

Alternativa seleccionada: (4), debido a la menor probabilidad y menor severidad de los impactos ambientales, menor riesgo de liberación accidental de residuos, menor riesgo para los trabajadores y otros.

Descontaminación del canal de Lachine, Montreal, Canadá

Objetivo del proyecto: solucionar el problema de los sedimentos contaminados presentes en el fondo del canal, construido en el siglo XIX para superar los rápidos del río San Lorenzo, que ya no se utiliza para la navegación comercial, sino solamente para actividades recreativas; el perfil industrial de los terrenos de las márgenes del canal está cambiando hacia un perfil residencial; el proyecto tiende a mejorar la calidad ambiental de la zona.

Alternativas consideradas: (1) dragado y rellenado del suelo; (2) contención *in situ* en el fondo del canal; (3) dragado y encapsulamiento en las márgenes; (4) estabilización subacuática con reactivos químicos y solidificación con cemento; (5) dragado, separación granulométrica y extracción físico-química.

Alternativa seleccionada: (3), por restringirse a la zona administrada por el responsable del proyecto (Parks Canada: se la declara zona de interés histórico nacional), por tratarse de una técnica comprobada y garantizar una solución de largo plazo.

Dragado del canal de Piaçaguera, Santos, São Paulo

Objetivo del proyecto: dragado de mantenimiento del canal de acceso a la terminal portuaria de una central siderúrgica; parte de los sedimentos está contaminada.

Alternativas consideradas: (1) no dragado del canal; (2) métodos de dragado: (2.1) dragado hidráulico; (2.2) dragado mecánico; (2.3) dragado hidromecánico; (2.4) dragado neumático; (3) disposición de los sedimentos dragados: (3.1) disposición en el océano; (3.2) disposición en depósitos subacuáticos recubiertos con material de protección; (3.3) disposición en zonas confinadas, diques en tierra o en una zona entre mareas; (3.4) disposición en rellenados industriales; (3.5) tratamiento o procesamiento industrial.

Alternativas seleccionadas: (3.2) o (3.3), para estudios pormenorizados.

Expansión del reservorio de Buckhorn, Carolina del Norte, EEUU

Objetivo del proyecto: aumentar la provisión de agua para la ciudad.

Alternativas consideradas: (1) a (8) diferentes combinaciones de represas; (9) abastecimiento por fuentes de agua subterránea; (10) uso de agua de drenaje de zonas mineras; (11) transposición de agua de otra cuenca hidrográfica; (12) dragado de los reservorios actuales para aumentar la capacidad de almacenamiento; (13) no implantación del emprendimiento.

Alternativa seleccionada: se estudiaron en detalle dos alternativas.

Las referencias completas se encuentran en la Lista de Estudios Ambientales Citados.

En vez de una "debilidad", el Banco Mundial (1995a, p. 4) considera que la capacidad de aportar "mejoras al proyecto, evaluando alternativas de inversión desde una perspectiva ambiental, es el costado proactivo del EIA, en comparación la tarea más defensiva de disminuir los impactos de un proyecto ya cerrado". Pero reconoce, en base a la experiencia de decenas de proyectos elevados al Banco, que dicha tarea es "mucho más difícil que sencillamente concentrar los esfuerzos en evitar o minimizar impactos negativos de un determinado proyecto".

Steinemann (2001) observa que hay más trabajos técnicos y académicos sobre el análisis de alternativas que sobre cómo desarrollar buenas alternativas, para su posterior análisis, comparación y elección. Ella examinó 62 EsIAs estadounidenses, con el objetivo de analizar el proceso de formulación de alternativas, y constató diversos problemas, entre ellos:

- la definición estrecha del "problema" a resolverse con la acción propuesta restringe las posibles "soluciones";
- el "problema" puede estar "construido" para justificar la "solución";
- las alternativas dependen de la autonomía y de las atribuciones de la agencia gubernamental proponente;
- las agencias tienden a favorecer alternativas ya empleadas en el pasado;
- otras alternativas pueden no ser tenidas en cuenta intencionalmente;
- las alternativas no estructurales (o sea, que no involucran obras, sino soluciones tales como ordenamiento territorial o gestión de la demanda) no son seriamente tenidas en cuenta;
- la selección de alternativas puede ser arbitraria y no incluir factores ambientales;
- la participación del público se da demasiado tarde para influenciar en la formulación de alternativas.

Varios de estos problemas se pueden detectar en proyectos públicos de diferentes tipos que parecen no resolver ningún problema real, sino crear otros. Son proyectos polémicos que muchas veces suscitan acalorados debates públicos. El proyecto del gobierno brasileño conocido como "transposición de agua de la cuenca del río San Francisco", en el Nordeste del país, también adolece de la mayoría de los problemas detectados por Steinemann.

Con la intención de "garantizar la provisión de agua para una población y una región que sufren la escasez y la irregularidad de las lluvias"[3], el proyecto pretende transferir una parte del caudal del río San Francisco hacia otras cuencas hidrográficas de la región del semiárido nordestino a través de una sucesión de canales y estaciones de bombeo. La iniciativa suscitó ásperos debates, dando como resultado posiciones aparentemente irreconciliables, divididas entre los que defienden el proyecto argumentando a favor de los beneficios esperados (irrigación y valorización de tierras) y los que, además de señalar los impactos adversos (disminución del caudal del río, reducción de la generación de energía eléctrica en las centrales existentes aguas abajo, entre otros), cuestionan sus propios objetivos, indicando que proyectos similares condujeron a una concentración de la propiedad de las tierras y a la expulsión de pequeños agricultores, volviendo, en última instancia, más vulnerables a aquellos que se pretendía beneficiar.

Dos décadas antes del estudio de Steinemann, Shrader-Frechette (1982) ya había alertado acerca de un abordaje reduccionista y una focalización limitada de las evaluaciones de impacto, que tendría como una de sus cuestiones más importantes no "elegir entre una tecnología contaminante A o B como medio para alcanzar un objetivo C, sino el de elegir C u otro objetivo". No obstante, "parece dudoso que las legislaciones

[3] *Ecology Brasil/ Agrar/ JP Meio Ambiente, Informe de Impacto Ambiental, Proyecto de Integración del Río San Francisco con Cuencas Hidrográficas del Nordeste Septentrional, Ministerio de la Integración Nacional, 2004, p. 9.*

nacionales (...) hayan pretendido abarcar una focalización tan amplia. Este tipo de cuestión depende de decisiones estrictamente políticas cuyo ámbito no es el proceso de evaluación de impacto [de proyectos]" (Sánchez, 1993a, p. 18).

No se puede dejar de señalar, no obstante, que las objeciones del público son muchas veces de ese orden, cuestionando la propia justificativa o necesidad del proyecto presentado. Por ejemplo, la ausencia de un entendimiento previo acerca de la utilización de los recursos hídricos puede llevar a posiciones antagónicas e irreconciliables cuando se presenta un proyecto (como es nítido en el caso del río San Francisco). Olivry (1986) estudió casos agudos de desentendimiento entre el público y los proponentes gubernamentales de proyectos hídricos en Francia; mientras éstos estaban dispuestos a discutir sólo proyectos específicos (represas), el público cuestionaba el conjunto de proyectos y los objetivos de utilización de los recursos hídricos, imposibilitando el diálogo y la negociación.

Si los asuntos de este calibre no se resuelven en la etapa de *scoping*, entonces los proyectos controvertidos simplemente pospondrán el debate para etapas posteriores del proceso de EIA, o lo trasladarán a los tribunales. De esta manera, incluir en los términos de referencia una lista de alternativas a tratarse en el EsIA es, en la mayoría de los casos, una mejor estrategia que dejar que las alternativas "aparezcan" en el estudio.

La Nepa tocó desde el principio este punto esencial: obligatoriamente, los estudios tienen que presentar alternativas (Sección 102, [C], [iii]), aunque, como lo señaló Stenemann (2001), sea la propia agencia interesada la que define los objetivos y las justificativas de la acción propuesta. Pero no todas las legislaciones fueron a fondo en esta cuestión: en Francia, el estudio de impacto sólo debe explicitar qué razones, de orden ambiental, llevaron a elegir la alternativa presentada. En Brasil, el EsIA debe "contemplar todas las alternativas tecnológicas y de ubicación del proyecto, confrontándolas con la hipótesis de la no ejecución del proyecto" (Resolución Conama 1/86, art. 5º, I). En los Estados Unidos, la obligatoriedad de considerar alternativas en el EsIA fue claramente reafirmada por los tribunales. Según el reglamento de la Nepa, el EsIA debe:

> (a) explorar rigurosamente y evaluar de modo objetivo todas las alternativas razonables y, para las alternativas que sean eliminadas del estudio detallado, discutir brevemente las razones de su eliminación;
> (b) brindar un tratamiento especial a cada alternativa [...];
> (c) incluir alternativas razonables fuera de la jurisdicción de la agencia principal;
> (d) incluir la alternativa de no realizar ninguna acción;
> (e) identificar la alternativa preferida [...];
> (f) incluir medidas mitigadoras apropiadas [...].
> (CEQ Regulations, § 1.502.14; 29 de noviembre de 1978.)

Diferente ubicación, diferentes tecnologías y la "alternativa cero" (la no realización del proyecto) pueden definir vastos campos de alternativas a explorar. McCold y Saulsbury (1998) defienden que, si para los proyectos nuevos la "alternativa cero" significa, claramente, no ejecutar el proyecto, para las actividades existentes (y que pueden estar sujetas al proceso de EIA a partir de una propuesta de ampliación o la renovación de una licencia), la "alternativa cero" tiene dos significados: (a) la continuidad en las condiciones actuales; y (b) la discontinuidad o suspensión de la actividad. Los autores argumentan que ambas deberían estudiarse. ¿El EsIA de una carretera debería considerar la alternativa ferroviaria? ¿El EsIA de una central hidroeléctrica debería considerar una central termoeléctrica o un parque de turbinas eólicas? La gama de alternativas puede ser tal que haga inviable un EsIA, por el nivel de generalización necesario o por la indefinición en cuanto a la ubicación. Los campos muy amplios de alternativas son mejor explorados en las evaluaciones ambientales estratégicas, mientras que los EsIAs de proyectos tienen más posibilidades de considerar *alternativas de proyecto*. Es así que, para una represa, es razonable estudiar alternativas de ubicación del eje de la estructura y la altura de la misma (influyendo en la zona de embalse) y, para un gasoducto o una línea de transmisión de energía eléctrica, trazados alternativos, mientras que para un rellenado de residuos urbanos puede (¡o no!) ser razonable estudiar la alternativa de la incineración, dado que ambas pueden acoplarse a iniciativas de recolección selectiva, reciclado y transformación en *compost*. El límite de lo "razonable", como el sentido de impacto "significativo", puede dar margen a muchas discusiones.

Fuggle (1992) cree que se deben considerar tres cuestiones para la identificación y selección de alternativas a estudiarse en un EsIA:
- ¿Cómo deberían identificarse las alternativas?
- ¿Cuál es la gama razonable de alternativas que se debería considerar?
- ¿Con qué nivel de detalle se debe explorar cada alternativa?

Es conveniente responder a esas preguntas previamente al inicio del EsIA, ante el riesgo de atrasos o cuestionamientos, incluso de tipo judicial. En el caso de la represa de Piraju, citada anteriormente en este capítulo, la insatisfactoria definición de alternativas llevó al retiro sucesivo de dos EsIAs, incapaces de demostrar la viabilidad ambiental del proyecto. Sólo el tercer estudio, que abordó una alternativa más favorable desde el punto de vista ambiental (Fig. 5.8), dio como resultado la aprobación del proyecto, conforme la cronología presentada en el Cuadro 5.7.

La represa de las Tres Gargantas, en China, es el emprendimiento hidroeléctrico de mayor potencia instalada del mundo. Según Shu-yan (2002), como una de las principales justificativas del emprendimiento era el control de las crecidas del río Yangtsé, fueron consideradas otras dos alternativas. El gobierno chino estima que alrededor de 145.000 personas murieron en cada una de las dos grandes inundaciones de los años 1931 y 1935, y otras 30.000 en la crecida de 1954. Una alternativa era la construcción de una serie de represas menores en los principales afluentes y en el curso principal del Yagtsé, aguas arriba del lugar elegido para la represa de las Tres Gargantas. Otra alternativa podía ser la construcción de diques laterales y canales de derivación aguas abajo del sitio de la represa, pero esta opción fue descartada porque en algunos tramos el lecho del río ya está situado 10 m por encima de la planicie aluvial.

Finalmente, debe destacarse que los puntos de vista muy pesimistas expresados por autores como Benson (2003) y Shrader-Frechette (1982), acerca de la formulación de alternativas, no encuentran eco en muchos actores directamente involucrados en la práctica de la EIA, como Tomlinson (2003) y Garis (2003), para los cuales los proyectistas y los proponentes han aprendido, por experiencia propia, que la falta de soluciones concretas de protección ambiental y de medidas para evitar impactos socialmente inaceptables muchas veces impide la realización de proyectos, *y que no hay alternativa excepto la de formular una alternativa de menor impacto.* No son pocas las empresas que, al enfrentarse con grandes dificultades en la aprobación de sus proyectos, tuvieron que modificar sustancialmente su manera de actuar (Ortolano, 1997; Sánchez, 1993a).

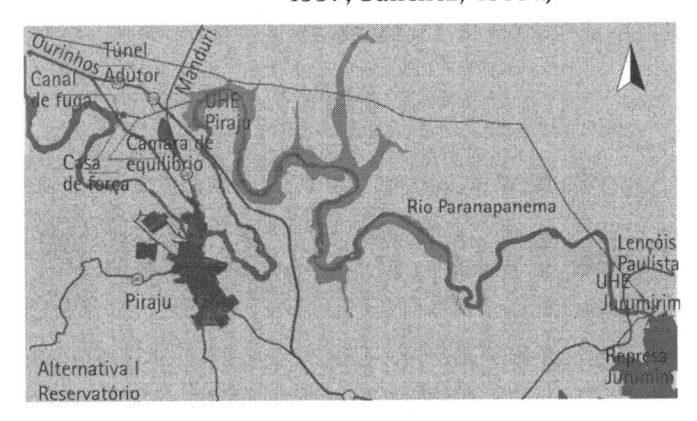

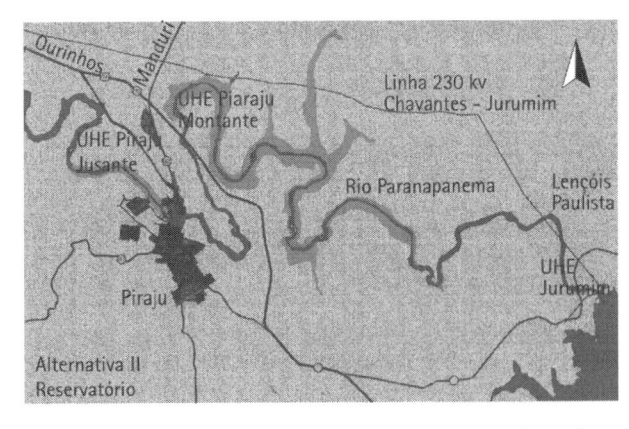

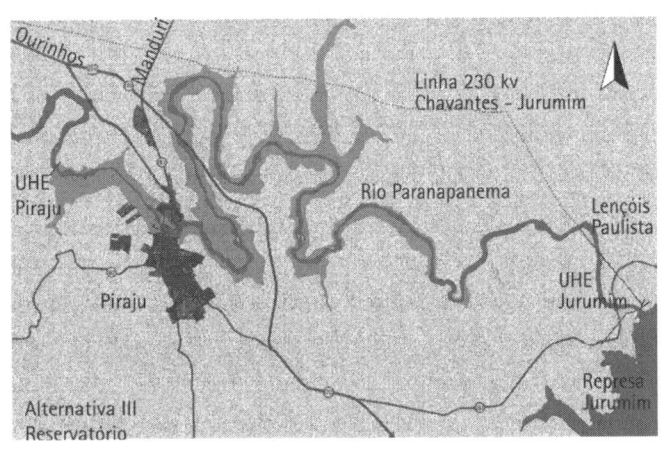

Fig. 5.8 *Alternativas de localización de la represa Piraju, río Paranapanema, São Paulo. En la alternativa 1, el agua retenida en la represa situada aguas arriba de la ciudad (este) sería conducida mediante tuberías hasta el edificio de turbinas, ubicado aguas abajo de la ciudad. La alternativa 2 incluye la construcción de otra presa aguas abajo, mientras que en la alternativa 3, el embalse aguas abajo sería más grande, inundando parte de la ciudad (ver lámina en color 13) Fuente: CNEC (1996) – Estudio de Impacto Ambiental UHE Piraju.*

Cuadro 5.7 *Estudios de alternativas para la UHE Piraju*

OBJETIVO DEL PROYECTO
Construcción de una central hidroeléctrica en el río Paranapanema, en las proximidades de la ciudad de Piraju; presa de 37 m de altura y 650 m de largura; reservorio de 1.357 ha, potencia instalada de 71,4 MW.
CONTEXTO DEL PROYECTO
En el momento de la presentación del último proyecto (1996), el río ya tenía siete represas construidas y dos en construcción; la potencia instalada en la cuenca era de 530 MW y la remanente, de 162,6 MW; la cuenca del río Paranapanema tiene 106.530 km²; el proyecto UHE Piraju se inserta en un plan de aprovechamiento hidroeléctrico de la cuenca que establece una división ideal de caídas, situándose entre dos represas ya existentes; en 1925 se construyó una pequeña central hidroeléctrica (denominada Paranapanema) junto a la ciudad.
CRONOLOGÍA DE LOS ESTUDIOS Y LOS DEBATES
Década de 1960: Los estudios sobre el potencial hidroeléctrico definen tres sitios para futuras represas en un tramo de 140 km del río Paranapanema.
Año 1966: Estudio de viabilidad del aprovechamiento de Piraju.
Febrero de 1991: Presentación de un EsIA que contiene tres alternativas de ubicación; la alternativa elegida (alternativa 1) preveía una represa aguas arriba de la ciudad de Piraju, el desvío de las aguas del embalse a través de un túnel aductor hasta el edificio de turbinas, a 17 km aguas abajo del río, ocasionando una gran disminución del caudal a la altura de la ciudad, lo que causaría un cambio dramático en el paisaje urbano, dado que desaparecería la cascada artificial de una antigua central, considerada patrimonio cultural de interés turístico y ambiental, y produciéndose un deterioro en la calidad de las aguas, ya que los efluentes cloacales de la ciudad, en ese tramo, eran arrojados sin ningún tipo de tratamiento.

Abril de 1991: Acto público realizado en Piraju, que reunió cerca de 6.000 personas: "Central sí, alternativa 1, no".

Mayo de 1992: El Daia (Departamento de Evaluación de Impacto Ambiental) comunica la necesidad de reformular el EsIA.

Julio de 1992: La empresa comunica que cambió de opinión, prefiriendo ahora una alternativa (la número 2) que no implicaba la construcción del túnel de desvío (edificio de turbinas al lado de la presa), de manera que no se produciría una modificación del caudal del río, pero que pretendía construir una pequeña represa aguas abajo de la ciudad.

Diciembre de 1994: El Consema (Consejo Estadual del Medio Ambiente) aprueba nuevos procedimientos de EIA en el Estado de São Paulo (Resolución 42/1994).

Enero de 1995: Presentación del nuevo EsIA.

Febrero de 1995: El Daia solicita la reelaboración del nuevo estudio, entre otros motivos, porque no estaban analizados los impactos aguas abajo del emprendimiento ni los impactos de la construcción de la nueva represa aguas abajo; además, la precariedad del diagnóstico ambiental comprometía la evaluación de los impactos.

Abril de 1995: La empresa presenta un Plan de Trabajo para elaborar un nuevo EsIA.

Octubre de 1995: El Daia emite los términos de referencia para el nuevo EIA.

Enero de 1997: Presentación del tercer EsIA, con la elección de la alternativa 2 modificada (sólo la construcción de la represa aguas arriba, con edificio de turbinas junto al dique de la represa); la reforma de la central existente y la represa aguas abajo son consideradas proyectos independientes; se descarta también una alternativa 3, anteriormente estudiada.

Febrero de 1998: Dictamen del Daia favorable al licenciamiento del emprendimiento.

Marzo de 1998: Decisión de la Cámara Técnica del Consema favorable al emprendimiento.

Mayo de 1998: El Ministerio Público Federal cuestiona la competencia estadual para el otorgamiento de licencia.

Mayo de 1998: Decisión del plenario del Consema favorable al emprendimiento y otorgamiento de licencia previa.

Diciembre de 1999: Otorgamiento de licencia de instalación.

Junio de 2002: Requerimiento de licencia de operación.

Agosto de 2002: Llenado del embalse.

Fuentes: Carvalho, Almeida y Bastos (1998); CNEC, EIA UHE Piraju; Rima UHE Piraju, 1996; Ronza (1997).

Cuadro Comparativo

Característica	Alternativa 1	Alternativa 2	Alternativa 3
Número de represas	1	3	1
Potencia (MW)	150	146 [a]	160
Superficie a inundar (ha)	1.357 [b]	1.357 [b] [c]	2.030 [b]
Ubicación en relación a la represa existente	Aguas arriba	Aguas arriba + ampliación de la central existente + aguas abajo	Aguas abajo + desactivación central existente
Túnel de desvío	sí	no	no
Edificio de turbinas	17 km abajo	Al lado de la presa	Al lado de la presa
Caudal mínimo a la altura de la ciudad (m^3/s)	10	Sin modificación	Sin modificación
Inundación de zona urbana	no	no	sí (~400 edificios)

Fuente: CNEC, EIA UHE Piraju, 1996.

Notas: (a) Represa aguas arriba en el mismo lugar que la alternativa 1 (70 MW), mejora de la usina existente (46 MW), represa aguas abajo (30 MW); (b) 403 ha corresponden al espejo de agua del río; (c) el emprendimiento concluido es ligeramente distinto, con potencia de 80 MW y area inundada un poco menor.

5.7 Síntesis y problemática

La preparación de un estudio de impacto ambiental no puede prescindir de una planificación que incluya la determinación de aquello que es importante y que, por lo tanto, debe ser analizado en profundidad en los estudios. La calidad de los EsIAs –y, por consiguiente, la calidad de la decisión que se tomará- depende de una planificación criteriosa y de términos de referencia cuidadosamente preparados, necesariamente con consulta pública.

La focalización de un estudio ambiental establece la meta a alcanzar. Conociéndola, el coordinador del estudio y su equipo pueden preparar su mapa de navegación, definiendo los caminos a recorrer. Vale aquí la transposición de una afirmativa de Kuhn (1970, p. 15) acerca de la función de los paradigmas para orientar la investigación científica:

> Ante la ausencia de un paradigma o de algún candidato a paradigma, todos los hechos relativos al desarrollo de una determinada ciencia parecen ser igualmente importantes. En consecuencia, la búsqueda de datos es una actividad casi aleatoria [...]. Además, en ausencia de una razón para obtener alguna forma particular de información [...], la búsqueda normalmente se restringe a la riqueza de datos al alcance de la mano.

El *scoping* significa establecer hipótesis, y sin éstas no hay cómo ordenar la realización de estudios ambientales. En esa tarea, probablemente radica una de las mayores dificultades de lograr un trabajo integrado y multidisciplinario. Como recuerda Godard (1992, p. 342), "para muchos científicos, ambiente no es sino una denominación nueva para un viejo objeto de estudio (...) y el estudio del ambiente simplemente se confunde con el estudio de los objetos (...) de las ciencias naturales". En evaluación de impacto ambiental, no se trata de investigar ni la naturaleza ni la sociedad (la EIA no tiene el propósito de producir conocimiento, aunque normalmente lo haga), sino de establecer relaciones, usando métodos y criterios científicos. La focalización de un estudio ambiental formula problemas, que deben ser respondidos durante el desarrollo de los estudios, y, como se sabe, un problema bien planteado ya implica la mitad de la solución.

Etapas de la planificación y Elaboración de un Estudio de Impacto Ambiental

6

El estudio de impacto ambiental (EsIA) es el documento más importante de todo el proceso de evaluación de impacto ambiental. En base a éste deberán tomarse las principales decisiones en cuanto a la viabilidad ambiental de un proyecto, en lo relativo a la necesidad de medidas mitigadoras o compensatorias y con respecto al tipo y alcance de esas medidas. Dado el carácter público del proceso de EIA, dicho documento también servirá de base para las negociaciones que se pueden entablar entre emprendedor, gobierno y partes interesadas.

Muchas jurisdicciones también recurren a diversos tipos y formatos de estudios ambientales, requiriendo un mayor o un menor nivel de detalles en la descripción del ambiente afectado o en el análisis de los impactos, como el *environmental assessment* estadounidense, la *notice d'impact* francesa, o el *screening/étude préalable* canadiense, la declaración de impacto ambiental chilena y el estudio de impacto ambiental sectorial o "categoría B" uruguayo, todos ellos versiones reducidas o simplificadas del estudio de impacto ambiental clásico. En ciertos lugares hay hasta cinco diferentes niveles de estudios relativos a la evaluación ambiental de proyectos, como es el caso del estado de Australia Occidental.

Sin embargo, todos estos estudios se basan en el formato y en los principios del EsIA, que presentaremos aquí. Esta *metodología básica para la planificación y elaboración de un estudio de impacto ambiental* puede, por lo tanto, ser utilizada – con adaptaciones – en cualquiera de los estudios ambientales.

6.1 Dos perspectivas contradictorias en la realización de un estudio de impacto ambiental

Normalmente, un estudio de impacto ambiental se realiza para una determinada propuesta de emprendimiento o un proyecto de interés económico o social, que requieren la realización de intervenciones físicas en el ambiente (obras), y que pueden ser clasificados genéricamente como proyectos de ingeniería. Los proyectos de aprovechamiento de los recursos vivos, como el manejo forestal o pesquero, o inclusive los proyectos de acuicultura, silvicultura o agroganaderos, también pueden encuadrarse dentro de esta categoría, puesto que implican acciones o interferencias en el medio, que, a su vez, pueden causar impactos ambientales[1].

Una de las finalidades de la evaluación de impacto ambiental es colaborar con la selección de la alternativa más viable, en términos ambientales, para alcanzar determinados objetivos. Por ejemplo, la EIA se puede emplear para seleccionar la mejor traza para un ferrocarril o la opción más adecuada para mejorar un sitio contaminado. Aunque la formulación de alternativas sea algo central en la evaluación de impacto ambiental (como lo muestra la sección 5.6), las etapas descriptas más abajo no incluyen la comparación de alternativas. Ello se debe a que ese modelo genérico se puede aplicar a la cantidad de alternativas que sea, incluso la de no realizar ningún proyecto. Los impactos producidos por cada alternativa pueden, de esta manera, compararse a partir de una base común (sección 10.3), dada por el estudio de impacto ambiental.

Hay dos perspectivas bien diferentes para la elaboración de un EsIA, que se las puede denominar como abordaje exhaustivo y abordaje dirigido. El *abordaje exhaustivo* busca

---

[1] *En este libro, "emprendimiento", "proyecto" y "proyecto de ingeniería" son usados de manera intercambiable. Los estudios ambientales realizados en las etapas de planificación que preceden a la gestación de los proyectos de ingeniería son encuadrados dentro de la categoría de evaluación ambiental estratégica.*

un conocimiento casi enciclopédico del medio y supone que cuanta más información se disponga, mejor será la evaluación. Da como resultado largos y detallados estudios de impacto ambiental, en los cuales la descripción de las condiciones actuales – el diagnóstico ambiental- ocupa la casi totalidad del espacio.

Es posible ilustrar este punto de vista con aquello que, jocosamente, se podría llamar "abordaje del taxonomista ocupado", que consiste en tratar de establecer listas completas de especies de flora y fauna de la zona de influencia del emprendimiento en estudio, lo que consume la mayor parte del esfuerzo, del tiempo y del dinero disponibles para el EsIA, desdeñando el estudio de las relaciones funcionales entre los componentes del ecosistema o el estudio de las formas antrópicas de apropiación de los recursos ambientales. Ello no significa que los inventarios de flora y fauna sean innecesarios para una evaluación de impacto ambiental, sino sencillamente que la función de dichos relevamientos debe establecerse claramente *antes* del comienzo de cada estudio, y en muchos casos éstos pueden no tener utilidad. Otro ejemplo comúnmente encontrado en los EsIAs es el de las descripciones extensas de la geología regional, sin extraer de ello ninguna información directamente utilizable para analizar los impactos del emprendimiento, y mucho menos para administrarlo. Lo mismo vale para las extensas compilaciones de datos sociales y económicos.

El siguiente pasaje extraído de un EsIA ilustra el abordaje exhaustivo: "La finalidad principal [de los trabajos realizados] fue la de reunir todos los datos existentes, así como efectuar trabajos de campo, interactuando con los demás estudios".

No hay, verdaderamente, ninguna razón para reunir "todos" los datos existentes sobre un determinado asunto; lo que interesa es reunir los datos *necesarios* para analizar los impactos del emprendimiento, que la mayoría de las veces no existen y deben ser relevados. En cuanto a los trabajos de campo, tampoco pueden ser la "finalidad" de los estudios: aquéllos frecuentemente son un medio para recabar previamente datos no existentes y que son necesarios para el análisis de los impactos. Más adelante, se puede leer en el mismo capítulo de ese mismo EsIA: "Fueron enumeradas todas las publicaciones de interés, teniendo por objetivo una evaluación de los estudios existentes, faltas de información y proposiciones para nuevos estudios".

Este pasaje denuncia que al EsIA le faltó dirección y coordinación. Proponer nuevos estudios sólo excepcionalmente puede ser el objetivo de un estudio de impacto ambiental. En realidad, el EsIA debería estar organizado de manera de lograr recabar los datos necesarios y completar las lagunas de información relevantes para analizar los impactos; si hay alguna información importante, pero que no se encuentra disponible, se la deberá obtener.

A esta visión se le contrapone el *abordaje dirigido*, que presupone que sólo tiene sentido relevar datos que efectivamente se utilizarán en el análisis de los impactos, esto es, serán útiles para la toma de decisiones. El objetivo es comprender las relaciones entre el emprendimiento y el medio y no la mera compilación de informaciones, ni siquiera entender la dinámica ambiental en sí misma. En última instancia, la EIA no busca ampliar las fronteras de la ciencia; la EIA utiliza conocimiento y métodos científicos para colaborar en la solución de los problemas prácticos, concretamente la planificación del proyecto y la toma de decisiones.

Teniendo un proyecto, ¿como se inicia el estudio de impacto ambiental?

En el marco de un abordaje exhaustivo, el estudio comenzaría por la compilación de datos existentes acerca de la región en donde se pretende implantar el emprendimiento. Como no hay una orientación previa, es difícil discernir qué datos son relevantes, lo que termina dando como resultado vastas compilaciones, seguidas de algunos relevamientos básicos de campo, por ejemplo, sobre flora y fauna.

En tanto, desde una perspectiva dirigida, la primera actividad en un EsIA es la identificación de los probables impactos ambientales. Esta identificación es preliminar y facilita la comprensión inicial y provisoria de las posibles consecuencias del emprendimiento. Corresponde a la formulación de *hipótesis* sobre la respuesta del medio a las solicitudes que serán impuestas por el emprendimiento.

A esta etapa le seguirá una clasificación o jerarquización de los impactos enumerados, con el objetivo de seleccionar los más importantes o significativos. Sólo entonces se debe pasar a la fase de estudio de las condiciones del medio ambiente, pero aun así mediante la preparación previa de un plan de estudios.

Para poder formular esas hipótesis, evidentemente, es necesario disponer de un mínimo de conocimiento de la región en donde se pretende implantar el proyecto, así como un conocimiento del propio proyecto. Supongamos el proyecto de construcción de una represa: es obvio que si la zona a inundar es usada para pastaje, los impactos probables serán muy diferentes de los que sobrevendrían si la zona tuviera una cobertura de vegetación nativa. Es evidente, pues, la necesidad de disponer de un conocimiento mínimo del ambiente que podrá sufrir los impactos del proyecto.

Tal actividad puede denominarse como *reconocimiento*, y se realiza mediante una visita de campo, la visualización de fotografías aéreas o imágenes satelitales, una rápida revisión bibliográfica, una consulta a los organismos públicos que cuentan con informaciones sectoriales (como estadísticas socioeconómicas, clasificaciones de uso de la tierra, etc.) y, si es posible, mediante conversaciones informales con moradores o líderes locales. El Cuadro 6.1 sintetiza las fuentes de informaciones que generalmente se emplean para el reconocimiento inicial del sitio y de su entorno.

Tan importante como el reconocimiento del medio ambiente es comprender el proyecto cuyos impactos serán analizados, y sus alternativas. Las actividades de preparación del terreno, el proceso constructivo, la forma como operará, los insumos y las materias primas consumidos, los tipos de residuos y la mano de obra empleada son algunas informaciones fundamentales para planificar un estudio de impacto. Normalmente, dichos datos los tiene disponibles el emprendedor, aunque el proyecto no esté detallado, y es posible obtenerlos mediante la realización de entrevistas con los responsables del emprendimiento y la consulta de documentos técnicos, como planos y memorias descriptivas. Incluso si el proyecto técnico se desarrolla en forma paralela a los estudios ambientales – la situación ideal –, se debe partir de informaciones sobre el emprendimiento propuesto, estén éstas formalizadas en anteproyectos o sean tan sólo intenciones del proponente. Para ciertos tipos de emprendimientos, la empresa proyectista o el proponente disponen de informaciones ambientales necesarias para el proyecto y que se pueden aprovechar en dicha etapa de reconocimiento.

De esta manera, con poco esfuerzo y pocas horas de trabajo, es posible realizar una buena planificación de los estudios a llevarse a cabo. Casi siempre el propio contexto comercial de los estudios de impacto ambiental obliga a dicho ejercicio: es usual que las empresas y demás entidades que deben realizar un EsIA inviten a dos o tres empresas de consultoría para presentar propuestas técnicas y comerciales. Como esas propuestas implican una descripción del trabajo a realizarse y una estimación de las horas técnicas necesarias (base para el cálculo del precio), es imprescindible un nivel mínimo de conocimiento del proyecto propuesto y del ambiente posiblemente afectado.

Cuadro 6.1 *Fuentes de información para el reconocimiento ambiental inicial de la zona y su entorno*

Mapas topográficos oficiales (escalas 1:100.000 a 1:10.000)
Fotografías aéreas
Imágenes satelitales
Planos relativos al proyecto
Memorias descriptivas del proyecto
Estudios ambientales anteriores
Breve investigación bibliográfica
Bases de datos socioeconómicos[1]
Bases de datos ambientales[2]
Charlas con moradores locales
Charlas con líderes locales
Charlas con alcaldes y funcionarios municipales

[1] *Los organismos gubernamentales encargados de las estadísticas y los estudios socioeconómicos pueden disponer de dichos datos.*
[2] *Datos sobre límites de zonas protegidas, zonificaciones y otras informaciones, que se pueden obtener en los organismos responsables de la gestión ambiental.*

6.2 Principales actividades en la elaboración de un estudio de impacto ambiental

Dentro de una perspectiva dirigida, el EsIA se debe realizar adoptando una secuencia lógica de etapas, en la que cada una dependa de los resultados de la etapa anterior. Su concatenación y secuencia son muy importantes, ya que la manera de iniciar y conducir un estudio ambiental afectará la calidad del resultado final. Son siete las actividades básicas en la preparación de un estudio de impacto ambiental (Fig. 6.1), a las cuales se pueden agregar algunas actividades preparatorias o complementarias, como el estudio de la legislación aplicable y de los planes y programas gubernamentales que afectan la zona del emprendimiento, o inclusive algunos estudios sobre los tipos de impactos normalmente asociados al proyecto bajo análisis, actividades que normalmente se realizan en las primeras etapas de la elaboración de los estudios.

El término "plan de trabajo" usado en la Fig. 6.1 coincide con el término usado en la reglamentación en vigor en el estado de São Paulo. Sin embargo, además de cuestiones terminológicas (se podría emplear "propuesta de trabajo" "propuesta técnica", "plan de ejecución" o cualquier otra expresión equivalente), que no son relevantes aquí, lo que se pretende mostrar con esa figura es una secuencia lógica y genérica de planificación y preparación de un estudio de impacto ambiental. Todo EsIA debe tener una etapa de planificación antes de su ejecución (por otra parte, como cualquier trabajo técnico, proyecto de ingeniería o proyecto de investigación científica), y el resultado

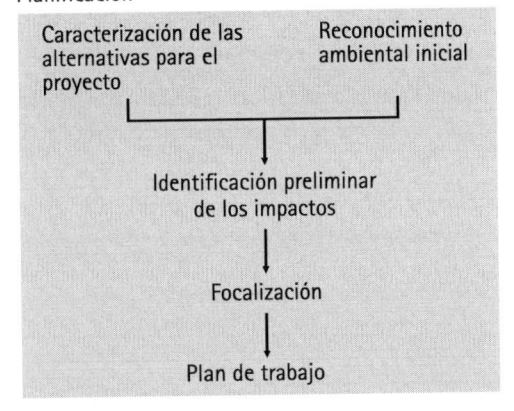

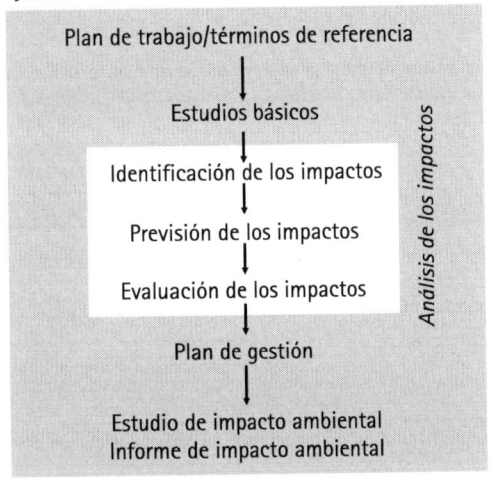

Fig. 6.1 *Principales etapas en la planificación y ejecución de un estudio de impacto ambiental*
Fuente: modificado de Sánchez (2002a).

Planificación
- Caracterización de las alternativas para el proyecto
- Reconocimiento ambiental inicial
- Identificación preliminar de los impactos
- Focalización
- Plan de trabajo

Ejecución
- Plan de trabajo/términos de referencia
- Estudios básicos
- Identificación de los impactos
- Previsión de los impactos
- Evaluación de los impactos
- Plan de gestión
- Estudio de impacto ambiental / Informe de impacto ambiental

(Análisis de los impactos)

Cuadro 6.2 *Contenido de un plan de trabajo para la realización de un estudio de impacto ambiental*

1 - Breve descripción del emprendimiento.
2 - Breve descripción de las alternativas a evaluar.
3 - Ubicación.
4 - Delimitación del área de estudio.
5 - Características ambientales básicas del área.
6 - Principales impactos probables del emprendimiento.
7 - Consideraciones sobre los probables impactos más significativos.
8 - Estructura propuesta para el EsIA y contenido de cada capítulo y sección.
9 - Metodología de relevamiento y tratamiento de datos.
10 - Procedimientos de análisis de los impactos.
11 - Formas de presentación de los resultados (p. ej., escala de los mapas).
12 - Compromisos de consulta pública.

de esa etapa debe plasmarse en algún documento o plan. El plan de trabajo describe la estrategia de ejecución del estudio y los métodos que se emplearán en éste. Incluso en las jurisdicciones que no adoptan la práctica de la discusión previa de términos de referencia para estudios de impacto ambiental, dicho procedimiento es necesario, como mínimo, para que el equipo o la empresa encargada de la preparación del EsIA pueda calcular sus costos o preparar sus propuestas técnica y comercial. Por tanto, independientemente de los requisitos legales, la buena planificación de un estudio de impacto ambiental implica la preparación de un plan de trabajo. El Cuadro 6.2 muestra cómo se puede estructurar un plan de trabajo para un EsIA. A continuación, presentamos de manera resumida cada etapa de la secuencia de planificación y ejecución de un EsIA. Cada una de éstas será abordada en detalle en los capítulos siguientes.

ACTIVIDADES PREPARATORIAS

Anteriormente ya se había comentado acerca de la necesidad de un reconocimiento ambiental preliminar. Otra actividad preparatoria imprescindible es la caracterización del proyecto propuesto y de sus alternativas. En general, se contrata el equipo consultor para realizar un estudio ambiental para un determinado proyecto, que ya puede estar razonablemente detallado (por ejemplo, bajo la forma de un proyecto básico) o hasta encontrarse en la etapa conceptual. La empresa proyectista ya puede haber estudiado un cierto número de alternativas, y eventualmente haber descartado algunas.

Idealmente, el conocimiento y la caracterización del proyecto y sus alternativas debe ser tal que permita difundir información consistente y homogénea para todos los miembros del equipo multidisciplinario, de manera que cada uno de ellos pueda alcanzar una buena comprensión del proyecto a analizar. En caso de que el equipo no tenga familiaridad con el tipo de emprendimiento, nada mejor que realizar una visita a un emprendimiento similar y discutir con sus gerentes y encargados.

Algunos miembros del equipo ambiental deberán analizar detenidamente los documentos del proyecto (planos, memorias descriptivas, memorias de cálculo, etc.) para comprender detalladamente las actividades y procesos a realizar en cada etapa del ciclo de vida del emprendimiento, desde la implantación hasta la desactivación.

Además del reconocimiento ambiental preliminar y de la caracterización del proyecto y sus alternativas, es conveniente, inclusive como actividad preparatoria, realizar un análisis de compatibilidad del proyecto propuesto con la legislación ambiental. Las principales leyes y reglamentos nacionales y estaduales normalmente deberían ser de conocimiento del equipo ambiental, pero puede ser necesario buscar legislación específica sobre el tipo de proyecto, y también averiguar si existe legislación municipal. Una tarea básica es verificar si el emprendimiento propuesto es compatible con la legislación municipal de uso del suelo u otras normas de zonificación. Los organismos ambientales brasileños solicitan una declaración o certificado que demuestre esa compatibilidad, sin la cual el análisis del proyecto no sigue su curso.

En caso de existir impedimentos legales absolutos, naturalmente no hay por qué continuar con el EsIA. En realidad, ese análisis debería estar hecho con antelación, en algún tipo de estudio preliminar de viabilidad ambiental (como una evaluación interna a la empresa proponente). Pueden existir impedimentos absolutos en casos de restricciones impuestas por zonificación, entre otros, pero las leyes no son inmutables, y las fuerzas políticas y económicas pueden modificarlas, transformando en compatibles con los requisitos legales a aquellos emprendimientos que antes eran inviables. Ello no es extraño en los casos de emprendimientos considerados como de "utilidad pública", e incluso se han registrado modificaciones relativas a zonas protegidas para dar lugar a ese tipo de emprendimiento.

No obstante, la mayoría de las veces, la legislación sólo impone restricciones parciales, que es preciso conocer para garantizar una buena planificación del proyecto. Por ejemplo, la legislación forestal brasileña designa como "zonas de preservación permanente" el entorno de las nacientes de agua, las márgenes de los tíos, las cumbres de los cerros, las vertientes de gran declive y algunas otras situaciones. En esos casos, se debe hacer un relevamiento de todas las restricciones, cartografiar aquellas que tienen una expresión espacial, y tratar de respetar las restricciones durante la planificación del proyecto, lo que exigirá una interacción entre el equipo ambiental y el equipo del proyecto.

Usando el ejemplo de las zonas de preservación permanente, se advierte que ciertos tipos de proyecto pueden respetar íntegramente (o casi) las restricciones, como las líneas de transmisión de energía eléctrica, cuyas torres pueden ubicarse fuera de esas zonas y cuyo trazado también puede, en gran medida, evitar el corte de la vegetación nativa. Una represa, sin embargo, se construirá necesariamente bloqueando un río, y por lo tanto es inevitable que inunde zonas de preservación permanente.

En el Cuadro 6.3 se muestran las más frecuentes actividades preparatorias para la elaboración de un estudio de impacto ambiental. Adviértase que no todo EsIA demandará la ejecución de todas esas tareas.

Cuadro 6.3 *Actividades preparatorias usuales para la realización de un estudio de impacto ambiental*

1 - Relevamiento de bases cartográficas.
2 - Relevamiento de fotografías aéreas.
3 - Adquisición de fotografías aéreas o imágenes satelitales.
4 - Relevamiento preliminar de datos socioambientales.
5 - Relevamiento preliminar de estudios sobre la región.
6 - Compilación de datos sobre el proyecto y estudio de los documentos del proyecto (planos, memorias descriptivas, etc.).
7 - Entrevistas o reuniones de trabajo con la empresa proyectista y el proponente para las aclaraciones.
8 - Visitas a emprendimientos semejantes.
9 - Visita de campo para reconocimiento de la zona del proyecto y su entorno.
10 - Charlas informales en la zona del proyecto y su entorno.
11 - Relevamiento y análisis de la legislación aplicable.
12 - Identificación del equipo necesarios.
13 - Presupuesto para la realización de los servicios.

IDENTIFICACIÓN PRELIMINAR DE LOS IMPACTOS PROBABLES

La identificación de los impactos ambientales en la etapa preliminar consiste en la preparación de una lista de probables modificaciones generadas por el emprendimiento. En esta etapa, no hay una preocupación por la clasificación de los impactos según su nivel de importancia, pero se deben descartar los impactos irrelevantes[2]. Normalmente, se parte de una descripción del emprendimiento propuesto y de sus alternativas, del estudio de los documentos del proyecto disponibles (tales como estudios de viabilidad económica, estudios de alternativas, proyectos o anteproyectos de ingeniería) y de un reconocimiento del lugar propuesto para la implantación del emprendimiento.

[2] Como se trata de una noción que implica una buen porcentaje de subjetividad, su aplicación práctica puede generar controversias. No obstante, el contexto social, político y legal en el que se realiza un estudio ambiental es determinante en la definición de aquello que es relevante. Ciertos tipos de impactos puede verse como muy importantes en un lugar, a la vez que ni siquiera son reconocidos en otros. No es que el relativismo sea total. Hay diversas cuestiones universalmente valoradas (como lo muestran los Cap. 4 y 5).

En el reconocimiento, es posible identificar las más evidentes características ambientales que podrán verse afectadas por el proyecto; por ejemplo, se puede verificar la existencia de diferentes tipos de vegetación, las formas de uso del suelo y las actividades antrópicas realizadas en el entorno, las vías de acceso, las características físicas del medio, como el relieve, los suelos y la red hidrográfica, entre otras.

La documentación cartográfica o las fotografías aéreas suelen ser muy útiles en esa etapa, ya que posibilitan tener una visión de conjunto del sitio del emprendimiento y su entorno. Las demás actividades preparatorias también pueden brindar varios elementos útiles para la identificación preliminar de impactos.

El análisis de los impactos del emprendimiento siempre se realizará en base al estudio de las interacciones posibles entre las acciones o actividades que componen el emprendimiento y los componentes o procesos del medio ambiente, o sea, de *relaciones plausibles de causa y efecto* (como lo muestra el Cap. 1). En la etapa inicial, las interacciones puede identificarse a partir de:

- analogía con casos similares;
- experiencia y opinión de especialistas (incluyendo el equipo ambiental);
- deducción, o sea, confrontar las principales actividades que componen el emprendimiento con los procesos ambientales que actúan en el lugar, infiriendo consecuencias lógicas;
- inducción, o sea, generalizar a partir de hechos o fenómenos observados[3].

En la práctica, si los profesionales involucrados en esta etapa no tienen familiaridad con el tipo de emprendimiento a analizar, se pueden utilizar listas de verificación (*checklists*) y otros listados de impactos existentes en la literatura técnica. Un especialista en el tipo de emprendimiento propuesto (aun siendo poco versado en planificación y gestión ambiental) será capaz, junto a una persona experimentada en análisis de impactos ambientales, de identificar una gran cantidad de impactos probables. Lo mismo ocurrirá si se consulta a un científico con conocimiento especializado sobre el tipo de ambiente en donde se pretende implantar el proyecto; por ejemplo, para un proyecto de marina en zona de manglares, un especialista en ese tipo de ecosistema rápidamente podrá preparar un lista de varios impactos ambientales potenciales, que posteriormente serán validados, o no, en los estudios siguientes.

FOCALIZACIÓN

Dos emprendimientos idénticos ubicados en ambientes diferentes tendrán como resultado distintos impactos ambientales. De igual manera, en un mismo lugar, dos proyectos distintos podrán ocasionar impactos ambientales bien diferentes; por ejemplo, el monocultivo de caña de azúcar o de soja podrá causar impactos más extensos que un proyecto minero, el que, a su vez, puede causar impactos de gran intensidad, pero concentrados en zonas restringidas. En ciertos sitios, una carretera puede causar más impactos adversos que un gasoducto, o viceversa, según las interacciones proyecto x medio que puedan llegar a establecerse.

Por otro lado, se sabe que las personas o los diferentes grupos sociales no perciben de igual manera los impactos y los riesgos ambientales. Por ejemplo, el sentimiento de pérdida ocasionado por la inundación de un cementerio indígena, o de cualquier otro sitio sagrado de una comunidad, difícilmente logrará ser comprendido en su plenitud por aquellas personas que no formen parte de ese grupo.

Debido a esas dos razones – de orden tanto científico como social –, algunos impactos causados por un determinado emprendimiento deberán considerarse como más importantes que otros y, por lo tanto, deberán recibir más atención en el estudio de impacto ambiental. Además, por razones de orden práctico, es imposible estudiar detalladamente todas las interacciones proyecto x medio. Ello equivaldría a un abordaje exhaustivo, que forzosamente acaba redundando en un estudio superficial, dado que todo EsIA se realiza en un contexto de recursos y de tiempo limitados.

Es más eficaz y más útil analizar con profundidad tres o cuatro cuestiones relevantes que describir con igual superficialidad veinte o treinta impactos ambientales abordados genéricamente. Además, la experiencia ha venido demostrando que, cuando un determinado proyecto es sometido a la discusión pública del proceso de evaluación de impacto ambiental, sólo unas pocas cuestiones críticas atraen la atención de los interesados (Sánchez, 1995a).

Para establecer el alcance de un estudio de impacto ambiental, primero se procede a la identificación de las cuestiones relevantes, empleando métodos como:
- analogía con casos similares;
- experiencia y opinión de especialistas;
- consulta al público;
- análisis de las cuestiones definidas previamente a nivel legal (por ejemplo, bienes preservados, patrimonio arqueológico y paleontológico, cavidades naturales subterráneas, especies raras y zonas protegidas).

[3] *En las EIA, la inducción, forma de argumentación que va de lo particular a lo general, frecuentemente forma parte del discurso comprometido – a favor o en contra de un emprendimiento –, en tanto que la deducción es el método que guía los procedimientos analíticos del equipo multidisciplinario que realiza el EsIA y del equipo de analistas de los organismos gubernamentales. Pero no se deben contraponer los métodos; ambos contribuyen al conocimiento, que es uno de los pilares de la evaluación de impacto ambiental.*

Como se vio en el Cap. 5, la focalización del estudio es tanto una etapa del proceso de EIA como una actividad de planificación de un estudio ambiental. Aunque no exista una formalización de esa etapa (que es obligatoria en diversas jurisdicciones), es imposible concebir un estudio de impacto ambiental que no contenga alguna forma de selección de las cuestiones principales: muchas veces eso se lleva a cabo de manera implícita, pero la desventaja en este caso es que el público desconoce los criterios de selección, y el equipo de analistas no tiene conocimiento de sus opiniones.

En las jurisdicciones en las que el *scoping* es una etapa obligatoria, su resultado es un documento de orientación para el estudio de impacto ambiental conocido genéricamente como *términos de referencia* (como se observa en las secciones 3.3 y 5.4). En la Figura 6.1 se emplea el término *plan de trabajo* para describir el documento resultante de la actividad de determinación de la focalización de un estudio, de manera análoga a un plan de investigación para dirigir trabajos científicos o tecnológicos.

Estudios de base

Los estudios de base ocupan una posición central en la secuencia de etapas de un EsIA. Se deben organizar de forma tal que brinden las informaciones necesarias para las etapas siguientes del EsIA, o sea, la previsión de los impactos, la evaluación de su importancia y la elaboración de un plan de gestión ambiental; esas informaciones, a su vez, se definen en función de las dos etapas anteriores: la identificación preliminar de los impactos potenciales y la selección de las cuestiones más relevantes.

La realización de estudios de base es ciertamente la actividad más cara y más extensa de la evaluación de impacto ambiental, y es justamente por ello que se la debe planificar cuidadosamente. Luego de definir el tipo de información que se pretende recabar, el plan de estudios debe establecer las escalas temporal y espacial de los estudios y los métodos de búsqueda, la eventual necesidad de análisis laboratoriales y los procedimientos o métodos de tratamiento e interpretación de los datos. En particular, se debe definir si será necesario contar con datos primarios o secundarios. Estos son datos preexistentes, publicados o almacenados en instituciones públicas, organismos de investigación o por el propio proponente del proyecto. Datos primarios son los relevados especialmente para el estudio de impacto ambiental, lo que demandará trabajos de campo y, consecuentemente, mayor esfuerzo, costo y tiempo. La importancia de adoptar un abordaje dirigido queda clara aquí. Caso contrario, el equipo técnico que elabora el EsIA se arriesgará a relevar una cantidad inmensa de datos secundarios disponibles, pero absolutamente inútiles o, peor aun, innumerables datos primarios que posteriormente no se utilizarán para el análisis de los impactos resultantes del emprendimiento. Desgraciadamente, eso es muy común en buena parte de los estudios de impacto ambiental.

Una cuestión importante aquí es la definición previa del *área de estudio*, o sea, el área geográfica en donde se realizarán los estudios de base, área que será objeto de recopilación de datos primarios o secundarios. Es común confundir el área de estudio con el *área de influencia*. Muchas reglamentaciones sobre EsIAs, como la brasileña y la chilena, requieren que el equipo determine el área de influencia del emprendimiento analizado. No se la conocerá durante la etapa de los estudios, sino recién al ser analizados los impactos (variando conforme los impactos afecten el ambiente físico, biótico o antrópico). Se la puede definir como *el área cuya calidad ambiental sufrirá modificaciones que directa o indirectamente son resultado del emprendimiento*. A su vez, el área de estudio es simplemente aquella en la que se recabarán informaciones a fin de caracterizar y describir el ambiente potencialmente afectado por el proyecto. El resultado de los estudios de base conforma un capítulo del EsIA que recibe diferentes denominaciones, como *diagnóstico ambiental* (Brasil), *línea de base* (Chile), *características del ambiente receptor* (Uruguay), *descripción del sistema ambiental* (México).

IDENTIFICACIÓN Y PREVISIÓN DE LOS IMPACTOS

Análisis de los impactos es un término que describe una secuencia de actividades. La conclusión de los estudios de base, al brindar una descripción de la situación ambiental en el área de estudio, posibilita que la identificación preliminar de los impactos – realizada al comienzo de la planificación de los estudios – pueda sufrir una revisión a la luz de un conocimiento que el equipo multidisciplinario no tenía en aquel momento. Se trata, pues, no de una nueva identificación, sino de una revisión, actualización o corrección de la lista preliminar de impactos, enriquecida con las nuevas informaciones generadas o compiladas por los estudios de base.

Como la evaluación de impacto ambiental es una actividad tendiente a anticipar las consecuencias futuras de las decisiones tomadas en el presente, la previsión de impactos es una etapa fundamental del EsIA. La previsión debe ser vista como una hipótesis fundamentada y justificada, en lo posible cuantitativa, sobre el comportamiento futuro de algunos parámetros, denominados *indicadores ambientales*, representativos de la calidad ambiental.

Desafortunadamente, es común la confusión entre identificación y previsión de los impactos. La identificación es tan sólo una enumeración de las probables consecuencias futuras de una acción. También debe estar justificada y fundamentada, pero, contrariamente a la previsión de impactos, no es resultado de la aplicación sistemática y dirigida de métodos y técnicas propios de cada una de las disciplinas científicas conocidas por los miembros de un equipo multidisciplinario de preparación de un EsIA, sino de procedimientos deductivos e inductivos de formulación de hipótesis (que, obviamente, no prescinden de dichos conocimientos pero no los utilizan a fondo).

En la práctica de la EIA, la previsión de los impactos demanda una comprensión mucho más detallada de las relaciones ecológicas y de las interacciones sociales que la simple identificación de los impactos. Es por ello que la previsión sólo se puede realizar luego de concluidos los estudios de base, que brindarán los elementos necesarios para que las previsiones se encuentren debidamente fundamentadas.

Una de las formas de efectuar previsiones de impacto es la utilización de modelos matemáticos, que representan el comportamiento de diferentes indicadores ambientales en función de variables de entrada. Así, por ejemplo, es posible prever la concentración de contaminantes en el aire a partir de informaciones sobre las emisiones de un proceso industrial y sobre las condiciones atmosféricas que permiten la dispersión de los contaminantes emitidos. La concentración de contaminantes puede representarse por un indicador ambiental: por ejemplo, la concentración de material particulado a nivel del suelo.

Sin embargo, no todos los procesos ambientales, y menos aun los sociales, pueden ser modelados matemáticamente, de manera que se deben utilizar otras técnicas para la previsión de impactos, entre las cuales se encuentran las experiencias y los ensayos de laboratorio y de campo, la extrapolación, modelos de simulación con la ayuda de computadoras, las técnicas de construcción de escenarios y la opinión de profesionales, basada en analogías con casos similares o en su conocimiento del medio. Todas las técnicas de previsión, incluso los modelos matemáticos, tienen sus límites y producen resultados con cierto margen de falta de certeza. Esto es inherente a la evaluación de impacto ambiental y se debe tomar en cuenta en la elaboración del EsIA, durante su análisis y en las decisiones que tomadas en su consecuencia.

Evaluación de los impactos

Mientras la previsión de los impactos informa sobre la magnitud o intensidad de las modificaciones ambientales, la evaluación se refiere a su importancia o significación. Es importante diferenciar los dos conceptos, ya que la evaluación de la importancia tiene una subjetividad mucho mayor que la previsión de los impactos, actividad esta que demanda conocimientos especializados y la aplicación del método científico.

Por ejemplo, las previsiones de impacto en un EsIA podrían expresarse bajo la forma de enunciados como:
- "Debido a los vertidos de efluentes, e incluso después de su tratamiento, la concentración de zinc en las aguas del cuerpo de agua receptor deberá alcanzar los 10 mg/ℓ en las peores condiciones de dilución, o sea, con un caudal mínimo en un período consecutivo de 7 días y un período de retorno de 10 años ($Q_{7,10}$)."
- "Como el emprendimiento implicará el drenaje completo de la zona húmeda conocida localmente como Brejo do Matão, la especie *Brejus brasiliensis*, recientemente descripta y considerada endémica de la región, correrá serios riesgos de desaparecer."

¿Qué interpretación dar a esos enunciados? ¿Qué significan 10 mg/ℓ de zinc en un río y la destrucción del hábitat de una especie? En el primer caso, la interpretación – o evaluación de impacto- discutirá qué significa que dicho río presente esa concentración de metal. ¿Ello representa un riesgo para la salud de una comunidad indígena situada aguas abajo y que utiliza el agua del río para diversas actividades? ¿Podrá el metal acumularse en los tejidos de los peces de dicho río, peces que forman parte de la dieta alimentaria de esa comunidad, confiriéndoles características tóxicas?

En el segundo caso, la destrucción del hábitat de una especie que sólo se da en ese lugar significará, muy probablemente, su extinción, salvo que ésta pueda ser introducida en un hábitat semejante o reproducida en cautiverio, hipótesis posiblemente desconocidas. Dado que hoy en día existe un reconocimiento social mundial de la importancia de la biodiversidad, tal impacto debería ser considerado como muy importante. En verdad, debe ser tan importante que podría determinar el rechazo a la aprobación del proyecto.

Aunque existan algunos elementos que jalonan la discusión sobre la importancia de un impacto ambiental, como los textos legales que definen de antemano la importancia social atribuida a determinado elemento del ecosistema, dicha actividad implica fundamentalmente un juicio de valor y, por lo tanto, excede el ámbito de competencia del emprendedor o del equipo técnico que elabora el EsIA; ésa es una de las razones que hacen que las reglamentaciones sobre evaluación de impacto ambiental incluyan mecanismos formales de consulta pública, transformando la autorización o el licenciamiento ambiental en un acto discrecional.

Es evidente que el equipo del EsIA estará bien posicionado para emitir sus propios juicios de valor, dado que, en principio, conoce mejor que nadie los posibles impactos del proyecto. En realidad, debe hacerlo evaluando la importancia de los impactos que identificó y previó, pero para ello es necesario que describa con claridad los criterios de atribución de importancia que empleó, de manera que el EsIA pueda ser puesto a la consideración pública y a otras opiniones.

Plan de gestión

Algunos impactos negativos podrán ser aceptables si se adoptan medidas capaces de reducirlos. Conocidas como medidas mitigadoras, o sea, acciones tendientes a atenuar los efectos negativos del emprendimiento, deben estar descriptas en el EsIA. La reglamentación brasileña, mediante la Resolución Conama 1/86, sólo determina, explícitamente, que todo EsIA debe incluir la "definición de las medidas mitigadoras de los impactos negativos" (Art. 6º, III). En España, el Real Decreto Legislativo 1-2008 determina que el EsIA presente "Medidas previstas para reducir, eliminar o compensar los efectos ambientales significativos" (Art. 7, 1 d). En la práctica, los EsIAs van más allá de dichos requisitos mínimos, proponiendo otras medidas, acciones, iniciativas o programas que contribuyan a mejorar la viabilidad ambiental del proyecto analizado.

Ese conjunto de medidas aquí es denominado *plan de gestión ambiental*, entendido como "el conjunto de medidas necesarias, en cualquier etapa del período de vida del emprendimiento, para evitar, atenuar o compensar los impactos adversos y realzar o acentuar los impactos benéficos". Se trata de un plan que se debe aplicar (y detallar, adaptar o perfeccionar) luego de la aprobación del proyecto, siendo necesario un compromiso del emprendedor con su cumplimiento. Su implementación y control corresponden a la etapa de seguimiento del proceso de EIA.

Algunas medidas mitigadoras ya pueden encontrarse incorporadas en el proyecto técnico, como los sistemas de reducción de emisiones; en ese caso, es tarea también del equipo que elabora el EsIA efectuar un análisis de la eficacia que deberán tener dichas medidas en las futuras condiciones operativas del emprendimiento, pudiéndose proponer medidas o controles adicionales.

Otro componente de los planes de gestión ambiental de un EsIA es un conjunto de medidas compensatorias, las cuales tienden a compensar la pérdida de elementos importantes del ecosistema, del ambiente construido, del patrimonio cultural o incluso de las relaciones sociales. Un caso típico de compensación se da cuando una parte de la vegetación nativa debe ser eliminada; en esta situación la compensación podría llevarse a cabo mediante la protección de una superficie equivalente o mayor que la que se perderá, o por medio de la recuperación de una zona degradada, o ambas.

Muchas veces son necesarias medidas de valorización o realce de los impactos positivos para que éstos se concreticen en beneficio de la región en la que el emprendimiento se implantará. Por ejemplo, un impacto positivo comúnmente citado en estudios de impacto ambiental es la generación de empleos. Sin embargo, determinados emprendimientos requieren mano de obra especializada no siempre disponible a nivel local, necesitándose atraer trabajadores de afuera y, por lo tanto, creando empleos en la región en donde el proyecto se radica. Un programa de formación de mano de obra y de calificación de los proveedores locales de bienes y servicios puede ayudar sobremanera a hacer realidad los posibles impactos benéficos.

Muchas veces, el estudio de impacto ambiental no es capaz de llegar a conclusiones inequívocas sobre los impactos del emprendimiento analizado o a proponer medidas detalladas de mitigación. Esto puede ocurrir debido a un insuficiente conocimiento de la dinámica ambiental del área de estudio o porque el proyecto todavía no está suficientemente detallado, de manera que la identificación o la previsión de los impactos muestren una elevada falta de certezas. Por estas razones, podría llegar a formar parte de un plan de gestión la realización de estudios complementarios, una vez concluido el estudio de impacto ambiental, los cuales implicarían un abordaje más detallado de los programas de gestión ambiental o la profundización de algunos estudios.

Finalmente, otro componente esencial de los planes de gestión es el plan de monitoreo y seguimiento. Este plan debe ser coherente con las demás actividades del EsIA. Por ejemplo, los indicadores ambientales y las estaciones de monitoreo deberán, en principio, ser los mismos que se emplean en la elaboración de los estudios de base, lo que permitirá la comparación del comportamiento de esos indicadores antes y después de la implantación y funcionamiento del emprendimiento. En realidad, el monitoreo es casi una continuación de los estudios de base, y la mayor parte de las consideraciones efectuadas para éstos también son válidas para aquél. Al menos cuatro objetivos se le pueden atribuir al monitoreo de los impactos de un proyecto sometido al proceso de evaluación de impacto ambiental:
- verificar los impactos reales del proyecto;
- compararlos con las previsiones;
- alertar sobre la necesidad de intervenir en caso de que los impactos superen ciertos límites;
- evaluar la capacidad del EsIA de hacer previsiones válidas y formular recomendaciones para mejorar los futuros EsIAs de proyectos similares o ubicados en el mismo tipo de medio.

El monitoreo ambiental del proyecto no se debe confundir con el monitoreo de la calidad ambiental o del estado del medio ambiente, generalmente efectuado por instituciones públicas. Se trata de un automonitoreo concebido en función de los impactos previstos y que debe ser capaz de captar los cambios generados por el emprendimiento, distinguiéndolos de eventuales cambios naturales o generados por otras fuentes.

En suma, el plan de gestión ambiental es la vinculación entre los estudios previos y los procedimientos de gestión ambiental que la empresa adoptará en caso de que se apruebe el emprendimiento.

6.3 Costos del estudio y del proceso de evaluación de impacto ambiental

Estimar anticipadamente los costos de elaboración del EsIA y de las demás tareas asociadas al proceso de EIA es una demanda frecuente de los proponentes de proyectos públicos o privados. Desgraciadamente, hay pocos estudios sobre este asunto, o bien porque las empresas no dejan trascender sus costos, o bien porque los ítems de costo ni siquiera tienen un registro contable apropiado por parte de las empresas: muchas veces no hay registros de gastos específicamente imputables al proceso de EIA.

En términos de la división clásica entre costos de inversión y costos de funcionamiento, los costos del proceso de EIA se clasifican en la categoría de costos de inversión o costos de capital. Dichos costos recaen básicamente sobre el inversor, pero parte de éstos la asume el gobierno, principalmente para la etapa de análisis del EsIA. Para el proponente, los principales ítem a considerar son (i) el costo de elaboración del EsIA y (ii) el costo de organización de la consulta pública. En algunas jurisdicciones, el gobierno puede cobrar tasas o un resarcimiento de sus gastos de análisis del EsIA. Como se verá más adelante, dichos costos se sitúan, en la mayoría de los casos, por debajo del 1% del valor de la inversión, y frecuentemente por debajo del 0,5%.

Por otro lado, uno de los objetivos del proceso de EIA es prevenir daños ambientales. Por lo tanto, el inversor tendrá interés en saber en qué niveles se situarán los costos de mitigación y de compensación, dado que dichas medidas formarán parte de los costos totales del proyecto y deben tenerse en cuenta en la evaluación de su viabilidad económica. Aunque, desde el punto de vista de la autoridad gubernamental, los costos de mitigación y compensación no interesen (en general no figuran en los EsIAs, ni en los estudios ulteriores, ni en los complementarios), es evidente que las estimaciones de esos montos son de interés del proponente del proyecto, dado que pueden influenciar en su rentabilidad.

Finalmente, otros componentes que no se deben olvidar son (i) los estudios complementarios y los estudios ulteriores, como los que se exigen en Brasil para obtener las licencias de instalación y funcionamiento, y (ii) los costos de la etapa de seguimiento, que pueden incluir supervisión, auditoría y monitoreo ambiental.

Las informaciones públicamente disponibles sugieren que el costo de preparación de un EsIA, en general, se ubica en la franja que va de un 0,1% a un 1,0% del costo de inversión (Hollick, 1986; World Bank, 1991a). Los costos de consulta pública, según un relevamiento realizado por el Banco Mundial para algunos proyectos financiados por dicha entidad (World Bank, 1999), constituyeron alrededor del 0,0025% del valor de las inversiones, en tanto que, en números absolutos, variaron entre US$ 25.000 y US$ 1.500.000.

Un estudio realizado para la Comisión Europea sobre costos y beneficios de la EIA[4] evaluó 18 casos de EsIAs hechos para diferentes tipos de proyectos en cuatro países de la Unión Europea. Sus principales conclusiones en relación a los costos son:

[4] *EIA in Europe: a Study on Costs and Benefits.*

- El costo de elaboración del EsIA equivale un porcentaje que varía entre el 60% y el 90% del costo total del proceso de EIA.
- El costo del EsIA no excede el 0,5% del valor de la inversión (costos de capital del proyecto) en un 60% de los casos examinados.
- Los costos que superan el 1% corresponden a casos excepcionales, en general asociados a "proyectos particularmente controvertidos en ambientes sensibles", o a casos en los cuales "no se siguió la buena práctica del EIA".
- La franja de variación de los costos de la EIA en relación al valor de la inversión en cada proyecto fue del 0,01% al 2,56%, con un promedio situado en el 0,5%.
- En términos porcentuales, los costos son mayores para los proyectos que implican menores costos de capital.

En Sudáfrica, un relevamiento realizado entre 107 compañías que negociaban acciones en la bolsa de valores de Johannesburgo constató que el 25% de éstas declararon gastar con el proceso de EIA menos de un 1% del valor de la inversión en nuevos proyectos, a la vez que el 13% de las empresas reportaron gastos de entre el 2% y el 4%; el 60% de las empresas no habían contabilizado dichos gastos (Rossouw et al., 2003).

Sobre los costos de seguimiento hay aún menos información. El estudio de Sánchez y Gallardo (2005) sobre la etapa de seguimiento de la construcción de la pista descendente de la carretera de los Inmigrantes, en São Paulo, entre 1998 y 2002, computó los costos informados por el emprendedor y estimó los costos de los organismos gubernamentales, llegando a un total del 1,14% del valor de la inversión, correspondiéndole un 1,03% al emprendedor y un 0,11% al gobierno. En ese caso, la etapa de seguimiento terminó absorbiendo algunos costos que normalmente se atribuirían a la elaboración del EsIA, teniendo en cuenta que éste se realizó diez años antes del inicio de la construcción y tuvo que ser actualizado a fines de la obtención de la licencia de instalación. Los ítem de costos estrictamente vinculados a la etapa de seguimiento incluyen actividades de supervisión y gestión ambiental de parte del emprendedor y del consorcio constructor, además de monitoreo ambiental y servicios de consultoría para tratamiento, interpretación de datos de monitoreo y preparación de informes de funcionamiento. A estos costos se les suman la implementación de medidas mitigadoras y la compensación ambiental, que ascendió a cerca de un 4% del valor de la inversión debido a que la carretera atravesaba un parque estadual.

6.4 Síntesis

La cabal comprensión de los objetivos de la evaluación de impacto ambiental, así como de las posibilidades y límites de dicho instrumento, es esencial para poder lograr el máximo de su aplicación. Uno de los puntos centrales de un buen estudio de impacto ambiental es dirigir las actividades hacia un cierto número de cuestiones previamente definidas como importantes. El estudio se estructurará en torno a esas cuestiones más relevantes, que orientarán las actividades de recolección de datos, el análisis de los impactos y la proposición de medidas de gestión. El análisis de los impactos se compone de tres actividades distintas: la identificación, la previsión y la evaluación, que se pueden definir de la siguiente manera:
- *Identificación de impactos* es la descripción de las consecuencias esperadas de un determinado emprendimiento y de los mecanismos por los cuales se dan las

relaciones de causa y efecto, a partir de las acciones modificadoras del medio ambiente que constituyen dicho emprendimiento.
* *Previsión de impactos* significa efectuar hipótesis, técnica y científicamente fundamentadas, sobre la magnitud o intensidad de los impactos ambientales.
* *Evaluación de impactos* es atribuirle a dichos impactos un calificativo de importancia o significación, sobre la magnitud o intensidad de los impactos ambientales.

Identificación de Impactos

7

El fundamento para estructurar y organizar un estudio de impacto ambiental es la identificación preliminar de los probables impactos. Al enunciar dichos impactos, es posible orientar las etapas siguientes de preparación de un estudio de impacto ambiental, o sea, la selección de las cuestiones relevantes, los estudios de base, el análisis de los impactos y la proposición de medidas de gestión ambiental. Aparentemente, el resultado del trabajo de identificación no es otra cosa que una lista de impactos posibles, aunque, en realidad, la identificación de los probables impactos permite que el equipo multidisciplinario organice, de manera racional y compartida entre los miembros, la interpretación de las relaciones entre los diversos componentes del emprendimiento y los elementos y procesos ambientales que pueden verse modificados por el proyecto.

Identificar probables impactos no es una tarea difícil, pero se debe llevar a cabo con discernimiento y de forma sistemática y cuidadosa, de manera de cubrir todas las posibles alteraciones ambientales resultantes de un emprendimiento, inclusive si se sabe de antemano que algunas de esa modificaciones serán poco significativas, o sea, que algunas serán mucho más importantes que otras y que, por lo tanto, no todas recibirán igual atención en las etapas siguientes del EsIA.

La comprensión de las actividades y operaciones que componen el proyecto, y de sus alternativas, junto al reconocimiento de las características básicas del ambiente potencialmente afectado, son los puntos de partida para la identificación preliminar de los impactos probables, como lo muestra la Fig. 6.1. Como se puede observar en esa misma figura, una vez concluido el diagnóstico ambiental, hay una nueva identificación de impactos, en realidad, una revisión o confirmación de los impactos identificados de manera preliminar en la planificación del EsIA. Los conceptos y las herramientas presentadas en este capítulo se emplean en ambas modalidades de identificación de impactos.

7.1 Formulando hipótesis

Identificar impactos probables equivale a formular hipótesis sobre las modificaciones ambientales que directa o indirectamente causará el proyecto analizado. La analogía con situaciones similares, la experiencia de los miembros del equipo multidisciplinario o de consultores externos y el empleo conjunto del razonamiento deductivo e inductivo son algunos de los métodos utilizados para colaborar con la identificación preliminar de los impactos.

El conocimiento acumulado por profesionales e investigadores de todo el mundo, así como la experiencia anterior de los analistas que componen el equipo multidisciplinario que elabora el EsIA, forman la base de conocimiento para una buena identificación de los impactos.

Los estudios de casos individuales y los estudios de síntesis sobre los impactos socioambientales de un determinado sector de la actividad económica son dos tipos de fuentes que se pueden consultar al comienzo de los trabajos. Los efectos ambientales observados o medidos en casos de emprendimientos semejantes brindan una primera pista para identificar los posibles impactos de un nuevo proyecto. De esta forma, investigación bibliográfica y consulta a trabajos similares son probables primeros pasos de un equipo encargado de planificar o elaborar un estudio de impacto ambiental.

Se debe tener cuidado al consultar estudios ambientales realizados para emprendimientos similares. Dada la cantidad de estudios de mala calidad, si no se dispone de una fuente segura que indique que se trata de un buen estudio, al usarlo hay riesgos de propagar los errores. No hay que olvidar, tampoco, que los estudios ambientales son analizados por los organismos gubernamentales competentes, los que frecuentemente demandan complementaciones, cuando no la reelaboración completa del estudio. En Brasil, el documento que efectivamente sirve para fundamentar el licenciamiento ambiental puede ser muy diferente del EsIA original. En los Estados Unidos, los organismos gubernamentales primero preparan un borrador del EsIA (*draft EIS*), el cual es puesto a la consulta, para luego preparar la versión definitiva (*final EIS*). De la misma forma, la confianza que se puede tener en los documentos que se obtienen vía búsqueda en Internet depende de la credibilidad de la fuente. Los sites gubernamentales tienden a presentar, además de documentos oficiales (que pueden ser muy útiles), documentos que, muchas veces, reflejan los puntos de vista de las diferentes partes interesadas, excepto, obviamente, cuando el gobierno es el proponente del proyecto. Los sites de empresas, de asociaciones empresarias y de ONGs pueden tener información fidedigna y equilibrada, pero muchas veces reflejan solamente sus intereses. Las organizaciones internacionales normalmente son fuentes muy confiables, y los artículos publicados en periódicos científicos que poseen revisión de los pares (*peer reviewed*) generalmente son de alta credibilidad.

En algunos países (como Australia, Canadá y Holanda), es común la publicación de informes que contienen los resultados de los análisis de EsIAs o las conclusiones de comisiones de consultas públicas sobre emprendimientos sometidos al proceso de EIA. También los bancos de desarrollo le facilitan al público diversos documentos relativos al proceso de análisis de los proyectos que solicitan financiamiento. Además, muchas veces es posible consultar los dictámenes técnicos de análisis de EsIAs preparados por organismos ambientales de la propia jurisdicción en que se está trabajando. Todo ese material puede servir no sólo para ayudar en la identificación de impactos, sino también para informar acerca de técnicas de previsión de impactos y como inspiración al decidir medidas de gestión ambiental.

Mucho del conocimiento acumulado sobre impactos ambientales también se encuentra sistematizado en manuales y publicaciones especializadas en evaluación de impacto ambiental[1] (por ejemplo, World Bank, 1991a, 1991b, 1991c) o en estudios sobre el estado del arte del análisis de los impactos en un determinado sector o tipo de actividad. Es el caso de las represas. No sólo existen millares de estudios y publicaciones sobre los efectos ambientales de las represas, sino que también ha sido emprendido un esfuerzo pluri-institucional de síntesis por parte de ONGs y bancos de desarrollo, con el apoyo de algunos gobiernos, a partir de la constitución de la *Comisión Mundial de Represas*. Dicha comisión promovió una amplia discusión mundial sobre beneficios, costos, impactos y riesgos de las represas, y recabó un vasto material analítico, tornándolo disponible (WCD, 2000). Algunos ejemplos de constataciones de la Comisión que pueden ayudar en la realización de futuros EsIAs son:

[1] *Roe, Dalal-Clayton y Hughes (1995) compilaron una lista de varias decenas de directrices para la evaluación de impacto ambiental publicadas en varios países y por organizaciones internacionales.*

* Raramente los EsIAs son claros en cuanto a la distribución social de los impactos, aunque muchos emprendimientos afecten de manera más significativa a algunos grupos sociales que a otros.
* "Los pobres, otros grupos vulnerables y las generaciones futuras tienen más posibilidades de hacerse cargo de una parte desproporcionada de los costos sociales y ambientales de las grandes represas sin recibir una parte proporcional (*commensurate*) de los beneficios económicos" (WCD, 2000).
* Entre las comunidades afectadas, aumentaron las disparidades de género, lo que significa que las mujeres se debieron hacer cargo de una parte desproporcionada de los costos sociales, siendo frecuentemente discriminadas negativamente en el reparto de los beneficios.
* Las comunidades indígenas y las minorías étnicas vulnerables mostraron los mayores índices de desplazamiento forzado, sufriendo mayores impactos sobre su subsistencia, cultura y valores espirituales.

Una iniciativa similar analizó la industria mineral (IIED/WBCSD, 2002), trazando un amplio panorama de sus impactos y de su contribución al desarrollo socioeconómico desde la perspectiva, no siempre concordante, de diferentes grupos interesados. Ese tipo de documento también es una excelente fuente de ejemplos y de buenas prácticas para mitigar y compensar impactos adversos, y para la valorización de los impactos benéficos.

Hay, por lo tanto, una amplia disponibilidad de información y conocimiento respecto a las consecuencias socioambientales de muchas actividades humanas, pero ese conocimiento acumulado (*knowledge base*) sólo se vuelve productivo en tanto sea efectivamente adoptado y asimilado por parte de los miembros del equipo multidisciplinario que realiza el estudio ambiental. El conocimiento no puede ser confundido con la información, ya que presupone establecer relaciones entre los objetos. Cada vez hay más información disponible, pero es el conocimiento el que permite discernir la información relevante de la irrelevante y también posibilita un cuestionamiento crítico de la información, que puede ser equivocada, engañosa, deliberadamente manipulada o descontextualizada.

Se debe destacar nuevamente el rol del coordinador de los estudios, el cual debe ser realmente un *profesional* de la evaluación de impacto ambiental. Mientras que de los especialistas que forman parte del equipo de los consultores externos se espera actualización y competencia para abordar los temas que les competen (además de habilidades comunicativas), el coordinador o el equipo de coordinación deben tener una mirada crítica, abarcadora e inclusiva para producir un estudio socialmente útil, o sea, que cumpla con las necesidades y expectativas del cliente (el proponente del proyecto) y demuestre respeto por las necesidades de las demás partes interesadas (como se advierte en la sección 13.1).

Es necesario mantener esta postura desde la identificación preliminar de los impactos potenciales, que es el pilar a partir del cual se construirá el estudio de impacto ambiental.

Se puede completar la indispensable visita de campo para reconocer el lugar del emprendimiento y su entorno con una rápida consulta a mapas topográficos de la región, generalmente disponibles en al menos una escala (a veces, más de una), y a algunas cartas temáticas, como las de uso del suelo o las geológicas, estas últimas también disponibles en la mayoría de los países, aunque con detalles y precisión variados. Estos mapas brindan informaciones muy útiles sobre el ambiente regional y le permiten al analista formarse rápidamente una idea del contexto ambiental en que se insertará el emprendimiento. Una rápida consulta a fotografías aéreas o a imágenes satelitales de alta resolución permite contextualizar el lugar del proyecto en relación al uso del suelo y a posibles fuentes de degradación ambiental situadas en el entorno (Cuadro 6.1).

Si los impactos ambientales son resultado de la interacción entre el proyecto propuesto y el medio ambiente, para identificar correctamente los impactos es necesario, pues, comprender bien el proyecto, sus diversos componentes, las obras y demás actividades necesarias para su implementación y las operaciones que se realizarán durante su funcionamiento, así como las actividades relacionadas con la desactivación del emprendimiento, al fin de su vida útil. Muchas veces, una visita a una obra similar es un excelente medio para comprender el proyecto propuesto, principalmente si los miembros del equipo del EsIA no están familiarizados con el tipo de emprendimiento a analizar. En esas visitas se pueden visualizar muchos impactos que posiblemente ocurran en el caso en estudio y también conocer operaciones semejantes a las que se realizarán en el lugar del nuevo proyecto.

En fin, hay varios caminos para la formulación de hipótesis sobre el probable impacto del emprendimiento, pero luego de una investigación inicial, que puede ser muy amplia, es preciso comenzar a sistematizar las hipótesis y transferir la información y el conocimiento al análisis del proyecto concreto, cuyas características constructivas y operativas deben ser plenamente comprendidas por el equipo.

7.2 IDENTIFICACIÓN DE LAS CAUSAS: ACCIONES O ACTIVIDADES HUMANAS

Los impactos ambientales son resultado de una o de un conjunto de *acciones* o *actividades* humanas realizadas en un determinado lugar. Un estudio de impacto ambiental presupone que tales acciones han sido planificadas, siendo normalmente descriptas mediante documentos, como proyectos de ingeniería, memorias descriptivas, planos, etc. De dicha premisa se desprende la imposibilidad (o incoherencia) de aplicar la evaluación de impacto ambiental al análisis de acciones no planificadas, como una mina no oficializada, el volcado clandestino de residuos, la construcción individual de viviendas en zonas rurales o en los suburbios de las ciudades. El equipo encargado de la preparación del estudio ambiental debe tener conocimiento de todos los estudios técnicos relevantes que se hayan realizado para la preparación de un proyecto, incluso para alternativas que hayan sido descartadas.

La mayoría de las veces, los estudios de impacto ambiental se realizan cuando sólo existe la perspectiva de encontrar impactos significativos. Estos, a su vez, generalmente son producto de acciones o actividades de carácter tecnológico, como la construcción de una represa, la extracción de minerales o la estiba de barcos en un puerto. De esta forma, se establece una relación de causa y efecto, en la cual las acciones tecnológicas son causantes de alteraciones en los procesos ambientales, los que a su vez modifican la calidad del ambiente o, dicho en otras palabras, inducen a impactos ambientales.

Aquí es necesario ser claro en cuanto a los conceptos discutidos en el Cap. 1. Las acciones o actividades son las causas, mientras que los impactos son las consecuencias sufridas (o potencialmente sufridas) por los receptores ambientales (los recursos ambientales, los ecosistemas, los seres humanos, el paisaje, el ambiente construido, según los diferentes términos y conceptos discutidos allí). Los mecanismos o procesos que vinculan una causa a una consecuencia son los efectos, los aspectos o procesos ambientales, según se prefiera usar uno u otro término (secciones 1.6 y 1.7).

Para identificar los impactos ambientales, se debe conocer bien sus causas o acciones tecnológicas. Por ello, es usual que, antes de la identificación propiamente dicha de los impactos – o como un paso de esa identificación- se elabore una lista de las actividades que componen el emprendimiento. Dicha lista debe ser lo más detallada posible, de manera de relevar todas las posibles causas de modificaciones ambientales. El Cuadro 7.1 es un ejemplo de lista de acciones tecnológicas típicamente realizadas en emprendimientos mineros, aunque no todos los emprendimientos de ese tipo comprendan todas esas actividades. Las listas así se pueden usar directamente o, lo que es más apropiado, servir de punto de partida para que el equipo arme su propia lista de acciones o actividades, adecuada al proyecto que se analizará. Los Cuadros 7.2 a 7.5 presentan listas similares, respectivamente de las acciones que suelen realizarse durante las diferentes etapas del ciclo de vida de las represas a fin de generar energía eléctrica y durante las etapas de planificación, construcción y funcionamiento de carreteras, rellenados sanitarios de residuos y líneas de transmisión de energía eléctrica. Naturalmente, se trata de actividades susceptibles de modificar el ambiente y originar impactos significativos.

Cuadro 7.1 *Principales actividades componentes de un emprendimiento minero*

ETAPA DE INVESTIGACIÓN Y PLANIFICACIÓN
Contratación de personal temporario
Servicios de relevamiento topográfico
Apertura de vías de acceso
Instalación de campamentos
Mapeo geológico, prospección geofísica y geoquímica
Perforación y recolección de muestras de sondeo
Retiro de material para los ensayos
Realización de ensayos de laboratorios o en escala piloto
Elaboración de un proyecto de ingeniería
ETAPA DE IMPLANTACIÓN
Adquisición de tierras
Contratación de servicios de terceros
Pedido de máquinas y equipos
Construcción o servicios de mejora de las vías de acceso
Implantación del obrador
Contratación de mano de obra para la construcción
Remoción de la vegetación
Remoción de suelo y rellenado
Almacenamiento de suelo vegetal

Cuadro 7.1 *(continuación)*

ETAPA DE IMPLANTACIÓN

- Perforación de pozos y galerías de acceso a minas subterráneas
- Preparación de los lugares de disposición de estériles y de desechos
- Instalación de línea de transmisión de energía eléctrica o instalación de grupo electrógeno
- Implantación de sistema de captación y almacenamiento de agua
- Construcción y montaje de las instalaciones de manipulación y tratamiento
- Construcción y montaje de las instalaciones de apoyo
- Disposición de residuos sólidos
- Implantación del vivero de plantines
- Incorporación de mano de obra para la etapa de funcionamiento

ETAPA DE FUNCIONAMIENTO

- Remoción de vegetación
- Remoción del suelo del área del yacimiento
- Apertura de caminos subterráneos
- Drenaje de la mina y áreas operativas
- Perforación y separación de la roca
- Carga y transporte de minera y estéril
- Disposición de estériles
- Disposición temporaria de suelo vegetal
- Revegetación y demás actividades de recuperación de zonas degradadas
- Almacenamiento de mineral
- Quiebra y clasificación
- Acondicionamiento
- Secado de los productos
- Procesamiento metalúrgico o químico
- Disposición de desechos
- Almacenamiento de los productos
- Expedición
- Transporte
- Almacenamiento de insumos
- Disposición de residuos sólidos
- Mantenimiento
- Adquisición de bienes y servicios

ETAPA DE DESACTIVACIÓN

- Retaludamiento e implantación de sistema drenaje
- Rellenado de las excavaciones
- Cierre del acceso a galerías subterráneas y señalización
- Revegetación y recuperación de zonas degradadas
- Desmontado de las instalaciones eléctricas y mecánicas
- Remoción de insumos y residuos
- Demolición de edificios
- Rescisión de contrato de mano de obra
- Supervisión y monitoreo post-operativo

Cuadro 7.2 *Principales actividades componentes de una represa*

ETAPA DE PLANIFICACIÓN

Estudios hidrológicos
Contratación de personal temporario
Relevamientos aerofotogramétricos
Servicios topográficos
Apertura de vías de acceso
Instalación de campamentos
Estudio de disponibilidad de materiales de construcción
Investigaciones geológico-geotécnicas
Perforación, apertura de trincheras y recolección de muestras
Retiro de material para ensayos geológico-geotécnicos
Realización de ensayos de laboratorio o en escala piloto
Relevamiento de terrenos
Elaboración de proyecto de ingeniería

ETAPA PREPARATORIA

Difusión de informaciones sobre el emprendimiento
Adquisición de tierras para la instalación del obrador
Pedido de máquinas y equipos

ETAPA DE IMPLANTACIÓN

Adquisición de tierras
Contratación de servicios de terceros
Construcción o servicios de mejora de las vías de acceso
Ampliación y mejora de la infraestructura existente (energía, comunicaciones, provisión de agua potable, infraestructura cloacal, etc.)
Remoción de suelo y rellenado del área del obrador
Almacenamiento de suelo vegetal
Implantación del obrador
Contratación de mano de obra para la construcción
Implantación de alojamientos y conjunto de viviendas
Construcción de talleres, patios de máquinas, galpones de almacenamiento
Apertura de áreas de obras y canteras
Remoción de la vegetación
Implantación de las fundaciones de la represa
Extracción de material de relleno (suelo y roca)
Construcción de ataguía y desvío del río
Servicios de rellenado, compactación, transporte de material, hormigonado
Disposición de residuos sólidos
Transporte, recepción y almacenamiento de insumos y equipos
Montaje eletromecánico
Construcción de línea de transmisión
Construcción de lugares para reasentamiento de la población
Reinstalación de infraestructura afectada (carreteras, etc.)
Incorporación de mano de obra para la etapa de funcionamiento

Cuadro 7.2 *(continuación)*

Etapa de llenado del embalse
- Desocupación de la zona y transferencia de la población
- Pago de indemnizaciones
- Desmalezado y limpieza de la zona a inundar
- Cierre de las compuertas

Etapa de funcionamiento
- Funcionamiento del embalse (control del caudal)
- Seguimiento del comportamiento de las estructuras
- Mantenimiento civil, eléctrico y mecánico
- Control y eliminación de plantas acuáticas
- Control de la zona del embalse y franja de seguridad
- Dragado y remoción de sedimentos
- Bombeo de agua
- Generación de energía eléctrica

Etapa de desactivación
- Remoción y contención de los sedimentos
- Retaludamiento e implantación de sistema de drenaje
- Demolición de edificios y demás estructuras
- Rellenado de las excavaciones
- Cierre del acceso a galerías subterráneas y señalización
- Revegetación y recuperación de zonas degradadas
- Desmontado de las instalaciones eléctricas y mecánicas
- Remoción de insumos y residuos
- Rescisión de contrato de mano de obra
- Supervisión y monitoreo post-operativo

Es importante tratar de comprender perfectamente el proyecto, ya que ello será el fundamento de una buena identificación de los impactos. La participación, en el equipo, de un técnico especializado en el tipo de proyecto analizado es, pues, esencial, pero también es necesario que los demás miembros del equipo comprendan bien las acciones tecnológicas que componen el emprendimiento. Cada una de dichas acciones puede ocasionar uno o más impactos ambientales.

Aunque la "división" del emprendimiento en diversas acciones tenga su justificación como procedimiento analítico, no se puede perder de vista su totalidad. Determinados impactos (que podrían denominarse "sistémicos") no son producto de una acción aislada, sino del conjunto de acciones que componen el proyecto. Por esa razón, en algunos EsIAs se encuentra la identificación de impactos asociados a ese conjunto, y no solamente de los impactos asociados a una u otra acción tecnológica individualizada.

Se deben tomar en cuenta todas las etapas del ciclo de vida de un emprendimiento, ya que las acciones realizadas en las diferentes etapas pueden generar impactos significativos. No existe una forma única para dividir el ciclo vital de un emprendimiento en períodos: se deben considerar las características propias de cada tipo de proyecto. La periodización del ciclo de vida debe ser la más apropiada para describir con suficientes detalles cada uno de los tipos, como lo ejemplifican los Cuadros 7.1 a 7.5. Para una represa, es conveniente discriminar una etapa de llenado del embalse, ya que algunos impactos importantes ocurren específicamente en ese momento. En tanto, para una mina, no hay que olvidar la etapa de desactivación y cierre, cuando ocurren impactos socioeconómicos como el desempleo y la disminución de la recaudación tributaria municipal, debiéndose preparar medidas de gestión dedicadas a atenuar los impactos remanentes y programas de recuperación de las zonas degradadas. De cualquier forma, las etapas básicas que generalmente se consideran son la planificación, la implantación y el funcionamiento, a la vez que la importancia de planificar las etapas de desactivación y cierre es algo que se viene reconociendo progresivamente (Sánchez, 2001). Comprender cada una de esas etapas es:

- Planificación: corresponde a la ejecución de estudios técnicos y económicos y puede incluir cierta cantidad de actividades de investigación o relevamiento de campo, como servicios de topografía, registro de residentes y sondeos geológicos o geotécnicos. Estas actividades pueden causar algunos impactos físicos y bióticos; los más importantes, sin embargo, suelen registrarse en el medio antrópico.

- Implantación: comprende todas las actividades necesarias para la construcción de instalaciones o de preparación para el comienzo del funcionamiento, como, por ejemplo, la realización de plantíos forestales en un proyecto de silvicultura. La instalación de obradores, la incorporación de mano de obra, la desmovilización del personal empleado en la construcción y el desmontado del obrador son algunas actividades de esta etapa. Puede incluir la realización de tests en proyectos industriales antes de la puesta en marcha definitiva (funcionamiento). Para ciertos emprendimientos, como carreteras, puertos y otros proyectos de infraestructura, esta etapa puede implicar los impactos más importantes, inclusive los relacionados con el desplazamiento de poblaciones humanas. Para una conveniente identificación de impactos, la etapa de implantación puede subdividirse.

- Operación: corresponde al funcionamiento del emprendimiento, siendo normalmente la etapa más larga. Durante la operación, los emprendimientos son modificados, corregidos, mejorados, ampliados; las materias primas de los procesos industriales pueden cambiar y el uso del suelo en el entorno del emprendimiento se puede modificar radicalmente; pueden ocurrir incidentes y accidentes. Todo ello requiere una gestión adaptativa, ya que es imposible que el estudio de impacto ambiental prevea detalladamente todos los escenarios de la vida futura de un emprendimiento. En casos de modificaciones o ampliaciones sustanciales, puede ser necesario un nuevo EsIA. Para muchos emprendimientos, como industrias, minas, centrales termoeléctricas y rellenados sanitarios de residuos, la etapa de operación causa los impactos más significativos.

- Desactivación: corresponde a la preparación para el cierre de las instalaciones o paralización de las actividades. La desactivación requiere una planificación específica con anticipación suficiente, pero, para ciertos emprendimientos, las principales actividades -para que la etapa de desactivación transcurra con los menores efectos adversos- se conocen desde la planificación del proyecto. Es el caso de minas, rellenado de residuos e industrias. El plan de desactivación o el plan de recuperación de zonas degradadas pueden figurar como medidas de gestión en el EsIA, pero deberán revisarse y actualizarse con periodicidad. En diversos países, como Estados Unidos y Canadá, así como en la Región Administrativa de Hong Kong, se puede llegar a requerir la preparación de un EsIA para la desactivación de ciertos tipos de emprendimientos.

* Cierre: es el cese definitivo de las actividades. Los impactos residuales (permanentes) pueden ocurrir y se deben identificar debidamente en el EsIA. Luego del cierre de un emprendimiento, se puede proponer un nuevo proyecto para el mismo lugar. En caso de que ese nuevo proyecto tenga el potencial de causar impactos adversos significativos, deberá ser objeto de un nuevo estudio ambiental, como por ejemplo para un rellenado de residuos proyectado para ocupar la cava de una cantera.

Cuadro 7.3 *Principales actividades que componen un emprendimiento vial*

ETAPA DE PLANIFICACIÓN
Estudios de viabilidad técnico-económica y de alternativas de trazado
Divulgación del emprendimiento
Investigaciones geotécnicas preliminares, relevamientos topográficos y catastrales
Declaración de utilidad pública y anuncio de expropiaciones
ETAPA DE IMPLANTACIÓN: ACTIVIDADES PREPARATORIAS
Ejecución de la expropiación, desocupación de inmuebles y demoliciones
Pago de indemnizaciones
Construcción de viviendas y mejoras para reasentamientos
Traslado de la población afectada
Adaptación de redes de utilidades públicas
Contratación de servicios
Contratación de mano de obra
Implantación de obradores, campamentos y demás áreas de apoyo
Apertura de vías de acceso y pistas de servicio
Transporte de máquinas hasta los emplazamientos de las obras
Desvíos y bloqueos de tránsito de vehículos, peatones y animales
Adquisición de bienes e insumos
Almacenamiento de bienes e insumos
Remoción de la vegetación
Implantación de canteras o adquisición de piedras
Instalación de planta de producción de asfalto
ETAPA DE IMPLANTACIÓN: ACTIVIDADES DE CONSTRUCCIÓN
Rellenado, ejecución de cortes y rellenos
Implantación de sistema de drenaje de aguas pluviales
Desvío y canalización de cursos de agua
Transporte y disposición de materiales en pilas de escombro
Transporte de insumos y materiales para las canteras y distribución en el área de construcción
Ejecución de obras de arte

Cuadro 7.3 *(continuación)*

Etapa de implantación: actividades de construcción
Preparación de la calzada
Pavimentación
Plantío en taludes y otras zonas
Señalización
Mantenimiento de máquinas y equipos
Etapa de implantación: desmovilización
Desmontado del obrador
Retiro de escombro y residuos
Recuperación de zonas degradadas
Rescisión de contrato de mano de obra
Etapa de operación
Circulación de vehículos
Conservación y mantenimiento del camino
Conservación y mantenimiento de áreas verdes
Protección de franja de dominio
Control de operaciones

Cuadro 7.4 *Principales actividades componentes de un relleno de residuos*

Etapa de planificación
Estudios de viabilidad técnico-económica y de alternativas de ubicación
Investigaciones geotécnicas preliminares
Divulgación del emprendimiento
Declaración de utilidad pública y anuncio de expropiaciones
Etapa de implantación: actividades preparatorias
Ejecución de las expropiaciones
Pago de indemnizaciones
Contratación de servicios
Contratación de mano de obra
Implantación del obrador
Desplazamiento de máquinas
Adquisición de bienes e insumos
Almacenamiento de bienes e insumos
Remoción de la vegetación
Etapa de implantación: implantación del rellenado
Excavaciones para la preparación de celdas
Compactación del suelo del fondo de las celdas
Instalación de sistema de drenaje en el fondo y en los taludes laterales
Instalación de manta impermeable en el fondo y en los taludes laterales
Instalación de conductos para recolección de biogás
Implantación de sistema de drenaje de aguas pluviales

Cuadro 7.4 *(continuación)*

Perforación de pozos de monitoreo de aguas subterráneas
Construcción de garitas, oficinas y demás instalaciones
Instalación de cercado
Implantación de cortina vegetal
ETAPA DE OPERACIÓN
Circulación de camiones por las vías de acceso
Recepción y pesaje de camiones
Descarga de camiones
Compactación de basura
Recubrimiento de la basura con tierra
Recolección del exudado graso
Tratamiento del exudado graso o envío a estación de tratamiento
Recolección o quema de biogás (o aprovechamiento)
Conservación y mantenimiento de áreas verdes
Monitoreo ambiental
ETAPA DE DESACTIVACIÓN
Recubrimiento definitivo con tierra
Plantación de gramíneas en los badenes y taludes
Monitoreo geotécnico
Monitoreo ambiental
Tratamiento del exudado graso o envío a estación de tratamiento
Recolección y quema de biogás (o aprovechamiento)

Cuadro 7.5 *Principales actividades componentes de una línea de transmisión de energía eléctrica*

ETAPA DE PLANIFICACIÓN
Estudios de viabilidad técnico-económica y de alternativas de trazado
ETAPA DE IMPLANTACIÓN: ACTIVIDADES PREPARATORIAS
Servicios de topografía
Apertura de caminos de acceso y de servicio, apertura de helipuertos
Investigaciones geológico-geotécnicas de los lugares de construcción de las torres
Contratación de servicios
Contratación de mano de obra
Adquisición de equipos y materiales
Remoción de la vegetación en la franja de seguridad del emprendimiento
Apertura de espacios para montaje de las estructuras y lanzamiento de los cables
ETAPA DE IMPLANTACIÓN: CONSTRUCCIÓN
Transporte de las torres, cables y demás componentes
Realización de las fundaciones
Realización de obras de estabilización de taludes y drenaje
Montaje de las estructuras metálicas
Lanzamiento de los cables e instalación de los componentes

Cuadro 7.5 *(continuación)*

Etapa de operación
Transmisión de energía
Inspecciones periódicas (terrestres o aéreas)
Mantenimiento preventivo de las torres y fundaciones
Mantenimiento de la franja de seguridad del emprendimiento
Mantenimiento correctivo
Etapa de desactivación
Retiro de los cables
Desmontado de las torres
Remoción de residuos
Rehabilitación de las zonas degradadas

El tipo de información necesaria para lograr una comprensión cabal del proyecto es muy diferente para cada etapa de su ciclo de vida. Mientras el licenciamiento ambiental convencional de actividades industriales o contaminantes está dirigido esencialmente a la etapa de operación, la evaluación de impacto ambiental debe, necesariamente, abordar el proyecto "desde la cuna hasta la tumba", tomando prestada la expresión de la jerga de la evaluación del ciclo de vida de productos.

De esta forma, para la etapa de operación, es fundamental conocer el proceso industrial, el consumo de materias primas, energía, agua y otros insumos, las emisiones y la generación de residuos. En los relativo a evaluar los impactos de la etapa de implantación, es necesario conocer los métodos constructivos, la necesidad de mano de obra y los criterios de incorporación de mano de obra, la necesidad de instalar sistemas auxiliares, como líneas de transmisión de electricidad o sistemas de captación y almacenamiento de agua, entre otras varias informaciones sobre el proyecto (Figs. 7.1 a 7.4).

No hay que olvidar que, en el EsIA, un capítulo debe estar dedicado a la descripción del emprendimiento. Si esa descripción es adecuada (la adecuación, la claridad y la calidad serán evaluadas por los analistas técnicos del organismo gubernamental encargado del análisis del EsIA), permitirá que los lectores del estudio (incluyendo a los analistas) saquen sus propias conclusiones sobre los impactos potenciales.

En la literatura técnica es posible encontrar listas de actividades o descripciones de una serie de tipos de emprendimientos preparadas específicamente con el propósito de facilitar la identificación de impactos ambientales. A título de ejemplo, aquí se citan dos de esas fuentes. Fornasari Filho *et al.* (1992) describen detalladamente las principales "acciones tecnológicas" típicas de quince tipos de proyectos de ingeniería, incluyendo represas, canales, rellenos sanitarios de residuos, proyectos de irrigación y proyectos urbanísticos. Fernández-Vítora (2000) presenta listas de "acciones impactantes" para dieciocho diferentes tipos de actividades, incluyendo plantío forestal, planes de ordenamiento territorial y proyectos de irrigación.

Fig. 7.1 *Construcción de la represa La Grande 1, Quebec, Canadá. La apertura de un canal de desvío y la construcción de una ataguía son algunas actividades causantes de impactos ambientales durante la etapa de implantación*

Fig. 7.2 *Construcción de una línea de transmisión de energía eléctrica en zona urbana. El estudio de los métodos y procesos constructivos es una de las principales tareas para la identificación de los impactos ambientales. En esta foto, está en ejecución la instalación de los cables y los aislantes*

Fig. 7.3 *Excavación en una mina de carbón con empleo de una* dragline, *actividad cuyas consecuencias ambientales son evidentes, tales como la modificación del relieve, la emisión de polvillo y ruidos y el consumo de combustibles fósiles. Mina de carbón Duhva, Sudáfrica (ver lámina en color 14)*

Fig. 7.4 *Parque eólico en las proximidades de la ciudad de Tarazona, región de Aragón, España, tipo de emprendimiento que, a pesar de producir "energía limpia", causa ruido, impactos sobre el paisaje y la avifauna*

La subdivisión de un emprendimiento puede generar decenas o incluso centenares de actividades. Canter (1996, p. 97) reporta un relevamiento hecho para el Ejército americano, según el cual se inventariaron cerca de 2.000 "actividades básicas" en nueve diferentes "áreas funcionales". Por ejemplo, en el área funcional de la construcción civil, algunas actividades son remoción de vegetación, llenado de fundaciones, limpieza de encofrados de hormigón e instalación de aislante termoacústico.

¿Con qué nivel de detalles se deben describir las actividades de un proyecto? ¿Qué actividades pueden agruparse por categorías afines para que la descripción del proyecto no genere centenares de pequeñas tareas y procedimientos? No puede haber una respuesta única a estas preguntas. La descripción del emprendimiento debe ser tal que permita su perfecta comprensión por parte de analistas y también de los futuros lectores del EsIA. Una dificultad práctica deriva de la frecuente situación de que, muchas veces, ni siquiera el emprendedor o el proyectista son capaces de describir el proyecto en detalle, por la simple razón de que éste no está claramente definido cuándo se inician los estudios ambientales. Pero hay situaciones más difíciles para el analista ambiental, como las que se presentan cuando el proyecto sufre modificaciones en el curso de los estudios ambientales, de manera que las tareas iniciales de evaluación de los impactos ambientales tienen que ser rehechas, e inclusive rehechas más de una vez.

En otras situaciones de planificación y gestión ambiental también se debe realizar la tarea de relevar las actividades que pueden causar impactos ambientales – como en la planificación de un sistema de gestión ambiental o en la implantación de programas de prevención a la contaminación y de producción más limpia –, pero en esos casos el ejercicio es más simple, ya que el objeto de estudio es un emprendimiento real, no un proyecto.

7.3 Descripción de las consecuencias: aspectos e impactos ambientales

Normalmente, se describen los impactos mediante *enunciados sintéticos*, como los siguientes ejemplos de impactos usualmente hallados en la construcción de represas:
- pérdida y modificación de hábitats debido al llenado del embalse;
- pérdida de animales por ahogamiento;
- proliferación de vectores;
- destrucción de elementos del patrimonio espeleológico;
- desaparición de lugares de encuentro de la comunidad local;
- pérdida de tierras agrícolas;
- aumento de la recaudación tributaria municipal;
- aumento de la demanda de bienes y servicios.

Además de *concisos*, los enunciados deberían ser suficientemente *precisos* para evitar ambigüedades en su interpretación; lo ideal sería que éstos:
- fueran sintéticos;
- fueran autoexplicativos;
- describieran el sentido de las modificaciones (pérdida de..., destrucción de..., disminución de..., aumento de..., riesgo de...).

Sin embargo, estas características de los enunciados que describen los impactos identificados no siempre se encuentran en los estudios de impacto ambiental, siendo frecuente hallar enunciados ambiguos o de difícil comprensión. Muchas veces, los enunciados encontrados son vagos, como "impactos sobre la fauna" o "impacto sobre el suelo", aunque en textos explicativos se puedan discutir con claridad y detalladamente términos similares; los enunciados más precisos hacen posible una comunicación más eficaz con los lectores del EsIA e incluso entre los mismos miembros del equipo multidisciplinario. El siguiente ejemplo ilustra una enumeración detallada de impactos sobre el patrimonio arqueológico, hecho para un estudio de impacto de una central hidroeléctrica (Consorcio Nacional de Ingenieros Consultores -CNEC-, EsIA de la Central Hidroeléctrica Piraju, preparado para la Companhia Brasileira de Alumínio, 1998):

- destrucción de campamentos y aldeas precoloniales;
- destrucción de talleres líticos precoloniales;
- soterramiento de vestigios arqueológicos;
- sumersión de sitios arqueológicos;
- erosión y dispersión de vestigios arqueológicos;
- descaracterización del entorno de los sitios arqueológicos.

Ese conjunto de enunciados transmite al lector una información mucho más precisa que simplemente "impactos sobre el patrimonio arqueológico", aunque no se tenga conocimiento sobre la disciplina científica.

Es obvio que tal nivel de detalle sólo es posible en las etapas más avanzadas de la preparación de un EsIA, cuando ya se haya concluido el diagnóstico ambiental. Durante la identificación preliminar de los impactos probables, que se realiza para la planificación de un estudio ambiental, no se puede ni siquiera saber con certeza si hay o no sitios arqueológicos en la zona de influencia del emprendimiento. Por ello, en esta etapa de los trabajos, se debe efectuar la *identificación preliminar*, como lo muestra la Fig. 6.1. Recién después de realizados los estudios de base, se pueden confirmar esos impactos (en muchos casos sólo se puede disminuir el margen de incertidumbre sobre los impactos previstos). Posteriormente, en la etapa de análisis de los impactos, se efectúa la revisión de la identificación preliminar, agregándole eventualmente nuevos impactos o descartando aquellos sobre los cuales no se obtuvieron evidencias suficientes de que puedan ocurrir, o que sean claramente irrelevantes.

La identificación de impactos se efectúa, por lo tanto, por aproximaciones sucesivas, y el equipo puede revisar los enunciados (hipótesis) cada vez que se haya una nueva evidencia sobre el carácter de cada impacto o una nueva información sobre el diagnóstico ambiental. De esta forma, se va refinando la identificación a la vez que se avanza en el diagnóstico ambiental e incluso en el propio análisis de los impactos. Los enunciados pueden hacerse más precisos y desdoblarse en enunciados detallados (como en el ejemplo anterior sobre los impactos arqueológicos). Interactuando con la comunidad –inclusive mediante charlas informales- se pueden detectar nuevos impactos antes insospechados (no obstante lo cual, si serán o no significativos será materia de un análisis posterior).

En este proceso, van surgiendo peculiaridades locales que podrían no haberse mostrado evidentes durante la identificación preliminar. Por ejemplo, en una región carbonífera del sur de Francia, en la que, luego de más de un siglo de minería subterránea, se iba a cerrar una mina, la empresa estatal dueña de las concesiones presentó un proyecto de prolongación de la vida útil que preveía la explotación a cielo abierto de las capas superficiales de carbón. El uso del suelo y la economía de la zona habían estado ampliamente determinadas por la historia reciente, y el paisaje presentaba un mosaico de pueblos obreros, pequeñas propiedades agrícolas e instalaciones industriales que se verían afectados por la alternativa elegida. Algunos de los impactos socioeconómicos identificados en el EsIA (Houillères de Bassin du Centre et du Midi/ Houilères d'Aquitaine, Étude d'Impact, Exploitation par Grandes Découvertes des Stots de Carmaux, 1982) fueron:

- mantenimiento de empleos industriales;
- interrupción de caminos rurales;
- interrupción de canalizaciones para abastecimiento de agua;
- ocupación de propiedades agrícolas;
- desplazamiento forzado de personas;
- impacto visual;
- modificación del microclima.

Este último impacto es producto del efecto de sombra debido a la construcción de una pila de estériles (rocas que no contienen carbón), con consecuencias para la agricultura, ya que en la latitud 44º, la baja altura del sol sobre el horizonte durante los meses de invierno reduce la insolación de los terrenos agrícolas, que pasarían a quedar situados a la sombra de la pila. En este caso, el EsIA concluyó que los cultivos situados a menos de 70 m del borde de la pila podrían sufrir una pérdida de rendimiento debido a la sombra, por la menor temperatura y, como consecuencia de ésta, una mayor posibilidad de heladas (ése es un ejemplo de previsión de la magnitud de un impacto y también de determinación de zona de influencia del mismo).

El ejemplo ilustra que, al ser identificados los probables impactos de un proyecto, es necesario superar el pensamiento convencional y no limitarse, de ninguna manera, a compilar listas de tipos genéricos de impactos existentes en la literatura y en otros estudios, que pueden no reflejar la importancia que a nivel local o regional se les atribuye a determinados elementos del ambiente (los componentes valorizados del ecosistema). La importancia de tales elementos ambientales es un factor que se debe tener en cuenta en la identificación de impactos, como es el caso del paisaje que, en los estudios de impacto franceses y de otros países europeos, normalmente tienen un lugar destacado (Figs. 7.5 y 7.6).

En el Cuadro 7.6 se muestra un ejemplo de lista genérica de impactos, presentando los principales impactos ambientales producto de la implantación y funcionamiento de líneas de transmisión de energía eléctrica. Allí también están descriptas algunas acciones típicamente realizadas para ese tipo de emprendimiento, junto a diversos impactos encontrados con frecuencia. El cuadro no muestra, sin embargo, ninguna correlación entre las acciones y los impactos. Aunque el lector pueda, con relativa facilidad, asociar acciones e impactos, dicha tarea debería realizarla el analista de impactos, quien de esta forma podría mostrar cómo llegó a sus conclusiones sobre los probables impactos.

En el Cuadro 7.7 se muestra el listado de todos los impactos identificados en el estudio relativo al proyecto de captación de aguas del río San Francisco, que baña varios estados del Nordeste de Brasil, y su traspaso hacia otras cuencas hidrográficas, proyecto conocido como "trasposición del río San Francisco". De los 44 impactos identificados, 23 fueron considerados como "de la mayor relevancia", y de éstos, 11 son positivos y 12, negativos. El proyecto pretende captar 63,5 m^3/s de agua del río (cerca del 3,5% del caudal disponible) y traspasarla a otras cuencas situadas en los estados de Pernambuco, Paraíba, Río Grande do Norte y Ceará, mediante un sistema de canales, estaciones de bombeo, pequeños embalses y pequeñas centrales hidroeléctricas (Ecology Brasil/Agrar/JP Meio Ambiente, Rima del Proyecto de Integración del Río San Francisco con Cuencas Hidrográficas del Nordesde Septentrional, preparado para el Ministerio de Integración Nacional, 2004).

Fig. 7.5 *En la ciudad costera de Luanco, Asturias, España, la regularidad y el patrón repetitivo de un emprendimiento habitacional moderno contrasta con el patrimonio histórico y la arquitectura vernácula dominante en el lugar (visible en la foto que sigue), un ejemplo de impacto visual significativo*

La descripción de los impactos biofísicos y antrópicos de una actividad realizada en un ambiente marino está ilustrada por la lista de impactos de un proyecto de producción petrolera y gasífera en el campo de Albacora Leste, situado a lo largo del estado de Río de Janeiro, en profundidades que varían entre 800 y 2.000 m (Cuadro 7.8). En este caso, los enunciados indican la principal causa de cada impacto, pudiendo notarse que ciertas actividades ocasionan más de un impacto, como el "arrojar al mar el agua producida".

Fig. 7.6 *Centro histórico de Luanco, con su pequeño puerto pesquero, casas con balcones e iglesia del siglo XVIII*

Cuadro 7.6 *Principales actividades en la implantación y operación de una línea de transmisión de energía y sus principales aspectos e impactos ambientales*

Principales acciones	Principales aspectos e impactos
Servicios de topografía	Aumento de la erosión
Apertura de caminos de acceso y servicio	Modificación del escurrimiento superficial del agua en zonas de caminos y torres
Investigaciones geológico-geotécnicas de los lugares de construcción de las torres	Pérdida y modificación de hábitats de la vida salvaje

Cuadro 7.6 *(continuación)*

Principales acciones	Principales aspectos e impactos
Contratación de servicios y mano de obra para la construcción	Interferencia con la producción agropecuaria
Remoción de la vegetación	Emisión de ruido
Transporte de las torres, cables y demás componentes	Emisión de gases, material particulado y compuestos orgánicos volátiles
Ejecución de las fundaciones y obras de estabilización de taludes y drenajes	Dispersión de agroquímicos
Montaje de las estructuras metálicas	Generación de residuos sólidos (cajas, bobinas, latas y restos de pintura y solventes, etc.)
Lanzamiento de los cables e instalación de los componentes	Generación de campos electromagnéticos
Transmisión de energía	Riesgos para la salud humana
Inspecciones	Riesgos para la seguridad de las personas y de los bienes económicos
Mantenimiento de la línea	Facilidad de acceso a través de los caminos de servicio
Mantenimiento de las torres	
Mantenimiento de la zona desmalezada	Valorización/desvalorización de inmuebles
Mantenimiento del camino de servicio	Impacto visual

Cuadro 7.7 *Impactos ambientales identificados para el proyecto de traspaso de las aguas del río San Francisco*

Impactos	Etapa Planificación	Etapa Construcción	Etapa Operación
Introducción de tensiones y riesgos sociales durante la construcción		X	
Ruptura de relaciones sociocomunitarias durante la etapa de obra	X	X	
Posibilidad de interferencia con las poblaciones indígenas		X	
Riesgo de accidentes con la población		X	X
Aumento de las emisiones de polvo		X	
Aumento y/o aparición de enfermedades		X	X
Aumento de la demanda de infraestructura de salud		X	X
Pérdida de tierras potencialmente utilizables para agricultura		X	X
Pérdida temporaria de empleos y ganancias como consecuencia de las expropiaciones		X	
Interferencias con zonas de procesos vinculados a la minería		X	X
Generación de empleos y ganancias durante la implantación		X	
Dinamización de la economía regional		X	X
Presión sobre la infraestructura urbana		X	
Especulación inmobiliaria en las vegas potencialmente irrigables en e entorno de los canales	X	X	
Riesgo de interferencia con el patrimonio cultural		X	
Aumento de la oferta y de la garantía hídrica			X
Aumento de la oferta de agua para el abastecimiento urbano			X
Abastecimiento de agua de la población rural			X
Disminución de la exposición de la población a situaciones de emergencia por sequía			X

Cuadro 7.7 *(continuación)*

Impactos	Etapa Planificación	Etapa Construcción	Etapa Operación
Dinamización de la actividad agrícola e incorporación de nuevas tierras al proceso productivo			■
Disminución del éxodo rural y de la emigración de la región			■
Reducción de la exposición de la población a enfermedades y decesos			■
Reducción de la presión sobre la infraestructura de salud			■
Pérdida y fragmentación de cerca de 430 ha de zonas con vegetación nativa y de hábitats de fauna terrestre		■	
Disminución de la diversidad de la fauna terrestre		■	
Aumento de las actividades de caza y disminución de las población de las especies cinegéticas		■	■
Modificación de la composición de las comunidades biológicas acuáticas nativas en las cuencas receptoras			■
Riesgo de disminución de la biodiversidad de las comunidades biológicas acuáticas nativas en las cuencas receptoras			■
Conocimiento de la historia biogeográfica de los grupos biológicos acuáticos nativos en peligro	■		
Riesgo de introducción de especies de peces potencialmente dañinas al hombre en las cuencas receptoras			■
Interferencia sobre la pesca en los embalses receptores			■
Riesgo de proliferación de vectores			■
Accidentes con animales venenosos		■	■
Inestabilización de los flancos marginales de los cuerpos de agua			■
Inicio o aceleración de procesos erosivos y arrastre de sedimentos		■	■
Modificación del régimen fluvial de los drenajes receptores			■
Alteración del comportamiento hidrosedimentológico de los cuerpos de agua			■
Riesgo de eutrofización de los nuevos reservorios			■
Mejora de la calidad del agua en las cuencas receptoras			■
Aumento de la recarga fluvial de los acuíferos			■
Inicio o aceleración de los procesos de desertificación			■
Modificación del régimen fluvial del río San Francisco			■
Disminución de la generación de energía eléctrica en el río San Francisco			■
Disminución de los ingresos municipales			■

Nota: Los impactos más relevantes figuran en itálica. Fuente: adaptado de de Ecology Brasil, Agrar, JP Meio Ambiente, Rima Proyecto de Integración del Río San Francisco con Cuencas Hidrográficas del Nordeste Septentrional 2004.

Para identificar los impactos, las relaciones de causa y consecuencia pueden o no describirse con la explicitación de los mecanismos o procesos que las unen. Mientras algunos analistas ambientales prefieren describir una relación como actividad-aspecto-impacto ambiental, en muchos estudios ambientales se usa solamente la categoría de impacto ambiental. No obstante, para evaluar un nuevo emprendimiento de una empresa que ya disponía de un sistema de gestión ambiental, es útil seguir un procedimiento que permita, ya desde la preparación del EsIA, identificar aspectos e impactos ambientales. Es así que el EsIA también podrá tener utilidad en la planificación del SGA del nuevo emprendimiento, dado que la etapa inicial –la identificación de los aspectos e impactos- ya estará hecha. (Y, de la misma forma, los planes de gestión propuestos en el EsIA podrán ser compatibles con los programas de gestión, objetivos y metas establecidos a partir del SGA.)

No existe una sola manera de identificar o analizar impactos, sino múltiples formas, y es tarea de cada equipo definir sus métodos de trabajo. En la sección 7.5 se presentan algunas herramientas empleadas para facilitar el trabajo de identificar impactos, a saber, listas de verificación, redes de interacción y diferentes tipos de matrices.

Cuadro 7.8 *Impactos ambientales de un proyecto de producción de petróleo y gas en la plataforma continental*

Impactos sobre el medio físico-biótico
Modificación de los niveles de turbidez del agua, como consecuencia de la instalación del sistema submarino de la actividad de producción
Muerte de los organismos bentónicos, a raíz de la instalación del sistema submarino de la actividad de producción
Introducción de especies exóticas a través de las aguas de lastre, como resultado de la habilitación de la UEP FPSO P-50
Alteración de la biota marina, por influencia de la presencia física del sistema de producción
Alteración de la biota marina, a partir de la desactivación de la actividad de producción
Alteración de los niveles de nutrientes y de turbidez en la columna de agua, como consecuencia del lanzamiento al mar de los efluentes generados en la FPSO P-50
Alteración de la biota marina, como consecuencia del lanzamiento al mar de los efluentes generados en la FPSO P-50
Alteración de la calidad del agua, como consecuencia de lanzamiento al mar del agua producida
Alteración de la biota marina, como consecuencia del lanzamiento al mar del agua producida (muerte de organismos planctónicos)
Alteración de la calidad del aire, como consecuencia de la emisión de contaminantes gaseosos
Impactos sobre el medio socioeconómico
Generación de conflictos entre actividades, consecuencia de la creación de la zona de seguridad en el entorno del FPSO
Generación de empleos, a través de la demanda de mano de obra
Generación de tributos e incremento de las economías local, estadual y nacional, como consecuencia de la actividad de instalación del sistema de producción
Aumento de la demanda sobre la actividad de comercio y servicios, como consecuencia de la actividad de instalación del sistema de producción
Presión sobre los tráficos marítimo, aéreo y vial, consecuencia de las actividades de producción de petróleo y gas
Presión sobre la infraestructura portuaria, de transportes vial y marítimo, con el aumento de la demanda de la industria naval y dinamización del sector aéreo a raíz de las actividades de producción de petróleo y gas
Aumento de la producción de hidrocarburos a raíz de las actividades de producción de petróleo y gas
Generación de *royalties* y dinamización de la economía a raíz de las actividades de producción de petróleo y gas
Aumento del conocimiento técnico-científico y fortalecimiento de la industria petrolífera a raíz de las actividades de producción de petróleo y gas
Generación de expectativas a partir de las actividades de producción de petróleo y gas
Presión sobre la infraestructura de disposición final de residuos sólidos y gaseosos

Fuente: Habtec Engenharia Ambiental, Rima FPSO P-50. Actividad de Producción y Transporte de Petróleo y Gas Natural. Campo de Albacora Leste, 2002.

7.4 IMPACTOS ACUMULATIVOS

Impactos acumulativos son aquellos que se acumulan en el tiempo o en el espacio, siendo resultado de una combinación de efectos producidos por una o diversas acciones. Una serie de impactos insignificantes puede redundar en una significativa degradación ambiental si están concentrados a nivel espacial o bien si se suceden en el tiempo.

De esta forma, si los desechos cloacales de una vivienda son arrojados *in natura* en un riacho, sus consecuencias pueden no ser mensurables, pero si muchas viviendas procedieran de la misma forma, ciertamente la calidad de las aguas se degradaría sensiblemente. El corte de la vegetación riparia en una pequeña propiedad rural puede no tener efectos mensurables sobre el ecosistema acuático, pero si dicha vegetación fuera eliminada de toda una cuenca hidrográfica, no hay dudas sobre sus efectos deletéreos. Los pequeños emprendimientos turísticos, como posadas y restaurantes, y las pequeñas obras de infraestructura urbana, individualmente pueden tener un impacto poco relevante, pero sumados y concentrados en una zona modifican los paisajes, la calidad de las aguas y la cultura local (Fig. 7.7)

Tradicionalmente, la EIA no se ocupa de impactos insignificantes o de baja significación, tampoco de acciones que, tomadas individualmente, tengan bajo potencial de causar impactos significativos, ya que tales situaciones son abordadas por otros instrumentos de planificación y gestión ambiental, como la zonificación de uso del suelo, el licenciamiento convencional y la obligatoriedad de cumplimiento de normas y estándares (como lo muestra el Cap. 4, en particular la Fig. 4.10). Pero para los proyectos sujetos a la preparación de un estudio ambiental, considerar los impactos acumulativos puede ser crucial para la buena fundamentación de una decisión. En los Estados Unidos, la Ley del Agua Limpia (Clean Water Act) requiere explícitamente que la Environmental Protection Agency considere los impactos acumulativos cuando analiza pedidos individuales de descarga de materiales dragados o de ejecución de rellenados en ambientes acuáticos o zonas húmedas (Leibowitz *et al.*, 1992). Para ejemplificar el problema de que "muchas" pequeñas acciones, que individualmente tienen un impacto ínfimo, pueden juntas causar impactos significativos, se debe tener en cuenta el dato presentado por Abbruzese y Leibowitz (1997, p. 458): una sola agencia federal, el Cuerpo de Ingenieros del Ejército, recibe nada menos que 62.000 solicitudes anuales de intervenciones físicas en ambientes acuáticos.

En Brasil, la Resolución Conama 1/86 determina que el análisis de los impactos debe incluir sus "propiedades acumulativas y sinérgicas" (Art. 6º, II). Las reglamentaciones estadounidense y canadiense, entre otras, también obligan a considerar los impactos acumulativos, pero este requisito no consta en la

Fig. 7.7 *Ao Phang-Nga, Tailandia, región con gran concentración de emprendimientos turísticos que, juntos, causan impactos acumulativos relevantes*

mayoría de las reglamentaciones sobre EIA en Latinoamérica. El reglamento de la Nepa define impacto acumulativo como

> [...] el impacto resultante del impacto incremental de la acción [en análisis] cuando se le agregan otras acciones pasadas y presentes y acciones futuras razonablemente previsibles, independientemente de qué agencia (Federal o no) o persona ejecute dichas acciones. Los impactos acumulativos pueden ser resultado de acciones individualmente pequeñas, pero colectivamente significativas que ocurran en un período de tiempo [CEQ Regulations, § Sección 1508.7; 29 de noviembre de 1978]

A su vez, la ley canadiense de evaluación ambiental establece que los estudios ambientales deben considerar:

> a) los efectos ambientales del proyecto, incluyendo los causados por accidentes o disfunciones y cualquier tipo de efecto acumulativo que pueda derivarse del proyecto, combinados con otras actividades existentes o con la realización futura de otros proyectos o actividades [Art. 16 (1) (a)]

Cuando el poder decisorio reside en el mismo organismo responsable del proceso de EIA, como ocurre en los Estados Unidos, puede estar bajo su control, en buena parte, la consideración de "otras acciones presentes" y "acciones futuras razonablemente previsibles". Pero en los sistema de EIA en los que el proponente del proyecto prepara su EsIA (o contrata servicios bajo su control), las informaciones sobre esas otras acciones pueden ser prácticamente inaccesibles.

Las consecuencias de las acciones anteriores, hasta cierto punto, pueden detectarse por medio de los estudios de base (que describen la situación ambiental en el momento de la preparación del EsIA), así como aquellas que son resultantes de "otras acciones presentes", pero las "acciones futuras" raramente son de conocimiento del proponente de un proyecto privado, aunque puedan ser de conocimiento del organismo ambiental, en caso de que éste haya recibido pedidos de licenciamiento de otros proyectos situadas en la misma zona. Es así que, en 2002, el Departamento de Evaluación de Impacto Ambiental (Daia), de la Secretaría de Medio Ambiente del Estado de São Paulo, tenía bajo análisis, o había otorgado licencia reciente, nada menos que a diecisiete emprendimientos ubicados en la zona del puerto de Santos, la mayoría de nuevas terminales de cargas. Por ser el único organismo que disponía de tal información, sólo el Daia podía efectuar algún análisis que tomara en cuenta el cúmulo de impactos.

Incluso las consecuencias de las acciones pasadas y presentes sobre la calidad actual del ambiente normalmente no son tenidas en consideración en los EsIAs, cuyos diagnósticos tienden a ser descriptivos y raramente analizan con algo de profundidad los procesos que llevaron a la situación descripta en éstos. McCold y Saulsbury (1996, p. 767) argumentan que "usar el ambiente actual como línea de base no es apropiado para la evaluación de impactos acumulativos, porque los efectos de las acciones pasadas y presentes son vistos como parte de las condiciones existentes y no como factores que contribuyeron a los impactos acumulativos".

En Canadá, la insuficiente consideración de los impactos acumulativos ya fue motivo de decisiones judiciales de suspensión de licencias ambientales, como ocurrió en 1998 con el proyecto de la mina de carbón Cheviot, en la provincia de Alberta, ocasión en la que el juez dictaminó que el EsIA debía rehacerse y que se promoviera una nueva consulta pública (Kennet, 1999, p. 7). El tratamiento insuficiente de los impactos acumulativos es una deficiencia común de los estudios de impacto ambiental. Cooper y Sheate (2002) analizaron una muestra de cincuenta EsIAs preparados en el Reino Unido, constatando que, aunque el 48% de éstos mencionaba el término "impactos o efectos acumulativos", sólo el 18% aportaba una discusión de dichos impactos, mientras que "sólo en tres EsIAs estaba presente la consideración y evaluación sistemáticas de los efectos acumulativos" (p. 432). En Canadá, Baxter, Ross y Spaling (2001) sostienen que es necesaria "una estrategia de estudios diferente" (p. 255) para un abordaje adecuado de los impactos acumulativos. En doce casos analizados por esos autores, sólo un EsIA de una represa se guió por términos de referencia separados para el análisis de los impactos acumulativos. En ese caso, los límites del área de estudio fueron establecidos "explícitamente considerando los efectos acumulativos" (p. 262). Además, "se realizaron una serie de reuniones de trabajo a fin de identificar todas las demás actividades humanas en el área, para caracterizar los efectos acumulativos potenciales, para identificar los componentes valorizados del ecosistema sobre los cuales podrían manifestarse los efectos acumulativos y para desarrollar una estrategia para analizar los problemas potenciales" (p. 255).

Tales deficiencias son consecuencia de dos tipos de causas: (i) dificultad o inclusive imposibilidad de obtener información sobre otros proyectos presentes y, aun más, sobre proyectos futuros; (ii) problemas de planificación y conducción de los estudios ambientales. El primer grupo de causas está relacionado con cuestiones de orden institucional o incluso legal (acceso a información de agentes privados), lo que lleva a autores como Kennet (2000) a argumentar que existen límites inherentes al proceso de EIA en lo que atañe al tratamiento de los impactos acumulativos, y que una gestión efectiva de los efectos acumulativos debe ir más allá del "paradigma de la evaluación ambiental" y avanzar hacia el campo de la regulación del uso del suelo y de la gestión integrada de recursos. Por su lado, el segundo tipo de problemas se puede resolver o minimizar si la identificación de impactos acumulativos fuera vista como una necesidad durante la etapa de identificación de impactos potenciales de un proyecto. Smith y Spaling (1995, p. 82) sugieren que los métodos de evaluación de impactos acumulativos generalmente sigan un modelo causal que abarca tres componentes:

- identificación de fuentes de cambios ambientales acumulativos, que pueden ser distintos tipos de actividades;
- identificación de los caminos o procesos de acumulación, considerando que los cambios ambientales se acumulan en el tiempo y en el espacio de modo aditivo o interactivo;
- desarrollo de una tipología de efectos acumulativos, considerando que los cambios pueden ser diferenciados, en general de acuerdo con atributos temporales o espaciales.

Este esquema no difiere, en esencial, de los procedimientos que se pueden usar para identificar impactos ambientales, independientemente de su acumulatividad, como se verá en la sección siguiente. Acumulatividad y sinergismo se refieren, respectivamente, a la posibilidad de que los impactos se sumen o se multipliquen. Para McDonald (2000, p. 299), el carácter aditivo o acumulativo de los impactos ambientales es mucho más común que el sinergístico; éste se da cuando la acción combinada de sustancias químicas es mayor que la suma de los efectos individuales, sobre los seres vivos, de dichas sustancias (Moreira, 1992), aunque las "respuestas no lineales" también pueden ser consideradas como un tipo de sinergismo. Como ejemplo, se puede citar el estudio de McDonald (2000), quien concluyó que el aumento de la carga de sedimentos en ríos situados en regiones de clima templado puede causar efectos deletéreos sobre la población de peces que no están asociados de manera lineal a su causa, o sea, al tratar de correlacionar la carga de sedimentos con la población de determinada especie, se notó que los stocks pueden disminuir más rápidamente que el incremento de la carga de sedimentos.

Una manera práctica de identificar impactos acumulativos es ordenar un listado de proyecto co-localizados, como se ejemplifica en el Cuadro 7.9. Es necesario definir, de antemano, cuál es el área de alcance del estudio para poder identificar otras actividades o proyectos cuyos impactos puedan sumarse a los impactos del proyecto analizado. Ese recorte espacial podrá ser distinto para diferentes tipos de impactos.

7.5 Herramientas

Inducir y/o deducir cuáles serán las consecuencias de una determinada acción es una de las primeras tareas del analista ambiental. Felizmente, no es necesario partir de cero, ya que el equipo multidisciplinario cuenta con conocimiento ya acumulado y sistematizado, y también puede buscar analogías en casos similares.

Hay diversos tipos de herramientas utilizables para ayudar a un equipo en la tarea de identificar los impactos ambientales. Dichos instrumentos fueron desarrollados para facilitar el trabajo de los analistas, pero no se trata de "paquetes" terminados. Son, en realidad, métodos de trabajo cuya aplicación demanda (i) un razonable dominio de los conceptos subyacentes; (ii) una comprensión detallada del proyecto analizado y de todos sus componentes; y (iii) un correcta comprensión de la dinámica socioam-

Cuadro 7.9 *Matriz de impactos acumulativos*

Tipo de Impacto	Impacto del proyecto?	Influencia persistente de acciones anteriores?	Otras acciones presentes y futuras			Efecto acumulativo potencial?	Características
			Proyecto A	Proyecto B	Proyecto C		
Impacto 1							
Impacto 2 degradación de la calidad del aire	*Sí* directo, negativo, significativo	*Sí* otras fuentes industriales y actividad agrícola	*Industria de fertilizantes* emisiones de F, SO2, MP	*Cañaveral* quemas dos veces por año emisiones de MP, CO, NOx	*Carretera* emisiones de NOx, CO, HC, SO2, MP	*Sí* aumento de emisiones de NOx, MP	Impacto potencialmente significativo El estudio requiere modelo de dispersión
Impacto x							

Fuente: modificado de Senner et al. (2002).

biental del lugar o región potencialmente afectados. Dicho de otra forma, para una buena identificación de impactos es necesario que haya colaboración entre los miembros de un equipo multidisciplinario, que incluya científicos naturales y sociales, así como ingenieros u otros técnicos que tengan un buen conocimiento del proyecto o del tipo de emprendimiento analizado.

Listas de verificación

Listas de verificación (*checklists*) son instrumentos muy prácticos y fáciles de usar. Hay diferentes tipos de listas. Algunas enumeran los impactos más comunes asociados a ciertos tipos de emprendimientos, como las que están incluidas en el *Libro de Consulta para Evaluación Ambiental* del Banco Mundial y sus actualizaciones[2], que contiene listas de los impactos ambientales más comunes asociados a una gran variedad de proyectos. Otras listas indican los elementos o factores ambientales potencialmente afectados por determinados tipos de proyectos, como las indicadas por Fernández-Vítora (2000). En el Cuadro 7.10 se muestra un ejemplo de lista detallada de elementos o factores ambientales. Dicha lista, preparada cuando se introdujeron exigencias de EIA en Sudáfrica (Department of Environmental Affairs, 1992), contiene nada menos que 328 ítem o características que pueden verse afectados por un proyecto o que pueden representar una forma de restricción al mismo. La elevada cantidad se explica por tratarse de una lista genérica, no dirigida a una determinada categoría de proyectos. Naturalmente, las características enumeradas fueron seleccionadas tomando en consideración el perfil social y ambiental del país. Para el cuadro, se seleccionaron algunos ítem relativos a características socioeconómicas, al uso del suelo y a los ecosistemas.

Cuadro 7.10 *Extracto de lista de verificación de las características ambientales*

¿El proyecto propuesto podría tener un impacto significativo o sufrir alguna restricción en relación a algunos de los ítem siguientes?

6. Características socioeconómicas del público afectado

6.2 Situación económica y laboral de los grupos sociales afectados

- Base económica de la zona
- Distribución de la renta
- Industria local
- Tasa y escala de crecimiento del empleo
- Fuga de mano de obra de los empleos actuales
- Llegada de mano de obra de otros lugares
- Permanencia de personas de afuera después del término de las obras
- Oportunidades de trabajo para recién egresados de las escuelas
- Tendencias al desempleo de corto y largo plazo

6.3 Bienestar

- Nivel de delitos, abuso de drogas o violencia
- Número de personas sin techo
- Adecuación de los servicios públicos
- Adecuación de servicios sociales como guarderías y albergues para niños de la calle
- Calidad de vida

4. Uso actual y potencial del suelo y características del paisaje

4.1 Consideraciones generales aplicables a todos los proyectos

- Compatibilidad de usos del suelo en la zona
- Calidad estética del paisaje
- Sentido de lugar
- Preservación de vistas escénicas y aspectos valorizados
- Revitalización de zonas degradadas
- Necesidad de zonas-tapón para procesos naturales como erosión costera, movimiento de dunas y cambios en los canales fluviales, etc.

3. Características ecológicas del lugar y el entorno

3.3 Comunidades naturales y seminaturales

- Importancia local, regional o nacional de las comunidades naturales (por ejemplo, económica, científica, conservacionistas, educativa)
- Funcionamiento ecológico de comunidades naturales debido a la destrucción física del hábitat, disminución del tamaño de la comunidad, calidad del flujo del agua subterránea, presencia o introducción de especies exóticas invasoras, barreras al movimiento o migración de animales, etc.

Fuente: Department of Environmental Affairs (1992).

Los Cuadros 7.11 y 7.12 muestran, respectivamente, listas de efectos y aspectos ambientales y los impactos ambientales más comunes típicamente asociados a proyectos mineros. En el primero de esos cuadros, se emplea la terminología sugerida por Munn (1975), quien diferencia efecto ambiental (alteración de procesos naturales)

Cuadro 7.11 *Principales efectos y aspectos ambientales generados por un emprendimiento minero*

Físicos
- Alteración de las características del suelo (estructura, compactación, etc.)
- Alteración de la topografía local
- Alteración de la red hidrográfica
- Alteración del régimen hidrológico
- Aumento de la erosión
- Aumento de la carga de sedimentos en los cuerpos de agua
- Generación de estériles
- Generación de material sobrante
- Generación de residuos sólidos
- Dispersión de gases y polvos
- Emisión de ruido
- Emisión de vibraciones y sobrepresión atmosférica
- Dispersión de efluentes líquidos
- Rebajamiento o elevación del nivel freático
- Subsidencia
- Aumento del riesgo de deslizamientos de taludes

Bióticos
- Interferencia sobre procesos bióticos en los cuerpos de agua (por ej. ciclaje de nutrientes)
- Eutrofización de cuerpos de agua
- Bioacumulación de contaminantes
- Fragmentación de la cobertura vegetal
- Pérdida de cobertura vegetal

Antrópicos
- Modificación de la infraestructura de servicios
- Desplazamiento de asentamientos humanos
- Inducción de flujos migratorios
- Modificación de las formas de uso del suelo
- Alteración o destrucción de sitios de interés cultural o turístico
- Aumento del tráfico de vehículos
- Aumento de la demanda de bienes y servicios
- Aumento de la oferta de empleos
- Aumento de la recaudación tributaria

Cuadro 7.12 *Principales impactos ambientales generados por un emprendimiento minero*

Sobre el medio físico
- Alteración de la calidad de las aguas superficiales y subterráneas
- Alteración del régimen de escurrimiento de las aguas subterráneas
- Alteración de la calidad del aire
- Alteración de la calidad del suelo
- Alteración de las condiciones climáticas locales

Sobre el medio biótico
- Alteración o destrucción de hábitats terrestres
- Alteración de hábitats acuáticos
- Disminución de la producción primaria
- Disminución de la disponibilidad de nutrientes
- Disminución de la productividad de los ecosistemas
- Desplazamiento de la fauna
- Pérdida de especímenes de fauna
- Creación de nuevos ambientes
- Proliferación de vectores

Sobre el medio antrópico
- Impacto visual
- Incomodidad ambiental
- Riesgos para la salud humana
- Sustitución de actividades económicas
- Incremento de la actividad comercial
- Aumento local de precios
- Aumento de la población
- Sobrecarga de la infraestructura de servicios
- Expansión de la infraestructura local y regional
- Pérdida de patrimonio cultural
- Pérdida de referencias espaciales a la memoria y a la cultura popular
- Disminución de la diversidad cultural
- Alteración de los modos de vida tradicionales
- Alteración de las relaciones socioculturales
- Limitación de las opciones de uso del suelo
- Calificación profesional de la mano de obra local

de impacto ambiental (alteración de la calidad ambiental), y la noción de aspecto ambiental de la norma ISO 14.001 (como se ve en la sección 1.6). Aunque las nociones de efecto y de aspecto ambiental sean cercanas, no son coincidentes, ya que efecto ambiental se refiere a procesos ambientales, en tanto que aspecto ambiental se refiere a actividades, o procesos tecnológicos. Con la difusión de las normas ISO, el término y el concepto aspecto ambiental se vuelven cada vez más conocidos, dejando la noción de efecto ambiental en una posición secundaria. Los Cuadros 7.13 y 7.14 contienen listas similares de impactos ambientales y de efectos y aspectos típicos de las obras viales.

Canter (1996, p. 87) comenta que las listas de verificación se utilizaban ampliamente en los Estados Unidos durante los primeros años de puesta en práctica de la evaluación de impacto ambiental, cuando varios organismos gubernamentales publicaron dichas listas. Aunque estuvieran plenamente disponibles en la literatura técnica o en guías divulgadas por organismos ambientales, pocas veces se pudo utilizar una lista de verificación sin introducir correcciones o adaptaciones, sea por las características del proyecto, o bien a raíz de las condiciones del medio ambiente que no están adecuadamente descriptas en las listas preexistentes. Todas esas listas son genéricas, describen impactos por categorías de proyecto y no proyectos individuales. Son útiles para una primera aproximación a la identificación de los impactos de un proyecto específico, principalmente si el equipo no tiene experiencia previa con el tipo de proyecto analizado. No obstante, los impactos no se correlacionan con sus causas y, tanto para un correcto análisis de los impactos como para comunicarles a los lectores del EsIA los resultados de ese análisis, la presentación de una simple lista no satisface las expectativas.

Cuadro 7.13 *Principales efectos y aspectos ambientales generados por un emprendimiento vial*

Etapa de implantación: actividades preparatorias y de construcción

SOBRE EL MEDIO FÍSICO

Modificación del relieve

Intensificación de los procesos erosivos

Generación de deslizamientos y otros movimientos masivos

Aumento de la carga de sedimentos y asoreamiento de cuerpos de agua

Represamiento de cursos de agua

Aumento de las zonas de suelo impermeabilizado

Generación de inundaciones (aumento de la frecuencia e intensidad)

Riesgo de contaminación del agua y del suelo con sustancias químicas

SOBRE EL MEDIO BIÓTICO

Interferencias sobre los procesos bióticos en los cuerpos de agua (por ej. ciclaje de nutrientes)

Soterramiento de comunidades bentónicas

Creación de ambientes lénticos

SOBRE EL MEDIO ANTRÓPICO

Modificación de la infraestructura de servicios

Alteración de las formas de uso del suelo

Desplazamiento de personas y actividades económicas

Recalentamiento del mercado inmobiliarios

Aumento de la oferta de empleos

Aumento de la demanda de bienes y servicios

Aumento de la recaudación tributaria

Etapa de implantación: desmovilización

Reducción de las oportunidades de trabajo

Reducción de la recaudación tributaria

Etapa de operación

Emisión de contaminantes atmosféricos

Generación de ruidos

Drenaje de aguas pluviales (contaminación difusa)

Generación de residuos sólidos

Riesgo de contaminación del agua y del suelo con sustancias químicas

Perturbación y ahuyentamiento de la fauna (efecto evitación)

Bloqueo o restricción de movimiento de animales a través de la carretera (efecto barrera)

Interferencia con caminos y pasos preexistentes

Aumento del tráfico en los caminos interconectados

Mayor densidad de ocupación en las márgenes y zona de influencia

Cuadro 7.14 *Principales impactos ambientales generados por un emprendimiento vial*

Etapa de planificación

Creación de expectativas e inquietudes entre la población

Especulación inmobiliaria

Etapa de implantación: actividades preparatorias y de construcción

Físicos

Alteración de la calidad de las aguas superficiales

Alteración de las propiedades físicas y biológicas del suelo

Alteración de la calidad del aire

Alteración del ambiente sonoro

Bióticos

Destrucción y fragmentación de hábitats de la vida salvaje

Pérdida y ahuyentamiento de especímenes de la fauna

Antrópicos

Alteración o pérdida de sitios arqueológicos y otros elementos del patrimonio cultural

Impacto visual

Etapa de operación

Alteración de la calidad del aire

Alteración del ambiente sonoro

Alteración de la calidad de las aguas superficiales

Contaminación del suelo y aguas subterráneas

Estrés de la vegetación natural

Pérdida de especímenes de la fauna por atropellamiento

Valorización/desvalorización inmobiliaria

Matrices

Otras de las herramientas comunes para la identificación de los impactos es la matriz. A pesar de que el nombre sugiere un operador matemático, las matrices de identificación de impactos tienen ese nombre debido a su forma. En realidad, una matriz está compuesta por dos listas, dispuestas en forma de líneas y columnas. En una de las listas se enumeran las principales actividades o acciones que componen el emprendimiento analizado y en la otra se presentan los principales componentes o elementos del sistema ambiental, o incluso los procesos ambientales. El objetivo es identificar las interacciones posibles entre los componentes del proyecto y los elementos del medio.

Una de las primeras herramientas en el formato de las matrices propuestas para la evaluación de impacto ambiental data de 1971 y es resultado del trabajo de Leopold *et al.* (1971), del Servicio Geológico de los Estados Unidos. En ese esfuerzo pionero por sistematizar el análisis de los impactos, los autores prepararon una lista de cien acciones humanas que pueden causar impactos ambientales, y otra lista de 88 componentes ambientales que puede ser afectados por acciones humanas. Son, por lo tanto, 8.800 las interacciones posibles. Para cada emprendimiento, los analistas debían seleccionar las acciones que se aplicaban al caso en estudio, o crear ellos mismos su propia lista de acciones y aplicar el mismo procedimiento para los componentes ambientales. Leopold y sus colaboradores aplicaron su método al análisis de los impactos de una mina de fosfato (Fig. 7.8), y para ello seleccionaron nueve acciones y trece componentes ambientales. De las 117 interacciones posibles, consideraron que sólo 40 eran pertinentes al proyecto que analizaron.

Una vez seleccionadas las acciones y los componentes ambientales pertinentes, el analista debe identificar todas las interacciones posibles, marcando el cuadrado correspondiente. De acuerdo con la propuesta original, la matriz de Leopold también se presta a otras finalidades aparte de la identificación de los impactos, principalmente para comunicar los resultados, pero no se discutirán en este capítulo. Por el momento, diremos solamente que los números insertos en cada célula corresponden a una puntuación de la magnitud e importancia de la interacción, en una escala arbitraria de 1 a 10 (si la magnitud es cero, no hay interacción y la célula no estará marcada).

La magnitud es señalada en el ángulo superior izquierdo de la célula, a la vez que la importancia está señalada en el ángulo inferior derecho.

Los autores explican que su procedimiento emplea una "matriz que es suficientemente general para ser usada como una lista de verificación de referencia o como un recordatorio del amplio espectro de acciones e impactos ambientales que pueden estar relacionados con las acciones propuestas". La matriz también tendría una función de comunicación, ya que serviría como "un resumen del texto de la evaluación ambiental" y posibilitaría que "los diferentes lectores de los estudios de impacto determinen rápidamente qué impactos se consideran significativos y su importancia relativa" (Leopold et al., 1971, p. 1).

	Sitios industriales y edificios II B.b.	Carreteras y puentes II B.d.	Líneas de transmisión II B.h.	Detonación y perforación II C.a.	Excavaciones de superficie II C.b.	Procesamiento de mineral II D.f	Transporte en camiones II G.c	Disposición de desechos II H.c.	Derrames II J.b.
A.2.d. Calidad del agua					2/2	1/1		2/2	1/4
A.3.a. Calidad de la atmósfera						2/3			
A.4.b. Erosión		2/2			1/1			2/2	
A.4.c. Sedimentación		2/2			2/2			2/2	
B.1.b. Arbustos					1/1				
B.1.c. Gramíneas					1/1				
B.1.f. Plantas acuáticas					2/2			2/3	1/4
B.2.c. Peces					2/2			2/2	1/4
C.2.e. *Camping* e caminatas					2/4				
C.3.a. Vistas panorámicas y paisaje	2/3	2/1	2/3		2/3		2/1	3/3	
C.3.b. Calidad del ambiente salvaje	4/4	4/4	4/2	2/1	1/3	3/3	2/5	2/5	3/5
C.3.h. Especies raras e importantes		2/5			5/10	2/4	5/10	5/10	
C.4.b. Salud y seguridad								3/3	

Fig. 7.8 *Extracto de la matriz de Leopold. Fuente: Leopold et al, 1971*

Una de las críticas más usuales a la matriz de Leopold y sus congéneres es que representan el medio ambiente como un conjunto de compartimientos que no se interrelacionan. Por ejemplo, una determinada acción puede causar impactos sobre los componentes "avifauna", "mastofauna" y "características físico-químicas de las aguas superficiales", pero no se describen los mecanismos como se manifiestan los impactos. Por otro lado, la interacción entre una acción y un comportamiento ambiental no caracteriza exactamente un impacto, entendido como alteración de la calidad ambiental.

Hoy en día, existen innumerables variaciones de la matriz de Leopold, que, en realidad, poco tienen que ver con la original, a no ser la forma de presentación y organización de las líneas y columnas. La Fig. 7.9 presenta una matriz que correlaciona acciones de un tipo de emprendimiento (líneas de transmisión y subestaciones de energía eléctrica) con "elementos del medio". Se describe el emprendimiento en quince diferentes actividades, desde la planificación hasta la desactivación. Una diferencia en relación a la matriz de Leopold es que aquí se tiene un solo tipo de emprendimiento, por lo que es natural que esta matriz puede describirlo de manera mucho más detallada. En cambio, los elementos del ambiente afectado son agrupados en tres categorías: medio natural, medio humano y paisaje. Obsérvense tres diferencias importantes en relación a la división del ambiente usada por Leopold y sus colaboradores. En primer lugar, figuran aquí algunos procesos del medio físico (ver sección 1.7), como el escurrimiento de aguas superficiales y la dinámica de la infiltración de aguas pluviales, en vez de describirse el medio exclusivamente en compartimientos, como lo hacen Leopold y su equipo. En segundo lugar, para la descripción del ambiente humano esta matriz hace uso del concepto de espacio geográfico, categorizándolo según la forma predominante de uso. Finalmente, se busca una integración entre los medios natural y humano a través del concepto de paisaje (es posible consultar la Fig. 1.1 para comparar y contextualizar esos términos).

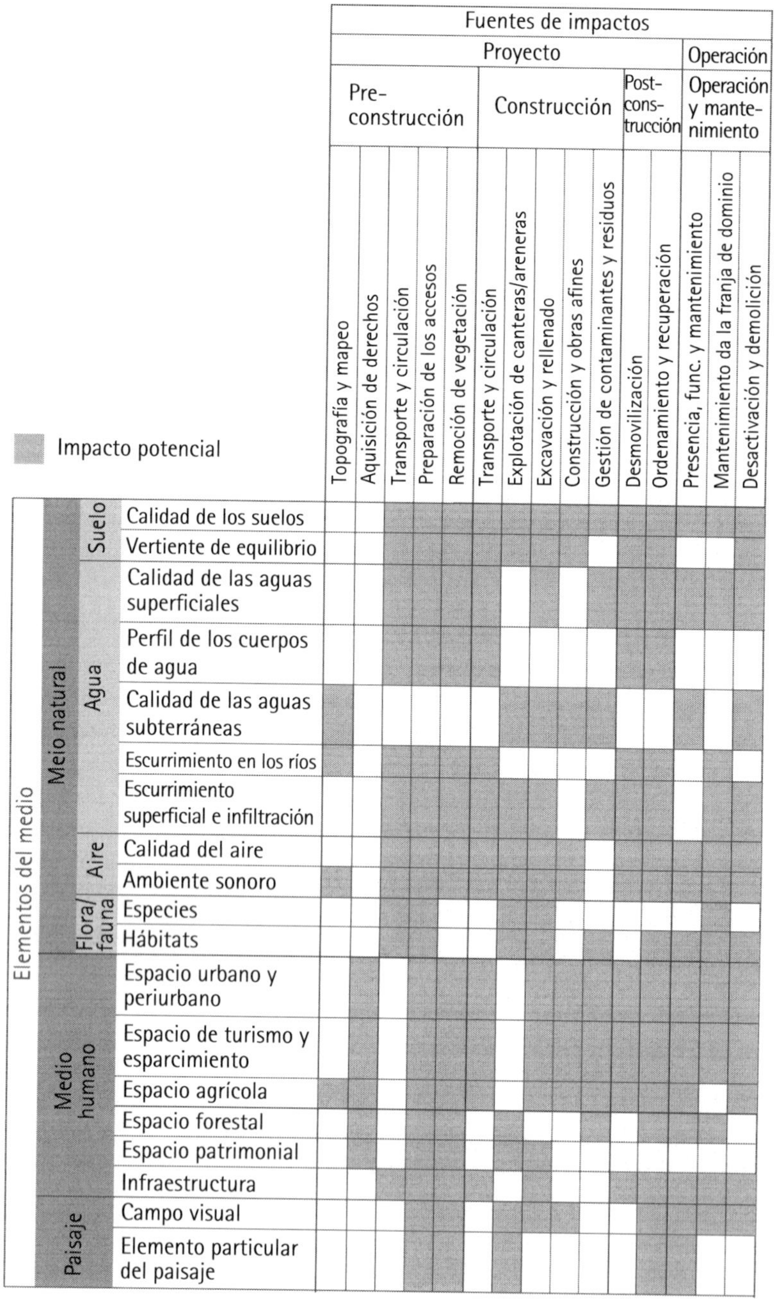

			Fuentes de impactos													
			Proyecto												Operación	
			Pre-construcción					Construcción					Post-construcción		Operación y mantenimiento	
			Topografía y mapeo	Aquisición de derechos	Transporte y circulación	Preparación de los accesos	Remoción de vegetación	Transporte y circulación	Explotación de canteras/areneras	Excavación y rellenado	Construcción y obras afines	Gestión de contaminantes y residuos	Desmovilización	Ordenamiento y recuperación	Presencia, func. y mantenimiento	Mantenimiento da la franja de dominio	Desactivación y demolición
Elementos del medio	Meio natural	Suelo — Calidad de los suelos		▓	▓	▓	▓	▓	▓	▓	▓	▓		▓		▓	▓
		Suelo — Vertiente de equilibrio			▓	▓	▓	▓	▓	▓	▓			▓			▓
		Agua — Calidad de las aguas superficiales			▓	▓	▓	▓	▓	▓	▓	▓		▓		▓	▓
		Agua — Perfil de los cuerpos de agua				▓			▓	▓	▓			▓			
		Agua — Calidad de las aguas subterráneas	▓			▓			▓	▓	▓	▓		▓			▓
		Agua — Escurrimiento en los ríos				▓			▓	▓	▓			▓			
		Agua — Escurrimiento superficial e infiltración			▓	▓	▓		▓	▓	▓			▓			▓
		Aire — Calidad del aire	▓		▓	▓	▓	▓	▓	▓	▓		▓				▓
		Aire — Ambiente sonoro	▓		▓	▓	▓	▓	▓	▓	▓		▓		▓		▓
		Flora/fauna — Especies	▓		▓	▓	▓	▓	▓	▓	▓	▓		▓	▓	▓	▓
		Flora/fauna — Hábitats	▓		▓	▓	▓	▓	▓	▓	▓	▓		▓	▓	▓	▓
	Medio humano	Espacio urbano y periurbano	▓	▓	▓	▓	▓	▓	▓	▓	▓	▓	▓	▓	▓	▓	▓
		Espacio de turismo y esparcimiento	▓	▓	▓	▓	▓	▓	▓	▓	▓	▓	▓	▓	▓	▓	▓
		Espacio agrícola	▓	▓	▓	▓	▓	▓	▓	▓	▓	▓	▓	▓	▓	▓	▓
		Espacio forestal	▓	▓	▓	▓	▓	▓	▓	▓	▓	▓	▓	▓	▓	▓	▓
		Espacio patrimonial	▓	▓	▓	▓	▓	▓	▓	▓	▓			▓	▓	▓	▓
		Infraestructura	▓	▓	▓	▓	▓	▓	▓	▓	▓	▓	▓	▓	▓	▓	▓
	Paisaje	Campo visual	▓		▓	▓	▓	▓	▓	▓	▓		▓	▓	▓	▓	▓
		Elemento particular del paisaje	▓		▓	▓	▓	▓	▓	▓	▓		▓	▓	▓	▓	▓

Fig. 7.9 *Matriz de identificación de impactos potenciales para proyectos de líneas de transmisión y subestaciones de energía eléctrica*
Fuente: Hydro Québec, p. 307.

La Fig. 7.10 muestra otra matriz de identificación de los efectos e impactos ambientales que indica las interacciones entre las acciones del emprendimiento y los elementos ambientales seleccionados, una variación de la estructura matricial para ayudar a identificar los impactos. A diferencia de las matrices anteriores, en este ejemplo se presenta un caso real, relativo a un proyecto de extracción de bauxita a pequeña escala, situado en una zona rural. La matriz señala las interacciones entre las actividades que componen el emprendimiento analizado y algunos procesos y elementos ambientales seleccionados por su importancia en el sitio pretendido para la implantación del proyecto. Es así que esta matriz sirve como auxiliar en la identificación de los impactos: por ejemplo, se puede observar que la acción "servicios de mejoramiento en los caminos vecinales" interfiere con varios procesos o elementos ambientales, entre ellos los ecosistemas acuáticos. Se señaló esta interacción porque, en el sitio estudiado, los servicios de rellenado, ampliación, construcción de alcantarillas, etc., aumentarán la carga de sedimentos enviada a los riachos, lo que, a su vez, promoverá el asoreamiento de los lechos, con el consecuente soterramiento de las comunidades bentónicas y sus efectos secundarios sobre la cadena alimentaria: como la matriz en sí misma no explica todo esto, la identificación de los impactos debe ser presentada a través de enunciados apropiados.

En la Fig. 7.11 se muestra otra variación, en la cual cada interacción se clasifica de acuerdo a dos criterios: el tipo de impacto (benéfico o adverso) y una apreciación subjetiva acerca de la posibilidad de que cada impacto señalado ocurra efectivamente. Ese es un problema común que se enfrenta en la identificación preliminar de los impactos: algunas consecuencias se cumplen efectivamente, pero existe un gran porcentaje de incertidumbre sobre muchos impactos, que pueden o no ocurrir. En esa matriz, preparada para un informe ambiental preliminar de una terminal portuaria, está indicada dicha probabilidad. Esta se basa en una interpretación subjetiva y, por lo tanto, puede ser rebatida. De cualquier forma, en esa etapa de identificación preliminar, es conveniente señalar la mayor cantidad posible de impactos, inclusive aquellos que difícilmente ocurran.

Para mostrar no las relaciones entre acciones y elementos o procesos personales, sino las relaciones entre las causas (acciones) y las consecuencias (impactos), se organiza un tipo diferente de matriz. Es así que, en vez de organizarse como una lista de acciones y una lista de elementos y/o procesos, la matriz se organiza como una lista de acciones (la misma) y una lista de los impactos, pudiéndose de esta forma señalar qué impactos causa cada acción. Este abordaje presupone conocer, previamente, las interacciones proyecto x medio. En realidad, en un EsIA se pueden emplear los dos tipos de matriz: primero una matriz acciones x elementos/procesos ambientales para identificar las interacciones entre el proyecto y el medio, y luego una matriz acciones x impactos para mostrar las relaciones de causa y efecto. La Fig. 7.12 muestra un ejemplo de matriz de este último tipo, extraído de un estudio de impacto ambiental hecho para una central hidroeléctrica. Las columnas indican los nueve impactos sobre el medio biótico identificados en ese estudio y la matriz muestra la correlación con las actividades del proyecto, aquí denominadas "factores generadores".

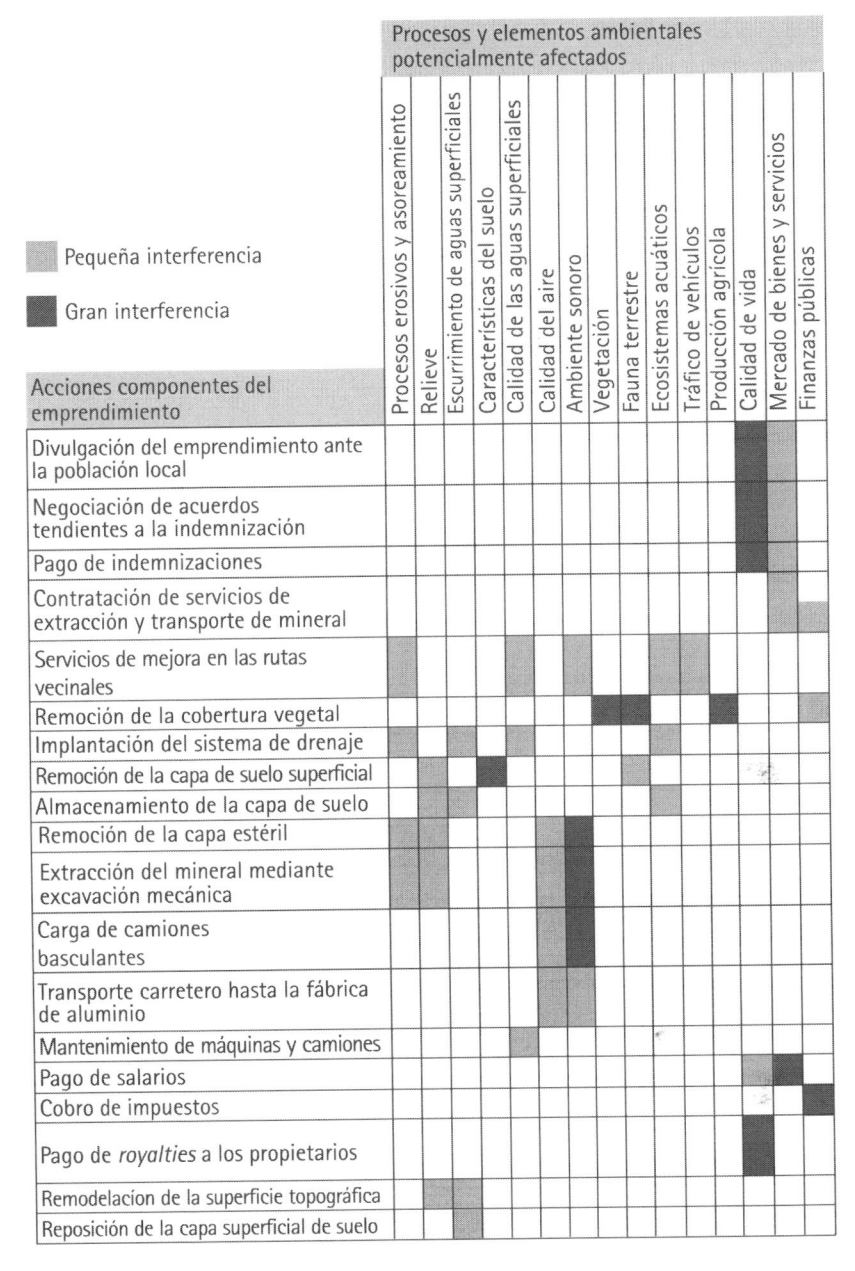

Fig. 7.10 *Matriz de identificación de impactos ambientales. Pequeño establecimiento minero de bauxita*
Fuente: Prominer Projetos S/C Ltda. EIA Minas de Bauxita de Divinolândia, Cia. Geral de Minas, 2001.

En el ejemplo de la Fig. 7.13, además de las acciones y los impactos, la matriz muestra los mecanismos mediante los cuales éstos ocurren. Dicha matriz está compuesta por dos campos: el de la izquierda muestra las interacciones entre acciones tecnológicas y procesos ambientales, generando efectos ambientales (en el sentido propuesto por Munn, 1975); a la derecha se muestra, para cada efecto, los impactos posibles. En este caso, el medio ambiente no está representado por una sumatoria de compartimientos, sino por procesos seleccionados en función de la influencia que las acciones pueden tener sobre ellos.

		Componentes												
		Físico			Biótico			Socioeconómico						
Tipo de impacto P (positivo) N (negativo) Posibilidad de que ocurra C (cierta) - Pr (probable) - In (incierta)		Clima/calidad del aire/ruido	Geología/recursos minerales	Recursos hídricos	Ecosistema terrestre/restinga	Ecosistema manglar y de transición	Ecosistema acuático	Uso y ocupación del suelo	Patrimonio arqueológico	Patrimonio paisajístico	Pesca artesanal e deportiva	Condiciones de vida de la población	Economía social	Porto de Santos
Etapas - implantación	Incorporación de mano de obra											P C		P C
	Implantación y puesta en marcha del obrador e instalaciones provisorias		N Pr	N C	N Pr	N/P Pr		N Pr						P Pr
	Desmalezamiento y limpieza del terreno	N Pr		N Pr	N C	N C	N Pr				N In	N C	N Pr	
	Utilización de áreas de provisión de materiales de obra/yacimientos minerales	N Pr	P C	N In				N In			N In			
	Desecho del material de limpieza del terreno y de los escombros de las obras	N Pr	N In	N In				N In			N In			
	Colocación de diques periféricos	N Pr	N Pr		N Pr									
	Ejecución de dragado en el área entre el canal y el muelle				N Pr		N Pr							
	Realización del relleno hidráulico				N Pr		N Pr							
	Desecho del material de dragado no aprovechable				N Pr		N Pr							P C
	Implantación de las obras civiles (muelle, pavimento, depósitos, tanques)	N Pr						P C				P Pr		
	Eximición de mano de obra de la construcción civil											N C	N C	

Fig. 7.11 *Extracto de una "matriz de interacción de impactos", etapa de implantación de una terminal portuaria. Fuente Equipe Umah. RAP Terminal Portuaria del Río Sandi, Empresa Brasileira de Terminais Portuários S.A., 2000. (Nota: fueron seleccionadas solamente las actividades relativas a la etapa de implantación y se enumeraron sólo los respectivos componentes ambientales potencialmente afectados)*

Finalmente, la Fig. 7.14, extraída de Sánchez y Hacking (2002), muestra una construcción semejante, pero que adopta el concepto de aspecto ambiental. Ese tipo de matriz es particularmente útil en el caso de nuevos emprendimientos propuestos por organizaciones que ya dispongan de un sistema de gestión ambiental, dado que permite, durante la preparación del EsIA, identificar aspectos e impactos ambientales, una actividad obligatoria para la implantación de un SGA según el modelo de la ISO 14.001. De esta forma, los objetivos, las metas ambientales y los programas de gestión ya pueden prepararse para abordar los aspectos e impactos ambientales más significativos.

La Fig. 7.13 difiere de la Fig. 7.14 sólo en términos conceptuales, en lo relativo a la noción de aspecto ambiental y efecto ambiental. Recurrir a cualquiera de esos conceptos es un camino posible para identificar impactos, como también la búsqueda de relaciones directas entre acciones e impactos, o el uso de otras formas de las matrices descriptas anteriormente. La elección del mejor formato dependerá del equipo que lo realice y de los propios objetivos del estudio ambiental. La creciente difusión de los sistemas de gestión ambiental sugiere que el formato de matriz presentado en la Fig. 7.14 tiene buen potencial de aplicación como herramienta integradora entre el EIA y el SGA.

DIAGRAMAS DE INTERACCIÓN

Otro método para identificar impactos es utilizar el razonamiento lógico-deductivo, por medio del cual, a partir de una acción, se infieren sus posibles impactos ambientales. Las Figs. 7.15 a 7.18 muestran esquemas llamados diagramas o redes de interacción, que indican las relaciones secuenciales de causa y efecto (cadenas de impacto) a partir de una acción impactante. En la Fig. 7.15 se observan las diferentes consecuencias del proceso de urbanización sobre el proceso de escurrimiento de aguas superficiales. La urbanización también causa otras modificaciones ambientales, sobre el microclima, sobre la fauna y sobre otros procesos y componentes ambientales. De esta forma, se podrían agregar otras relaciones a ese diagrama. La Fig. 7.16 muestra los efectos, para el sistema público de salud, de la implantación de un gran proyecto que atraiga mano de obra y propicie flujos migratorios. El aumento de la población local y la ocupación desordenada de zonas sin saneamiento básico generan impactos negativos para la salud pública y aumentan la demanda de servicios de salud. La Fig. 7.17 indica las principales consecuencias sobre los ambientes físico y biótico de las acciones de rellenado, comunes en muchos proyectos y obras de ingeniería. Se indican los principales impactos sobre los ecosistemas acuáticos.

Las figuras representan situaciones simples, mientras que un proyecto real tendría varias acciones que originan impactos ambientales, de manera que las redes pueden dar como resultado figuras extremadamente complejas y de difícil comprensión. No obstante, una ventaja es que dichas redes permiten entender cabalmente las relaciones entre las acciones y los impactos resultantes, sean éstos directos o indirectos, en tanto que las matrices dividen el medio ambiente en compartimientos estancos, dificultando comprender la relación entre las partes. Los diagramas de interacción también posibilitan evidenciar impactos indirectos de segundo y tercer orden, y así sucesivamente, sin límite.

Una limitación de las redes de interacción es su limitada capacidad de representar adecuadamente sistemas complejos caracterizados por relaciones no lineales de causalidad y retroalimentaciones múltiples. Los ejemplos de las Figs. 7.15 a 7.17 muestran situaciones que, además de lineales y relativamente simples, pueden ser delimitadas a nivel espacial. Cuando se trata de procesos sociales e incluso de muchos procesos ecológicos, las redes de interacción pueden generar una simplificación exagerada de las interacciones. En la Fig. 7.18 se muestra un ejemplo extraído de un EsIA.

	Factores geradores	Pérdida/alteración de hábitat por la infraestructura de apoyo y obras civiles	Pérdida/alteración de hábitats producto del llenado	Interferencias en las comunidades animales (caza y pesca)	Fuga de animales hacia zonas adyacentes	Pérdida de animales por ahogamiento	Interferencia con las comunidades ícticas en la zona del reservorio	Interferencia con las comunidades ícticas a yusente	Creación de nuevos ambientes	Proliferación de vectores
Acciones iniciales	Divulgación									
	Adquisición de tierras y mejoras									
Implantación de la infraestructura de apoyo	Incorporación y contratación de mano de obra									
	Desmalezamiento/rellenado para accesos									
	Ampliación y mejora de la infraestructura									
	Implantación de obrador									
	Implantación de alojamientos y núcleo habitacional									
Implantación de las obras principales	Movilización de equipos									
	Exploración de fuentes de materiales de obra									
	Ejecución de las obras civiles									
	Disposición de material excedente en depósitos									
	Montaje electromecánico									
	Implantación de línea de transmisión									
	Transporte de materiales e insumos									
Llenado del embalse	Desocupación de la superficie a inundar									
	Desmalezamiento y limpieza de la superficie inundable									
	Llenado									
Desmovilización	Eximición de mano de obra									
	Desmovilización del obrador de alojamientos									
	Retiro de materiales y equipos									
Operación de la central	Operación de la central									
	Fiscalización/mantenimiento de la franja de seguridad									

Fig. 7.12 Extracto de "matriz de identificación de impactos en el medio biótico". Fuente: modificado de CNEC. EsIA de la Central Hidroeléctrica Piraju, São Paulo, preparado para la CBA, 1998

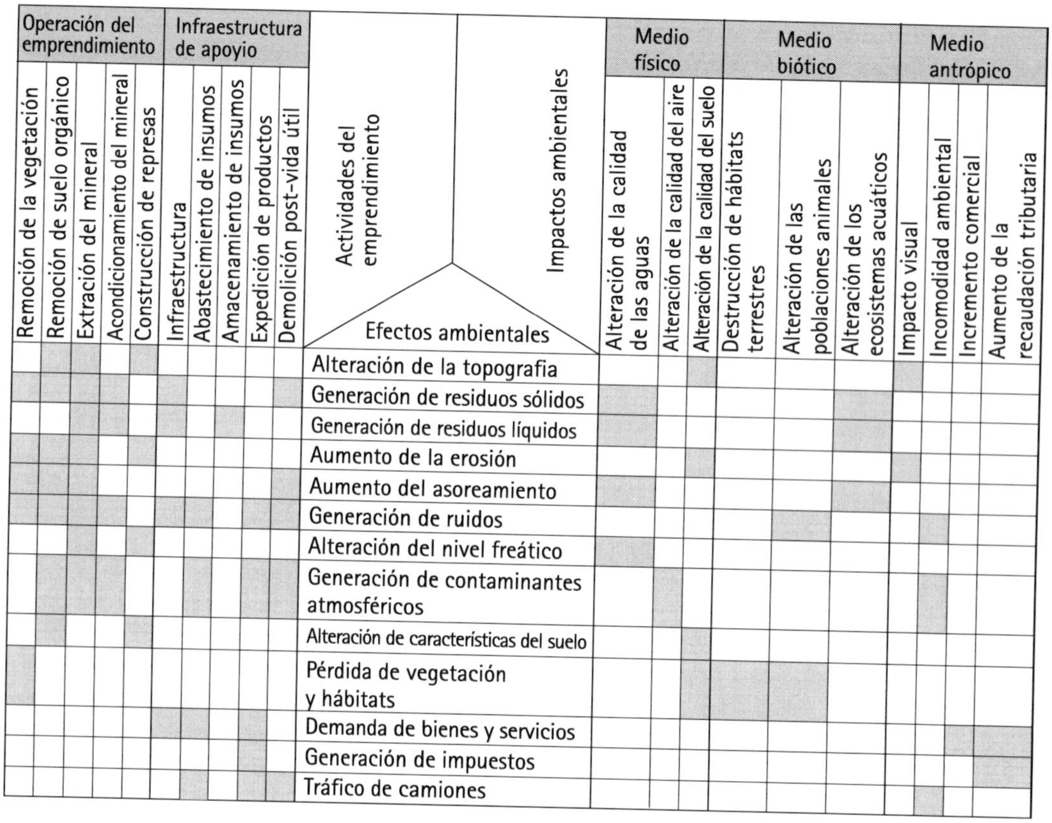

Fig. 7.13 *Matriz de identificación de efectos e impactos ambientales*
Fuente: Prominer Projetos S/C Ltda. EIA Minas de cal de Corumbá, Arcos, MG, 1991.

OTRAS HERRAMIENTAS Y MÉTODOS

La literatura sobre EIA es pródiga en métodos, técnicas y herramientas para las tres tareas del análisis de impactos (identificación, previsión y evaluación). Como lo indican Glasson, Therivel y Chadwick (1999, p. 109), muchos de esos métodos fueron desarrollados por o para agencias gubernamentales americanas, como el Servicio Forestal (*Forest Service*), el Servicio de Pesca y Vida Silvestre (*Fish and Wildlife Service*), el Servicio de Parques Nacionales (*National Parks Service*) o la Oficina de Administración de Tierras (*Bureau of Land Management*), los cuales lidian con gran cantidad de proyectos[3]. Los tres tipos de utensilios expuestos en esta sección no agotan la caja de herramientas del analista de impactos ambientales.

Como se ha dicho y repetido, la identificación de impactos debe refinarse a medida que se avanza en la confección del estudio de impacto ambiental, en particular cuando se pueden utilizar los resultados de los estudios de base. Al comienzo de los trabajos, no siempre se dispone de cartografía adecuada, pero a medida que los relevamientos de campo y la interpretación de imágenes produzcan mapas con escalas más precisas (como lo muestra la sección 9.4), se hace posible superponer mapas temáticos y simular la implantación del emprendimiento en diferentes ubicaciones, lo que puede llevar a la identificación de nuevos impactos.

Para los impactos sociales, los procedimientos de identificación pueden perfeccionarse si hay una participación directa de la comunidad afectada (en ciertos casos,

---

[3] El total de tierras públicas administradas por el gobierno americano alcanza a cerca de 2,4 millones de de km². Tal extensión territorial transforma a esas agencias gubernamentales en administradoras de territorios más extensos que los de la mayoría de los países.

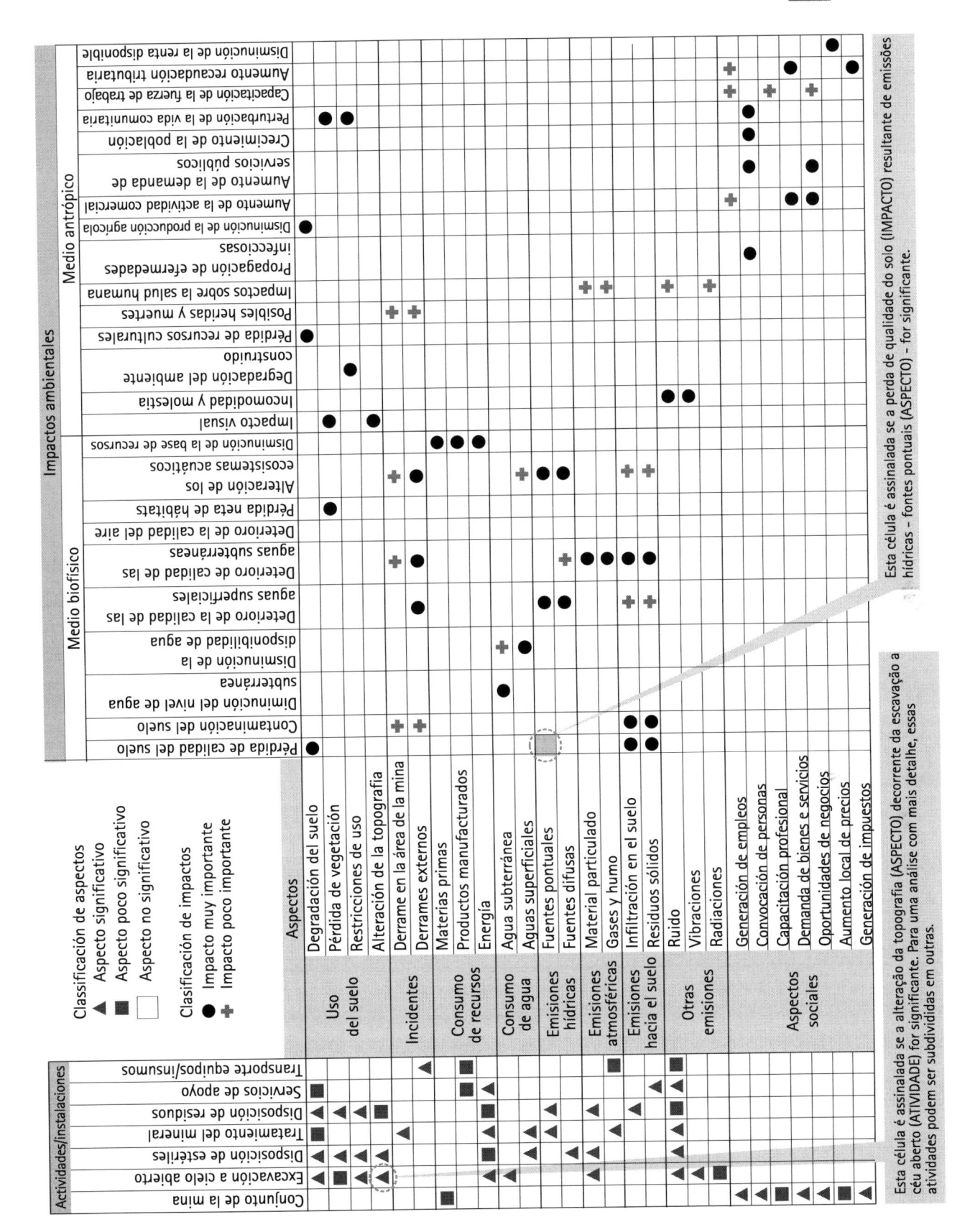

Fig. 7.14 *Matriz de identificación de aspectos e impactos ambientales*
Fuente: Sánchez y Hacking (2002).

esto también puede valer para los impactos físico-bióticos, como se ve en la sección 8.4). Becker *et al.* (2004), al analizar comparativamente los resultados de un enfoque "técnico" y los de un enfoque participativo en un EsIA estadounidense, observaron que se puede obtener un mayor espectro de impactos por la combinación de ambos. El enfoque técnico es básicamente deductivo, en tanto que, por medio de métodos de participación de la comunidad, fue posible inferir una serie de impactos que no habían sido identificados por el otro método. Los autores propugnan una combinación de esos dos enfoques, de manera de aprovechar los puntos fuertes de cada uno. Por ejemplo, el

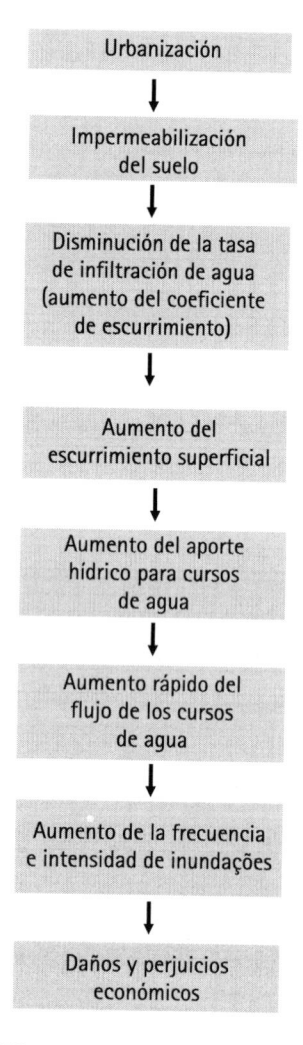

Fig. 7.15 *Diagrama de interacción que indica las consecuencias del proceso de urbanización sobre los procesos de escurrimiento de las aguas superficiales*

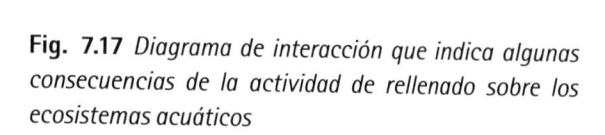

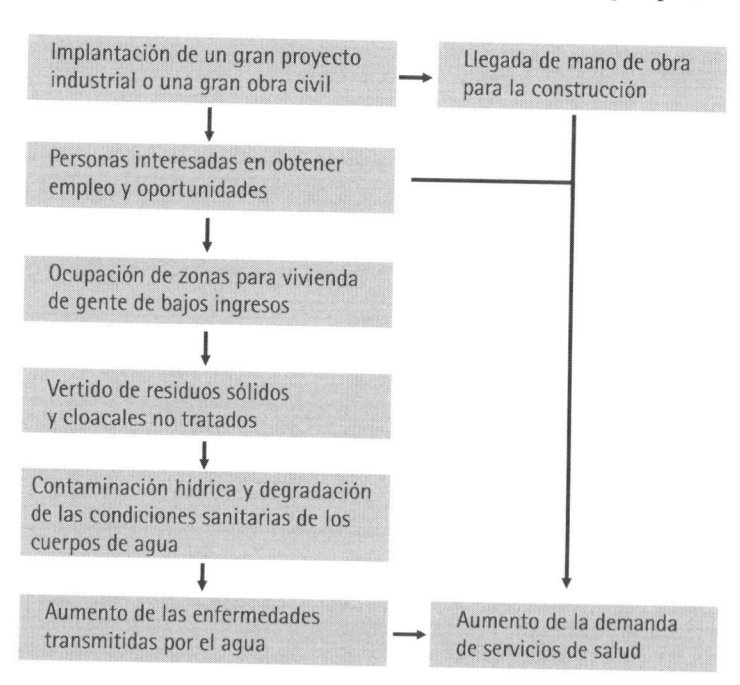

Fig. 7.16 *Diagrama de interacción que indica algunas consecuencias sociales de la implantación de un gran proyecto*

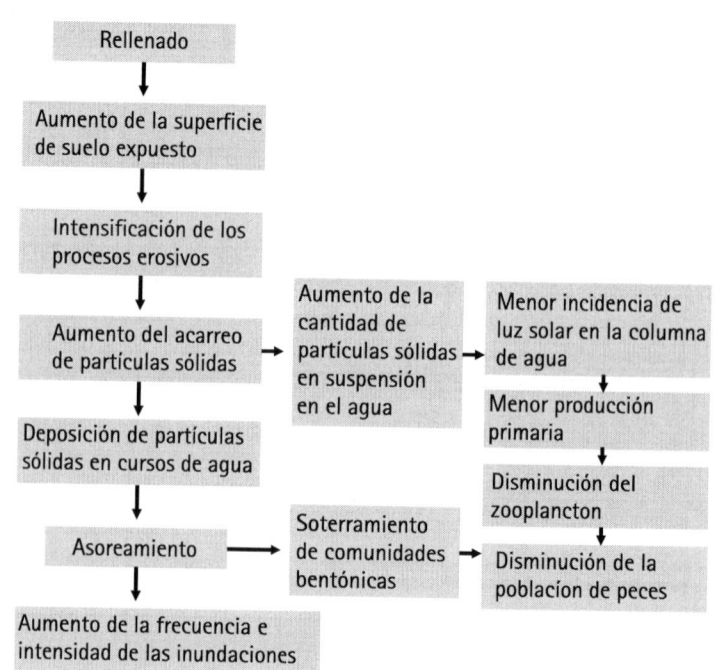

Fig. 7.17 *Diagrama de interacción que indica algunas consecuencias de la actividad de rellenado sobre los ecosistemas acuáticos*

abordaje participativo tiende a identificar con mayor precisión los impactos locales; paralelamente, un abordaje técnico facilita la agregación de los impactos y la identificación de impactos regionales. Para una identificación preliminar de impactos sociales, debería ser suficiente un enfoque técnico-deductivo similar al empleado para los impactos físico-bióticos. Para un análisis profundo, sin embargo, las técnicas participativas ciertamente enriquecen los resultados.

7.6 Coherencia e integración

Uno de los desafíos de la práctica de la EIA es lograr una integración de las diversas herramientas y procedimientos analíticos usados para investigar los procesos y los efectos de las interacciones entre las acciones humanas y los procesos naturales y sociales. Los métodos desarrollados en la esfera de una disciplina pueden ser eficaces para brindar explicaciones plausibles dentro de su campo de investigación, pero no siempre se logra establecer la necesaria comunicación con otros campos del conocimiento.

La coherencia es una necesidad ineludible en evaluación de impacto ambiental. De esta forma, las medidas mitigadoras deben ser coherentes con los resultados de la clasificación de significación de los

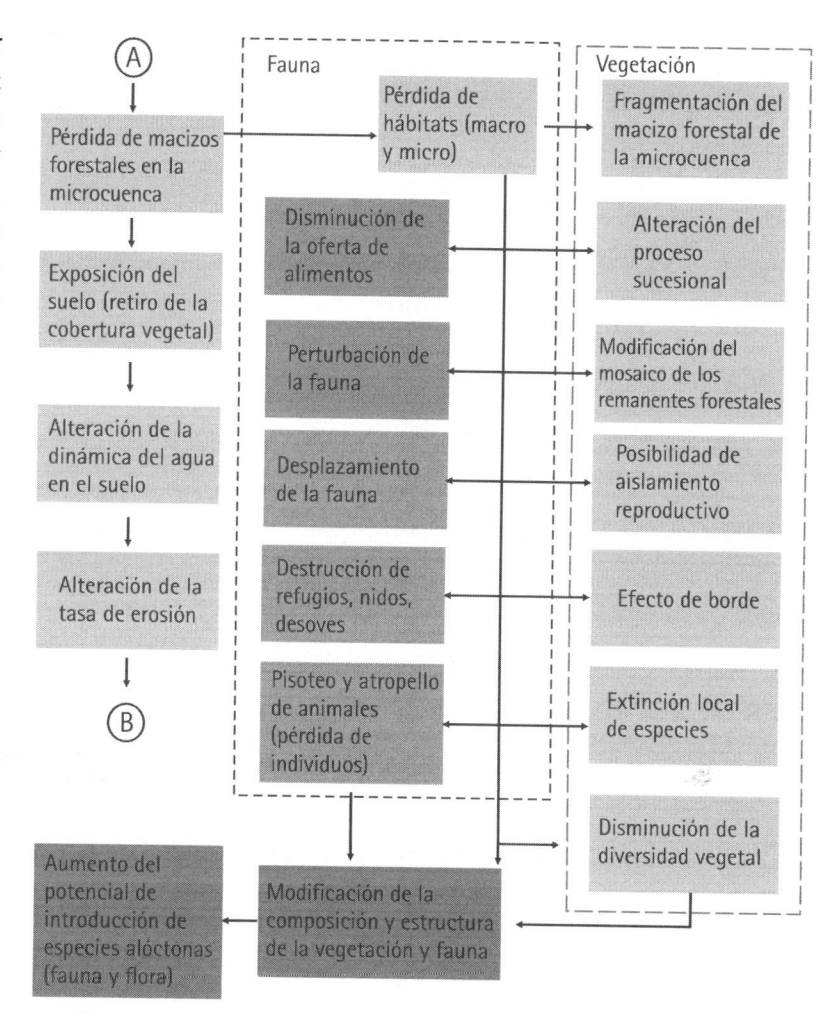

Fig. 7.18 *Diagrama de interacción de impactos potenciales derivados de la supresión de vegetación en una mina de cal*
Fuente: MKR Tecnologia, Serv., Ind. e Com. Ltda./E.labore Assessoria Ambiental Estratégica/ Companhia de Cimento Ribeirão Grande - CCRG. 2003. Estudio de Impacto Ambiental, Ampliación de la Mina Limeira, Companhia de Cimento Ribeirão Grande – CCGR, volumen 5, anexo 16.

impactos, el enfoque que se da al diagnóstico ambiental debe ser consistente con los resultados de la etapa de selección de las cuestiones relevantes, del mismo modo que los esfuerzos de previsión de impactos deben ser coherentes con la importancia de los impactos. Un EsIA coherente comienza con coherencia y rigor en la identificación de los impactos. La coherencia demanda un esfuerzo integrador, pero sólo es posible un análisis integrado si el trabajo se realiza de esa manera.

"Integración" tiene diversos significados en planificación y gestión ambiental; uno de los más genéricos es la integración de los distintos componentes del diagnóstico ambiental, en el sentido de brindar una especie de cuadro sinóptico o "integrado" de la situación, del estado o de la calidad del ambiente. La identificación de impactos también puede beneficiarse con alguna otra forma de integración, originando interpretaciones que superen trilladas afirmaciones como "impactos sobre la fauna" o "deterioro de la calidad del agua".

Un camino de integración lo propusieron Slootweg, Vanclay y van Schooten (2001), al utilizar el concepto de "funciones de la naturaleza" y de los recursos naturales para servir a las necesidades de la sociedad humana. Dicho concepto fue elaborado por de Groot (1992), quien agrupa las funciones en cuatro clases:

1. Funciones de producción: proveer a la sociedad de recursos naturales, sea como proveedora directa (p. ej. recursos pesqueros, combustibles fósiles), o bien como fuente de recursos manejados por el hombre (p. ej., por medio de la agricultura).
2. Funciones de regulación: relativas al mantenimiento del equilibrio dinámico de los procesos de la biosfera (p. ej., captación de carbono, regulación del flujo hídrico).
3. Funciones de soporte: desempeñadas por el espacio geográfico, como el territorio en donde se asienta la sociedad; en tanto las condiciones ambientales de cada porción del territorio lo tornan más o menos adecuado para determinados usos.
4. Funciones de información[4]: producto del significado que la sociedad le atribuye a la naturaleza o a ciertos componentes del paisaje, a su vez asociados a valores culturales de raíz histórica, espiritual o psicológica, entre otras.

[4] *Slootweg, Vanclay y van Schooten (2001) las redenominan como funciones de significación.*

En esa perspectiva, la naturaleza desempeña innumerables funciones, como por ejemplo:
- regulación del clima local y global;
- regulación del escurrimiento hídrico superficial y prevención de las inundaciones;
- fijación de energía solar y producción de biomasa;
- almacenamiento y reciclado de nutrientes;
- mantenimiento de la diversidad biológica y genética.

Las actividades humanas interfieren en esas funciones, causando impactos ambientales. Para Slootweg, Vanclay y van Schooten (2001), existen dos categorías de impactos: los biofísicos y los antrópicos. Los impactos biofísicos pueden ser entendidos como alteraciones (en calidad o cantidad) en los bienes y servicios brindados por la naturaleza (o "medio biofísico"), o sea, un cambio que afecta las funciones de la naturaleza como proveedora de servicios para la sociedad. De modo similar, los impactos sobre el medio antrópico pueden ser resultado de alteraciones en los procesos sociales o, indirectamente, de los impactos biofísicos (Fig. 7.19). Según la opinión de estos autores, "los impactos biofísicos pueden expresarse en términos de cambios en los productos y servicios brindados por el medio ambiente y, en consecuencia, tendrán impactos sobre el valor de esas funciones para la sociedad humana" (p. 24). De este modo, la identificación de impactos puede estar precedida por la identificación de las funciones ambientales afectadas, lo que ya da una medida de la relevancia de dichos impactos.

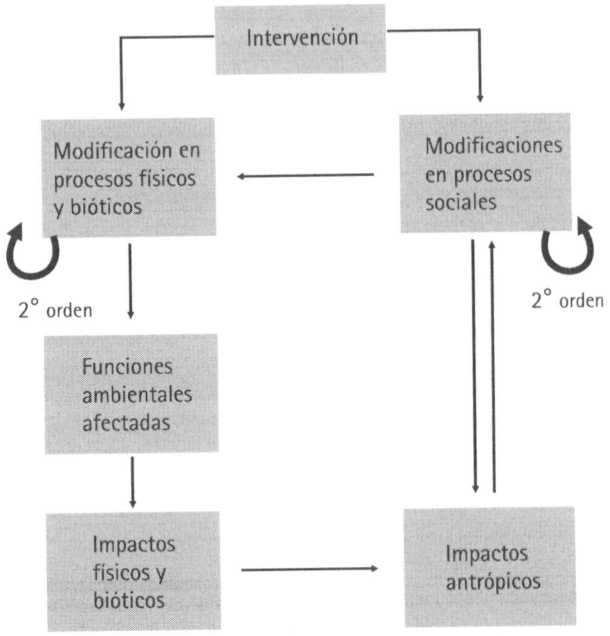

Fig. 7.19 *Relación entre procesos e impactos físico-bióticos y sociales*
Fuente: Slootweg, Vanclay y Van Schooten (2001).

Slootweg (2005, p. 38) señala que identificar las funciones de los ecosistemas es una de las directrices del llamado "abordaje ecosistémico" (*ecosystem aproach*), entendido como "una estrategia para la gestión integrada del suelo, del agua y de los recursos vivos que promueva la conservación y el uso sustentable de los recursos de una manera equitativa". Otros autores propusieron caminos diferentes hacia la integración. Independientemente del método de trabajo y de los procedimientos empleados para identificar impactos, es importante que esta tarea se haga de manera rigurosa y con una perspectiva multidisciplinaria.

7.7 Síntesis

Para realizar una identificación apropiada de los probables impactos ambientales, existen dos requisitos: (i) la cabal comprensión del proyecto (o plan, o programa) propuesto y (ii) un reconocimiento de las principales características del ambiente afectado. Para la identificación preliminar de impactos ambientales, no es necesario disponer de un conocimiento detallado del ambiente potencialmente afectado. En realidad, los impactos que pueden sobrevenir de las actividades de planificación, implantación, funcionamiento o desactivación del proyecto, plan o programa analizado son los que guiarán la continuación del estudio, al indicar qué tipo de información sobre el ambiente afectado será necesaria para prever la magnitud de los impactos, evaluar su importancia y proponer medidas de gestión con la finalidad de evitar, reducir o compensar los impactos adversos y maximizar los benéficos.

El examen de los impactos acumulativos es una de las dificultades de orden práctico que se plantean en la identificación de los impactos. Para que los estudios ambientales tomen en cuenta, de modo satisfactorio, los impactos acumulativos, es imperioso delinearlos ya en la etapa de identificación, para que la planificación de los estudios incorpore las necesidades específicas de los relevamientos de datos y de análisis requeridos para el tratamiento de los impactos.

Un abordaje ordenado y sistemático de las relaciones de causa y consecuencia, intermediadas por interferencias o alteraciones de procesos ambientales o sociales (con la posible consideración de las funciones ambientales que pueden verse afectadas por la propuesta analizada) colabora con la identificación de todos los impactos relevantes. El esquema fundamental para la identificación de impactos ambientales está resumido en la Fig. 7.20.

Acción ⟶ Efecto/aspecto ambiental (alteraciones de procesos) ⟶ Impacto

Fig. 7.20 *Esquema básico de las relaciones entre causa y consecuencia para la identificación de impactos ambientales*

Estudios de Base y Diagnóstico Ambiental

8

Los estudios de base ocupan una posición central en la secuencia de actividades de un estudio de impacto ambiental. Son éstos lo que permitirán obtener las informaciones necesarias para la identificación y previsión de los impactos, su posterior evaluación, y brindarán, finalmente, elementos para elaborar el plan de gestión ambiental. A su vez, el tipo y calidad de las informaciones obtenidas por medio de los estudios de base se determinarán en función de las dos etapas anteriores del EsIA, la identificación preliminar de los impactos y su jerarquización (selección de las cuestiones relevantes).

De esta forma, los estudios de base funcionan como un pivote en el proceso de elaboración de un estudio de impacto ambiental, y en torno a ellos gira la organización de los trabajos de campo y de gabinete, así como la estructuración del propio documento. Los estudios de base tienen como resultado el diagnóstico ambiental, capítulo obligatorio del todo EsIA.[1]

[1] *Como lo muestra la Sección 6.2, este capítulo tiene diferentes denominaciones según la legislación de cada país.*

Los estudios de base tienen tanta importancia en la evaluación de impacto ambiental que muchas veces terminan confundidos con el propio EsIA. Eso se da con mayor fuerza cuando se adopta un abordaje exhaustivo, con su tendencia a describir detalladamente los más variados elementos que componen el medio ambiente afectado. Es así que los estudios de base conforman el elemento más ampliamente reconocido de los estudios de impacto ambiental – todos concuerdan en que son necesarios – pero uno de los menos comprendidos (Beanlands, 1993), ya que la función del EsIA no es relevar o compilar datos sobre el ambiente afectado, sino (nunca está de más recordarlo) analizar la viabilidad ambiental de una propuesta, anticipando las consecuencias futuras de una decisión presente.

Las funciones de los estudios de base en un EsIA son:
* brindar informaciones necesarias para la identificación y previsión de los impactos, y para su posterior evaluación;
* ayudar a definir los programas de gestión ambiental (medidas mitigadoras, compensatorias, programas de monitoreo y demás componentes de un plan de gestión ambiental integrante de un EsIA);
* establecer una base de datos para la futura comparación con la situación real, en caso de implementación del proyecto.

8.1 FUNDAMENTOS

¿Cómo se pueden definir los estudios de base? Una definición genérica es la siguiente: *Relevamientos acerca de algunos componentes y procesos seleccionados del medio ambiente que pueden verse afectados por la propuesta (proyecto, plan, programa, política) analizada.*

Esta definición es bien amplia, pero insiste en el principio de que los estudios de base no pueden entenderse como cualquier acumulación de informaciones disponibles; en verdad, deberían estar centrados en los "componentes y procesos seleccionados" que puedan verse afectados por la propuesta en estudio. Se trata, por lo tanto, de recabar y organizar información (o sea, compilar informaciones existentes o producir nueva información) seleccionada, para cumplir con las funciones de los estudios de base dentro del EsIA.

Beanlands (1988) correlaciona los estudios de base con el monitoreo ambiental. Mientras los estudios de base describen las condiciones ambientales existentes en un determinado momento y en un determinado lugar (área de estudio), los cambios correspondientes pueden detectarse con el monitoreo. En esta acepción, los estudios de base brindan una referencia preoperativa para el monitoreo y deberían organizarse de manera de permitir una comparación entre la situación preproyecto y la que se podría encontrar luego de la implantación. Dichos estudios deberían, por lo tanto, seleccionar indicadores ambientales que deben ser relevados antes y después de la implantación del proyecto, de manera que se traten de estudios esencialmente cuantitativos, y que posibiliten la comparación multitemporal.

Beanlands define los estudios de base como "descripciones estadísticamente válidas de componentes ambientales seleccionados, hechas antes de la implantación del proyecto" (p. 41). Esta definición va más allá del concepto formulado al comienzo de esta sección, sin dejar, no obstante, de seguir la misma línea de razonamiento: no sólo la descripción de la situación preproyecto debe realizarse de manera de posibilitar una comparación con la situación futura, sino que debe ser validada estadísticamente; por lo tanto, debe ser rigurosamente cuantitativa. Beanlands y Duinker (1983, p. 29) lamentan que pocos EsIAs traten de establecer de modo cuantitativo cuál es la natural variabilidad espacial y temporal de los parámetros descriptivos de la situación preproyecto, a fin de que la comparación con la situación posproyecto tenga validez estadística.

En la práctica, es raro que un estudio de impacto ambiental alcance ese nivel de sofisticación, pero el principio de que la descripción de la situación actual debería hacer posible una comparación con la situación después de la implantación del emprendimiento es coherente con el concepto de impacto ambiental de la Fig. 1.5.

Los estudios de base no puede limitarse a una descripción, por más rigurosa, completa o detallada que sea; su objetivo no es solamente posibilitar las comparaciones multitemporales, sino también, y principalmente, permitir que los analistas ambientales efectúen previsiones científicamente bien fundamentadas sobre la probable situación futura.

Los estudios de base también deben realizarse de modo de evidenciar la dinámica ambiental de la zona afectada, presentando una caracterización de los principales procesos actuantes en el área de estudio (Fornasari Filho *et al.*, 1992), en vez de limitarse a una descripción estática del ambiente afectado. Dicho de otra forma, ello significa que los estudios de base deben indicar la evolución más probable de las condiciones socioambientales en el área de estudio, describiéndola con la ayuda de indicadores apropiados.

Los resultados de los estudios de base conforman una *descripción y análisis de la situación actual realizada mediante relevamientos de componentes y procesos del medio ambiente físico, biótico y antrópico y de sus interacciones*, lo que normalmente se denomina diagnóstico ambiental, un retrato de la situación preproyecto, a lo cual se contrapondrá un pronóstico ambiental, o sea, una *proyección de la probable situación futura del ambiente potencialmente afectado, en caso de que se implemente la propuesta analizada*; también se puede hacer un pronóstico ambiental previendo que la propuesta analizada no sea implementada.

El pronóstico ambiental será resultante de la próxima etapa en la preparación del EsIA, que es el análisis de los impactos y, dentro de ésta, principalmente de la actividad de previsión de impactos.

El concepto de estudios de base propuesto por Beanlands y Duinker (1983) tiene otro punto importante: aborda los atributos ambientales relevantes o, en otras palabras, los componentes valorizados del ecosistema (*valued ecosystem components*). La postura de estos autores es definitivamente contraria al abordaje exhaustivo, defendiendo la necesidad de elaborar una estrategia para los estudios de base que estén articulados con las demás actividades de la evaluación de impacto ambiental. Mediante la selección de los componentes ambientales más significativos (realizada en la etapa del *scoping* o selección de las cuestiones relevantes), los estudios ambientales están preparados para dilucidar los principales desafíos que impone el proyecto analizado. Para Beanlands (1993), parte de las dificultades de los primeros años de la práctica de la EIA era producto del intento de incluir casi todo en un EsIA, resultado de términos de referencia muy pobres. De allí que uno de los medios para enfocar los estudios hacia las cuestiones relevantes sea la utilización del concepto de componentes valorizados del ambiente.

8.2 O CONOCIMIENTO DEL MEDIO AFECTADO

Una de las funciones de los estudios de base es brindar datos para confirmar la identificación preliminar y prever la magnitud de los impactos. Se puede afirmar que, cuanto más se conoce sobre un ambiente, mayor es la capacidad de prever impactos y, por lo tanto, de administrar el proyecto de manera de reducir los impactos negativos. La Fig. 8.1 ilustra la relación entre el potencial de impacto[2] y el nivel de conocimiento del ambiente. Cuanto menos se sabe, mayor es la posibilidad de que un emprendimiento pueda causar impactos ambientales significativos, debido, justamente, al desconocimiento acerca de los procesos ambientales actuantes, de la presencia de elementos valorizados del ambiente y de la vulnerabilidad o la resiliencia de ese ambiente. Por ejemplo, pensemos en un emprendimiento propuesto para una región en la que puede suponerse que existen cavernas (región kárstica). La única manera de saber si el proyecto puede llegar a afectar a las cavernas, y de qué forma, es verificando si éstas existen. En un primer momento, o sea, cuando el conocimiento es escaso (no se sabe si realmente existen cavernas en el sitio), el emprendimiento puede causar grandes daños al patrimonio espeleológico. Sólo después de realizarse un relevamiento es posible aplacar la incertidumbre.

Este mismo razonamiento es válido para otros elementos o atributos ambientales relevantes (por ejemplo, especies de fauna y flora amenazadas, ecosistemas de alta productividad como los manglares, sitios de importancia cultural, puntos de encuentro de la comunidad local). El razonamiento también se aplica a los procesos ambientales: ¿el dragado de un canal de acceso a un nuevo puerto podrá afectar los patrones de circulación en un estuario y tener alguna consecuencia sobre la fauna? ¿La disminución de la altura de una solera rocosa en el río Paraguay, en el punto en que éste deja el Pantanal, podría contribuir a secar o drenar esa vasta planicie de inundación? (Esta fue una pregunta clave en la discusión sobre el proyecto de la hidrovía Paraná-Paraguay).

---

[2] *El potencial de impacto es la relación entre el pedido o la presión impuesta por un proyecto y la vulnerabilidad del ambiente afectado, como se aprecia en el Cap. 4, especialmente en la Fig. 4.3.*

Otro punto ilustrado en la Fig. 8.1 es que, cuando sabemos poco acerca de las condiciones ambientales de un lugar, cualquier adquisición de conocimiento representa ya un gran avance para entender mejor los impactos potenciales del proyecto. Sin embargo, a partir de cierto punto, es necesario realizar un gran esfuerzo de investigación para lograr grandes avances en el conocimiento. Como los estudios ambientales siempre se llevan a cabo en un contexto de limitación de tiempo y recursos, es interesante poder identificar el momento a partir del cual no vale la pena continuar esforzándose en la adquisición de datos. Un ejemplo práctico de esta limitación está reflejado en la Fig. 8.2, que representa una curva hipotética de esfuerzo muestral en la identificación de avifauna. Los relevamientos de aves son relativamente comunes en los estudios ambientales, porque ese grupo faunístico es un buen indicador del estado de conservación de los hábitats y porque las especies son fácilmente identificables, al contrario de otros grupos. La Fig. 8.2 muestra que, a partir de un cierto momento, el esfuerzo adicional de relevamiento (representado por el número de días de campo de un especialista) no produce un aumento significativo en el conocimiento (la cantidad de especies identificadas), dado que el ornitólogo termina viendo más ejemplares de las mismas especies, pero pocas nuevas, o ninguna. Ello ocurre porque es finita la cantidad de especies de aves en un dato local, siendo teóricamente posible identificar todas. En un relevamiento de avifauna efectuado durante cuatro años en una unidad de conservación en la región de la Sierra del Mar, el Parque Estadual de Intervales, São Paulo, Vielliard y Silva (2001) identificaron un total de 338 especies, a lo largo de 22 campañas de dos a cuatro días de duración, con espacios de dos a tres meses. La primera campaña identificó cerca de cien especies, número que ya se duplicó luego de la segunda; cada campaña adicional representó un pequeño incremento en relación a la anterior.

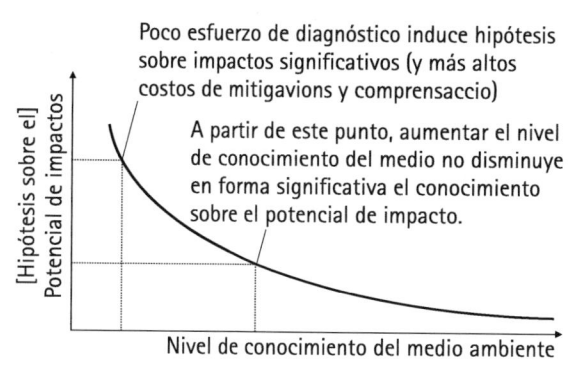

Fig. 8.1 *Representación esquemática de la relación entre el grado de conocimiento del ambiente y el potencial de impacto ambiental*

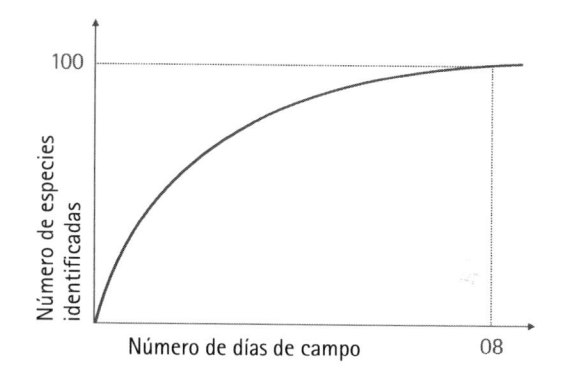

Fig. 8.2 *Curva hipotética del esfuerzo muestral en el relevamiento de avifauna. Los números indicados en la figura no representan, necesariamente, valores típicos de ningún ecosistema. La figura indica un esfuerzo muestral continuo, no tomando en cuenta las campañas de muestreo realizadas en diferentes épocas del año, práctica que corresponde a las recomendaciones de la mayoría de los especialistas*

8.3 Planificación de los estudios

Son muchos los estudios ambientales llevados a cabo sin habérsele dado previamente la debida atención a la definición clara y precisa de su alcance y focalización (Ross, Morrison-Saunders y Marshall, 2006). El ejemplo del EsIA de la hidrovía Araguaia-Tocantins (como se ve en la sección 5.1), en el cual los impactos sobre el turismo no pudieron evaluarse de manera satisfactoria por falta de datos primarios (y por ausencia de datos secundarios), sirve para ilustrar la dimensión de los problemas resultantes de la deficiencia o incluso de la inexistencia de una planificación adecuada de los estudios.

El caso muestra la inobservancia de un principio básico para un buen diagnóstico ambiental, o sea, realizar los relevamientos *necesarios* y no hacer una compilación de datos disponibles.

> [3] *En esa época (1989), el Instituto Brasileño de Medio Ambiente y Recursos Naturales Renovables (Ibama) todavía no era activo en la protección del patrimonio espeleológico.*

> [4] *El caso debe ser apreciado en su contexto histórico. Aunque en la época ya imperara la exigencia legal de realización de relevamientos espeleológicos para los emprendimientos "potencialmente lesivos para el patrimonio espeleológico nacional", el tema era nuevo y contaba con pocos especialistas.*

Otro caso real ayuda a ilustrar la relación entre los datos disponibles y los datos necesarios. En el proyecto de una nueva fábrica de cemento y una calera, uno de los puntos del diagnóstico ambiental – de un EsIA realizado a fines de los años 80 - era la espeleología. El EsIA realizó un relevamiento bibliográfico y verificó que no había registro de cavernas conocidas en la región, reafirmando la inexistencia de cavernas en la zona de la futura mina. El emprendimiento fue aprobado por el organismo ambiental estadual, pero las entidades ambientalistas, denunciando el riesgo de destrucción del patrimonio espeleológico, se dirigieron a la prensa, al organismo federal encargado de la defensa del patrimonio y al Ministerio Público. La prensa regional publicó varias notas sobre el caso, el Instituto del Patrimonio Histórico y Artístico Nacional (Iphan) interpuso una acción administrativa y el Ministerio Público inició una acción civil pública[3]. Como consecuencia de la acción civil, el emprendedor contrató nuevos estudios, esta vez específicos para la prospección y mapeo de cavernas, las cuales efectivamente fueron halladas en el entorno de la zona de la futura mina, pero no en la zona directamente afectada. Estos estudios complementarios terminaron por resolver el problema, que se podría haber evitado si los primeros estudios hubiesen sido planificados adecuadamente, definiendo cuáles serían los datos necesarios y cuáles los métodos para obtenerlos.[4]

Estos casos muestran la importancia de que los estudios de base sean planificados previamente y, en lo posible, que las orientaciones para su realización se incorporen a los términos de referencia. Teniendo en cuenta que se utilizarán métodos y técnicas de las diferentes disciplinas cubiertas por los integrantes del equipo técnico, se hace necesario un abordaje semejante al empleado en los proyectos de investigación científica, con la previa definición de los objetivos del trabajo, su metodología y los resultados esperados, para cada relevamiento. Como afirma Beanlands (1993, p. 63), es necesario contar con una estrategia de estudio, un plan para "coordinar los diferentes programas de recolección de datos y ejercicios de modelaje".

La planificación de los estudios debe responder a cuatro preguntas:
1. ¿Qué informaciones son necesarias y para qué finalidad se utilizarán?
2. ¿Cómo se recabarán dichas informaciones?
3. ¿Dónde se recabarán?
4. ¿Durante cuánto tiempo, con qué frecuencia y en qué épocas del año serán recabadas?

Sólo después de conocerse las respuestas a esas cuatro preguntas es posible iniciar los relevamientos. En caso contrario, existen grandes posibilidades de obtener resultados insatisfactorios, y tal vez el trabajo tenga que ser rehecho o complementado. Una consecuencia segura de un diagnóstico ambiental insuficiente es el atraso en la aprobación del emprendimiento. Además, la realización de relevamientos complementarios en un EsIA representa, generalmente, mayores costos, existiendo siempre el riesgo de que se interpongan acciones judiciales, una nueva fuente de demoras y gastos adicionales.

DEFINICIÓN DE LAS INFORMACIONES QUE DEBEN SER RELEVADAS

Frente a la exigencia de multidisciplinariedad y ante la vasta gama de impactos posibles de la mayoría de los emprendimientos para los cuales se efectúan los estudios de impacto ambiental, existen grandes riesgos de que se recabe una gran cantidad de informaciones irrelevantes, que son aquellas que no se utilizan para la previsión y evaluación de los impactos, ni para la formulación del plan de gestión, y que tampoco permiten una comparación de la situación *ex ante* con la situación *ex post*. Basta consultar una muestra de EsIAs para encontrar buena cantidad y variedad de informaciones en su mayoría irrelevantes. La imperfecta comprensión de las funciones y los roles de la evaluación de impacto ambiental da como resultado una tendencia a presentar las informaciones disponibles, en detrimento de aquellas que son necesarias para el análisis de los impactos y, consecuentemente, para la toma de decisiones.

Un ejemplo puede ayudar nuevamente a comprender el concepto. Consideremos un estudio de impacto ambiental de un proyecto que implique procesos causantes de contaminación atmosférica, como una central termoeléctrica o una fábrica de cemento. En este caso, naturalmente uno de los impactos más significativos será la degradación de la calidad del aire producto de las emisiones contaminantes. Por lo tanto, el estudio de impacto ambiental deberá ocuparse de prever la situación futura de la calidad del aire en toda una zona que rodea la fuente de emisión. Ello normalmente se realiza con la ayuda de modelos matemáticos que calculan las concentraciones de contaminantes, en tanto se los alimente debidamente con datos numéricos sobre las emisiones propiamente dichas y sobre las condiciones atmosféricas para la dispersión de los contaminantes. De esta forma, al planificarse los estudios, se debe estipular qué tipos de datos van a ser necesarios (direcciones predominantes de los vientos y su intensidad, clases de estabilidad atmosférica y otros), cuál es la confiabilidad requerida y otras condiciones para que la etapa siguiente del EsIA, la previsión de los impactos, se pueda llevar a cabo como es debido (como lo muestra la sección 9.3). Eccleston (2000, p. 176) comenta que en los EEUU, a pesar de las directrices gubernamentales explícitas sobre focalización de los estudios –el reglamento de 1978 del Consejo de Calidad Ambiental determina que los EsIAs deben "describir sucintamente el ambiente de la zona que se verá afectada" y que "las descripciones no deben ser más largo que lo necesario para comprender los efectos de las alternativas"–, "no es raro encontrar un EsIA que presente una extensa discusión de recursos ambientales, incluso de aquellos que, en forma clara, no tienen posibilidades de verse afectados".

La amplitud y el alcance de los estudios normalmente se definen en la preparación de los términos de referencia (según se advierte en la sección 5.4). Sin embargo, no siempre son suficientemente precisos y detallados, y pueden necesitar una revisión o un ajuste en la ejecución de los estudios. Por otro lado, cuando las empresas consultoras preparan propuestas técnicas y comerciales para realizar estudios ambientales, deben contar con una estimación razonable de los costos de dichos estudios, de manera que deben definir su focalización y alcance con un pequeño margen de error, dado que ello va a influenciar sobremanera los costos de los servicios ofrecidos.

Una vez iniciado el EsIA, aún es posible hacer correcciones y ajustes, aunque la mayoría de las veces los cambios sustanciales tienen que justificarse ante el cliente y ser aprobados por los agentes gubernamentales. Canter (1996, p. 117) recomienda que el equipo del EsIA haga explícitas las razones para incluir o excluir elementos o factores ambientales en los estudios de base, sugiriendo que se apliquen criterios como:

- *scoping*: elemento seleccionado para los estudios de base por ser consecuencia del proceso de selección de las cuestiones relevantes o constar en los términos de referencia;
- trabajos de campo: elemento incluido por haber sido verificado o constatado durante los trabajos de campo;
- opinión profesional: elemento incluido en razón de la apreciación del equipo multidisciplinario;
- opinión profesional: elemento excluido por no ser un recurso que pueda verse afectado por el emprendimiento.

MÉTODOS DE RECOLECCIÓN Y ANÁLISIS

El plan de trabajo para la realización de los estudios de base debería, en la medida de lo posible, describir las metodologías que se utilizarán para la recolección de las informaciones. Diversas decisiones a tomarse aquí terminarán influenciando el resultado de los estudios. Entre ellas se destacan las siguientes:

¿Se deben relevar datos primarios o secundarios? Los datos secundarios son los preexistentes, que se hallan a disposición en diferentes fuentes, públicas o privadas, como bibliografía, cartografía, informes no publicados, bancos de datos de organismos públicos, de organizaciones no gubernamentales y, finalmente, datos ya obtenidos por el propio emprendedor. Datos primarios son los inéditos, relevados con la finalidad específica del estudio de impacto ambiental[5]. En cualquier EsIA habrá tanto datos secundarios como primarios. Por ejemplo, los datos sobre la demografía y la economía generalmente están disponibles, mientras que las características de una parte de la vegetación existente en la superficie en donde se va a construir el emprendimiento sólo se podrán conocer luego de un relevamiento apropiado en el campo. El especialista que utilizará los datos es quien debe tomar la decisión sobre el tipo de datos que necesita. Por ejemplo, en el modelaje de la dispersión de contaminantes, el especialista podrá informarse acerca de las fuentes secundarias disponibles para los datos sobre variables atmosféricas (por ejemplo, en aeropuertos o estaciones climatológicas gubernamentales), y luego decidir si son o no adecuados para su trabajo de previsión.

¿Se deben realizar inventarios o se puede proceder por muestreo? La respuesta dependerá del tipo de dato y de su relevancia para el análisis de los impactos. Por ejemplo, en los estudios relativos a una represa, la población humana que ocupa la zona inundable deberá ser objeto de un relevamiento censal detallado, mientras que para el relevamiento de la vegetación normalmente se procede por muestreo: no se miden e identifican todos los árboles, sino que se realizan estudios en superficies reducidas, según determinados criterios de muestreo conocidos por los profesionales del sector y que podrán ser aplicados a la totalidad de la zona, con un margen de error definida anteriormente.

¿Se deben tomar series temporales o se pueden realizar muestreos únicos? Nuevamente, la estrategia dependerá de la variable estudiada y de su comportamiento a lo largo del tiempo. Por ejemplo, la calidad del agua de un río, que en general tiene variación estacional, debería ser objeto de estudio durante cierto período, usualmente un ciclo hidrológico, pero la cobertura vegetal no tiene esa variabilidad y muchas veces

---

[5] *Un error estratégico en la planificación del EsIA de la fábrica de cemento y calera citado anteriormente fue haber escogido usar datos secundarios para una situación que requería datos primarios provenientes de relevamientos de campo.*

puede ser estudiada en una sola campaña de campo. Sin embargo, para el relevamiento de la vegetación pueden necesitarse varias campañas en un mismo lugar, ya que las especies florecen en diferentes épocas del año y, a veces, la identificación de una especie sólo es posible por medio de las flores. Lo mismo vale para los relevamientos faunísticos.

El tiempo limitado de los estudios debido al interés del emprendedor en obtener su aprobación lo más rápido posible no siempre conduce a los resultados esperados (en términos de rapidez en la obtención de la licencia), y también puede tener repercusiones futuras. La Fig. 8.3 ilustra un ejemplo hipotético de monitoreo de la calidad de las aguas superficiales, el cual sugiere que una estrategia de muestreo que no tome en cuenta la estacionalidad puede conducir a conclusiones erróneas. Si se recolecta sólo una muestra de agua antes del inicio de la implantación del emprendimiento y la muestra se realiza el día T1, y suponiendo que haya un monitoreo continuo o frecuente luego de la implantación del emprendimiento, tomando, además, el promedio del indicador para el período post-implantación, el analista llegará a una conclusión errónea sobre el impacto del emprendimiento sobre dicho indicador: tendrá la impresión de que el impacto fue mucho mayor de lo que realmente es. A la inversa, si el muestreo se realiza el día T2, la conclusión será que prácticamente no hubo impacto.

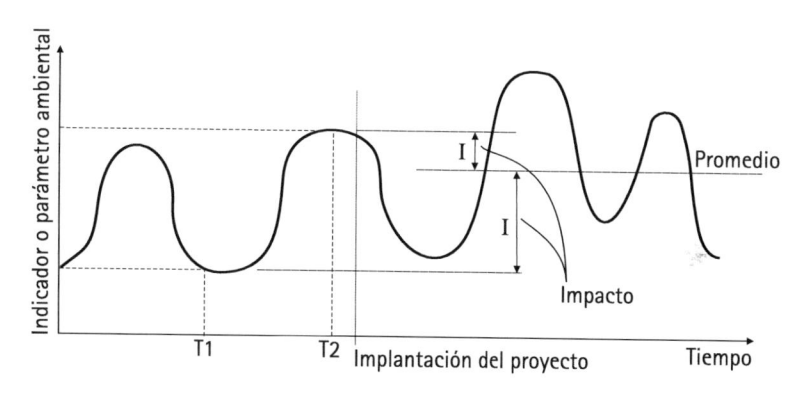

Fig. 8.3 *Representación esquemática de la variación de un indicador hipotético de calidad del agua*

¿Se deben efectuar muestreos continuos o discretos? Para ciertos parámetros ambientales podría ser necesario efectuar mediciones continuas o a intervalos de tiempo muy cortos, mientras que para otros son suficientes algunas muestras recolectadas con semanas o meses de intervalo. Como regla general, en la mayoría de los estudios de impacto ambiental no son necesarios muestreos continuos, procedimiento más empleado en el monitoreo operativo (por ejemplo, emisiones de contaminantes atmosféricos en chimeneas).

A título de ejemplo, el Cuadro 8.1 indica algunas estrategias usuales para estudios de base en Brasil. Adviértase que los ejemplos son apenas ilustrativos, y de modo alguno prescriptivos. Lo que se trató es de señalar las características más frecuentes en estudios de base para EsIAs realizados en ambientes terrestres.

Área de estudio

Toda planificación de un estudio ambiental debe establecer de antemano el área de estudio, o sea, la delimitación del lugar que será objeto de los diferentes relevamientos, sean éstos primarios o secundarios. El área de estudio podrá variar en función del tipo de relevamiento a realizar, y el grado de detalle de un tipo de relevamiento especializado puede ser diferente de un relevamiento temático.

Una delimitación mínima del área de estudio corresponde a la superficie que ocupará el emprendimiento, a la que normalmente se denomina área directamente afectada. Se trata del área de implantación y de sus componentes o instalaciones auxiliares, en las que puede haber pérdida de la vegetación preexistente, impermeabilización del suelo y demás modificaciones importantes. Por ejemplo, en el caso de una central hidroeléctrica, la zona directamente afectada comprende el área del embalse, el área de la represa en sí misma, de la sala de máquinas, de la subestación eléctrica, las áreas ocupadas por campamentos, conjunto habitacional e instalaciones administrativas y de apoyo (talleres, patios, estacionamientos), así como los sitios de extracción de materiales de obra y las áreas de reasentamiento de la población.

Sin embargo, los impactos de un emprendimiento nunca se restringen a su propia área de implantación, haciéndose sentir como mínimo en sus alrededores. Por eso es que el área de estudio puede ser notablemente mayor que la zona directamente afectada. Para muchos emprendimientos, la cuenca hidrográfica es una unidad de análisis adecuada en lo que se refiere a los diferentes impactos sobre el medio físico. En cuanto a los impactos sociales y económicos, las unidades políticas como los municipios o los conjuntos de municipios suelen constituir recortes territoriales adecuados, dado que varios de esos impactos se manifiestan a ese nivel, como el aumento de la recaudación tributaria o el aumento de la demanda de servicios públicos. La intensidad y el nivel de detalle de ciertos estudios temáticos podrán ser diferentes según los distintos recortes territoriales, por ejemplo, más detallados y basados en datos primarios en la zona directamente afectada por el emprendimiento, y con menores detalles o basados en informaciones secundarias en el resto del área de estudio.

Cuadro 8.1 *Ejemplos de estrategias para algunos relevamientos de datos en estudios de base*[1]

Datos primarios[2] X	Datos secundarios
Geología local	Geología regional
Relieve y suelos	Clima
Ruido	Hidrología
Calidad del aire y meteorología	Fuentes de contaminación
Calidad del agua	Zonas contaminadas
Dinámica y calidad del agua subterránea	Pozos profundos
Radiaciones ionizantes	Finanzas municipales
Fauna, flora, ecosistemas acuáticos	Población e indicadores sociales
Población local directamente afectada	Empleo, ingresos y actividad económica
Uso de recursos naturales	Bienes culturales de reconocida importancia
Sitios de interés natural o cultural	Unidades de conservación
Sitios arqueológicos	
Uso del suelo	
Poblaciones tradicionales	
Inventarios X	Muestreo[3]
Sitios de interés natural o cultural	Agua, aire, ruido, radiaciones
Población local directamente afectada	Fauna, flora, ecosistemas acuáticos
Uso de recursos naturales	Nivel y calidad del agua subterránea
Uso del suelo	Sitios arqueológicos
Series temporales x	Muestras puntuales[3,4]
Agua, aire	Ruido
Ecosistemas acuáticos	Fauna, flora
Nivel y calidad del agua subterránea	Sitios arqueológicos

[1] Los ejemplos son sólo ilustrativos y no prescriptivos; se procuró indicar las características más frecuentes en los estudios de base para EsIAs realizados en ambientes terrestres. Como se viene discutiendo exhaustivamente en este libro, los estudios debe ser individualizados; esta lista no agota los temas que pueden abordarse en los diagnósticos ambientales.
[2] Los relevamientos primarios no prescinden de los relevamientos secundarios sobre los mismos asuntos, tanto para obtener datos del pasado, como para ampliar el área de la cual se obtiene información, o inclusive porque siempre es recomendable conocer los estudios anteriores efectuados para el mismo sitio o región.
[3] Se aplica a los relevamientos primarios.
[4] Se aplica a los datos obtenidos por muestreo.

No se debe confundir área de estudio con *área o zona de influencia*. Este último término designa la zona geográfica que puede sufrir las consecuencias, directas o indirectas, del emprendimiento. Por lo tanto, el área de influencia sólo podrá conocerse luego de concluidos los estudios. Por ejemplo, para saber cuál es la zona de influencia de una central termoeléctrica en cuanto a la modificación de la calidad del aire, primero se deben recabar informaciones sobre los niveles de emisión de contaminantes atmosféricos (tarea normalmente llevada a cabo en la etapa de caracterización del proyecto) y sobre las condiciones atmosféricas y de relieve de la zona (tarea realizada en la etapa de los estudios de base), a fin de conocer las posibles concentraciones futuras de contaminantes (conclusión que sólo se puede obtener en la etapa de la previsión de los impactos). De manera semejante, la zona afectada por un derrame de petróleo en el mar sólo se conocerá después de un modelaje que tome en cuenta los vientos y las corrientes marinas, el cual depende los datos oceanográficos obtenidos y compilados durante los estudios de base.

En determinadas situaciones, el área de estudio puede ser mayor que la zona de influencia. Por ejemplo, en general los impactos directos sobre el patrimonio arqueológico se restringen a la zona directamente afectada o sus inmediaciones. Sin embargo, para realizar relevamientos del potencial arqueológico de una zona, los arqueólogos necesitan estudiar zonas mayores, para entender cómo los grupos humanos utilizaban en el pasado los recursos del territorio que ocupaban.

Lo inverso también es verdad. Imaginemos un emprendimiento que pueda afectar una zona húmeda, como el Pantanal. Ese ambiente está ocupado por especies migratorias, que pasan allí sólo parte de su ciclo vital. Aunque la zona de influencia de un emprendimiento de gran impacto (como la hidrovía Paraná-Paraguay) pueda extenderse hasta Norteamérica, muy difícilmente un estudio de impacto ambiental abarcaría una zona continental como área de estudio. En este caso, la estrategia sería considerar las especies potencialmente afectadas como componentes valorizados del ambiente y estudiar su biología en base, primordialmente, a fuentes secundarias.

Temporalidad de los estudios

La temporalidad es, evidentemente, algo de gran relevancia para la planificación de los estudios. La duración puede determinarse por necesidades intrínsecas de ciertos procedimientos de muestreo o de relevamiento censal, cuya elección, a su vez, depende del nivel de detalle deseado. No obstante, lo que puede ser determinante para establecer la duración total de los estudios son las características estacionales propias de ciertos fenómenos que se deben estudiar.

En tal situación, algunos emprendedores establecen, por cuenta propia, una base de datos preoperativos y los colocan a disposición del equipo encargado de preparar los estudios ambientales. Nada impide que los datos que requieran series temporales largas para su correcto análisis sean recabados mucho antes de iniciar el EsIA. Por ejemplo, el modelaje de dispersión de contaminantes atmosféricos (como se ve en la sección 9.3) necesita de, por lo menos, un año seguido de monitoreo de parámetros meteorológicos, raramente disponibles para el sitio en el que ocurrirán las emisiones, lo que lleva a los analistas a adquirir datos de otras localidades – como los aeropuertos - que pueden situarse a más de 100 km del punto de interés.

8.4 Contenidos y abordajes de los estudios de base

Los estudios ambientales normalmente son realizados por equipos multidisciplinarios, o sea, compuestos por especialistas de diferentes áreas del conocimiento. Aunque el ambiente sea una totalidad, nuestro conocimiento es fragmentado. Las ciencias naturales avanzaron justamente mediante el recorte y la selección de objetos de estudios destacados del ambiente. Pese a los esfuerzos de integración entre disciplinas, nuestro conocimiento sigue avanzando gracias a la especialización en temas a veces muy limitados.

Al prepararse un estudio de impacto ambiental no se puede escapar de la especialización del conocimiento, aunque también se busque la síntesis y la integración. De este modo, las descripciones y análisis de las características del ambiente afectado por un proyecto pueden ordenarse según diferentes perspectivas.

Es muy común la división del ambiente en tres grandes compartimientos, a los fines del diagnóstico ambiental: los medios físico, biótico y antrópico. Básicamente, la filosofía que hay por detrás de dicha división coloca en el compartimiento "medio físico" todo lo relativo al ambiente inanimado, y en el "medio biótico", todo lo referente a los seres vivos, excluidos los humanos, que son incluidos en el "medio antrópico". Esta es la terminología adoptada por la legislación uruguaya. En Brasil, al "medio antrópico" frecuentemente, aunque de manera poco apropiada, también se lo denomina "medio socioeconómico", término que deja afuera la dimensión cultural de las actividades humanas. Es bien cierto que en los EsIAs raramente se aborda la dimensión cultural, en tanto que en los casos de proyectos que puedan afectar a comunidades indígenas se lo hace en un estudio aparte, desconectado del EsIA, como un "informe antropológico". Una expresión alternativa para "medio antrópico" es "ambiente humano", empleada en algunos países. La división del ambiente en tres "medios" es artificial, como cualquier otra que se haga, pero ésta no es la única manera de compartimentar el ambiente total a los fines de la descripción y el análisis. En otros países se usan criterios diferentes, como incluir la categoría "paisaje", que une componentes bióticos, como la vegetación, y elementos antrópicos, como las formas de uso del suelo y la infraestructura. Otras veces, se agrupa en "medio biofísico" todo cuanto respecta al ambiente natural, presentando todo el resto en una sección sobre "ambiente humano". Muchos de los términos presentados en la Fig. 1.2 sirven como estructura a fines del diagnóstico ambiental. El Cuadro 8.2 muestra ejemplos de estructura del diagnóstico ambiental en algunos EsIAs; es interesante destacar los ejemplos en los cuales la estructura general no incluye un capítulo separado para el diagnóstico y otro para el análisis de los impactos, sino que presenta una secuencia de tópicos en la cual primero se describe cada componente ambiental seleccionado y, a continuación, se evalúan sus impactos.

Toda división del ambiente a los fines del análisis o la descripción será siempre arbitraria y no puede emplearse de manera rígida. La descripción de la calidad de las aguas superficiales, por ejemplo, se puede llevar a cabo por medio de parámetros físicos y químicos (temperatura, turbidez, pH, oxígeno disuelto, demanda bioquímica de oxígeno, etc.) y, al mismo tiempo, con parámetros biológicos (presencia de microorganismos, diversidad de algas, composición de las comunidades planctónicas, etc.). Por lo tanto, al haber elementos del medio físico y del medio biótico, ¿en dónde encuadrar esa parte del diagnóstico? Una alternativa podría ser dividir el área de estudio en un mosaico de ambientes (como ambientes urbanos, rurales, seminaturales, acuáticos, etc.) y encuadrar la descripción de la calidad del agua en esta última categoría.

Otro ejemplo es la descripción de las formas de uso del suelo, esencial para aprehender el contexto en el que se inserta la propuesta analizada. A los fines de una descripción estricta de las modalidades de uso y ocupación por parte de la sociedad, los epígrafes de un mapa de uso del suelo pueden ser tan variados como "zona urbana", "culturas temporarias", "pastajes", "culturas permanentes" y "vegetación nativa". No obstante, esta última clase puede ser ampliada para incluir los diversos tipos de vegetación nativa que se puede encontrar en el área de estudio, de modo que, además de un mapa de las formas de uso del espacio, también se cuenta con un mapa de las formaciones vegetales identificadas. ¿Dicho mapa debería presentarse en la sección correspondiente al medio biótico o al medio antrópico?

Innegablemente, hay un cierto porcentaje de arbitrariedad en cualquier tipo de compartimentación del ambiente. La manera de hacerlo refleja la elección del equipo multidisciplinario consultor y de eventuales orientaciones de los términos de referencia, requisitos legales específicos o incluso preferencias del equipo del organismo ambiental regulador. En última instancia, lo más importante es el contenido del diagnóstico ambiente y no la manera como está estructurado, aunque una buena estructuración facilite su lectura y comprensión.

Cuadro 8.2 *Ejemplos de estructuras de diagnóstico ambiental en EsIAs**

CENTRAL HIDROELÉCTRICA EASTMAIN 1, QUEBEC, CANADÁ	PROYECTO HIDROELÉCTRICO NIDO DE ÁGUILA, CHILE
Parte 3: Descripción del medio	Capítulo 4: Línea de Base
Capítulo 1: Zona de estudio	4.2 Línea Base Medio Físico
Capítulo 2: Medio físico	4.2.1 Clima y Meteorología
1. Geografía física geral	4.2.2 Calidad del Aire
2. Geomorfología	4.2.3 Geología
3. Clima	4.2.4 Geomorfología
4. Hidrología y régimen térmico	4.2.5 Áreas de Riesgos Naturales
5. Calidad del agua	4.2.6 Suelos
Capítulo 3: Medio biológico	4.2.7 Hidrología
1. Vegetación	4.2.8 Características Sedimentológicas
2. Ictiofauna	4.2.9 Calida del Agua
3. Avifauna	4.2.10 Hidrogeología
4. Gran fauna[1]	4.2.11 Ruidos y vibraciones
5. Pequeña fauna[2]	4.3 Línea Base Medio Biótico
6. Mercurio en el medio natural[2]	4.3.1 Vegetación y Flora Terrestre
Capítulo 4: Medio humano	4.3.2 Fauna Terrestre
1. Historial de la ocupación del territorio	4.3.3 Flora y Fauna Acuática
2. Perfil socioeconómico	4.4 Línea Base Medio Humano
3. Utilización del territorio	4.4.1 Medio Social
4. Paisaje	4.4.2 Medio Construido
5. Arqueología	4.4.3 Patrimonio Cultural
	4.4.4 Paisaje
	4.4.5 Turismo y Recreación

Cuadro 8.2 *(continuación)*

Anillo Vial De Woodend, Carretera Calder, Victoria, Australia
Parte 3: Características del Área de Estudio
3.1 Proceso y área de estudio
3.2 Situación ambiental
3.2.1 Uso de la tierra, propiedad y control
3.2.2 Condiciones sociales y demográficas
3.2.3 Condiciones económicas
3.2.4 Recreación y turismo
3.2.5 Arqueología aborigen
3.2.6 Patrimonio
3.2.7 Utilidades y ferrocarril
3.2.8 Transporte y tráfico
3.2.9 Topografía
3.2.10 Condiciones climáticas
3.2.11 Seguridad vial
3.2.12 Cursos de agua
3.2.13 Geología
3.2.14 Agua subterránea y salinidad
3.2.15 Flora y fauna
3.2.16 Bosques
3.2.17 Paisaje
3.2.18 Fuego
3.2.19 Calidad del aire
3.2.20 Ruido
3.2.21 Actividad agrícola

Memorial World Trade Center, Nueva York, Estados Unidos[3,4]
Capítulo 3: Uso del suelo y política pública
Capítulo 4: Diseño urbano y recursos visuales
Capítulo 5: Recursos históricos
Capítulo 6: Espacio abierto
Capítulo 7: Sombras
Capítulo 8: Equipamientos comunitarios
Capítulo 9: Condiciones socioeconómicas
Capítulo 10: Carácter del barrio
Capítulo 11: Materiales peligrosos
Capítulo 12: Infraestructura
Capítulo 13A: Tráfico y estacionamiento
Capítulo 13B: Transportes públicos y peatones
Capítulo 14: Calidad del aire
Capítulo 15: Ruido
Capítulo 16: Zona costera
Capítulo 17: Tierras bajas[5]
Capítulo 18: Recursos naturales
Capítulo 19: Campos electromagnéticos

* Las referencias completas se encuentran en la Lista de Estudios Ambientales Citados.
[1] Se refiere a especies seleccionadas de mamíferos, de importancia ecológica y cultural.
[2] Este ítem se justifica por el aumento de la concentración del metal en el agua, luego de una inundación, como se ve en la sección 9.4.
[3] Presentado como "un proyecto de reconstrucción extraordinaria para recordar, reconstruir y renovar lo que se perdió el 11 de septiembre de 2001".
[4] Se presenta el diagnóstico con el análisis de los impactos para cada tópico seleccionado; las medidas mitigadoras se presentan en un capítulo propio.
[5] Este tópico cumple con un requisito legal específico de la legislación federal americana.

El contenido del diagnóstico ambiental de cada EsIA debe ser específico. Sin embargo, hay algunos rasgos generales comunes a muchos EsIAs, que se deben abordar a posteriori, de acuerdo a la compartimentación de medio físico, biótico y antrópico. Pero antes es necesario presentar consideraciones sobre la cartografía, herramienta esencial para la planificación de los estudios, para los trabajos de campo, para los análisis posteriores y también para la presentación de los resultados al público.

Cartografía

Los mapas son esenciales para la representación de la mayoría de las informaciones producidas o compiladas por los estudios de base. Al planificar un EsIA, es necesario saber de antemano cuál es la disponibilidad de bases cartográficas y de otros medios de visualización y representación espacial, como las fotografías aéreas y las imágenes satelitales. Lo ideal es poder decidir la escala de los mapas a presentar en el EsIA durante su planificación (los requisitos en cuanto a la escala mínima de representación pueden incorporarse a los términos de referencia).

La mejor escala dependerá del tipo de proyecto analizado. Los proyectos lineales como los ductos y las líneas de transmisión pueden requerir escalas pequeñas (por ejemplo 1:100.000 o 1:200.000) en caso de tener decenas de kilómetros de extensión. Naturalmente, los detalles se pueden representar a escalas mayores. Los proyectos puntuales, como rellenados de residuos y emprendimientos urbanísticos, normalmente deben presentar su diagnóstico ambiental a escalas como 1:10.000 o 1:5.000 (siempre tiene que ser posible representar los detalles a escalas mayores).

Un problema práctico es que no siempre se dispone de bases cartográficas[6] oficiales a las escalas referidas. Muchos países hacen sus relevamientos básicos a escala 1:50.000 o 1:25.000; los países de grandes dimensiones pueden disponer de mapas a esas escalas sólo en parte del territorio. Los mapas a escala 1:25.000 o 1:10.000 son comunes en Europa, pero en Latinoamérica se restringen a pocas regiones. Para proyectos de mediana o gran envergadura, se pueden producir mapas topográficos especiales para las finalidades del proyecto, como el caso de las represas, carreteras y minas. En esos casos, es recomendable que el equipo ambiental pueda opinar sobre la delimitación de la superficie a mapear, ya que sus necesidades no siempre se limitan a las zonas mapeadas a los fines del proyecto de ingeniería. Para proyectos puntuales, se puede realizar un relevamiento topográfico (teodolito o estación total), pero dichos relevamientos raramente se efectúan para las grandes superficies.

Las fotografías aéreas no reemplazan a los mapas porque siempre contienen distorsiones mayores en sus bordes. En tanto, las imágenes satelitales, por ser tomadas a una altitud muy superior a la de los aviones que realizan relevamientos aerofotogramétricos, poseen una distorsión muy baja y pueden usarse como base planimétrica (o sea, sin altimetría), en tanto estén georreferenciadas. Georreferenciación es el nombre que se le da al procedimiento de vincular los puntos conocidos y perfectamente identificables en la foto o imagen a un sistema de coordenadas, de acuerdo con una determinada proyección que representa la forma tridimensional aproximadamente elíptica de la Tierra (figura geométrica denominada elipsoide) sobre una superficie bidimensional (plana). En la actualidad, los proveedores de imágenes aéreas ya ofrecen la opción de entregarlas georreferenciada.

Además de servir de base para mapeos temáticos, los documentos cartográficos preexistentes son una fuente de información secundaria de gran importancia, así como las fotografías aéreas y las imágenes satelitales. Algunas regiones disponen de fotografías aéreas hace más de cincuenta años, formando series históricas discontinuas que pueden servir para reconstruir su historial de ocupación. Las fotografías recientes, en tanto, se utilizan para el mapeo de partes de la vegetación, de formas de uso del suelo, de zonas urbanas, para la identificación de aspectos geomorfológicos de interés, como las cavernas, teniendo otros diversos usos en estudios ambientales. La Fig. 8.4 muestra el ejemplo de un mapa de uso del suelo hecho a partir de fotografías aéreas. Es siempre necesario un control de campo para verificar la actualidad de las informaciones (¿una zona fotografiada como "reforestación homogénea" continúa con ese uso?). Además, no es posible transferir el contenido de una foto directamente a un mapa debido a las distorsiones, siendo necesario efectuar correcciones geométricas que demandan un servicio especializado.

[6] *Mapas planialtimétricos (o sea, que representan el terreno en dos dimensiones, indicando las altitudes mediante curvas de nivel) sobre los cuales se representarán las informaciones del diagnóstico ambiental, por ejemplo, un mapa de uso del suelo o un mapa geológico.*

212 Evaluación de Impacto Ambiental

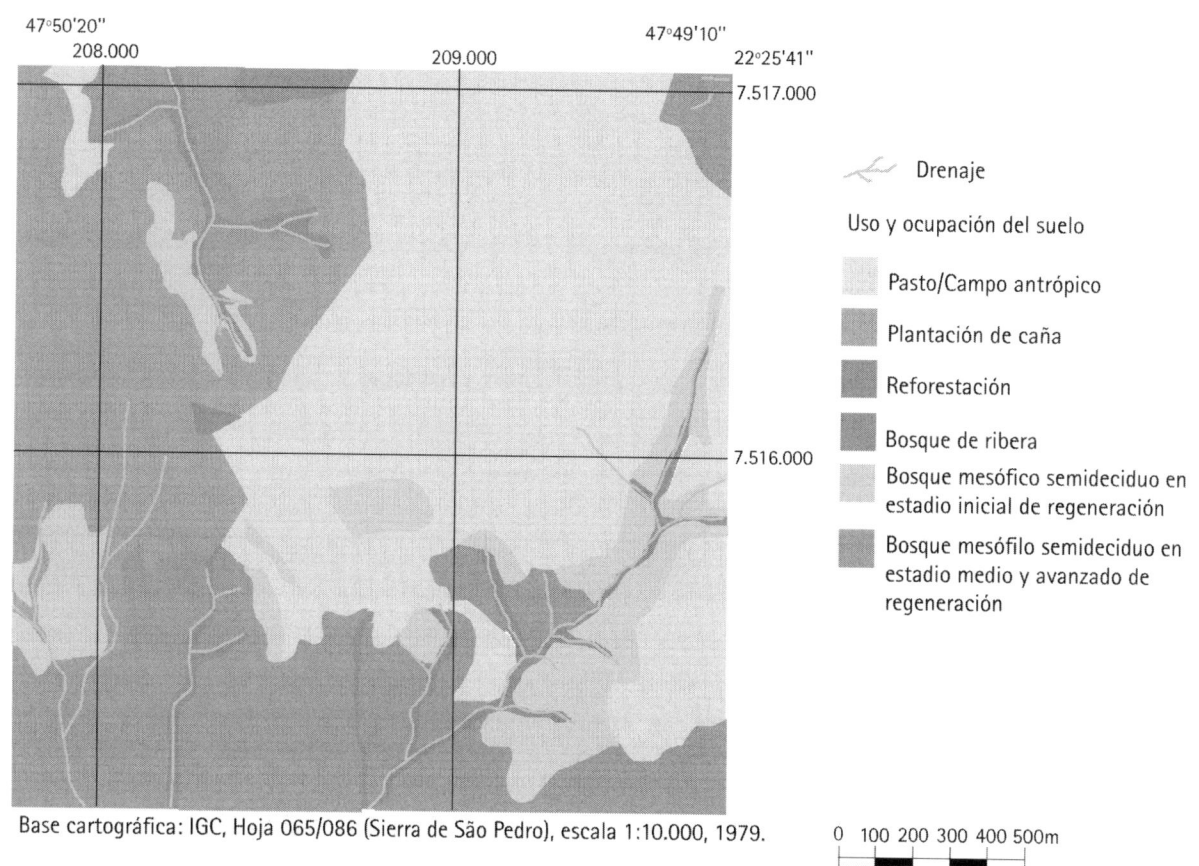

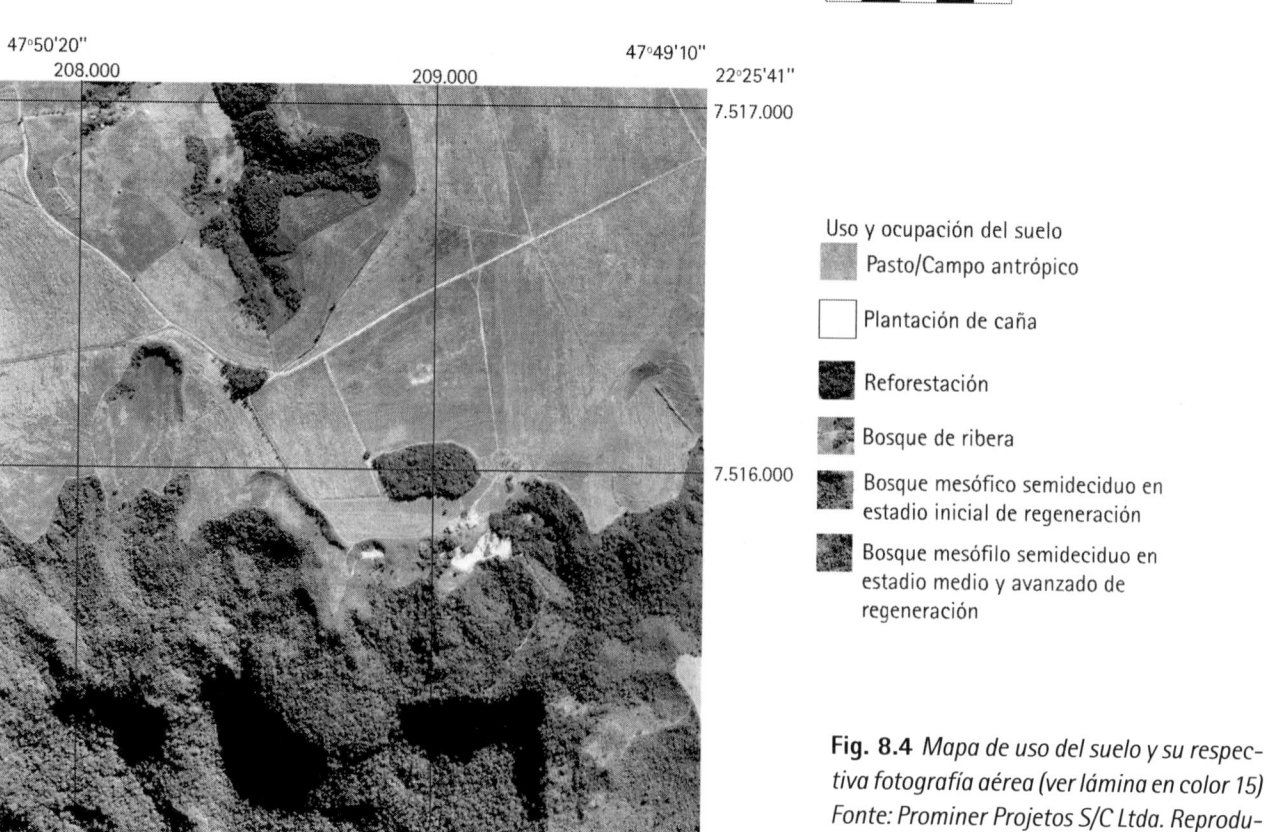

Base cartográfica: IGC, Hoja 065/086 (Sierra de São Pedro), escala 1:10.000, 1979.

Drenaje

Uso y ocupación del suelo

- Pasto/Campo antrópico
- Plantación de caña
- Reforestación
- Bosque de ribera
- Bosque mesófico semideciduo en estadio inicial de regeneración
- Bosque mesófilo semideciduo en estadio medio y avanzado de regeneración

0 100 200 300 400 500 m

Foto aérea: BASE, Foto 0054, Franja 40, Obra 719, Fecha 08/07/00.

Uso y ocupación del suelo

- Pasto/Campo antrópico
- Plantación de caña
- Reforestación
- Bosque de ribera
- Bosque mesófico semideciduo en estadio inicial de regeneración
- Bosque mesófilo semideciduo en estadio medio y avanzado de regeneración

Fig. 8.4 *Mapa de uso del suelo y su respectiva fotografía aérea (ver lámina en color 15) Fonte: Prominer Projetos S/C Ltda. Reproducido con autorización.*

Ante la inexistencia de fotografías aéreas disponibles, se puede contratar una empresa de aerofotogrametría para realizar un sobrevuelo del área de estudio. Por otro lado, las imágenes satelitales de alta resolución espacial (menos de 1 m) se convirtieron en una alternativa económica, comparable a las fotografías aéreas, con la ventaja de la facilidad de la georreferenciación. Otra ventaja de las imágenes satelitales es que, además de que se pueden adquirir como composiciones en color (la mezcla de colores equivalente a la de una fotografía aérea), también se las puede solicitar por bandas espectrales, o canales RGB (*red*, *green*, *blue*). Determinados aspectos se ven más realzados en ciertos colores (por ejemplo, la vegetación o la presencia de agua), ampliando las posibilidades de interpretación y uso. Además, los programas de computación permiten manipular (procesar) las imágenes para resaltar o esconder determinado aspecto. También existe la posibilidad de tomar imágenes en diferentes épocas del año, para remarcar aspectos de estacionalidad. En determinadas regiones, sin embargo, puede ser difícil obtener imágenes sin nubes.

Normalmente, en un EsIA se usan diferentes escalas de análisis y presentación. A una escala regional (a partir de 1:100.000) es posible contextualizar el proyecto, situándolo en relación a asentamientos humanos, recursos hídricos, unidades de conservación. A una escala local (1:10.000 a 1:25.000) se sitúan los principales recursos ambientales potencialmente afectados o algunos elementos valorizados del ambiente, como los recursos hídricos, sector de vegetación nativa y otros hábitats, sitios de interés natural o cultural y las formas de uso del suelo. En tanto, a una escala detallada (1:1.000 a 1:5.000) están representados detalles de la implantación del emprendimiento sobre el terreno natural, movimientos de suelo y roca necesarios, límites del área de intervención. Se debe resaltar que el nivel de detalle disminuye con la reducción de la escala de mapeo: en un mapa 1:10.000, 1 mm en el mapa corresponde a 1 m en el terreno, de modo que ningún aspecto menor a 1 m puede estar representado adecuadamente en un mapa impreso a esa escala, considerando que se emplean líneas de 0,5 a 1 mm de espesor.

El cambio de escala puede afectar (João, 2002): (i) el número de aspectos mapeados, (ii) la medida de longitud y áreas y (iii) la posición de los aspectos en el mapa, interfiriendo, de esta forma, en la identificación y previsión de impactos. Esta autora mostró que las conclusiones de un EsIA pueden depender de la escala de trabajo adoptada. En un EsIA de un anillo vial de una ciudad del sur de Inglaterra, la autora constató diferencias entre los impactos estimados a partir de un mapa a escala 1:10.000 y un mapa a escala 1:25.000, entre otras para el área de partes forestales afectadas, para la importancia de los sitios arqueológicos y para el número de viviendas situadas en una franja de 200 m de cada lado del alineamiento y que podían verse afectadas por el deterioro de la calidad del aire.

De esta forma, aunque no pueda haber una regla universal, durante la planificación de los estudios de base es importante pensar con cuidado la escala de realización de los relevamientos y la escala de representación. Aunque los errores y deficiencias puedan ser, directa o indirectamente, atribuibles a las escalas inapropiadas, no se puede descartar, como recuerda Monmonier (1996), que hay varias maneras de "mentir con mapas".

Medio físico

Para muchos proyectos de ingeniería, el medio físico es un soporte –empleado aquí tanto en el sentido de fundación como en el de lugar – o un recurso a explotar. Por ello, se pueden obtener muchas informaciones sobre el medio físico en los documento de los proyectos (caudal de los ríos, propiedades mecánicas de los suelos, por ejemplo), pero no siempre dichas informaciones son suficientes o incluso necesarias para los estudios ambientales. Por otro lado, la especialización profesional y el avance de la ciencia llevaron a una tendencia a realizar estudios en los que predominan las descripciones sectoriales, en vez de los análisis integrados. Clima, calidad del aire, calidad de las aguas superficiales, hidrología de las aguas superficiales, aguas subterráneas, contaminación de los suelos, suelos desde el punto de vista agronómico, suelos desde el punto de vista de la ingeniería y otras tantas especializaciones existen para el estudio de los recursos del medio físico.

Por esa razón, los estudios sobre el medio físico pueden (aunque no deberían) ser muy compartimentados, con secciones descriptivas estructuradas en torno a disciplinas o áreas del conocimiento – Geología, Geomorfología, Pedología, Hidrología, Hidrogeología, Meteorología y otras -, aunque con poca o ninguna integración. En esos casos, es común la presentación de mapas temáticos a escalas diferentes y con recortes territoriales variados, opción evidentemente inapropiada.

Además, los estudios del medio físico fácilmente pueden perderse en detalles irrelevantes. Incluso cuando es claro que un determinado tema (por ejemplo, Geología) debe ser abordado en los estudios de base, puede haber una multiplicidad de enfoques posibles. Y no todos son de interés para los estudios ambientales. En el ejemplo de la Geología, el tema puede presentarse como una descripción de la historia geológica de la región, como una discusión sobre las estructuras geológicas existentes en el área de estudio, como una descripción de las rocas presentes y sus minerales constituyentes, entre otros abordajes posibles. No obstante, es el coordinador de los estudios quien debe decirle al especialista qué tipo de información necesita y para qué finalidad se utilizará. Estando claros los objetivos, se establece cuál es el enfoque más adecuado y qué métodos se usarán para alcanzar los objetivos deseados. Según Santos (2004, p. 73), "en Brasil, a pesar de reconocerse que el éxito de una planificación depende de los temas elegidos [para el diagnóstico], es muy raro encontrar justificaciones sobre su selección, y del contenido de cada uno de ellos. La práctica muestra que es común que esa decisión se base en la disponibilidad de datos de entrada".

De cualquier forma, los mapas y las cartas son las principales formas de expresión de los resultados de los estudios del medio físico, tanto por su carácter de síntesis (de relevamientos de campo, de interpretación de imágenes y de estudios anteriores) como por posibilitar un medio de comunicación con los usuarios y con los lectores de los estudios ambientales. El Cuadro 8.3 muestra diversas cartas temáticas que pueden usarse para los estudios de planificación municipal (CPRM, 1991). Varias de ellas también se emplean en estudios de impacto ambiental.

Existen diferentes métodos y herramientas que tratan de promover la integración de informaciones temáticas, como por ejemplo las cartas geotécnicas[7] y de cartas

[7] *La Cartografía Geotécnica constituye la representación gráfica del relevamiento, evaluación y análisis de los atributos del medio físico (...)"* (Gandolfi, 1999, p. 117)

Cuadro 8.3 *Mapas temáticos empleados para diagnósticos ambientales*[1]

Carta de las Condiciones Climáticas e Hidrológicas
Parámetros climáticos: pluviometría, insolación, evaporación, temperatura, dirección de los vientos.
Parámetros hidrológicos: hidrografía, embalses y canales, divisores de aguas, caudales, calidad de las aguas, zonas sujetas a inundación.

Carta de Suelos
Clasificación de los suelos: clasificación pedológica, potencial, factores limitantes del uso.

Carta Geológica
Formaciones superficiales: granulometría, espesor de la formación, nivel de consolidación.
Sustrato rocoso: clasificación litológica, nomenclatura estratigráfica, geocronología.
Elementos estructurales: orientación, inclinación y tipología de planos de estratificación, plegamientos, juntas, fallas, ejes de pliegue, caracterización de discordancias, lineamientos, zonas de cizalla y otras estructuras.
Recursos minerales: ocurrencias, yacimientos y minas, clasificación de los depósitos minerales.

Carta Geomorfológica
Formas del relieve: formas estructurales, erosivas, de modelado fluvial, de litoral, kársticas, de antrópico, procesos erosivos.

Carta Hidrogeológica
Caracterización de los acuíferos: litologías y sus clasificaciones en cuanto a la porosidad de fracturación, profundidad y productividad, dirección del flujo de aguas subterráneas, ubicación de los puntos de captación, identificación de zonas de recarga, calidad de las aguas.

Carta de Indicadores Geotécnicos
Suelos: textura, espesos de material inconsolidado, parámetros físicos.
Macizos rocosos: origen, grado de alteración, fracturación, permeabilidad, discontinuidades.

Carta de Cobertura Vegetal
Vegetación natural: tipo y clasificación de las formaciones vegetales.
Culturas: zonas cultivadas, reforestadas, abandonadas, pastajes.

Carta de Uso y Ocupación del Suelo
Zonas urbanas: delimitación, tipo de uso urbano, densidad de ocupación, equipamientos.
Usos industriales: instalaciones industriales, minería, rellenado de residuos.
Zonas rurales: cultivos permanentes y temporarios, reforestación, pastaje.
Infraestructura: carreteras, líneas de transmisión, represas y embalses.

[1] El contenido es ilustrativo y no agota los temas que se pueden presentar en forma de cartas.
Fuente: modificado de CPRM (1991).

de susceptibilidad a la erosión, entre otras. En esos casos, datos como la geología, el declive y los tipos de suelos se combinan para brindar información sobre algún atributo o alguna propiedad del terreno, como sus vulnerabilidades (por ejemplo, a los deslizamientos del suelo y otros movimientos de masa) o su aptitud para determinados usos (como el uso agrícola). Esas herramientas no son de uso exclusivo de la evaluación de impacto ambiental. Por el contrario, como suele ocurrir en ese campo, la EIA utiliza métodos, procedimientos e instrumentos de diversas disciplinas, procurando integrarlos para su finalidad, que es el análisis de los impactos. La cartografía geotécnica inicialmente se empleó en las obras civiles, pero de forma gradual su uso se expandió hacia la planificación territorial y ambiental. En Francia, se han utilizado cartas geotécnicas desde la década del 70 como herramienta para guiar la elaboración de planes de ordenamiento territorial (Sanejouand, 1972, p. 13). En dicho país, la planificación urbana está establecida por ley, siendo obligatoria la inclusión de factores ambientales en los documentos de urbanismo, como lo establece la Ley de Protección de la Naturaleza de 1976, la misma que introdujo la obligatoriedad de la presentación de estudios de impacto (como lo muestra la sección 2.2). En Brasil, una de las primeras aplicaciones de la cartografía geotécnica a la planificación urbana y ambiental fue el mapeo de los morros de Santos y São Vicente, en la Baixada Santista (Prandini et al., 1980); presentada a escala 1:5.000, dicha carta tiene como objetivo prevenir los procesos de deslizamientos naturales e inducidos, habiendo identificado, en un área de estudio de 830 ha, seis unidades geotécnicas, tres de ellas adecuadas para la ocupación urbana y tres inadecuadas.

Sin embargo, el empleo de cartas geotécnicas en estudios ambientales todavía no está muy difundido, a pesar de sus potencialidades y de una considerable experiencia en su práctica y en su confección. Así es como la traza de un gasoducto, por ejemplo, debería evitar las partes del terreno que tienen mayor susceptibilidad a los deslizamientos y a otros movimientos de masa, en tanto que un loteo debería analizar la susceptibilidad a la erosión, así como la posibilidad de generar deslizamientos. En Minas Gerais, para la implementación de la Decisión Copam Nº 58/2002, que establece normas para el licenciamiento de proyectos de parcelación del suelo para fines habitacionales, la Fundación Estadual del Medio Ambiente (FEAM) ha venido exigiendo que los estudios ambientales incluyan, entre otros, un mapa de declive y uno de riesgo geológico-geotécnico, ambos a escala 1:2.000 (Corteletti y Sá, 2004).

Las cartas geotécnicas, de susceptibilidad a la erosión, de riesgos geológicos, de vulnerabilidad de acuíferos, de aptitud de suelos y varias otras tienen la función de interpretar las informaciones del medio físico para que determinados usuarios puedan fundamentar mejor sus decisiones o análisis. Bitar, Cerri y Nakazawa (1992, p. 36) agrupan, bajo la denominación genérica de cartas geotécnicas, denominaciones especializadas según la aplicación o el enfoque predominante, como carta de susceptibilidad, carta de vulnerabilidad, carta de riesgo, zonificación de riesgo. Los autores proponen las siguientes definiciones: cartas geotécnicas convencionales: "presentan la distribución geográfica de las características de los terrenos, a partir de atributos del medio físico y de determinados parámetros geológico-geotécnicos"; cartas de riesgo geológico: evalúan "el daño potencial a la ocupación [de los terrenos], expresado según diferentes niveles de riesgo, resultantes de la conjugación de la probabilidad de que haya manifestaciones geológicas naturales o inducidas y de las consecuencias sociales y económicas correspondientes".

La contaminación de los acuíferos subterráneos se puede dar por varias fuentes. Para Hirata (1993, p. 49), la vulnerabilidad de un acuífero "es una función primaria de: (1) accesibilidad hidráulica de contaminantes a su zona saturada; (2) capacidad de atenuación (filtración, dilución, sorción, degradación, precipitación, etc.) de los estratos ubicados bajo la zona saturada". Los emprendimientos que puedan afectar la calidad de las aguas subterráneas deberían, preferentemente, ubicarse en zonas de baja vulnerabilidad.

Un ejemplo de estudio de vulnerabilidad de los acuíferos se puede ver en la Fig. 8.5, que muestra el mapeo realizado para el EsIA de una fábrica de celulosa de fibra corta blanqueada y de papel de impresión, situada en Mato Grosso do Sul. Se utilizó, en escala local, el mismo procedimiento utilizado en la confección del mapa de vulnerabilidad de los acuíferos del estado de São Paulo (IG/Cetesb/DAEE, 1997), que toma en cuenta tres factores: (1) tipo de acuífero (confinado, libre, etc.); (2) litología de la zona no saturada (por encima del agua subterránea), y (3) profundidad del nivel de agua subterránea, combinándolos por medio de un sistema de puntuación.

Zuquette y Nakazawa (1998, p. 283) diferencian mapa de carta, de acuerdo con el siguiente criterio: un mapa sólo registra informaciones o atributos del medio físico (como un mapa topográfico), y una carta interpreta las informaciones que contienen los mapas para una finalidad específica. Aunque esta diferenciación no sea de uso universal, es interesante destacar el sentido interpretativo, que es el que se busca en los estudios ambientales. En la misma línea, Libault (1975) explica que se debe discriminar entre mapa topográfico y carta geográfica, que siempre implica interpretación.

Hay otras metodologías de mapeo ambiental o geoambiental que también pueden funcionar como instrumento integrador del diagnóstico ambiental, como la "cartografía integrada del medio ambiente y su dinámica" (Journaux, 1985), la cual engloba

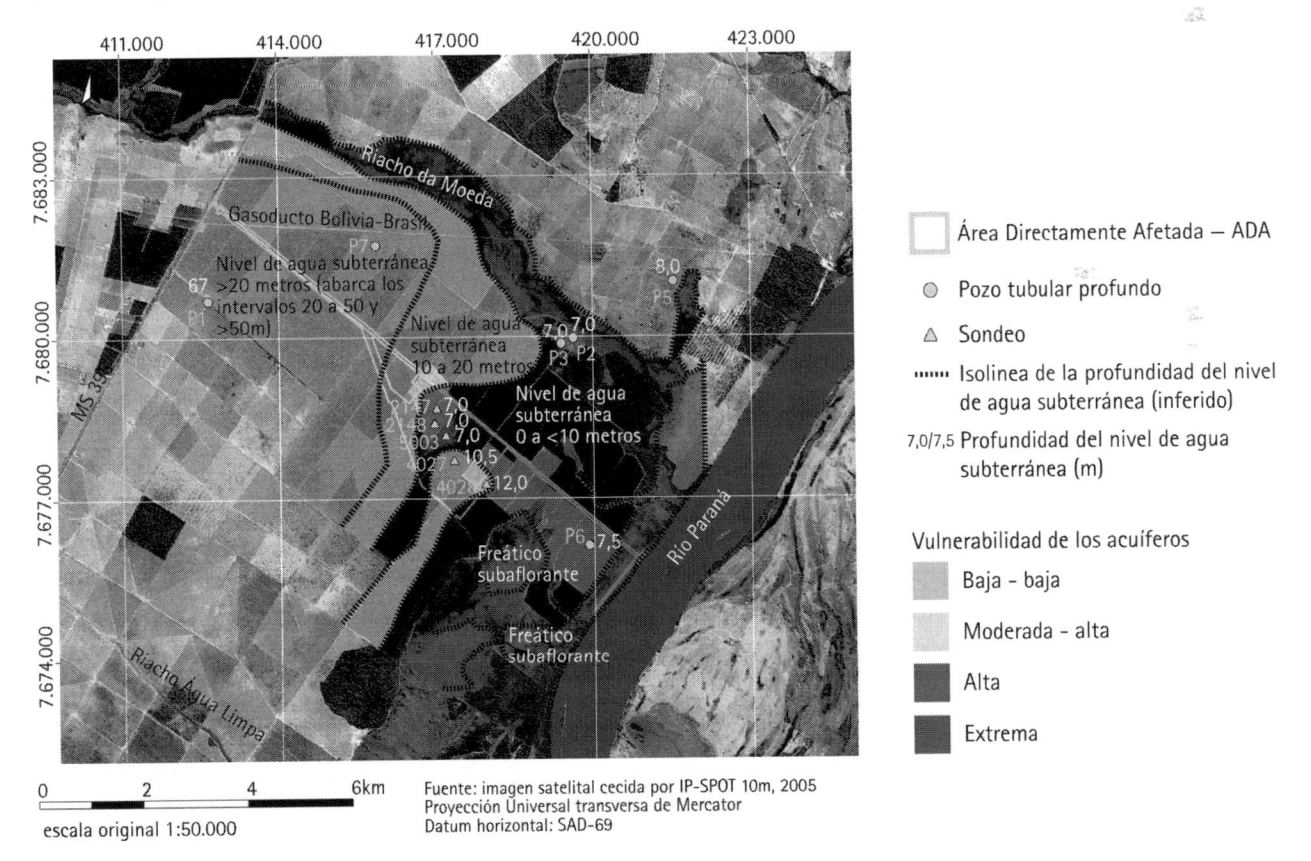

Fig. 8.5 *Mapa de vulnerabilidad de acuíferos de una zona considerada para la implantación de una fábrica de papel y celulosa. La línea amarilla delimita el emprendimiento; el dibujo señala los pozos profundos existentes y la ubicación de los sondeos que posibilitaron la confección de un mapa de profundidad del acuífero, el cual, combinado con el mapa geológico, fundamentó el estudio de vulnerabilidad (ver lámina en color 16)*
Fuente: ERM Brasil Ltda. (2005) – EIA Fábrica Três Lagoas. Reproducido con autorización.

no sólo elementos del medio físico geológico, sino también de las aguas superficiales, del aire, de la vegetación y de los espacios construidos. Sin embargo, al ser más ambiciosa y abarcadora, la cartografía integrada es también más costosa, y demanda gran cantidad de información compatible con la escala escogida. Un ejemplo de aplicación es el estudio realizado para la Baixada Santista, una zona litoral urbanizada e industrializada cerca a la ciudad de São Paulo (Cetesb, 1985), no con la finalidad de evaluar impactos sino de diagnosticar la evolución de los procesos de degradación.

La presencia de zonas contaminadas o con sospecha de contaminación también debe ser señalada en el diagnóstico ambiental.

La calidad de las aguas es uno de los temas más frecuentes en los diagnósticos ambientales, teniendo en cuenta que casi todos los emprendimientos tienen el potencial de alterar la calidad de las aguas superficiales. Hay criterios y normas técnicas para tomar y preservar muestras de agua, así como procedimientos estandarizados para el análisis químico. Se deben cumplir y asegurar, no obstante, los requisitos de calidad de los servicios. En las situaciones en las que la calidad del agua puede ser un problema crítico, se deberían tomar precauciones como la duplicación de muestras y la elección de laboratorios certificados. En Brasil, la certificación debe estar de acuerdo con los criterios y las normas del Instituto Brasileño de Metrología, Normalización y Calidad Industrial (Inmetro). Varios países disponen de instituciones equivalentes y existe una norma ISO sobre calidad de los servicios de análisis laboratorial (ISO/IEC 17025). Es evidente que los muestreos puntuales informan poco sobre el estado de las aguas, que varían con factores tales como lluvias y las estaciones del año.

Para los emprendimientos que puedan afectar la cantidad de agua disponible, es necesario realizar estudios hidrológicos, los cuales generalmente se basan en redes de estaciones pluviométricas y fluviométricas existentes y operadas por organismos gubernamentales. Se trabajan estadísticamente series históricas de datos de lluvia y caudal, a fin de brindar información sobre caudales máximo, medio y mínimo y altura de los ríos, y sobre intensidad pluviométrica (cantidad de lluvia en un cierto período de tiempo) para diferentes períodos de retorno (o sea, la expectativa de que un evento pueda ocurrir a intervalos de 10, 25, 50 o más años). En ese caso, el diagnóstico se basa casi exclusivamente en datos secundarios, pero éstos deben trabajarse de manera tal de cumplir con las necesidades del análisis de impactos. Por ejemplo, en caso de que se desee conocer el caudal mínimo de un río que va a recibir efluentes para calcular su dilución, entonces los estudios hidrológicos normalmente informan el caudal mínimo en siete días consecutivos para un período de retorno de diez años ($Q_{7,10}$). Nuevamente es aplicable el principio del EsIA: si se acuerda previamente el uso de ese parámetro y si está incluido en los términos de referencia, tanto la elaboración como la revisión y el análisis técnico del estudio se verán facilitados, y la atención del analista podrá concentrarse en el análisis y la interpretación, en vez de buscar las deficiencias.

Los estudios sobre aguas subterráneas pueden abordar la calidad del agua o la posibilidad de acceder a informaciones para prever impactos sobre los flujos subterráneos. Cualquiera sea el objetivo principal, la compilación de datos secundarios consiste en consultar registros de pozos profundos y relevamiento bibliográfico. En Brasil, registrarse es una obligación legal para todos aquellos que perforan pozos o utilizan agua subterránea; no obstante, dicho registro es reconocidamente incompleto. En el campo, se trata de relevar todos los usos de agua subterránea, principalmente cacimbas para la provisión de las zonas rurales o urbanas. De acuerdo con el proyecto analizado, puede ser necesario perforar pozos para monitoreo de la calidad y del nivel del agua o para la realización de ensayos de caudal. Si el proyecto tiene el potencial de afectar la calidad de las aguas, entonces el monitoreo deberá extenderse el mayor tiempo posible (inclusive después de finalizar el EsIA), ya que es de interés del proponente formar una base de datos sobre la situación del preproyecto. La locación de los pozos depende de un estudio geológico que indique qué acuíferos se hallan presentes en el área de estudio y cuál es la dirección del flujo subterráneo, casos en los cuales es posible confeccionar un mapa potenciométrico, que muestre las líneas probables del flujo. De la misma forma que para las aguas superficiales, la red de monitoreo deberá tener, por lo menos, un punto situado aguas arriba de la futura fuente de impacto.

Los estudios sobre la calidad del aire generalmente abarcan la compilación de información secundaria proveniente de estaciones de muestreo existentes en el área de estudio (situadas, más frecuentemente, en zonas urbanas o en grandes industrias) y la compilación de datos climatológicos provenientes de estaciones meteorológicas. Para ciertos tipos de emprendimientos también se efectúa la recolección de datos primarios, con la instalación de muestreadores. El parámetro a medir suele ser la cantidad total de partículas en suspensión, dado que el polvo constituye uno de los contaminantes más comunes emitidos por una gran cantidad de fuentes. La dificultad de orden práctico es disponer de un período suficientemente largo de muestreo; como es raro disponer de varios meses para realizar el diagnóstico, una estrategia es elegir los meses más secos, cuando hay una mayor cantidad de partículas en el aire. El equipo más usado es el muestreador de grandes volúmenes (Hi-vol). Como ocurre con todo procedimiento de medición, es necesario calibrar el equipo y disponer de un operador capacitado.

En lo que se refiere a ruidos, la mayoría de los EsIAs debería incluir el diagnóstico de la situación preproyecto, dado que casi todas las actividades causantes de impactos ambientales significativos son fuentes de ruido, si no durante el funcionamiento, al menos en la etapa de implantación. Se debe prestar atención al uso de decibelímetros debidamente calibrados, para las diferencias entre el ruido diurno y el nocturno y para la identificación de las principales fuentes preexistentes. La presentación de la información en un mapa es muy útil (Fig. 9.4), ya que facilita la comprensión por parte del usuario y de los lectores del EsIA.

Eventualmente, el diagnóstico ambiental debe incluir información sobre radiaciones ionizantes. Se trata de un campo especializado y que tiene reglas propias, establecidas, a nivel internacional, por la Agencia Internacional de la Energía Nuclear, un organismo del sistema de las Naciones Unidas. En Brasil, la reglamentación y las directrices para estudios y licenciamiento las establece la Comisión Nacional de Energía Nuclear. Existe un procedimiento específico de licenciamiento conducido por dicho organismo gubernamental.

Los sistemas de información geográfica (SIGs) constituyen herramientas cada vez más usadas para la integración. Los SIGs son programas de computación que permiten guardar, manipular, analizar y exhibir datos espacialmente referenciados, y que son la base de la cartografía digital. Por ejemplo, los SIGs permiten realizar rápidamente la superposición de mapas temáticos. Sin embargo, como todo sistema de tratamiento de datos, los resultados no pueden ser mejores que los datos de entrada. Los relevamientos incompletos o inconsistentes no pueden conducir a buenos análisis, y el usuario de un EsIA no puede dejarse impresionar por mapas de colores antes de analizar su contenido y los métodos de elaboración. Como observan Rodríguez-Bachiller y Wood (2001, p. 393), se debe reconocer que los datos de monitoreo son difíciles de recabar, y en muchos EsIAs los recursos estarán dirigidos a monitorear lugares que puedan verse más seriamente afectados por el proyecto, en vez de buscar una amplia representación espacial que pueda satisfacer los requisitos ideales de un SIG.

Medio biótico

Los estudios relacionados con los aspectos biológicos raramente pueden prescindir de los trabajos de campo. Para un estudio de envergadura mediana a grande, puede ser necesario un equipo de más de una decena de personas. Los relevamientos de vegetación muchas veces los realizan una o dos personas, además de auxiliares de campo, pero los relevamientos de fauna demandan especialistas en los diversos grupos zoológicos, normalmente ornitólogos (aves), mastozoólogos (mamíferos), herpetólogos (reptiles y anfibios) e ictiólogos (peces), además de, eventualmente, entomólogos (insectos) y otros especialistas. En la práctica, es raro encontrar estudios que tomen en cuenta a los invertebrados.

Normalmente, los estudios comienzan por un relevamiento de datos secundarios, como publicaciones e informes oficiales, publicaciones científicas, tesis y disertaciones. Su finalidad no es encontrar informaciones locales (lo que ocurre sólo por coincidencia y en pocos casos) sino informaciones regionales o subregionales sobre los tipos de formación vegetal y sobre las comunidades faunísticas asociadas. Dicho relevamiento permite conformar una imagen sobre lo que se puede encontrar en el campo – en condiciones que, la mayoría de las veces, se hallan antropizadas (modificadas por el Hombre) en diversos grados (Fig. 8.6) – y así planificar detalladamente los trabajos en el terreno. Las informaciones secundarias pueden estar desactualizadas, pero aun así serán útiles, al ayudar a establecer un cuadro sobre las condiciones ecológicas de la región antes de la acumulación de perturbaciones que forman el escenario presente.

Fig. 8.6 *Mosaico pasajístico compuesto de sectores de vegetación nativa y zonas antropizados en la región de Pontal do Paranapanema, oeste del estado de São Paulo. Se destacan la zona de tonalidad verde correspondiente al Parque Estadual de Morro do Diabo y el embalse de la represa de Rosana, en medio de zonas en que predomina el uso agrícola. (ver lámina en color 17) Fuente: São Paulo [Estado], Secretaría de Medio Ambiente (1998). Carta-Imagen Satelital. Plano 01, Zonificación Ecológico-Económica de Pontal do Paranapanema. Escala original 1:250.000, proyección UTM, imágenes Landsat TM-5 tomadas entre julio y diciembre de 1997, composición en colores 5R, 4G, 3B.*

Morris y Emberton (2001, p. 260) clasifican los estudios biológicos de campo realizados para EsIASs según tres grados de profundización. Los estudios "fase I" deben obtener y presentar información sobre hábitats, teniendo en cuenta que todo estudio debería incluirlos (Fig. 8.7 a 8.9). Los estudios "fase II" son relevamientos más detallados de especies, hábitats y comunidades en una zona designada (área de estudio); la mayoría de los EsIAs requieren este tipo de estudio. En tanto, los estudios "fase III" incluyen muestreos intensivos para la obtención de datos cuantitativos sobre poblaciones o comunidades, algo menos común en un EsIA.

Byron (2000, p. 39) sostiene que, sin datos sobre abundancia de especies, es "extremadamente difícil evaluar la significación de los probables impactos sobre las poblaciones" y propone que, como requisito mínimo, los estudios de base deberían "mapear todos los hábitats de la zona que probablemente se verá afectada", incluyendo una evaluación de la calidad de cada hábitat, y realizar "relevamientos de campo más detallados" respecto a la abundancia y distribución de especies claves seleccionadas. La autora sugiere que la selección de las especies que se estudiarán más detalladamente no la realice el equipo que elabora el EsIA, sino que sea resultado de una consulta a entidades gubernamentales y no gubernamentales, y que sean incluidas en los términos de referencia. Las especies seleccionadas suelen estar en una o más de las siguientes categorías (Byron, 2000, p. 42):

1. Especies amenazadas. Son aquellas que constan en alguna lista oficial, en cualquier categoría de amenaza, o de las cuales se sabe fehacientemente que están siendo evaluadas para su posible inclusión en dichas listas.

Fig. 8.7 a 8.9 *Diferentes ambientes en una misma área de estudio. En la primera foto, bosque ombrófilo denso; en la segunda, "campinarana", formación vegetal de bajo porte sobre suelos arenosos; en la tercera, pasto antrópico sobre una antigua zona de bosque. En estos casos, porte e fisonomía de cada formación son visiblemente distintos, pero en otros casos la diferenciación entre formaciones vegetales puede necesitar de relevamientos florísticos y de otros procedimientos. Municipio de Manaos, Amazonas (ver lámina en color 18 a 20)*

2. Especies endémicas. Son aquellas que sólo se dan en determinado ambiente.
3. Especies características de cada hábitat. Son aquellas "a las que normalmente se asocia con determinado hábitat"; no son necesariamente raras, y evaluar su situación (población y distribución) puede ayudar a medir el estado de conservación de su hábitat.
4. Especies más amenazadas ante la fragmentación de los hábitats. Predadores situados en el tope de la cadena alimentaria, varios pequeños mamíferos, especies mutualistas, como polinizadores y simbiontes, y otras.

En cuanto a la clasificación y al mapeo de hábitats (fase I), así como para la evaluación de su estado de conservación, existen diversas metodologías, como el "mapeo de biotopos" y el "procedimiento de evaluación de hábitats" del Servicio Americano de Pesca y Vida Silvestre (USFWS). Un método simple es identificar y mapear las formaciones vegetales, describiendo su fitofisonomía y, a veces, asociándolas a características del relieve. Dentro de lo posible, sería interesante usar algún sistema clasificatorio de amplio reconocimiento en el ámbito de la comunidad científica. El Instituto Brasileño de Geografía y Estadística adopta una clasificación bioecológica que contiene diversos tipos y subtipos de formaciones vegetales (IBGE, 1992).

El mapeo de biotopos es un método desarrollado en Alemania y aplicado también en Brasil (Bedê et al., 1997). Se trata de un procedimiento de clasificación y cartografía de unidades de paisaje o zonas homogéneas. Un aspecto integrador de dicha metodología deriva del reconocimiento de que los ambientes antropizados, y hasta altamente antropizados, como las zonas urbanas densas, también desempeñan funciones ecológicas y ambientales que deben ser tomadas en consideración (Fig. 8.10). Esta es una postura que se contrapone a ciertos enfoque que tratan con desdén las funciones de esos ambientes. Para asegurar la consistencia y la reproducibilidad en los mapeos, así como para permitir las comparaciones, Bedê et al., 1997) proponen adoptar siempre las mismas categorías de biotopos en los epígrafes de las cartas. En zonas rurales, recomiendan también que el mapeo se realice a escala 1:10.000 y se presente a escala 1:25.000. Los biotopos pueden ser areales o zonales, lineales o reticulares (cursos de agua, carreteras[8], avenidas) o puntuales (los que tienen una forma y dimensión no posibles de representar en la escala adoptada, pero que son dignos de registrar debido a su importancia, como por ejemplo los paredones rocosos con comunidades florísticas particulares – Fig. 8.11).

Fig. 8.10 *El ambiente urbano tiene biotopos variados, como se observa en Hong Kong, con su zona costera, distrito comercial denso y morros forestados al fondo*

[8] *La vegetación que bordea las carreteras puede formar hábitats importantes cuando el entorno es deficiente en otros hábitats (Dawson, 2002, p. 188).*

El *Habitat Evaluation Procedure* (Cuadro 8.4) se desarrolló para ser usado en evaluaciones de impacto ambiental, a la vez que el mapeo de biotopos se utiliza en planificación ambiental de modo general. Como toda simplificación de la realidad, el método del USFWS puede ser criticado por diversos puntos débiles, entre ellos, la escasa orientación para algunas especies, la no consideración de la diversidad biológica y el desprecio por las características de la estructura y función de los ecosistemas (Ortolano, 1984). Esos y otros diferentes métodos de mapeo y estudio de la ecología del paisaje (Naveh y Lieberman, 1994) parten de la identificación y delimitación de los tipos de ambientes existentes en un área de estudio, que es lo mínimo que se puede esperar en un diagnóstico ambiental.

Fig. 8.11 *Un biotopo puntual, un afloramiento calcáreo con vegetación esclerófila. Valle del río Peruaçu, Minas Gerais*

Cuadro 8.4 *Un método para evaluar el estado de conservación de hábitats*

El procedimiento de evaluación de hábitats (*habitat evaluation procedure* -HEP-) se usa ampliamente en los EsIAs de los Estados Unidos (Canter, 1996, p. 400) a los fines del diagnóstico ambiental y del análisis de impactos. Desarrollado por el *U.S. Fish and Wildlife Service* (USFWS) en los años 70, y oficializado en 1980, el método pretende evaluar el estado de conservación de ambientes con el fin de constituir un soporte para la fauna silvestre, con la ayuda de indicadores. Su objetivo es "implementar un procedimiento estándar para evaluar los impactos de proyectos sobre hábitats terrestres y acuáticos continentales". La calidad del hábitat para especies seleccionadas se obtiene por medio de un "índice de adecuabilidad del hábitat", calculado en una escala de 0 a 1, cuyo objetivo es indicar la capacidad que tienen los componentes esenciales de dicho ambiente para cumplir con los requisitos vitales de las especies animales seleccionadas.

El índice se multiplica por la superficie de cada hábitat, para obtener "unidades de hábitats". Los tres pasos iniciales son (i) definición del área de estudio, (ii) determinación de los tipos de hábitats existentes en esa zona y (iii) selección de especies de interés (especies indicadoras). Se debe relevar la zona disponible para cada especie indicadora, o sea, la que brinda condiciones de amparo, alimentación y reproducción de la especie. Los índices de adecuabilidad se calculan según "modelos" desarrollados para el HEP: para un determinado número de especies, el USFWS desarrolló fichas descriptivas acompañadas de gráficos y funciones matemáticas que ayudan al usuario a determinar los índices. Por ejemplo, para un ave que necesita de un bosque de coníferas como albergue durante el invierno, el modelo usa variables como el porcentaje de cobertura del suelo dado por las copas de los árboles, el estadio sucesional del sector forestal y el porcentaje de la superficie del suelo cubierta por restos orgánicos mayores a tres pulgadas.

Es posible advertir que dicho procedimiento requiere un conocimiento detallado de la biología de cada especie indicadora, para que se puedan armar los "modelos", tarea considerablemente más difícil en los ecosistemas tropicales.

A partir de la caracterización de la situación preproyecto, sus impactos pueden evaluarse proyectando la situación futura de cada hábitat en el área de estudio. Si una zona se llega a perder a causa del proyecto (destrucción o fragmentación del hábitat), las unidades de hábitats futuras serán menores de lo que serían si el proyecto no se hubiera implantado, extrayéndose de allí un indicador del impacto ambiental. Si el proyecto llega a alterar las características del hábitat sin modificar su superficie (por ejemplo, el corte selectivo de especies arbóreas), el índice de adecuabilidad decaerá, lo que también puede usarse como indicador de impactos. En base al mismo criterio, es posible comparar también las alternativas.

Fuentes: Canter (1996); USFWS (1980) y USFWS Service Manual, 870, FW1.

Sin embargo, "para muchos planificadores y botánicos, el mapeo no es una tarea suficiente (...). Su producto no expresa la dinámica ni la heterogeneidad de los ecosistemas naturales. Es necesario, como mínimo, complementarlo con relevamientos de campo que discriminen la composición florística, la estructura y la heterogeneidad interna (...), la distribución de especies (...)" (Santos, 2004, p. 92). Un método muy empleado es el estudio fitosociológico, un relevamiento muestral estadístico en el que, además de identificarse cada especie arbórea (inventario florístico), también se estudian las relaciones cuantitativas entre los taxones (especies, géneros y familias) y la estructura horizontal y vertical de la comunidad vegetal, mediante algunos índices, como frecuencia, densidad, dominancia y valor de importancia. La frecuencia indica si determinada especie está bien distribuida en los lugares de muestreo; densidad es el número de individuos de determinada especie por unidad de superficie; la dominancia representa el área basal de los individuos arbóreos de una misma especie en relación al área de muestreo; el índice de valor de importancia de una especie es la sumatoria de los tres parámetros anteriores e indica la importancia ecológica de la especie. Este relevamiento se encuadra en la categoría "fase II" de Morris y Emberton. Pueden usarse diferentes estrategias de muestreo, como parcelas, cuadrantes y perfiles rectilíneos (*transects*).

* *Mata Atlántica, también llamada Selva Paranaense. (N. del T.)*

En caso de que exista alguna clasificación oficial de vegetación, como ocurre para la Mata Atlántica*, es conveniente (o incluso necesario) que el relevamiento concluya en qué clase se encuadra cada sector de la vegetación o cada macizo forestal. La Resolución Conama 10/93 define vegetación primaria y secundaria de la Mata Atlántica. Primaria es "la vegetación de máxima expresión local, con gran diversidad biológica, siendo mínimos los efectos de las acciones antrópicas, al punto de no afectar significativamente sus características originales de estructura y de especie" (Art. 2º). La vegetación secundaria se clasifica, según su nivel de regeneración, en inicial, medio o avanzado, de acuerdo con diversos parámetros.

Los relevamientos de fauna tienen, como mínimo, el objetivo de elaborar una lista de especies para cada grupo faunístico seleccionado. Pueden ser necesarias varias campañas para cubrir la variación estacional. Cuando se realizan tales estudios, siempre existe interés en identificar especies amenazadas, raras o endémicas (típicas de un determinado lugar o ambiente). Una falla frecuente, pero que se puede evitar en un trabajo cuidadoso, es dejar de registrar en qué tipo de hábitat fue vista cada especie (o se encontraron indicios de su presencia) y la ubicación de ese o esos puntos. Otro cuidado que se debe tener es informar el método usado para identificar cada especie. El Cuadro 8.5 muestra un extracto de una lista de mamíferos relevada para un EsIA, en la cual se señalan algunas de esas informaciones que facilitan la rastreabilidad de los datos y la eventual reproducción de los resultados, así como un análisis del grado de confianza de los datos de cada especie; una información obtenida tan sólo mediante entrevista con los moradores locales es una débil evidencia de la presencia de cualquier especie.

Los relevamientos cuantitativos de fauna, como los censos poblacionales, son raros en los EsIAs, ya que requieren un gran esfuerzo de campo y demandan un tiempo pocas veces disponible. Los relevamientos de fauna pueden, y muchas veces deben, completarse y profundizarse en etapas posteriores de la planificación ambiental del proyecto (como se ve en la sección 12.7).

Lámina 1 *Zona degradada en Sudbury, Canadá. La lluvia ácida producto de las emisiones de SO_2 degradó la vegetación, con la consecuente pérdida de suelo y degradación de las aguas. La zona originalmente estaba cubierta de bosques de coníferas, pero quedó sujeta a la explotación forestal desde fines del siglo XIX. Al fondo, una chimenea de 381 m de altura tiene el objetivo de diluir y dispersar los contaminantes atmosféricos*

Lámina 2 y 3 *Dos imágenes del lago Batata, situado a las márgenes del río Trombetas, Pará, Brasil. La primera muestra el lago en su condición natural, y la segunda, cubierto por desechos del lavado de la bauxita*

Lámina 4 *Vista de las Sete Queda, en el río Paraná, cubiertas por la represa de Itaipú, en 1984, por decisión del gobierno militar y antes de la reglamentación de la evaluación de impacto ambiental en Brasil. El lugar había sido declarado Parque Nacional en 1961, pero el decreto de creación fue revocado para permitir la construcción de la central. En ese momento, las entidades ambientalistas hicieron una manifestación en protesta por la pérdida de un sitio de gran belleza escénica y valor simbólico*

Lámina 5 *Chapada dos Parecis, Mato Grosso. Al comienzo del período de expansión del cultivo de soja en el Centro-Oeste de Brasil, en los años 80, el borde de este altiplano arenítico todavía exhibía, en buen estado de conservación, un ambiente en el que los atributos físicos, bióticos y humanos merecían protección*

Lámina 6 *Afloramiento calcáreo y entrada de caverna en el valle del río Iporanga, municipio homónimo situado al sur del Estado de São Paulo. En esta región kárstica, se mezclan la vulnerabilidad del terreno, el valor paisajístico, la elevada biodiversidad, el patrimonio cultural actual y el arqueológico. En un caso de reconocimiento precoz de su importancia, la zona fue declarada parque estadual en 1958*

Lámina 7 *Ruinas de Tulum, Yacatán, México. En este lugar, se superponen diversos atributos que valorizan el sitio: construcciones monumentales de la cultura maya, relieve kárstico, zona costera e importancia económica derivada del turismo*

Lámina 8 *Archipiélago de Abrolhos, en el litoral sur de Bahía, parte del Parque Nacional Marino de Abrolhos*

Lámina 9 *Vista de la mina de roca fosfática de Araxá, Minas Gerais (junio de 1989), obsérvese, en la parte centro-derecha de la foto, un bosque conocido como Mata da Cascatinha, cuya supresión no fue autorizada. En la parte centro-izquierda, la mina y, al fondo, la pila de roca estéril*

Lámina 10 *Delta del Okavango, Botswana, una zona húmeda de importancia internacional (sitio Ramsar), inundada estacionalmente por la crecida de los ríos que lo alimentan. Uno de los pocos deltas de un río situado en el interior de un continente, su zona inundable alcanza los 18.000 km², formando uno de los lugares de mayor riqueza de vida salvaje de África*

Lámina 11 *Gran Barrera de Arrecifes, Australia. Los arrecifes de coral forman ecosistemas de gran riqueza y diversidad biológicas. Pueden verse afectados por proyectos terrestres que alteren la calidad de las aguas costeras y por emprendimientos marítimos, como puertos y perforaciones para producción petrolera. Los arrecifes también están amenazados por el calentamiento global*

Lámina 12 *Cueva da Boa Vista, la mayor caverna de Sudamérica. Situada en Campo Formoso, Bahía, no está incluida en ninguna unidad de conservación, pero goza de protección legal como patrimonio espeleológico. No explotada turísticamente, esta caverna, como muchas otras, viene siendo intensamente estudiada por científicos naturales de varias especialidades, que hacen de ésta un verdadero laboratorio, particularmente propicio para estudios sobre cambios climáticos ocurridos en el pasado (paleoclimas)*

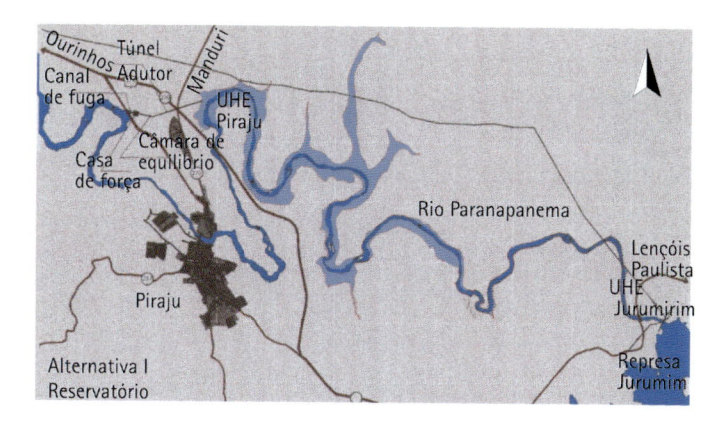

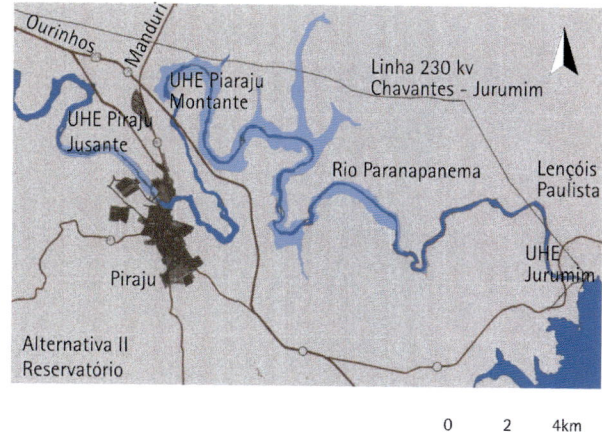

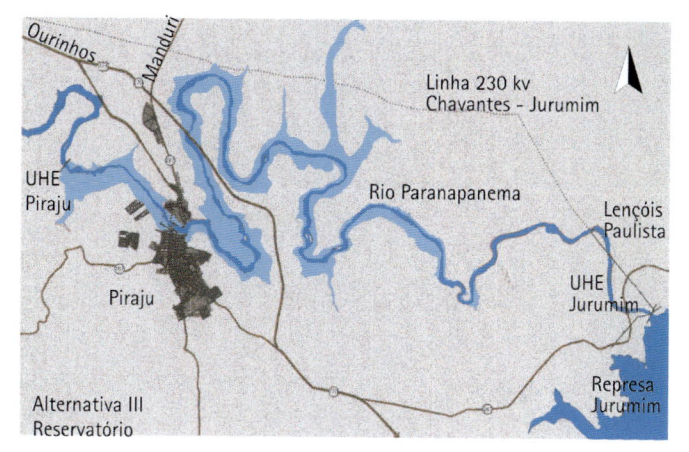

Lámina 13 *Alternativas de localización de la represa Piraju, río Paranapanema, São Paulo. En la alternativa 1, el agua retenida en la represa situada aguas arriba de la ciudad (este) sería conducida mediante tuberías hasta el edificio de turbinas, ubicado aguas abajo de la ciudad. La alternativa 2 incluye la construcción de otra presa aguas abajo, mientras que en la alternativa 3, el embalse aguas abajo sería más grande, inundando parte de la ciudad. (ver lámina en color 19)*
Fuente: CNEC (1996) – Estudio de Impacto Ambiental UHE Piraju.

Lámina 14 *Excavación en una mina de carbón con empleo de una dragline, actividad cuyas consecuencias ambientales son evidentes, tales como la modificación del relieve, la emisión de polvillo y ruidos y el consumo de combustibles fósiles. Mina de carbón Duhva, Sudáfrica*

47°50'20" 209.000 47°49'10" 22°25'41"
208.000   7.517.000

≁ Drenaje

Uso y ocupación del suelo

▢ Pasto/Campo antrópico

▢ Plantación de caña

▢ Reforestación

▢ Bosque de ribera

▢ Bosque mesófico semideciduo en estadio inicial de regeneración

▢ Bosque mesófilo semideciduo en estadio medio y avanzado de regeneración

7.516.000

Base cartográfica: IGC, Hoja 065/086 (Sierra de São Pedro), escala 1:10.000, 1979.

0 100 200 300 400 500m

47°50'20" 209.000 47°49'10" 22°25'41"
208.000   7.517.000

Uso y ocupación del suelo

▢ Pasto/Campo antrópico

▢ Plantación de caña

▢ Reforestación

▢ Bosque de ribera

▢ Bosque mesófico semideciduo en estadio inicial de regeneración

▢ Bosque mesófilo semideciduo en estadio medio y avanzado de regeneración

7.516.000

22°26'46"

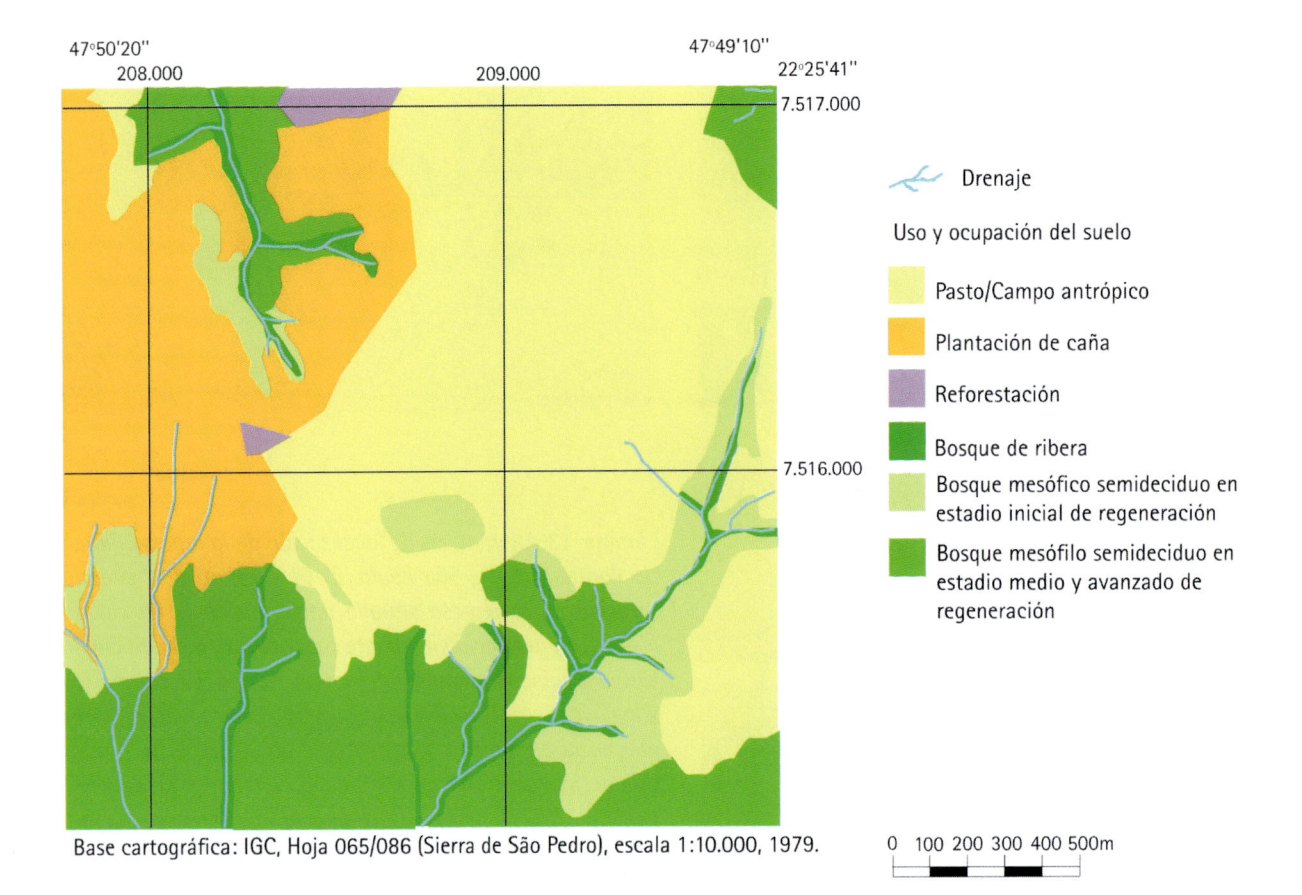

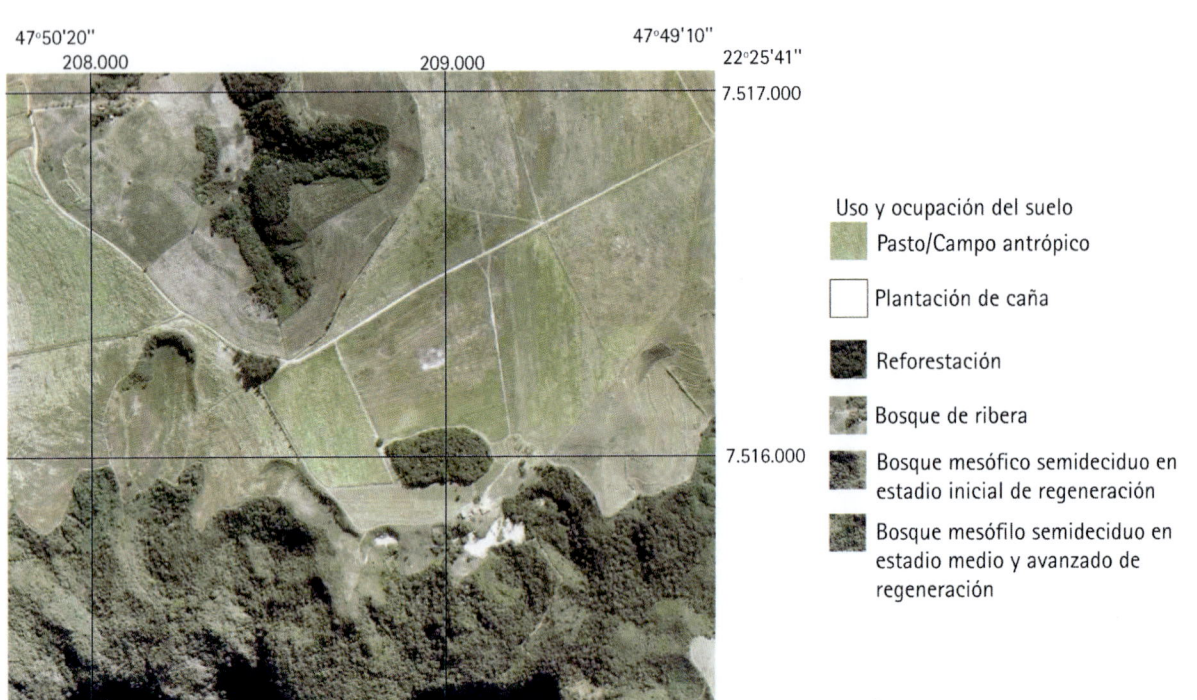

Foto aérea: BASE, Foto 0054, Franja 40, Obra 719, Fecha 08/07/00.

Lámina 15 *Mapa de uso del suelo y su respectiva fotografía aérea*
Fonte: Prominer Projetos S/C Ltda. Reproducido con autorización

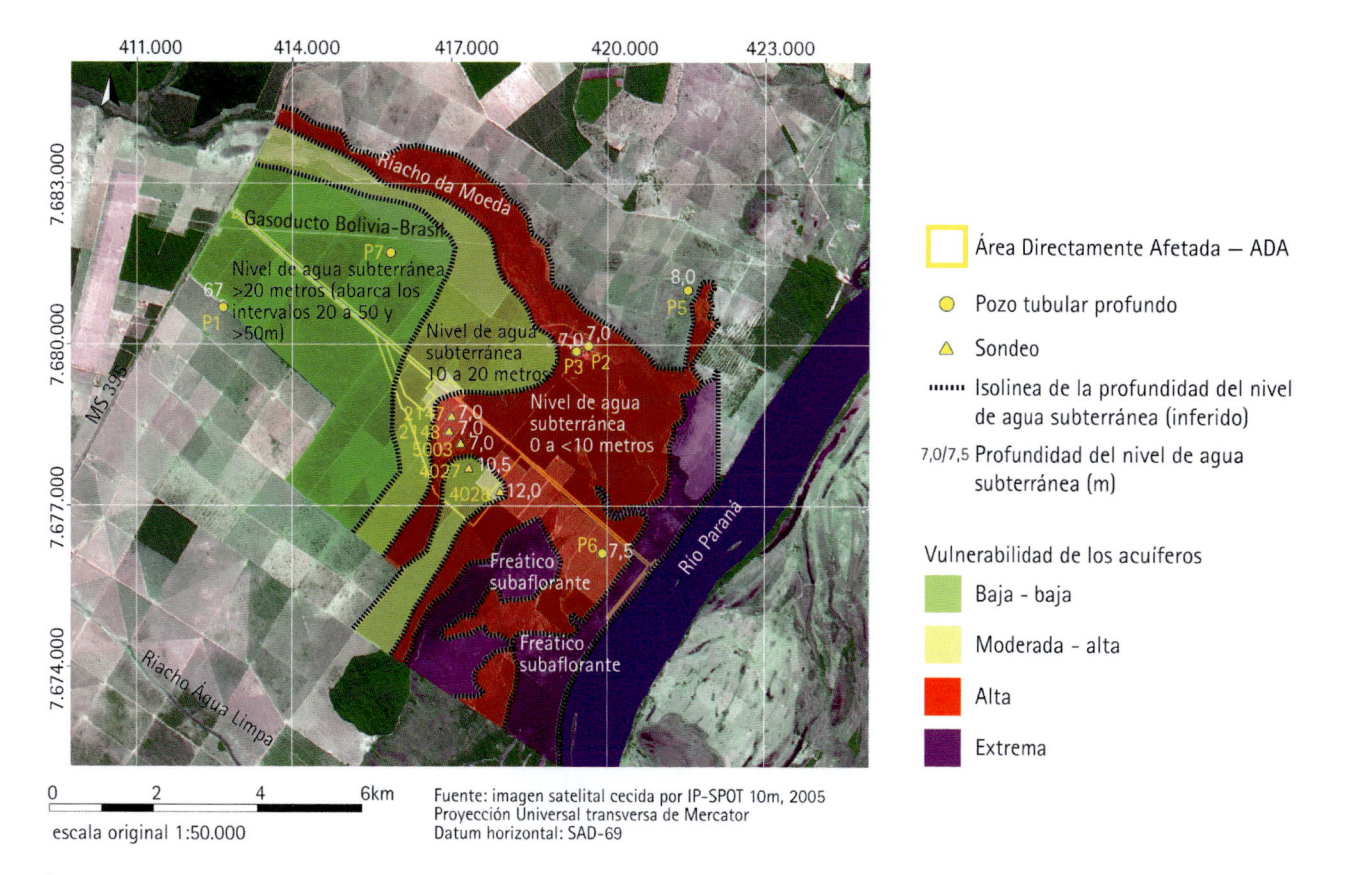

Lámina 16 *Mapa de vulnerabilidad de acuíferos de una zona considerada para la implantación de una fábrica de papel y celulosa. La línea amarilla delimita el emprendimiento; el dibujo señala los pozos profundos existentes y la ubicación de los sondeos que posibilitaron la confección de un mapa de profundidad del acuífero, el cual, combinado con el mapa geológico, fundamentó el estudio de vulnerabilidad*
Fuente: ERM Brasil Ltda. (2005) — EIA Fábrica Três Lagoas. Reproducido con autorización.

Lámina 17 *Mosaico pasajístico compuesto de sectores de vegetación nativa y zonas antropizados en la región de Pontal do Paranapanema, oeste del estado de São Paulo. Se destacan la zona de tonalidad verde correspondiente al Parque Estadual de Morro do Diabo y el embalse de la represa de Rosana, en medio de zonas en que predomina el uso agrícola*
Fuente: São Paulo [Estado], Secretaría de Medio Ambiente (1998). Carta-Imagen Satelital. Plano 01, Zonificación Ecológico-Económica de Pontal do Paranapanema. Escala original 1:250.000, proyección UTM, imágenes Landsat TM-5 tomadas entre julio y diciembre de 1997, composición en colores 5R, 4G, 3B.

Lámina 18 a 20 *Diferentes ambientes en una misma área de estudio. En la primera foto, bosque ombrófilo denso; en la segunda, "campinarana", formación vegetal de bajo porte sobre suelos arenosos; en la tercera, pasto antrópico sobre una antigua zona de bosque. En estos casos, porte e fisonomía de cada formación son visiblemente distintos, pero en otros casos la diferenciación entre formaciones vegetales puede necesitar de relevamientos florísticos y de otros procedimientos. Municipio de Manaos, Amazonas*

Existe un campo, sin embargo, en el que los relevamientos cuantitativos o semicuantitativos se puede realizar sin mucha dificultad, que es el estudio de los ecosistemas acuáticos, particularmente para bentos y plancton[9]. En este caso, se efectúan tomas en diferentes puntos de ríos y lagos (o en un ambiente marino), se describen las especies y, a continuación, se puede contar el número de individuos de cada especie, lo que permite emplear índices de diversidad. En condiciones de ausencia de contaminación, las comunidades bentónicas se caracterizan por una alta diversidad –o sea, por la presencia de un gran número de especies– y un reducido número de individuos de

[9] *Plancton es un término usado para designar a los organismos acuáticos animales o vegetales, generalmente microscópicos, que viven en la zona superficial y flotan pasivamente o nada francamente. Bentos designa al conjunto de seres que generalmente viven en el fondo de los cuerpos de agua y tienen una baja movilidad (Magliocca, 1987).*

Cuadro 8.5 *Extracto de una lista de mamíferos presentada en un EsIA*

Nombre Científico	Nombre Popular	Muestreo	Zonas de Presencia	Amenaza
DIDELPHIMORPHIA				
Didelphidae				
Didelphis albiventris	comadreja overa	(C; E)	CP, SO, MA	
Didelphis aurita	comadreja de orejas negras	(C; E)	CP, SO, MA	
XENARTHRA				
Dasypodidae				
Dasypus sp.	armadillo, quirquincho	(E;V)	CP, SO, MA, MS, CR	
Euphractus sexcintus	tatú, gualacate tatú, peludo, mulita	(A;V)	CP, SO, MA	
PRIMATES				
Cebidae				
Callicebus personatus	tití, saguá	(A; E; VO)	CP, SO, MA, MS, CR	A-VU
CARNIVORA				
Canidae				
Chrysocyon brachyurus	aguará guazú	(VHe)	MA	A-VU
Cerdocyon thous	zorro cangrejero, zorro de monte	(VHu; E)	CP, SO, MA, MS, CR	
Pseudalopex vetulus	zorro	(E)	CP	A-EP
Cervidae				
Mazama americana	venado colorado	(E; VHu)	CP	

Fuente: Prominer Projetos S/C Ltda. (2002)
Nota: Se seleccionaron sólo algunas especies, a fines de ilustración.
Muestreo: indica el modo de registro de la especie en el área de estudio:
(A) = Avistamiento, (C) = Captura, (VHu) = Vestigios-huellas, (VHe) = Vestigios-heces, (VO) = Vocalización, (V) = Visualización, (CT) = Cámara trap, (E) = Entrevista.
Zonas de presencia: código de los lugares en donde se hallaron evidencias de cada especie.
Amenaza: Clasificación de acuerdo con el Decreto Estadual (São Paulo) Nº 42.838, del 4 de febrero de 1998:
A-EP = "En Peligro": especies que presentan riesgos de extinción en un futuro cercano. Esta situación es producto de grandes alteraciones ambientales, de un significativo decrecimiento poblacional o inclusive de una gran disminución del taxon en cuestión, considerando un intervalo pequeño de tiempo (diez años o tres generaciones).
A-VU = "Vulnerable": especies que presentan un alto riesgo de extinción a mediano plazo. Esta situación es producto de grandes alteraciones ambientales preocupantes, del decrecimiento poblacional o incluso de la disminución de la zona de distribución del taxon en cuestión, considerando un intervalo pequeño de tiempo (diez años o tres generaciones).
PA = "Probablemente Amenazada": están incluidos aquí todos los taxones que se encuentran presumiblemente amenazados de extinción, siendo los datos disponibles insuficientes para llegar a una conclusión.

cada especie. La mayoría de las formas de contaminación reducen la complejidad del ecosistema, eliminando las especies más sensibles. Los índices de diversidad permiten comparar las condiciones ecológicas de diferentes tramos de un río y también hacer comparaciones multitemporales.

La identificación de una especie amenazada o endémica puede tener diferentes implicaciones para el proyecto. En un extremo, si se trata de una especie de amplia distribución (o sea, que se da en una gran superficie geográfica) y con bajo nivel de amenaza (por ejemplo, "probablemente amenazada")[10], las consecuencias para el proyecto pueden ser mínimas, pudiendo ser suficientes medidas tales como la recomposición de hábitats, la protección de hábitats remanentes en la misma región o la creación de "corredores ecológicos", verdaderos "puentes" que unen sectores aislados de vegetación nativa. En el otro extremo, una especie endémica con poca presencia, que puede inclusive coincidir con la zona directamente afectada por el emprendimiento, puede volver inviable el proyecto, o encarecerlo sobremanera.

Nectophrynoides asperginis es un pequeño sapo que sólo existe en las cataratas de Kihansi, Tanzania, y que vive en condiciones muy específicas de temperatura y humedad, adonde sólo llegan pequeñas gotas de agua dispersas a partir de la caída de un río en una serie de cascadas a lo largo de 700 m de desnivel. Infelizmente, un proyecto hidroeléctrico redujo sensiblemente el caudal del río, disminuyendo también las oportunidades de supervivencia de la especie. La existencia del sapo recién fue descubierta en 1996, una vez iniciadas las obras de la represa, que fue concluida en 1999. Se intentó aplicar aspersión artificial como medida mitigadora, así como su cría en cautiverio y la búsqueda de otros sitios con condiciones ecológicas semejantes en los que esta especie pudiera introducirse, pero la supervivencia de este sapo todavía es incierta (Pritchard, 2000). El caso ilustra la importancia de realizar relevamientos detallados, incluso exhaustivos, cuando se encuentran hábitats raros en el contexto regional, o en zonas poco conocidas desde el punto de vista faunístico.

Medio antrópico: sociedad

El medio antrópico es que suele contar con la mayor abundancia de datos secundarios. En muchos países, se realizan periódicamente censos y relevamientos sociales y económicos de alcance nacional o regional, los cuales proveen información abundante sobre demografía, ocupación, ingresos, escolaridad y otros diferentes indicadores, por municipio o por recortes territoriales menores.

Es tal vez por esa razón que los diagnósticos del medio antrópico suelen presentar extensas compilaciones de datos secundarios no utilizados en el análisis de los impactos. La abundancia (relativa) de datos preexistentes puede ocultar la correcta lectura de los datos necesarios. Los datos censales u otros son muy útiles para contextualizar la región y el lugar del proyecto, pero no siempre aportan información a escala local, que muchas veces es la necesaria para analizar los impactos.

Mientras los estudios relativos al medio biótico parecen estar casi estandarizados, empleando métodos similares para cada grupo faunístico o para el estudio de la vegetación, el objetivo y los métodos del diagnóstico del medio antrópico dependerán,

---

[10] *Las categorías adoptadas por la legislación brasileña, así como las leyes y reglamentos de muchos países, se basan en los trabajos de la International Union for Conservation of Nature (IUCN), una ONG de Suiza que publica la "Lista Roja de las Especies Amenazadas" y que desarrolló una clasificación del grado de amenaza a las especies de fauna y flora. Las categorías empleadas por la IUCN son: extinta, extinta en estado silvestre, en peligro crítico, en peligro, vulnerable y casi amenazada, a las cuales se agregan las categorías "datos deficientes" y "no evaluada".*

en gran medida, de los impactos directos e indirectos previamente identificados. Para los proyectos que impliquen desplazamiento de poblaciones humanas, es esencial disponer de un perfil detallado de todos los afectados, obtenido mediante el relevamiento del tipo censal, que brinde los datos esenciales para diseñar los programas de reasentamiento. Cuando no existe desplazamiento forzado, lo más frecuente es que los relevamientos sean muestrales y tengan como objetivo conocer el perfil de la población afectada, para que, a continuación, se puedan analizar los impactos. Los cuestionarios y entrevistas son métodos muy usados en esos casos.

El uso de los recursos naturales por parte de la población local es otra cuestión importante que debe ser relevada durante los estudios de base. Si el proyecto afecta esos recursos, de manera directa o indirecta, causará un impacto significativo (Fig. 8.12). La realización de un relevamiento, que incluya entrevistas, cuestionarios u otros medios, de las tipologías de uso de los recursos (por ejemplo, usos del agua, usos de recursos faunísticos para la alimentación, recolección de plantas medicinales, entre otros) es una de las tareas frecuentes en los EsIAs. Krawetz (1991) comenta acerca de la utilidad de elaborar un "perfil de acceso a los recursos", pero no solamente los naturales. La autora entiende que es necesario conocer de qué manera las poblaciones afectadas pueden disponer de recursos como tierra, capital, educación y capacitación; este perfil se obtiene mediante entrevistas con hombres y mujeres.

Fig. 8.12 *Río Tapajós, a la altura de Alter do Chão, Pará (Amazonia). La población usa el río y sus recursos para diversas finalidades, entre ellas la pesca, el abastecimiento, la navegación y el esparcimiento*

Los impactos sociales requieren un abordaje distinto del que se les da a los impactos físico-bióticos, ya que "la evaluación de impacto social debe lidiar con personas que, a diferencia de los seres o cosas abordados en la evaluación de impactos biofísicos, pueden hablar por sí mismas" (Boothroyd, 1995, p. 87).

Existe un campo de especialización conocido como evaluación de impacto social, que tuvo un desarrollo paralelo a la EIA, tanto porque muchos EsIAs abordan dichos impactos de manera deficiente (Burdge y Vanclay, 1995), como por el hecho de que en algunas jurisdicciones las leyes no incluyen requisitos explícitos para la incorporación de impactos sociales a los EsIAs. Para algunos (Boothroyd, 1982), existen dos "escuelas" de evaluación de impacto social, que burdamente podrían rotularse como "tecnocrática" y "participativa". En la primera, los analistas son enteramente externos a las comunidades afectadas, que serían sólo un objeto de análisis, abordado con el mismo distanciamiento que cualquier elemento del medio físico o del medio biótico. Para la segunda, los impactos sociales sólo pueden aprehenderse a partir de los puntos de vista de las poblaciones afectadas, lo que demanda una investigación participativa y cierto compromiso del analista con la comunidad. La primera forma de abordaje sería más objetiva y tendría preferencia por los métodos cuantitativos, como las encuestas de opinión, siendo también más cómoda y demandando menos tiempo y recursos y ciertamente menos compromiso del analista. En contraposición, los críticos de la segunda escuela la toman por demasiado subjetiva, lo que llevaría a que muchas veces los analistas tomen partido por las poblaciones afectadas, distanciándose del ideal de neutralidad. Wolf (1983) habla de una "tensión" entre fines humanísticos y medios científicos que se refleja en el debate entre objetividad y subjetividad, en el que esta última induce a "una preocupación por los métodos de análisis cuantitativos, en un esfuerzo por ganar credibilidad" en el campo decisorio. Burdge (2004) plantea el debate en los siguientes términos: ¿una evaluación de impacto social participativa o analítica?

Hay iniciativas cuya intención es superar la polémica, como el interesante método de "evaluación de los valores de los ciudadanos" desarrollado en Holanda a partir de 1995 (Cuadro 8.6), que permite conocer en detalle los puntos de vista de las personas sobre el lugar en el que viven, trabajan o usan para cualquier finalidad. El método, que se aplica en cuatro etapas, puede integrarse a la planificación y a la preparación de estudios ambientales. Y aquí reside su principal interés, dado que puede influenciar en la concepción y elección de alternativas, así como en el proceso decisorio. La primera etapa es un estudio preparatorio que puede integrarse a la planificación de un EsIA y a la preparación del plan de trabajo. La segunda etapa corresponde a un relevamiento de campo por medio de entrevistas y produce un perfil preliminar, que se profundiza en la última etapa. En ésta, el ordenamiento por importancia de los valores de los ciudadanos se transforma en criterios para evaluar la relevancia de los impactos y comparar alternativas.

Becker *et al.* (2004) relatan la aplicación paralela de un abordaje "técnico" y participativo para analizar una propuesta de remoción de represas en el noroeste de los EEUU, a saber, el "informe de análisis social" y el "foro comunitario interactivo". Cada procedimiento fue aplicado independientemente por equipos diferentes. Aunque el proponente del proyecto, el U.S. Army Corps of Engineers, había contratado una empresa de consultoría para preparar un informe social, se vio presionado por diferentes actores y contrató también una universidad para realizar una evaluación participativa.

Los autores concluyen que lo ideal es que los dos enfoques se combinen, teniendo en cuenta su complementariedad, constatada en ese estudio, ya que, "separadamente, dan como resultado una visión más limitada de los impactos sociales que la que se puede obtener usando ambos" (p. 184). Cada enfoque tiene sus ventajas y sus limitaciones, que son producto del uso de "métodos inherentemente diferentes" (como se aprecia en la sección 8.5) y, por ello, los resultados de la aplicación de un método "no pueden usarse como medida de la eficacia del otro" (p. 186).

Medio antrópico: cultura y patrimonio cultural

La palabra "cultura" refleja una noción muy amplia (como se ve en la sección 1.2). Existen diversos recortes posibles para el estudio de la cultura, como la cultura popular, la cultura de masas y la cultura erudita. Un recorte util para los estudios socioambientales es el concepto de patrimonio cultural. Es también un concepto muy abarcador, pero tiene funcionalidad, o sea, se puede aplicar en la toma de decisiones.

Cuadro 8.6 *Evaluación de los valores de los ciudadanos – Citizen Values Assesment*

El método de evaluación de los valores de los ciudadanos (AVC) (Citizen Values Assessment – CVA) fue creado y desarrollado por el ministerio holandés de Transporte, Obras Públicas y Gestión de las Aguas (Rijkwaterstaat). En siete años de uso, ya se había aplicado a más de una veintena de proyectos públicos. El método se basa en el presupuesto de que las modificaciones ambientales tienen un significado particular para las personas afectadas, y que dicho significado puede diferir de la interpretación de los profesionales involucrados en la evaluación ambiental y social. De esta forma, la AVC tiene por objeto "incorporar al EsIA la importancia que las personas otorgan a los atributos ambientales", a partir de un nivel individual de análisis. Se realizan entrevistas detalladas, posteriormente validadas por un relevamiento cuantitativo de una muestra representativo de la población. El trabajo se lleva a cabo en cuatro etapas.

Etapa 1

Estudio preparatorio. Incluye la definición del problema, la delimitación del área de estudio y de los grupos de ciudadanos potencialmente afectados o interesados. Para dicha finalidad se pueden realizar entrevistas breves con líderes o representantes de grupos de interés. La etapa 1 concluye con la preparación de un plan de investigación, en el cual se definen los grupos a entrevistar y los criterios para la elección individual.

Etapa 2

Identificación de valores importantes. Es el corazón de la AVC. Se recaban los datos mediante entrevistas semiestructuradas (entrevistas abiertas), en las cuales el entrevistador sigue un guión predefinido. Los entrevistados discuten los temas y responden con sus propias palabras. Las entrevistas son grabadas, duran cerca de una hora y debe ser conducidas por profesionales experimentados.

La información obtenida se va organizando según los elementos ambientales mencionados y sus respectivos significados, que luego son clasificados y ordenados a través de técnicas de análisis cualitativo. El resultado es un perfil preliminar que identifica la vinculación de las personas con la zona afectada por el proyecto y presenta una lista de los valores significativos que se le atribuyen al ambiente. Algunos ejemplos de valores ambientales son: ambiente tranquilo, lugar de fácil acceso, existencia y accesibilidad a zonas de esparcimiento. Se envía el informe de esta etapa –que ya representa una contribución al diagnóstico ambiental– a todos los entrevistados (por lo menos su resumen), o incluso se lo discute en una reunión con representantes de la comunidad.

Etapa 3

Construcción de un perfil de valores de los ciudadanos. Un relevamiento cuantitativo, normalmente llevado a cabo mediante cuestionarios enviados por correo a una selección aleatoria de la población afectada, sirve para validar el perfil preliminar y determinar la relevancia de cada uno de los valores, clasificándolos en una escala de importancia. Cuando hay diferentes alternativas para un proyecto, se usan muestras diferentes y, si es necesario, cuestionarios diferentes. El producto de esta etapa, el perfil de los valores de los ciudadanos, incluye una lista de valores ordenada según su importancia para las personas de la comunidad.

Etapa 4

Determinación de los impactos de las alternativas de un proyecto. Los valores obtenidos en la etapa anterior se transforman en criterios de evaluación de las alternativas (cuanto mayor el valor atribuido a un elemento del ambiente, más importante será el impacto sobre ese elemento; así, si el valor esencial es "un ambiente tranquilo", las alternativas que aumenten el ruido o el volumen de tráfico de vehículos tendrán alto impacto). El resultado de esta etapa pueden ser recomendaciones de mitigación o compensación. "El paso crucial es (...) de qué manera el perfil de valores de los ciudadanos se transforma en criterios de evaluación. Esto significa elegir y opinar profesionalmente acerca de la información disponible. Son esenciales la transparencia y la existencia de justificaciones. No debe quedar ninguna duda sobre cómo se implementaron los criterios".

Fuente: Stolp et al. (2002).

La selección de los elementos del patrimonio cultural a incluir en los estudios de base debe haber sido tratada en la etapa de *scoping*, pero con el inicio de los relevamientos de campo, se pueden agregar otros elementos. Es posible abordar tanto los elementos tangibles como los intangibles, aunque gran parte de los EsIAs ni siquiera mencionen los elementos inmateriales, y mucho menos los analicen desde la perspectiva de los impactos que puedan ocurrir.

A mediados de la década del 80, analistas del Banco Mundial escribían: "el número extremadamente pequeño de proyectos en los que se reconoció la necesidad de examinar fenómenos culturales muestra que la cuestión no se resume a desarrollar una política o un conjunto adecuado de directrices para abordar el tema (...)[pero es necesaria] una mayor concientización sobre la importancia del patrimonio cultural en la formulación de proyectos" (Goodland y Webb, 1987, p. 16). En la actualidad, la integración de ciertos elementos del patrimonio material, como sitios arqueológicos o históricos, a los estudios ambientales es una práctica común en muchos países, aunque raramente se toman en consideración los elementos intangibles de la cultura. Para el Banco Mundial (1994), los términos de referencia pueden determinar la realización de varios tipos de investigaciones, como la documental, los mapeos que indican los lugares de interés y los relevamientos arqueológicos, entre otros, pero siempre con trabajo de campo.

Sitios de especial belleza natural o de importancia científica son elementos del patrimonio cultural, cuya importancia puede reconocerse de manera relativamente fácil. Ciertamente, la existencia de un sitio de interés cultural (sea éste de ámbito local, regional, nacional o internacional) en el área de un proyecto debe ser registrada en el EsIA. Muchos países disponen de inventarios de sitios de interés natural o de importancia científica, pero la inexistencia de dicho registro no puede eximir al equipo multidisciplinario del EsIA de efectuar una investigación, particularmente en la zona que sufrirá la intervención directa del proyecto. De acuerdo con la Convención de París, se considera patrimonio natural

> [...] Los monumentos naturales constituidos por formaciones físicas, biológicas, geológicas y fisiográficas y las zonas estrictamente delimitadas que constituyan el hábitat de especies animal y vegetal amenazadas y los lugares naturales o las zonas naturales estrictamente delimitadas, que tengan un valor universal excepcional desde el punto de vista de la ciencia, de la conservación o de la belleza natural.

El patrimonio geológico es un ejemplo de patrimonio natural, considerando éste como "formaciones rocosas, estructuras, acumulaciones sedimentarias, formas, paisajes, yacimientos minerales o paleontológicos o colecciones de objetos geológicos de valor científico, cultural, educativo y/o de interés paisajístico o recreativo" (ITGE, s/d, p. 6). En Brasil, hay pocas iniciativas de identificación de sitios de interés geológico (Fig. 8.13), pero existen requisitos legales para la protección del patrimonio paleontológico y espeleológico. En muchos países, sin embargo, el EsIA debe señalar la existencia de sitios geológicos y los posibles daños que un emprendimiento puede causar a formas geológicas, paleontológicas o fisiográficas, como es el caso del Reino Unido (Hodson, Stapleton y Emberton, 2001). A falta de un inventario oficial, son los profesionales del equipo multidisciplinario los que deben registrar el eventual descubrimiento de lugares de interés debido a la presencia de minerales, fósiles, secuencias estratigráficas, a los cuales se les agregan los lugares de interés o patrimonio minero.

Los patrimonios histórico y arquitectónico tienden a ser ampliamente valorizados, pero los relevamientos de esa categoría patrimonial no deben restringirse a los monumentos o a los bienes reconocidos oficialmente. También es necesario estar atento al patrimonio industrial, categoría insuficientemente reconocida en Latinoamérica, pero cuya importancia es creciente en varios países.

Un campo específico dentro de los estudios sobre el patrimonio cultural es la arqueología, tanto por su objeto de estudio como por la especialización requerida. Se trata de un sector relativamente bien desarrollado en muchos países, debido, en gran medida, a la existencia de legislación específica. La arqueología se ocupa del estudio del pasado y tiene como principal fuente de información la cultura material, o sea, las manufacturas producidas o usadas por los grupos humanos que ocuparon determinada zona. Caldarelli (1999, p. 347) define los recursos arqueológicos como "toda evidencia material de actividades humanas pasadas". El hallazgo de esas manufacturas define un sitio arqueológico, que es un lugar que puede verse afectado por cualquier tipo de emprendimiento que implique movimientos del suelo o construcción.

Fig. 8.13 *Elemento notable del patrimonio geológico y espeleológico, el Pozo Encantado (Itaetê, Bahía) es una caverna calcárea en donde hay un impresionante lago de cerca de 30 m de profundidad y aguas muy cristalinas. Durante un período muy corto del año, en invierno, el sol se filtra por la apertura lateral y penetra oblicuamente en el lago (ver lámina en color 21)*

Muchos países tienen leyes de protección del patrimonio arqueológico. En Brasil, éste se halla protegido por la Constitución Federal, pero desde la promulgación de la Ley Federal N° 3.924, de 1961, que legisla acerca de los monumentos arqueológicos y prehistóricos, existe una tutela legal específica. Para realizar cualquier tipo de estudio arqueológico que implique intervención en el terreno es necesario que el especialista solicite una autorización al Instituto del Patrimonio Histórico y Artístico Nacional (Iphan). Los relevamientos arqueológicos también deben ser enviados al Iphan, para su análisis y aprobación, a la vez que las excavaciones de sitios arqueológicos también necesitan de autorización específica. Existe coordinación con los estudios de impacto ambiental: según la Resolución 230, del 17 de diciembre de 2002, del Iphan, para los emprendimientos sujetos a licenciamiento ambiental, se debe informar a este organismo, el cual debe aprobar los estudios. En la etapa de solicitud de licencia previa, "se deberá proceder a la contextualización arqueológica y etnohistórica de la zona de influencia del emprendimiento, mediante el relevamiento exhaustivo de datos secundarios y el relevamiento arqueológico de campo" (Art. 1º).

Generalmente, la existencia de sitios arqueológicos no impide la realización de un proyecto de ingeniería, sólo pone ciertas condiciones, como la necesidad de realizar un estudio (arqueología de salvamento) de los sitios antes de su destrucción o de la pérdida de sus características. La represa de Tres Gargantas, en China, afectó 853 sitios arqueológicos (Rushu, 2003), en donde se realizaron 1.100.000 m² de excavaciones (Hichao y Rushu, 2006).

En el diagnóstico ambiental, los estudios arqueológicos tienen como objetivo principal mapear el potencial arqueológico del área de estudio e identificar eventuales sitios arqueológicos que puedan verse afectados por el proyecto analizado. En una segunda etapa, los estudios llevados a cabo durante el diagnóstico ambiental pueden profundizarse mediante trabajos más detallados, abarcando inclusive la excavación de sitios arqueológicos, lo que ya configura un programa de gestión ejecutado en la etapa de construcción o implantación del emprendimiento.

Para los proyectos que abarquen grandes superficies, como las centrales hidroeléctricas, se aplica el relevamiento muestral, en tanto que para las obras de pequeña envergadura se aplica el relevamiento "total" (Caldarelli, 1999). Una estrategia de muestreo es recorrer el área de estudio en líneas paralelas (*transects*)[11] espaciadas regularmente; otra estrategia es investigar las zonas más probables de ocupación, relacionadas a las características geomorfológicas del área de estudio, como la presencia de ríos, refugios y elevaciones topográficas, que corresponde a un muestreo estratificado por compartimientos ambientales; naturalmente, esas dos estrategias no son excluyentes. Los relevamientos también se pueden hacer en base a estrategias sistemáticas, o sea, "caminamiento con inspección de superficie, que pueden o no estar asociadas al empleo de técnicas de subsuperficie (sondeos, trepanación, raspados) distribuidos regularmente sobre las líneas de caminamiento". A su vez, las estrategias oportunistas incluyen el relevamiento de información oral de los moradores locales sobre los probables eventos, inspección de puntos de exposición de suelo debido a factores de orden antrópico (cortes de carreteras, superficies aradas) o natural (barrancas de río), y visita a lugares con mayor posibilidad de existencia de sitios (paredones rocosos, refugios, terrazas) (Caldarelli y Santos, 2000, p. 62)

[11] *El verbo significa "cortar transversalmente".*

Para el arqueólogo, toda manufactura tiene significado y es de interés para el estudio de la sociedad que lo produjo. Por otro lado, ciertas manifestaciones de las culturas pasadas presentan un interés mayor para la sociedad contemporánea, como es el caso de los monumentos o el arte rupestre (Figs. 8.14 y 8.15), cuya belleza plástica puede llamar la atención tanto del lego como del especialista. Naturalmente, la eventual existencia de sitios con pinturas rupestres debe especificarse en los estudios ambientales; posteriormente, se debe evaluar su importancia, otorgada por el valor cultural del sitio, lo que podría llegar a demandar cambios de proyecto a fin de proteger determinados sitios.

Mello (1996) critica los relevamientos "asistemáticos" por no ser probabilistas ni reproducibles, y brinda un ejemplo de relevamiento sistemático realizado en el área de la central hidroeléctrica de Corumbá, Goiás, un emprendimiento que forma un embalse de 6.500 ha. En setenta días de campo, el equipo realizó 225.840 m de caminamiento y también intervenciones en el suelo cada 30 m, en un total de 7.526, de los cuales 6.505 fueron limpiezas y 1.021 trepanaciones. Se encontraron siete sitios arqueológicos.

En los emprendimientos lineales, también se puede emplear el relevamiento total, como fue el caso de la carretera Carvalho Pinto, en la región del valle del río Paraíba do Sul, en el estado de São Paulo. El equipo de arqueólogos recorrió a pie los 70 km del emprendimiento cuando ya se había terminado el relevamiento topográfico y el recorrido estaba todo demarcado y con estacas. Cada 250 m se hacían entre cuatro y seis sondeos a lo largo de una línea transversal a la franja de dominio de la carretera. Esto llevó a la identificación de seis sitios arqueológicos. En un proyecto de duplicación de la ruta existente, los estudios se concentraron en lugares en donde el suelo estaba preservado, dado que el terreno lindero había sido profundamente modificado por la presencia misma de la carretera (Caldarelli, 1999).

Como en los demás relevamientos que conforman los estudios de base, los estudios arqueológicos comienzan por compilaciones de información existente en archivos, museos y publicaciones. Las entrevistas con moradores también pueden revelar indicios de la existencia de manufacturas y sus posibles lugares.

Caldarelli e Santos (2000) señalan que una de las dificultades del relevamiento arqueológico desarrollado en el ámbito de los estudios ambientales es la definición arbitraria del área de investigación, de alguna manera condicionada por el proyecto analizado, en contraposición a los estudios de finalidad académica, en los cuales el investigador es el que define el área estudio. A los fines de la planificación de los estudios, los autores recomiendan elaborar una planificación diferente para cada proyecto, definiendo estrategias

Fig. 8.14 *Pintura rupestre en paredones areníticos de Monte Alegre, Pará*

Fig. 8.15 *Pintura rupestre en paredones calcáreos del Valle del Río Peruaçu, Minas Gerais*

para la búsqueda y localización de sitios arqueológicos. Souza (1986) sostiene que la mejor estrategia a emplear en relevamientos arqueológicos es la combinación entre los métodos oportunista y sistemático.

Como ocurre en otras áreas del conocimiento, una de las claves para un trabajo de calidad y para la aceptación de los resultados por parte de los analistas de los organismos públicos, de colaboradores de ONGs o inclusive del Ministerio Público es efectuar una cuidadosa definición previa de la metodología a emplear en los relevamientos y en análisis de datos.

King (1998) coordinó un estudio para el Consejo de Calidad Ambiental respecto al componente antrópico en los EsIAs americanos. Además de observar una partición entre "estudios socioeconómicos" y "recursos culturales", el autor constató que en este último tema los relevamientos arqueológicos son dominantes a tal punto que su artículo se titula "Cómo los arqueólogos robaron la cultura". Esta situación se debe a la existencia de requisitos legales explícitos con relación al patrimonio histórico. En una muestra de 69 EsIAs analizados por el autor, 72% se referían a los "recursos culturales", entendidos como bienes preservados o pasibles de preservación, o bien como recursos arqueológicos.

[12] *En Brasil, la Constitución protege los territorios ocupados por esclavos negros huidos durante el siglo XIX, conocidos como "quilombos". El EsIA de un proyecto que interfiera en esos territorios debe caracterizarlo debidamente, así como a las poblaciones actualmente residentes*

Se deben relevar otros elementos tangibles del patrimonio cultural, pero es competencia del especialista decidir qué es importante mencionar, siempre teniendo como referencia los impactos potenciales del proyecto. Lo que es relevante, en ese contexto, casi siempre va más allá de lo espectacular y de lo que tiene reconocimiento oficial. Relevante es lo que tiene significado para la comunidad o lo que tiene una función que se puede perder o verse afectada en caso de implantación del emprendimiento. Un ejemplo recurrente lo constituyen los cementerios (Fig. 8.16), lugares cuya función y significado pueden comprender los individuos de otras culturas. La Fig. 8.17 ilustra otro tipo de lugar que suele tener un significado especial para las comunidades, en este caso una capilla ubicada en una zona en donde hubo *quilombos*.[12]

Fig. 8.16 *Cementerio de Santa Isabel, en Mucugê, ciudad de la Chapada Diamantina, Bahía, preservado en 1980 por el Instituto del Patrimonio Histórico y Artístico Nacional (ver lámina en color 22)*

Fig. 8.17 *Capilla de Ivaporundava, situada a las márgenes del río Ribeira de Iguape, al sur del estado de São Paulo, levantada en una comunidad en donde existieron "quilombos" y ubicada en un lugar elegido para construir una central hidroeléctrica*

La consideración de la cultura inmaterial en los estudios ambientales puede guiarse por la identificación de los lugares de producción y consumo de cultura popular, como puntos de encuentro de la comunidad. Lamontagne (1994) recomienda que el registro de las prácticas culturales se realice con el apoyo de cartas topográficas y que incluya, entre otros, la caracterización del patrimonio, de las personas con dominio de saberes tradicionales y del espacio físico y social de cada práctica.

Conocimiento ecológico local y tradicional

A partir de mediados de los años 80 y de modo creciente desde entonces, surgió una corriente, en Canadá especialmente, que defiende que los estudios sobre el medio ambiente y sus recursos no pueden estar completos si no disponen de medios para tomar en consideración el conocimiento que las poblaciones tradicionales tienen de su ambiente (ver Cuadro 5.3, en particular el ítem 304). Dependientes de manera directa e inmediata de los recursos naturales, todas las sociedades tradicionales desarrollaron estrategias de conocimiento del potencial y de los límites de sus territorios. Los diagnósticos ambientales elaborados únicamente en base al conocimiento científico formal pueden pasar por alto las cuestiones relevantes no solamente para las propias comunidades, sino también desde la perspectiva del conocimiento académico.

Stevenson (1996) destaca la presencia creciente de los requisitos de incorporación de conocimiento tradicional en términos de referencia de EsIAs canadienses. Nakashima (1990) estudió el conocimiento del medio que ostentaban las comunidades Inuit residentes en la bahía de Hudson, en el momento en que se planeaban perforaciones de petróleo, constatando una comprensión mucho más detallada y sofisticada de parte de los nativos que el limitado conocimiento científico disponible sobre la ecología de esa porción del ambiente ártico, en particular sobre el comportamiento y las poblaciones de una especie de pato muy vulnerable a la contaminación generada por un derrame de petróleo.

Ese tipo de estudio, necesariamente interdisciplinario, tiene el potencial de establecer un diálogo entre las ciencias naturales y las ciencias sociales, tan necesario cuando el proyecto afecta a poblaciones tradicionales. Es un abordaje mucho más rico que la limitada "opinión antropológica" brasileña.

8.5 Descripción y análisis

La sección precedente no debe dar a entender que el diagnóstico ambiental es una mera descripción de componentes ambientales de una zona previamente delimitada para fines de estudios. Como subraya la definición adoptada de diagnóstico ambiental, se trata de "descripción y análisis". Infelizmente, la mayoría de los EsIAs presentan diagnósticos más descriptivos que analíticos. Parece haber poco tiempo para un trabajo conjunto del equipo (o sea, un trabajo multidisciplinario) de reflexión y síntesis sobre el estado del medio ambiente.

En forma ideal, el diagnóstico debería analizar las principales fuerzas y tendencias que contribuyen a degradar el ambiente en el área de estudio (la presión), hacer una síntesis de la situación actual del ambiente en esa área (el estado) y discutir las iniciativas en curso para disminuir o revertir la degradación (la respuesta)[13], sacando

[13] *El modelo presión-estado-respuesta se emplea mucho en el diagnóstico de varios problemas ambientales y em el análisis de políticas públicas ambientales (la respuesta).*

algunas conclusiones sobre las tendencias ambientales actuales. Este desafío, una vez más, como es frecuente en análisis de impacto ambiental, requiere discernir el significativo de lo irrelevante, estrategia que siempre abre flancos para las críticas.

Esbozar una síntesis de la situación actual también posibilita hacer alguna proyección para el futuro, aunque éste no sea uno de los objetivos del diagnóstico ambiental. Se puede establecer, en una primera aproximación, cuál sería el escenario tendencial[14], o sea, cuál será la probable situación futura del área de estudio sin la propuesta en análisis. La previsión de los impactos posibilitaría, pues, vislumbrar una probable situación futura con dicha propuesta, de modo que, a través de una comparación de los escenarios con y sin proyecto, se tendría una noción de sus impactos ambientales.

Este abordaje es coherente con el concepto de impacto ambiental expuesto en la Fig. 1.5, pero hay que reconocer las grandes dificultades prácticas, además de las teóricas, de aplicar este concepto al conjunto de impactos de una propuesta. No obstante, para un conjunto limitado de impactos significativos, no sólo es posible sino que es deseable trabajar en esa línea.

Por ejemplo, para un proyecto que afecte directamente los remanentes de vegetación nativa, no es demasiado complejo realizar proyecciones de la situación futura con y sin proyecto. El problema es que tales proyecciones pueden ser controvertidas. En la discusión de un proyecto de parque temático en el litoral sur del estado de São Paulo, propuesto en los años 90 para una zona con remanentes de Mata Atlántica, los argumentos eran, simplificando: (1) manteniéndose las tendencias actuales, la vegetación se degradará paulatinamente debido a ocupaciones de la zona por una población de bajos ingresos, impulsada por intereses económicos y políticos; el proyecto podrá frenar la expansión, garantizando la preservación perenne de una zona apreciable (a través de condicionantes de la licencia ambiental, como la obligación de mantener una reserva particular del patrimonio natural, ambos previstos en la legislación); y (2) el propietario de la superficie en donde se implantaría el emprendimiento (que no era el proponente del proyecto) tiene la obligación legal de velar por la integridad de los remanentes forestales, y el poder público tiene la obligación de fiscalizar el cumplimiento de la ley. En este debate, no hubo consenso sobre el escenario tendencial.

Finalmente, es oportuno recordar que un diagnóstico ambiental que no se limite a las descripciones técnicas de los componentes y procesos, pero que incluya un análisis y una síntesis que facilite su comprensión, es también una señal de respeto y consideración por el lector. No se puede olvidar que el usuario del EsIA tiene derecho a una información clara, consistente y suficientemente decodificada. Obviamente, al sintetizar los resultados del diagnóstico ambiental, existe el riesgo de una simplificación excesiva, por lo tanto sujeta a críticas de otros especialistas. Se trata, pues, de equilibrio difícil que se busca alcanzar.

---

[14] *Escenario, en planificación estratégica, es "un conjunto formado por la descripción de una situación futura y del recorrido coherente que parte de la situación actual para llegar allí" (Godet, 1983a, p. 115). "Escenario tendencial es aquel que corresponde al recorrido más probable (...), considerando las tendencias inscriptas en una situación de origen" (Godet, 1983b, p. 111).*

Previsión de Impactos

9

Uno de los principales objetivos de la evaluación de impacto ambiental es, ciertamente, el de prever los cambios en los sistemas naturales y sociales que genera un proyecto de desarrollo. Es así que todo estudio de impacto ambiental debe presentar un pronóstico de la situación futura, en caso de que el emprendimiento analizado se lleve a cabo. Entendido como una descripción de la situación futura del ambiente afectado, el pronóstico debe estar fundamentado en hipótesis plausibles y previsiones confiables. En la secuencia de las actividades de preparación de un EsIA, la previsión es la etapa que busca informar sobre la magnitud o intensidad de esos cambios.

La previsión es uno de los pasos del *análisis de impactos*. Esta provee una descripción fundamentada y, en lo posible, cuantificada de los impactos identificados en el paso anterior, identificación esta que, a su vez, se basó en el *diagnóstico ambiental*, que es la misma actividad que le brinda datos a la previsión, cuyos resultados serán utilizados para evaluar la importancia de los impactos (el tercer paso del análisis de impactos), delineando medidas para evitar, atenuar o compensar los impactos adversos. Entendida de esta forma – conectada a las demás actividades esenciales para la elaboración de un estudio de impacto ambiental –, se colige que la previsión no es la finalidad de dichos estudios, sino un eslabón de una cadena en la que cada actividad tiene una función: cada actividad depende de la precedente y brinda informaciones o conclusiones para la siguiente, como se ve en la Fig. 9.1.

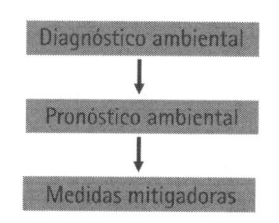

Fig. 9.1 *Encadenamiento entre el diagnóstico ambiental y las medidas mitigadoras, mediante el pronóstico ambiental*

De esta forma, las siguientes funciones pueden ser atribuidas a la previsión de impactos:
- estimar la magnitud (intensidad) de los impactos ambientales;
- brindar informaciones para la etapa siguiente, la evaluación de la importancia de los impactos;
- pronosticar la situación futura del ambiente con el proyecto bajo análisis;
- comparar y seleccionar alternativas;
- brindar colaboración para la definición de medidas mitigadoras.

9.1 Planificar la previsión de impactos

Definir una guía de trabajos para prever impactos forma parte de la planificación de un EsIA. No todos los impactos son pasibles de una previsión cuantitativa, y no todos son suficientemente significativos como para gastar tiempo y dinero tratando de cuantificarlos, pero todos deben estar descritos y calificados de manera satisfactoria en el EsIA.

La actividad de previsión de impactos incluye, básicamente, cinco pasos:
1. *Elección de indicadores*: equivale a decidir lo que se debe prever, seleccionando los indicadores que se emplearán para realizar el pronóstico, y tomando en cuenta no sólo la "previsibilidad" sino también la capacidad y el costo de monitorear esos parámetros, en caso de que el proyecto siga adelante (o sea, en la etapa de seguimiento, luego de la decisión).

2. Determinar cómo hacer la previsión, tarea que se puede subdividir en dos, a saber:
    - definir los materiales y métodos de trabajo (por ejemplo, el uso de un modelo, qué modelo);
    - justificar las razones de la elección (por ejemplo, por ser un método aprobado por el organismo regulador, como un modelo de dispersión de contaminantes

atmosféricos, o un método clásico y de empleo universal, como lo que se usan para determinar la envergadura de obras hidráulicas, y que dependen de las previsiones del caudal).

3. *Calibración y validación del método*: procedimiento necesario cuando se emplea un modelo desarrollado para otra situación, cuya validez para un uso diferente debe analizarse; los resultados que se pueden obtener dependen de ciertas hipótesis (en general, simplificadoras) y de ciertos presupuestos (en general, conservadores, o sea, a favor de la seguridad); tales hipótesis y presupuestos deben ser explicitados para que los usuarios (el lector del EsIA, el proponente del proyecto, el analista técnico, los responsables de la toma de decisiones) comprendan los límites de las previsiones.

4. *Aplicación del método y obtención de los resultados*: este paso significa, finalmente, "hacer las previsiones".

5. *Análisis e interpretación*: los datos en bruto son de poca utilidad para la toma de decisiones, siendo función del analista interpretar los resultados dentro del contexto de la evaluación de impacto en curso; en dicha interpretación puede ser necesario discutir las incertidumbres de las previsiones y la sensibilidad de los resultados, o sea: ¿cuáles serían los resultados si las hipótesis y los presupuestos adoptados no demuestran ser verdaderos?

Como en las demás tareas de la preparación de un EsIA, puede ser necesario discutir previamente con la autoridad ambiental (y eventualmente con algunos interesados) qué abordajes se utilizarán en la previsión de impactos, si hay una real necesidad de efectuar previsiones cuantitativas, qué indicadores son los más apropiados y, si se emplean modelos matemáticos, cuáles son aceptados o si existen restricciones para alguno de los modelos. De común acuerdo, algunas de esas definiciones pueden incluirse en las directrices o en los términos de referencia para el estudio.

9.2 Indicadores de impactos

Una manera práctica de describir el comportamiento futuro del medio ambiente afectado es por medio de indicadores ambientales convenientemente elegidos. Los indicadores se usan crecientemente en planificación y gestión ambiental, y son útiles en varias partes de los estudios de impacto: en el diagnóstico, en la previsión de impactos y en el monitoreo.

Hay muchas definiciones de indicadores ambientales, como por ejemplo las siguientes:
- "un parámetro que da una medida de la magnitud del impacto ambiental" (Munn, 1975);
- "un parámetro que sirve como medida de las condiciones ambientales de una zona o ecosistema" (Moreira, 1992);
- "una variable o estimativa ambiental que provee una información agregada, sintética, sobre un fenómeno" (Ministerio de Medio Ambiente, 1996).

Los indicadores brindan una interpretación de los datos ambientales (Fig. 9.2). El concepto es de uso extendido en varias disciplinas, como en las ciencias biológicas, en las cuales significa "especies cuya presencia en determinado sitio, debido a sus exigencias ambientales bien definidas, es indicativa de la existencia de esas condiciones" (definición modificada a partir de Moreira, 1992). Es así que una determinada especie acuática, por ejemplo, solamente sobrevive si las condiciones ambientales son de óptima calidad (por ejemplo, de acuerdo a la cantidad de oxígeno disuelto presente en el agua). Entonces, si no se cumplen tales condiciones ambientales, la especie, que normalmente ocuparía ese lugar, estará ausente; a la inversa, a partir de la constatación de su presencia, es posible deducir que hay buenas condiciones en ese ambiente acuático.

En el campo de la calidad del aire, los indicadores ambientales son muy utilizados para evaluar las condiciones sanitarias de una región o lugar; por ejemplo, la concentración de partículas sólidas en suspensión en el aire – un parámetro que se puede medir a través de métodos estandarizados – brinda una información sobre los posibles riesgos para la salud que sufriría una persona diariamente expuesta al contaminante, dado que existe una correlación entre la presencia de esas partículas (principalmente las más finas, llamadas fracción inhalable o partículas inhalables) y problemas del aparato respiratorio. De esta forma, la concentración de partículas en suspensión es un buen indicador de la calidad del aire.

No obstante, como muchas veces se encuentran diferentes tipos de contaminantes en un mismo lugar, es interesante conocer su posible efecto combinado o sinérgico, o inclusive buscar una información agregada y sinóptica sobre esos diferentes contaminantes. En este último caso, se adoptan índices ambientales que combinan distintos parámetros o indicadores (Fig. 9.2). Muchas veces, el público se informa sobre el estado del medio ambiente por medio de dichos índices agregados (como índices de la calidad del aire o del agua). En el estado de São Paulo, el Índice de la Calidad del Aire combina siete parámetros: CO, SO_2, NO_2, O_3, polvo total en suspensión, polvo inhalable y humo. En tanto, el Índice de la Calidad del Agua combina nueve parámetros: coliformes fecales, pH, DBO, OD, N total, fosfato total, turbidez, residuo total y temperatura.

Los profesionales de las geociencias también se vienen preocupando en definir indicadores para medir y efectuar el seguimiento de los procesos del medio físico modificados por la acción humana (Berger, 1996).

Por ejemplo, Bitar *et al.* (1993) proponen diversos indicadores para este fin, como:

* rasgos de erosión de poca envergadura (surcos y grietas), cuya magnitud puede indicarse mediante parámetros como extensión, profundidad y superficie afectada;
* posición y variación de los niveles freáticos, que se pueden describir con la ayuda de parámetros como profundidad media y amplitud de oscilación de los niveles piezométricos;
* asoreamiento o agradación, cuya magnitud puede indicarse por la superficie afectada o por el volumen de sedimentos depositados.

Para Hammond et al. (1995, p. 1), los indicadores ambientales tienen dos características básicas: (i) cuantifican información para que su significado pueda aprehendido más rápidamente y (ii) simplifican información sobre procesos complejos a fin de mejorar la comunicación. Los indicadores proveen información condensada, agregando datos primarios.

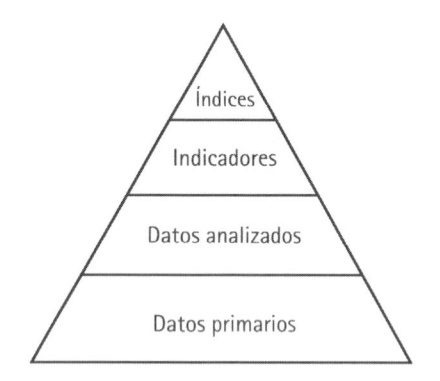

Fig. 9.2 *Pirámide de la información ambiental*
Fuente: Hammond et al., 1995, p. 1.

De este modo, los indicadores ambientales son parámetros representativos de *procesos* ambientales o del *estado* del medio ambiente (o sea, su situación en un determinado momento, lugar o región). La norma ISO 14.031:1999 – Evaluación de Desempeño Ambiental – recomienda la utilización de tres tipos de indicadores: (i) indicadores de desempeño gerencial, (ii) indicadores de desempeño organizativo y (iii) indicadores de condiciones ambientales. En el primer grupo, se encuadran los indicadores que proveen informaciones sobre la administración de una empresa u otra organización. En el segundo, sobre emisiones contaminantes, consumo de recursos y otros datos de proceso o de resultados de esa organización. En el tercer grupo, en tanto, se encuentran los indicadores de calidad del medio ambiente. En evaluación de impacto ambiental, se usan más los dos últimos grupos.

Los organismos gubernamentales normalmente suelen tener en su poder algunos indicadores e índices sobre condiciones ambientales o el estado del medio ambiente, lo cuales pueden ser aprovechados en los EsIAs, principalmente a los fines de efectuar un diagnóstico ambiental, en tanto estén claramente asociados a un lugar o una región. Organismos del sistema ONU, como por ejemplo el Programa de las Naciones Unidas para el Medio Ambiente (PNUMA) y el Programa de las Naciones Unidas para el Desarrollo (PNUD), han venido compilando informaciones de diversas fuentes sobre las condiciones ambientales del planeta. Un ejemplo es el *Global Environmental Outlook*, recopilación internacional de informaciones ambientales, que también tiene versiones nacionales y locales. La versión brasileña *GEO Brasil 2002*, se publicó una sola vez (Ibama, 2002) y algunos municipios también produjeron los suyos, como por ejemplo São Paulo. El Banco Mundial y algunas ONG como el *World Resources Institute* también trabajan en el mismo sentido. Es así como se está difundiendo la idea de que necesario conocer la situación del medio ambiente para poder administrarlo.

Hay una enorme cantidad de indicadores e índices ambientales que pueden utilizarse en EIA. Seleccionar los indicadores más adecuados es una tarea importantes para el analista.

Si casi todo parámetro puede transformarse en indicador ambiental, es importante establecer criterios para su elección, estando atento para dotar a cada indicador de un "significado agregado al que se extrae de la información estrictamente científica, con la finalidad de reflejar de manera sintética una preocupación social respecto al medio ambiente e insertarla coherentemente en el proceso de toma de decisiones" (Ministerio de Medio Ambiente, 1996, p. 16).

Dado un universo amplio de parámetros que tienen potencial de transformarse en indicadores para utilizar en EIA, Cloquel-Ballester *et al.* (2006) creen que es necesario realizar un procedimiento de validación, sin el cual la utilidad y la credibilidad de los indicadores podrían verse perjudicadas. Algunos indicadores de uso ampliamente difundido (como los empleados en las publicaciones gubernamentales) no necesitan de validación, pero no hay motivo para limitarse a ese tipo de indicador. En la etapa de estudios de base, los indicadores permiten describir, de modo sistemático, la situación que precede a una eventual implantación del emprendimiento, así como facilitar la recolección de datos. En la etapa de previsión, ayudan a describir la situación futura. Finalmente, a los fines de la gestión y el monitoreo ambiental, deberán justamente ser los parámetros o variables a medir o a seguir. El Cuadro 9.1 muestra ejemplos de indicadores utilizados para describir la magnitud de efectos e impactos ambientales identificados en un EsIA: adviértase que algunos son indicadores absolutos (por ejemplo, emisión total), en tanto que otros están relacionados con algún nivel preexistente.

Cuando el EsIA hace una distinción entre aspecto e impacto ambiental, se pueden usar indicadores para ambas categorías, ya que generalmente es más fácil prever o estimar

Cuadro 9.1 *Ejemplos de indicadores para el estudio de la magnitud de aspectos e impactos ambientales*

Aspecto/Impacto	Indicadores
Aumento de los niveles de erosión	Superficie afectada (ha), tasa de pérdida de suelo (t/ha.año)
Aumento de la carga de sedimentos en los cuerpos de agua	Contribución del emprendimiento en relación a otras fuentes situadas en la misma subcuenca
Alteración de la topografía hidrográfica	Volúmenes de suelo y roca movidos (m^3)
Generación de residuos sólidos	Masa generada según clase de residuo (t/ano)
Consumo de agua	Consumo mensual (m^3/ano), caudal consumido en relación al caudal mínimo del río
Generación de efluentes líquidos	Caudal efluente, demanda bioquímica de oxígeno, demanda química de efluentes, otros
Generación de ruidos	Aumento del nivel de presión sonora en relación al ruido de fondo preexistente
Generación de material particulado	Cantidad emitida hacia la atmósfera en relación a otras fuentes de la región
Generación de gases de combustión	Cantidad emitida hacia la atmósfera en relación a otras fuentes de la región
Pérdida de superficies de cultivo y pastaje	Superficie afectada en relación a la zona cultivada en el municipio o subcuenca hidrográfica
Pérdida de partes de vegetación nativa	Superficie afectada (ha)
Aumento del tráfico de camiones	Porcentaje de aumento en relación al volumen medio diario de tráfico preexistente
Aumento de la demanda de bienes	Valor de las adquisiciones en el mercado local (R$) y servicios
Generación de impuestos y contribuciones	Monto a recaudar (R$)
Creación de puestos de trabajo	Número de puestos creados
Alteración de la calidad del aire	Concentración ambiental del contaminante P1
Alteración de la calidad de las aguas superficiales	Concentración ambiental del contaminante P2, índice de calidad de las aguas
Alteración de la calidad del suelo	Superficie afectada (ha)
Impacto visual	Dimensiones de las zonas visibles, número de personas que potencialmente verán el sitio del proyecto
Disminución de la producción agrícola	Superficie afectada en relación a las zonas cultivadas en el municipio o subcuenca hidrográfica
Incremento de las actividades comerciales	Masa salarial gastada a nivel local y monto de las adquisiciones de bienes y servicios
Aumento de la recaudación tributaria	Masa tributaria en relación a la recaudación preexistente en el municipio

la magnitud de los aspectos que de los impactos. El Cuadro 9.2 trae una lista parcial de indicadores de aspectos ambientales estimados para un proyecto de pequeña minería de bauxita en una zona rural del estado de São Paulo. Los métodos utilizados para las estimaciones están comentados en la sección 10.3.

9.3 Métodos de previsión de impactos

Hay una gran variedad de herramientas y procedimientos utilizables para prever los impactos sobre el medio ambiente. En realidad, muchas disciplinas científicas tratan de desarrollar métodos capaces de anticipar las variaciones de los fenómenos que estudian, de modo que los métodos y procedimientos puedan ser empleados en EIA.

Cuadro 9.2 *Ejemplos de indicadores de magnitud de aspectos ambientales*

Aspecto Ambiental	Indicador	Estimación
Alteración de la topografía local	Volumen de material removido	1.380.000 m^3
Supresión de zonas de cultivo y pastaje	Zona afectada	372.500 m^2
	Número de propiedades rurales afectadas	23 propiedades
Reinserción en el medio rural de terrenos explotados para minería	Zona afectada	372.500 m^2
Extracción de recursos naturales no renovables	Cantidad de mineral extraída	1.976.000 t
Consumo de agua	Volumen diario consumido	100 m^3/día
Consumo de recursos no renovables (petróleo y combustibles)	Volumen mensual consumido	1.900 ℓ/mes de diésel; 25 ℓ/mes de lubricantes
Generación de efluentes líquidos	Caudal efluente	0 m^3/día
Arrastre de partículas sólidas	Volumen de partículas por unidad de tiempo	~ 0 t/año
Emisión de material particulado	Cantidad emitida por km de carretera	3 kg/km
Emisión de gases de combustión	Cantidad de gases de combustión	No estimado
Derrame de petróleo y combustibles	Volumen anual	~0 ℓ/año
Generación de residuos sólidos	Cantidad generada	150 kg/año
Generación de residuos líquidos	Cantidad generada	300 ℓ/año
Emisión de ruidos	Nivel máximo de presión sonora	71dB(A) a 10 m de la operación
Aumento del tráfico de camiones	Número adicional de vehículos	36 vehículos/día (tierra); 10 vehículos/día (asfalto)
Aumento de la demanda de bienes y servicios	Gastos en la adquisición de bienes/servicios	R$ 60.000/mes
Aumento de la masa monetaria en circulación local	Valor pagado a los propietarios rurales en concepto de royalties	R$ 790.400 (total)
Generación de impuestos	Monto anual recaudado CFEM [1]; Monto anual recaudado ICMS [2]; % de aumento de la recaudación local (ICMS)	R$ 4.050/año CFEM; R$ 50.300/año ICMS; 41,9 %
Reducción de las actividades comerciales	Valor del mineral + royalties	~ R$ 400.000/año

Fuente: Prominer Projetos S/C Ltda., EsIA Extracción de Bauxita Cia. Geral de Minas-Alcoa, 2002.
Notas: (1) CFEM – Contribución Financiera sobre la Explotación Minera, una tasa específica impuesta a la minería (2) ICMS – Impuesto a la Circulación de Mercancías y Servicios, una especie de impuesto al valor agregado.

A continuación se comentarán cinco grandes categorías de métodos predictivos utilizados en los estudios de impacto ambiental. No existe un método intrínsecamente mejor que los demás. El mejor método es el más adaptado al problema que se pretende resolver, dentro de su contexto: por ejemplo, un sofisticado modelo matemático que necesite de un gran volumen de datos, cuya obtención es difícil, larga y cara, será completamente inapropiado si una aproximación burda – basada en la experiencia previa o en una analogía – sugiere que determinado impacto (por ejemplo, alteración de la calidad del aire) será de pequeña magnitud e importancia. Como en las demás etapas de la preparación de un estudio ambiental, los medios empleados deben ser proporcionales al problema.

Modelos matemáticos

Los modelos son representaciones simplificadas de la realidad. Se busca una aproximación a la comprensión de un determinado fenómeno, mediante la selección de algunos aspectos más relevantes, dejando a un lado, necesariamente, otros aspectos considerados menos importantes para el análisis. Los modelos pueden ser analógicos (como por ejemplo una representación a escala reducida de un estuario o del relieve), conceptuales (descripción cualitativa de los componentes y las relaciones de un sistema), o matemáticos, que son representaciones formalizadas mediante un conjunto de ecuaciones matemáticas que describen un determinado fenómeno de la naturaleza. Diversos procesos ambientales pueden ser modelados de esa forma, principalmente los fenómenos físicos y, en cierta medida, los procesos ecológicos.

Elaborar esos modelos es una de las tareas de los científicos, que de esta forma procuran entender mejor cómo funcionan los procesos naturales. Se desarrollaron diferentes modelos con el objetivo específico de colaborar con la planificación y gestión ambiental, como es el caso de los modelos de dispersión de contaminantes atmosféricos, que correlacionan la emisión de contaminantes de una chimenea –o de otro tipo de fuente- con factores meteorológicos, como intensidad y dirección de los vientos e insolación, previendo las concentraciones de esos contaminantes en puntos situados en diferentes distancias del lugar de emisión.

En el campo de la evaluación de impacto ambiental, los modelos matemáticos se han usado mucho en el estudio de la calidad del aire, de la dispersión de contaminantes en el agua subterránea o en aguas superficiales, de la propagación de los ruidos, entre otros. En el caso de los contaminantes atmosféricos, inicialmente se estiman o calculan las emisiones de las futuras fuentes: dichas emisiones se pueden obtener por medio de cálculos de balance de masa del proceso industrial o a partir de promedios estadísticos compilados en referencias bibliográficas específicas, los llamados factores de emisión[1]. A continuación, se simula la dispersión atmosférica de los contaminantes con la ayuda de ecuaciones previamente validadas que describen el comportamiento de la pluma de contaminación a partir de diferentes condiciones meteorológicas (por ejemplo, intensidad de los vientos y estabilidad de la atmósfera), siendo, de esta forma, capaces de prever, para diferentes puntos de coordenadas conocidas, las futuras concentraciones de contaminantes. El modelo propiamente dicho es ese conjunto de ecuaciones. El Cuadro 9.3 muestra los fundamentos de los modelos gaussianos de dispersión de contaminantes en la atmósfera, ampliamente utilizados.

[1] *Los factores de emisión compilados y periódicamente revisados por la Agencia de Protección Ambiental de los Estados Unidos constituyen una referencia internacional.*

PREVISIÓN DE IMPACTOS

Cuadro 9.3 *Modelos gaussianos de dispersión atmosférica*

Durante las décadas del 60 y 70, empezaron a estudiarse el transporte y la dispersión de los contaminantes en el aire, apuntando a comprender los procesos que estaban involucrados, destacándose los trabajos de Pasquill y de Gifford. La dispersión de emisiones atmosféricas a partir de una fuente fija (chimenea de altura efectiva[2] h) puede describirse con la ecuación que figura a continuación, la cual muestra las concentraciones X esperadas del contaminante en el punto de coordenadas x, y, z medidas a partir de la fuente. El modelo se denomina gaussiano (o estadístico) porque admite que la concentración máxima se encuentra en el centro de una pluma de dispersión de sección elíptica, decayendo según una curva de Gauss (la conocida curva con forma de campana) del centro hacia los bordes de la pluma. Esta se desplaza hacia abajo según la dirección del viento y conforme los contaminantes se van diluyendo, y su concentración decrece con la distancia de la fuente emisora.

La distribución de la concentración en el interior de la pluma depende de la velocidad del viento μ y de las condiciones de estabilidad de la atmósfera, representadas por los coeficientes de dispersión σ_y (lateral) y σ_z (vertical), parámetros cuantitativos que representan condiciones cualitativas atmosféricas. Dichos coeficientes dependen del llamado grado de estabilidad atmosférica, dado por una combinación entre la velocidad del viento y la insolación o la cobertura de nubes, de acuerdo con una clasificación propuesta por Pasquill en 1971: A – muy inestable; B – moderadamente inestable; C – levemente inestable; D – neutra; E – levemente estable; F – moderadamente estable. A mayor inestabilidad corresponde una mayor capacidad de dispersión de contaminantes. La transformación de esas condiciones en los coeficientes de dispersión se lleva a cabo mediante gráficos. La ecuación que figura a continuación expresa la distribución de la concentración de contaminantes (Seinfeld, 1978, p. 298):

$$X(x,y,z) = \frac{Q}{2\pi\sigma_y\sigma_z\mu} \exp\left[-\frac{1}{2}\left(\frac{y}{\sigma_y}\right)^2\right] \cdot \left\{\exp-\left[\frac{1}{2}\left(\frac{z-h}{\sigma_z}\right)^2\right] + \exp-\left[\frac{1}{2}\left(\frac{z-h}{\sigma_z}\right)^2\right]\right\}$$

Esta ecuación se aplica a contaminantes inertes, liberados a tasas constantes Q sobre terrenos planos. Para condiciones más complejas, se requieren ajustes y, consecuentemente, modelos más sofisticados. Se deberán hacer correcciones cuando el terreno no es plano, en cuyo caso habrá una mayor turbulencia atmosférica y, por lo tanto, una mayor dispersión vertical, y el respectivo coeficiente de dispersión vertical debe asumir otros valores para cumplir con esas características. Lo mismo ocurre cuando la fuente está situada en un valle, en cuyo caso la dispersión lateral puede verse restringida. Hay modelos para fuentes lineales (carreteras) y para emisiones difusas y fugitivas de zonas abiertas.

Cuanto más compleja es la situación, mayor es la posibilidad de error en los resultados, teniendo en cuenta que la complejidad de la realidad se traduce en el modelo mediante simplificaciones aún mayores. En la aplicación de los modelos, sin embargo, se suelen seleccionar las situaciones menos favorables en términos de dispersión, lo que tiende a dar resultados conservadores. Cuando las previsiones de los modelos gaussianos se comparan con resultados de monitoreo, éstos últimos se ubican frecuentemente por debajo de las previsiones (ERL, 1985, p. 79). Actualmente existen modelos más sofisticados que los gaussianos, que permiten, entre otras operaciones, computar el perfil vertical de temperatura y velocidad del viento por encima de la fuente (Elsom, 2001, p.163), pero los modelos gaussianos todavía se emplean en estudios de impacto ambiental.

Una ventaja del uso de modelos matemáticos es que es posible simular diferentes escenarios y el analista puede, de esta forma, considerar la peor situación posible. Si dispone de datos estadísticamente confiables, también podrá presentar los resultados en diferentes formatos: por ejemplo, en este mismo campo de la contaminación del aire, el número de días por año en el que la calidad del aire superará cierto valor, o la concentración de determinado contaminante que deberá ser superada durante el 5% del

Cuadro 9.4 *Concentraciones previstas de contaminantes atmosféricos para la zona de influencia de una central termoeléctrica a gas natural.*

Receptores	Concentraciones Máximas Sobre los Receptores (mg/m^3)				
	NOx (1H)	SOx (24H)	MP (24H)	CO (1H)	THC (3H)
Seropédica	79,7	0,7	4,5	35,5	11,9
Queimados	85,0	0,3	4,5	40,6	10,1
Engenheiro Pedreira	75,0	0,6	3,7	27,0	16,1
Japeri	56,2	0,3	3,1	22,8	8,1
ETA de Guandu	77,0	0,7	7,4	30,1	12,2
Patrones primarios	320,0	365,0	150,0	40.000,0	160,0

THC = hidrocarburos totales

Fuente: Mineral/Agrar, Estudio de impacto ambiental Central Termoeléctrica Riogen Merchant, 2000.

tiempo. El Cuadro 9.4 muestra un ejemplo de previsión de calidad del aire realizado para un estudio de impacto ambiental de una central termoeléctrica a gas. En el cuadro se muestran las concentraciones máximas previstas para cinco puntos de interés situados en el área de influencia del emprendimiento: a los efectos de su comparación, también se muestran los estándares legales para los mismos contaminantes. Los resultados también pueden presentarse en forma de mapas de isoconcentración para cada uno de los principales contaminantes. Además, dichos modelos también permiten encontrar los puntos de máxima concentración de contaminantes.

En el Cuadro 9.5 se puede ver otro ejemplo de modelaje predictivo de la calidad del aire, que sintetiza el procedimiento empleado en el EsIA de una carretera de seis carriles proyectada para formar parte de la circunvalación de la ciudad de São Paulo, denominada Rodoanel*. En ese caso, la futura calidad del aire en la zona de influencia de la carretera fue calculada con la ayuda de un modelo gaussiano que, a su vez, depende de una información sobre el tráfico de vehículos en la carretera (las fuentes de emisión). Como no es posible hacer un recuento del flujo de vehículos, ya que la ruta no existía en la época de elaboración del EsIA, el volumen de tráfico se calculó con la ayuda de otro modelo matemático, usado para las previsiones de tránsito. Una de las mayores dificultades del modelaje predictivo en carreteras es "calibrar el modelo de dispersión a través de un mejor conocimiento de los factores medios de emisión de los automotores que efectivamente circulan" (Branco *et al.*, 2003). En otras palabras, todo modelaje requiere la adopción de ciertos parámetros (en este caso, las emisiones reales), lo que introduce otra fuente de incertidumbre (de Jongh, 1988) aparte de la inherente al modelo, por ser una representación simplificada de la realidad.

* N. del T.: El equivalente en español a "anillo vial".

En la Fig. 9.3 es posible ver un ejemplo más de previsión de la calidad del aire fundada en el modelaje matemático. En la figura, la previsión se presenta bajo la forma de isolíneas superpuestas a un mapa de uso del suelo, lo que le da un gran efecto comunicativo. Se trata de un proyecto de construcción de una nueva industria de fundición de aluminio primario en una zona industrial y portuaria situada en Sudáfrica, en donde ya funciona otra unidad de la misma empresa. Están representadas las concentraciones previstas de fluoruro, uno de los principales contaminantes en ese tipo de emprendimiento. El proyecto prevé la emisión total de 351 toneladas anuales de fluoruro, considerando las emisiones de la industria existente y las del proyecto analizado; el modelo también computó las emisiones de una industria de fertilizantes existente en la misma zona industrial. El mapa presenta los promedios anuales de concentración de fluoruro, por lo tanto no corresponde a la situación más crítica, la cual no obstante también fue simulada. La isolínea de 0,4 µg/m^3 representa la directriz adoptada para la protección de la vegetación, teniendo en cuenta que por encima de ese valor es posible registrar que los bordes de las hojas de algunas especies silvestres se vuelven amarillos. Para zonas industriales y comerciales, en las que los daños a la vegetación no son considerados relevantes, se adoptó como directriz la isolínea de 1,0 μg/m³. Según los resultados del modelaje, para la alternativa de localización F, indicada con esa letra en la Fig. 9.3, cerca del 20% del área industrial presentaría concentraciones medias por encima de ese valor. El patrón ambiental para la protección de la salud humana, según el estudio, es de 26 μg/m³.

Cuadro 9.5 *Modelaje de la calidad del aire en un proyecto de carretera*

La previsión de los impactos sobre la calidad del aire de una carretera puede ejemplificarse con el EsIA del trecho sur del Rodoanel Metropolitano de São Paulo, una autopista que circunvala el conurbano. Como en otras previsiones, existen dos etapas, la estimación de las emisiones y el modelaje de la dispersión. Resumidamente, el procedimiento utilizado fue:

1. Estimación del número de vehículos que componen el parque automotor registrado en los municipios de la Región Metropolitana de São Paulo, de acuerdo con el año de fabricación y el combustible empleado, para los años 2005, 2010 y 2020. Se utilizaron datos disponibles en el Departamento Estadual de Tránsito y en la Asociación Nacional de Fabricantes de Vehículos Automotores.

2. Estimación del kilometraje medio anual recorrido por los vehículos, según la edad del parque automotor circulante (se supone que los vehículos más nuevos circulan más), usando datos de la agencia de control de la contaminación ambiental Cetesb y de la *United States Environmental Protection Agency* (USEPA)[1].

3. Estimación de los factores de deterioro, que son multiplicadores usados para calcular las emisiones (los vehículos con mayor kilometraje acumulado emiten más contaminantes), para los años 2005, 2010 y 2020. Por ejemplo, el factor de deterioro encontrado para las emisiones de CO en vehículos con diez años de uso es de 2,33, mientras que en los vehículos con un año de uso dicho factor es de 1,19. Los factores se calcularon en base a fórmulas de la USEPA.

4. Elección de factores de emisión (FE) para vehículos nuevos. Los FE indican las emisiones contaminantes de un vehículo automotor en g/km. Para calcular las emisiones esperadas de un vehículo, se multiplica su FE por la distancia recorrida, corrigiéndose el resultado por el factor de deterioro. Los FE permiten simplificar los cálculos de las emisiones totales de cada vehículo, que dependen, entre otros, de la velocidad desarrollada, de la inclinación de la calzada, de la carga del vehículo y de la forma de conducir, dependiendo también del combustible utilizado. Como la gasolina brasileña tiene un 22% de alcohol y parte del parque automotor utiliza ese combustible, no se pueden emplear FE disponibles en fuentes extranjeras: la Cetesb[2] establece FE válidos para Brasil. Se usaron factores diferentes según la edad del parque automotor, ya que la reglamentación establece metas de reducción de emisiones para vehículos nuevos, de acuerdo al año de fabricación[3]. Además de las emisiones de gases de los caños de escape y de la evaporación de combustibles, se calcularon también las emisiones de material particulado producido por los neumáticos (resuspensión de partículas de la calzada debido al paso de los vehículos). Finalmente, se incorporaron las necesarias correcciones a la velocidad media de los vehículos, la cual, por tratarse de una autopista, es mayor que la que se adoptó para la estimación de los FE, que es de 31,5 km/h.

5. La estimación del volumen previsto de tráfico se realizó mediante otro modelo matemático, y el modelaje de la calidad del aire adoptó los mismos valores usados para el proyecto vial.

6. Cálculo de las tasas de emisión (en g/día, la cantidad total de cada contaminante emitida en 24 h) para cada tramo de la carretera (cambia el volumen de tráfico), mediante la multiplicación del volumen de tráfico diario por la extensión de cada tramo y por el factor de emisión, corregido por la velocidad y el deterioro, todo esto ponderado según el tipo de vehículo (liviano a alcohol, liviano a gasolina, pesado a diésel), para los años 2005, 2010 y 2020.

7. Selección de datos meteorológicos para usar en el modelo de dispersión. Se utilizaron datos obtenidos en el aeropuerto de Congonhas (situado, *grosso modo*, a aproximadamente 20 km del emprendimiento) en los años 1999 y 2000, con información hora tras hora.

Cuadro 9.5 *(continuación)*

8. Cálculo de las concentraciones futuras empleando el modelo Industrial Source Complex Short Term 3 – ISCST 3 desarrollado por la USEPA, adecuado para fuentes lineales (y también para otros tipos de fuentes). El programa combina los datos horarios (8.760 horas anuales) de velocidad del viento, tipo de estabilidad atmosférica, temperatura del aire y altura de la capa de mezcla cuyo resultado sea la concentración máxima del contaminante a nivel del suelo, o sea, la peor situación posible a partir de los datos disponibles. La concentración resultante puede expresarse en promedio de 1 h, de 8 h, de 24 h o anual.
9. Presentación de los resultados en tablas que indican las mayores concentraciones esperadas para cada contaminante (NOx, CO, HC, SO_2, MP), los puntos en donde ocurren y mapas en pequeña escala con curvas de isoconcentración. También se presentaron previsiones de concentración en siete puntos de interés.
10. Algunas conclusiones son (i) reducción de las emisiones totales de contaminantes en la región metropolitana, producto del aumento de la velocidad media del parque automotor; (ii) aumento de emisiones a lo largo del trazado, en relación a la situación preproyecto; (iii) el modelaje de dispersión indica concentraciones máximas para 2010, decreciendo en 2020, sin superarse los estándares de calidad establecidos por la legislación; y (iv) las concentraciones máximas se ubican a lo largo del cantero central de la carretera, bajando a cerca de un 60% a una distancia de 1 km.

Fuente: Fundación Escuela de Sociología y Política de São Paulo, EsIA Programa Rodoanel Mario Covas. Tramo Sur Modificado. Estudio de Impacto Ambiental, vol. 8, Anexo 4 – Informe de Evaluación de Calidad del Aire en el Rodoanel Tramos Oeste y Oeste más Sur, 2004.

[1] USEPA, United States Environmental Protection Agency, Compilation of Air Pollutant Emission Factors – AP 42 – Appendix H – Highway Mobile Source Emission Factor Table, 1995.

[2] Cetesb, Companhia de Tecnologia de Saneamento Ambiental, Informe de Calidad del Aire en el Estado de São Paulo 2003, São Paulo, 2004, 132 p.

[3] El Programa de Control de Emisiones de Vehículos Automotores (Proconve) se estableció por resolución del Consejo Nacional de Medio Ambiente de 1986.

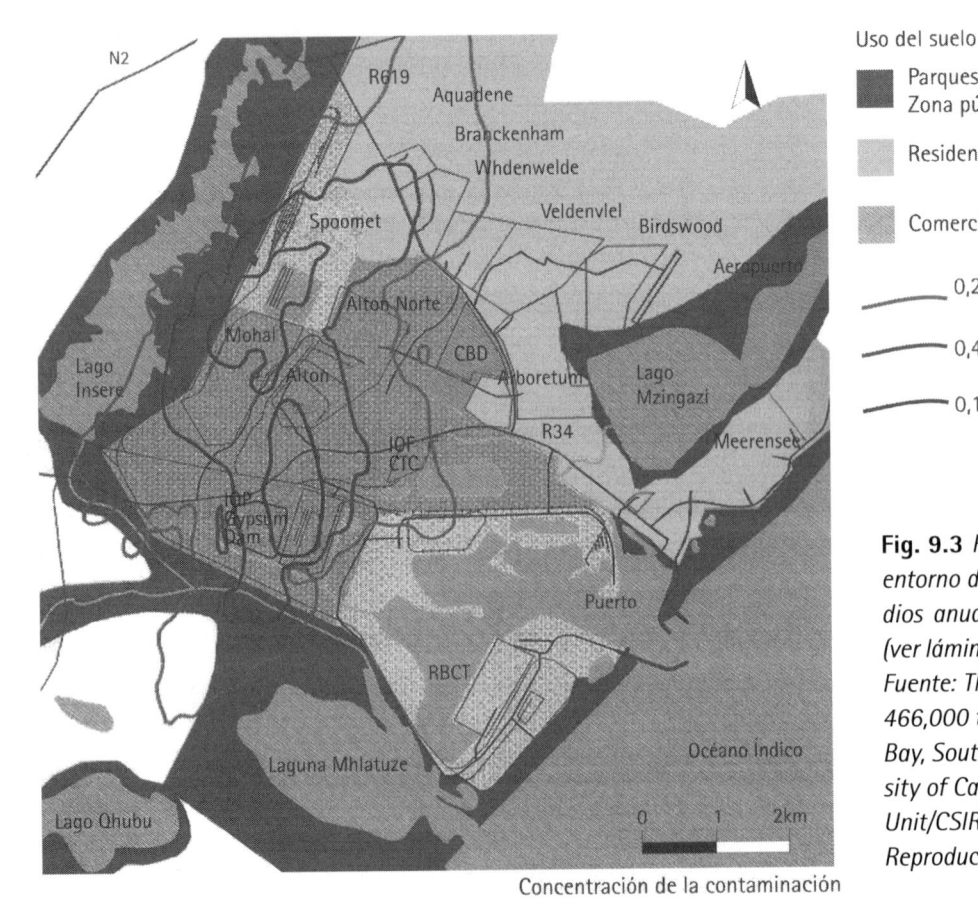

Fig. 9.3 *Previsión de la calidad del aire en el entorno de una fábrica de aluminio: promedios anuales de concentración de fluoruro (ver lámina en color 23)*
Fuente: The Pelican Joint Venture, EIA for a 466,000 tpa Aluminium Smelter in Richards Bay, South Africa. Summary Report. University of Cape Town Environmental Evaluation Unit/CSIR Environmental Services, 1992. Reproducido con autorización.

La propagación de ruidos es otro campo en el cual se dispone de conocimiento suficiente aplicable en una previsión cuantitativa de impactos ambientales. Conociéndose los niveles de presión sonora emitidos por el conjunto de fuentes que componen el emprendimiento, la realización de relaciones matemáticas (desde simples ecuaciones hasta funciones complejas) permite estudiar la atenuación brindada por la distancia, por la existencia de barreras físicas o por terrenos de diferentes rugosidades (césped, superficies asfaltadas, etc.). El Cuadro 9.6 muestra algunos fundamentos de la propagación de ruidos y el Cuadro 9.7, un ejemplo de previsión de impactos, usando dichas ecuaciones efectuadas en el EsIA de una central térmica a gas.

Cuadro 9.6 *Conceptos fundamentales sobre propagación de ruido*

La presión sonora se define como la diferencia entre la presión total en el momento del paso de la onda sonora y la presión atmosférica normal o de referencia (P_0). El oído humano es sensible a las presiones acústicas por encima de $2 \cdot 10^{-5}$ Pa (Pascal), ya que 20 Pa corresponden al umbral de daño. Como los sonidos audibles alcanzan una franja de variación de 10^6 Pa, se utiliza una escala logarítmica, el decibel, para medir el nivel de presión sonora (NPS) L:

$$L = 10 \cdot \log \frac{P^2}{P_0^2}$$, en que la presión de referencia es $P_0 = 2 \cdot 10^{-5}$ Pa, por convención internacional.

Dicha expresión también puede ser escrita como: $L = 20 \cdot \log(P/P_0)$, y representa el nivel de presión sonora en decibeles (dB).

Los niveles de ruido varían continuamente. La variación se puede representar con la ayuda de un gráfico del porcentaje del tiempo en que el NPS se sitúa en determinados intervalos. Este procedimiento permite que se determine L_x, el NPS que es excedido durante x% de tiempo. Los valores de L_{10}, L_{50} y L_{90} son interpretados como *NPS de pico, de mediano y de fondo*, respectivamente. De esta forma, L_{90} es el nivel de presión sonora alcanzado o superado durante el 90% del tiempo.

Otro concepto utilizado es el nivel sonoro equivalente L_{eq}, el NPS constante que tiene la misma energía acústica durante un mismo período de tiempo T. El nivel sonoro equivalente se calcula mediante una fórmula basada en el principio de igual energía:

$$L_{eq} = 10 \cdot \log \frac{1}{100} \sum t_i \cdot 10^{L_i/10} \quad o \quad L_{eq} = 10 \cdot \log \frac{1}{T} \int_0^T 10^{L/10} \cdot dt$$

en que: t_i = intervalo de tiempo para el cual el nivel sonoro permanece dentro de los límites de la clase i (expresado en porcentaje del período de tiempo), L_i = nivel de presión sonora correspondiente al punto medio de la clase.

El L_{eq} es el nivel de energía que tendría un ruido continuo estable de igual duración. Los decibelímetros modernos ya efectúan la integración y pueden suministrar valores de L_{eq} para diferentes períodos de tiempo como un minuto, una hora o un día, y permiten, de esta forma, un monitoreo continuo de los niveles de ruido. Las mediciones de presión sonora reciben un factor de corrección para representar mejor la percepción del oído humano, que varía de acuerdo a la franja de frecuencia del ruido. La escala de ponderación "A" es la más usada. Esas medidas se representan con el símbolo dB(A).

La intensidad sonora disminuye con el cuadrado de la distancia. Sin embargo, la propagación de las ondas sonoras es mucho más compleja que la simple atenuación debido a la distancia. Las condiciones topográficas y atmosféricas (viento, temperatura y humedad del aire) afectan mucho la propagación del sonido. Además, el aire mismo absorbe parte de la energía, principalmente en altas frecuencias. Aparte de la atenuación por la distancia, el tipo de terreno que hay entre la fuente y el receptor puede tener un efecto sobre el NPS medido en el receptor; una superficie dura y reflectiva como hormigón o asfalto puede ocasionar un ligero aumento del NPS, mientras que una superficie rugosa como el césped tiene efecto absorbente, así como la vegetación arbustiva y arbórea. Sin tomar en cuenta esos factores, y considerando sólo la atenuación por la distancia, se utiliza la siguiente fórmula para calcularla a partir de una fuente puntual:

Cuadro 9.6 *(continuación)*

$L_2 = L_1 - 20.\log(d_2/d_1)$, en que: $d_1 = 2$ m (ruido en la fuente) y L_1 = nivel de ruido en la fuente.

En tanto, el ruido resultante de diversas fuentes simultáneas se puede calcular con la siguiente fórmula:

$L_n = 10.\log \Sigma 10^{(L_i/10)}$, en que: L_i = nivel de ruido de la fuente i.

Los modelos matemáticos para la previsión de niveles de ruido utilizan expresiones más sofisticadas que las que aquí se muestran, y aplican diferentes factores de corrección para tomar en cuenta las características físicas de la zona y la frecuencia del ruido, dado que la atenuación es mayor en las altas frecuencias.

Fuente: Sánchez (1995c).

Cuadro 9.7 *Niveles de ruido previstos para la zona de influencia de una central termoeléctrica a gas natural*

Puntos de muestreo	Ruido de fondo [dB(A)]	Ruido que generará la central	Ruido de fondo + ruido de la central
Emprendimiento	55,7	91	91,0
Oficinas RPBC	70,0	67	71,8
Cercanías (Av. das Indústrias)	68,0	79	79,3
Cercanías (portón de control RPBC)	65,9	65	68,5
Cercanías (barrio)	70,9	59	71,2
Cercanías (carretera Piaçaguera-Guarujá)	84,1	53	84,1

Fuente: JP Engenharia, Estudio de Impacto Ambiental Central de Co-generación de la Baixada Santista, 2000.

Las Figs. 9.4 a 9.6 muestran una previsión más sofisticada de impactos sonoros, realizada para un emprendimiento minero-industrial. Hay allí una simulación de la futura situación en la zona del emprendimiento y su entorno, que toma en consideración la composición de todas las fuentes previstas por el proyecto. Ese ejemplo también muestra que la previsión cuantitativa de impactos no puede prescindir de una pormenorización del proyecto de ingeniería, mínimamente compatible con el llamado proyecto básico. En ese caso, es necesario conocer la relación de los equipos emisores de ruido y su ubicación dentro del área del emprendimiento. De lo contrario, el analista deberá asumir una serie de presupuestos que pueden llegar a distar mucho de la realidad del futuro emprendimiento.

La Fig. 9.4 muestra los resultados del mapeo de ruido realizado para el diagnóstico ambiental del área de estudio, advirtiéndose que las zonas más ruidosas se encuentran en las cercanías de la ruta existente, mientras que los barrios de viviendas ubicados al sudeste y al noreste gozan de un buen ambiente sonoro. Partiendo de resultados de medición obtenidos en 31 puntos (procedimiento también llamado monitoreo preoperativo), de coordenadas conocidas, distribuidos en el área de estudio – distribución no aleatoria sino realizada en función de las fuentes actuales y futuras y de las características físicas del terreno y del uso del suelo –, el autor dispuso los puntos en un mapa-base y utilizó un *software* de interpolación de datos para delimitar las isolíneas.

A su vez, las Figs. 9.5 y 9.6 simulan la futura situación en la cual el emprendimiento se constituye en un nuevo foco de emisión. Conocidos los ruidos de cada una de las fuentes y su distribución espacial, el autor (Schrage, 2005, pp. 57-60) calculó los niveles futuros en cada uno de los puntos receptores, observando los factores que influyen en la propagación de las ondas sonoras, como la presencia de barreras, a partir de un procedimiento recomendado en la literatura técnica que considera diferentes factores de atenuación según la frecuencia del ruido. La Fig. 9.5 muestra la previsión para la alternativa de una mina subterránea, estudiada en un EsIA, y la Fig. 9.6, para la alter-

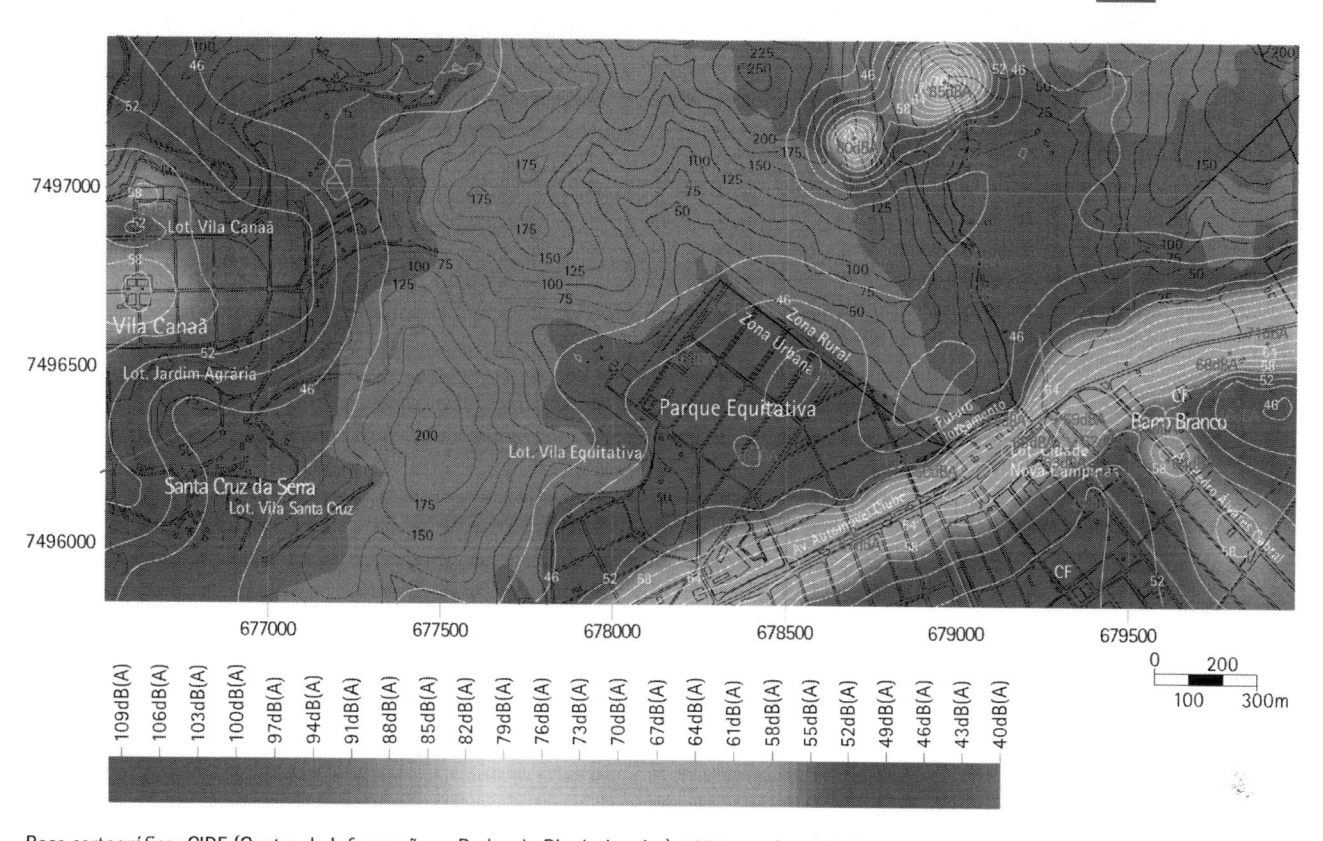

Fig. 9.4 *Mapa de la probable distribución del ruido diurno actual en un lugar en el que se piensa implantar una mina (ver lámina en color 24)*
Fuente: Schrage (2005).

nativa de una mina a cielo abierto, en la que la distribución de ruidos es muy diferente. En este último caso, la simulación consideró la presencia de una barrera física situada entre la zona industrial y el barrio ubicado al sudeste (zona coloreada de verde al norte de la carretera), una medida mitigadora ya incorporada a la alternativa de proyecto: se trata de una pila de tierra producto de un rellenado. Este ejemplo también ilustra el rol del EIA en la planificación del proyecto (sección 3.1). Si no hubiera preocupación por la mitigación de impactos, la pila no habría sido proyectada. Dentro de esas condiciones, la etapa de análisis de los impactos considera el proyecto ya con las medidas mitigadoras previstas, lo que corresponde al proyecto sometido a aprobación (las medidas mitigadoras adicionales pueden ser producto del EsIA o de otras partes del proceso de EIA). En el caso de dicho proyecto, una mina y central de tratamiento de nefelina-sienita en Duque de Caxias, estado de Río de Janeiro, la obra no se llevó a cabo por razones de viabilidad técnica y económica, y el EsIA no se llegó a presentar.

Entre las ventajas de la representación en un mapa de los niveles futuros de presión sonora mediante curvas de isorruido se encuentran la rápida ubicación de puntos de interés y la facilidad de comunicación con el usuario del EsIA. La yuxtaposición del diagnóstico con la previsión posibilita, a su vez, la inmediata visualización de los principales cambios. Como en otros modelos matemáticos, también aquí es posible simular alternativas de otras situaciones futuras (por ejemplo, con otros equipos con

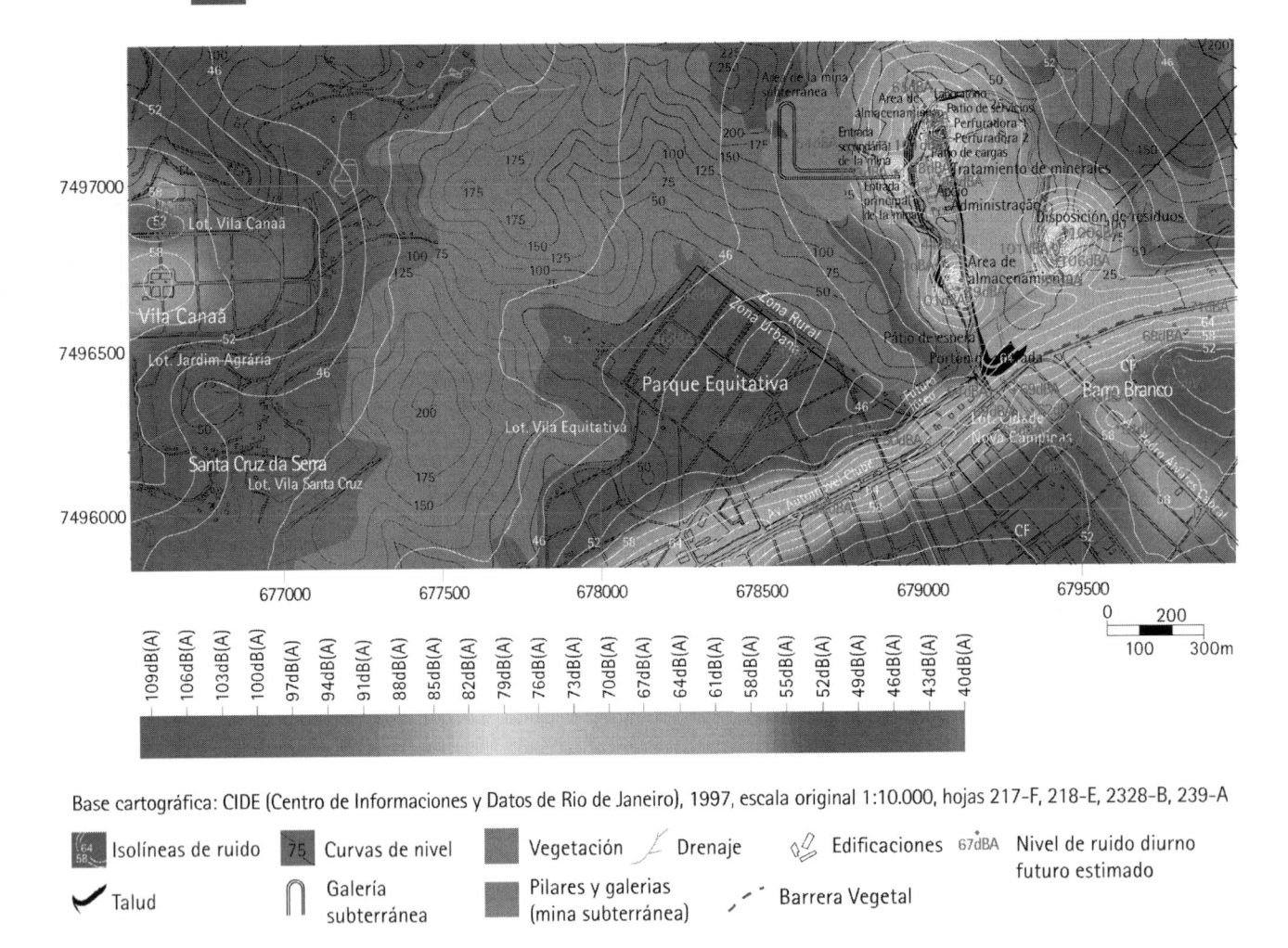

Fig. 9.5 *Mapa de la probable distribución de los niveles de ruido diurno luego de la implantación de una mina subterránea (ver lámina en color 26)*
Fuente: Schrage (2005).

o sin barrera antirruido, o con aumento de tráfico en la carretera) o de la situación en diferentes horizontes temporales, simulando cambios que puedan ocurrir durante el funcionamiento del emprendimiento.

La previsión de los efectos hidrológicos de una represa está entre las principales cuestiones suscitadas por ese tipo de emprendimiento, debido a que la función en sí de una represa es regular el régimen hídrico. De este modo, conocer anticipadamente las variaciones del caudal de un río es uno de los ítem usuales para el EsIA correspondiente. En el caso de la represa de Nangbéto (Fig. 9.7), situada sobre el río Mono, en Togo, cuyo cierre de compuertas ocurrió en julio de 1987, Rossi e Antoine (1990) identificaron y previeron los siguientes efectos hidrológicos y sedimentológicos:

- disminución del aporte de sedimentos aguas abajo de la represa;
- cambios en la traza del río aguas abajo de la represa (pérdida de los meandros);
- erosión de las márgenes aguas abajo;
- reducción de la salinidad del sistema lagunar de la desembocadura del río, afectando a cerca de 100.000 personas que viven de la pesca (transformación de albuferas reguladas por la marea en lagos de agua dulce);
- elevación de 0,40 m del nivel medio del lago Togo.

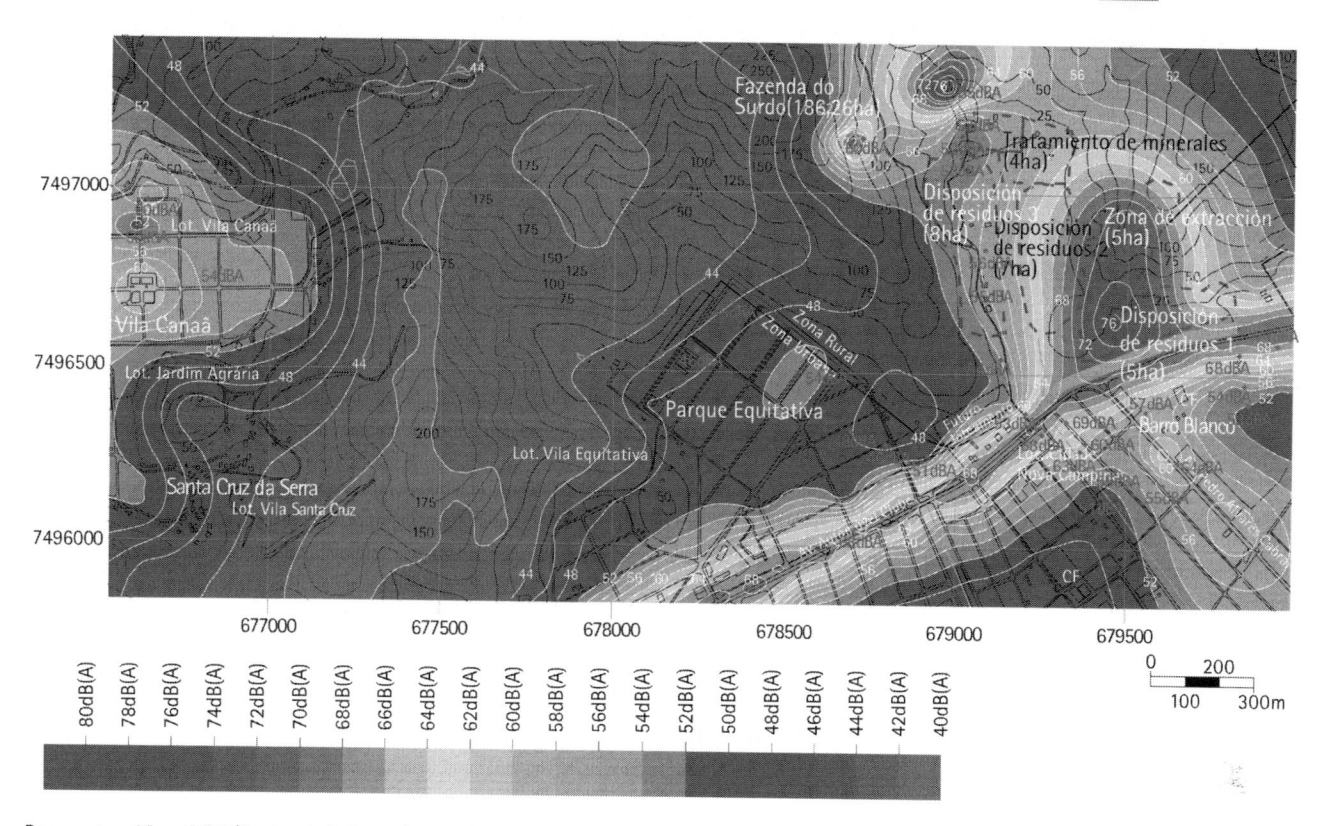

Base cartográfica: CIDE (Centro de Informaciones y Datos de Río de Janeiro), 1997, escala original 1:10.000, hojas 217-F, 218-E, 2328-B, 239-A

Fig. 9.6 *Mapa de la probable distribución de los niveles de ruido diurno luego de la implantación de una mina a cielo abierto (ver lámina en color 26)*
Fuente: Laboratorio de Control Ambiental, Higiene y Seguridad en la Minería (Lacasemin, 2004).

Los estudios previeron los cambios del régimen fuertemente estacional del río Mono, caracterizado por un caudal muy bajo de diciembre a abril, y por un período de aguas altas de mayo a noviembre, con un pico en septiembre; la represa regulariza el flujo, multiplicando por diez el caudal de estiaje y disminuyendo cerca de un 30% el caudal medio de septiembre, y sus implicaciones para la hidroquímica de las aguas del sistema lagunar.

Cualquiera sea el campo en que se aplique el modelaje en evaluación de impacto ambiental, es de fundamental importancia comprender que la participación de un especialista es muy importante. Existen en la actualidad modelos disponibles, hasta *softwares* gratuitos, pero la elección del modelo más adecuado, la obtención de los datos para alimentarlo, y principalmente la interpretación de los resultados, raramente pueden prescindir de un especialista.

En la década del 90, de Broissia (1986) mapeó el uso de modelos matemáticos en EIA de Canadá, y verificó su empleo en dispersión de contaminantes del aire, hidrología e hidrodinámica, calidad del agua superficial, aguas subterráneas, erosión y sedimentación,

Fig. 9.7 *Vista parcial de la represa y del embalse de Nangbéto, Togo, que, como todas las represas, afecta el régimen hídrico del río, al regular el caudal para garantizar la producción de electricidad, disminuyendo la variación estacional, con impactos aguas abajo (ver lámina en color 27)*

derrames de petróleo y derivados y riesgo ambiental. No debe sorprender la constatación de que siempre se trata de cuestiones relativas al medio físico.

El uso de modelos para previsión aún hoy está básicamente restringido al medio físico. Analizando 38 EsIAs realizados en cuatro países de Europa, Gontier, Balfors y Mörtberg (2006) observan que, aunque haya habido muchos avances en el campo del modelaje ecológico, éstos se dieron fundamentalmente en el ámbito de la investigación científica, y todavía no existen métodos bien establecidos para cuantificar y prever impactos sobre la biodiversidad resultantes de la pérdida y fragmentación de hábitats.

Antes de optar por el uso de un modelo matemático en la preparación de un EsIA se debe también tener en mente que los modelos siempre requieren más información –e información confiable y de calidad–, lo que se traduce en costos y necesidad de personal capacitado, pero que no necesariamente esto significa información adecuada para la toma de decisiones. La información necesaria generalmente se desdobla en información sobre el proyecto e información sobre el ambiente afectado. El proyecto no siempre está definido con suficiente detalle en la preparación del EsIA. En cuanto a las informaciones sobre el ambiente afectado, que deben obtenerse durante la etapa de diagnóstico ambiental, no siempre son suficientes para alimentar el modelo. Hay casos en que es necesario conocer la variabilidad natural de los parámetros de entrada, como en los modelos de dispersión atmosférica, que brindarán mejores resultados si los datos forman una serie histórica y son locales, dos condiciones frecuentemente ausentes, que es posible solucionar (i) con datos de períodos cortos de tiempo (menos de un año), (ii) con datos de otro lugar, asumidos como válidos para el punto de interés y (iii) por simulación, que es otra fuente de incertidumbre. Los riesgos y los beneficios de dichas extrapolaciones se deben evaluar en cada caso.

Comparación y extrapolación

Otra manera de efectuar previsiones de impactos es comparar con situaciones semejantes y extrapolar al caso analizado, tomando en cuenta semejanzas y diferencias entre la situación existentes y aquella que es objeto de previsión.

Para las extrapolaciones, se pueden utilizar diferentes enfoques, como (i) ensayos a escala piloto (efluentes industriales), (ii) ensayos *in situ* desarrollados en condiciones similares (vibraciones en una cantera) y (iii) analogía con casos similares, manteniendo la proporcionalidad entre acción y efecto (comparando emprendimientos semejantes, pero de diferente envergadura). En todos los casos, es importante establecer, aunque sea de forma cualitativa, los límites y la confianza en dichas previsiones.

El caso de las vibraciones generadas por la disgregación de roca con explosivos en minas u obras de construcción civil ilustra el uso de *extrapolaciones a partir de ensayos de campo* in situ. A partir de la detonación de una carga explosiva (Fig. 9.8), las ondas de choque se propagan por el macizo rocoso y promueven la fragmentación de la roca, que es el efecto deseado. Sin embargo, el exceso de energía, siempre presente en la detonación, se propaga por la roca en forma de ondas elásticas, similares a las ondas de sonido al propagarse por el aire. Dichas vibraciones pueden causar daños a las viviendas y otras construcciones, de acuerdo a su intensidad. Los *indicadores* que mejor expresan el fenómeno son (i) la velocidad de vibración, también llamada velocidad de partícula, que expresa la velocidad de movimiento vertical de una partícula imaginaria al paso de una onda elástica y (ii) la frecuencia del movimiento vibratorio. Ambos dependen, entre otros factores, de la distancia del lugar de la detonación y de las condiciones geológicas del macizo rocoso en el que se propagan las vibraciones (Sánchez, 1995d). No hay un modelo universal que permita prever las vibraciones si se conoce la carga de explosivos y la distancia, debido justamente a factores locales dictados por la geología. Sin embargo, existen ciertas semejanzas entre la propagación de ondas en los macizos constituidos por el mismo tipo de roca, de manera que los estudios realizados en un lugar pueden, en cierta medida, extrapolarse a otros. Es así que se puede ir a una mina en actividad y realizar mediciones de vibraciones, correlacionando esos datos con la cantidad de explosivo detonada y la distancia entre la detonación y el lugar de medición, planteándose una ecuación de propagación que, en principio, sólo es válida para dicho lugar, pero que puede, dentro de ciertos límites, extrapolarse a otros sitios de características comparables. Esta ecuación puede, en consecuencia, usarse para prever las futuras vibraciones en la mina proyectada, cuyos impactos se están analizando.

Fig. 9.8 *Detonación de explosivos para fragmentación de roca en una mina (ver lámina en color 28)*

Las extrapolaciones a partir de situaciones análogas tienen múltiples aplicaciones para prever impactos en los medios físico, biótico y antrópico. Ciertas extrapolaciones pueden ser muy confiables. Por ejemplo, en el análisis de un nuevo proyecto industrial, las estimaciones de generación de residuos, de número de empleos directos e indirectos, de volumen de compras en los mercados local y regional, entre otras, se pueden efectuar a partir de emprendimientos similares, especialmente si existe un emprendimiento similar de la misma empresa, en que razonablemente se puede inferir que sus procedimientos de gestión serán similares o idénticos. Diferentes valores numéricos que constan en el Cuadro 9.2 se obtuvieron con el empleo de ese procedimiento para estimar cuantitativamente aspectos ambientales.

Un procedimiento semejante se puede usar para estimar aspectos ambientales a partir de datos de proyecto, como en el Cuadro 9.8, que muestra un ejemplo de proyecciones de aspectos ambientales para un proyecto de implantación de un loteo residencial de alto nivel.

La comparación con casos semejantes y la extrapolación es también un método muchas veces utilizado por el público o por las ONG para criticar proyectos o para presentar argumentos contrarios. En base a la experiencia personal o a la observación y análisis de casos semejantes, los impactos pueden identificarse y preverse, y cuyas conclusiones pueden diferir de las proyecciones gubernamentales o de los proponentes.

Cuadro 9.8 *Ejemplos de proyección de la magnitud de aspectos ambientales por extrapolación*

Aspecto Ambiental	Multiplicador	Datos de proyecto	Estimaciones de demanda	Estimación
Consumo de agua	300ℓ/ hab. diarios para moradores residentes 150ℓ/ hab. diarios para empleados residentes 75ℓ/ hab. diarios para empleados no residentes	505 lotes para viviendas unifamiliares 65 lotes para comercio y servicios locales	2525 residentes (5 habitantes/lote) 865 empleados domésticos Población flotante – 500 personas	792 m^3/diarios 9,17 ℓ/s
Producción de efluentes domésticos	80% del consumo de agua	Ídem anterior		634 m^3/diarios
Generación de residuos sólidos 7,34ℓ/s	1,5 kg/hab. diarios	Ídem anterior		5.835 kg/diarios

Fuente: Elaborado a partir de datos presentados en JGP Consultoria e Participações Ltda. Estudio de Impacto Ambiental, Loteo Alphaville Santana, 2003.

Un ejemplo sofisticado de extrapolación a partir de situaciones análogas está dado por la discusión sobre los efectos de la apertura, mejoramiento y pavimentación de carreteras en la Amazonia, cuyos principales impactos son indirectos y están relacionados al acceso proporcionado a nuevas zonas de expansión de la frontera agrícola. Hacia fines de los años 90, un programa del gobierno federal brasileño denominado "Avanza Brasil" pretendía implantar varios proyectos de infraestructura, que incluían diversas carreteras.

Investigadores de un conjunto de instituciones previeron el aumento de las tasas de deforestación atribuibles a los nuevos proyectos mediante extrapolación a partir de lo observado en rutas existentes. Laurance *et al.* (2001a) usaron el siguiente procedimiento:

- superposición de la red de carreteras amazónicas existentes en 1995 con imágenes del satélite Landsat de 1992; las principales carreteras, como Belém-Brasilia y Cuiabá-Porto Velho, habían sido construidas entre 15 y 25 años antes;
- delimitación de cinco "zonas de degradación", a distancias de 0 a 10, 11 a 25, 26 a 50, 51 a 75 y 76 a 100 km a cada lado de las rutas;
- estimación de pérdida de bosque primario en cada una de esas zonas, usando la imagen (no se consideraron otras formas de vegetación);
- la degradación de los bosques se dividió en cuatro clases: alta, moderada, baja y sin modificación;
- montaje de dos escenarios futuros, "optimista" y "no optimista"; en éste, una hipótesis es que las carreteras pavimentadas crean una franja de 50 km de ancho de bosque altamente degradado a cada lado, contra una franja de 25 km en el escenario optimista, mientras que en el caso de las rutas no pavimentadas crean una franja de 25 km de ancho en el escenario "no optimista" y de 10 km en el "optimista"; se usó un procedimiento semejante para otras obras de infraestructura incluida en el programa (ductos, líneas de transmisión, hidrovías e hidroeléctricas); los escenarios se montaron en base al análisis del impacto de las carreteras ya existentes, que constató que la red de rutas vecinales, no pla-

nificada, llegaba a más de 200 km de distancia de las carreteras pavimentadas;
* organización de los datos en un sistema de informaciones geográficas que contiene ocho capas (*layers*): (i) cobertura forestal actual y red hidrográfica (imagen); (ii) carreteras actuales; (iii) carreteras planificadas; (iv) otra infraestructura existente; (v) infraestructura planificada; (vi) vulnerabilidad forestal al fuego (tres clases de vulnerabilidad); (vii) actividad de extracción forestal y mineral; (viii) unidades de conservación;
* previsión de deforestación futura para cada escenario, considerando la influencia de los nuevos proyectos;
* previsión de la situación futura para cada escenario sin la presencia de los nuevos proyectos.

El método consistió, esencialmente, en (1) modelar la deforestación pasada asociada a las carreteras; (2) montar dos escenarios de situación futura; (3) organizar un banco de datos georreferenciado; y (4) extrapolar las tendencias del pasado. El método fue criticado por el coordinador del programa (Silveira, 2001), en base a las exigencias actuales de licenciamiento ambiental, inexistentes en el momento de la apertura de las primeras carreteras, y que invalidarían la extrapolación, entre otros argumentos. La réplica de los autores (Laurance *et al*, 2001b) fue que las tasas anuales de deforestación siguen siendo "alarmantes", la fiscalización es ineficaz y "la situación fundamentalmente no cambió".

La creciente concientización acerca de los impactos ambientales y socioeconómicos de los grandes hipermercados suburbanos en los Estados Unidos brinda un ejemplo de uso de la previsión de impactos por parte de ONGs e investigadores en el contexto de los debates públicos sobre el desarrollo local y el ambiente urbano. Este tipo de establecimiento comercial es criticado por promover la dispersión urbana (o expansión urbana), alentar el uso del automóvil, destruir el pequeño comercio local y pagar bajos salarios, entre otras cosas.

Un estudio retrospectivo constató una baja del nivel de empleo de entre 2% y 4% y una disminución del 3,5% en los ingresos medios de los asalariados en cada condado[3] de los Estados Unidos en los cuales la red Wal-Mart había abierto una sucursal. Ello se debe al hecho de que la empresa paga salarios más bajos que la media del sector minorista, lo que lleva a una disminución de la renta media de las comunidades en donde se implanta, dado que toda apertura de un nuevo hipermercado conlleva el cierre de otros establecimientos comerciales (Neumark, Zhang y Cicarella, 2005). Otros datos, también de los Estados Unidos, indican que el efecto multiplicador de un gran establecimiento comercial sobre la economía local es en realidad un efecto reductor: mientras, en el promedio estadounidense, el comercio local efectúa el 53% de sus compras en el ámbito estadual, dicha red gasta apenas el 14%. Por motivos como ésos, la opinión pública a veces se muestra contraria a la apertura de nuevas sucursales de la red, como ocurrió en Inglewood, un suburbio de Los Angeles, California, en donde un plebiscito reprobó la apertura de una nueva sucursal, y en la propia Los Angeles, donde una ley municipal de 2004 condiciona la instalación de hipermercados a un análisis de impacto económico (Wood, 2004). Otros plebiscitos ya habían impedido la instalación de sucursales de la red durante los años 90 (Esteves, 2006).

[3] *Condado corresponde a una unidad administrativa equivalente a municipio*

También se utilizan datos generados por estudios retrospectivos para prever los impactos de los nuevos proyectos. Usando datos de productividad del trabajo (volumen de ventas por empleado), que en el caso de Wal-Mart es un 51% superior al índice de los pequeños negocios, economistas de la Universidad de Chicago (Mehta et al., 2004) analizaron el probable impacto sobre el comercio local de la apertura de un nuevo hipermercado en esa ciudad y previeron que, para 250 empleos que se crearían a partir de la nueva sucursal, se perderían 318 empleos directos existentes y 11 indirectos.

Así como requiere cuidados el uso del modelaje para la previsión de impactos, también la extrapolación a partir de casos análogos – tanto si la utiliza el proponente del proyecto y sus consultores como sus eventuales oponentes y sus consultores – demanda atención y una evaluación cuidadosa de las semejanzas y diferencias entre el problema analizado y los análogos que servirán de fuente para la extrapolación.

Experimentos de laboratorio y de campo

Es posible desarrollar estudios experimentales con vistas a la previsión de algunos impactos. Por ejemplo, ensayos de laboratorio permitirán conocer las características de permeabilidad de un macizo rocoso o de suelo, para el estudio de la dispersión de contaminante en el suelo y en el agua subterránea. Este abordaje puede ser útil para prever los impactos generados por la implantación de un rellenado sanitario, en el cual la posibilidad de contaminación del agua subterránea a partir de líquidos percolados es uno de los principales impactos. Por medio de procedimientos estandarizados, se toman muestras de suelo y roca del lugar en donde se pretende implantar el emprendimiento; ensayos de laboratorio, también estandarizados, determinan la permeabilidad de esos materiales, o sea, su capacidad de transmitir – o retener – agua o un soluto, dada por la velocidad de dispersión en el medio. De esta forma es posible calcular el tiempo que la pluma contaminante generada por un eventual derrame tardará en alcanzar la napa freática.

Se sabe que toda extrapolación de datos obtenidos en laboratorio para una situación real requiere cautela y el análisis criterioso de un especialista, por otra parte, como cualquier método de previsión de impactos. El procedimiento del párrafo anterior se puede usar para calibrar un modelo matemático: al alimentarlo con datos locales y no obtenidos en la literatura (muchas veces incorporados al modelo como *default*), se esperan resultados más exactos.

Simulaciones y modelos análogos (físicos, digitales)

Ciertos impactos ambientales se pueden simular en computadora, como el impacto visual de una carretera, una línea de transmisión de energía eléctrica, una industria o una mina. Para ello se efectúa un modelo digital del terreno (una representación en tres dimensiones) y se simula la vista que un observador hipotético tendría si se implantara el emprendimiento, pudiéndose también determinar el campo de influencia visual de una futura obra.

Además de identificar las "cuencas visuales", las técnicas de computación gráfica y de realidad virtual permiten analizar alternativas de trazado de estructuras lineales (como las líneas de transmisión) y simular barreras visuales (Schofield y Cox, 2005).

Pero la simulación de los impactos visuales también se puede realizar con la ayuda de simples cartas topográficas, sobre las cuales es posible indicar los puntos o las zonas en donde el emprendimiento se hará visible.

Los mapas temáticos frecuentemente preparados durante los estudios de base tienen una serie de aplicaciones en análisis de impactos ambientales, sirviendo, por ejemplo, como herramientas para cuantificar los impactos sobre el uso del suelo o sobre fragmentos de vegetación: habiéndose mapeado los tipos de vegetación existentes en el área de influencia de un emprendimiento, se pueden calcular las zonas afectadas (como superficies a deforestar) para diferentes alternativas de proyecto, como lo ejemplifica el Cuadro 9.9. En este ejemplo hipotético, la alternativa B es la que tiene menor influencia sobre las formaciones vegetales de mayor valor ecológico, que son el bosque primario y el bosque secundario en estado avanzado de regeneración. Morris y Emberton (2001, p. 274) sugieren que si el diagnóstico ambiental incluyó el relevamiento de poblaciones de determinadas especies de fauna o de flora, entonces también es posible estimar las pérdidas directas de individuos de esas especies a raíz de las zonas afectadas.

Cuadro 9.9 *Zona de vegetación afectada por un proyecto hipotético*

TIPO DE FORMACIÓN	SUPERFICIE AFECTADA (HECTÁREAS)		
	ALTERNATIVA A	ALTERNATIVA B	ALTERNATIVA C
Bosque primario	25,2	15,4	44,0
Bosque secundario en estado avanzado	18,4	14,2	25,4
Bosque secundario en estado medio	42,9	55,2	–
Pasto	260,0	325,0	223,0
Cultivo temporario	95,0	31,7	149,1

Los modelos a pequeña escala también pueden emplearse para simular ciertos impactos. Por ejemplo, se pueden construir modelos físicos de una zona costera para estudiar los procesos erosivos resultantes de intervenciones como el dragado o la construcción de una escollera, o inclusive la construcción de una represa en un río, que retendrá los sedimentos que alimentan un estuario. En la actualidad, dichos modelos se usan en combinación con modelos digitales.

También es posible realizar ciertos experimentos en gran magnitud para el análisis de impactos. Es así como un gran amplificador y unos parlantes pueden emitir ruidos simulando las condiciones operativas de una industria y, haciendo uso de un aparato de medición (decibelímetro), se pueden verificar los niveles de presión sonora reales resultantes en diferentes puntos de las inmediaciones. A diferencia del modelaje predictivo, se trata aquí de un método de simulación analógico.

De manera semejante, se puede simular el impacto visual de una estructura inflando un gran globo y haciéndolo subir hasta la altura de un edificio o de una chimenea de una futura fábrica, a fin de permitir la identificación de los lugares en donde dicho objeto sería visible.

OPINIÓN DE ESPECIALISTAS

Este método poco formalizado de realizar previsiones de impactos ambientales se basa en la capacidad de ciertos especialistas de realizar estimaciones acerca de la probabilidad de que éstos ocurran, su extensión espacial y temporal, e incluso la magnitud de algunos de ellos. Las opiniones se expresan basándose en la experiencia y el conocimiento de los científicos y pueden, eventualmente, formalizarse con la ayuda de un sistema-especialista, un programa de computación que sistematiza el conocimiento en una determinada rama del saber y permite, supuestamente, la reproductibilidad de los resultados.

Los modelos conceptuales, o sea, los que no emplean parámetros mensurables sino que explican determinada situación a partir de su descripción y contextualización, pueden ser utilizados por especialistas de algunas disciplinas para ayudar a prever los impactos. Por ejemplo, en arqueología, los modelos predictivos de ese tipo se han usado para identificar el potencial de existencia de recursos arqueológicos en una determinada zona, en base al conocimiento previo de datos arqueológicos y no arqueológicos (Kipnis, 1996).

Otra técnica utilizada en algunos estudios de impacto es la de reunir un grupo de expertos para opinar sobre el problema. Evidentemente, la elección de los especialistas es el factor crítico para el uso de ese abordaje y requiere no sólo un profundo conocimiento de los procesos biofísicos o sociales involucrados, sino también un buen conocimiento del tipo de ambiente afectado, además de una buena comprensión de los objetivos y las limitaciones de un estudio de impacto ambiental. Lamentablemente, este último requisito no es tan fácil de encontrar.

En ésta, como en las demás situaciones de previsión de impactos, el papel del coordinador de los estudios es fundamental, en especial para formular preguntas precisas y comunicarle claramente al especialista los objetivos del estudio en curso. Cualquier sea el método utilizado para obtener las opiniones de los especialistas, las razones que fundamentan la opinión de cada uno y las hipótesis esgrimidas deben estar clara y detalladamente descriptas.

Es común encontrar en los EsIAs diferentes tipos de previsiones, que se pueden agrupar en cuatro clases: (i) previsiones formales; (ii) previsiones basadas en la experiencia de profesionales; (iii) extrapolaciones a partir de casos conocidos; y... (iv) meras suposiciones, éstas lamentablemente demasiado comunes. Las previsiones formales, normalmente derivadas de modelos matemáticos, no son necesariamente mejores que las previsiones hechas por otros métodos. Estos modelos se deben validar y calibrar para las condiciones locales y suelen requerir gran cantidad de información para producir resultados confiables. Si la calibración no se hace de forma adecuada y los datos de entrada no son suficientes, los resultados serán pobres. Como se dice en la jerga del modelaje, *garbage in, garbage out*, o sea, si entra basura, sale basura. Las extrapolaciones, evidentemente, deben ser cuidadosas, a veces casi todas las condiciones parecen semejantes, pero una pequeña diferencia puede significar la inaplicabilidad de los resultados de un lugar en otro diferente. Las suposiciones y especulaciones son, naturalmente, algo que se debe evitar, pero a veces aparecen "disfrazadas" en opiniones de expertos; en esos casos, las afirmaciones raramente se encuentran justificadas, simplemente "surgen" en medio del EsIA sin conexión con el resto del texto.

Todas las previsiones conllevan cierto margen de incertidumbre. Lo ideal sería que las previsiones cuantitativas de los EsIAs vinieran acompañados por una estimación del margen de error, lo que es posible algunas veces en que se emplee el modelaje. Un problema es que muchos usuarios de los EsIAs no están preparados para comprender la noción de incertidumbre y no están familiarizados con los conceptos probabilísticos (como se advierte en la sección 11.6).

9.4 Incertidumbres y errores de previsión

En una situación ideal, "las previsiones de impacto deberían ser verificables, o sea, deberían estar libres de ambigüedades y planteadas como hipótesis factibles de verificar con un plan de estudio apropiado. De esta forma, un análisis predictivo debería esforzarse por incluir detalles cuantificados de la magnitud de los impactos, duración y distribución espacial" (Beanlands y Duinker, 1983). Durante muchos años, la literatura sobre EIA le dio gran importancia a la previsión, que llegó verse como la principal función de un EsIA. Sin embargo, estudios retrospectivos realizados en diversos países, muchas veces denominados auditoría de EsIAs o auditoría de EIA (expresión actualmente en desuso), procuraron comparar las previsiones hechas en los EsIAs con los impactos reales, observados mediante programas de monitoreo. De una manera general, dichos estudios llegaron a conclusiones parecidas:

- muchas previsiones no son pasibles de verificación por estar formuladas en términos vagos;
- muchas previsiones no son pasibles de verificación debido a un monitoreo insuficiente;
- los proyectos efectivamente implantados no corresponden exactamente a los descriptos en el EsIA, de manera que muchos de sus impactos tampoco podrían ser idénticos a los previstos.

Los dos primeros puntos antes mencionados indican la imposibilidad de lograr el objetivo de comparar lo observado con lo previsto, tanto porque no se sabe exactamente lo que se previó (el primer caso), como porque no hay observaciones adecuadas para permitir la comparación deseada (el segundo caso). Las dos situaciones reflejan deficiencias en la conducción del proceso de EIA: en el primer caso, deficiencias del EsIA (y de su análisis técnico) y en el segundo, deficiencias en la etapa post-aprobación.

En tanto, el tercer punto refleja un problema muy común de orden práctico, que son los cambios de proyecto. Aunque las legislaciones en general establezcan que los cambios importantes de proyecto deben ser comunicados al organismo regulador, dichos cambios raramente implicarían un nuevo EsIA. Cuando se preparan los EsIAs, casi siempre el proyecto técnico aún no fue definido en detalle (afortunadamente, ya que en caso contrario sería muy difícil que el proceso de EIA pudiera contribuir a la planificación del proyecto); muchas veces, los detalles sólo se definen cuando comienza la implantación, pudiendo influenciar en los impactos reales.

En su revisión sobre el estado del arte de la EIA en Canadá, Beanlands y Duinker (1983, p. 56) constataron que menos de la mitad de los EsIAs contenían "previsiones reconocibles". Entre los estudios retrospectivos, se puede citar el de Bisset (1984b), realizado para cuatro proyectos en Gran Bretaña, cuyos EsIASs contenían, en conjunto, nada menos que 791 previsiones. De éstas, sólo 77 pudieron verificarse ("auditadas"), de las cuales el estudio constató que 55 estaban "probablemente correctas".

Uno de los estudios más detallados es el de Buckley (1991a, 1991b), hecho en Australia. Se analizaron 181 previsiones seleccionadas que el autor consideró verificables luego de analizar centenares de EsIAs. La mayoría de las previsiones estaban vinculadas a la emisión de contaminantes o a su concentración ambiente. Los datos de monitoreo indicaron que los impactos reales fueron menos severos para 131 previsiones (72%), y más severos para 50 previsiones (28%). El autor también concluyó que los estudios contenían pocas previsiones verificables y que muchas veces se limitaban a identificar cuestiones.

Culhane (1985) estudió una muestra de 29 EsIAs hechos en los Estados Unidos, que contenían 1.105 previsiones. De éstas, cerca del 24% eran cuantitativas, 11% previsiones de que no habría impacto (lo que no deja de ser una previsión cuantitativa) y 65% previsiones no cuantificadas; pero las previsiones eran muchas veces "confusamente vagas" (p. 374).

Culhane, Friesema y Beecher (1987) analizaron las previsiones de una muestra de 146 EsIAs preparados en los EEUU, elegidos por sorteo de un universo de 10.475 EsIAs y llegaron a conclusiones relativamente positivas. Entre las principales, se destacan aquí:

* la mayoría de las previsiones indica la dirección correcta del impacto (o sea, si el EsIA previó deterioro de la calidad del agua, el monitoreo constató deterioro, independientemente de que la magnitud esté o no correcta);
* solamente tres impactos no fueron "explícitamente anticipados" (p. 229), mientras que otros cinco fueron tan subestimados que no se los puede considerar como "apropiadamente anticipados";
* pocas previsiones estuvieron "claramente equivocadas" o fueron "comprobablemente inconsistentes", aunque en diversos casos ellos se deba a previsiones demasiado vagas (p. 253).

Estos estudios abordaron, principalmente, previsiones cuantitativas. El monitoreo u, ocasionalmente, la simple observación, pueden constatar impactos no previstos en el EsIA, que van a requerir medidas mitigadoras que tampoco pudieron presentarse ni insertarse en las exigencias de la licencia ambiental. En rigor, sería más correcto, en esos casos, hablar de impactos no identificados en vez de impactos no previstos, pero este último término es más usado. Naturalmente, un impacto no identificado (no descripto) no se puede prever (conocerse de antemano su magnitud) ni evaluar (haberse discutido su significación). Culhane, Friesema y Beecher (1987, p. 229) defienden el punto de vista de que es más grave la falta de identificación de un impacto que la incorrecta previsión de su magnitud, dado que un impacto no identificado puede incluso no ser advertido, "simplemente porque nadie lo está observando".

En Brasil, Prado Filho y Souza (2004) analizaron una muestra de ocho EsIAs preparados para proyectos mineros en una región del estado de Minas Gerais, en los cuales se identificaron un total de 256 impactos. Los autores constataron que la "previsión" de impactos "se hizo casi exclusivamente de manera cualitativa, excepto para algunos impactos como la ocupación de ciertas zonas por barreras de desechos, las superficies a desmalezar en los dominios de los emprendimientos (...)" (p. 86), y algunos otros directamente relacionados con las características de los proyectos.

Muchos EsIAs pueden no identificar impactos triviales, deliberada o inadvertidamente. Ello no es importante cuando se trata de impactos triviales o insignificantes, pero es grave cuando son impactos significativos. La no identificación de impactos significativos puede darse por dos motivos principales: (i) deficiencias de organización o de coordinación del EsIA y (ii) insuficiencia de conocimiento acerca de los procesos ambientales o las interacciones entre el proyecto y el medio.

Un ejemplo del primer tipo es la generación de drenaje ácido de roca observado durante la construcción de la central hidroeléctrica de Irapé, en el valle del río Jequitinhonha, Minas Gerais (2002-2006). El drenaje ácido es un problema ambiental que ocurre cuando se excava, se perfora o se muelen rocas que contengan sulfuros –de los cuales el más común es el sulfuro de hierro FeS_2 o pirita. Expuestos al contacto con el agua y el aire, los sulfuros se oxidan, y las aguas meteóricas que entran en contacto con la roca se vuelven ácidas, pudiendo presenta un pH del orden de 2 a 2,5 (Fig. 9.9). Este fenómeno es común en las minas, ocurriendo también en obras de la construcción civil, y se lo puede prever. La previsión se efectúa a partir de la recolección de datos de campo (muestras de roca) y ensayos de laboratorio (columnas monitoreadas que simulan la acción del agua sobre fragmentos de roca) realizados durante meses, un lapso compatible con un EsIA bien planificado. El EsIA del proyecto, realizado en 1993, no identificó dicho impacto, que tampoco fue advertido durante la etapa de análisis técnico. El problema recién fue detectado durante la puesta en marcha de las obras, lo que motivó la realización del estudio del proceso que generó el ácido y la búsqueda de medidas correctivas luego de iniciada la construcción, lo que siempre acarrea mayores costos que los que demandaría si se implementara un programa de prevención (Gaspar et al., 2005).

Otro ejemplo de impacto no identificado y no previsto por deficiencia del EsIA ocurrió durante la construcción del carril descendiente de la carretera dos Imigrantes (1999-2002). Se trata del deterioro de la calidad de las aguas superficiales debido al drenaje de los túneles en construcción. El único impacto previsto había sido la alteración de la calidad de las aguas debido a la presencia de partículas sólidas en la misma; consecuentemente, la medida mitigadora fue la instalación de cuencas de decantación para retener los sedimentos, que se limpiaban periódicamente. Sin embargo, el gran volumen de agua que percola por el macizo rocoso, al entrar en contacto con el hormigón usado para revestir los túneles, disolvió los carbonatos del cemento, transformando el drenaje en alcalino, para el cual la simple decantación no tiene efecto. Al ser arrojado en los riachos, con otras características químicas, el drenaje de los túneles ocasionó la precipitación de una costra carbonatada sobre los bloques rocosos del

Fig. 9.9 *Pila de roca que genera ácido, debido a la presencia de sulfuros. Mina de uranio de Caldas, Minas Gerais, uno de los muchos lugares en los cuales no se previó el impacto durante la preparación del proyecto (ver lámina en color 29)*

lecho. En diferentes túneles carreteros, no se había constatado dicho problema, pero aquí dio origen a una acción judicial y a la paralización de la obra durante un día, hasta que el emprendedor y el consorcio constructor se comprometieron a recurrir a una solución mitigadora, que fue la rápida construcción de estaciones de tratamiento de efluentes, hacia las cuales se condujeron todas las aguas de drenaje de los túneles; los lodos resultantes fueron trasladados a los depósitos de la obra (Sánchez y Gallardo, 2005).

Un ejemplo de falta de previsión de impacto debido a la insuficiencia de conocimiento lo ilustran algunos embalses hidroeléctricos construidos en el norte de Canadá y en Escandinavia, en donde se verificó un incremento en los niveles de mercurio presentes en peces, del orden de cinco a seis veces en relación a los niveles previos al llenado (Tremblay, Lucotte e Hillaire-Marcel, 1993, p. 45). El mercurio presente en las rocas subyacentes a la cuenca hidrográfica o transportado por vía aérea a partir de fuentes industriales o naturales queda almacenado en su forma metálica (Hg_0) en suelos y sedimentos (Fig. 9.10), pero se transforma en complejos organometálicos por la acción de las bacterias (Verdon et al., 1992, p. 68), siendo el metilmercurio (CH_3Hg^+) el más común de éstos. Bajo esta forma orgánica, el mercurio queda muy disponible para los seres vivos, acumulándose en la cadena alimentaria: los peces carnívoros tienden a concentrar mayores cantidades del metal. El consumo humano de peces contaminados significa, por lo tanto, un riesgo para la salud. Se descubrió que la tasa de metilación de mercurio aumenta con la presencia de materia orgánica fácilmente biodegradable, lo que ocurre en los embalses septentrionales que inundan zonas en que abundan diversos tipos de materia orgánica (Tremblay, Lucotte e Hillaire-Marcel, 1993, pp. 10-14). De esta forma, sin aumentar el aporte de mercurio, la inundación de esos terrenos acelera el proceso de metilación del metal (proceso que también ocurre en ambientes naturales, como lagos y ríos), al someter grandes cantidades de materia orgánica a la acción intensa de las bacterias, dejando el metal a disposición de los peces, que se transforman en un factor de riesgo para la salud humana. Se ven afectados tanto el embalse como el río aguas abajo de éste.

Fig. 9.10 *Vista de la región de la bahía James en las proximidades de la represa La Grande 2, con gran cantidad de lagos naturales, turberas y gran acumulación de materia orgánica biodegradable (ver lámina en color 30)*

Mediante programas de monitoreo ambiental, se descubrió que en los embalses del norte de Quebec el proceso retrocedía a medida que las existencias de mercurio iban disminuyendo (Verdon et al., 1991). La Fig. 9.11 muestra datos agregados del monitoreo de mercurio en dos especies de pez, una de éstas con concentraciones sistemáticamente por encima de la norma canadiense para consumo humano, de 0,5 mg/kg. Los datos mostraron un rápido aumento del contenido de mercurio luego del cierre de las compuertas, en 1978, y que los peces de menor tamaño (los más jóvenes) exhibieron una disminución progresiva de mercurio, indicando la desaceleración del proceso de metilación. Verdon et al. (1991) estudiaron varios embalses situados en el escudo canadiense, evaluando que puede insumir entre veinte y treinta años el retorno de la concentración de mercurio a los niveles precedentes al llenado de los reservorios. En tanto, una amplia revisión bibliográfica preparada durante los estudios ambientales de otro gran proyecto hidroeléctrico en la región sostiene que los datos de la literatura no son conclusivos acerca de la duración del fenómeno, pudiendo variar entre 5 y 150 años (Tremblay, Lucotte e Hillaire-Marcel, 1993, p. 49).

Tanto el modelaje como la extrapolación pueden inducir a errores de previsión por motivos intrínsecos (o sea, no relacionados con las diferencias entre el proyecto analizado en el EsIA y el efectivamente implantado). La extrapolación de evidencias empíricas fue utilizada para prever impactos sobre la calidad de las aguas de una mina de fluorita, denominada Montroc, en Francia. Era un proyecto de ampliación de una mina existente, que funcionaba en las proximidades de otra menor tamaño. Como el monitoreo nunca había detectado niveles de flúor por encima de lo permitido en el cuerpo receptor, el EsIA de la ampliación de la mina dio por sentado que sucedería lo mismo. El EsIA afirma textualmente que "desde la apertura de la mina el descarte de aguas superficiales en la represa de Rassisse no causó ningún problema particular; la ampliación del foso no modificará en nada el estado actual", para reafirmar, más adelante, que "las aguas de drenaje mantendrán la misma calidad que las bombeadas actualmente"; además, el estudio confirma que una medida mitigadora propuesta (una canaleta perimetral para interceptar las aguas de desagüe superficial) "implica que no habrá ninguna alteración de la calidad de las aguas que llegan al embalse" situado aguas abajo, usado para abastecimiento público[4].

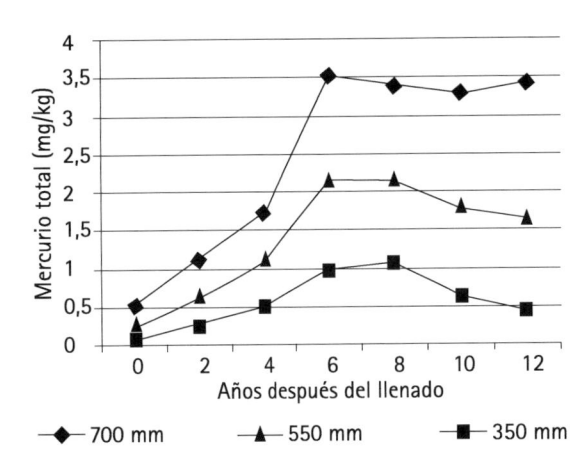

Fig. 9.11 *Evolución temporal de los niveles de mercurio en los tejidos del lucio (Esox lucius) (grand brochet, northern pike) luego del llenado del embalse La Grande 2, Quebec, Canadá, de acuerdo con tres tipos de tamaño de los peces*
Fuente: Comité de la Baie James sur le Mercure, 1992. Reproducido con autorización.

[4] *BRGM, Sogerem, Étude d'Impact sur l'Environnement de l'Extension de la Mine à Ciel Ouvert de Montroc (Tarn), 1981.*

La extrapolación fundamentó, expresamente, esas previsiones que pueden ser vistas como cuantitativas (ningún cambio). Sin embargo, una vez ampliada la nueva mina, el programa de monitoreo detectó elevados índices de metales en el agua del río y del embalse (Sánchez, 1993b, p. 262). En seis años, las concentraciones de flúor de las aguas de descarte aumentaron de valores por debajo de 1 mg/ℓ a valores del orden de los 30 mg/ℓ, mientras que las aguas de la represa presentaban concentraciones de flúor superiores al estándar de 1,7 mg/ℓ. Además, el hierro, el cobre y el manganeso de los efluentes presentaban concentraciones uno o dos órdenes de magnitud por encima de lo permitido (Sánchez, 1989, pp. 120-127). Lo que sucedió fue que la geología de las dos minas no era similar; había sulfuro en los estériles de la nueva mina, que lentamente fueron acidificando las aguas de drenaje y movilizando flúor y otros metales que, como se sabe, son más solubles en las aguas ácidas. La solución fue construir una estación de tratamiento de aguas ácidas.

En el ejemplo anterior, un diagnóstico ambiental insuficiente (debería haber sido descripta la geología y la mineralogía de las rocas a excavar), derivado de la falta de *scoping* (la calidad de las aguas no fue considerada un problema, el EsIA le dedica un espacio mucho mayor a los impactos sobre el paisaje), conllevó errores de previsión de impactos, los que, a su vez, redundaron en la necesidad de medidas mitigadoras adicionales, no programadas, y cuyo costo, por consiguiente, no se tomó en cuenta en el análisis de viabilidad económica del proyecto. De esta forma, queda clara la interrelación entre las etapas de planificación y ejecución de un EsIA (Fig. 6.1): las deficiencias en una etapa repercuten sobre las demás.

Las dificultades en prever impactos y las incertidumbres de previsión son inherentes al proceso de EIA. De allí la importancia de las medidas de gestión ambiental y de la etapa de seguimiento del proceso, capaces de detectar impactos no previstos y alertar acerca de la necesidad de que se tomen medidas correctivas. Por otro lado, las previsiones, inclusive inciertas, contribuyen a la definición de los programas de gestión.

Es innegable que conocer la magnitud de los futuros impactos ambientales ayuda a interpretar su importancia, pero la previsión de impactos es un medio, no una finalidad del EsIA, cuyo objetivo no es prever impactos sino analizar la viabilidad de un proyecto y disminuir la magnitud y la importancia de los impactos adversos. En este punto, se debe recordar que una de las tareas de la evaluación de impactos es comparar alternativas; las técnicas de previsión, si se aplican de manera consistente, también colaboran para dicha finalidad, al posibilitar, en base a los mismos métodos y criterios, la visualización de la situación futura desde diferentes alternativas.

9.5 Área de influencia

Sólo después de la previsión de impactos se puede extraer alguna conclusión acerca del área de influencia del proyecto. Si ésta es la zona geográfica en la cual son detectables los impactos de un proyecto, entonces no se la podrá establecer de antemano (antes de iniciarse los estudios), excepto como hipótesis a verificar. De esta forma, un modelaje de la calidad del aire o de la propagación de ruidos podrá decir hasta dónde se hacen sentir los efectos del proyecto, lo que viene a ser su área de influencia a fines de la evaluación de impacto ambiental (lo que también es una hipótesis). Si el proyecto se llega a implantar, el monitoreo ambiente es el que establecerá su real área de influencia, en tanto el programa de monitoreo sea capaz de discernir entre las modificaciones causadas por éste y las que poseen otras causas.

Si cada impacto es detectable en una determinada zona, entonces un mismo proyecto tendrá distintas áreas de influencia, y el área de influencia total corresponderá a la sumas de las áreas de influencia parciales. No obstante, esto nada dice acerca de la importancia de los impactos. Una fábrica de cemento tiene impacto sobre el clima global, ya que emite CO_2, pero sus impactos locales pueden ser más significativos. El tamaño del área de influencia no es necesariamente un índice de la importancia del impacto ambiental, pero obviamente que en algunos casos puede llegar a serlo.

El área de influencia es una de las conclusiones del análisis de los impactos. Este último identifica, prevé la magnitud y evalúa la importancia de los impactos que puede causar la propuesta en estudio. Forma parte de todo buen análisis indicar e informar cuál es el alcance geográfico de los impactos, que es una de las características que se usan para describirlos y, eventualmente, para discutir su significación, como se verá en el próximo capítulo.

Evaluación de la importancia de los impactos

10

La etapa de evaluación de la importancia de los impactos es una de las más difíciles de cualquier estudio de impacto ambiental. Ello se debe al hecho de que atribuirle mayor o menor grado de importancia a una alteración ambiental depende no sólo de un trabajo técnico sino también de un juicio de valor. Como todo juicio de valor, hay aquí una gran subjetividad. Según la opinión de Beanlands e Duinker (1983, p. 43), "la cuestión de la significación de las perturbaciones antropogénicas en el ambiente natural constituye el corazón mismo de la evaluación de impacto ambiental. Desde cualquier punto de vista – técnico, conceptual o filosófico –, el foco de la evaluación de impacto en algún momento converge en una opinión acerca de la significación de los impactos previstos".

Evaluar los impactos es una forma de clasificarlos, de separar los más importantes de los demás. Parte de ese ejercicio ya se realizó en la etapa de *scoping*. El razonamiento, los procedimientos y las herramientas pueden ser similares a los que se habían empleado. Sin embargo, esta nueva etapa de evaluación se apoya en todo el diagnóstico ambiente ya concluido y en los resultados de la etapa de previsión de los impactos, que informan acerca de su magnitud e intensidad. Hay así mucho más información y conocimiento para evaluar la importancia de los impactos de lo que había anteriormente.

No obstante, esto no elimina la subjetividad inherente a todos juicio de valor. Por el contrario, una de las funciones del EsIA es justamente la de permitir que dicho juicio de valor – o sea, esa evaluación – se encuentre fundamentado en estudios técnicos detallados. Si no fuese por eso, no sería necesario realizar el estudio. Cualquier interesado podría verter las opiniones más variadas, y las decisiones sobre proyectos de inversión volverían a tomarse en base a criterios puramente técnicos y económicos, y hasta políticos. Indudablemente, es un paradigma racionalista que fundamenta la evaluación de impacto ambiental (Bailey, 1997; Culhane, Friesema y Beecher, 1987), pero es necesario reconocer lo inevitable de la subjetividad en la evaluación.

Como no es posible eliminar toda la subjetividad, es conveniente apuntar con clareza en el EsIA cuales opiniones se basan en apreciación personal o del conjunto del equipo y cuales conclusiones resultan de un trabajo científicamente fundamentado. Esta es la principal razón para que se haga lo más clara posible la diferencia entre previsión de impacto, que resulta, principalmente, de la aplicación de métodos científicos, y evaluación de los impactos, resultado del juicio de valor de un grupo de personas, aunque sean especialistas altamente capacitados.

10.1 Criterios de importancia

Todo estudio de impacto ambiental debería explicitar los criterios de atribución de importancia que adopta. Expresiones como "gran importancia" o "impacto de proporciones menores" o, inclusive, "impacto mínimo" se encuentran muchas veces en esos estudios, pero es obvio que no significan los mismo para todas las personas. ¿Qué sería impacto significativo o importante?

Para Duinker y Beanlands (1986), se puede aplicar una interpretación estadística, en la cual un impacto podría considerarse significativo si su resultado es un cambio mensurable de algún indicador ambiental (detectada por medio de un programa de muestreo estadísticamente válido) y si ese cambio permanece durante años. Este concepto no es de fácil aplicación en un estudio de impacto ambiental, puesto que presupone el monitoreo de los impactos ex post, o sea, el daño se puede constatar sólo después de haber ocurrido.

Desde una perspectiva ecológica y menos dependiente de constatación posterior, otra definición es que los impactos que impliquen una pérdida irremediable de elementos (por ejemplo, el capital genético) o de funciones (por ejemplo, la producción primaria) de los ecosistemas deberían ser considerados como importantes (Beanlands y Duinker, 1983).

Otra definición de impacto importante podría ser "aquel que excede los estándares ambientales". De esta forma, si una industria emite contaminantes atmosféricos en concentraciones y cantidades tales que la calidad del aire en las inmediaciones se encuentre fuera de los estándares establecidos por la legislación para la protección de la salud y la integridad de las personas, dicho impacto debería ser considerado significativo. Ciertamente, este criterio puede utilizarse ampliamente en la práctica, pero no existen estándares ambientales para todos los impactos. Por otra parte, prácticamente sólo hay estándares para contaminantes, pero innumerables impactos ambientales guardan poca o ninguna relación con la emisión de contaminantes (como se ve en el cap. 1).

Reportando las conclusiones de un seminario realizado en Canadá para discutir criterios de importancia de impactos, Beanlands (1993, p. 61) propone una síntesis. Deberían considerarse significativos los impactos que:
- afecten la salud o la seguridad del hombre;
- afecten la oferta o la disponibilidad de empleos o recursos para la comunidad local;
- afecten la media o varianza de determinados parámetros ambientales (significación estadística);
- modifiquen la estructura o la función de los ecosistemas o pongan en riesgo las especies raras o amenazadas (significación ecológica);
- el público considere importantes.

Esta lista contempla criterios de orden científico y social. De esta forma, si hay componentes del ecosistema o cualquier otro elemento que puedan verse afectados por el emprendimiento y que el público considere relevantes, así deberían ser considerados en el EsIA y en el proceso decisorio, aunque ésa no sea la opinión de los especialistas.

Erickson (1994) sugiere otros criterios para evaluar la importancia de los impactos ambientales:
- probabilidad de que ocurran (estimaciones cualitativas o cuantitativas de la probabilidad de que el impacto ocurra);
- magnitud (estimación cualitativa o cuantitativa de la envergadura o la amplitud del impacto – lo mismo que la previsión de la magnitud del impacto –);
- duración (período de tiempo que el impacto, si ocurre, deberá durar);
- reversibilidad (natural o por medio de la acción humana);
- relevancia con respecto a las determinaciones legales (existencia de leyes locales, nacionales o tratados internacionales que se refieran al tipo de impacto o elemento afectado);

* distribución social de los riesgos y beneficios (de qué manera el emprendimiento impone un reparto desigual de los riesgos y beneficios ambientales).

Glasson, Therivel y Chadwick (1999) sugieren que los criterios para la evaluación se puedan elegir entre:
* magnitud del impacto;
* probabilidad de que ocurra el impacto;
* amplitud espacial y temporal;
* la posibilidad de recuperación del ambiente afectado;
* la importancia del ambiente afectado;
* el nivel de preocupación pública;
* repercusiones políticas.

La literatura aporta, pues, diferentes sugerencias para la elección de criterios de evaluación de la importancia de los impactos. También la legislación ambiental da diversas pistas para una clasificación de la importancia de los impactos en un estudio de impacto ambiental. Además de los estándares existentes para diversos contaminantes, existen otras varias cuestiones definidas previamente por vía legal. Se puede entender que esas cuestiones fueron definidas como importantes por la sociedad – a través de los legisladores – y, por lo tanto, deberían ser automáticamente tomadas en cuenta en la interpretación de la importancia de los impactos resultantes del proyecto analizado. En muchos países, los recursos ambientales o culturales considerados expresamente como importantes por la legislación incluyen:
* el patrimonio cultural, incluido el arqueológico;
* bienes preservados;
* ciertos biomas o ambientes como los manglares;
* paisajes excepcionales;
* cavernas, sitios paleontológicos o sitios de importancia geológica o geomorfológica;
* las especies animales y vegetales consideradas raras o amenazadas de extinción.

Por lo tanto, los impactos que puedan afectar a alguno de esos bienes o elementos del ambiente, a los que se considera protegidos por ley, deben necesariamente ser vistos como importantes. Lo mismo ocurre con los impactos que puedan afectar espacios territoriales protegidos, como las unidades de conservación, a las cuales se les aplica el mismo razonamiento; o sea, el Poder Público, por la vía legal, considera como de interés público la protección de esos espacios y, por ende, cualquier impacto que los pueda afectar deberá verse como de gran importancia.

Sin embargo, no todo lo que tiene importancia ecológica o cultural está reconocido por la ley, particularmente en países en los que el estado de derecho no está plenamente consolidado, en los que la sociedad civil no está bien organizada o donde los derechos de las minorías étnicas no están reconocidos. De esta forma, la existencia de un requisito legal puede no ser suficiente para apreciar la importancia de un componente ambiental. El Cuadro 10.1 muestra un ejemplo de clasificación del valor de algunos componentes ambientales usados por Hydro-Québec, una empresa canadiense de generación, transmisión y distribución de energía eléctrica, como parte del procedimiento para evaluar los impactos de una nueva central hidroeléctrica. El valor está clasificado en pequeño, medio o grande, según criterios establecidos caso por caso. La escala y las justificaciones sólo tienen validez para este EsIA y de ningún modo pueden generalizarse para otros ambientes. Adviértase que los criterios de valoración empleados son notablemente antropocéntricos y basados principalmente en los valores de uso de los componentes valorizados del ambiente (un enfoque semejante se puede ver en el Cuadro 5.3, para otro gran proyecto hidroeléctrico en la misma región). Una alternativa para atribuir valor o importancia a elementos del medio es identificar sus funciones (como se advierte en la sección 7.6).

La importancia del ambiente afectado, sin embargo, no puede ser suficiente para evaluar la importancia de un impacto. ¿Si un componente ambiental de alta importancia se ve levemente afectado por un impacto temporario, ello equivale a un impacto muy significativo? Probablemente no. Otras pistas para discutir la importancia de los impactos las brinda la reglamentación sobre evaluación de impacto ambiental. En Brasil, la Resolución Conama 1/86 estipula que el análisis de los impactos debe considerar los siguientes atributos:

- impactos benéficos o adversos;
- impactos directos o indirectos;
- impactos inmediatos, a mediano o a largo plazo;
- impactos temporarios o permanentes;
- impactos reversibles o irreversibles;
- propiedades acumulativas o sinérgicas de los impactos;
- distribución de los costos y beneficios sociales generados por el emprendimiento.

Esta reglamentación no brinda una orientación acerca de la interpretación que se le debe dar a dichos atributos. Una interpretación de su significado puede ser la siguiente:

- Expresión: este atributo describe el carácter positivo o negativo (benéfico o adverso) de cada im-

Cuadro 10.1 *Valor relativo de los elementos del medio empleado en la evaluación de los impactos de una represa* [1]

Elemento	Valor	Justificación
Vegetación terrestre	Pequeño	La vegetación terrestre de la zona de estudio es común en Quebec y no tiene valor comercial
Turberas	Medio	Las turberas ocupan el 4,4% del área de estudio; las turberas inundadas tienen buen potencial para la protección de la fauna
Ictiofauna	Grande	Los ríos y lagos de la zona de estudio presentan hábitats acuáticos de calidad para varias especies de peces; los Cri[2] utilizan algunas especies para fines alimentarios
Avifauna acuática	Grande	La zona de estudio es utilizada por esas aves como zona de nidificación y de reposo en el momento de las migraciones; constituyen una fuente de alimento para los Cri; su interés supera las fronteras de Quebec
Avifauna terrestre	Pequeño	Las aves de la zona de estudio son especies comunes en Quebec y representativas del medio Norte; las aves forestales no constituyen una fuente de alimentación para los Cri
Esparcimiento y turismo	Medio	El uso actual es limitado y la zona de estudio no presenta atractivos particulares que puedan contribuir a un aumento significativo del turismo; sin embargo, existe un potencial de desarrollo que puede favorecer la economía local
Arqueología	Grande	Aunque los sitios arqueológicos sean relativamente raros, este elemento es importante para la historia de las poblaciones locales

Notas:
[1] El cuadro es parcial y no transcribe todos los elementos usados en el EsIA
[2] Grupo indígena

Fuente: Hydro-Québec, Aménagement Hydroélectrique d'Eastmain 1, Rapport d'Avant Projet, 1991.

pacto; adviértase que, aunque la mayoría de los impactos tenga un carácter nítidamente positivo o negativo, algunos impactos pueden ser al mismo tiempo positivos y negativos, o sea, positivos para un determinado componente o elemento ambiental y negativos para otro.

- Origen: se trata de la causa o fuente del impacto, directo o indirecto; impactos directos son aquellos causados por las actividades o las acciones realizadas por el emprendedor, por empresas que éste contrató, o que puedan ser controladas por éstos; impactos indirectos son los generados por un impacto directo causado por el proyecto analizado, o sea, son impactos de segundo o tercer orden; los indirectos son más difusos que los directos y se manifiestan en zonas geográficas más amplias (en donde los procesos naturales o sociales o los recursos afectados indirectamente por el emprendimiento también pueden sufrir gran influencia de otros factores).

- Duración: impactos temporarios son aquellos que sólo se manifiestan durante una o más etapas del proyecto y que cesan con su desactivación. Son impactos que cesan cuando termina la acción que los causó, como la degradación de la calidad del aire debido a la emisión de contaminantes atmosféricos; los impactos permanentes representan una alteración definitiva de un componente del medio ambiente o, en sus efectos prácticos, una alteración que tiene una duración indefinida, como la degradación de la calidad del suelo causada por impermeabilización debido a la construcción de un centro comercial y de un estacionamiento; son impactos que permanecen una vez que cesó la acción que los causó.

- Escala temporal: impactos inmediatos son aquellos que ocurren simultáneamente a la acción que los genera; impactos a mediano o largo plazo son los que ocurren con un cierto desfasaje en relación a la acción que los genera; una escala arbitraria podría definir el mediano plazo, en el orden de los meses, y el largo plazo, en el orden de los años.

- Reversibilidad: esta característica está representada por la capacidad del sistema (ambiente afectado) de retornar a su estado anterior en caso de que (i) cese la solicitud externa, o (ii) se imponga una acción correctiva. La reversibilidad de un impacto depende de aspectos prácticos; por ejemplo, la alteración de la topografía causada por una gran obra de ingeniería civil o una emprendimiento minero es prácticamente irreversible, ya que, por más que sea técnicamente realizable, en la mayoría de los casos es inviable económicamente recomponer la conformación topográfica original; la extinción de una especie es un impacto irreversible.

- Acumulatividad y sinergismo: se refieren, respectivamente, a la posibilidad de los impactos de sumarse o multiplicarse; los impactos acumulativos son aquellos que se acumulan en el tiempo y en el espacio, y son producto de una combinación de efectos generados por una o varias acciones. La reglamentación mexicana define impacto ambiental sinérgico como "aquel que se produce cuando el efecto conjunto de la presencia simultánea de varias acciones supone una incidencia ambiental mayor que la suma de las incidencias individuales contempladas aisladamente".

Algunas de esas características están ilustradas en la Fig. 10.1, en la cual la calidad ambiental está representada en el eje de las ordenadas (vertical) y el tiempo, en el eje de las abscisas (horizontal), como se ve en la Fig. 1.3. La línea continua decreciente representa la probable evolución de la calidad ambiental de la zona independientemente del proyecto analizado y está representada como una recta para simplificar el dibujo. Los impactos inmediatos son perceptibles no bien comienza el proyecto (por ejemplo, la construcción): un ejemplo es la alteración del ambiente sonoro, que también es un impacto temporario, ya que cesa al final del emprendimiento. Los impactos reversibles se van corrigiendo paulatinamente con medidas de recuperación ambiental, en tanto los irreversibles no son pasibles de recuperación. Los impactos permanentes perduran cuando cesa la acción que los causó, pero pueden revertirse, o sea, las medidas correctivas pueden hacer cesar ese impacto.

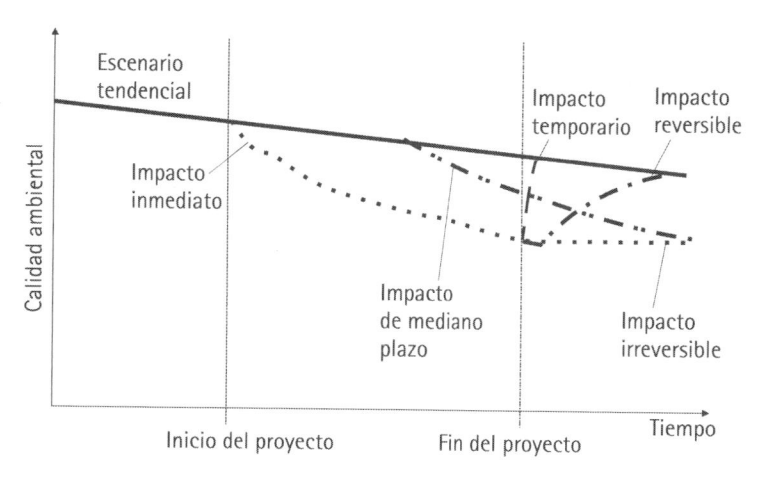

Fig. 10.1 *Tipos de impactos ambientales en relación a la escala temporal*
Fuente: modificado de Fernández-Vitora (2000).

No todos estos atributos son útiles para discutir la importancia de un impacto. El carácter benéfico o adverso de un impacto no tiene mucha relevancia para una evaluación de la importancia de los impactos, ya que ambos pueden ser de pequeña o gran significación. Lo mismo ocurre con los impactos directos o indirectos, pero la reglamentación brasileña recuerda que su análisis es fundamental en un estudio de impacto ambiental y que la etapa de identificación de los impactos no puede obviar los impactos indirectos. Para ciertos emprendimientos, los impactos indirectos pueden ser tanto o más importantes que los directos. Por ejemplo, la construcción de una carretera causa innumerables impactos directos, como degradación de la calidad de las aguas superficiales y pérdida o fragmentación de hábitats a lo largo de su traza; sin embargo, al facilitar el acceso a la región de influencia de la obra, los impactos indirectos podrán ser mayores que los directos, como el aumento de la densidad poblacional, con sus consecuentes impactos (alteración de hábitats, degradación de aguas superficiales y subterráneas, etc.); en este ejemplo, los impactos indirectos ocurren en una zona mucho mayor que la zona influenciada por los impactos directos. La finalidad de distinguir entre tipos de impactos no es declarar que un impacto es directo y otro indirecto, sino organizar nuestro análisis de manera tal de asegurar que examinaremos todos los efectos posibles de las acciones humanas propuestas en los ambientes físico y social, altamente complejos y dinámicamente interconectados (Erickson, 1994, p. 12). Tanto la expresión como el origen son, por lo tanto, atributos a considerar para la identificación de los impactos, pero no para la evaluación de su importancia, ocurriendo lo mismo con la escala temporal.

La escala espacial puede ser, eventualmente, un atributo más que se utiliza en la clasificación del grado de importancia de los impactos previstos. Es así que los impactos a escala regional podrán, en ciertos casos, considerarse más importantes que aquellos que se manifiestan sólo a nivel local, si bien que un criterio como éste debe estar muy bien fundamentado, ya que con frecuencia los impactos locales son intensos (de gran magnitud), en tanto que los impactos regionales son difusos y de baja magnitud. Se deberá definir la escala caso por caso, para cada emprendimiento analizado, como por ejemplo:

❋ Escala espacial: (i) impactos locales son aquellos cuya amplitud se restringe a los límites de las áreas del emprendimiento; (ii) impacto lineal es el que se manifiesta a lo largo de las carreteras de transporte de insumos o de productos; (iii) alcance municipal se usa para los impactos cuya área de influencia se encuentre relacionada con los límites administrativos municipales; (iv) escala regional se emplea para los impactos cuya área de influencia supere las dos categorías anteriores, pudiendo incluir todo el territorio nacional; y (v) escala global para los impactos que potencialmente afecten a todo el planeta.

En términos de los atributos efectivamente utilizables para discutir la importancia de los impactos, es común pensar que los impactos irreversibles y permanentes deben ser percibidos como importantes. Los atributos de acumulatividad o de sinergismo también se pueden tomar en cuenta, en cierta medida, para la evaluación de la importancia, en tanto estén asociados a la magnitud de los impactos, éste sí un atributo indudablemente fundamental para la evaluación de la importancia.

Algunas reglamentaciones de evaluación de impacto ambiental establecen directrices o estipulan criterios a adoptar para evaluar la importancia de los impactos. Por ejemplo, la reglamentación federal de los Estados Unidos establece varios criterios a considerar en el análisis de los impactos, entre los cuales se encuentran algunos ya discutidos anteriormente:

(i) el grado por el cual el proyecto puede afectar la salud o la seguridad pública;
(ii) características particulares del lugar, como proximidad a recursos históricos o culturales, parques, zonas de importancia agrícola, humedales, río de belleza escenográfica o zonas ecológicamente críticas;
(iii) el grado por el cual los efectos sobre la calidad del ambiente humano pueden ser altamente polémicos;
(iv) el grado por el cual los posibles efectos sobre el ambiente humano son sumamente inciertos o implican riesgos únicos o desconocidos;
(v) el grado por el cual la acción puede establecer un precedente para las acciones futuras con efectos significativos o representa una decisión en principio acerca de una consideración futura;
(vi) si la acción está relacionada con otras acciones cuyos impactos son individualmente insignificantes, pero acumulativamente significativos;
(vii) el grado por el cual la acción puede afectar, de forma adversa, distritos, sitios, autopistas, carreteras u objetos preservados o pasibles de preservación o puede causar la pérdida o destrucción de recursos científicos, culturales o históricos significativos;
(viii) el grado por el cual la acción puede afectar, de forma adversa, una especie amenazada o su hábitat;
(ix) si la acción amenaza violar una ley federal, estadual o municipal u otros requisitos de protección del medio ambiente.

(CEQ Regulations, §1508.27, 20 de noviembre de 1979)

U.S. Department of Transportation, Federal Highway Administration, Technical Advisory: Guidance for preparing and processing environmental and section 4(f) documents, T 6640.8A, 30 out. 1987.

La reglamentación general establecida por el Consejo de Calidad Ambiental americano en muchos casos fue detallada por las agencias sectoriales. El Departamento de Transportes[1], por ejemplo, establece la siguiente recomendación para evaluar la importancia de los impactos de una carretera sobre humedales:

Para evaluar el impacto de un proyecto propuesto sobre humedales (*wetlands*), se deberían abordar los siguientes dos tópicos: (1) la importancia del(de los) humedal(es) impactado(s) y (2) la severidad de dicho impacto. El mero listado de la zona ocupada por diversas alternativas no brinda información suficiente para determinar el grado de impacto sobre el ecosistema del(de los) humedal(es). El análisis debería ser suficientemente detallado para posibilitar la comprensión de esos dos elementos.

Al evaluar la importancia del(de los) humedal(es), el análisis debería considerar factores como (1) sus funciones ambientales primarias (por ejemplo, control de inundaciones, hábitat de vida salvaje, recarga de acuíferos, etc.), (2) la importancia relativa de esas funciones en relación al total del(de los) humedal(es) y (3) otros factores que podrían contribuir a la importancia de dicho(s) humedal(es), como su carácter único (*uniqueness*).

Al evaluar el impacto sobre el(los) humedal(es), el análisis debería mostrar los efectos del proyecto sobre la estabilidad y la calidad del(de los) humedal(es). Este análisis debería considerar los efectos a corto y largo plazos y la importancia de pérdidas como: (1) capacidad de control de inundaciones, (2) potencial de anclaje en los márgenes, (3) capacidad de dilución de la contaminación del agua y (4) hábitat de peces y vida salvaje.

Finalmente, hay un factor que siempre se debe tener en cuenta en el análisis de la importancia de los impactos, que es su magnitud o intensidad. Es así que la significación estadística y la significación ecológica de Beanlands (1993) son criterios de intensidad de los impactos, pero ello no implica que los impactos de gran magnitud sean necesariamente más importantes que los impactos de pequeña magnitud. Es el conjunto de atributos, el contexto en el que se manifestarán los impactos y, en última instancia, la interpretación social los que definirán la importancia de los impactos derivados de un determinado emprendimiento.

Tampoco se debe dejar de considerar que no todos los impactos identificados en un EsIA ocurrirán indefectiblemente, de manera que la probabilidad de que ocurran muchas veces se usa como un criterio más que ayudará a evaluar:

* Probabilidad de que ocurran: se refiere al grado de incertidumbre en cuanto a la presencia de un impacto; los impactos pueden clasificarse, por ejemplo, de acuerdo con la siguiente escala de probabilidad de que ocurran (i) cierta, cuando no hay incertidumbre sobre la presencia del impacto; (ii) alta, cuando, basándose en casos similares y observando proyecto semejantes, se estima como muy probable que el impacto ocurra; (iii) media, cuando es poco probable que el impacto se manifieste, pero es algo que no se debe descartar; (iv) baja, cuando es muy poco probable la presencia del impacto en cuestión pero, aun así, dicha posibilidad no puede ser despreciada. Naturalmente, se pueden usar otras escalas, pero raramente la probabilidad es cuantificada o presentada como la esperanza matemática de presencia de un determinado evento

La lógica que subyace a este razonamiento es la de que los impactos de baja probabilidad podrían ser vistos como menos importantes que los de alta probabilidad, pero ello solamente tiene sentido si la probabilidad de que ocurra de alguna manera estuviera asociada a la magnitud del impacto (éste es le concepto de riesgo ambiental, como se ve en el Cap. 11). Es necesario, pues, verificar cómo se pueden combinar los diversos atributos descriptivos de los impactos para satisfacer los criterios de importancia.

10.2 Métodos de agregación

Si hay múltiples criterios para evaluar la importancia de los impactos, es necesario, por lo tanto, definir un mecanismo para organizarlos. Algunos criterios podrán tener más peso que otros. En la evaluación del rendimiento escolar, los profesores suelen atribuir notas o conceptos a los alumnos. Las notas generalmente se distribuyen en una escala numérica de 0 a 10, mientras que los conceptos pueden ser adjetivos, como "excelente", "bueno" o "malo", o incluso categorías como letras desde la A hasta la E. Los impactos de un emprendimiento también pueden clasificarse de esta manera, pero generalmente se emplean adjetivos como "impacto significativo" o "impacto de poca importancia". Algunas maneras prácticas de llegar a esos resultados incluyen:

- combinación de atributos;
- examen de atributos;
- análisis por criterios múltiples.

A continuación, se verán ejemplos de esos métodos. Es oportuno, sin embargo, recordar una advertencia ya efectuada anteriormente en este texto: no hay recetas universales en evaluación de impacto ambiental. Para cada caso, se deberán aplicar, adaptar o incluso crear diferentes metodologías. Ante de proseguir, es también conveniente aclarar la terminología empleada en este capítulo:

- Atributo de un impacto (o de un aspecto) ambiental es una característica o propiedad de dicho impacto y puede usarse para describirlo o calificarlo, como su expresión, origen y duración, entre otros. El término de origen latino, que significa: "aquello que es característico de un ser"; "característica, cualitativa o cuantitativa, que identifica a un miembro de un conjunto analizado" (A.B.H Ferreira, *Novo Dicionário Aurélio da Língua Portuguesa*, 1986), o inclusive "lo que es característico y peculiar de alguien o de alguna cosa" (A. Houaiss y M.S. Villar, *Dicionário Houaiss da Língua Portuguesa*, 2001).
- Criterio de evaluación: es una regla o un conjunto de reglas para evaluar la importancia de un impacto, como se verá en esta sección. La palabra tiene origen en el griego *kritérion*, "lo que sirve de base de comparación, juicio o apreciación" (*Novo Dicionário Aurélio da Língua Portuguesa*, 1986).

Combinación de atributos

La forma más simple de clasificar impactos consiste en (i) definir los atributos que se utilizarán, (ii) establecer una escala para cada uno de éstos y (iii) combinarlos mediante un conjunto de reglas lógicas (el criterio de evaluación). Se puede comenzar por un ejemplo simple para ilustrar el método: si los atributos escogidos son magnitud y reversibilidad, las escalas adoptadas podrían ser:

- Magnitud: pequeña, media o grande.
- Reversibilidad: reversible, irreversible.
- La combinación, de a dos, de cada uno de esos atributos, da como resultado seis posibilidades:
- impacto reversible de pequeña magnitud;
- impacto reversible de mediana magnitud;
- impacto reversible de gran magnitud;
- impacto irreversible de pequeña magnitud;

* impacto irreversible de mediana magnitud;
* impacto irreversible de grande magnitud.

Las reglas de las combinaciones (criterio) podrían ser las siguientes:
* cualquier impacto irreversible es de gran importancia;
* un impacto reversible de magnitud pequeña o mediana es de pequeña importancia;
* un impacto reversible de magnitud grande es de mediana importancia.

Es obvio que se pueden adoptar otras reglas, como no considerar de gran importancia a todos los impactos irreversibles, sino solamente a los de magnitud media o grande; en este caso, los pequeños impactos, aunque sean irreversibles, tendrían mediana importancia. Como no hay, ni puede haber, una regla universal, los autores del estudio ambiental deben especificar claramente cuáles son los criterios adoptados. Ello permite que los lectores puedan discordar de los criterios, o combinarlos de manera diferente.

La combinación se puede hacer con cualquier número de atributos. Por ejemplo, el Cuadro 10.2 muestra el esquema de combinación de atributos que usa en algunos estudios de impacto ambiental Hydro-Québec, una empresa canadiense de generación, transmisión y distribución de energía eléctrica. En ese ejemplo, la escala de los atributos está dada por adjetivos que denotan intensidad. Se podrían obtener resultados semejantes usando cifras en vez de adjetivos, como se verá a continuación. Se combinan tres atributos: (1) duración del impacto, cuya escala incluye tres niveles: (i) momentánea, (ii) temporaria, (iii) permanente; (2) extensión espacial del impacto, o zona afectada, cuya escala también incluye tres niveles: (i) puntual, (ii) local, (iii) regional; y (3) magnitud o intensidad del impacto, cuya escala incluye cuatro niveles: (i) débil, (ii) mediana, (iii) fuerte, (iv) muy fuerte. Los resultados de la combinación de a tres de esos doce elementos son agrupados en tres categorías de importancia de los impactos: (i) pequeña, (ii) mediana, (iii) grande. Como lo muestra el Cuadro 10.2, se considerará que un impacto es de gran importancia en las siguientes condiciones:
* magnitud muy fuerte y duración permanente o
* magnitud muy fuerte y duración temporaria y alcance regional o local o
* magnitud muy fuerte y duración momentánea y alcance regional o
* magnitud fuerte y duración permanente o
* magnitud fuerte y duración temporaria y alcance regional o
* magnitud media y duración permanente y alcance regional.

Los cuadros sinópticos como el Cuadro 10.2 facilitan la aplicación de las reglas de combinación de atributos, pero también pueden enunciar las reglas por medio de sentencias como las citadas anteriormente o como en el siguiente ejemplo:

Cuadro 10.2 *Clasificación del grado de importancia de los impactos ambientales*

DURACIÓN	EXTENSIÓN	MAGNITUD O INTENSIDAD			
		DÉBIL	MEDIA	FUERTE	MUY FUERTE
Momentánea	Puntual	Pequeña	Pequeña	Pequeña	Media
Momentánea	Local	Pequeña	Pequeña	Media	Media
Temporaria	Puntual	Pequeña	Pequeña	Media	Media
Temporaria	Local	Pequeña	Pequeña	Media	Grande
Momentánea	Regional	Pequeña	Media	Media	Grande
Permanente	Puntual	Pequeña	Media	Media	Grande
Temporaria	Regional	Pequeña	Media	Grande	Grande
Permanente	Local	Pequeña	Media	Grande	Grande
Permanente	Regional	Media	Grande	Grande	Grande

Fuente: Hydro-Québec (1990).

Se consideran como de gran importancia todos los impactos:
- que tengan una magnitud alta o media y, al mismo tiempo, para los cuales haya requisitos legales, independientemente de su reversibilidad; o
- que tengan magnitud alta y sean irreversibles, independientemente de la existencia de requisitos legales (situación que no ocurre en ninguno de ellos).

Se consideran de pequeña importancia los impactos:
- que tengan magnitud pequeña y sean reversibles, independientemente de la existencia de requisitos legales.

Los demás impactos se clasifican como de mediano grado de importancia.

Cuadro 10.3 *Ejemplos de escalas para atributos de evaluación de impactos*

Escala espacial
Impacto puntual
Impacto local
Impacto regional
Impacto global
Escala temporal
Impacto inmediato
Impacto de mediano o largo plazo
Duración
Impacto temporario
Impacto intermitente
Impacto continuo
Impacto permanente

No se debe despreciar la elección de las escalas. Es una de las más importantes tareas a fin de garantizar la coherencia e inteligibilidad del trabajo de evaluación. El Cuadro 10.3 muestra ejemplos de definición de escalas para algunos atributos normalmente empleados en los estudios de impacto ambiental. Es posible utilizar escalas numéricas en vez de discursivas, pero ambas son escalas cualitativas.

En la planificación de sistemas de gestión ambiental, también es necesario evaluar la importancia de los impactos. La norma ISO 14004 sugiere atributos que pueden emplearse para la evaluación de la importancia de impactos, como escala espacial, severidad, probabilidad de existencia y duración. (ISO 14.004: 1996, "Sistemas de Gestión Ambiental – Pautas generales sobre principios, sistemas y técnicas de apoyo", ítem 4.2.2).

Block (1999) presenta nueve atributos que se pueden usar en esa tarea:
- severidad (que equivale a la magnitud);
- probabilidad de que un aspecto tenga como efecto un impacto mensurable;
- frecuencia (cantidad de veces que un impacto puede ocurrir por unidad de tiempo);
- posibilidad de controlar los aspectos ambientales;
- encuadramiento legal;
- necesidad de informar sobre la presencia de impactos;
- preocupación de las partes interesadas;
- duración del impacto.

Para cada atributo, la autora sugiere utilizar una escala con cinco grados, del más al menos intenso, usando siempre números de 5 a 1, respectivamente, como lo muestra el ejemplo del Cuadro 10.4. La evaluación de la significación de cada impacto se puede realizar por suma o multiplicación. Como ejemplo de aplicación de una variación de este procedimiento, ampliamente difundido en la planificación de los sistemas de gestión ambiental, el Cuadro 10.5 indica los atributos y sus respectivas escalas, adoptados por una empresa del sector petroquímico. Para evaluar la importancia de un impacto, se usan tres atributos principales: (a) la existencia de un requisito legal; (b) la demanda o manifestación de interés del público ("partes interesadas", en la jerga de los

Cuadro 10.4 *Ejemplo de escala para el atributo "encuadramiento legal"*

Nivel	Características
5	Reglamentado por ley o cualquier otra disposición legal.
4	Considerado para una futura reglamentación, por ejemplo, mediante proyecto de ley o en estudio por parte de una agencia gubernamental.
3	Política empresarial: a pesar de no existir exigencia legal, el tema se trata en la política ambiental de la empresa, en algún código de práctica que la empresa suscriba.
2	Práctica empresarial: conducta normalmente adoptada por la empresa o por otras, aunque no esté codificada.
1	No hay reglamento o pautas sobre el asunto.

Fuente: Block (1999, p. 25).

SGAs) y (c) la severidad y probabilidad de que ocurra (o su frecuencia), que se combinan siguiendo una "matriz de riesgo". La clasificación final posee solamente dos categorías: significativo o no significativo. Para encuadrar un impacto en la categoría significativo, basta aplicar cualquiera de los tres criterios citados anteriormente (combinación de atributos por reglas lógicas). Este ejemplo muestra cómo utilizar, de manera rápida y simple, algunos de los atributos más citados en la literatura.

PONDERACIÓN DE ATRIBUTOS

Buena parte de la literatura inicial sobre EIA, o sea, artículos e informes publicados durante los años 70 y comienzos de los 80, se ocupó de concebir y experimentar métodos para ponderar atributos diferentes en una evaluación de la importancia de los impactos. Dicha literatura dio origen a varias compilaciones, de las cuales se puede citar a Bisset (1984a, 1988); Moreira (1993a, 1993b), Shoppley y Fuggle (1984) y Thompson (1990), entre otras varias, como fuentes de información sobre esos métodos y las potencialidades y límites de su aplicación.

Ponderar atributos es establecer entre diferentes alternativas el peso a darle a cada uno de los atributos seleccionados y, a continuación, combinarlos según una función matemática predeterminada. De esta forma, la principal diferencia entre la combinación y la ponderación de atributos es que, en ésta última, los atributos se ordenan de acuerdo a su importancia para el criterio de evaluación, por el cual los atributos más importantes reciben mayor peso.

Los métodos simples para ponderar son muy usados en la planificación de los sistemas de gestión ambiental. En este caso, luego de identificar todos los aspectos e impactos ambientales, es necesario clasificarlos de acuerdo con su importancia o significación, o bien en grupos de importancia parecida, o bien en una lista ordinal. Los aspecto e impactos más significativos deberán tratarse prioritariamente. Como el problema es muy semejante a la etapa de evaluación de impactos de un estudio de impacto ambiental, las soluciones también se asemejan.

Este razonamiento permite múltiples variaciones. Se puede obtener el resultado por la suma de los valores de cada atributo. También se puede decidir que un determinado atributo, como la "exigencia legal", es más importante que los demás, dándole peso 2, en tanto que los otros tienen peso 1; en este caso, la "nota" final reflejará la mayor

Cuadro 10.5 *Un criterio para combinar magnitud y probabilidad de que ocurran los impactos*

Severidad del Impacto

Severidad	Criterio	Puntuación
Sin efecto	Ningún efecto ambiental identificable	0
Baja	Impacto de magnitud ínfima/Restringido al lugar en que ocurre/Totalmente reversible mediante acciones inmediatas/Consecuencias financieras ínfimas	1
Media	Impacto de magnitud considerable/Contaminación/Reclamo único/Una violación de criterio legal/Reversible con acciones mitigadoras	2
Localizada	Descarga limitada de sustancias de reconocida toxicidad/Repetida violación de estándares legales/Efectos observados más allá de los límites de la empresa	3
Alta	Impacto de gran magnitud/ Gran extensión/Necesidad de grandes acciones mitigadoras para revertir la contaminación ambiental/Violación continuada de estándares legales	4
Muy alta	Impacto de gran magnitud/Gran extensión con consecuencias irreversibles, incluso con acciones mitigadoras/Grandes pérdidas económicas para la empresa/Violación alta y constante de los estándares legales	5

Frecuencia o Probabilidad de que Ocurra

Frecuencia	Criterio	Puntuación
Muy baja	Es muy improbable que ocurra/No hay registro en el mundo	A
Baja	Es improbable que ocurra/Ocurrió en una industria similar	B
Media	Es probable que ocurra/Ocurrió al menos una vez en la empresa (f < 1 vez/año)	C
Alta	Es muy probable que ocurra/Ocurre más de una vez/año en la empresa (1 vez/año < f < 1 vez/semestre)	D
Muy alta	Se espera que ocurra/Ocurra más de una vez por semestre en la empresa (f > 1 vez/semestre)	E

Matriz de riesgo

Severidad			Frecuencia		
	A	B	C	D	E
0					
1					
2					
3					
4					
5					

Nota: la parte sombreada indica potencial de impacto significativo.

Fuente: adaptado de Shell International (2000) y Polibrasil.

importancia de dicho atributo (caso de ponderación de atributos). La escala de Block para el atributo "encuadramiento legal" es un ejemplo de creatividad en el armado de los criterios de evaluación, ya que no se restringe a las tradicionales categorías sí o no (Cuadro 10.4).

En el Cuadro 10.6 se muestra una tabla de ponderación de atributos. Cada uno de los cuatro atributos elegidos está descripto con la ayuda de una escala numérica (hay

Cuadro 10.5 *(continuación)*

Una matriz para evaluar la importancia de los impactos ambientales

	IDENTIFICACIÓN			EXAMEN						SIGNIFICACIÓN		
ACTIVIDAD	ASPECTO	IMPACTO	SITUACIÓN	INCIDENCIA	CLASE	TEMPORALIDAD	SEVERIDAD	FRECUENCIA	POTENCIAL DE CONSECUENCIA	LEGISLACIÓN	PARTES INTERESADAS	RESULTADO
Actividad 1	Aspecto n	Impacto i	N	D	Ad	Act	1	E	NS	N	N	NS
Actividad 2	Aspecto m	Impacto j	N	D	Ad	Act	1	E	NS	N	N	NS
Actividad 3	Aspecto p	Impacto i			Ad							N

Situación: N – normal A – anormal R – riesgo
Incidencia: D – directa I – indirecta
Clase: Ad – adversa B – benéfica
Temporalidad: Act – actual P – pasada Pl – planificada
Severidad: escala de 1 a 5, como se ve arriba
Frecuencia: escala de A a E, como se ve arriba
Potencial de consecuencia: S – significativo NS – no significativo
Legislación: S – no existente o no se aplica S – existe requisito legal aplicable
Partes interesadas: N – no consta manifestación S – preocupaciones conocidas

Fuente: adaptado de Shell International (2000) y Polibrasil.

Cuadro 10.6 *Ejemplo de ponderación de atributos*

	ATRIBUTOS / PESOS				
IMPACTO	MAGNITUD	REVERSIBILIDAD	PROBABILIDAD DE QUE OCURRA	ENCUADRAMIENTO LEGAL	IMPORTANCIA (SUMA PONDERADA)
Impacto 1	3 * 5	1 * 5	3 * 2	5 * 3	41
Impacto 2	4 * 5	2 * 5	1 * 2	4 * 3	44
Impacto 3	2 * 5	2 * 5	1 * 2	2 * 3	28
Impacto 4	3 * 5	1 * 5	5 * 2	0 * 3	33

Pesos: Escala de valores de los atributos:
Magnitud = 5 peq. = 1; media = 2; grande = 3; muy grande = 4
reversibilidad = 5 reversible = 1; irreversible = 2
probabilidad de que ocurra = 2 muy baja = 1; baja = 2; alta = 3; cierta = 5
encuadramiento legal = 3 no hay = 0; política de la empresa = 2; proyecto de norma legal = 4 ;norma legal (ley, decreto, resolución, disposición, etc.) = 5
Escala de importancia:
pequeña = 0 a 20; media = 21 a 35; grande = 36 a 55

una escala para cada atributo). Cada atributo tiene un peso, de manera que la significación de cada impacto es resultante de la suma ponderada (multiplicación del valor numérico de cada atributo por su peso). En este caso, la importancia está dada directamente por el valor numérico. A continuación, es conveniente establecer una escala para la interpretación (cualitativa) de la significación que, en el ejemplo hipotético, es la siguiente: entre 0 y 20, el impacto es poco importante; entre 21 y 35, es de mediana importancia; y por encima de 36, el impacto es evaluado como de gran importancia.

Como queda claro en el ejemplo, el resultado de la ponderación de atributos no es una "medida" del impacto, en el sentido físico de una "magnitud que pueda servir de estándar para evaluar otras del mismo tipo", sino una apreciación cualitativa de la importancia del impacto (Gregorim, C.O. (1998) – *Michaelis: Moderno Dicionário da Língua Portuguesa*. Melhoramentos, São Paulo, 3. ed.).

En la literatura sobre EIA es posible encontrar razonamientos más sofisticados para las escalas de los atributos. Es el caso de las "funciones de impacto", relaciones que transforman el valor de un determinado indicador ambiental en una cifra de una escala arbitraria de impacto. El environmental evaluation system, también conocido como "método Batelle", es una de esas herramientas (Dee *et al.*, 1973). El método parte de una división del medio ambiente en 74 parámetros descriptivos o componentes, cubriendo cuatro grandes campos: ecología, contaminación ambiental, paisaje (aesthetics) e interés humano. El método presupone que cada uno de esos parámetros, que representa un aspecto de la calidad ambiental, puede expresarse en términos numéricos, en una escala de 0 a 1, respectivamente, ambiente extremadamente degradado y alta calidad ambiental. Cada uno de los parámetros tiene un peso y la suma total de los pesos es 1.000. La asignación de pesos fue realizada por una comisión de especialistas. Por ejemplo, el parámetro "demanda bioquímica de oxígeno" tiene peso 25, en tanto que el parámetro "ruido" tiene peso 4, denotando la importancia relativa de dichos aspectos de calidad ambiental. El valor de cada parámetro se convierte en el índice de calidad ambiental entre 0 y 1, de acuerdo con una función que le es propia. La Figura 10.2 muestra un ejemplo de las funciones de conversión.

La aplicación del método depende de los resultados de la etapa de previsión de los impactos. Por ejemplo, si el emprendimiento analizado altera el ambiente sonoro, el índice de calidad ambiental de ese parámetro será bajo, ocurriendo lo mismo con todos los demás parámetros. La calidad ambiental total se calcula ponderando el índice de calidad ambiental de cada parámetro individual por su peso respectivo y sumando cada índice. La calidad máxima sería 1.000 (cuando todos los índices son iguales a 1). El impacto del proyecto se evalúa ("se mide") mediante una comparación entre la calidad ambiental de antes (el diagnóstico) y la de después (el pronóstico).

La aplicación integral del método Batelle se ve dificultada por las siguientes razones: (i) es necesario otorgarle un valor al índice de calidad ambiental de cada uno de los 74 parámetros, lo que requiere una investigación detallada y, por lo tanto, relevamientos largos y costosos; (ii) varios de los 74 parámetros son extremadamente subjetivos; (iii) la división del "ambiente" en esos 74 parámetros y la asignación de pesos es controvertida, puesto que refleja los valores y la opinión del equipo que elaboró el método: el ambiente podría describirse con la ayuda de otros parámetros y la distribución de pesos puede ser diferente. A pesar de esas dificultades (todo método integrador tiene deficiencias), es posible

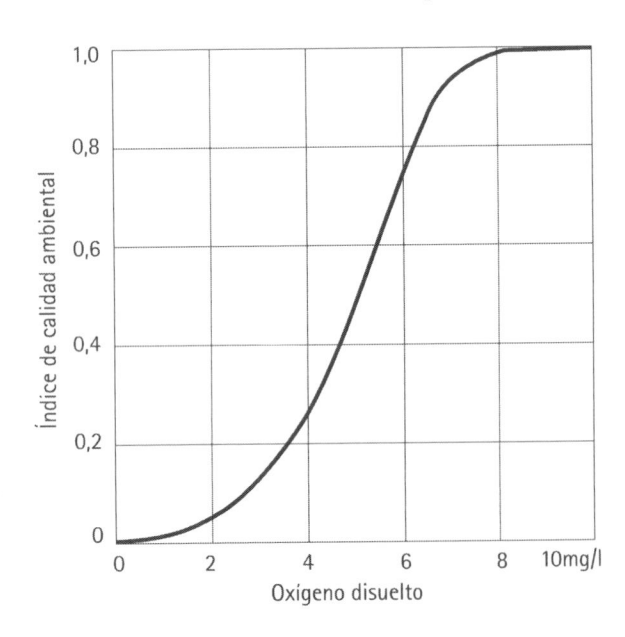

Fig. 10.2 *Función de calidad ambiental para oxígeno disuelto*
Fuente: Dee et al., 1973, p. 529.

aprovechar el *environmental evaluation system* en estudios de impacto ambiental mediante adaptaciones y, posiblemente, simplificaciones. Una variación es disminuir drásticamente el número de parámetros descriptivos, agrupándolos por áreas afines: por ejemplo, los parámetros que describen la calidad del agua se pueden agrupar en un índice de calidad de las aguas (ICA), que ya integra diez parámetros usuales de calidad, los parámetros relativos a los ecosistemas acuáticos podrían agruparse en índices de diversidad de especies. Varios parámetros de otras categorías también podrían reemplazarse por parámetros que representen los elementos valorizados del ambiente, como la presencia de especies amenazadas. Las funciones de impacto también deberían modificarse, tanto para reflejar los nuevos parámetros usados para la descripción de la calidad ambiental como para adaptarla al ambiente afectado por el proyecto. En este caso, la distribución de los pesos también debería ser rehecha, o bien por el equipo de analistas que prepara el estudio, o bien de común acuerdo con el equipo gubernamental encargada de analizarlo.

La matriz de Leopold *et al.* (1971), Fig. 7.8, también se concibió como un método de evaluación de impactos. En este caso, los autores proponen que, para cada impuesto, su magnitud e importancia sean descriptas mediante números enteros, en una escala de 0 a 10.

En suma, los métodos de ponderación son muchos y sus variaciones conforman un conjunto inmenso de posibilidades. No obstante, tienen en común el hecho de transformar aspectos esencialmente cualitativos (y en gran medida, subjetivos) en valores numéricos. Esto puede ser engañoso al transmitirle al lector desprevenido la idea de una precisión matemática de los métodos de evaluación, lo que definitivamente no es una característica suya. Además, el empleo de escalas e índices numéricos puede inducir al analista y al lector a efectuar cálculos matemáticos indebidos, ya que están desprovistos de sentido físico. Vale recordar, sin embargo, que esas deficiencias no descalifican el empleo de métodos de ponderación, sólo ponen en evidencia sus límites.

Análisis por criterios múltiples

El análisis por criterios múltiples, o multicriterio, es un nombre genérico dado a diversos instrumentos que tienden a formalizar el proceso decisorio mediante procedimientos de agregación de las preferencias de las tomadoras de decisión. Según Simos (1990, p. 39), el campo de la ayuda a la decisión por criterios múltiples comenzó a consolidarse a fines de los años 60, sin relación con el EIA, pero con el "objetivo de aliviar las insuficiencias del cálculo económico clásico y de la investigación operativa", de manera que sus métodos daban por sentada la existencia de un solo tomador de decisiones y no un sujeto colectivo. Su desarrollo ulterior incorporó la situación más común de múltiples tomadores de decisiones.

El carácter poco formal y muchas veces primario de la etapa de jerarquización y evaluación de impactos de muchos EsIAs (Ross, Morrison-Saunders y Marshall, 2006) llevó a algunos investigadores a tratar de aplicar o adaptar las herramientas del análisis por criterios múltiples a esta tarea de la elaboración de un EsIA. Simos (1990, p. 48), sin embargo, reconoce el carácter más académico de esas preocupaciones, evidenciado en las pocas aplicaciones a EsIAs reales.

El formalismo matemático de ciertos métodos por criterios múltiples puede ser una de las causas que limitan su aplicación al análisis de los impactos. La evaluación de la importancia de los impactos es una de las partes de la preparación de un EsIA, en el cual es más necesario el trabajo conjunto e integrado del equipo multidisciplinario; la formalización matemática puede ser un obstáculo a esa integración, posiblemente más fácil cuando la evaluación es cualitativa y cada profesional puede utilizar los conceptos que le son familiares.

No obstante, se pueden emplear algunas herramientas simples del análisis multicriterio en la etapa de evaluación de la importancia de los impactos. La comparación paritaria es una de ellas: comparándose atributos de a dos, se pregunta cuál es el más importante, procediéndose de esta forma con todos los atributos considerados. La comparación paritaria es una técnica simple de jerarquización de las preferencias de los decisores (o, en este caso, del equipo que prepara el EsIA). Sólo se puede preguntar, como se lo hizo antes, "¿el atributo A es más importante que el atributo B?", o "¿cuánto más importante es el atributo A que el atributo B?", estableciendo, con las respuestas a esta última pregunta, los respectivos pesos de cada atributo.

En la actualidad, el concepto de criterios múltiples es muy amplio y se lo usa frecuentemente sin preocupaciones formales, sino simplemente para designar cualquier procedimiento que emplee más de un punto de vista o criterio. Una aplicación de los métodos por criterios múltiples en EIA es la elección entre alternativas, que se ejemplificará en la próxima sección mediante un interesante abordaje usado en Holanda para comparar seis alternativas de un proyecto vial.

10.3 Análisis y comparación de alternativas

En la preparación de un estudio de impacto ambiental – así como en la aplicación de otras herramientas de evaluación de impacto ambiental, como la evaluación del ciclo de vida de un producto o la identificación de efectos e impactos ambientales de un emprendimiento en operación, tendientes a la implantación de un sistema de gestión ambiental –, el analista se enfrenta con la necesidad de comparar, clasificar o jerarquizar impactos de características muy diferentes. Por ejemplo, una opción en el trazado de un tramo de carretera puede implicar la supresión de 128 ha de cierto tipo de vegetación, mientras que otra opción acarrearía la demolición de 18 casas de un barrio rural y seccionar diez propiedades rurales. En base a esas informaciones, ¿cómo es posible elegir la alternativa de menor impacto?

Como los casos reales de evaluación de impacto ambiental son mucho más complejos e implican más variables que el caso hipotético anterior, se pueden percibir las dificultades de esta etapa en la preparación de un EsIA. En un estudio así, siempre hay como mínimo dos alternativas en análisis: realizar o no el proyecto propuesto. A dicha configuración básica se le pueden agregar diferentes situaciones, como variantes de ubicación de componentes del emprendimiento o de su totalidad, o diferentes alternativas tecnológicas. Como el problema es común a todo proceso decisorio, en evaluación de impacto ambiental encontramos innumerables intentos de aplicar o adaptar herramientas desarrolladas en otros contextos de decisión, como el análisis por criterios múltiples o los sistemas de soporte a la decisión, que conforman una rama de aquél.

Por otro lado, existen diversas tentativas de construir una base común para la comparación y mensuración de impactos ambientales. Algunas escuelas de pensamiento, como la economía ambiental y la economía ecológica, proponen que dicha base pueda ser el valor económico de los bienes afectados o los costos y beneficios ambientales generados por las alteraciones ambientales. Aunque haya un buen potencial para la aplicación de los instrumentos desarrollados por investigadores de esas áreas en la evaluación de impactos, la falta de consenso acerca de sus principios o sus modalidades de aplicación dificulta su implementación en casos reales de estudios de impacto ambiental, y por ello el tema no será explorado aquí[2]. A continuación, esta sección abordará el análisis por criterios múltiples y el uso de SIGs como herramienta para la ponderación de atributos.

Análisis por criterios múltiples en la selección de alternativas

Se trata de procedimientos que tienden a la agregación de información de diferentes tipos sobre alguna base común, a fin de permitir comparaciones y simulaciones de opciones. Algunos de esos métodos son muy sofisticados y complejos y pueden llevar a un análisis detallado de las ventajas y desventajas de las principales alternativas consideradas. No obstante, hay innumerables ejemplos de aplicaciones simplistas de procedimientos que llevan a atribuir un valor numérico (arbitrario) a un determinado impacto – por ejemplo, la pérdida de vegetación – y su posterior comparación con otro impacto, de carácter completamente diferente.

Para comparar seis alternativas de un proyecto vial en Holanda, Stolp *et al.* (2002) usaron cuatro diferentes "perspectivas": la "humana", la "de los ciudadanos", la "ecológica" y la "técnico-económica". La perspectiva humana se desarrolló a partir de documentos gubernamentales que establecen políticas de calidad de vida. La perspectivas de los ciudadanos se construyó con la técnica de evaluación de los valores de los ciudadanos (como se observa en el Cuadro 8.6). La perspectiva ecológica se basó en el trabajo del equipo del EsIA, como también la perspectiva técnico-económica. Se desarrolló un procedimiento simple de criterios múltiples para comparar las alternativas desde esas cuatro perspectivas. Cuatro temas y diez subtemas abordados en el EsIA recibieron pesos diferentes, según cada perspectiva (Cuadro 10.7); la suma de los pesos de cada subtema es siempre igual a 1. Adviértase que, mientras los ciudadanos valorizan elementos como "protección contra el ruido", "ecología" y "fluidez del tráfico", el equipo de EsIA valoriza las categorías "agua y suelo", "ecología" y "paisaje". Desde la perspectiva técnico-económica, las categorías más importantes son "impactos sobre la actividad económica" y "fluidez del tráfico".

Las alternativas estudiadas fueron tres, cada una con dos variantes, o sea, detalles de proyecto que pueden modificar sus impactos, y denominadas "máx" y "mín":
- A1: ampliación y mejora de la autopista existente;
- A2: ampliación y mejora de la autopista existente con la construcción de un nuevo carril;
- A3: nueva autopista, siguiendo un nuevo trazado.

Para cada variante, los pesos que constan en el Cuadro 10.7 fueron multiplicados por el valor atribuido a cada impacto, dentro de una escala predeterminada, cuyos

[2] *En contrapartida, los métodos de valoración económica de impactos encontraron una buena acogida en las evaluaciones ex post o evaluaciones de daños ambientales (Fig. 1.12), principalmente para colaborar con las acciones judiciales de reparación de daños.*

Cuadro 10.7 *Distribución de pesos para cuatro perspectivas de análisis de alternativas de un proyecto vial en Holanda*

Tema	Subtema	Perspectiva humana	Perspectiva de los ciudadanos	Perspectiva ecológica	Perspectiva económica
Tráfico	Fluidez	0,05	0,15	0,05	0,25
	Seguridad	0,15	0,01	0,05	0,15
Desarrollo urbano	Impactos locales y regionales	0,15	0,11	0,15	0,14
Economía	Impactos directos e indirectos	0,10	0,15	0,10	0,40
Medio ambiente	Calidad del aire	0,13	0,10	0,10	0,01
	Agua y suelo	0,05	0,01	0,15	0,01
	Ecología	0,05	0,22	0,15	0,01
	Seguridad externa	0,13	0,01	0,05	0,01
	Calidad del paisaje	0,05	0,01	0,15	0,01
	Ruido y vibración	0,14	0,23	0,05	0,01
Total		1,00	1,00	1,00	1,00

Fuente: Stop *et al.* (2002).

Cuadro 10.8 *Resultados del análisis por criterios múltiples de alternativas de un proyecto vial en Holanda*

Variante	Perspectiva humana	Perspectiva de los ciudadanos	Perspectiva ecológica	Perspectiva económica
A1 máx	+ 0,03	+ 0,14	+ 0,03	+ 0,29
A1 mín	+ 0,08 (mejor)	+ 0,19 (mejor)	+ 0,05 (mejor)	+ 0,24
A2 máx	− 0,11 (peor)	− 0,09 (peor)	− 0,26	+ 0,23 (peor)
A2 mín	− 0,04	+ 0,05	− 0,19	+ 0,38
A3 máx	− 0,01	− 0,02	− 0,35 (peor)	+ 0,49 (mejor)
A3 mín	+ 0,01	− 0,08	− 0,27	+ 0,48

Fuente: Stolp *et al.* (2002).

resultados totales se pueden ver en el Cuadro 10.8. Previamente se empleó el siguiente procedimiento: para atribuirle un valor a cada impacto, se ordenaron 17 impactos según su importancia entre 1 y 17; para cada una de las seis alternativas, dichos impactos recibieron una nota que variaba entre −2 y +2, nota esta que se multiplicó por su número de orden, llegándose a un *score* total para cada alternativa determinado por la suma del producto de cada nota por el número de orden. El resultado muestra que la mejor alternativa desde el punto de vista técnico-económico no es la mejor desde el punto de vista ecológico, la que, a su vez, coincide con los puntos de vista humano y de los ciudadanos. La alternativa preferida por estos últimos está lejos de la mejor desde la perspectiva técnico-económica, pero también es positiva desde la perspectiva económica.

En la comparación de 17 alternativas de disposición de sedimentos a dragar en el canal de acceso a la terminal portuaria de la planta siderúrgica Cosipa, en el estuario de Santos, estado de São Paulo, se montó un esquema de puntuación que tomó en cuenta factores ambientales, operativos y económicos. Según el EsIA[3] (p. 34), "debido a las múltiples posibilidades y variables inherentes a cada parámetro o alternativa,

Consultoria Paulista de Estudos Ambientais S/C Ltda, Estudio de Impacto Ambiental, Dragado del Canal de Piaçaguera y Administración de los Pasivos Ambientales, Cosipa, 2005.

las puntuaciones se establecieron según franjas de variación, las cuales aumentan exponencialmente para representar, de forma ponderada, el peso o la importancia del grado que se atribuye al parámetro analizado. Su distribución se estableció a partir de progresiones geométricas de razón (q) = 2; 2,5; 5; 10; 25; 50 o 100, para diferenciar de modo más enfático y significativo la importancia del parámetro".

Se eligieron parámetros relativos a los impactos sobre los medios físico, biótico, "socioeconómico y del patrimonio arqueológico y paisajístico", clasificados en cuanto a su duración, reversibilidad, magnitud, relevancia/significación y alcance, conforme los siguientes grados y puntuaciones:
- duración: temporario = 1; permanente = 25
- reversibilidad: reversible = 1; irreversible = 50
- magnitud: pequeña = 1; media = 25; grande = 50
- relevancia/significación: baja = 1; media = 50; alta = 100
- alcance: dentro de la empresa = 1; fuera de la empresa = 25

También se eligieron parámetros operativos y económicos con la siguientes puntuación:
- negociaciones con terceros: necesarias = 1; no necesarias = 50
- interferencia con la navegación: baja = 1; media = 10; grande = 25
- costos: bajos = 1; medios = 5; altos = 10
- tecnología: disponible = 1; no disponible = 100
- capacitación: plena = 1; parcial = 50; nula = 100
- reaplicación futura: posible = 1; parcial = 10; imposible = 25

Una vez definido este criterio, cada alternativa recibió una nota, dada por la suma de los puntos correspondientes (denominada $\Delta_{alt.}$). Las puntuaciones finales se ordenaron de forma creciente (Cuadro 10.9), de la alternativa más favorable a la menos favorable. A continuación, se calculó un factor de relación (R) para cada alternativa, dado por la razón entre la puntuación total de cada una de ellas ($\Delta_{alt.}$) y la puntuación de la alternativa más favorable ($\Delta_{alt.\,min}$), que es la disposición oceánica de sedimentos no contaminados. Finalmente, dicho factor se transformó en un índice de desempeño (Id), dado por la relación 1/R, que representa una proporcionalidad entre las alternativas. La puntuación obtenida para una de las alternativas, la disposición en fosa sumergida, se muestra en Cuadro 10.10.

Cuadro 10.9 *Comparación de alternativas para la disposición de sedimentos dragados*

Alternativa	Puntuación total (Σ_{alt})	Factor de relación (R = $\Sigma_{alt}/\Sigma_{alt.min}$)	Índice de desempeño (I_D = 1/R)
1. Disposición de sedimentos no contaminados en zona oceánica	152	1,00	1,00
2. Dique del Canal C	153	1,01	0,99
3. Dique del Furadinho	190	1,25	0,80
4. Fosa confinada en el Largo do Casqueiro	195	1,28	0,78
5. Fosa confinada en el Largo do Cubatão	203	1,34	0,75
6. Fosa confinada en el Largo do Canéu	244	1,61	0,62
7. Fosa sumergida en el Canal de Piaçaguera	255	1,68	0,60

Cuadro 10.9 *(continuación)*

Alternativa	Puntuación total (Σ_{alt})	Factor de relación ($R = \Sigma_{alt}/\Sigma_{alt.min}$)	Índice de desempeño ($I_D = 1/R$)
8. Incineración	754	4,96	0,20
9. Coprocesamiento en hornos de cemento	827	5,44	0,18
10. Incorporación de los sedimentos a un proceso industrial	951	6,26	0,16
11. Fosas creadas por extracción mineral	1.138	7,49	0,13
12. Rellenados industriales clase 1	1.238	8,14	0,123
13. Encapsulamiento	1.240	8,16	0,122
14. Tratamiento químico	1.313	8,64	0,116
15. Biorremediación	1.313	8,64	0,116
16. Reúso del material dragado	1.338	8,80	0,114

Fuente: Consultoria Paulista de Estudos Ambientais S/C Ltda. Estudio de Impacto Ambiental, Dragado del Canal de Piaçaguera y Administración de los Pasivos Ambientales, Cosipa, 2005

Cuadro 10.10 *Puntuación para la alternativa "fosa sumergida en el canal de Piaçaguera"*

	Parámetros	Excavación				Transporte				Disposición				Total
		Duración	Reversibilidad	Magnitud	Relevancia	Duración	Reversibilidad	Magnitud	Relevancia	Duración	Reversibilidad	Magnitud	Relevancia	
Medio Físico	Hidrología y dinámica superficial	–	–	–	–	–	–	–	–	1	1	1	1	4
	Hidrodinámica	1	1	1	1	1	1	1	1	1	1	1	1	12
	Geotécnica	1	1	1	1	–	–	–	–	–	–	–	–	4
	Acuíferos	–	–	–	–	–	–	–	–	1	1	1	1	4
	Cuerpos de agua	1	1	25	1	–	–	–	–	1	1	25	50	105
	Atmósfera	1	1	1	1	1	1	1	1	1	1	1	1	12
Medio Biótico	Avifauna	1	1	1	1	–	–	–	–	1	1	1	1	8
	Fauna acuática	1	1	1	1	–	–	–	–	1	1	25	1	32
	Flora	–	–	–	–	–	–	–	–	–	–	–	–	–
Socioeconomía	Pesca	–	–	–	–	–	–	–	–	–	–	–	–	–
	Salud pública	–	–	–	–	–	–	–	–	–	–	–	–	–
	Vías públicas	–	–	–	–	–	–	–	–	–	–	–	–	–
	Negociaciones	1												1
Patrimonio arqueológico y paisajístico		–	–	–	–	–	–	–	–	–	–	–	–	–
Alcance								1						1
Navegación				10				1				25		26
Costos				5				5				10		20
Tecnología				1				1				1		3
Capacitación				1				1				1		3
Reaplicación				10				10						
TOTAL														225

Fuente: Consultoria Paulista de Estudos Ambientais S/C Ltda. Estudio de Impacto Ambiental, Dragado del Canal de Piaçaguera y Administración de los Pasivos Ambientales, Cosipa, 2005

Adviértase que los esquemas de análisis por criterios múltiples similares al empleado en este último caso son muchísimo más comunes que el trabajo llevado a cabo en Holanda por Stolp *et al.* (2002), el cual presenta una discusión más sofisticada y que reconoce los conflictos inherentes a toda atribución de valor, en tanto que el análisis por criterios múltiples "tradicional" presupone o trata de lograr un consenso – el criterio de evaluación – que en la sociedad sólo raramente existe.

SISTEMAS DE INFORMACIÓN GEOGRÁFICA EN EL ANÁLISIS DE ALTERNATIVAS

El uso cada vez más difundido de los sistemas de información geográfica (SIG) en la planificación de proyectos y en la evaluación de impacto ambiental puede traer incluida la utilización de criterios arbitrarios de atribución de importancia a las diferentes variables mapeadas. Podemos aquí citar nuevamente el mismo ejemplo simplista colocado al comienzo de esta sección, de opciones de trazado vial que pueden afectar una zona de vegetación nativa o un barrio rural: en la elección del trazado que menor interferencia causa en los atributos ambientales elegidos es necesario darle un peso a cada uno de dichos atributos (el uso de pesos idénticos constituye en sí mismo un criterio que debería hacerse explícito), pero diferentes grupos de interés puede atribuirle pesos distintos a una misma lista de atributos.

En la selección de trazados de proyecto lineales es común elaborar mapas temáticos (como vegetación, declive del terreno, hidrografía y otros), seguida por su superposición, con el propósito de determinar el mejor trazado desde un punto de vista ambiental. Según el procedimiento adoptado, a cada tema se le puede atribuir un peso. Por ejemplo, la distancia de las nacientes y los cursos de agua puede escalonarse en dos o tres zonas en las cuales pude dividirse un mapa temático de hidrografía: de este modo, las distancias inferiores a 50 m podrán tener peso 1; las distancias entre 50 y 100 m, peso 2; y las distancias mayores, peso 3. Los diversos atributos se combinan después. El trazado ideal de un gasoducto, por lo tanto, podría ser el más distante de los cursos de agua y de las zonas urbanas, al mismo tiempo que evite partes de vegetación nativa, zonas de gran declive o de alta susceptibilidad a la erosión o que cruce el menor número posible de cursos de agua. Raramente habrá coincidencia total ("unanimidad") en la aplicación de los criterios para la sección del trayecto y, por ello, es necesario arbitrar pesos que puedan responder a diferentes intereses.

Como puede haber discordancia en la asignación de los pesos, es conveniente que estén claramente explicitados en el EsIA. La discordancia puede darse entre el equipo multidisciplinario que elaboró el EsIA y el equipo de análisis técnico, o con terceros, como ONGs y consultores de asociaciones. Una situación como ésta ocurrió en la discusión pública de un proyecto de oleoducto de derivados de petróleo de São Paulo a Brasilia. Para la evaluación ambiental del proyecto, se confeccionaron cartas temáticas y se realizó una división del área de estudio en cuadrículas de 2,5 km de lado, en las cuales se identificaron los componentes ambientales más relevantes (Ibrahim, Bartalini e Iramina, 1995). Se seleccionaron once temas, dado que cada uno recibió un peso entre 0 y 10. Para cada tema, se definieron clases que designan características ambientales que podrían verse afectadas por el emprendimiento, a las cuales también se les atribuyeron pesos entre 0 y 10, en que este último valor representa la mayor fragilidad del ambiente frente al proyecto. Cada cuadrícula de 2,5 km de lado presentaba una

[4] *Como discutido en la sección 8.4, João (2002) mostró que la escala adoptada afecta los resultados del análisis de los impactos, una vez que una unidad de terreno con 625 ha (2,5 km x 2,5 km) puede tener diferentes clases de uso del suelo, de distancias a cursos de agua y demás atributos.*

sola clase para cada uno de los temas, lo que configura una escala poco detallada de análisis[4]. A continuación, se calculó el "grado de incompatibilidad" de cada cuadrícula para recibir el emprendimiento propuesto, dado por la sumatoria de la multiplicación de los pesos de cada tema por el peso de cada clase, en cada cuadrícula. De esta forma, se obtiene el mejor trazado posible, que está dado por la secuencia de cuadrículas con el menor grado de incompatibilidad.

Como se puede observar, los resultados de la aplicación de ese procedimiento dependen de (i) la escala adoptada (el tamaño de la cuadrícula); (ii) la precisión de las informaciones temáticas de cada cuadrícula; (iii) la elección de los temas y la elección de las clases dentro de cada tema; (iv) los pesos atribuidos a cada tema y a cada clase; (v) los criterios de combinación de los atributos. Si se cambia uno de esos cinco ítem, los resultados pueden ser diferentes.

Souza (2000) rehizo el trabajo del EsIA del poliducto para un pequeño tramo, utilizando un SIG y modificando el tamaño de las cuadrículas, y obtuvo un trazado diferente del originalmente propuesto. Además, este autor cuestionó el lugar seleccionado para la instalación de una base de distribución de combustibles (una de las "salidas" del poliducto a lo largo de su recorrido), mostrando que la alternativa elegida no había tomado en cuenta el grado de incompatibilidad de la zona y que había tenido el efecto alentar el trazado del poliducto sobre cuadrículas de baja compatibilidad; al contrario, "la definición prematura de la [ubicación de la] base tuvo como consecuencia, en ese caso, un trazado que se desvía de las células o pixels que representan menos impactos ambientales, favoreciendo intereses del emprendedor que ya era propietario del área en cuestión, en detrimento de la definición del mejor trazado ambiental" (p. 84).

Dicho caso ocurrió entre 1991 y 1994; el Departamento de Evaluación de Impacto Ambiental de la Secretaría de Medio Ambiente del Estado de São Paulo emitió una opinión favorable al proyecto, recomendando la aprobación del trazado propuesto. Sin embargo, la intervención de una ONG, cuestionando el trazado elegido y la ubicación de esa base de distribución (en Ribeirão Preto), convenció a los consejeros del Consema (cf. Sección 3.4) que debían solicitarle al emprendedor (Petrobras) la presentación de una complementación "relativa al trazado de los ductos, a la ubicación de la base de almacenamiento y distribución". "A partir de entonces, según declaraciones, la empresa dejó de tratar de influenciar la elección del trazado y la ubicación de las bases, retirando, inclusive, las restricciones técnicas que antes imponía, y transfiriéndole la decisión casi por completo a la consultora" (Ibrahim, Bartalini e Iramina, 1995, p. 40).

Warner y Diab (2002) utilizaron un SIG para elegir el mejor trazado para una línea de transmisión en Sudáfrica. Se seleccionaron ocho temas, cuya importancia relativa fue determinada mediante comparaciones paritarias, respondiendo a preguntas como: ¿cuánto más importante es un tema (como los recursos culturales) que otro? (por ejemplo, el uso del suelo), un procedimiento "subjetivo, pero cuantificado de manera transparente, transformándolo en disponible para su debate y posible modificación" (p. 42). Cada tema se divide en factores (o subtemas) y cada uno recibe, también, un peso. Luego cada factor se multiplica por su peso y los resultados se suman para dar la "adecuabilidad" de cada cuadrícula en que está dividida el área de estudio. Naturalmente, es necesario disponer de mapas a escala adecuada (en este caso, 1:10.000), de imágenes aéreas (en este caso, fotos) y de datos de campo, compilados o producidos durante los estudios de base.

Como en el caso del poliducto, el estudio de Warner y Diab (2002) también se realizó una vez finalizado el EsIA y llegó a conclusiones diferentes, ya que empleó criterios de evaluación distintos. Una ventaja del uso del SIG, señalada por los autores, es la posibilidad de simular diversos escenarios y variar los pesos, simulando la valoración que diferentes interesados pueden otorgarles a los atributos considerados (temas y subtemas). Una vez superada la etapa inicial de armar las bases de datos georreferenciadas y preparar los mapas para los diferentes temas, el SIG permite efectuar simulaciones rápidas.

Comparación cualitativa

Reconocer la inevitable subjetividad en la comparación de alternativas y de que la clasificación de la importancia de los impactos depende de una escala de valores lleva al empleo de procedimientos aún más simples y exclusivamente cualitativos. André *et al.* (2003, p. 273) argumentan que la simple presentación de la información como un cuadro comparativo facilita una toma de decisiones y la elección entre las alternativas; ante un cuadro sinóptico, cada uno evalúa la situación utilizando sus propios criterios o sus propios pesos, como en cualquier decisión que una persona toma en su propia vida.

Se llevó a cabo una comparación entre el estado de conservación de dos microcuencas hidrográficas situadas en la zona de *cerrados* del interior del estado de São Paulo a fin de seleccionar la ubicación de una planta de tratamiento de arena industrial, que se propuso construir junto a una nueva mina (Cuadro 10.11). Fueron preseleccionados dos lugares siguiendo el criterio de proximidad de la futura mina, pero ambos estaban ubicados en las cabeceras de diferentes microcuencas hidrográficas. A los fines de la comparación, y dado que uno de los impactos era el riesgo de degradación de la calidad de las aguas, se desarrollaron índices que pudieran describir el estado de conservación de cada microcuenca, presuponiendo que la mejor ubicación debería corresponder a aquella que estuviera más alterada como consecuencia del historial agrícola de uso del suelo. Con el empleo de mapas a escala 1:10.000 y de fotografías aéreas, se calcu-

Cuadro 10.11 *Índices del estado de conservación de los hábitats de dos microcuencas*

Atributos	Microcuenca Bocaina	Microcuenca Sin Nombre
Relación entre la superficie de la vegetación ribereña y la superficie total de la cuenca	4,64%	4,23%
Relación entre la superficie de la vegetación ribereña y el largo del talweg o vaguada	9,74ha/km	6,33ha/km
Relación entre la superficie de vegetación nativa y la superficie total de la cuenca	12,1%	18,0%
Cantidad de represamientos por km lineal de talweg	0,9	1,6
Superficie inundada por represamientos por km lineal de talweg	0,075ha/km	0,862ha/km
Superficie inundada por represamientos por metro lineal de talweg	0,75m²/m	8,625m²/m
Superficie inundada por represamientos en relación a la superficie total	0,04%	0,58%
Márgenes protegidas por vegetación nativa en relación al largo del talweg	84%	50%

Fuente: Prominer Projetos S/C Ltda. Estudio Comparativo de Alternativas de Localización del Proyecto Fartura, Mineração Jundu Ltda., 2001.

laron y tabularon los índices, a efectos de la comparación. El Cuadro 10.11 muestra que la cuenca del riacho Bocaina se encuentra en estado de conservación ligeramente mejor, recomendándose la instalación de la planta en la otra cuenca. Adviértase que esos índices representan las características naturales y los tipos de intervención más característicos de esa área del estudio, pudiendo no ser los más apropiados para un trabajo semejante en otro lugar.

Análisis de riesgo

11

Muchos de los impactos negativos considerados en la evaluación de impacto ambiental sólo se manifiestan en caso de funcionamiento anormal del emprendimiento analizado. Por ejemplo, durante el período de operación de un oleoducto no se espera que los cursos de agua que atraviesa sean contaminados con el producto transportado, y el aspecto ambiental "emisión de petróleo" normalmente no forma parte de los problemas identificados. No obstante, si el oleoducto se rompe, el petróleo puede llegar a contaminar el suelo y los recursos hídricos superficiales y subterráneos, siendo conveniente identificar el aspecto ambiental "riesgo de derrame de petróleo". De manera análoga, si la barrera impermeable instalada en la base de un relleno de residuos sólidos presenta problemas, el agua subterránea puede llegar a contaminarse, pero si la barrera funciona adecuadamente, no se esperan problemas con la calidad de las aguas.

Muchas veces se hacen preguntas al estilo "qué ocurriría si...", al analizarse la viabilidad ambiental de un proyecto. Los resultados del mal funcionamiento del emprendimiento pueden ser más significativos que los impactos generados por su funcionamiento normal. Son situaciones que tipifican *riesgo ambiental*.

Pueden ser muy graves las consecuencias de eventos como la explosión de una planta química, el derrame de petróleo en un oleoducto o la ruptura de una represa. El riesgo vinculado a dichos *accidentes tecnológicos* es, legítimamente, una preocupación a tomar en cuenta en el análisis de los impactos ambientales de esos emprendimientos. El día 10 de julio de 1976, en una industria química situada en la localidad de Seveso, norte de Italia, se rompió una válvula de un vaso de presión que contenía solventes organoclorados; una nube de gases se elevó a 50 m de altura, dispersándose por la acción del viento y diseminando dioxina por una zona de 1.430 ha, lo que obligó a la evacuación de los habitantes (Alloway y Ayres, 1993).

Hay riesgos menos evidentes. Por ejemplo, la emisión de efluentes líquidos que contienen metales pesados o determinados compuestos orgánicos puede representar una situación de riesgo, por el hecho de que esos contaminantes pueden acumularse en ciertos compartimientos del medio físico (como sedimentos o agua subterránea) y elementos de la biota y, consecuentemente, causar daños a la flora, la fauna y la salud humana. Es el caso del tristemente célebre suceso de Minamata, así denominado al identificarse, a partir de fines de los años 50, la relación de causa-efecto entre las emisiones de mercurio contenido en los efluentes de una industria química y una enfermedad degenerativa del sistema nervioso central que atacó a una comunidad de pescadores en la bahía de Minamata, Japón.

Arrojados directamente en la pequeña y bien protegida bahía, los efluentes contenían mercurio, usado como catalizador en el proceso de producción de cloruro de vinilo, materia prima para la fabricación del polivinilo de cloruro, el PVC. Por medio de mecanismos hoy bien estudiados, pero virtualmente desconocidos en esa época, el mercurio metálico se transforma en metil-mercurio, compuesto absorbido por los organismos que almacenan y concentran el metal. Las características geomorfológicas de la bahía de Minamata hacen muy baja la dispersión de contaminantes (Ellis, 1989), favoreciendo su absorción por parte de moluscos, crustáceos y peces, importantes fuentes alimentarias de la comunidad de pescadores. Hasta 1975, 899 personas fueron reconocidas oficialmente como afectadas por la enfermedad de Minamata, de las cuales 143 habían muerto por esa causa; otras 3.454 todavía estaban en etapa de evaluación clínica. Una decisión judicial de 1973 condenó a la empresa a pagar el equivalente de US$ 35 millones en indemnizaciones a las familias de 112 víctimas.

La emisión continua de contaminantes del aire también implica situaciones reconocidas de riesgo para la salud. Por ejemplo, la incineración de residuos sólidos da como resultado la emisión de una cierta cantidad de contaminantes al aire, incluso con la utilización de sistemas de control y disminución de las emisiones. Algunos de esos contaminantes son particularmente peligrosos, debido a sus posibles efectos sobre la salud humana. Es el caso del grupo de sustancias químicas conocido como dioxinas y furanos, cuyos efectos son reconocidamente carcinogénicos, o sea, que tienen el potencial de causar cáncer. De esta forma, la población que vive en cerca de incineradores u otras fuentes de polución del aire está expuesta al riesgo de contraer enfermedades del aparato respiratorio, o incluso cáncer, debido a la presencia de contaminantes en el aire. Se trata, como en el caso del mercurio, de riesgos *crónicos*, al contrario de aquellos que son consecuencia del mal funcionamiento de un sistema tecnológico, que son riesgos *agudos*.

Para dos tipos de riesgos – agudos y crónicos –, hay dos familias de análisis de riesgo, una dedicada al análisis de situaciones agudas, como los accidentes industriales ampliados, y otra a las situaciones crónicas, como la exposición de la población a agentes físicos (como el ruido) o químicos (como las sustancias químicas presentes en aguas subterráneas utilizadas para el abastecimiento doméstico). Kolluru (1993, p. 327) prefiere dividir el análisis de riesgo en tres clases: (1) análisis de seguridad (evaluación de riesgo probabilística y cuantitativa), (2) evaluación de riesgos para la salud, (3) evaluación de riesgo ecológico. Aunque el concepto subyacente de riesgo sea el mismo, las características de cada situación son tan diferentes que llevaron al desarrollo de diversas herramientas. Aquí se privilegiará el análisis de los riesgos tecnológicos, ya que éste guarda más proximidad con la evaluación de impacto ambiental.

11.1 Tipos de riesgos ambientales

Son muchas las clasificaciones posibles para los riesgos ambientales. Tecnológicos o naturales, agudos o crónicos, son algunas de las categorías utilizadas para describir diferentes tipos de riesgos. Su reconocimiento necesita de una definición previa del tipo de riesgo que se pretende identificar.

La Fig. 11.1 muestra una clasificación de los riesgos ambientales. Entre los llamados "naturales" figuran (i) riesgos de origen atmosférico, o sea, los originados a partir de procesos y fenómenos meteorológicos y climáticos que tienen lugar en la atmósfera, incluyendo los de temporalidad corta (como los tornados, trombas de agua, granizo, rayos, etc.) y los de temporalidad larga (como las sequías); (ii) riesgos asociados a los procesos y fenómenos hidrológicos, como las inundaciones; (iii) riesgos ecológicos, que se pueden subdividir entre los que tienen origen en procesos endógenos, como los sismos y la actividad volcánica, y los de origen exógeno, como los deslizamientos, subsidiencias y procesos erosivos y de asoreamiento; (iv) riesgos biológicos, referentes a la actuación de los agentes vivos, como los organismos patógenos; y (v) riesgos siderales, o sea, que tienen origen fuera del planeta, como la caída de meteoritos.

```
Riesgos ambientales
├── Riesgos naturales
│   ├── Atmosféricos
│   ├── Hidrológicos
│   ├── Geológicos
│   ├── Biológicos
│   └── Siderales
└── Riesgos tecnológicos
    ├── Agudos
    └── Crónicos
```

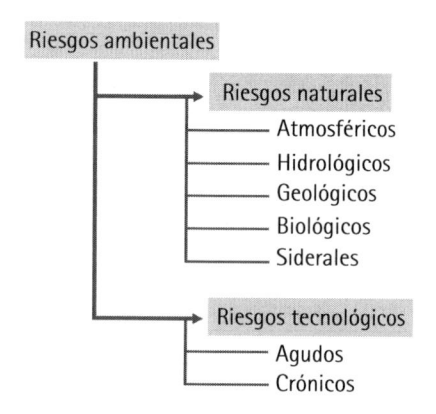

Fig.11.1 *Una tipología de riesgos ambientales*

Adviértase que, en la caracterización de situaciones de riesgo natural, siempre se debe tomar en cuenta la acción del hombre como agente disparador o acelerador de procesos naturales. Por ejemplo, las inundaciones son fenómenos naturales en la mayor parte del planeta, pero su intensidad y frecuencia aumentan debido a las acciones antrópicas, como la deforestación e impermeabilización del suelo. De la misma manera, el aumento de la frecuencia e intensidad de algunos fenómenos meteorológicos parece estar asociado a los cambios climáticos causados por las emisiones antropogénicas de CO_2 y otros gases.

Los riesgos tecnológicos, en tanto, son aquellos cuyo origen está directamente ligado a la acción humana. Se incluyen los riesgos de accidentes tecnológicos (explosiones, derrames, etc.) y los riesgos para la salud (humana o de los ecosistemas) causados por diferentes acciones antrópicas, como la utilización o liberación de sustancias químicas, de radiaciones ionizantes y de organismos patógenos o genéticamente modificados. Las actividades de riesgo son llamadas peligrosas, e incluyen, entre las que son capaces de causar daño ambiental, muchas actividades industriales, el transporte y almacenamiento de productos químicos, el vertido de contaminantes o la manipulación genética. Estas situaciones pueden acarrear daños materiales, daños a los ecosistemas o daños a la salud del hombre, y no es extraño que ocurran los tres tipos de daños.

El reconocimiento de una situación de riesgo depende de muchísimos factores, entre los cuales se incluye el tipo de riesgo. En la esfera de los riesgos tecnológicos, es más fácil reconocer un riesgo agudo que un riesgo crónico. Dicha situación es producto, primordialmente, de que, en el primer caso, es fácil establecer una relación de causa y efecto, lo que no ocurre en la mayoría de las situaciones de riesgo crónico. Además, el efecto es inmediato, mientras que en los casos de riesgo crónico, como su nombre lo dice, se manifiesta a mediano o largo plazo. El derrame de petróleo de un oleoducto o de un barco tiene efectos inmediatos y visibles, en tanto que la liberación continua de pequeñas cantidades de contaminantes puede no sólo tener efectos a largo plazo sino también tornar incierta la relación causa-efecto. En esa situación, el *reconocimiento* de las situaciones de riesgo es más difícil.

En evaluación de impacto ambiental, la preocupación por el riesgo normalmente se refiere a riesgos tecnológicos; dentro de éstos, los riesgos agudos son los que más llaman la atención. Sin embargo, en muchos casos, los riesgos crónicos pueden ser más significativos que los agudos, como en el ejemplo de incinerador, caso en el que, aunque puedan haber peligros tales como explosiones o derrame de sustancias, son los eventuales daños a la salud los que pueden manifestarse a largo plazo, constituyendo una gran fuente de preocupación y, frecuentemente, de polémica. A su vez, los estudios ambientales también pueden abordar las modificaciones de procesos naturales que generen un aumento de los riesgos, como una carretera, que aumenta los riesgos geológicos de deslizamientos, o la canalización de un río, que aumenta los riesgos de inundación.

11.2 Un largo historial de accidentes tecnológicos

Hay diversas razones para considerar el riesgo de accidentes en la evaluación de los impactos ambientales de ciertos tipos de emprendimientos: las consecuencias de un accidente pueden representar impactos ambientales significativos, aunque su normal funcionamiento no los cause, y hay un largo historial de accidentes industriales. Los Cuadros 11.1 y 11.2 muestran algunos de los más relevantes accidentes industriales internacionales de grandes consecuencias, y accidentes relativos a represas, ilustrando la multiplicidad de situaciones de riesgo. Se trata, en su mayor parte, de accidentes catastróficos, por la magnitud de sus efectos, a los cuales se les debe agregar miles de accidentes de menores proporciones y consecuencias, como los frecuentes derrames de combustibles y productos químicos.

Lagadec (1981), uno de los primeros estudiosos en analizar en profundidad la multiplicación de accidentes tecnológicos, habla del "descubrimiento del riesgo tecnológico mayor", sorprendentemente tardía, y cita como referencia de los estudios de peligro un relevamiento realizado en 1978 en la zona de Carvey Island, situada en el estuario del río Támesis, Inglaterra, que concentraba diversas instalaciones de depósito y procesamiento de productos químicos e hidrocarburos.

Un importante grupo de personas expuestas a los riesgos son los trabajadores de las instalaciones peligrosas. Son también las que se hallan directamente involucradas en la prevención de riesgos. Por ello, la Organización Internacional del Trabajo (OIT) negoció un documento sobre la Prevención de Accidentes Industriales Ampliados denominado Convenio 174, que contiene una definición de accidente tecnológico ampliado:

> Todo acontecimiento repentino, como una emisión, un incendio o una explosión de gran magnitud, en el curso de una actividad dentro de una instalación expuesta a riesgos de accidentes mayores, en el que estén implicadas una o varias sustancias peligrosas y que exponga a los trabajadores, a la población o al medio ambiente a un peligro grave, inmediato o diferido (Convenio OIT 174, 1993).

Existe una preocupación, justificada, con los "accidentes tecnológicos ampliados", a veces llamados accidentes "mayores" (*major technological accidents*), especialmente en lo relativo a la protección de vidas humanas. Sin embargo, muchos accidentes menores, incidentes o "cuasiaccidentes" ocurren con mayor frecuencia, y sus efectos acumulativos sobre el ambiente pueden ser significativos: basta pensar en una sucesión de derrames de petróleo en un estuario o en una secuencia de escapes accidentales de efluentes de una industria de celulosa.

En el estado de São Paulo, se implantó en 1978 un sistema de atención de accidentes ambientales que, hasta fines de 2002, se había ocupado de alrededor de 5.000 casos. Las situaciones más comunes (un 36% de dichos casos) son el derrame de líquidos (principalmente combustibles) en accidentes viales, seguida por el derrame de combustibles en las estaciones de abastecimiento, con el 10% de los casos registrados. Sólo el 7% de los casos atendidos ocurrieron en industrias, en tanto que apenas el 3% de éstos se trata de derrames en lugares de depósito de sustancias químicas. Se debe registrar, no obstante, que esa base de datos – el Registro de Accidentes Ambientales – tiene varias lagunas, principalmente el excesivo número de eventos con causas

Cuadro 11.1 *Algunos accidentes industriales de grandes consecuencias ambientales*

Fecha	Lugar	Evento	Consecuencias
1 de junio de 1974	Flixborough, Reino Unido	Explosión de una nube de 40 a 50 t de ciclohexano en una industria química	28 muertos, 89 heridos, 2.450 casas afectadas en 50km[1]
10 de julio de 1976	Seveso, Italia	Derrame de tetraclorodibenzodioxina	736 personas evacuadas, 190 intoxicadas[2]
16 de marzo de 1978	Costa de Bretaña, Francia	Derrame del petrolero Amoco-Cadiz (223.000 t)	30 mil aves muertas y 230.000 peces y mariscos[3]
28 de marzo de 1979	Pensilvania, EEUU	Amenaza de fuga de radiactividad en Three Mile Island	250.000 personas evacuadas en un radio de 8 km[4]
10 de noviembre de 1979	Mississauga, Canadá	Descarrilamiento de vagones de productos químicos no identificados, seguido de explosiones	240.000 personas evacuadas[5]
25 de febrero de 1984	Cubatão, Brasil	Derrame de ~700.000 ℓ de gasolina de un oleoducto, seguido de incendio	93 muertos, 4.000 heridos[6]
19 de noviembre de 1984	Ciudad de México	Explosión de gas natural	452 muertos, 4.258 heridos 31.000 evacuados[7]
2 de diciembre de 1984	Bhopal, India	Derrame de isocianato de metilo	1.762 muertos, 60.000 personas intoxicadas[8]
Enero de 1985	Cubatão, Brasil	Derrame de un conducto de amoníaco	6.000 personas evacuadas, 65 hospitalizadas[9]
26 de abril de 1986	Chernobyl, Ucrania	Fuga de radiactividad	32 muertos, 135.000 evacuados[10]
6 de julio de 1988	Basilea, Suiza	Derrame de agrotóxicos	Contaminación del río Rin[11]
24 de marzo de 1989	Alaska, EEUU	Derrame del petrolero Exxon-Valdez	1.000 km de costa contaminada, más de 35.000 aves muertas[12]
11 de julio de 1997	Hamilton, Canadá	Incendio en una fábrica de plásticos	650 personas evacuadas[13]
18 de enero de 2000	Duque de Caxias, Brasil	Derrame de 1.300.000 ℓ de petróleo en un ducto de la bahía de Guanabara	Contaminación de playas, manglares, daños a la pesca y al turismo[14]

Notas del Cuadro 11.1

[1] Industria química Nypro Ltda. Fuente: Lagadec, 1981.
[2] Planta química Icmesa (Hoffman-La Roche), una válvula de seguridad estalla y deja escapar una nube de gas; el problema no se percibe de inmediato, sino en los días que le siguen, muriendo animales y debiendo llevar a los niños urgentemente al hospital; la zona es interdictada hasta octubre, cuando los moradores la invaden y retoman sus casas (Lagadec, 1981); la fábrica fue desmantelada dos años más tarde; los daños estimados ascienden a US$ 150 millones. Fuente: Crump, 1993.
[3] 250 km de costa contaminada; en 1988 un juez federal americano decide a favor de una indemnización de US$ 85 millones, pero noventa municipios franceses piden US$ 750 millones y apelan la sentencia. Fuente: Crump, 1983.
[4] Dos reactores de 900 MW cada uno: las bombas de refrigeración fallaron y el reactor se detuvo automáticamente, pero quedaron bloqueados los ductos de refrigeración de emergencia.
[5] Los vagones contenían productos químicos desconocidos; el derrame causó cuatro explosiones secuenciales (Lagadec, 1981).
[6] Fuente: Cetesb, www.cetesb.sp.gov.br, acceso: 24 de septiembre de 2006.
[7] Fuente: Bowonder, Kasperson y Kasperson, 1985.
[8] Planta química Union Carbide; datos obtenidos de Bowonder, Kasperson y Kasperson (1985); la cantidad de muertos y heridos es muy difícil de evaluar, ya que muchos cuerpos fueron cremados y varias personas murieron después de abandonar la zona; otras fuentes estiman el número de muertos en 3.150 y el de afectados en 500.000. Un acuerdo judicial determinó una indemnización de US$ 470 millones (Crump, 1983).
[9] Ruptura por una inundación seguida de fuertes lluvias, liberando cerca de 40 t de gas. Fuente: Dean, 1997.
[10] Fuente: Crié (1989); la nube radiactiva afectó a toda Europa.

> **NOTAS DEL CUADRO 11.1**
> [11] Planta de Sandoz; debido a un incendio, 30 t de fungicidas y pesticidas se fugaron de un depósito que albergaba más de treinta tipos de productos químicos; los equipos de limpieza descubrieron productos que no constaban en la lista brindada por Sandoz, conociéndose entonces que el día anterior la vecina Ciba-Geigy también había tenido un accidente (Crump, 1993).
> [12] Derrame de 40.000 t de un cargamento de 200.000 t debido a un error de pilotaje; el costo de la limpieza superó los US$ 2.000 millones (Crump, 1993).
> [13] Un incendio que demoró cuatro días en ser apagado; una inversión térmica dificultó la dispersión de los contaminantes. Fuente: Environmental Science & Engineering, septiembre 1997, p. 74-75).
> [14] Fuente: Jablonski, Azevedo y Moreira, 2006.

desconocidas. Además, dichos casos abarcan solamente los que fueron atendidos por la Cetesb o que han sido comunicados a ésta, y no incluyen, por lo tanto, las situaciones de emergencia ambiental atendidas por las propias empresas. Lo que se debe resaltar es que los accidentes y disfunciones en los sistemas tecnológicos no representan una situación meramente fortuita u ocasional, sino que forman parte de los escenarios normales de funcionamiento de las industrias, los sistemas de transporte y de muchísimas otras actividades, aunque se trate de situaciones anómalas o atípicas. De esta forma, ese tipo de situación debe ser objeto de programas específicos de gerenciamiento, incluyendo aspectos preventivos y correctivos. En la medida que los accidentes tecnológicos implican potenciales impactos ambientales significativos, dichos impactos deben ser identificados y analizados en el proceso de EIA.

11.3 DEFINICIONES

En análisis de riesgo, se suele diferenciar los conceptos de *peligro y riesgo*. El peligro se define como una situación o condición que tiene potencial de acarrear consecuencias indeseables. El peligro es una característica intrínseca a una sustancia (natural o sintética), un artefacto o una instalación: una refinería de petróleo, por ejemplo[1].

Entre las fuentes de riesgo, hay una preocupación especial por las sustancias químicas peligrosas, definidas por el Convenio 174 de la OIT como "toda sustancia o mezcla que, en razón de sus propiedades químicas, físicas o toxicológicas, sola o en combinación con otras, represente un peligro". Existen clasificaciones internacionales de peligrosidad de sustancias químicas y cada una tiene un código, conocido como "número ONU", que la identifica. El uso de códigos evita confundir las sustancias debido a las semejanzas en la nomenclatura o durante el transporte internacional.

El riesgo, a su vez, está visto como la contextualización de una situación de peligro, o sea, la posibilidad de que se materialice el peligro o de que ocurra un evento indeseado. Una sustancia peligrosa no identificada y almacenada en recipientes mal precintados representa un riesgo mayor que una situación en la que se identifica claramente una sustancia, cuando las personas que la manipulan conocen su peligrosidad y existen procedimientos de seguridad para la manipulación. De esta forma, el riesgo, como lo definiera la *Society for Risk Analysis*, es el potencial de enfrentar resultados adversos indeseados para la salud o vida humana, para el ambiente o para los bienes materiales. El riesgo se puede definir, de manera más formal, como el producto de la probabilidad de que ocurra un determinado evento por la magnitud de las consecuencias, o

$$R = P \times C$$

[1] *La Directiva Europea 96/82/CE, del 9 de diciembre de 1996, conocida como "Seveso II", define peligro como "la propiedad intrínseca de una sustancia peligrosa o de una situación física de poder provocar daños a la salud humana y/o al ambiente".*

Cuadro 11.2 *Algunos accidentes en represas de grandes consecuencias ambientales*

Fecha	Represa	Características	Evento	Consecuencias
31 de mayo de 1889	South Fork Dam, Johnstown, Pensilvania, EEUU	H = 22 m	Las aguas sobrepasaron el nivel del dique, liberando de 20 mt de agua y sedimento	2.209 muertos[1,2]
27 de abril de 1895	Bouzey Epinal, Francia	Ladrillo H = 27 m / L = 525 m	Ruptura del dique, liberación de 7 Mm^3 agua	85 muertos, daños a pueblos, ferrocarriles, canales y haciendas[3]
12 de marzo de 1928	St. Francis Dam, Cañón de San Francisquito, California, EEUU	Concreto H = 60 m construida entre 926 y 1928	Problemas en los estribos de la represa	460 muertos, diez puentes y más de 1.200 casas destruidas[1]
2 de diciembre de 1959	Malpasset, Fréjus, Var, Francia	Arco de hormigón H = 66 m / L = 223 m	Primer llenado Problemas en la fundación de la represa	433 muertos, 350 casas destruidas, puente y carretera dañados, ola de inundación de 20 m de altura[5]
1 de octubre de 1963	Vajont, Italia	Arco de hormigón H = 276 m V = 120 Mm^3	Ruptura de talud rocoso (270 Mm^3), que cayó sobre el embalse a 50 m de la cresta del dique, ola sobre la cresta	1.925 muertos, destrucción de la ciudad de Longarone[6,7]
7 de agosto de 1975	Banqiao y Shimantan Henan, China	Río Huai (afluente del Yangtsé)	Ruptura de 2 represas principales y otras 62, luego de lluvias con período de retorno de 2.000 años	240.000 muertos, cerca de 2 millones de personas sin hogar[8,9]
5 de junio de 1976	Teton Dam Idaho, EEUU	Tierra H = 93 m / L = 910 m	Ruptura del macizo luego de filtraciones, primer llenado	Ola de inundación de 22 m de altura, 14 muertos, daños que oscilan entre US$ 400 millones y US$ 1.000 millones[10,11]
Agosto de 1979	Machu II Gujarat, India	Tierra H = 26 m	Ola de inundación Superación de la cresta del dique	~2500 muertos[2]
14 de mayo de 2003	Silver Lake Dam, Tourist Park Dam, Marquette, Michigan, EEUU	Tierra H = 10 m / L = 500 m	Erosión del extravasor de emergencia, seguida de ruptura Liberación de cerca de 900.000 m^3 de sedimentos	Evacuación de 1.872 personas, daños de US$ 100 millones, inundación de sala de máquinas, cierre de dos minas y suspensión de 1.100 trabajadores por varias semanas[1,12]

[1] *Spragens y Mayfield, 2005.*
[2] *Donnelly y Morgenroth, 2005.*
[3] *Smith, 1995.*
[4] *Back, 1990.*
[5] *Goutal, 1999.*
[6] *Muller-Salzburg, 1987.*
[7] *Panizzo et al, 2005.*
[8] *McCully, 1995.*
[9] *Pisaniello, Zhifang y McKay, 2006.*
[10] *Boffey, 1977.*
[11] *Watts et al, 2002.*
[12] *FERC (Federal Energy Regulatory Commission), 2004.*

Si se utiliza esa expresión, es posible calcular matemáticamente diversos riesgos y comparar diferentes situaciones de riesgo. Por ejemplo, se puede tratar de responder a la siguiente pregunta: ¿la producción de energía de origen nuclear es más arriesgada que la de origen hidroeléctrico?

La construcción de grandes represas con el fin de generar energía se remonta a poco más de cincuenta años, pero las represas se construyen hace siglos. Muchas no resistieron y se rompieron. Se contabilizan algunos centenares de casos importantes de rupturas de represas. Ese número no puede, naturalmente, evaluarse en términos absolutos, ya que hay diferentes técnicas constructivas de represas – que evolucionaron en función de la experiencia práctica, incluyendo lo que se aprendió estudiando los casos fallidos – y diferentes criterios de dimensionamiento de las estructuras que permiten el paso del agua: más de la mitad de los casos de ruptura se deben a exceso de agua en dichas estructuras, que, al no contar con un adecuado desagote, permiten que el agua pase sobre el dique de la represa, fenómeno llamado rebosamiento. Por lo tanto, se debe considerar que ciertas represas representan un mayor peligro que otras.

Por otro lado, los resultados de la ruptura de una represa depende de su ubicación y del potencial de daños posibles. Una represa situada aguas arriba de una zona densamente poblada, por ejemplo, tendrá efectos graves si se rompe, en tanto que una represa ubicada en una región de baja densidad poblacional tendrá efecto de menor magnitud, en lo que se refiere a pérdidas de vidas humanas y daños materiales. No obstante, podrá tener consecuencias ecológicas importantes.

El grado de riesgo depende, pues, de la magnitud de las consecuencias; el mismo razonamiento puede aplicarse a dos instalaciones industriales idénticas, pero situadas en lugares diferentes.

La evaluación de riesgos es una actividad correlativa a la evaluación de impacto ambiental, pero ambas se desarrollaron "en contextos separados, por comunidades profesionales y disciplinares diferentes" (Andrews, 1988, p. 85). La evaluación de riesgos normalmente se realiza en tres etapas (Carpenter, 1995; Kates, 1978):
- identificación de los peligros;
- análisis de las consecuencias y estimación de los riesgos;
- evaluación de los riesgos;
- administración de los riesgos.

Grima *et al.* (1986) conceptualizan dichas etapas. La estimación del riesgo es un intento de calcular matemáticamente las probabilidades de un evento y la magnitud de sus efectos. La evaluación del riesgo es la aplicación de un juicio de valor para discutir la importancia de los riesgos y sus consecuencias sociales, económicas y ambientales. La administración de riesgos es un término que, para dichos autores, engloba el conjunto de actividades de identificación, cálculo, comunicación y evaluación de riesgos, asociado a la evaluación de alternativas de minimización de los riesgos y sus consecuencias.

Si se entiende riesgo como la conjugación de la probabilidad de que ocurra una falla con la magnitud de las consecuencias, entonces la administración de riesgos debe actuar sobre ambos. De este modo, las medidas de prevención de accidentes deben asociarse con las consideraciones sobre la ubicación del emprendimiento.

11.4 Estudios de análisis de riesgos

En un estudio de riesgo, además de tratar de identificar los peligros y calcular el riesgo (o sea, calcular matemáticamente las probabilidades de que ocurra un evento y la magnitud de las consecuencias), es necesario proponer medidas para administrarlo. Estas se dividen en acciones preventivas (las que tienden a disminuir las probabilidades de que ocurra un evento y, por consiguiente, reducir los riesgos) y acciones de emergencia (las que se deben tomar en caso de que ocurran accidentes).

[2] *En el estado de São Paulo, la Cetesb sistematiza los procedimientos de análisis de riesgo desde los años 90. Los procedimientos se oficializaron en agosto de 2003. Diário Oficial do Estado 113 (156), 20 de agosto de 2003, p. 34-43. Aquí nos referiremos a dicho documento como Cetesb (2003).*

Los estudios de riesgo pueden integrarse a los estudios de impacto ambiental o presentarse como evaluaciones separadas del EsIA. Esta última forma es la usada en el estado de São Paulo, en donde la Cetesb es la encargada de exigir y aprobar los estudios de análisis de riesgo (EARs), en tanto el responsable del análisis de los EsIAs es el Departamento de Evaluación de Impacto Ambiental de la Secretaría de Medio Ambiente[2]. En México, los dos asuntos se abordan de forma integrada, a punto tal que el reglamento recibe el nombre de "Reglamento de Ley de Protección al Ambiente del Estado de México en materia de Impacto y Riesgo Ambiental" y los estudios se presentan en una de dos modalidades: manifestación de impacto ambiental que incluye riesgo o no incluye riesgo, una clasificación efectuada al comienzo mismo del trámite administrativo. La manifestación de impacto ambiental mexicana corresponde al estudio de impacto ambiental.

En São Paulo, se exigen estudios de análisis de riesgo para el licenciamiento (instalación o ampliación) de ciertas industrias u otras actividades potencialmente peligrosas, y esos estudios son sistemáticamente necesarios en los casos de sistemas de ductos de transporte de petróleo y sus derivados, gases y otras sustancias químicas y plataformas de petróleo o gas. Los criterios de clasificación de las instalaciones peligrosas y la consecuente exigencia de estudios especializados sobre riesgo se basan en el peligro de una instalación para la comunidad y el medio ambiente circundante, característica que, a su vez, depende directamente de los tipos de sustancias químicas manipuladas, de las cantidades involucradas y de la vulnerabilidad del sitio. La Fig. 11.2 muestra esquemáticamente los criterios para la exigencia de estudios de análisis de riesgo en el estado de São Paulo. De esta forma, la *selección* de emprendimientos para la realización de EARs se basa únicamente en el hecho de que, en determinadas instalaciones industriales (fuentes de contaminación), pueden ocurrir accidentes ambientales. La evaluación de riesgo todavía no se extendió, institucionalmente, a otras actividades que causen impactos ambientales significativos.

En México, se entiende por obra o actividad riesgosa aquella "que por su naturaleza, tipo de materiales y sustancias que emplea o genera o por los procesos que utiliza, de presentarse un accidente o un suceso eventual no previsto, independientemente de sus causas, pone en peligro la integridad de los ecosistemas y de la población existentes en la zona en donde

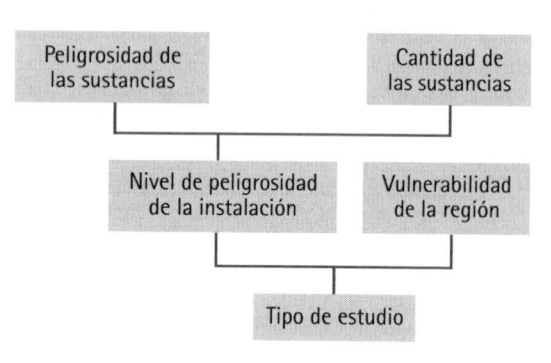

Fig. 11.2 *Criterios para la solicitud de estudios de riesgo en el estado de São Paulo*

se ubica o de sus alrededores." Se trata, por lo tanto, de un concepto más amplio que el usado en el estado de São Paulo.

Hay dos tipos de estudios de riesgo en São Paulo: los estudios de análisis de riesgo y los planes de administración de riesgos (PARs), lo que, a su vez, pueden ser de dos tipos. El PAR I se emplea para los emprendimientos de mediana y gran envergadura, en tanto que el PAR II se exige para emprendimiento de pequeña envergadura. Básicamente, el EAR es un estudio más completo y detallado que el PAR y puede incluir el análisis cuantitativo de riesgos. Los criterios para exigir un EAR se basan en el tipo y cantidad de sustancias peligrosas almacenadas y en la distancia que hay entre las instalaciones industriales y la población del entorno, hasta las vías públicas. Además, la reglamentación paulista prevé que se exigirá un EAR en todos los casos de licenciamiento ambiental de ductos externos a las instalaciones industriales destinadas al transporte de petróleo o derivados, gases u otras sustancias químicas, así como para plataformas de explotación de petróleo o gas.

Los EARs tiene un contenido específico y deben describir las instalaciones analizadas, identificar los peligros, cuantificar riesgos y proponer medidas de gestión para disminuirlos, así como un plan de acción para situaciones de emergencia. Los principales ítem de dicho estudio son (Cetesb, 2003, p. 35):

- *Caracterización del emprendimiento y de la región.* Se presenta una descripción de las instalaciones y actividades, así como algunas características importantes del local, tales como las climáticas y las meteorológicas, el uso del suelo en el entorno del emprendimiento, la presencia de concentraciones poblacionales y la ubicación de los bienes a proteger (recursos hídricos, fragmentos forestales, etc.).
- *Identificación de los peligros y consolidación de escenarios de accidentes.* Mediante procedimientos sistematizados, se trata de identificar posibles secuencias de eventos que podrían acabar liberando accidentalmente sustancias u otros efectos negativos. En función, entre otros, de la severidad de los daños posibles, se preparan "escenarios", o sea, situaciones de posibles accidentes. Hay varias técnicas disponibles para la identificación de los peligros, entre ellas el análisis preliminar de peligros (APP), el análisis de peligros y operabilidad (Hazop) y el análisis del modo y efecto de falla (AMEF).
- *Estimación de los efectos físicos y análisis de vulnerabilidad.* Se trata de una previsión de las consecuencias ambientales, en caso de que se concreten los escenarios que se van a analizar. Hay disponibles diversos modelos matemáticos que simulan los efectos de accidentes, como la propagación de una nube de gas, la explosión de gas inflamable, etc. Las actividades en esta etapa incluyen el cálculo de las cantidades que se liberan, el estudio del comportamiento de la sustancia inmediatamente después de la liberación (derrame del líquido, volatilización del líquido, dispersión a chorro, expansión adiabática de gas presurizado, explosión de nube de gas o vapor, etc.) y la simulación de la dispersión en el medio.
- *Estimación de frecuencias.* Se trata de la cuantificación de las frecuencias en que se dan los escenarios accidentales identificados, en base a datos históricos o según la opinión de especialistas.
- *Estimación y evaluación de riesgos.* Consiste en la estimación cuantitativa, en términos probabilísticos, del riesgo al cual están expuestas las personas en el área de influencia de la instalación.

✤ *Administración de riesgos.* Consiste en la formulación de diferentes medidas preventivas para evitar que ocurran accidentes o disminuir sus efectos. En un plan de administración de riesgos (PAR) se incluye también la descripción de las medidas a tomar en caso de que ocurran accidentes, también conocidas como Plan de Atención de Emergencias (PAE). El PAR debe describir todos los procedimientos propuestos y los recursos necesarios, concentrándose en los aspectos críticos identificados anteriormente y dándole prioridad a los escenarios accidentales más importantes.

La reglamentación federal mexicana contiene requisitos semejantes. Un estudio de riesgo, que puede ser presentado como anexo de una manifestación de impacto ambiental, deber contener información sobre:

Propiedades de las materias primas, productos y subproductos utilizados en la obra o actividad.
✤ *Características de operación y antecedentes de riesgo de la obra o actividad.*
✤ *Identificación y jerarquización de los riesgos ambientales de la obra o actividad.*
✤ *Definición de áreas de protección y medidas de seguridad y operación.*
✤ *Descripción de los riesgos potenciales de accidentes ambientales en cada etapa de la obra o actividad.*
✤ *Información sobre el diseño de los sistemas de prevención y control de accidentes.*
✤ *Información sobre el análisis y evaluación de los riesgos de la obra o actividad.*
✤ *Determinación de las áreas potencialmente afectadas, en caso de accidentes.*
✤ *Información sobre los planes de emergencia y auditorías de seguridad.*

En varios casos, la preparación de un estudio completo de análisis de riesgo puede reemplazarse por la preparación de un plan de administración de riesgos. Con ello se evitan las actividades complejas y detalladas de estimación de las frecuencias y de simulación de los efectos físicos, concentrando los esfuerzos en la formulación de medidas para disminuir los riesgos y en la preparación de un PAE. Dicho plan de administración de riesgos puede incorporarse fácilmente a un EsIA o a algún documento posterior en el proceso de licenciamiento ambiental.

Un PAR presentado a los fines de un licenciamiento es muy semejante a un plan de administración de riesgo usado internamente por algunas empresas. Esos documentos normalmente contienen las siguientes informaciones:
✤ *Informaciones de seguridad del proceso.* Se trata de informaciones como (i) listas de todas las sustancias químicas manipuladas o producidas y sus características; (ii) tecnología de proceso, como flujogramas y balances de masas y descripción de las condiciones normales de funcionamiento; (iii) equipos de proceso, acerca de cañerías e instrumentación y sistemas de seguridad; y (iv) procedimientos, que contienen una descripción de los procedimientos adoptados en la instalación.
✤ *Revisión de los riesgos del proceso*: se trata de una actualización que tiene que tomar en cuenta los cambios ocurridos en las instalaciones.
✤ *Administración de modificaciones*: son procedimientos gerenciales para planificar, analizar y comunicar las modificaciones que se hayan hecho en las instalaciones industriales.

- *Mantenimiento y garantía de la integridad de los sistemas críticos*: el PAR debe describir los procedimientos para el mantenimiento de los equipos considerados críticos para la seguridad del sistema y las formas de garantizar su integridad, como tests e inspecciones.
- *Procedimientos operativos*: descripción de las atribuciones, responsabilidades y tareas para todas las situaciones operativas, incluyendo partidas, paradas de rutina y de emergencia y operaciones normales.
- *Capacitación de recursos humanos*: descripción de los programas de entrenamiento.
- *Investigación de incidentes*: descripción de los procedimientos de investigación, análisis y documentación.
- *Plan de acción de emergencia*: el PAE es una especie de documento-síntesis del análisis de riesgo, que debe describir las instalaciones, los escenarios accidentales, las atribuciones y las responsabilidades de los involucrados, un flujograma de accionamiento, las acciones de respuesta ante situaciones emergenciales identificadas en los escenarios accidentales analizados, los recursos humanos y materiales, los programas de entrenamiento y divulgación y documentos anexos como planos, listas de equipos, etc.
- *Auditorías*: las auditorías deben realizarse para verificar la conformidad de los procedimientos y las acciones que figuran en el PAR.

Este modelo de plan de administración de riesgo está tomado de la experiencia y los problemas de la industria química, pero en otros sectores industriales se pueden introducir – y de hecho se lo hizo – variaciones o adaptaciones, como en la minería, el sector de transportes y el de generación de energía eléctrica, en la cual algunas empresas generadoras realizan estudios de riesgo para represas. La canadiense *BC Hydro* realizó estudios cuantitativos en la década del 90 (Salmon y Hartford, 1995), aplicando un análisis probabilístico tipo "árbol de eventos". En esa época, los estudios de riesgo fueron impulsados en los Estados Unidos a partir de la existencia de proyectos de rehabilitación de represas construidas hacía varios años (Donnelly y Morgenroth, 2005). No obstante, ya desde fines de los años 70 se habían desarrollado los primeros estudios de riesgos en represas en los EEUU, motivados por la ruptura de una represa en el estado de Georgia (Spragens y Mayfield, 2005). Evidentemente, más importante que hacer estimaciones cuantitativas de riesgo es disminuirlo lo (Dubler y Grigg, 1996), pero ésta es justamente una de las funciones del análisis de riesgo.

En el estado de Minas Gerais, luego de diversos eventos de rupturas de represas de desechos de minas e industrias, el organismo público Fundación Estadual del Medio Ambiente (Feam) obligó a todas las empresas responsables de represas a confeccionar un registro, el primer paso hacia un programa público de administración de riesgos (Torquetti y Farias, 2004). Es cierto que, hoy en día, las empresas mucho más organizadas le dan la debida atención a las represas industriales, ya que una ruptura representa pérdidas económicas significativas (multas e indemnizaciones a pagar, gastos en abogados y peritos y estudios de evaluación de daños, paralización de la producción y costos de imagen). Es así que los documentos de un proyecto son debidamente depositados, hay programas continuos de monitoreo geotécnico, consultores externos realizan inspecciones y se efectúan auditorías, inclusive auditorías del proyecto, que verifican la calidad del proyecto conceptual y del proyecto básico de la represa. Por otro lado, muchas empresas ni siquiera disponen de datos técnicos básicos sobre sus represas y diques.

11.5 Herramientas para el análisis de riesgos

El análisis de riesgos ambientales tuvo un gran desarrollo inicial con la industria nuclear. Es muy baja la posibilidad de que ocurran accidentes en reactores y otras instalaciones nucleares, pero sus consecuencias son enormes. En esta sección se presentan las etapas típicas de un análisis de riesgo tecnológico.

Identificación de peligros

La identificación de peligros es el punto de partida de los estudios de riesgo. Algunos estudios no van más allá de esta etapa, pasando a la preparación de un plan de administración. En casos que requieren análisis más sofisticados, se calculan las frecuencias en que se darían determinados escenarios de accidentes para, a continuación, calcular los riesgos. Para identificar los peligros, se hace efectúa un barrido de la instalación analizada para identificar los eventos iniciadores de las fallas operativas y la posterior cuantificación de sus frecuencias.

Ya se observa aquí una contradicción entre las herramientas de análisis de riesgo y las directrices de la evaluación de impacto ambiental, ya que los EsIAs se hacen (o se deben hacer) en las etapas iniciales de concepción de un proyecto, para poder evaluar otras alternativas. Por otro lado, un análisis de riesgos necesita de un proyecto detallado, sin el cual no es posible cuantificar riesgos. Una solución es limitarse a un análisis cualitativo y preliminar, dejando un estudio más detallado, en caso de ser necesario, para una etapa posterior. En Brasil, esa etapa posterior es la de obtención de la licencia de instalación, luego de la conclusión y aprobación del EsIA.

Awazu (1993) describe diez técnicas diferentes de identificación de riesgos:
- *Análisis histórico de accidentes*: consiste en el relevamiento de accidentes ocurridos en instalaciones similares, en el que se utiliza la consulta a bancos de datos de accidentes o referencias bibliográficas específicas.
- *Inspección de seguridad*: por definición, es un método que sólo se aplica a instalaciones en funcionamiento.
- *Lista de verificación*: se basa en la elaboración y aplicación de una secuencia lógica de preguntas para la evaluación de las condiciones de seguridad de una instalación, mediante sus condiciones físicas, los equipos utilizados y las operaciones llevadas a cabo; las listas de verificación se aplican a las etapas de elaboración de proyecto, de construcción, de operación y durante las paradas para mantenimiento.
- *Método "¿Y si...?* (What if...?): se trata de la identificación de eventos indeseados hecha por un equipo de dos o tres especialistas experimentados; "se pueden obtener mejores resultados en el momento de su aplicación en instalaciones existentes" (p. 3.200-3.211).
- Análisis preliminar de riesgos (también conocido como análisis preliminar de peligros (*Preliminary Hazard Analysis* – PHA –): es una técnica que fue desarrollada específicamente para aplicar en las etapas de planificación de proyectos, con el fin de lograr una identificación precoz de situaciones indeseadas, lo que posibilita la adecuación del proyecto antes de comprometer recursos de gran

monta; se trata, por lo tanto, de una técnica de empleo potencial en estudios de impacto ambiental, ya que no exige detallar la instalación industrial a analizar. Se preparan planillas en las cuales, ante cada peligro identificado, se relevan sus posibles causas, los potenciales efectos y las medidas básicas de control aplicables (preventivas o correctivas). Además de la identificación, también se evalúan los peligros en lo referente a la frecuencia y al grado de severidad de sus consecuencias. El análisis preliminar de peligros puede ser una etapa inicial, seguida de otras herramientas de análisis.

* *Estudio de riesgos y operabilidad* (Hazard and Operability Study – Hazop –): consiste en el trabajo integrado de un equipo de especialistas que realiza "un examen crítico sistemático (...) a fin de evaluar el potencial de riesgos producto de la mala operación o el mal funcionamiento de ítem individuales de los equipos y los efectos en la instalación", siguiendo una estructura dada por determinadas palabras-guía (por ejemplo "más presión") que permitan identificar desvíos o apartamientos de la normalidad. Según Awazu (1993, p. 3.200-3.215), "la mejor ocasión para la realización de un Hazop es la etapa en que el proyecto se encuentra razonablemente consolidado. A esa altura, el proyecto ya está bien definido, a tal punto que permite formular respuestas significativas a las preguntas del estudio. Además, en este punto todavía es posible modificar el proyecto sin grandes erogaciones".

* *Tipos de ruptura y análisis de las consecuencias* (Failure Modes and Effects Analysis – FMEA –): consiste en la identificación de fallas hipotéticas, anotadas en una planilla, en la cual cada falla está relacionada con sus respectivos efectos. Las fallas pueden tener diversas causas, pero aquí se parte de los modos de falla: por ejemplo, los modos de falla de una válvula manual pueden ser: falla para cerrar, cuando se lo requiere; falla para abrir, cuando se lo requiere; trabada; mal ajustada, para más o para menos; ruptura en el cuerpo de la válvula (Awazu, 1993, p. 3.200-3.219). A continuación, se identifican los posibles efectos: si la falla de la válvula ocasiona el derrame de un líquido inflamable, un efecto posible es un incendio. Es una técnica inductiva.

* *Análisis de árbol de fallas* (Fault Tree Analysis –FTA–): técnica deductiva que parte del armado de un diagrama de bifurcaciones sucesivas: por ejemplo, un sistema de alimentación de agua puede fallar por falta de agua en el reservorio o por una falla en el sistema de bombeo; éste, a su vez, puede fallar en cada una de las bombas. El método permite un análisis cuantitativo, atribuyéndose probabilidades a cada evento y determinándose la tasa de falla de cada componente del sistema. También se pueden determinar caminos críticos, secuencias de eventos con mayor probabilidad de conducir al evento indeseado (denominado evento tope, por situarse en el tope, o tronco de un árbol invertido, cuyas bifurcaciones son las raíces). El método fue desarrollado para las industrias aeronáutica y aeroespacial.

* *Análisis de árbol de eventos* (Event Tree Analysis – ETA –): se trata de diagramas que describen la secuencia de eventos necesaria para que ocurra un accidente; cada ramificación sólo permite dos posibilidades, éxito o falla, a las cuales se les atribuyen probabilidades que, sumadas, siempre son iguales a cero y uno. Se parte de la elección de determinados eventos, que muchas veces se identifican mediante otras técnicas de análisis de riesgo.

* *Análisis de causas y consecuencias*: se basa en la preparación de diagramas de causas y consecuencias en una secuencia de pasos: (1) identificación de los

factores que pueden causar accidentes; (2) preparación de un árbol de eventos; (3) pormenorización de un evento para determinar sus causas básicas (árbol de fallas); (4) determinación de medidas de disminución de eventos accidentales.

Análisis de las consecuencias y cálculo de riesgos

Se trata de la parte cuantitativa de la evaluación de riesgos, pero no siempre se avanza hasta ese punto. El análisis de las consecuencias es una simulación de accidentes que permite calcular la extensión y la magnitud de las consecuencias, lo que se realiza a través de modelos matemáticos específicos para determinado escenario accidental. Para cada hipótesis accidental, se deben usar procedimientos apropiados de cálculo. Tratándose de la liberación de una sustancia química, se debe (Technica, 1988):

- saber la fase (líquida, gaseosa o una mezcla de líquido y gas);
- calcular la cantidad liberada;
- determinar el comportamiento de la sustancia luego de la liberación (derrame de líquido poco volátil, derrame de líquido volátil, inflamable, expansivo, etc.);
- verificar cómo se da la dispersión (nube densa, subida de la pluma) y si puede haber incendio o explosión;
- determinar los efectos agudos y crónicos de las liberaciones tóxicas.

Se pueden aplicar algunos modelos de dispersión atmosférica (como se ve en la sección 9.3), y existen modelos desarrollados para el análisis de las consecuencias de los accidentes que permiten calcular la radiación térmica (en el caso de incendios), la sobrepresión (en el caso de explosiones) o la concentración de una sustancia tóxica.

Como el riesgo es el producto de la combinación entre probabilidad de ocurrir y magnitud de las consecuencias, es necesario calcular dicha magnitud. Esta se puede medir en términos de pérdidas económicas o ecológicas, aunque una característica muy usada para los riesgos agudos es el número esperado de muertes. Para los riesgos crónicos, la característica utilizada es el número de muertes o el número adicional de casos de cáncer, en el caso de las sustancias causantes de tumores.

Evaluación de riesgos

La evaluación de riesgos, como la evaluación de la importancia de impactos, implica un juicio de valor. El concepto de riesgo aceptable se viene debatiendo hace décadas. Algunas personas son más propensas a correr o a aceptar riesgos, mientras que otras muestran aversión a las situaciones arriesgadas. ¿Es posible determinar algún promedio de aceptabilidad de riesgo? Para el medio ambiente, la dificultad de mayor, ya que muchas veces se trata de riesgos impuestos y no voluntarios, y la fuente de riesgo es la actividad llevada a cabo por un tercero y no por el propio individuo.

Se ha convenido definir el *riesgo social* como la cantidad anual de pérdida de vidas humanas asociada a determinada actividad, dada por el producto del número de muertes por accidente multiplicado por el número de accidentes por año. La formulación de tal definición puede asustar, pero en realidad se trabaja con cifras del orden de 10-4 a 10-6, o sea, una muerta cada 10.000 años o cada millón de años, respectivamente, en verdad una cifra mucho menor que la aceptable en ciertas actividades corrientes, como viajar en automóvil. También se define el *riesgo individual* como la razón entre el riesgo social y el número de habitantes de la zona en estudio.

Cuadro 11.3 *Ejemplo de planilla de evaluación preliminar de peligros (APP).*

ANÁLISIS PRELIMINAR DE PELIGROS (APP)

Lugar: Sistema: Elaborado por: Fecha: Aprobado por: Revisión:

Referencia:

Peligro	Modo de detección	Efecto	Categoría de frecuencia	Categoría de severidad	Categoría de riesgo	Observaciones	Código
Eventos que pueden tener consecuencias ambientales o para la salud humanas	Instrumentación o percepción humana	Comportamiento de un producto liberado o consecuencia inmediata del evento	Clasificación de acuerdo con categorías definidas previamente, como "muy probable", "probable", "ocasional", etc.	Clasificación de acuerdo con categorías definidas previamente, como "catastrófico", "ínfimo", etc.	Combinación de severidad y frecuencia, de acuerdo con un criterio predefinido	Información complementaria o recomendaciones de acciones preventivas	Código interno, número secuencial u otro identificador
EJEMPLO: ALMACENAMIENTO DE AZUFRE A CIELO ABIERTO							
Combustión	Visual	Combustión espontánea al exponerse a la temperatura ambiente. Liberación de calor o llama, formación de azufre fundido	Raramente	Pequeña	Muy bajo	Inspección periódica de las pilas del mineral; entrenamiento de operadores para la extinción de focos	1
EJEMPLO: ALMACENAMIENTO DE ÁCIDO SULFÚRICO EN UNA INSTALACIÓN SITUADA EN ZONA INDUSTRIAL							
Pequeños derrames (< 100 ℓ)	Visual	Agujero o rupturas en cañerías y tanques, escape en válvulas o conexiones, debido a corrosión, desgaste, fricción o fallas de cierre hermético. Liberación para piso, canaletas, sistema de drenaje	Ocasionalmente	Pequeña	Bajo	Control de concentración de ácido para reducir el potencial corrosivo; inspección y mantenimiento preventivo	14
Grandes derrames (>1.000 ℓ)	Instrumentación visual	Liberación para sistema de drenaje	Raramente	Moderada	Bajo	Idem	15
	Idem						

Los criterios de riesgo aceptable se establecen teniendo como base estimaciones cuantitativas. Así, por ejemplo, Hong Kong, al igual que otras jurisdicciones, establece que el riesgo individual máximo aceptable es de 10^{-5}, en tanto que el riesgo social varía entre 10^{-3} y 10^{-6}, debiendo mitigarse de acuerdo con el concepto de "tan bajo como razonablemente factible" (ALARP – *As Low as Reasonable Practicable*) (HKEPD, 1997, p. 25).

11.6 Percepción de riesgos

Una de las cuestiones más relevantes dentro de la evaluación de impacto ambiental es la manera como distintas personas encaran y se comportan frente a situaciones de riesgo. Se sabe que hay personas más y menos propensas a aceptar riesgos, en cualquier área: por ejemplo, la propensión a los riesgos económicos en inversiones financieras, los riesgos para la vida practicando deportes extremos o inclusive los riesgos para la salud debido al consumo de tabaco.

Lo mismo ocurre frente a los riesgos ambientales. Cuando un emprendimiento sometido al proceso de EIA pasa por las etapas de la consulta pública, muchas de las discusiones se dan en torno de la posibilidad de que "algo salga mal", de que ocurran accidentes o disfunciones que causen impactos ambientales mucho más significativos que los que podrían ocurrir en situación normal.

Las ciencias del comportamiento se han venido interesando por el campo de la *percepción de riesgos*, que estudia cómo las personas encaran las situaciones peligrosas. Los especialistas de esa área han llegado a algunas conclusiones generales que parecen tener validez en diferentes culturas. Las siguientes características de la percepción de riesgos son de gran interés para el campo de la evaluación de impacto ambiental (Fisher, 1991; Kasperson et al., 1988; Renn, 1990a, 1990b):

- *Preferencia intuitiva por razonamiento determinista*. Al contrario de los especialistas en riesgo, que ven las situaciones de riesgo como fenómenos probabilísticos, la mayoría de la población tiene gran dificultad en razonar en términos de probabilidad. Afirmaciones tales como "los riesgos de daños serios a la población de tortugas marinas debido a la ruptura de una cañería de transporte de petróleo son del orden de $2,5 \times 10^{-5}$" no significan nada para la mayoría de las personas. La percepción de las probabilidades se ve, en general, muy influenciada (a) por la experiencia personal (como la de ya haber estado expuesto a una situación similar; se sabe que el que ya presenció determinado tipo de accidente tiende a verlo como más probable), (b) por una tendencia, identificada a través de estudios comportamentales, a evitar la llamada disonancia cognitiva (las informaciones o hechos que contradicen la percepción personal tienden a ser ignorados, en tanto la persona también busca informaciones que refuercen sus opiniones y convicciones), y (c) por la disponibilidad de la memoria (los eventos que vienen de inmediato a la mente son percibidos como más probables; es así que a los accidentes recientemente difundidos por los medios se los percibe como más frecuentes). En otras palabras, la percepción de la probabilidad está adaptada a la información disponible.
- *Se atribuye mayor importancia a las consecuencias posibles de un evento que a la probabilidad de que ocurra*. Si consideramos dos situaciones en las que técnicamente el riesgo sea idéntico, en donde la primera se refiere a un evento con una baja probabilidad de que ocurra (por ejemplo, 10^{-6}), pero con grandes

consecuencias (por ejemplo, cien muertes), y la segunda a uno de probabilidad más elevada (10^{-4}), pero con pequeñas consecuencias (una muerte), la población considera la primera situación como más peligrosa. El concepto social de riesgo no es el mismo que el concepto técnico.

* *Distribución social de los riesgos y beneficios.* La población normalmente le atribuye gran importancia a esta característica, siendo más difícil aceptar una situación de riesgo en la cual los beneficiarios no son los mismos que la población expuesta al riesgo.
* *Circunstancias cualitativas del riesgo.* Cuestiones como la familiaridad con la situación de peligro (los riesgos "nuevos" tienden a ser más difíciles de aceptar), control personal (los riesgos parecen ser más aceptables si la propia persona controla – o piensa que controla – la situación de peligro) y la experiencia individual interfieren sobremanera en la percepción de riesgos. El hecho de que el riesgo lo impongan terceros o lo asuma voluntariamente la persona también tiene un peso muy grande en cuanto a su aceptación. Finalmente, la credibilidad de las instituciones de administración de riesgo también incidirá mucho en la aceptabilidad social de una situación de peligro: una empresa o institución gubernamental que ya demostró competencia (o incompetencia) en lidiar con situaciones concretas como accidentes o incidentes se verá evaluada en su credibilidad y confianza ante futuros eventos, en función de esa experiencia previa.

El reparto de los riesgos y beneficios es tal vez uno de los puntos centrales cuando está en discusión la instalación de un emprendimiento peligroso. En la mayoría de los casos, los que se benefician con el emprendimiento (empresarios, accionistas, financiadores, proveedores, empleados) no son los que deberán soportar los riesgos (principalmente la comunidad vecina), creándose, pues, un gran potencial de conflicto.

Tales características (entre otras que interfieren en la percepción de los riesgos) deben necesariamente tenerse en cuenta en el análisis y la discusión sobre los impactos ambientales de un emprendimiento. Estas podrán incluso determinar la aceptación o no del proyecto, de modo que la participación pública desde sus etapas iniciales puede facilitar mucho la comunicación y la eventual aceptación del emprendimiento. En Brasil, la elaboración y el análisis de estudios de análisis de riesgo no implican ninguna forma de consulta o comunicación pública, al contrario de los estudios de impacto ambiental; de allí la necesidad de integrar los estudios y su análisis técnico. El proceso de evaluación de impacto ambiental, por otro lado, representa una oportunidad de participación pública en el análisis y decisión sobre instalaciones peligrosas, y la posibilidad de establecer un canal formal de comunicación con las partes interesadas. Dichos estudios son herramientas de identificación y análisis de riesgos agudos, y no de riesgos crónicos: las consideraciones sobre esa categoría de riesgos ambientales, en general, están ausentes del proceso de EIA, aunque puedan formar parte de las preocupaciones del público. Como plantea Lagadec (2003, p. 7), existe un "déficit intelectual" en las discusiones sobre riesgo (tomadas en un sentido amplio, no solamente riesgo ambiental): "en los años 70, las discusiones sobre riesgo estaban dominadas por una ecuación, riesgo = probabilidad x gravedad de las consecuencias. (...) Hoy en día estamos obligados a reconocer la realidad intrínseca del riesgo: el riesgo es, primeramente, una brecha, una discontinuidad".

Plan de Gestión Ambiental

12

Una de las funciones de la evaluación de impacto ambiental es servir como herramienta para planificar la gestión ambiental de las acciones e iniciativas a las cuales se aplica. Al estudiar detalladamente las principales interacciones entre la acción propuesta y el medio ambiente, el equipo técnico que elabora el estudio de impacto ambiental está bien posicionado para formular recomendaciones tendientes a disminuir los impactos adversos, realzar los impactos benéficos y trazar directrices de manejo.

A diferencia de los sistemas de gestión ambiental y de otras herramientas similares, el estudio de impacto ambiental no trabaja con situaciones concretas de impactos o de riesgo ambiental, sino con situaciones potenciales, de manera que las medidas de gestión propuestas en un EsIA sólo podrán aplicarse si un emprendimiento eventualmente se aprobara e implantara de modo efectivo. Otra diferencia importante entre un SGA y un EsIA es que el plan de gestión ambiental resultante de la preparación del EsIA está dirigido a las tres principales etapas del ciclo de vida de un emprendimiento (implantación, funcionamiento y desactivación), en tanto que las medidas y los programas de gestión surgidos a partir de un SGA suelen limitarse a la etapa de funcionamiento. En efecto, para muchos emprendimientos, los impactos que devienen de la implantación y de las actividades de construcción pueden ser mucho más significativos que los generados a raíz de su funcionamiento, como es el caso de buena parte de las obras de infraestructura, como por ejemplos las carreteras, las líneas de transmisión de energía eléctrica, los sistemas de abastecimiento de agua y de tratamiento de cloacas o residuos sólidos, e inclusive muchas industrias, entre otros.

[1] *La norma ISO 14.031: 1999 define el desempeño ambiental como los "resultados de la administración de los aspectos ambientales de una organización".*

Se entiende que el desempeño ambiental de la actividad, o sea, el *conjunto de resultados concretos y demostrables de protección ambiental*[1], tenderá a ser más satisfactorio a medida que las acciones mismas del emprendimiento (actividades, productos y servicios) se vayan planificando a fin de asegurar la protección ambiental, que es una de las finalidades de la EIA. La gestión ambiental, en este contexto, puede ser conceptualizada como: *un conjunto de medidas de orden técnico y gerencial que tienen por objeto asegurar que el emprendimiento sea implantado, puesto en funcionamiento y desactivado de conformidad con la legislación ambiental y otras directrices relevantes, a fin de minimizar los riesgos ambientales y los impactos adversos, además de maximizar los efectos benéficos.*

[2] *Desde el trabajo de la Comisión Mundial de Medio Ambiente y Desarrollo, instituida por al ONU en 1983 y resumida en el informe Nuestro Futuro Común, el desarrollo sustentable se ha venido conceptualizando como "un desarrollo que satisfaga las necesidades del presente sin poner en peligro la capacidad de las generaciones futuras para atender sus propias necesidades". (WCED, 1987, p. 8).*

Durante muchos años, el foco de la evaluación de impacto ambiental estaba puesto en evitar y minimizar las consecuencias negativas de las inversiones públicas y privadas. El enfoque actual es mucho más amplio, ya que varios protagonistas percibieron que el potencial del proceso de EIA es mucho mayor: en vez de concentrarse en la disminución de los impactos negativos, éste ha permitido analizar, desde la perspectiva de múltiples actores, de qué forma los proyectos analizados pueden contribuir a la recuperación de la calidad ambiental, al desarrollo social y a la actividad económica de la comunidad o de la región bajo su influencia. Se trata, en realidad, de analizar la contribución del proyecto al desarrollo sustentable[2] (IFC, 2003), lo que algunos han denominado "análisis o evaluación de sustentabilidad".

El plan de gestión ambiental resultante de la evaluación de impactos de un nuevo proyecto es una herramienta importante para transformar un determinado potencial en una contribución efectiva al desarrollo sustentable. Un plan de gestión cuidadosamente elaborado, y satisfactoriamente implantado por un equipo competente, puede marcar una verdadera diferencia entre un proyecto tradicional y un proyecto innovador, entre un proyecto en el que sobresalgan los impactos negativos, aunque estén minimizados, y un proyecto en el cual se destaquen los impactos positivos.

Existen tres condiciones para realizar dicho potencial. La primera de éstas es la preparación cuidadosa del plan de gestión, debidamente orientado para atenuar los impactos adversos significativos, para reducir las brechas de conocimiento y las incertidumbres sobre los impactos reales del proyecto.

La segunda condición es el compromiso de las partes interesadas en la elaboración del plan: el plan de gestión es ciertamente uno de los componentes que deben ser mejor negociados de todo el EsIA. Involucrará compromisos del emprendedor, que demandarán recursos humanos, financieros y organizativos, y también puede llegar a requerir el trabajo con asociados institucionales, como órganos de gobiernos y organizaciones no gubernamentales.

Finalmente, la tercera condición para el éxito de un plan de gestión ambiental (y, eventualmente, para el éxito del emprendimiento desde el punto de vista ambiental) es su adecuada implementación, dentro de plazos compatibles con el cronograma del emprendimiento. La implementación debería ser verificada con la ayuda de indicadores mensurables de la marcha del proceso y de la consecución de los objetivos pretendidos. Las herramientas para efectivizar esta tercera condición son la supervisión ambiental, la fiscalización, la auditoría ambiental y el monitoreo ambiental. El proceso de EIA prevé el uso de esas herramientas en la etapa posterior a la aprobación del proyecto, conocida como etapa de seguimiento.

12.1 Componentes de un plan de gestión

Bajo el término genérico "medidas mitigadoras" se suele designar un conjunto de acciones a ejecutar tendientes a disminuir los impactos negativos de un emprendimiento. Dentro de la perspectiva preventiva que guía la evaluación de impacto ambiental, se trata de prever cuáles serán los principales impactos negativos y buscar medidas para evitar que ocurran, o para disminuir su magnitud o su importancia.

Otro punto usual de los estudios de impacto ambiental es el plan de monitoreo, o sea, una descripción de los procedimientos que se adoptarán en el momento de la implantación, del funcionamiento y de la desactivación del emprendimiento. La finalidad es constatar, con la ayuda de indicadores predefinidos, si los impactos previstos en el EsIA se manifestaron en la práctica y verificar si el emprendimiento funciona dentro de criterios aceptables de desempeño, cumpliendo con los estándares legales, las condiciones establecidas en su licencia ambiental o cualquier otro condicionante, como las exigencias de los agentes financiadores y los compromisos asumidos con las partes interesadas.

Esos dos componentes obligatorios de los EsIAs tienen en común el hecho de referirse a las medidas que se deberán tomar en el futuro en caso de que el proyecto se apruebe; normalmente, las acciones propuestas y descriptas en los estudios ambientales se transforman en un compromiso del emprendedor o en condiciones obligatorias impuestas por el agente regulador (licenciante).

En la práctica, las condiciones impuestas en el momento del análisis y aprobación de un nuevo emprendimiento pueden, muchas veces, ir más allá de esos dos elementos esenciales, para incluir otras medidas correlativas, también destinadas a compatibilizar el proyecto con las características del ambiente afectado. Este conjunto de medidas puede agruparse bajo la denominación más genérica de *plan de gestión ambiental*. Además de las medidas mitigadoras y del plan de monitoreo, los planes de gestión suelen abordar al menos otras dos categorías de acciones: las medidas compensatorias y las medidas de valorización de los impactos benéficos. Además, también se puede incluir en el plan de gestión otros eventuales estudios que sean necesarios para conocer mejor los impactos del emprendimiento y detallar las medidas de gestión. Sintéticamente, se puede decir que, dentro de un estudio de impacto ambiental, un *plan de gestión ambiental es un conjunto de medidas propuestas para prevenir, atenuar o compensar impactos adversos y riesgos ambientales, además de medidas dirigidas a valorizar los impactos positivos*.

Como ejemplo, el Cuadro 12.1 contiene una lista de medidas que, frecuentemente, forman parte de los planes de gestión ambiental presentados en EsIAs de represas. Dichas medidas, individualmente o agrupadas, pueden constituir *programas* de acción.

Cuadro 12.1 *Medidas típicas de un plan de gestión ambiental de una represa*

Remoción de la vegetación antes de la inundación
Compensación por la pérdida de hábitats mediante la protección de un área equivalente y/o de la recuperación de una zona degradada
Extraer los materiales de construcción de las zonas a inundar
Adoptar medidas de control de la contaminación durante las obras
Adoptar medidas de control de la erosión durante las obras
Recuperar las zonas degradadas
Educación ambiental y capacitación de mano de obra
Salvataje arqueológico en la zona directamente afectada
Reasentamiento de las poblaciones afectadas
Provisión de infraestructura y servicios en las zonas de reasentamiento
Indemnización por las mejoras perdidas
Indemnización por derechos de explotación minera
Asistencia técnica para los reasentados
Regularización jurídica de las propiedades
Mantenimiento del caudal mínimo aguas abajo
Regularización del caudal aguas abajo a fin de reproducir el régimen hídrico preexistente
Construcción de escalera para el paso de los peces
Desarrollo de la producción pesquera en el embalse
Desarrollo del potencial turístico y recreativo
Reconstrucción de la infraestructura inundada (carreteras, líneas de transmisión, depósitos, infraestructura social)
Documentación cultural y programa de valorización de la cultura local
Documentación y registro del patrimonio natural perdido
Medidas de protección de la cuenca hidrográfica (revegetación de las márgenes del embalse, programas de conservación de suelos, etc.)

Cada programa debe estar individualmente descripto en el propio EsIA o en documentos posteriores, que reciben denominaciones diferentes en cada jurisdicción – como el Proyecto Básico Ambiental (PBA) o el Plan de Control Ambiental (PCA) en Brasil – pero que genéricamente se conocen también como Planes de Gestión Ambiental. El Proyecto Básico Ambiental es un estudio ambiental para emprendimientos del sector eléctrico (centrales hidroeléctricas, termoeléctricas y líneas de transmisión) introducido por la Resolución Conama 6/87. Está preparado como requisito para solicitar la licencia de instalación, o sea, luego de la aprobación del EsIA. El Plan de Control Ambiental es otra modalidad de estudio ambiental, introducido por las Resoluciones Conama 9/90 y 10/90, ambas del 6 de diciembre de 1990. El PCA se exige como requisito para solicitar la licencia de instalación de emprendimientos mineros y "contendrá los proyectos ejecutivos de minimización de los impactos ambientales evaluados en la etapa de LP [licencia previa]" (Art. 5º de ambas resoluciones). El grado de detalle y el momento de la presentación de un Plan de Gestión Ambiental varían de acuerdo con la legislación de cada país. El Cuadro 12.2 muestra los programas que forman parte del Plan de Gestión Ambiental de una central hidroeléctrica en el sur de Brasil.

Cuadro 12.2 *Programas de gestión ambiental para una central hidroeléctrica*

Programas	Proyectos
Socioeconómico y cultural	Reestructuración y compensación de la población afectada
	Reestructuración y revitalización de las comunidades linderas
	Rescate y preservación del patrimonio histórico-cultural
	Rescate y preservación del patrimonio paisajístico
	Rescate y preservación del patrimonio arqueológico
	Adecuación de la infraestructura de servicios
	Educación ambiental
Hidrología, climatología y calidad del agua	Observación de las condiciones hidrológicas
	Observación de las condiciones climatológicas
	Monitoreo de las condiciones limnológicas y de la calidad del agua
	Monitoreo das macrófitas acuáticas
	Monitoreo y manejo de la ictiofauna
	Monitoreo de las condiciones hidrosedimentológicas
	Acciones integradas de conservación del suelo y el agua
Geotecnología	Monitoreo sismológico
	Monitoreo de la explotación de los recursos minerales
	Monitoreo de los acuíferos
	Monitoreo de la estabilidad de los taludes marginales
Medio Biótico	Manejo y salvataje de flora y fauna
	Reforestación
	Aplicación de recursos en unidades de conservación
Medio Físico	Limpieza de la cuenca de acumulación
	Administración y recomposición ambiental de las áreas de la obra
Gerencial	Gestión del embalse
	Monitoreo y evaluación de la implantación del PBA
	Comunicación social

Fuente: Geab (Grupo de Empresas Associadas Barra Grande), UHE Barra Grande, Proyecto Básico Ambiental, 2001.

Los programas de control y gestión pueden organizarse en un *sistema de gestión ambiental*. A diferencia de la gestión por programas, la gestión por sistemas se articula en torno a un ciclo de planificación, implementación y control, en el que la experiencia adquirida se utiliza para promover mejoras graduales en el sistema. La gestión por programas, por otro lado, está compuesta por un conjunto de medidas y acciones no necesariamente articuladas entre sí y que no siempre incluyen mecanismos de evaluación. En caso de que el proponente desee utilizar un sistema de gestión de conformidad con la norma ISO 14.001: 2004, puede ser conveniente que ya durante la preparación del EsIA se identifiquen los aspectos e impactos ambientales – en la etapa de identificación de los impactos – y que los objetivos y metas ambientales queden definidos en la etapa de elaboración del plan de gestión (ítem 4.3.3 de la norma), así como los programas y procedimientos de gestión ambiental (ítem 4.3.4 de la norma), como lo sugieren Sánchez y Hacking (2002). Evidentemente, los objetivos, metas y programas están siempre sujetos a revisión, y en el caso de un emprendimiento aún en proceso de planificación, ciertamente estarán sujetos a una posterior definición de detalles. Los planes preparados luego de los EsIAs, normalmente deben incluir proyectos detallados o ejecutivos de los componentes del emprendimiento y de los sistemas de control ambiental, pudiendo también incluir los detalles del sistema de gestión. Por ejemplo, en Portugal, luego de la aprobación del EsIA de un proyecto, el proponente debe preparar un Informe de Conformidad Ambiental del Proyecto de Ejecución, que describe el proyecto detallado.

12.2 Medidas mitigadoras

Las acciones propuestas con la finalidad de disminuir la magnitud o la importancia de los impactos ambientales adversos se denominan medidas mitigadoras o de atenuación. Las medidas típicas incluyen sistemas de disminución de emisión de contaminantes, como el tratamiento de efluentes líquidos, la instalación de barreras antirruido o la reducción de las emisiones atmosféricas mediante la instalación de filtros, pero los tipos de medidas mitigadoras posibles abarcan una gama amplia, desde medidas muy simples, como la instalación de depósitos de decantación de aguas pluviales a fin de retener las partículas sólidas y evitar que sean transportadas hacia los cursos de agua durante la etapa de construcción, hasta el empleo de técnicas sofisticadas de reducción de emisiones atmosféricas.

También son medidas mitigadoras las modificaciones de un proyecto a fin de evitar o reducir los impactos adversos. De esta manera, poner bajo tierra parte de una línea de transmisión para evitar interferir con una ruta de migración de aves[3], aumentar el espaciamiento entre los cables aéreos de una línea de transmisión para evitar que las aves de gran envergadura se electrocuten, aislar uno de los cables de una red de distribución, o inclusive aumentar la altura de las torres de las líneas de transmisión cuando éstas atraviesan zonas forestadas para disminuir la deforestación, son ejemplo de modificaciones de un proyecto que evitan algunos impactos y que también pueden denominarse medidas mitigadoras.

En 1997, una acción interpuesta por el Ministerio Público federal, responsabilizando a una empresa de transmisión de energía eléctrica por la muerte de cigüeñas yabirú (*Jabiru mycteria*) en la carretera Transpantanera, propició la adopción de medidas para

[3] Medida tomada en un caso en Northumberland, Reino Unido (C. Wood, University of Manchester, comunicación personal, junio de 2000).

resolver el siguiente problema: las aves se estaban muriendo electrocutadas al chocar contra los conductores energizados de la red de distribución de energía eléctrica. En un proyecto-piloto, uno de los cables convencionales de dicha red fue reemplazado por un cable protegido: "La modificación de la línea demostró ser eficiente, ya que no se constató ninguna muerte de cigüeñas yabirú o de otra ave en los dos tramos modificados" (*Revista de Ornitologia Paranaense*, 1(3), septiembre de 2000).

Las medidas destinadas a *evitar* que ocurran impactos a veces también se denominan mitigadoras y, en realidad, son preferibles a las medidas de reducción o minimización de impactos. Las medidas de recuperación del ambiente que sufrirá degradación también forman parte del plan de gestión ambiental. Es posible proponer el orden de preferencia para las medidas mitigadoras indicado en la Fig. 12.1.

En el caso de los emprendimientos mineros, en varios países se exige un plan de recuperación de zonas degradadas, pudiendo constituir uno de los programas de gestión ambiental. Se trata, en este caso, de zonas que sufrirán degradación en caso de que se apruebe el proyecto. Para otros tipos de emprendimientos, planificar la recuperación de zonas que se degradarán también puede ser necesario como medida de gestión, como es el caso de la mayor parte de los emprendimientos de infraestructura. Por otro lado, cuando el diagnóstico ambiental indique la presencia de zonas ya degradadas, su recuperación puede ser incluida como uno de los programas de gestión. En proyectos industriales, las medidas de remediación de zonas contaminadas también se pueden exigir como requisito para la aprobación de nuevos proyecto o la expansión de emprendimientos existentes. En ambos casos, se trata de acciones dirigidas a disminuir el pasivo ambiental.

Evitar impactos adversos debe ser el primer objetivo del equipo de proyecto. Si se da una colaboración efectiva entre la proyectista y el equipo ambiental, se podrán prevenir muchos impactos o que éstos tengan una menor magnitud. Es así como disminuir o incluso evitar la intervención en zonas de vegetación nativa puede ser una condición que se les imponga a los proyectistas y planificadores. Un ejemplo de cómo la consideración de diversas alternativas puede ayudar a evitar y disminuir ciertos impactos está dado por el proyecto de construcción del carril descendente de la carretera dos Imigrantes (Figs. 12.2 y 12.3 y Cuadro 12.3).

El proyecto inicial de ingeniería fue elaborado en los años 70, para la construcción del primer carril (ascendente), pero no había sido ejecutado. Años más tarde, se retomó la iniciativa, lo que motivó la preparación de un EsIA –en 1986, aprobado en 1988-, y de algunas modificaciones en el proyecto. Sin embargo, el proyecto recién se implantaría más de una década después, bajo un nuevo modelo de concesiones viales para empresas del sector privado. En esa ocasión, el consorcio empresario que venció la licitación se responsabilizó por la obtención de la licencia de instalación. El largo período transcurrido entre el proyecto original y la

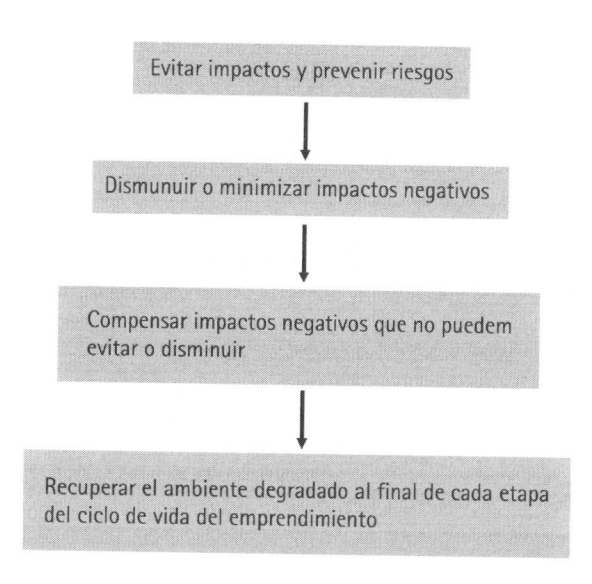

Evitar impactos y prevenir riesgos
↓
Dismunuir o minimizar impactos negativos
↓
Compensar impactos negativos que no puedem evitar o disminuir
↓
Recuperar el ambiente degradado al final de cada etapa del ciclo de vida del emprendimiento

Fig. 12.1 *Preferencia en el control de impactos ambientales*

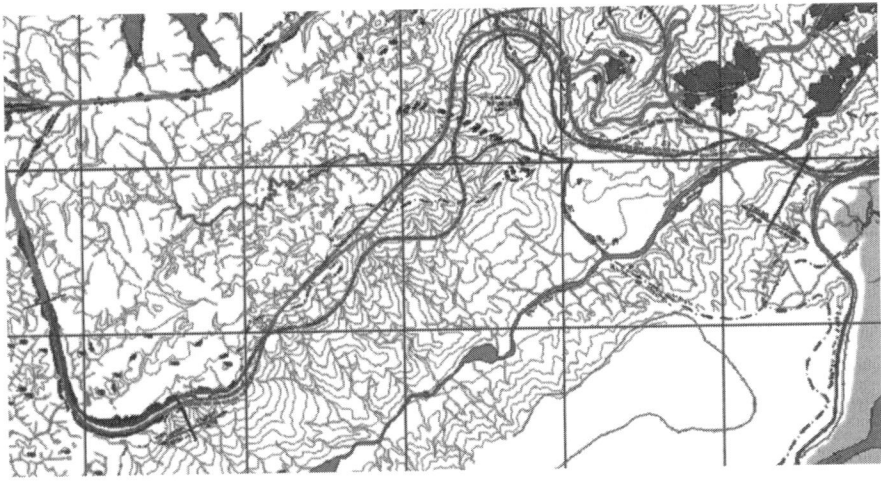

— Proyecto original - 17 viaductos, 10 túneles
— Proyecto revisado en el EsIA (1988) - 11 viaductos, 5 túneles
— Proyecto revisado para licencia de instalación (1999) - 7 viaductos, 4 túneles
— Proyecto ejecutivo - 6 viaductos, 3 túneles

Fig. 12.2 *Alternativas de trazado para el carril descendente de la carretera dos Imigrantes, São Paulo (ver lámina en color 31)*
Fuente: Gallardo (2004).

firma del contrato de concesión llevó al consorcio a rever y actualizar el proyecto, a la luz de las técnicas constructivas más modernas (Fig. 12.4), lo que implicó (i) la modificación de parte del trazado debido, fundamentalmente, a consideraciones geotécnicas, y (ii) la disminución del número de pilares necesarios para los viaductos, con el consecuente beneficio ambiental de una menor necesidad de deforestación y excavaciones.

La nueva revisión para la preparación del proyecto ejecutivo significó otra modificación sustancial, también con beneficios ambientales, que fue la unión de dos túneles en uno solo y la eliminación de uno de los viaductos. Una mejor caracterización de los aspectos geomecánicos del macizo rocoso hizo cambiar el trazado del último túnel, insertándolo más profundamente en el macizo. Estos cambios significaron que la construcción del carril descendente implicara una deforestación cuarenta veces menor que la del carril ascendente, tres décadas antes (Sánchez y Gallardo, 2005, p. 186), con una disminución de 650 m de la extensión de los viaductos y un aumento de 2.661 m del largo de los túneles.

A continuación, en el orden de preferencia para el control de impactos, viene la mitigación propiamente dicha. Algunas medidas mitigadoras pueden formar parte del propio proyecto de ingeniería, siendo indisociables de éste. Por ejemplo, en las fábricas

— Pista ascendente construida anteriormente   ▪▪▪▪ Tramos en túnel del nuevo carril   — Tramos a cielo abierto del nuevo carril

Fig. 12.3 *Bloque-diagrama con la ubicación del carril descendente de la carretera dos Imigrantes, São Paulo (ver lámina en color 32)*
Fuente: Gallardo (2004).

Cuadro 12.3 *Características de diferentes versiones del proyecto de construcción del carril descendente de la carretera dos Imigrantes*

Tópico	Proyecto original[1]	Estudio de impacto ambiental[2]	Licencia de instalación[3]	Proyecto ejecutivo[4]
Trazado y obras de arte	17 viaductos 10 túneles	14 viaductos – 4.920 m 5 túneles – 5.570 m	10 viaductos – 4.417 m 4 túneles – 7.538 m	9 viaductos – 4.270 m 3 túneles – 8.231 m
Rellenado		3.850 m	3.855 m	4.623 m
Extensión total del tramo		14.340 m	15.810 m	17.124 m
Método constructivo de los viaductos	Vigas premoldeadas	Vigas premoldeadas con 63 pilares (solamente zona serrana), de los cuales 33 necesitarían una nueva vía de acceso	El espaciamiento entre pilares pasó de 45 m a 90 m debido a un cambio en el método constructivo para balances sucesivos, reduciendo el número de pilares a 23, de los cuales 11 necesitarían una nueva vía de acceso	El número total de pilares se redujo a 18, de los cuales 9 necesitarían una nueva vía de acceso

1 Elaborado en la década del 70 con el proyecto del carril ascendente.
2 Proyecto descripto en el EsIA, elaborado entre 1986 y 1988.
3 Proyecto descripto en los documentos enviados a la Secretaría de Medio Ambiente del Estado de São Paulo para solicitar la licencia de instalación, en 1989.
4 Proyecto revisado por el grupo constructor.
Fuente: Gallardo y Sánchez (2004).

de cemento, la instalación de sistemas de captación de polvos, como filtros de mangas y filtros electrostáticos, forma parte del proyecto de ingeniería y de los estudios de viabilidad económica, siendo inconcebible proyectar una fábrica moderna sin esos sistemas, que reducen no sólo los impactos ambientales producto de las emisiones de contaminantes atmosféricos sino también las pérdidas de materias primas.

En la actualidad, hay un sinnúmero de proyectos industriales que incorporan procesos de reutilización de agua, de minimización de residuos y otros conceptos de la *producción más limpia*[4]. En ese contexto, se puede discutir hasta qué punto dichas características de los procesos tecnológicos constituirían medidas mitigadoras, pero esa discusión es poco relevante, dado que el proyecto evaluado es aquel que ya incorpora esas medidas.

Fig. 12.4 *Construcción de viaducto del carril descendente de la carretera dos Imigrantes, São Paulo, con poca interferencia sobre la vegetación nativa*

[4] *Producción más limpia significa la aplicación de tecnologías que signifiquen una menor generación de residuos y de contaminantes para una misma cantidad de producto, o sea, producir con más ecoeficiencia.*

De la misma forma, las medidas de cumplimiento obligatorio, previstas en la legislación o los reglamentos, no deberían presentarse como medidas mitigadoras, ya que son, exactamente, obligatorias. Es obvio que cumplir con tales exigencias ayudará a atenuar los impactos adversos de los emprendimientos, ya que fueron ideados con esa finalidad, pero el proyecto no se podrá llevar a cabo sin su observancia, puesto que son requisitos legales.

En el Cuadro 12.4 se presenta una lista de medidas para prevenir, atenuar o compensar los impactos adversos de los proyectos viales. Descriptas de esa forma, son medidas genéricas, que sólo tendrán sentido al aplicarse y detallarse para cada caso concreto, lo que muchas veces requiere un proyecto de ingeniería o un programa detallado de implementación.

Cuadro 12.4 *Principales medidas mitigadoras y compensatorios adoptadas en proyectos viales*

IMPACTO AMBIENTAL	MEDIDA MITIGADORA O COMPENSATORIA
Modificación del relieve	Obras de arte, desvíos y trazados alternativos
Intensificación de los procesos erosivos	Disminución del área de intervención
	Drenaje y revegetación de taludes
	Evitar concentración de flujos de desagüe superficial
	Depósitos de retención temporaria de aguas superficiales
Facilitación de deslizamientos y otros movimientos de masa	Análisis previo de las condiciones geotécnicas
Aumento de la carga de sedimentos y asoreamiento	Drenaje y revegetación de taludes
	Depósitos de decantación
Represamiento parcial de cursos de agua	Caños maestros de transposición bien calculados y posicionados
	Fundaciones de puentes abajo del nivel de estiaje del agua
Modificación de la calidad de las aguas superficiales	Sistemas pasivos de tratamiento de aguas
Modificación de las propiedades físicas y biológicas del suelo	Disminución del área de intervención
	Recuperación de zonas degradadas
Modificación de la calidad del aire	Regulación y mantenimiento de máquinas y equipos
	Aumentar distancia entre calzada y zonas de ocupación densa
Modificación del ambiente sonoro	Barreras físicas
	Barreras vegetales
	Aumentar distancia entre calzada y zonas de ocupación densa
Riesgo de contaminación del agua y del suelo con sustancias químicas	Almacenamiento en superficie de derivados de petróleo
	Planes de acción de emergencia
	Creación de sitios de estacionamiento de vehículos con carga peligrosa
Destrucción y fragmentación de hábitats de la vida salvaje	Obras de arte, desvíos y trazados alternativos
	Reforestación compensatoria, conservación
	Remoción, almacenamiento y reutilización de la capa superficial de suelo
Estrés sobre la vegetación natural debido a la contaminación del aire	Desvíos y trazados alternativos
	Aumentar distancia entre calzada y zonas de vegetación significativa
Pérdida y ahuyentamiento de especímenes de fauna	Disminución de áreas deforestadas
Pérdida de especímenes de fauna por atropellamiento	Pasos para la fauna
Soterramiento de comunidades bentónicas	Depósitos de decantación
	Caños maestros de transposición bien calculados y posicionados

Cuadro 12.4 *(continuación)*

Impacto ambiental	Medida mitigadora o compensatoria
Creación de ambientes lénticos	Obras de drenaje bien calculadas
Modificaciones en la cadena alimentaria	Depósitos de decantación
	Sistemas pasivos de tratamiento de aguas
Modificación de las formas de uso del suelo	Zonificación y plan de uso del suelo
Adensamiento de la ocupación en las márgenes y en el área de influencia	Zonificación y plan de uso del suelo
Modificación o pérdida de sitios arqueológicos, otros elementos del patrimonio cultural	Investigación y rescate, publicación de los resultados
Impacto visual	Disminución del área de intervención
	Disminución de las zonas de deforestación
	Obras de arte, desvíos y trazados alternativos
	Barreras vegetales
Desplazamiento de personas y actividades económicas	Disminución del área de intervención
	Reasentamiento
Creación de expectativas e inquietud entre la población	Transparencia en la divulgación y en las consultas públicas
Abandono o reducción de las actividades agrícolas	Disminución del área de intervención
Especulación inmobiliaria	Divulgación previa del trazado
Aumento de la cantidad de transacciones inmobiliarias	
Valorización/desvalorización inmobiliaria	Zonificación y plan de uso del suelo
Aumento de la oferta de empleos	
Aumento de la demanda de bienes y servicios	
Aumento de la recaudación tributaria	
Disminución de las oportunidades de trabajo	
Aumento del tráfico en las vías interconectadas	Servicios de mejora de dichas vías
Interferencia con caminos y pasos preexistentes	Paso de peatores, rebaños y para el tránsito local

Aunque el EsIA pueda señalar las medidas obligatorias que se deberán cumplir (lo que puede ser útil para el conocimiento del emprendedor y del público interesado), el equipo debe dirigir sus esfuerzos hacia la concepción, el análisis y la discusión de medidas estrictamente centradas en el proyecto. Las medidas de aplicación genérica, como las enumeradas en el Cuadro 12.4, deben ser particularizadas para el proyecto en estudio. De esta forma, para el diseño de pasos para la fauna (Fig. 12.5), es necesario seleccionar los lugares más propicios (los que tienen mayor probabilidad de ser utilizados por las especies en cuestión) y estudiar las dimensiones más apropiadas (sección transversal para el caso de pasos bajo calzada, necesidad de pozos iluminados si el pasaje es muy largo).

El estudio de la Comisión Mundial de Represas constató que muchas medidas mitigadoras sencillamente no alcanzan sus objetivos. Los esfuerzos de "rescate" de fauna, tantas veces difundidos por los medios como ejemplo de "responsabilidad ecológica", tuvieron poco "éxito sustentable", y las escaleras para peces (Fig. 12.6) también

Fig. 12.5 *Pasos para fauna en carretera que cruza el Parque Nacional Banff, Alberta, Canadá*

Fig. 12.6 *Escalera para peces en la represa de Itaipú, Paraná*

tuvieron escasa repercusión, dado que "la tecnología no se ajustó específicamente a las condiciones y a las especies locales" (WCD, 2000, p. 83). Dicho estudio recomienda que, para una buena mitigación, son necesarios: (i) una correcta base de información (diagnóstico); (ii) cooperación, desde el comienzo de la evaluación ambiental, entre ecólogos, proyectistas de la represa y población afectada; (iii) monitoreo sistemático, acompañado de análisis sobre la eficacia de las medidas mitigadoras que puedan difundirse para su aplicación en otros proyectos.

El estudio sistemático de los errores y aciertos de experiencias pasadas, con toda seguridad, es la mejor manera de avanzar en el proyecto y en las especificaciones de medidas mitigadoras eficaces. En el sector vial, varios años de investigaciones y aplicaciones permiten que en países como Francia y Holanda se implementen viaductos para la fauna, o "ecoductos", en todos los sitios relevantes y que las franjas de dominio de varias autopistas sean manejadas como corredores y no como barreras ecológicas (Rijkswaterstaat, 1995; Setra, 1993a). Evidentemente, aquí se trata de impactos directos. Es el caso del efecto de la pavimentación de las carreteras amazónicas sobre la tala de bosques o del efecto del adensamiento urbano en zonas de protección de manantiales.

Actualmente, casi todos los sectores de la actividad económica ya fueron suficientemente estudiados como para poder prescribir las principales medidas de mitigación y prevención de impactos adversos (Fig. 12.7 y 12.8), agrupadas bajo la noción de *mejores prácticas ambientales* y las innumerables variaciones del término, como *buenas prácticas de gestión ambiental, mejores tecnologías disponibles o mejores técnicas que no acarrean costos excesivos*. Esas buenas prácticas fueron compiladas y son continuamente actualizadas por asociaciones de empresas de un mismo sector, por entidades gubernamentales ambientales o industriales y también por organizaciones internacionales. Se puede citar la serie publicada por la Agencia de Protección Australiana sobre gestión ambiental en la minería (cuyo resumen es EPA, 1995), publicaciones del Servicio Técnico de Carreteras de Francia (Setra, 1993b) y el Manual de Administración Integrada de Basura (IPT/Cempre, 2000).

No hay necesidad de que el EsIA se explaye demasiado sobre medidas genéricas, pero sí en su adaptación al proyecto analizado. Como toda prescripción genérica, esas guías de buenas prácticas deben traducirse en medidas adaptadas a las condiciones de cada emprendimiento. Si, para varios sectores industriales, las tecnologías de producción guardan semejanzas cualquiera sea la ubicación de la fábrica, para obras de infraestructura, minas, represas y otros tipos de proyectos cuyas características están directamente vinculadas a las condiciones del terreno, es siempre necesario que los programas de mitigación sean concebidos a medida. En cualquier caso, las guías de buenas prácticas representan referencias importantes que se deben tomar en cuenta. En gestión ambiental de organizaciones, el conocimiento de las mejores prácticas empleadas por las empresas del sector se lo conoce por *benchmarking* (punto de referencia).

12.3 Prevención de riesgos y atención de emergencias

Hay algunos impactos de los cuales no se tiene certeza de que vayan a ocurrir, pero ello no puede, de ninguna manera, ser dejado a un lado en la evaluación de impacto ambiental, y mucho menos durante el ciclo de vida del emprendimiento.

Así como los impactos inciertos deben identificarse en el estudio de impacto ambiental, el plan de gestión debe incluir medidas dirigidas a éstos. Cuando el EsIA implica un estudio detallado de riesgos, o está complementado por un estudio de análisis de riesgos, eso se hace evidente. El estudio de riesgos propondrá una serie de medidas de disminución y gestión del riesgo, que naturalmente deberán formar parte del plan de gestión del emprendimiento. Sin embargo, aunque el proyecto no implique graves peligros y no sea necesaria la preparación de un estudio de riesgos, la incertidumbre sobre la presencia de ciertos impactos (que sólo ocurrirán en caso de que se reúnan ciertas condiciones) no se puede usar para justificar la ausencia de medidas para la disminución de riesgos. Estas deben, pues, formar parte del conjunto de medidas mitigadoras.

Fig. 12.7 *Los depósitos de contención alrededor de tanques de almacenamiento de productos químicos (a la izquierda) y los sistemas de tratamiento de efluentes (en el caso, exudado graso de un relleno sanitario) están entre las medidas corrientes de prevención y corrección de impactos adversos. Relleno sanitario instalado en la antigua cantera Miron, Montreal, Canadá, en donde también funciona una central termoeléctrica alimentada por los gases generados en el relleno (ver lámina en color 33)*

Fig. 12.8 *Los pequeños depósitos de retención de sedimentos provenientes de zonas de rellenado y protección con césped en taludes en suelo, realizada inmediatamente después de concluir los trabajos de excavación, son medidas que disminuyen la degradación de la calidad de las aguas superficiales. Construcción del carril descendente de la carretera dos Imigrantes, SP (ver lámina en color 34)*

Dos conjuntos de medidas específicamente dirigidas a la gestión de riesgos pueden formar parte del plan de gestión ambiental: el plan de administración de riesgos y el plan de atención de emergencias. El primero (PAR) debe contemplar todas las acciones tendientes a prevenir accidentes ambientales y todas las acciones a implementarse en caso de que ocurra un accidente. El Cuadro 12.5 contiene los componentes de un plan completo de administración de riesgos, aplicado a emprendimientos del sector químico y al transporte y almacenamiento de petróleo y derivados. Es función del órgano licenciador determinar la necesidad de presentación de un PAR, la etapa del proceso de licenciamiento en la que se deben presentar el plan y su contenido. Muchas de las informaciones a presentar allí ya constan en los estudios ambientales, como las informaciones de seguridad del proceso, que incluyen la lista de las sustancias químicas utilizadas, la descripción del proceso productivo (con flujogramas, balances de masa y otras informaciones), los equipos y los procedimientos operativos.

Cuadro 12.5 *Estructura de un Plan de Administración de Riesgos*

T_{IPO} I [1]	T_{IPO} II [2]
Informaciones de seguridad del proceso	Informaciones de seguridad del proceso
Revisión de los riesgos del proceso	
Administración de modificaciones	
Mantenimiento y garantía de la integridad de sistemas críticos	Mantenimiento y garantía de la integridad de sistemas críticos
Procedimientos operativos	Procedimientos operativos
Capacitación de recursos humanos	Capacitación de recursos humanos
Investigación de incidentes	
Plan de acción de emergencia (PAE)	Plan de acción de emergencia (PAE)
Auditorías	

(1) Para emprendimientos de mediana y gran envergadura.
(2) Para emprendimientos de pequeña envergadura.
Fuente: Cetesb (2003).

Para buena parte de los emprendimientos sujetos al proceso de EIA, no es necesario detallar minuciosamente los procedimientos de seguridad y administración de riesgos, dado que, en general, presentan riesgos sustancialmente menores que los de las industrias químicas o las instalaciones de transporte y almacenamiento de petróleo o derivados. Por lo tanto, puede ser suficiente una descripción de los procedimientos de prevención de riesgos y de las acciones previstas en caso de que ocurran accidentes.

Dichas acciones pueden describirse en el Plan de Atención de Emergencias (PAE). Ese plan es exigido en ciertos casos: por ejemplo, en el estado de São Paulo es obligatorio para el licenciamiento de emprendimientos sujetos a la presentación de estudios de análisis de riesgo o planes de administración de riesgos, y también para carreteras. Por otro lado, muchas empresas preparan planes de emergencia de forma voluntaria. Vale recordar que la preparación para atención de emergencias es un ítem obligatorio de los sistemas gestión ambiental que sigan las directrices de la norma ISO 14.001: 2004 y para las empresas que adoptan el programa Actuación Responsable® de la Asociación Brasileña de la Industria Química (Abiquim).

El programa Actuación Responsable® es la versión del programa internacional *Responsible Care*, por el cual, independientemente de las obligaciones legales, las empresas asociadas se comprometen a cumplir una serie de requisitos de seguridad y calidad ambiental, normalizados en "códigos". El programa Actuación Responsable® es un modelo de gestión ambiental adaptado a la industria química.

Un PAE debe contener, entre otros ítem (Cetesb, 2003):

> [...]
> (i) una descripción de los escenarios o hipótesis accidentales considerados;
> (ii) las acciones de respuesta a las situaciones de emergencia compatibles con los escenarios accidentales considerados, incluyendo los procedimientos de evaluación de la situación, la actuación emergencial (combatir incendios, aislamiento, evacuación, contención de derrames, etc) y acciones de recuperación de las zonas afectadas;
> (iii) la descripción de los recursos materiales y humanos disponibles, y los programas de entrenamiento y capacitación.

La capacitación de los recursos humanos es uno de los requisitos más importantes para el éxito de los planes de emergencia y la obtención de buenos resultados de los demás elementos del plan de gestión ambiental. Las situaciones que combinan baja probabilidad con consecuencias de mediana o alta magnitud pueden representar dificultades para difundir una cultura de prevención entre funcionarios y dirigentes. La Fig. 12.9 muestra un dique de cola de una mina de cobre del sur de Portugal, proyectada y construida según modernos conceptos de seguridad para represas. Este ejemplo ilustra una situación en la cual la probabilidad de que ocurra un accidente grave es bajísima, pero si llegara a ocurrir, los resultados ciertamente serían desastrosos, si no para el ambiente, al menos para la compañía, cuyo nombre quedará asociado diariamente en la prensa a un accidente de grandes proporciones. Fue lo que ocurrió con la empresa sueca *Boliden*, a poco más de 100 km de allí, cuando, en abril de 1998, se rompió un dique de cola en la localidad española de Aznalcóllar. Cerca de 5,5 millones de m^3 de desechos que contenían metales pesados fluyeron por el río Guadalquivir hasta su desembocadura, inundando, en su camino, alrededor de 2.600 ha de plantaciones de frutales, huertas y otras zonas, amenazando también un parque nacional (Icold, 2001). Pero algunos casos más dramáticos costaron vidas humanas.

La administración de riesgos ambientales necesita de la participación de la

Fig. 12.9 *Dique de cola de la mina Neves Corvo, Portugal, cuya función es almacenar a perpetuidad los residuos provenientes del tratamiento del mineral; a la izquierda, se ve el depósito de desechos, permanentemente cubierto de agua para prevenir la formación de un drenaje ácido; al mismo tiempo que es una medida mitigadora, un dique de cola es un componente del proyecto que demanda gran atención en cuanto a la administración de riesgos (ver lámina en color 35)*

comunidad. Para ese fin, el Programa de las Naciones Unidas para el Medio Ambiente (PNUMA) desarrolló el Programa APELL (*Awareness and Preparedness for Emergencies at Local Level*), "con el objetivo reunir a las personas a fin de posibilitar una comunicación efectiva sobre riesgos y respuestas emergenciales" y (i) disminuir riesgos; (ii) mejorar la eficacia de respuesta a los accidentes; (iii) permitir una reacción apropiada de las personas comunes durante las emergencias (Unep, 2001).

12.4 MEDIDAS COMPENSATORIAS

Algunos impactos ambientales no puede evitarse. Otros, aun estando disminuidos o mitigados, pueden también ser de gran magnitud. En esas situaciones, se habla de medidas para compensar los daños ambientales que lleguen a causarse y que no se podrán mitigar de manera aceptable. Un ejemplo típico es el de la pérdida de una parte de la vegetación nativa, muy común en emprendimientos como carreteras, represas, minas y otros. El objetivo de minimizar la pérdida de hábitats deberá estar presente en todo EsIA de un emprendimiento que pueda causar tal impacto. Por lo tanto, desviar un tramo de carretera, hacer un túnel, reducir la altura de una represa para disminuir el área inundable de un embalse o renunciar a la extracción de todo el mineral de un yacimiento para mantener intactas partes de la vegetación deberán ser las alternativas a considerar en la planificación de esos proyectos. No obstante, podrán presentarse situaciones en las que ninguna alternativa elimine completamente la necesidad de remover la vegetación nativa, o no disminuya satisfactoriamente esa necesidad: en esos casos puede ser socialmente aceptable la compensación. En otras palabras, se puede decir que el precio a pagar por el emprendimiento es, por ejemplo, la remoción de la vegetación nativa (con sus correspondientes impactos), pero que dicha pérdida puede ser compensada. ¿Pero compensada cómo?

No se trata de una indemnización monetaria, como ocurre, por ejemplo, cuando se expropia un inmueble por razones de utilidad pública, sino de una compensación "en especie". De ese modo, la pérdida de 38 hectáreas de vegetación nativa, por ejemplo, se puede compensar con la conservación de una zona equivalente o mayor o con la recuperación de la vegetación de una zona degradada, o incluso por ambas medidas.

No obstante, comprender qué es una compensación puede significar, en la práctica, alejarse de la idea original de reemplazar un componente ambiental perdido o recomponer una función ambiental afectada negativamente. Es así que, en Francia, "en el capítulo de las compensaciones de numerosos estudios de impacto se pudieron presentar medidas muy distantes de las preocupaciones ambientales" (*Ministère de l'Environnement*, 1985, p. 5).

En varias partes del mundo, se emplean medidas compensatorias relacionadas con impactos ecológicos y sociales. En Brasil, la legislación prevé condiciones específicas para la compensación ambiental. En diciembre de 1987, la Resolución del Conama Nº 10/87, ya revocada, preveía que "el licenciamiento de obras de gran envergadura" tendría como prerrequisito la implantación de una estación ecológica (una categoría de zona protegida), "preferentemente junto al área del emprendimiento". La inversión en dicha área debería ser proporcional al daño ambiental causado y nunca inferior a 0,5% de los "costos totales previstos" para el emprendimiento. La nueva reglamentación surgió a través de la Ley del Sistema Nacional de Unidades de Conservación (Ley Federal Nº 9.985, del 18 de abril de 2000), la cual fundamentalmente mantuvo la redacción de la Resolución Conama. Su Art. 36 estipula que:

> En los casos de licenciamiento ambiental de emprendimientos de significativo impacto ambiental, considerado así por el órgano ambiental competente, fundamentado en un estudio de impacto ambiental y su respectivo informe – EsIA/Rima –, el emprendedor está obligado a apoyar la implantación y mantenimiento de la unidad de conservación del Grupo de Protección Integral [...].

El grupo de protección integral incluye los tipos de unidades de conservación con mayores restricciones para el uso directo, o sea, parques nacionales, estaciones ecológicas, reservas biológicas, monumentos naturales y refugios de vida silvestre.

La ley también mantuvo el porcentaje mínimo de 0,5% "de los costos totales previstos para la implantación del emprendimiento" a aplicarse en esas unidades de conservación, siendo tarea del órgano licenciador establecer eventualmente un porcentaje mayor, "de acuerdo con el grado de impacto ambiental causado". No existe una regla clara para establecer el monto a emplearse en la compensación[5]. En el caso del proyecto de construcción del carril descendente de la carretera dos Imigrantes, en São Paulo, la licencia previa estableció un porcentaje de 2% para aplicarse en proyectos en el interior del Parque Estadual de la Sierra del Mar, atravesado por dicha carretera.

[5] *La aplicación de los recursos de la compensación ambiental fue detallada en la Resolución Conama Nº 357, del 5 de abril de 2006.*

En Holanda, en lo que respecta a la planificación de carreteras, la compensación ecológica es muy sofisticada. Requerida por una ley de 1993, se puede recurrir a ésta para situaciones de (i) pérdida de hábitats, (ii) degradación de hábitats debido al ruido, iluminación o contaminación de las aguas; y (iii) aislamiento (fragmentación) de hábitats. La zona degradada en el entorno de la carretera debido al efecto del ruido sobre las aves debe calcularse en el estudio de impacto ambiental y puede alcanzar hasta 1 km en zonas forestadas y superar los 2 km en zonas abiertas (Cuperus et al., 2001). El monto de la compensación no está establecido *a priori*, dado que el costo, evidentemente, dependerá de la estrategia de compensación a emplear y del precio de los terrenos a adquirir, si es necesario. La regla general es compensar sobre la base de uno por uno (1 ha de compensación por 1 ha afectada), lo que, según el estudio de Cuperus *et al.* (2001), es insuficiente para cubrir todos los daños ecológicos, dado que los impactos por la fragmentación de hábitats raramente se cuantifican.

Un principio ampliamente empleado en la compensación ambiental es evitar la pérdida neta de hábitats (*no net loss*). Usado en Holanda, también se adoptó en otras jurisdicciones, como en los Estados Unidos. En este país, el artículo 404 de la Ley del Agua Limpia (*Clean Water Act*), de 1972, establece la necesidad de obtener un autorización federal para arrojar sólidos al agua o para el rellenado de humedales. Un reglamento basado en esta ley permite la compensación por la pérdida de zonas inundables, en caso de que no sea posible encontrar alternativas para evitar esa pérdida. Se permite que la compensación se realice en otro lugar, situado preferentemente en la misma cuenca hidrográfica, mediante acciones de restauración o rehabilitación de otras zonas húmedas. El emprendedor, público o privado, promueve primero la recuperación de una determinada área, cuya calidad ambiental ha sido evaluada, lo que le da derecho a créditos, depositados en un banco hipotético. A continuación, al obtener la aprobación para su proyecto, debita créditos de esa cuenta. Las empresas o instituciones que tienen varios proyectos podrán adicionar y retirar créditos de su banco, conforme promuevan iniciativas de recuperación de zonas inundables e implementen sus proyectos. Así se crean bancos privados, que compran terrenos, promueven la restauración de una zona inundable y, a continuación, venden créditos a emprendedores que necesitan de éstos. Toda zona recuperada mediante esa modalidad debe pasar a tener protección legal que impida su ulterior degradación o destrucción, sea como propiedad privada o transfiriéndola a algún ente gubernamental con atribuciones de conservación ambiental (Weems y Canter, 1995).

En Alemania, la Ley Federal de Conservación de la Naturaleza de 1976 torna obligatorias la mitigación y la compensación, no limitándose a los proyectos que requieren la preparación de un EsIA. Una vez exploradas las posibilidades de evitar impactos adversos y de minimizarlos, se debe considerar la posibilidad de compensación, denominada "de recuperación ambiental" y "de sustitución", la cual requiere una "conexión directa espacial y funcional" con las funciones y los componentes ambientales perdidos[6]. Sólo cuando se agotan las posibilidades, la legislación permite una compensación en otro lugar. Para facilitar esta última modalidad de compensación, se modificó la ley en 2002, mediante la creación de *pools* o bancos de compensación, por los cuales el emprendedor puede buscar en el mercado las zonas ofrecidas para compensación que cumplan con las necesidades de su proyecto. Esto, según Wende, Herberg y Herzberg (2005), resolvió uno de los principales problemas, que era la dificultad de encontrar terrenos aptos para los proyectos de compensación. Pero si la conexión espacial se flexibilizó, la conexión funcional sigue siendo una obligación y "ya no es posible argumentar que faltan lugares para recibir los proyectos de compensación" (p. 104).

> [6] *Esta es una gran diferencia conceptual en relación a la compensación ambiental brasileña, la cual, vista desde ese ángulo, se parece más una tasa ambiental a pagar por aquel emprendedor que cause un impacto significativo y menos a un mecanismo de reposición, de sustitución o inclusive de indemnización de funciones o componentes ambientales perdidos.*

De esta forma, los principios que guían la compensación ambiental deben ser:
* proporcionalidad entre el daño causado y la compensación exigida, que debe ser, como mínimo, equivalente;
* preferencia por las medidas compensatorias que representen la reposición o la sustitución de las funciones o de los componentes ambientales afectados (conexión funcional):
* preferencia por las medidas que se puedan implementar en una zona contigua a la zona afectada o, alternativamente, en la misma cuenca hidrográfica (conexión espacial).

La compensación también puede darse por la conservación de un bien de naturaleza diferente del afectado, en tanto se pueda establecer alguna relación. Por ejemplo, la restauración de un monumento de valor histórico u otro bien cultural podría aceptarse como compensación por la pérdida de un sitio arqueológico o incluso por la modificación del paisaje.

La compensación es, por lo tanto, una *sustitución* de un bien que se perderá, modificará o desnaturalizará por otro, entendido como equivalente. No debe confundírsela con la indemnización, que es un pago en especie por la pérdida de un bien (jurídicamente, los bienes ambientales y culturales son considerados *indisponibles*).

12.5 Reasentamiento de poblaciones humanas

Los estudios ambientales de emprendimientos que impliquen el desplazamiento de personas deben dedicarle una especial atención al programa de reasentamiento de la población. En el pasado, esos proyectos solamente pagaban indemnizaciones por el valor de la propiedad y de las mejoras que se ven afectadas, como por ejemplo en el caso de la expropiaciones con fin de utilidad pública. Las personas que no tenían título de propiedad – la realidad más común en las zonas rurales de los países en desarrollo- terminaban, la mayoría de las veces, siendo expulsadas de las tierras que ocupaban, en una actitud autoritaria y profundamente injusta.

El desplazamiento involuntario de personas es una consecuencia de diferentes tipos de proyecto de desarrollo, como represas, carreteras, minas, proyectos agropecuarios, urbanísticos y turísticos, entre otros. El número de personas involuntariamente desplazadas ha venido creciendo en las últimas décadas y alcanza los dos millones cada año. Se estima que sólo en proyectos de transporte urbano resultan desplazadas cerca de 6 millones de personas por año. (M. Cernea, Banco Mundial, comunicación personal, junio de 1994). Un solo proyecto, la central hidroeléctrica de Tres Gargantas, construida en el río Yangtsé, China, provocó el desplazamiento de 1.310.000 personas (Rushu, 2003), además de desplazar actividades económicas en una zona de más de 100.000 ha, incluyendo 159 industrias y cerca de 1.000 km de carreteras (Shu-yan, 2002). Los proyectos de reasentamiento de poblaciones humanas constituyen un intento de mitigar y compensar los efectos negativos del desplazamiento forzado.

Así como los impactos ecológicos eran dejados a un lado en el momento de la planificación y ejecución de proyectos de desarrollo, el desplazamiento de personas también era tratado con liviandad. En muchas represas construidas en Brasil, por ejemplo, si una familia desplazada no podía comprobar la propiedad o la posesión de la tierra, sencillamente se la desalojaba sin darle ninguna compensación, excepto un pago, las más de las veces irrisorio, por las mejoras de su tierra. Dichos proyectos hidroeléctricos generalmente se realizaban en regiones del interior alejadas de los núcleos más dinámicos del país, cuyas economías estaban poco monetarizadas, y que se caracterizaban por la producción agrícola de subsistencia y por el trueque comunitario de productos y servicios, reservándose el uso del dinero sólo para la adquisición de algunos productos industrializados o para el pago de ciertos servicios como el transporte. De esta forma, el monto de una indemnización muchas veces se gastaba en poco tiempo, sin haber sido reinvertido, o bien porque era insuficiente para la compra de una propiedad rural o urbana, o bien porque el dinero se usaba en la adquisición de bienes de consumo.

Los programas de reasentamientos vinieron para tratar de suplir las deficiencias de los esquemas tradicionales de expropiación y desplazamiento de grupos humanos afectados por grandes proyectos desarrollistas. Data de 1980 la adopción por parte del Banco Mundial de su primera política sobre reasentamientos involuntarios, que preconizaba un abordaje sistemático de la cuestión, tomando en cuenta los impactos sobre las poblaciones directamente afectadas. Algo fundamental para dicha política era la planificación previa del reasentamiento, cuyo objetivo era reproducir, en el nuevo lugar, condiciones similares a las experimentadas por la población en su lugar de origen.

Los procedimientos preconizados por esa política eran muy diferentes de las maneras de actuar hasta entonces vigentes, y su aplicación se vio dificultada por la resistencia de los promotores de los proyectos de desarrollo, que veían el reasentamiento sólo como un costo adicional: el hecho de que emprendimientos tales como represas y carreteras muchas veces fueran promovidos por agentes públicos y encuadrados jurídicamente como de utilidad pública brindaba una legitimación a tal resistencia.

Sin embargo, en 1980, la política del Banco Mundial no hacía sino reflejar la inquietud y la resistencia activa de muchas comunidades afectadas por proyectos que forzaban su desplazamiento. En varios países en desarrollo surgían movimientos de protesta ante los desplazamientos forzados. En Brasil, la década del 90 vio surgir el MAB (Movimiento de Afectados por las Represas), que sigue oponiéndose a los desplazamientos involuntarios de personas. Proyectos de menor envergadura también fueron objeto de repudio por parte de poblaciones directamente afectadas. En la ciudad de São Paulo, por ejemplo, la oposición al proyecto vial urbano denominado "Operación Faria Lima" tuvo una gran repercusión en la prensa y dio origen a acciones judiciales en oposición al emprendimiento propuesto y sus expropiaciones.

Es así que el reasentamiento surgió a la vez como una respuesta a los problemas causados por el desplazamiento de un número creciente de personas y como una respuesta a la oposición hallada por los promotores a muchos proyectos que implicaban el desplazamiento forzado. Se trata de una acción planificada de desplazamiento, transferencia y reinstalación involuntaria de las personas y sus actividades en un nuevo lugar, una medida mitigadora y compensatoria de algunos impactos negativos causados. Las poblaciones afectadas pueden ser rurales o urbanas. El nuevo lugar debe ser apto para que las comunidades reasentadas puedan continuar ejerciendo sus actividades y, dentro de lo posible, debe brindar mejores condiciones de infraestructura y servicios. Además de proveer condiciones adecuadas de vida para las poblaciones desplazadas, un proyecto de reasentamiento no debería provocar impactos ambientales significativos: por ejemplo, parte de la población desplazada para la construcción de la avenida Água Espraiada, en São Paulo, fue a instalarse en un lugar con remanentes de vegetación nativa a las márgenes de la represa Guarapiranga, en plena zona de protección de manantiales.

Hoy es obligatorio realizar un trabajo cuidadoso antes de la transferencia de esas poblaciones, durante la mudanza y, una vez efectivizada la transferencia a los nuevos lugares, por un período de varios años. Las directrices del Banco Mundial para el reasentamiento establecen que las poblaciones afectadas deben:
- ser informadas acerca de sus derechos y las opciones de reasentamiento;
- ser consultadas, pudiendo elegir entre opciones técnica y económicamente viables de reasentamiento;
- recibir una compensación inmediata y efectiva calculada por el costo total de reposición de las mejoras perdidas.

(Operational Policy 4.12, "*Involuntary Resettlement*", diciembre de 2001, § 6(a).)

Las metodologías de reasentamientos humanos evolucionaron mucho en las últimas tres décadas, cuando el paradigma *social* sustituyó paulatinamente al *económico*. De acuerdo con este enfoque, las personas que debían ser desplazadas como consecuencia de una obra considerada de utilidad pública eran indemnizadas monetariamente por el valor de la propiedad y sus mejoras. En países como Brasil, tal enfoque tiene serias limitaciones, ya que muchas veces las poblaciones desplazadas son de bajos ingresos y no disponen de títulos de propiedad. Además, para muchas de esas familias, inclusive las bajas indemnizaciones pueden parecer abultadas sumas de dinero, pero son insuficientes para adquirir otra vivienda y se las consume rápidamente en la adquisición de bienes de consumo. Por su parte, la inexistencia de título de propiedad puede dificultar, retardar o incluso impedir la indemnización.

El enfoque social, en tanto, parte del presupuesto de que la indemnización monetaria es una compensación insuficiente para los impactos sociales, que van más allá de una propiedad, de un lugar de vivienda o de ejercicio de actividades comerciales o de subsistencia. También se ven afectadas las relaciones de vecindad, de amistad y de parentesco, así como las referencias culturales, las referencias a la memoria y las relaciones económicas en el seno de una comunidad. Por esa razón, el reasentamiento debería tratar de recrear esas condiciones, reproduciendo, en cierta medida, en el nuevo lugar, las relaciones preexistentes. En realidad, la idea misma de reasentamiento es resultado del paradigma social, ya que, desde el paradigma económico, no importa donde se reinstalarán las personas desplazadas: la decisión se toma individualmente. La comunidad puede dispersarse y los lazos entre sus miembros se pueden romper.

En los últimos tiempos, un paradigma *cultural* se ha antepuesto al paradigma social. No se trata solamente de proveer condiciones de infraestructura y servicios –saneamiento, circulación urbana, iluminación pública, escuelas, hospitales- en la zona de reasentamiento, sino de preservar las formas de producción y consumo cultural propias de las comunidades afectadas. De esta forma, se realiza una especie de inventario previo de esas formas y se trata de crear, en el reasentamiento, condiciones para que éstas sigan existiendo. Un ejemplo de aplicación de dicho enfoque es el reasentamiento de comunidades indígenas afectadas por algunos proyectos hidroeléctricos en Canadá, en donde se buscó, entre otras medidas, recrear los característicos detalles espaciales de las aldeas tradicionales (Fig. 12.10).

En las concepciones actuales de reasentamiento, el proyecto debe discutirse y negociarse con la comunidad afectada. En vez de ser simplemente reasentada en forma pasiva, la comunidad puede transformarse en agente del proceso de cambio, participando activamente de las decisiones acerca de la transferencia y reinstalación. En América Latina, suele ser frecuente que los afectados por los emprendimientos viales o urbanísticos en las regiones metropolitanas sean las poblaciones carenciadas, que ocupan

Fig. 12.10 *Comunidad indígena reasentada en la región de la bahía James, Quebec, Canadá. Los detalles físicos de las construcciones fueron discutidos y negociados con los interesados y reproducen el patrón de asentamiento de una comunidad tradicional (ver lámina en color 36)*

zonas de riesgo o viviendas insalubres. En ese caso, el reasentamiento puede significar un cambio para mejor, en tanto el proceso esté bien dirigido y siga principios democráticos. Por parte de las poblaciones afectadas, hay una resistencia a los cambios, debido a un posible traslado a un lugar distante, la ruptura de relaciones de vecindad y otras razones, de manera que sólo un proceso participativo de reasentamiento tiene chances de ser bien aceptado. Hay relatos de diversos casos de proyectos exitosos conducidos según esta óptica: por ejemplo, en Alemania, la actividad minera de carbón a cielo abierto en las proximidades de la ciudad de Colonia obtuvo el consentimiento de la población local, incluso con el traslado de pueblitos enteros, y que en algunos casos fueron reconstruidos; el paisaje también se modificó radicalmente, surgiendo lagos, hoy utilizados para actividades recreativas, en donde antes sólo había tierras agrícolas y forestales.

En el caso de las poblaciones rurales, el proceso participativo también es necesario, pero hay otras cuestiones a considerar. El reasentamiento debe brindar condiciones que garanticen que las personas sigan viviendo de la tierra, de modo que la fertilidad de los suelos, la disponibilidad hídrica, la infraestructura para la salida de la producción e incluso el acceso al crédito y a los servicios de extensión rural deben ser condiciones que hay que tomar en cuenta en la formulación del proyecto.

Cuando se prepara un estudio ambiental para un proyecto que implique el traslado forzado de poblaciones humanas, es conveniente que el diagnóstico ambiental describa detalladamente la población a desplazar. Los términos de referencia deberán especificar el contexto y el objeto del relevamiento de datos, pero en todos los casos las informaciones presentadas deberán haberse obtenido mediante un relevamiento de campo (datos primarios). Evidentemente, podrán aprovecharse e incluso reproducirse (si son convenientes y suficientes) las informaciones obtenidas para la preparación del proyecto y para el cálculo del costo de expropiación.

Las modalidades de reasentamiento pueden ser varias, incluso para los diferentes grupos afectados por un mismo proyecto: por ejemplo, en ciertos casos, la opción preferida puede ser la provisión de un lote, debidamente legalizado, acompañado por una canasta de materiales de construcción y de asistencia técnica; en otros, la opción puede ser la construcción de viviendas completas en lugares con infraestructura, que pueden ser ocupadas inmediatamente por la población afectada. Las modalidades serán diferentes según si el proyecto afecta a poblaciones urbanas o rurales y grupos que posean títulos de propiedad o categorías como ocupantes o invasores.

El Banco Mundial recomienda que los planes de reasentamiento incluyan:
- asistencia durante la relocalización;
- asistencia durante un período de transición suficiente para la restauración del nivel de vida de las poblaciones afectadas;
- asistencia como, por ejemplo, la preparación de la tierra, crédito, capacitación u oportunidades de trabajo.

(Ídem, párrafos 6(b)(c).)

El Banco Interamericano de Desarrollo recomienda firmemente una estrategia que evite o minimice la necesidad de los reasentamientos, estableciendo también la necesidad de preparar previamente un plan de reasentamiento cuando el desplazamiento sea inevitable. Para los casos de reasentamiento, el Banco considera que tanto la población afectada como la anfitriona deben:

- disponer de un nivel de vida, acceso a la tierra, a los recursos naturales y a los servicios públicos como mínimo equivalentes a los niveles anteriores al reasentamiento;
- recuperarse de todas las pérdidas que causó el proceso de transición hacia la nueva situación;
- sufrir la menor perturbación posible en lo que respecta a sus redes sociales, oportunidades de empleo y producción, y acceso a los recursos naturales e instalaciones públicas;
- tener acceso a oportunidades de desarrollo económico y social.

Como toda otra medida de gestión que trata de mitigar o compensar los impactos negativos, las actividades de reasentamiento deben planificarse previamente de manera consistente con los principios adoptados, respetándose el contexto legal y las reglas tradicionales vigentes en las comunidades afectadas. El Cuadro 12.6 muestra el contenido de un plan de reasentamiento según la política propuesta por el Banco Mundial al respecto. Se trata de un documento muy extenso y detallado, pero la política del Banco garantiza flexibilidad en su aplicación, dejando claro que algunos de los elementos del plan pueden presentarse de manera simplificada o incluso dejados a un lado, de acuerdo a la complejidad del proyecto. La política propone también una versión abreviada del plan de reasentamiento, a aplicarse en casos más simples.

Cuadro 12.6 *Elementos de un plan de reasentamiento*

Descripción del proyecto
Identificación de los impactos potenciales
Objetivos del programa de reasentamiento
Estudios socioeconómicos
Marco legal
Marco institucional
Criterios de calificación para el encuadramiento en el programa de reasentamiento
Evaluación de pérdidas de bienes
Medidas de reasentamiento
Selección y preparación de los lugares para el reasentamiento y la relocalización de las personas
Vivienda, infraestructura y servicios sociales
Protección y gestión ambiental
Participación de la comunidad
Integración con la comunidad que recibirá a los reasentados
Mecanismos de resolución de controversias
Responsabilidades en la implementación del plan
Cronograma de implementación
Costos y presupuesto
Monitoreo y evaluación

Fuente: World Bank (2001): OP 4.12, Annex: Involuntary Resettlement.

12.6 Medidas de valorización de los impactos benéficos

Los impactos benéficos de un emprendimiento muchas veces se manifiestan mayormente en el campo socioeconómico. La creación de empleos y la dinamización de la economía local a menudo son citados en la mayoría de los EsIAs como impactos positivos. Sin embargo, muchas veces se trata más de un potencial que de un impacto que verdaderamente ocurrirá. Por ejemplo, los empleos creados pueden requerir capacitación técnica no disponible entre la fuerza de trabajo local y los puestos de trabajo terminarán ocupados por individuos externos a la comunidad que acoge al emprendimiento. Otra situación común es la dificultad de las empresas locales de actuar como proveedores de bienes y servicios al nuevo emprendimiento, porque no tienen capacidad técnica para ello (en el caso de bienes y servicios de alto contenido tecnológico), capacidad gerencial para proveer el bien o servicio con la calidad requerida, o capacidad financiera para invertir en el aumento de su producción y atender la nueva demanda.

Es por eso que, para hacer viable la concretización de los impactos potencialmente benéficos, puede ser necesario el desarrollo de programas específicos, como capacitación de mano de obra, capacitación gerencial, provisión de crédito y de asistencia técnica, dotando de instrumentos a la comunidad para aprovechar el emprendimiento como un factor de desarrollo regional. Dichos programas deben estar descriptos con un nivel de detalles igual al de los programas destinado a mitigar o compensar impactos negativos.

Otra vertiente de los programas dedicados a realzar los impactos benéficos se mezcla con la actuación de las empresas en el área conocida como responsabilidad social, que normalmente implica iniciativas en las áreas de la educación y la salud, de capacitación profesional o de generación de empleo y renta. Los programas de educación ambiental o la implantación de centros de educación y estudios ambientales (Fig. 12.11) son ejemplos de esas iniciativas; aprovechando la capacidad de las empresas en asignar y promover recursos financieros y humanos, acciones dirigidas a concientizar acerca de los problemas ambientales, a difundir su conocimiento y a adoptar iniciativas de reciclaje o de plantación de retoños de especies nativas, figuran entre las más comunes. Lo ideal serían que dichos programas incluyeran a los propios funcionarios de las empresas y a los de las empresas prestadoras de servicios.

Fig. 12.11 *Centro de educación ambiental construido voluntariamente por la empresa Alcoa en Poços de Caldas, Minas Gerais, a comienzos de los años 90; fue el pionero de una red de centros similares mantenidos por empresas existente hoy en dicho estado*

Ciertas medidas compensatorias impuestas en el momento del licenciamiento ambiental también pueden llegar a subrayar los impactos positivos. De esta forma, un programa de educación patrimonial surgido de la necesidad de compensar impactos sobre el patrimonio arqueológico no es solamente una compensación; sirve también para divulgar a la población local los múltiples significados de la Historia.

12.7 Estudios complementarios o adicionales

La planificación de un proyecto de ingeniería se realiza en etapas progresivamente más detalladas, partiéndose de una idea, intención o concepto hasta llegar a un proyecto ejecutivo o constructivo detallado. A medida que aumenta la pormenorización, aumenta el costo de elaboración del proyecto. En las etapas sucesivas se evalúan las viabilidades técnica, económica y ambiental, cuyas conclusiones pueden llevar a modificaciones del proyecto o idea original.

Es natural que en la evaluación de impacto ambiental se proceda de manera compatible, o sea, con una profundización sucesiva, conforme el proyecto se va mostrando viable. Como los emprendimientos sujetos al proceso de EIA dependen de la obtención de una licencia ambiental, y el modelo adoptado en Brasil tiene tres etapas sucesivas – licencia previa, licencia de instalación y licencia de funcionamiento –, el EsIA es exigible para la primera de ellas, o sea, la licencia previa. Esta significa un acuerdo *en principio* para la futura implantación del emprendimiento, sin que exista una obligatoriedad de concesión de la licencia de instalación, la que, no obstante, se concederá si se cumplen todas las condiciones establecidas al momento de la emisión de la licencia previa.

En este modelo, es admisible que el nivel de detalles del EsIA sea compatible con el grado de detalles del propio proyecto y, como no hay certeza en cuanto a su aprobación gubernamental, éste se va detallando a medida que hay buenos indicadores de su viabilidad ambiental y posibilidad de realización: la concesión de la licencia previa es el mejor indicador práctico.

De esta forma, si existe una perspectiva de aprobación, se podrán realizar estudios detallados paralelamente a la pormenorización del proyecto. Estos estudios pueden incluir:
- una profundización del conocimiento sobre la dinámica ambiental en el área de influencia (la continuidad de los estudios de base y del monitoreo preoperativo);
- una pormenorización de las medidas mitigadoras y demás medidas de gestión;
- negociaciones con agentes públicos, comunidad y otros interesados acerca del alcance de las medidas mitigadoras, valorizadoras y compensatorias.

Consideremos el caso del patrimonio arqueológico que pueda verse afectado por una carretera, un loteo o una represa. Puede ocurrir que la cantidad de sitios arqueológicos afectados sea bastante alta, del orden de las decenas. El estudio de cada uno de éstos puede demandar años y tener un significativo costo económico. No tiene sentido estudiar con detalle cada uno de éstos, si no existe certeza acerca de la construcción del emprendimiento, ya que el impacto sólo ocurrirá si el proyecto se lleva adelante. De esta manera, los relevamientos arqueológicos también se van haciendo con un progresivo grado de profundización, pudiendo limitarse, en muchos casos, a un simple relevamiento del potencial arqueológico e identificación de posibles sitios durante la preparación del EsIA, seguido de trabajos de prospección e incluso de excavación (Fig. 12.12) una vez concedida la licencia previa, pero antes de solicitar la licencia de instalación. En el caso de una represa, cuyas obras pueden tardar años, es posible realizar un estudio detallado de la superficie a inundar luego de iniciada la construcción, pero antes, evidentemente, del llenado del embalse.

Aunque aquí se clasifiquen en la categoría de estudios complementarios, los programas de salvamento arqueológico también pueden entenderse como medidas compensatorias, dado que la pérdida física del recurso se ve compensada por la producción de conocimiento (Multigeo Meio Ambiente, Estudio de Impacto Ambiental, Extracción de Arcilla, Vieira e Pirizal, Camargo Corrêa Cimentos, 2004, p. 482).

Fig. 12.12 *Excavación arqueológica previa a la apertura de una ruta de acceso a una mina, en donde se evidencian vestigios de extracción de oro de la época del Imperio Romano (siglo II d.C.), en Belmonte, Asturias, España*

12.8 PLAN DE MONITOREO

Las previsiones de impacto hechas en un EsIA siempre son hipótesis acerca de la respuesta del medio ambiente a las necesidades impuestas por el emprendimiento. La validez de dichas hipótesis sólo podrá confirmarse – o desmentirse – si el proyecto efectivamente se implanta y sus impactos son debidamente monitoreados.

Esa es la principal razón para que, en la mayoría de las reglamentaciones, se exija la presentación de un plan de monitoreo como parte integrante del EsIA. A su vez, la gestión ambiental no puede prescindir del monitoreo, que brinda la base de informaciones sobre el desempeño del emprendimiento y sobre el comportamiento del medio.

El monitoreo ambiental se puede clasificar, de acuerdo a los avances del emprendimiento, en tres etapas: la preoperativa, la operativa y la post-operativa. Todas forman parte del proceso de evaluación de impacto ambiental: la preoperativa corresponde al monitoreo realizado durante los estudios de base y que puede continuar luego del concluido el EsIA, pero inclusive antes de comenzar la implantación del emprendimiento; el monitoreo operativo es el que se realiza durante las etapas de implantación, funcionamiento y desactivación; en tanto, el monitoreo post-operativo (una vez finalizada la actividad) puede ser necesario en algunos sectores en los cuales existe un potencial de significativos impactos residuales, como la disposición de residuos y la minería. El plan de monitoreo presentado en el EsIA aborda esencialmente la etapa operativa, pudiendo extenderse a la post-operativa, si fuera necesario.

El plan de monitoreo debe ser compatible con los impactos previstos (obviamente) y también con los estudios de base; o sea, con el monitoreo preoperativo. En otras palabras, se debe procurar monitorear los mismos indicadores utilizados en los estudios de base, preferentemente en los mismos puntos y con métodos idénticos o compatibles.

El plan de monitoreo debe presentar, como mínimo:
- los parámetros a monitorear;
- la ubicación de las estaciones de recolección de datos;
- la periodicidad de los muestreos;
- la técnica de recolección, preservación y análisis de muestras.

El monitoreo ambiental del proyecto no debe confundirse con el control general de calidad del medio ambiente, realizado por órganos gubernamentales; debe idearse en función de los impactos identificados y previstos, de manera de poder ser capaz de distinguir los cambios generados por el emprendimiento de los ocasionados por otras acciones o por causas naturales.

Entre los objetivos del monitoreo operativo y post-operativo, se puede destacar:
- verificar los impactos reales de un emprendimiento;
- compararlos con las previsiones;
- detectar cambios no previstos;
- alertar ante la necesidad de actuar, en caso de que los impactos superen ciertos límites;
- evaluar la capacidad del EIA de hacer previsiones válidas y formular recomendaciones para mejorar dichas previsiones en futuros estudios de impacto ambiental.

En realidad, la principal función del monitoreo ambiental es controlar el desempeño ambiental del emprendimiento, para lo cual sólo tiene sentido si genera acciones de control. En caso de que el monitoreo detecte algún problema, el emprendedor debe ser capaz de adoptar medidas correctivas dentro de plazos razonables.

El monitoreo no debe restringirse a parámetros o indicadores físicos y biológicos, sino también incluir, en la medida de lo posible, indicadores de impactos sociales y económicos. Obviamente, el monitoreo social no puede emplear la misma estructura que el monitoreo biofísico, con estaciones de recolección de datos e intervalos cortos, pero debe observar el mismo rigor científico, dentro de las especificidades de las ciencias sociales.

Armour (1988) señala algunas especificidades del monitoreo de impactos sociales:
- debe basarse en un proceso social de recolección de datos, en vez de reproducir procedimientos de monitoreo del medio biofísico (por ejemplo, mediante el establecimiento de comités de moradores que mantienen encuentros regulares);
- debe focalizarse en el monitoreo de problemas más que en el monitoreo de impactos (por ejemplo, mediante relevamientos regulares de las preocupaciones de las personas);
- debe considerar que el concepto de impacto significativo es de carácter cualitativo y no mensurable objetivamente.

A partir de ello, no se debe descartar el seguimiento de ciertos indicadores socioeconómicos como técnica de monitoreo de impactos sobre el medio antrópico, en tanto dichos indicadores sean representativos de los fenómenos que se pretende conocer, de la misma manera que se puede trabajar con indicadores seleccionados para acompañar los impactos sobre el medio físico y sobre el medio biótico.

El monitoreo ambiental es, por su propia esencia, dinámico: en base a sus resultados, el plan mismo de monitoreo se debe rever, ajustar y actualizar. También se debe ajustar ante los cambios por los cuales pasa el emprendimiento durante su vida útil, de modo que el plan propuesto en los estudios ambientales es sólo el punto de partida para un programa continuo de monitoreo ambiental que acompaña todo el ciclo de vida de un emprendimiento, y eventualmente perdura luego de su desactivación.

12.9 Medidas de capacitación y gestión

La existencia de programas bien estructurados de gestión ambiental no garantiza su éxito. Si la aplicación no estuviera dirigida por un equipo concientizado y capacitado, las medidas de gestión sencillamente pueden fallar. No obstante, es necesario contar con profesionales calificados, aunque no ello no sea suficiente para alcanzar los resultados esperados, ya que los programas no pueden depender sólo de las personas; éstos deben ser institucionalizados, de manera de poder resistir a los cambios del personal involucrado.

Una de las principales fallas de los programas de mitigación de impactos es "darles más atención a las medidas de orden físico que a los controles operativos y gerenciales" (Marshall, 2001a, p. 196). Es por todos conocido que excelentes proyectos pueden ser mal construidos. Muchas veces, el cuestionamiento público a un proyecto o la preocupación de los analistas de los órganos gubernamentales se da justamente sobre la capacidad del proponente en implementar efectivamente las medidas requeridas para el emprendimiento. Esta cuestión no puede ser dejada a un lado o tratada superficialmente: debería demostrarse la capacidad de los responsables de la implementación de las medidas de gestión. Ello puede ser relativamente simple cuando se trata de una empresa u organización que ya tiene en funcionamiento o ya implantó emprendimientos similares y pudo demostrar un buen desempeño en los casos anteriores, pero, contrariamente, puede significar una de las principales barreras a la aceptación de un proyecto cuando el proponente tiene un mal historial de desempeño ambiental.

Sánchez y Hacking (2002) sugieren que la gestión ambiental debe entenderse desde tres dimensiones: la preventiva, la correctiva y la gestión de la capacidad, o sea, de la capacidad organizativa de administrar un emprendimiento respetando los requisitos ambientales. Esta dimensión abarca la capacitación de las personas, la designación de responsabilidades, la asignación de recursos y la administración del conocimiento, tareas para las cuales los sistemas de gestión (de la calidad ambiental o de la salud y seguridad en el trabajo) pueden ser herramientas muy útiles. Cuando las organizaciones disponen de sistemas de gestión para cada uno de esos tres componentes, su fusión en uno solo da como resultado el denominado sistema de gestión integrada.

Las medidas de capacitación y gestión son de carácter sistémico y organizativo; tienen la función de preparar al personal de la empresa y al personal contratado por terceros para desempeñar sus funciones en consonancia con los requisitos legales, y de manera respetuosa al medio ambiente y a la comunidad local. Las medidas que se pueden llevar a cabo con ese fin incluyen:

- programa de concientización ambiental de los equipos de construcción y de los gerentes;

* programa de concientización y capacitación ambiental de los equipos de funcionamiento y de los gerentes;
* implementación de un sistema de gestión ambiental.

La experiencia práctica ha demostrado que, para que los impactos resultantes de la etapa de implantación de un emprendimiento se mitiguen satisfactoriamente, es de gran importancia que los equipos constructores tengan plena conciencia de las implicaciones ambientales de sus actividades y se encuentre debidamente preparados y entrenados para las tareas que llevarán a cabo. Casos brasileños documentados de probado éxito en la implantación de medidas mitigadoras durante la etapa de construcción de proyectos de elevado impacto (Sánchez y Gallardo, 2005; Küller y Machado, 1998) son una comprobación de la importancia de ese tipo de programa.

Además, es de la mayor importancia que los futuros gerentes del emprendimiento conozcan a fondo los programas de gestión ambiental concebidos durante la etapa de planificación e incorporados como condicionantes de la licencia ambiental. Estudios empíricos realizados en Brasil mostraron que los gestores ambientales de emprendimientos sujetos a la presentación previa de un EsIA raramente toman en consideración las recomendaciones de dichos estudios (Prado Filho y Souza, 2004). Para prevenir y remediar tales deficiencias, las personas encargadas de implementar los programas de gestión ambiental deben disponer de un buen conocimiento del historial de planificación ambiental del proyecto, para poder comprender las razones que condujeron a la definición de las medias integrantes del plan. De esta forma, un programa de concientización y capacitación de los equipos de funcionamiento y de los gerentes debería abordar el historial del emprendimiento, las actividades realizadas en la preparación del EsIA y los debates y cuestionamientos que puedan haber ocurrido durante la audiencia pública.

El programa dirigido al personal, en tanto, debería poner el énfasis en las cuestiones relativas a las consecuencias ambientales de sus respectivas funciones y procedimientos operativos (Fig. 12.13). Programas similares son usualmente organizados por empresas que disponen de un sistema de gestión ambiental, y son importantes independientemente del modelo de gestión adoptado. De acuerdo al perfil de los trabajadores, dichas actividades pueden estar acompañadas por un programa escolar en el obrador o un programa de educación para adultos destinada a los equipos de funcionamiento.

Finalmente, los programas de gestión pueden integrarse mediante un sistema de gestión ambiental, tanto para la etapa de implantación del emprendimiento como para la etapa de funcionamiento.

Fig. 12.13 *Daño resultante de la inexistencia de un programa de gestión ambiental. Las causas de las conductas irrespetuosas para con el ambiente pueden ser múltiples, incluyendo una baja capacitación del personal operativo y baja concientización de los gerentes. En este ejemplo, la falta de orientación clara y la inexistencia de un procedimiento documentado para la actividad de cambio de aceite lubricante en equipos pesados dio como resultado la contaminación del suelo*

12.10 Estructura y contenido de un plan de gestión ambiental

El plan de gestión suele presentarse en un capítulo específico del EsIA, en el cual se describen las medidas propuestas, se presentan los resultados esperados de su aplicación y, eventualmente, se presenta su costo estimado. Dos ítem son obligatorios: el cronograma y la designación del responsable de cada acción. Atribuir responsabilidades puede ser una cuestión delicada si algunas medidas están fuera de la jurisdicción o el alcance del proponente del proyecto. En el caso de los proyectos privados, algunas medidas necesitan de aprobación gubernamental, que no siempre se puede garantizar al momento de la presentación del EsIA. En el caso de los emprendedores públicos, la competencia legal del proponente puede limitar el objeto de las medidas de gestión, o bien pueden ser necesarias medidas fuera del campo de competencial legal de la agencia proponente.

Es importante comprender que un plan de gestión ambiental no es una colección de buenas intenciones. Para que un programa de gestión sea exitoso, son varias las condiciones necesarias. Entre las más importantes, se puede citar las siguientes:

* Claridad, precisión y pormenorización del programa: los programas de gestión presentados en los estudios de impacto ambiental o como condicionantes de las licencias ambientales deben estar descriptos de forma suficientemente clara y precisa y suficientemente detallados para que puedan ser auditados, o sea, verificados por una tercera parte (que puede ser un agente de fiscalización del gobierno, un auditor del agente financiador del proyecto, una comisión representativa de la comunidad y otras partes interesadas, o incluso cualquier modalidad de agente externo, conforme capítulo 17).
* Asignación clara de responsabilidades y compromiso de las partes, dado que no todas las medidas que constan en los programas de gestión serán de responsabilidad del emprendedor. Muchas veces hay medidas muy importantes que están fuera de su alcance o jurisdicción, y deben ser llevadas a cabo por otra instancia, como un órgano gubernamental; es importante discernir las respectivas responsabilidades.
* Presupuesto realista, que describa los costos totales de las medidas y el cronograma de desembolsos; naturalmente, también es necesario el compromiso de que los recursos previstos serán liberados; este punto puede ser crítico en proyectos públicos.

Normalmente, la configuración inicial de un programa de gestión parte del proponente del proyecto y de su consultor ambiental. Las medidas propuestas suelen surgir de dos fuentes principales:

* De la experiencia anterior con el tipo de emprendimiento analizado, caso en el que es común encontrar medidas casi estandarizadas, que se adoptaron en la mayoría de los emprendimiento de esa categoría, como, por ejemplo, la remoción selectiva de la capa superficial de suelo fértil, para su posterior reutilización, algo común en los emprendimientos mineros, y obras civiles de gran envergadura, como represas y carreteras; otro ejemplo es el mantenimiento de un caudal mínimo aguas debajo de las represas. Las medidas de ese tipo son conocidas como *buenas prácticas de gestión ambiental* y, aunque no sean exigibles a nivel legal, las llevan a cabo las mejores empresas.

* Del análisis de los impactos realizado en el EsIA, al describirse y discutirse los impactos significativos de cada emprendimiento; de dicho análisis surgirán medidas particulares para el emprendimiento analizado, como pasos para la fauna silvestre en las carreteras o la implantación, en lugares específicos, de barreras antirruido.

Las medidas que figuran en un estudio de impacto ambiental se someten a la consideración de los órganos gubernamentales y a la consulta pública. El resultado de ese proceso pueden ser otras medidas de gestión que el emprendedor deberá adoptar. Muchas veces, las nuevas medidas son formuladas de manera vaga o imprecisa, lo que dificulta su implementación y puede hasta imposibilitar su fiscalización o auditoría. Es importante que las nuevas medidas se consoliden en el plan de gestión y se describan con el mismo nivel de detalle que las demás. Dias (2001, p. 209) comenta una propuesta radical de Goodland y Mercier (1999) de que el plan de gestión ambiental – que contendría la descripción de todas las medidas que el proponente debe adoptar, incluyendo el monitoreo de los impactos y la demostración de su capacidad para administrarlos, desde la implantación del emprendimiento hasta su desactivación –, podría ser el documento principal de aprobación del emprendimiento, una especie de borrador de contrato entre el emprendedor y el órgano regulador.

El Cuadro 12.7 muestra cómo se pueden sintetizar los programas de gestión resultantes del proceso de evaluación de impacto ambiental de un emprendimiento, en tanto que el Cuadro 12.8 muestra cómo se puede organizar la descripción de un programa de gestión.

La estandarización del formato de presentación y descripción de los programas que constituyen el plan de gestión es una manera simple, pero muy eficaz, de aumentar su valor para todas las partes interesadas y, principalmente, de facilitar las actividades de seguimiento, fiscalización y auditoría. Para poder alcanzar ese objetivo, es necesario que el plan de gestión presente todos los elementos necesarios para su perfecta comprensión, sin necesidad de consultar otros documentos, muchas veces de difícil acceso a los interesados (por ejemplo, actas de reuniones públicas, de reuniones de consejos estaduales o municipales de medio ambiente o dictámenes de órganos gubernamentales consultados durante el proceso de evaluación de impacto ambiental).

Es necesario que el EsIA señale al menos una medida de gestión para cada impacto significativo. Es conveniente mostrar, por medio de cuadros o diagramas, una correlación entre los impactos y las medidas propuestas. Para la implementación de cada una de esas medidas, pueden ser necesarias diversas acciones concatenadas, que se llevarán a cabo de diferentes maneras. La descripción de los programas de gestión y de las acciones que los componen no se puede limitar

Cuadro 12.7 *Ejemplo de cuadro sintético descriptivo de un plan de gestión ambiental*

Impacto	Acción propuesta	Tipo	Responsable	Ficha descriptiva
Impacto 1	Acción 1	M		1
	Acción 2	C		2
Impacto 2	Acción 2	C		2
Impacto 3	Acción 3	V		3
	Acción 4	E		4
Impacto 4	Acción 5	G		5

M – Medidas de mitigación o atenuación de impactos negativos.
C – Medidas de compensación de impactos negativos.
V – Medidas de valorización de impactos positivos.
E – Estudios complementarios.
G – Medidas de capacitación y gestión.

Cuadro 12.8 *Ejemplo de contenido de ficha descriptiva de los programas de gestión*

Descripción del programa y de las acciones que lo componen
Identificación de los asociados o de otras partes intervinientes y descripción de las responsabilidades respectivas
Situación de las negociaciones ya iniciadas con las partes interesadas
Estrategia de ejecución (por ejemplo, contrato con una universidad: el emprendedor construye una obra y el gobierno local se encarga del mantenimiento)
Recursos necesarios (financieros, humanos, organizativos) y su fuente
Cronograma de implementación
Indicadores a utilizar para evaluar los resultados
Contenido y fechas previstas para la presentación de informes sobre la marcha del proyecto e informe conclusivo

a aserciones genéricas, que se podrían encontrar en algún otro estudio de impacto ambiental. Por el contrario, deben ser descriptos con la mira puesta particularmente en el proyecto discutido, pero, según la reglamentación de cada país, muchas veces los detalles pueden posponerse hasta la etapa siguiente de licenciamiento.

En países cuya legislación preconiza un procedimiento de múltiples etapas, es aceptable que, en un primer momento, los programas de gestión se presenten bajo la forma de un proyecto conceptual o equivalente, principalmente si todavía no hay consenso sobre ellos, como suele ocurrir cuando dichos programas emanan exclusivamente del emprendedor o de su consultor, y todavía no fueron discutidos con el público o los órganos de control. Por esa razón, muchas veces los estudios de impacto ambiental presentan descripciones genéricas de los programas de gestión. No obstante, antes de comenzar su implementación, los programas deben discutirse con los interesados, tienen que ser aprobados por los órganos gubernamentales y estar descriptos detalladamente como para permitir que cualquier interesado pueda hacer su seguimiento y verificación.

Para Goodland y Mercier (1999), las mayores dificultades de la gestión ambiental en la implementación de proyectos sometidos al proceso de EIA se refieren a garantizar los recursos financieros y humanos para aplicar exitosamente las medidas mitigadoras resultantes del proceso de evaluación. En base a la experiencia del Banco Mundial, estos autores sugieren que el punto destacado del proceso de EIA cambió de la "producción del estudio de impacto ambiental" a las formas de garantizar el éxito de la implementación de las medidas de gestión (pp. 14-15). La capacidad de implementación, por un lado, depende de la capacidad gerencial del proponente del emprendimiento y, por el otro, de la eficacia de la fiscalización y de los acuerdos institucionales para la etapa de seguimiento del proceso de EIA (este punto se abordará en el Cap. 17).

Comunicación de los resultados

13

El redactor de un estudio de impacto ambiental (o de algunas partes de éste) tiene frente a sí un problema inusitado. No está escribiendo un informe técnico al cual sólo lo leerán otros técnicos con formación y nivel de conocimiento similar al suyo. Tampoco está preparando un texto en estilo periodístico, que cualquier persona medianamente educada podría leer y comprender. Los estudios de impacto ambiental poseen un poco de las dos características, pero quien los elabora tiene también otras dificultades que enfrentar.

Como la evaluación de impacto ambiental es un proceso público, sus resultados deben ser comunicados a todas las partes interesadas. No obstante, el público lector es muy heterogéneo, pudiendo englobar desde la comunidad local hasta militantes altamente capacitados desde el punto de vista técnico. Como los diferentes interesados buscan informaciones distintas en los documentos que se producen durante el proceso de EIA, la comunicación se transforma en un problema muy complejo. Los estudios e informes de impacto ambiental los leerán los analistas del órgano licenciador, los activistas de organizaciones no gubernamentales, los miembros de la comunidad local y, eventualmente, otros tipos de lectores, como los consultores o asesores de diferentes partes interesadas, abogados, fiscales, políticos y periodistas.

Es justamente esta característica la que posibilita que el EsIA y su informe no técnico actúen como facilitadores de la discusión pública, un potencial instrumento de inclusión. De esta forma, se amplía el espectro de participantes implicados en el proceso de discusión, además de profundizarse el conocimiento público acerca de temas y cuestiones que antiguamente (o sea, antes de la legislación sobre EIA, quedaban restringidas a determinados círculos o monopolios de interpretación (conforme la sección 16.3).

Para los redactores del estudio, el problema de la multiplicidad y diversidad de los lectores es difícil de enfrentar. Tanto una frase mal colocada como una lectura desatenta de un texto excelente pueden causar grandes estragos: un proyecto puede ser cuestionado, su aprobación puede ser más trabajosa, pueden llegar a solicitarse nuevos estudios. Si un estudio técnicamente impecable puede dar como resultado un informe mal estructurado, con una descuidada presentación y mal escrito, el lector tendrá un trabajo extremadamente arduo y penoso para descifrar las intenciones del proponente y las conclusiones del equipo de consultores. A diferencia de una mala novela, cuya lectura se puede interrumpir sin mayores consecuencias, un analista ambiental no puede abandonar la lectura de un EIA; un estudio mal redactado puede ser un desafío a la buena voluntad de ese lector, que tendrá un rol fundamental en la eventual aprobación del proyecto. Como dice un consultor norteamericano, "un estudio de impacto ambiental ilegible es un riesgo ambiental" (Weiss, 1989).

13.1 El interés de los lectores

El tipo de información que cada uno busca en un estudio ambiental y qué nivel de detalle le interesa varían mucho. Alton e Underwood (2003, p. 141) señalan que "los profesionales de la evaluación de impactos tradicionalmente han escrito documentos para ellos mismos". El analista ambiental es un profesional de la evaluación de impactos y estará interesado en conocer no sólo los resultados sino también los métodos que permitieron que el equipo que elaboró los estudios llegara a sus conclusiones. Dicho lector también quiere saber cuáles fueron las técnicas utilizadas para el análisis de los datos y las justificaciones para las conclusiones presentadas en el estudio.

No obstante, muchos lectores de los estudios ambientales no son profesionales del ramo. Si el estudio y el informe de impacto ambiental deben servir como base para una discusión pública y para el "uso público de la razón" (conforme la sección 16.2) en el proceso decisorio, entonces su redacción y presentación deben buscar la disminución del nivel de ruido e interferencia en la comunicación. El activista de una organización no gubernamental podrá estar interesado en un solo aspecto particular o en cómo dicho el emprendimiento puede llegar a afectar sus intereses: es así como la "Sociedad de Amigos del Papagayo de cara roja" podría querer saber de qué manera el proyecto propuesto puede afectar el hábitat o las fuentes de alimento de esa especie. De la misma forma, un grupo de interés con otra perspectiva, como la asociación comercial local, buscará informaciones sobre cómo el proyecto afectará sus negocios. En tanto, la comunidad local normalmente quiere saber de qué manera el emprendimiento podrá afectar su modo de vida, cuántos empleos se crearán o si se generarán problemas para el desplazamiento. Algunas personas tienen interés en saber si su propiedad está situada en las proximidades de la zona de intervención, o si su acceso se verá interrumpido o dificultado.

El Cuadro 13.1, adaptado de Page y Skinner (1994), clasifica a los lectores de los estudios ambientales en cinco grupos principales, indicando sus respectivos puntos de vista. Se trata, evidentemente, de una división esquemática ya que, en la práctica, las perspectivas, los intereses y los puntos de vista se superponen y mezclan de manera mucho más intrincada que cualquier esquema teórico. Sin embargo, esta clasificación es útil para identificar qué tipo de información buscarán en los estudios los diferentes lectores y, por lo tanto, para orientar a los redactores en la preparación de los informes.

El analista técnico es aquel cuya principal función es emitir un dictamen sobre la calidad y aptitud del estudio de impacto ambiental. Esa es la típica competencia de los técnicos del órgano ambiental y de los profesionales de las instituciones gubernamentales consultados por el órgano licenciador. Su compromiso con el proceso de EIA y su perspectiva de análisis es profesional, basada en su formación académica y en su experiencia anterior. Este puede haber leído decenas de estudios de impacto y puede haber participado en la preparación de otros tantos; puede también haber trabajado en la construcción o en la puesta en marcha de un emprendimiento similar al que está analizando. Su principal objetivo, al leer los estudios, es verificar si las cuestiones atinentes a su especialidad se cumplieron de manera satisfactoria; en caso contrario, formulará exigencias para la presentación de estudios complementarios o para el esclarecimiento de los puntos dudosos. Las informaciones buscadas para este tipo de lector se refieren a los métodos utilizados, a las hipótesis que se pueden haber asumido para realizar los relevamientos y para llegar a las conclusiones sobre el diagnóstico ambiental o sobre el análisis de los impactos, o inclusive a los buenos fundamentos de las conclusiones (por ejemplo, en lo referido a la clasificación de los impactos significativos, o en lo relativo a la proposición de medidas mitigadoras y su eficacia). Dentro del grupo de analistas, normalmente hay un especialista en el tipo de proyecto presentado que buscará informaciones técnicas sobre el proyecto

Cuadro 13.1 *Características de los principales lectores de los estudios ambientales*

Punto de vista	Grupo				
	Analista técnico	Grupos de interés	Público	Administrador del proceso	Tomador de decisiones
Perspectiva	Profesional	Social, pública	Personal, particular	Cumplir con los procedimientos	Política
Base de conocimiento	Formación académica y experiencia profesional	Experiencia profesional	Vida cotidiana, conocimiento empírico del lugar de residencia o de trabajo	Leyes, reglamentos, derecho administrativo	Deseo de sus electores o intereses de sus superiores
Objetivos	Verificar si las cuestiones relativas a su especialidad se abordaron de manera adecuada	Apoyar o	Apoyar u objetar el proyecto; modificar el proyecto; prepararse para la situación futura	Garantizar el cumplimiento de la ley y los procedimientos administrativos	Optar entre alternativas
Necesidades de información	Métodos, hipótesis asumidas, fundamentos de las conclusiones	Impactos sobre intereses específicos	Impactos sobre sus intereses personales y su modo de vida	Alternativas consideradas, impactos más significativos	Implicaciones de orden político, social, económico y ambiental
Interés por detalles	Muy alta	Alta y media	Pequeña	Media	Baja

Fuente: adaptado de Page y Skinner (1994).

y sobre las medidas mitigadoras, así como justificaciones para las opciones presentadas. Los analistas técnicos forman el grupo que probablemente leerá el estudio de impacto ambiental con más atención. Para una buena comprensión, este tipo de lector no solamente acepta una descripción detallada sino que también podrá verse frustrado si las informaciones presentadas son superficiales.

Representantes de grupos de interés, como las organizaciones no gubernamentales, las asociaciones vecinales y las asociaciones comerciales, puede preocuparse por conocer un estudio ambiental, sobre todo cuando se trata de un proyecto polémico, que podría afectar determinados bienes o intereses, o que modificar sustancialmente el *status quo* de una región o de un lugar. Algunas asociaciones pueden disponer de cuadros técnicos con *expertise* para el análisis de un estudio ambiental, en tanto otras pueden solicitar el apoyo de universidades o de voluntarios, o disponer de recursos para contratar consultores. La lectura de un estudio ambiental hecha por representantes de dichos grupos muchas veces está dirigida a ciertas partes del documento, como por ejemplo párrafos dedicados al diagnóstico ambiental o a la descripción del proyecto. Las conclusiones del estudio pueden llegar a ser objetadas si no están bien fundamentadas; las medidas mitigadores pueden ser vistas como insuficientes y llegar a solicitarse otras medidas.

Las informaciones que buscan los lectores de ese grupo están principalmente relacionadas con sus intereses; hay organizaciones que voluntariamente restringieron o cambiaron el foco de sus agendas – la protección de determinado ambiente o la promoción de las actividades económicas en un cierto lugar –, aunque también existen organizaciones con una misión más abarcadora en cuanto a la protección ambiental o de defensa de intereses de amplios sectores de la sociedad, como los sindicatos. Un conocimiento previo de cuáles son las principales partes interesadas (*stakeholders*) puede alertar a los redactores del EsIA en lo referente a informaciones específicas que pueden llegar a ser necesarias o sobre la conveniencia de presentar análisis más profundos respecto a determinado impacto potencial del proyecto analizado.

El público, entendido aquí como un conjunto de individuos[1], busca en los estudios ambientales informaciones sobre cómo podrá verse afectado por el proyecto. Un vecino de la zona del emprendimiento tendrá interés en saber si su propiedad sufrirá alguna forma de impacto, si una naciente de río se podrá secar, si habrá camiones que pasen frente a su puerta o si su casa estará expuesta al ruido excesivo. El conocimiento de los individuos sobre su lugar de residencia o de trabajo puede ser mucho más profundo que el de los consultores que elaboraron el diagnóstico ambiental, aunque no esté sistematizado sobre bases científicas. De ese modo, las informaciones presentadas en el EsIA pueden ser objetadas en base a ese conocimiento empírico, y ello puede influenciar a los analistas del órgano ambiental. Muchas veces, sin embargo, las personas están interesadas en informarse sobre las consecuencias de un proyecto para tomar decisiones sobre cómo actuar para prepararse o adaptarse a la nueva situación que se creará y el EsIA también tendrá esa función, principalmente si no hay otros vehículos de comunicación para informar al público.

Administrador del proceso es un término que designa a una persona o grupo de personas con atribuciones que varían de una jurisdicción a otra, ya que su rol y sus funciones dependen de la ley y los reglamentos. En Brasil, el término corresponde esencialmente a los dirigentes de los órganos licenciadores. El administrador no tiene tiempo de leer todo el EsIA y se basa en el dictamen de un equipo técnico. Su principal preocupación es asegurar que se atiendan todos los requisitos legales y que se cumplan rigurosamente los procedimientos administrativos. Si ello no sucede, el administrador puede ser objetado, incluso por vía judicial. A éste le cabe la responsabilidad de elevar a los tomadores de decisión un informe circunstanciado acerca de las ventajas y los riesgos del proyecto y de sus alternativas. El administrador puede ser refutado por grupos de interés, si no obliga al emprendedor a examinar lo más detalladamente posible todas las alternativas razonables de localización y de mitigación. También puede ser cuestionado por sus superiores jerárquicos, en general políticos sujetos a presiones provenientes de todos los grupos de interés, y debe rendir cuentas por los más variados problemas que dichos grupos advierten, como la demora en el análisis, no haber exigido estudios suficientemente detallados, no haber dado la debida atención a determinado bien legalmente protegido, privilegiar los intereses de ambientalistas radicalizados en vez de las necesidades apremiantes de desarrollo social y económico del país y diversos otros puntos de vista conflictivos.

El tomador de decisión es también una persona o grupo de personas con perfil y atribuciones diferentes según la jurisdicción (capítulo 16). En Brasil, las decisiones acerca de la aprobación de los proyectos sometidos al proceso de evaluación de impacto ambiental le corresponden tanto a un órgano colegiado (un consejo de medio ambiente) como

[1] *Público está entendido aquí, en un sentido restringido, como los ciudadanos que se pueden interesar por un emprendimiento y sus impactos. En lo referente a la consulta pública en el proceso de evaluación de impacto ambiental, público es visto como una categoría muy amplia, que engloba a todo tipo de interesado: "Público es todo aquel que no es [el] emprendedor y que no participó del equipo multidisciplinario [que elaboró el estudio]" (Machado, 1993, p. 52).*

a un órgano gubernamental con capacidad de otorgamiento de licencia ambiental. En otras jurisdicciones, la decisión la puede tomar un organismo sectorial, como un Ministerio, o un consejo de ministros. En todos los casos, la decisión se da en la esfera política y toma en cuenta no sólo los impactos ambientales, sino también consideraciones de orden económico, social y político. El tomador de decisiones está interesado en conocer las implicaciones de su decisión, las consecuencias – desde todos esos puntos de vista – de aprobar o no el proyecto. En las decisiones colegiadas, cada representante defiende los intereses de su grupo y es probable que deba tener que justificar su voto antes sus bases. Los representantes podrán leer partes del estudio ambiental, en busca de informaciones seleccionadas, pero fundamentalmente están interesados en conocer los pro y los contra de cada alternativa, inclusive de la posibilidad de no aprobar el proyecto.

Finalmente, existen lectores ocasionales de los estudios ambientales, no expresados en el Cuadro 12.1, entre los cuales es posible destacar a las personas encargadas de la fiscalización de los actos gubernamentales; en Brasil, los miembros del Ministerio Público son quienes pueden iniciar acciones judiciales, involucrando de esta forma a jueces y peritos. En caso de objeción de una decisión ya tomada o en vías de tomarse, es posible revisar detalladamente el estudio de impacto ambiental en búsqueda de errores e incongruencias.

13.2 Objetivos, contenidos y vehículos de comunicación

La comunicación en evaluación de impacto ambiental busca transmitir información técnica multidisciplinaria a un público variado con intereses específicos diferentes. Además, trata de convencer a las partes interesadas acerca de la viabilidad del emprendimiento propuesto (lo que presupone que, si el emprendimiento es considerado internamente como inviable, el proyecto no será sometido a la aprobación gubernamental; por otro lado, significa que, si el emprendedor y sus consultores están convencidos de la viabilidad ambiental del proyecto, tratarán de convencer a los demás interesados).

¿Qué debe, pues, comunicarse al público? Típicamente, el estudio de impacto ambiental, como principal documento del proceso de EIA, intenta comunicar:

- las intenciones del proponente del proyecto;
- los objetivos del proyecto;
- las características técnicas del proyecto y sus alternativas;
- las justificaciones para la alternativa elegida;
- la localización de los componentes del proyecto;
- los atributos o las condiciones ambientales de la zona que puede verse afectada por el emprendimiento;
- los impactos que causará el emprendimiento;
- las medidas que se pueden tomar para evitar, disminuir o compensar los impactos negativos.

Además del estudio y del informe de impacto ambiental (u otros estudios ambientales), que son documentos obligatorios, esa información puede transmitirse mediante diferentes soportes, incluyendo folletos informativos, videos, CD-ROMs y *sites* de internet. También puede transmitirse de forma oral en reuniones y audiencias públicas.

Uno de los mayores desafíos es la transmisión de información técnica y científica para un público amplio. Muchos especialistas del área de la comunicación concuerdan en que el contenido de naturaleza ambiental es de los más difíciles de transmitir. Harrison (1992, p. 6) señala cuatro razones para distinguir comunicación ambiental de otras modalidades: la complejidad, la dimensión técnica, el impacto personal y los elementos de riesgo. En términos de la comunicación implícita en el proceso de evaluación de impacto ambiental, estas cuatro características tienen los siguientes aspectos relevantes:

* Complejidad: el contenido del mensaje no puede transmitirse en forma de una breve explicación; demanda conceptos y conocimientos de orden científico (multidisciplinario), de naturaleza política, y abarca también aspectos relativos a estrategias empresariales, a políticas de gobierno y a la distribución (desigual) de sus consecuentes beneficios y cargas.
* Dimensión técnica: el equipo del proponente del proyecto, así como los consultores, tienen un conocimiento técnico que supera en mucho el de los diferentes sectores del público interesado; el público tiende a ver el proyecto y sus consecuencias como una totalidad (razonamiento integrador), a la vez que los técnicos tienden a ver y a explicar los proyectos como un sistema compuesto de diversas partes articuladas (razonamiento analítico).
* Impacto personal: pocas formas de comunicación involucran al público de manera tan personal – "las personas traen a la discusión sus más radiantes esperanzas y sus más oscuros temores, y frecuentemente ven las cuestiones ambientales como amenazas directas para sus familias y comunidades" (Harrison, 1992, p. 7); el tono decididamente emocional de las declaraciones de muchas personas (a favor o en contra) contrasta con el rigor racionalista de las previsiones de impacto y con la formalidad administrativa (y hasta burocrática) del proceso administrativo de análisis y aprobación de emprendimientos.
* Riesgos: en los casos de los emprendimientos peligrosos o de consecuencias inciertas, la comunicación es particularmente difícil, debido a las diferentes modalidades de aprehensión y percepción del riesgo (conforme la sección 11.6).

Sin embargo, si la comunicación con el público requiere atención y dedicación, la preparación de documentos escritos, en forma de estudios ambientales, es "tal vez la actividad más importante en el proceso de evaluación de impacto ambiental" (Canter, 1996, p. 623), mereciendo un cuidado especial del equipo comprometido en los estudios.

En varias jurisdicciones, los reglamentos establecen lineamientos en cuanto al contenido mínimo o a la estructura de un estudio de impacto ambiental. Como las funciones de los estudios ambientales son similares, diferentes jurisdicciones establecen contenidos mínimos muy parecidos. El Cuadro 13.2 presenta una estructura típica de un EsIA.

Además de cumplir con esos requisitos legales, los estudios de impacto ambiental pueden servir eficazmente como instrumento de comunicación si se toman ciertos cuidados en su redacción y presentación. La notoria dificultad que experimentan ingenieros y otros técnicos en escribir de manera clara no podría dejar de manifestarse en la redacción de un estudio de impacto ambiental. Idealmente, las empresas de consultoría deberían contar con un consultor lingüístico y estilístico en sus equipos.

Cuadro 13.2 *Estructura típica de un estudio de impacto ambiental*

Sumario
Listas de cuadros, figuras, fotos y anexos
Lista de siglas y abreviaturas
Resumen
Introducción
Presentación básica del emprendimiento y resumen de sus principales características
Información sobre términos de referencia o directrices seguidas
Presentación del estudio, estructura y contenido de los capítulos

Informaciones generales
Localización y accesos
Presentación de la empresa proponente
Objetivos y justificaciones del emprendimiento
Historial del emprendimiento y de las etapas de licenciamiento
Análisis de la compatibilidad del emprendimiento con la legislación pertinente
Análisis de la compatibilidad del emprendimiento con los planes y programas gubernamentales

Descripción del emprendimiento y sus alternativas
Alternativas consideradas
Criterios de selección y justificación de la elección
Actividades y componentes del emprendimiento en las etapas de implantación, puesta en marcha y desactivación
Cronograma del proyecto

Diagnóstico ambiental
Descripción del área de estudio
Diagnóstico del medio físico
Diagnóstico del medio biótico
Diagnóstico del medio antrópico

Análisis de los impactos
Metodología utilizada
Identificación, previsión y evaluación de los impactos ambientales
Síntesis del pronóstico ambiental

Plan de gestión ambiental
Medidas mitigadoras, compensatorias y de valorización
Plan de recuperación de zonas degradadas
Programa de monitoreo y seguimiento
Cronograma de implantación

Referencias bibliográficas
Equipo técnico (incluyendo un párrafo sobre la calificación de cada profesional)
Glosario
Anexos:
Términos de referencia del estudio
Mapas, planos, figuras, fotos
Estudios específicos detallados
Leyes o fragmentos de leyes citados
Dictámenes de ensayos y análisis
Listas de especies
Memorias de cálculo y anteproyectos de medidas mitigadoras
Copias de documentos (como certificados municipales, memorandos de entendimiento, actas de reuniones, registros de audiencias o reuniones públicas, etc.)

El hecho de que los informes sean redactados por diferentes profesionales dificulta aún más la tarea de entregar un producto mínimamente legible y comprensible, presentado de forma estandarizada, que exhiba el uso consistente de términos y conceptos y evite la jerga técnica muchas veces innecesaria.

La reglamentación brasileña establece las siguientes directrices en cuanto a la presentación del Informe de Impacto Ambiental:

> El Rima debe ser presentado de manera objetiva y adecuada para su comprensión. Las informaciones deben ser expresadas en lenguaje accesible, ilustradas por mapas, cartas, cuadros y demás técnicas de comunicación visual, de manera que se puedan entender las ventajas y desventajas del proyecto, así como todas las consecuencias ambientales de su implementación.
> (Resolución Conama 1/86, Art, 9º, párrafo único.)

En este artículo de la Resolución del Conama sobre los estudios de impacto ambiental, queda clara la intención de que el informe sea inteligible no sólo para los especialistas, sino para cualquier interesado. Los que preparan los estudios deben preocuparse por la eficacia de la comunicación, empleando técnicas de comunicación visual y adoptando un "lenguaje accesible", o sea, carente de jergas. Los autores deben preparar un informe cuya forma se "adecue a su [del lector] comprensión". Es, pues, evidente la intención de comprometer al público interesado con el proceso decisorio, lo que sólo puede ser posible si los interesados están suficientemente informados sobre el proyecto y sus impactos.

Comunicar de manera eficaz requiere, sí, del uso de un lenguaje accesible y de técnicas de comunicación visual, pero antes que nada precisa de claridad en la escritura, corrección en la redacción, una comprensión cristalina de las finalidades de los estudios ambientales y una noción de los intereses de los lectores. El texto debe ser "comprensible, pero riguroso" (Eccleston, 2000).

La reglamentación americana también deja claros los objetivos de una efectiva comunicación que se espera de los documentos escritos producidos a lo largo del proceso de evaluación de impacto ambiental:

> Los estudios de impacto ambiental deben estar escritos en lenguaje simple, pudiendo utilizar materiales iconográficos apropiados, de manera que los tomadores de decisiones y el público puedan entenderlos rápidamente. Las agencias deben emplear redactores que escriban en una prosa clara, o editores para escribir, hacer correcciones o editar los estudios, que deberán basarse en análisis y datos provenientes de las ciencias naturales y sociales y del arte de la planificación ambiental.
> (Council of Environmental Quality, Regulations for Implementing NEPA, Section 1502.8.)

No podría ser más clara la falta de confianza en la capacidad comunicativa de técnicos, científicos y demás especialistas. La reglamentación del Consejo de Calidad Ambiental americano, publicada luego del análisis de los primeros años de práctica de EIA, es muy detallada en cuanto al formato del estudio de impacto ambiental, a la vez que brinda otros lineamientos respecto a su contenido, como por ejemplo:

> sobre el diagnóstico ambiental: Los datos y análisis deben ser proporcionales a la importancia de los impactos, debiendo el material menos importante resumirse, consolidarse o simplemente citarse como referencia. [...] Las descripciones muy verbosas del ambiente afectado no son en sí mismas un signo de la adecuación de un estudio de impacto ambiental.
>
> (Idem, Section 1502.15.)

> sobre el resumen: Todo estudio de impacto ambiental debe contener un resumen que lo sintetice de manera adecuada y exacta. El resumen debe subrayar las principales conclusiones, las áreas en las que haya controversias (incluyendo cuestiones planteadas [...] por el público) [...] El resumen, normalmente, no debe exceder las 15 páginas.
>
> (Idem, Section 1502.12.)

¿Cumplirá la mayoría de los estudios ambientales tales criterios de claridad?

13.3 Deficiencias comunes de los informes técnicos

Es bien conocida la dificultad de buena parte de los ingenieros y científicos en comunicarse con el público lego (Barrass, 1979). En el caso de los estudios multidisciplinarios, el "lego" puede ser otro ingeniero o científico que no domine las técnicas, los conceptos o la jerga de un campo del conocimiento que no es el suyo.

Las principales deficiencias de los estudios de impacto ambiental en términos de comunicación fueron clasificadas por Weiss (1989) en tres grupos: (i) errores estratégicos, (ii) errores estructurales y (iii) errores tácticos. Se trata de errores que "minan la claridad y la credibilidad de muchos estudios de impacto ambiental" (p. 236).

Los errores estratégicos ocurren debido a la escasa comprensión de las razones por las cuales se llevan a cabo los estudios ambientales y a quiénes están destinados. Muchos profesionales suponen – erróneamente – que los informes serán leídos solamente por especialistas, olvidándose de los demás grupos de lectores (Cuadro 13.1); entre ellos se encuentran quienes son favorables al proyecto, que "esperan que el EsIA no presente ninguna previsión de impactos inevitables o señale alternativas más favorables", y el grupo que *a priori* está en contra del proyecto, que "está alerta a cualquier parte del mismo en la cual se menosprecie la importancia de los impactos negativos" (Weiss, 1989, p. 237). Aun cuando el EsIA cumpla formalmente con el contenido exigido, los errores estratégicos pueden llegar a marcar el estudio. Weiss identifica una tendencia común en los ingenieros, los científicos y los académicos de "escribir (divagar) respecto al asunto", olvidándose que el EsIA debe cumplir con los objetivos de la comunicación, ya que, "cuanto más fascinado esté un autor con su tema, mayor será el riesgo de que el texto pierda el foco y frustre al lector". Tal vez la más típica expresión de esa fascinación la constituyan las largas descripciones de aspectos regionales que pueblan muchos diagnósticos ambientales.

Pocos desarrollan habilidades comunicativas, por medio de la escritura, que los vuelvan comprensibles entre una gama amplia de lectores. Ingenieros y estudiosos en ciencias naturales parecen usar un dialecto propio, o más que eso, un "tecnolecto monosémico" (Serres, 1980). Especialistas de los más variados tipos de modelaje científico se niegan a explicar en qué se basan sus modelos: peor aún, no los usan para explorar posibilidades o verificar hipótesis, pero parecen creer en ellos y se olvidan de avisar que los resultados dependen de las premisas adoptadas. Científicos sociales o, en su falta, otros que se aventuren por esos caminos, suelen usar palabras conocidas por todos, pero su articulación no siempre tiene sentido para los no iluminados. Infelizmente, los profesionales de la comunicación no siempre ayudan: los especialistas creen que sus ideas quedan truncadas o que los textos, editados y resumidos, son francamente equivocados.

Los EsIA ciertamente no están destinados a volverse *best-sellers*, pero es desconcertante cuando el lector abandona ya en la segunda página. Es también curioso que tantos coordinadores de estudios se asombren cuando les hacen preguntas sobre asuntos que creen que están suficientemente explicados en el EsIA: la mayoría de las veces, o no está suficientemente explicado, o el lector no logró avanzar en la lectura y llegar a la página que contiene esa información.

Estos comentarios pueden parecer un indulto para aquellos que tienen la tarea profesional de leer y comentar estudios ambientales, y realmente lo son. Desgraciadamente, los analistas y los críticos de un EsIA también tienen que expresarse por escrito, y los resultados no son mejores. Basta elegir al azar un dictamen técnico de análisis de un EsIA. Naturalmente, hay excepciones, y hay EIAs y dictámenes bien redactados, pero también son excepciones.

Tampoco son raros los errores estructurales. Un ejemplo de ese tipo de error, resultante probablemente de una redacción y corrección poco cuidadosas, es el siguiente fragmento, extraído del capítulo relativo al análisis de los impactos de un estudio de impacto ambiental:

> Otros puntos, como el aumento del tráfico de camiones, el riesgo de accidentes de tránsito y atropellamientos, pueden considerarse irrelevantes, dado que quedará restringido a un aumento poco significativo durante la etapa de implantación, referente al transporte de los equipos a instalarse en la zona.

Decir que el riesgo de atropellamiento es irrelevante, como mínimo, es una afirmación poco feliz, probablemente no compartida por los habitantes de los lugares sujetos a dicho impacto. Dicha afirmación podría llevar a una situación muy incómoda si en una audiencia pública alguien le pidiera al emprendedor o al coordinador del estudio que confirmara su interpretación de que un atropellamiento es irrelevante.

Los errores estructurales se refieren a la organización del informe y a la dificultad que puede tener el lector para encontrar las informaciones importantes solicitadas, muchas veces perdidas o desperdigadas a lo largo del texto. Weiss (1989, p. 238) critica los estudios montados como "colchas de retazos" con la finalidad de cumplir con los ítem de referencia y facilitar la revisión por parte de técnicos de agencias gubernamentales ("el analista superficial podrá verificar fácilmente que todos los ítem requeridos han sido contemplados"), porque la función de un estudio ambiental no es servir a una lista de verificación, sino presentar informaciones y análisis relevantes a fin de permitir una discusión pública esclarecida del proyecto y sus impactos. También según Weiss, muchos lectores no tienen interés en "reflexionar acerca de la historia del planeta antes de saber si las napas locales de agua subterránea se verán comprometidas". Todo ello lleva a sospechar que muchos estudios ambientales están *deliberadamente* estructurados y redactados para dificultar la lectura atenta y burlarse del lector.

Un error estructural muy común es presentar cuadros sintéticos, como las matrices de impacto, incoherentes o inconsistentes con el texto correspondiente: impactos que aparecen en las matrices pero que no están descriptos en el texto, impactos que aparecen descriptos con términos distintos en las matrices y en diferentes capítulos del EsIA, impactos clasificados como poco importantes en una parte del texto, al mismo tiempo que se los clasifica como insignificantes en los cuadros, etcétera.

En tanto, los errores tácticos son los errores de ortografía, concordancia, etc., sumados a los que surgen de la dificultad que muchas personas tienen al tratar de pasar al papel sus ideas, que en su mente parecen muy claras. El resultado es que el lector no comprende lo que el escritor quiso decir, a la vez que éste piensa que cualquier lector entendió perfectamente no sólo lo que se escribió, sino también lo que pensó el autor de la frase. Afirma Weiss (1989, p. 239): "Los errores tácticos le agregan obstáculos a la comunicación. Allí donde debería haber una simple transmisión de hecho e ideas del escritor hacia el lector, hay distracciones, irritaciones, obstáculos".

La cita que sigue ilustra un error táctico en la presentación de la justificación de un emprendimiento:

> [...] los ríos componentes de la hidrovía [...] tiene [sic] características asociadas a [sic] geomorfología presentando en su lecho, trechos arenosos donde los depósitos de sedimentos, representados por los bancos de arena, son las limitaciones a la navegación y trechos rocosos en los cuales las estructuras rocosas, representadas por los pedregales y las llamadas barreras, son los limitantes.

El redactor podría haber escrito simplemente que los ríos presentan obstáculos para la navegación, como bancos de arena y trechos rocosos, conocidos como pedregales y barreras. Este error podría corregirse fácilmente mediante la lectura atenta del propio autor o mediante un trabajo de revisión gramatical y estilística.

Dado el contenido altamente técnico y los análisis a veces sofisticados muchas veces presentes en estudios de impacto ambiental, probablemente sea inevitable efectuar ciertas comparaciones con las tesis académicas. También éstas pueden dejar en duda a la mesa examinadora acerca de su calidad, no por sus errores metodológicos o análisis apresurados, sino simplemente porque el autor fue incapaz de transmitir con claridad sus ideas o incluso de describir sin ambigüedades aquello que hizo. Por tal razón, Umberto Eco propone una definición finalmente muy honesta de una tesis: "un objeto físico, prescripto por la ley, compuesto por un cierto número de páginas dactilografiadas, que se supone que tiene alguna relación con la disciplina en la cual la persona se gradúa, y que no deje a la mesa un estado de doloroso estupor" (Eco, 1986, p. 9). Lo mismo debería valer para un estudio de impacto ambiental.

13.4 Soluciones simples para disminuir el ruido en la comunicación escrita

Hay incontables manuales de redacción y otras obras de referencia con recomendaciones para una comunicación escrita eficaz. Si al menos se siguieran esos principios básicos, la legibilidad de la mayoría de los estudios ambientales aumentaría mucho. Algunos autores brindan sugerencias específicas para la preparación de informes ambientales, como Canter (1996), Dorney (1989) y Eccleston (2000).

Pocas empresas de consultoría se preocupan en someter la versión final del estudio al tamiz de un revisor gramatical y estilístico, y probablemente menos aún buscan los servicios de profesionales de la comunicación para ayudar a planificar el estudio, a organizar su estructura y a hacer una buena diagramación. Normalmente los plazos, más que los costos, son vistos como justificación para tales falencias, un argumento que ciertamente peca por omitir que un informe ilegible tardará más en leerse, o peor, que será devuelto.

El hecho de que los informes sean escritos a muchas manos dificultará todavía más la tarea de volverlos coherentes y legibles. Ciertamente, es responsabilidad del coordinador del estudio dar directivas claras a los especialistas en cuanto al estilo y formato de sus contribuciones, aunque muchos de éstos terminen no siguiendo las orientaciones. El coordinador puede desempeñar un rol importante en la homogeneización del texto, eliminando las incongruencias más evidentes y las informaciones contradictorias. No obstante, todo cuidado es poco a fin de no modificar las informaciones factuales, las interpretaciones y las conclusiones de los autores originales.

Las deficiencias del trabajo multidisciplinario se dejan traslucir fácilmente en un estudio de impacto ambiental. La compartimentación excesiva del texto es una de las señales. El abuso de términos técnicos y de jerga es otra, y esto puede desalentar rápidamente la lectura de secciones enteras del informe. Uno de los roles del especialista en comunicación es ayudar al coordinador como si fuera un traductor, "limpiando" el informe de jergas sin "opacar" el significado (Dorney, 1989).

Cuando se les encomiendan estudios especializados a los consultores, los informes que éstos producen raramente se pueden utilizar *ipsis litteris*. Pueden contener una descripción del emprendimiento que ya constará en el capítulo del EsIa, revisiones de documentos y de bibliografía que ya habrán sido incluidas en otras secciones, además de información técnica detallada y de apéndices como memorias de cálculo, dictámenes de ensayos, etc. La función del coordinador de los estudios –posiblemente ayudado por un editor- es extraer del texto preparado por dicho consultor las partes que mejor se adapten a cada sección de la estructura del EsIA. También puede haber interés en mantener la integridad de dicho informe, pudiéndose en tal caso colocarlo como anexo, siendo también responsabilidad del coordinador seleccionar las informaciones y análisis más importantes para insertarlos en determinados capítulos o secciones del EsIA.

Depurar el texto de un exceso de información detallada facilita la vida del lector. Anexar estudios detallados es una excelente manera de no dispersar su atención. De esta forma, las descripciones de datos y los resultados de modelajes, los largos diagnósticos, las listas de especies de fauna y flora y muchas otras informaciones pueden ser más fácilmente consultadas por aquel que está realmente interesados en los detalles. La manera de presentar el diagnóstico sobre fauna y flora es un buen ejemplo. La mayoría de los lectores no tiene interés en analizar cuadros que contengan la lista de decenas de nombres científicos y sus respectivos hábitat, lugares y épocas del año en que fueron avistados. Todo ello puede ocupar varias páginas de los anexos, reservando para el texto principal las observaciones más relevantes surgidas de dichos relevamientos, como la presencia de especies amenazadas o el número total de especies de cada grupo registrado durante los trabajos de campo.

Eccleston (2000, p. 155) recomienda que se deberían "hacer todos los esfuerzos para evitar inclusive una apariencia de parcialidad" en el texto, llegando a sugerir que se emplee el condicional en vez del futuro, para dejar claro que todavía no se tomó ninguna decisión. Por otro lado, en muchos EsIA hay recomendaciones de los consultores especializados que se mantuvieron en su forma original, o sea, como recomendación o sugerencia, sin dejar claro si efectivamente fueron acatadas por el emprendedor. Esto confunde al lector y al analista. Para una mayor claridad, deben evitarse términos como *debe*, *debería* o *es importante que* (refiriéndose a las medidas de gestión o a la descripción del emprendimiento, entre otros), sustituyéndolos por expresiones afirmativas como *se llevará a cabo o se construirá si el proyecto es aprobado*.

Una estrategia para atender a las necesidades de los diferentes tipos de lectores es dotar de herramientas que permitan la rápida ubicación de las informaciones relevantes. Un sumario detallado (y evidentemente paginado) es lo mínimo que se puede ofrecer, pero los índices con remisiones también son de mucho valor. Dichos índices normalmente se colocan al final de cada edición, facilitando la ubicación de informaciones claves.

Los cuadros y las tablas son una excelente manera de transmitirle al lector información sintética. La limitación de espacio lleva al autor a concentrarse en lo esencial, y la necesidad de completar todas las columnas favorece la propia escritura, incitando a los autores a examinar sistemáticamente las cuestiones sintetizadas en el cuadro. Los cuadros de impactos y medidas mitigadoras son muy comunes en los estudios ambientales.

Las mapas y los planos son otra forma de sintetizar información. En muchos estudios ambientales, para economizar tiempo y recursos, se aprovechan los planos y dibujos técnicos elaborados para otras finalidades, exhibiendo muchas veces un exceso de detalles. Varios de esos documentos no le interesan al analista ambiental y dificultan la comprensión de los aspectos esenciales del emprendimiento. Debería evitarse este reciclaje de dibujos.

La preparación de mapas temáticos, como cartas geomorfológicas o geológicas, suele ser una exigencia de los términos de referencia, pero muchas personas tienen dificultad para entenderlas. Lo mismo vale para los planos del emprendimiento, flujogramas y dibujos técnicos. Como forma de facilitar la comprensión, muchas veces es posible insertar fotos o textos explicativos en mapas y planos, sin perjudicar la transmisión de información de carácter eminentemente técnico.

Ilustrar el texto con fotografías también ayuda a la comprensión, en tanto la cantidad de fotos no sea excesiva y siempre que tengan epígrafes autoexplicativos. Las fotografías se pueden colocar fácilmente junto al texto de modo de no ocupar mucho espacio ni quebrar la secuencia de la lectura. Una buena diagramación es esencial para que las ilustraciones y los textos sean complementarios y no haya una presentación de uno contra el otro. Evidentemente, las fotos e ilustraciones deben aparecer siempre como llamadas dentro del texto, de la misma forma que los cuadros, tablas y diagramas, por lo cual es necesario colocarlos lo más cercano posible de la llamada. Si hay necesidad o interés de incluir un gran número de fotos, como las de relevamientos faunísticos o florísticos, o comunidades o propiedades rurales, lo más conveniente es seleccionar pocas fotos representativas para la publicación principal e incluir todo el conjunto como un anexo.

Feininger (1972, p. 11-12) enumera los siguientes propósitos para la fotografía: información, información intencionada, investigación, documentación, entretenimiento y autoexpresión. Su empleo en informes técnicos está principalmente relacionado con la información ("su propósito es educar a las personas o permitirles tomar las decisiones correctas") y con la documentación ("la fotografía conserva conocimientos y hechos de forma fácilmente accesible"). De esta forma, se espera que las fotografías incluidas en un EsIA informen y documenten, o sea, informen a los lectores acerca de las características ambientales de las áreas de estudio, completando y facilitando la comprensión del texto y de los mapas, a la vez que documenten determinadas tareas llevadas a cabo durante la preparación del EsIA, como la recolección de muestras y la realización de entrevistas o reuniones públicas[2].

[2] *La categoría "información intencionada" de Feininger tiene como propósito "vender un producto, un servicio, una idea" (p. 11); se supone que el propósito de un EsIA no debería ser ése.*

Los epígrafes de las fotos deberían usarse como una oportunidad para resaltar las informaciones más importantes, una invitación al lector para que observe también, atentamente, la foto, en vez de pasar los ojos rápidamente por ésta. Por ejemplo, en vez de colocar "aspecto de la zona a ser inundada", la fotografía podría tener un epígrafe como "vista de la zona a ser inundada, tomada desde la actual residencia del Sr. José Silveira; nótese en primer plano una zona de cultivo temporario y, al fondo, a la derecha, un fragmento de vegetación en estadio medio de regeneración".

Nunca está de más recordar que la calidad de las fotos es tan importante como la calidad del texto: no se trata solamente de la resolución o la nitidez (instrucciones muy fáciles de seguir si se trata de tomar y reproducir fotos digitales), sino también, y principalmente, del encuadre, del foco puesto en los elementos principales, el contraste, la iluminación y todos los demás elementos que hacen a una buena foto. No se espera que las fotos de un EsIA tengan cualidades artísticas memorables, pero "la foto es como la palabra: una forma que inmediatamente dice algo" (Barthes, 1986, p. 74), y hay que cuidar lo que se dice en un informe técnico.

Sintetizando las diferentes recomendaciones, se proponen a continuación algunas reglas prácticas para la presentación de estudios ambientales.[3]

[3] *En realidad, se trata de reglas prácticas para facilitar la comprensión de cualquier informe técnico.*

En cuanto a la estructura, un buen informe debe:
- contener un sumario paginado;
- contener un resumen ejecutivo que señale los principales puntos del estudio;

- contener un resumen por capítulo;
- evitar la compartimentación excesiva del texto (o sea, muchas subdivisiones y una numeración de secciones que contengan más de cuatro guarismos);
- adoptar títulos y subtítulos apropiados;
- incluir índices analíticos, lista de siglas, lista de figuras, tablas y anexos;
- incluir un glosario.

En cuanto a las referencias y fuentes de documentación, un buen informe debe:
- citar de manera completa todas las referencias bibliográficas utilizadas;
- citar de manera completa todos los informes internos y demás informes no publicados, incluyendo título, autores, entidad o sector que lo realizó, año y demás informaciones que permitan la ubicación del documento a fin de consultar y verificar las informaciones presentadas;
- citar sites de Internet consultados, incluyendo la fecha de consulta;
- citar entrevistas telefónicas, mencionando la persona entrevistada y la fecha;
- citar correspondencias oficiales, informando fecha, número y órgano emisor.

En cuanto al estilo, un buen informe debe:
- ser conciso sin ser lacónico;
- brindarle al lector información suficiente para justificar su conclusión;
- evitar la jerga técnica y explicar los términos menos usuales;
- remitir toda la información muy técnica a anexos debidamente identificados;
- colocar en calidad de anexo estudios técnicos completos (como modelajes, relevamiento de especies, encuestas de opinión, etc.);
- utilizar palabras y conceptos coherentemente a lo largo del texto;
- anunciar los objetivos de cada capítulo a su comienzo;
- estandarizar la presentación de figuras, tablas, ilustraciones, capítulos, secciones y subsecciones;
- numerar todas las figuras, tablas e ilustraciones, debiendo haber siempre llamadas en el texto;
- insertar figuras, tablas e ilustraciones inmediatamente después de su llamada en el texto (en la misma página o en la página siguiente);
- informar siempre las unidades de medida empleadas;
- definir siempre el significado de términos subjetivos antes de emplearlos (medio, grande, muy importante, relevante, insignificante, etc.);
- evitar siglas y usarlas con moderación, explicando siempre su significado en la primera aparición, además de describirlas en una lista de abreviaturas al comienzo del informe;
- resaltar en negrita o itálica las informaciones y las conclusiones más importantes;
- cuidar la diagramación.

En cuanto a las ilustraciones, un buen informe debe:
- incluir material iconográfico de relevancia (fotografías, dibujos), con epígrafes autoexplicativos, de manera que el lector no necesite leer todo el texto para entender el mensaje transmitido por la ilustración;
- incluir cuadros y figuras sinópticas, explicando el significado de todos los símbolos y abreviaturas;

- incluir mapas y croquis, indicando siempre la escala, el norte y la fuente del mapa-base;
- anexar mapas y dibujos de formato mayor que el del informe, identificando siempre el informe al cual pertenece;
- seguir las normas técnicas en lo concerniente a la presentación de dibujos técnicos.

La Fig. 13.1 muestra una página de un EsIA preparada con apoyo de un profesional de comunicación visual, particularmente bien cuidada en cuanto a la diagramación, en la cual se pueden observar diversos elementos que facilitan la lectura y la inteligibilidad del documento:
- título del EsIA en todas las páginas;
- indicación clara de las secciones;
- número de capítulo y título resumidos;
- documentos producidos por terceros colocados en anexo;
- fotos numeradas, con sus respectivas llamadas en el texto, y una lista que las contenga en las páginas introductorias;
- fotos con epígrafes autoexplicativos;
- llamadas a otras secciones;
- margen para la encuadernación e impresión frente y dorso;
- cuadro con un título claro;
- cuadros numerados, con llamadas en el texto y una lista que los contenga en las páginas introductorias;
- proponente y consultor claramente identificados;
- número de la página referida en el sumario.

13.5 Mapas, planos y dibujos

Planos y mapas son esenciales para brindar y sintetizar información en todo estudio ambiental. Un plano de ubicación, planos que contengan el diseño (*layout*) del emprendimiento y cartas temáticas están (o deberían estar) presentes en todo estudio. La cartografía es un arte muy antiguo, pero todavía hoy muchas personas que tienen dificultades para leer mapas, y muchos mapas están hechos por personas sin suficiente formación cartográfica. Bom y Morais (1993, p. 2) constataron que "la mayoría de los mapas" presentados en Estudios de Impacto Ambiental puestos a consideración del órgano ambiental del Estado de Paraná no seguían las directivas de las entidades oficiales, y algunos de ellos ni siquiera indicaban las coordenadas y la escala, a la vez que "otros poseen todas las informaciones, pero son de difícil lectura, por estar en desacuerdo con las normas básicas de cartografía y presentación gráfica".

Hay algunos elementos imprescindibles en la presentación de un documento cartográfico (Fig. 13.2):
- escala gráfica;
- orientación (indicación del norte);
- coordenadas;
- indicación de la fuente del mapa-base;
- indicación de las fuentes de datos;
- epígrafes y convenciones cartográficas[4];

[4] *El epígrafe "comprende todas las notas informativas complementarias que acompañan el mapa: título, escala, convenciones, articulación, fuentes consultadas, etc." Las convenciones son "explicaciones sobre el significado de los símbolos utilizados en los mapas y demás ilustraciones que lo acompañan"* (Santos, 1989, p. 2)

362 Evaluación de Impacto Ambiental

* información sobre el(los) autor(es) o responsable(s) técnico(s), empresa que elaboró el mapa, estudio ambiental o proyecto al que se refiere, fecha;
* número u otra indicación que permita una mención inequívoca en el texto.

Anotaciones sobre el extracto (elementos señalados con llamadas):
- Título do EsIA
- Indicación clara de las secciones
- Número del capítulo y título resumido
- Documentos producidos por terceros puestos en anexo
- Foto con epígrafe autoexplicativo
- Llamadas para otras secciones
- Fotos numeradas insertas en el texto, que figuran en las páginas introductorias
- Cuadros numerados insertos en el texto, que figuran en las páginas introductorias
- Cuadro con título claro
- Margen para encuadernación e impresión frente y dorso
- Proponente y consultor
- Número de página referido en el sumario

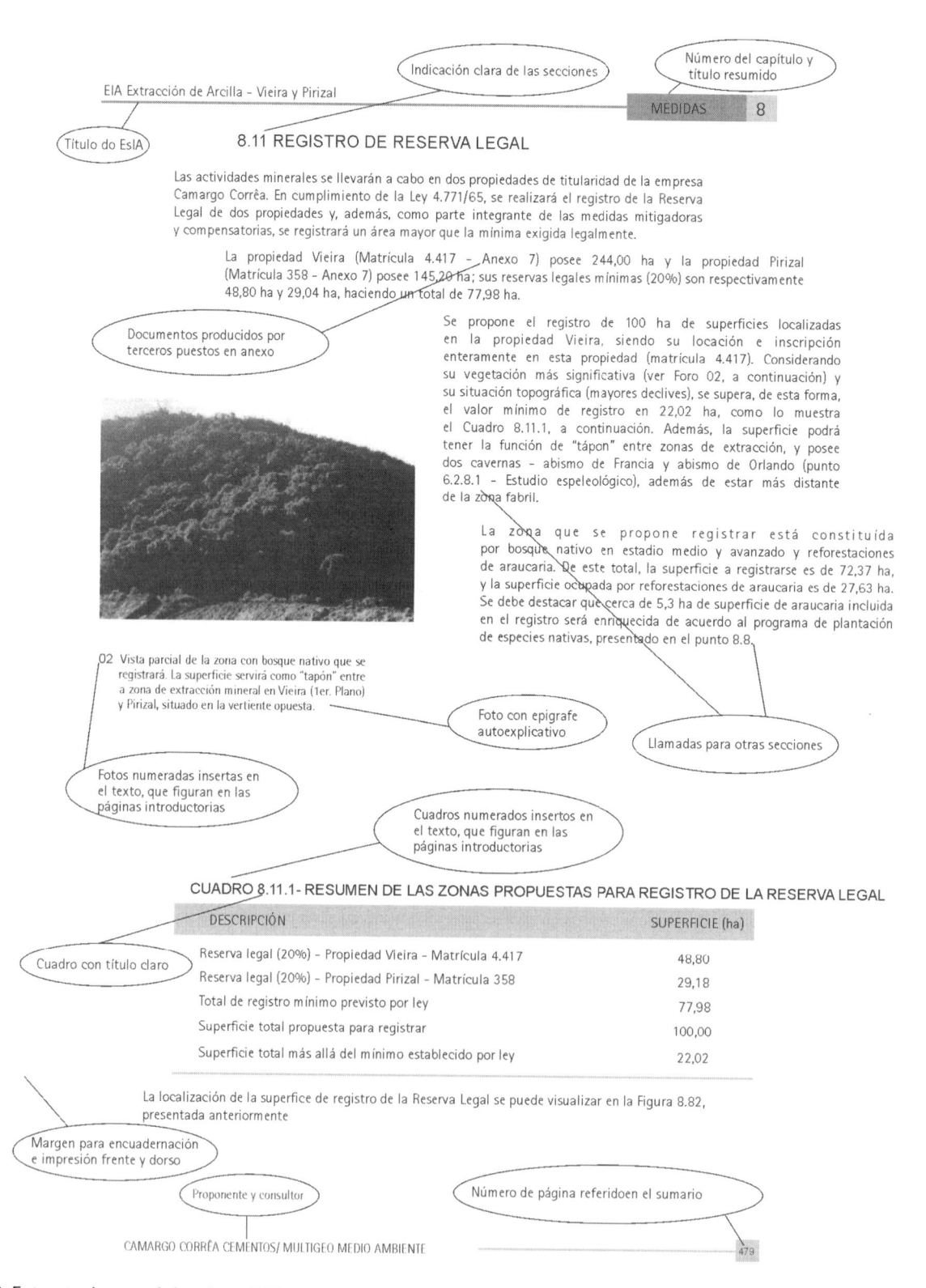

EIA Extracción de Arcilla - Vieira y Pirizal

MEDIDAS 8

8.11 REGISTRO DE RESERVA LEGAL

Las actividades minerales se llevarán a cabo en dos propiedades de titularidad de la empresa Camargo Corrêa. En cumplimiento de la Ley 4.771/65, se realizará el registro de la Reserva Legal de dos propiedades y, además, como parte integrante de las medidas mitigadoras y compensatorias, se registrará un área mayor que la mínima exigida legalmente.

La propiedad Vieira (Matrícula 4.417 – Anexo 7) posee 244,00 ha y la propiedad Pirizal (Matrícula 358 – Anexo 7) posee 145,20 ha; sus reservas legales mínimas (20%) son respectivamente 48,80 ha y 29,04 ha, haciendo un total de 77,98 ha.

Se propone el registro de 100 ha de superficies localizadas en la propiedad Vieira, siendo su locación e inscripción enteramente en esta propiedad (matrícula 4.417). Considerando su vegetación más significativa (ver Foro 02, a continuación) y su situación topográfica (mayores declives), se supera, de esta forma, el valor mínimo de registro en 22,02 ha, como lo muestra el Cuadro 8.11.1, a continuación. Además, la superficie podrá tener la función de "tapón" entre zonas de extracción, y posee dos cavernas – abismo de Francia y abismo de Orlando (punto 6.2.8.1 – Estudio espeleológico), además de estar más distante de la zona fabril.

La zona que se propone registrar está constituida por bosque nativo en estadio medio y avanzado y reforestaciones de araucaria. De este total, la superficie a registrarse es de 72,37 ha, y la superficie ocupada por reforestaciones de araucaria es de 27,63 ha. Se debe destacar que cerca de 5,3 ha de superficie de araucaria incluida en el registro será enriquecida de acuerdo al programa de plantación de especies nativas, presentado en el punto 8.8.

02 Vista parcial de la zona con bosque nativo que se registrará. La superficie servirá como "tapón" entre a zona de extracción mineral en Vieira (1er. Plano) y Pirizal, situado en la vertiente opuesta.

CUADRO 8.11.1 - RESUMEN DE LAS ZONAS PROPUESTAS PARA REGISTRO DE LA RESERVA LEGAL

DESCRIPCIÓN	SUPERFICIE (ha)
Reserva legal (20%) - Propiedad Vieira - Matrícula 4.417	48,80
Reserva legal (20%) - Propiedad Pirizal - Matrícula 358	29,18
Total de registro mínimo previsto por ley	77,98
Superficie total propuesta para registrar	100,00
Superficie total más allá del mínimo establecido por ley	22,02

La localización de la superfice de registro de la Reserva Legal se puede visualizar en la Figura 8.82, presentada anteriormente

CAMARGO CORRÊA CEMENTOS/ MULTIGEO MEDIO AMBIENTE 479

Fig. 13.1 *Extracto de una página de un EsIA en la cual se indican varios elementos de diagramación y presentación*
Fuente: Multigeo Meio Ambiente, EIA Mineração de Argila Vieira e Pirizal, 2004. Reproducido con autorización.

Un epígrafe completo y claro es muy importante para la lectura del mapa. Como plantea Dreyer-Eimbacke (1992, p. 15): "Los mapas presentan sus informaciones de modo sintético por medio de símbolos, a la manera de un sistema de señalización. Un mapa sólo es inteligible para el que conoce ese lenguaje visual, de modo que sea capaz de interpretar los códigos". De allí la necesidad del epígrafe, que "decodifica los símbolos, explicando su sentido en un lenguaje de uso corriente como lo es, por ejemplo, la escritura".

Hay convenciones internacionales para la preparación e impresión de mapas topográficos (IBGE, 1993), recomendándose siempre adoptar las mismas convenciones que los mapas oficiales que sirven de base. Para mapas temáticos, la elección de los colores es uno de los elementos más importantes para lograr una lectura agradable.

13.6 COMUNICACIÓN CON EL PÚBLICO

Varias jurisdicciones exigen que el estudio de impacto ambiental esté acompañado de un "resumen no técnico" o de otro documento que sintetice las conclusiones del estudio y facilite la comprensión del proyecto y de sus consecuencias. Es el caso del Rima, informe de impacto ambiental, previsto por la reglamentación brasileña.

En Brasil, ni el Rima ni ningún otro documento de divulgación suelen pasar por el tamiz del agente gubernamental licenciador, de manera que el interesado debe estar atento a que haya una perfecta coherencia entre esos materiales y el contenido del estudio de impacto ambiental, que es el documento oficial. Diferente es la postura de la Comisión de Evaluación de Impacto Ambiental de Holanda. La Comisión entiende que "un buen resumen es importante para los administradores y para el público"; por ello el resumen es "un punto clave de todas las directrices de *scoping*", y se lo analiza con el mismo rigor que el EsIA, pudiendo incluso ser objeto de complementación (Ceia, 2002a, p. 10).

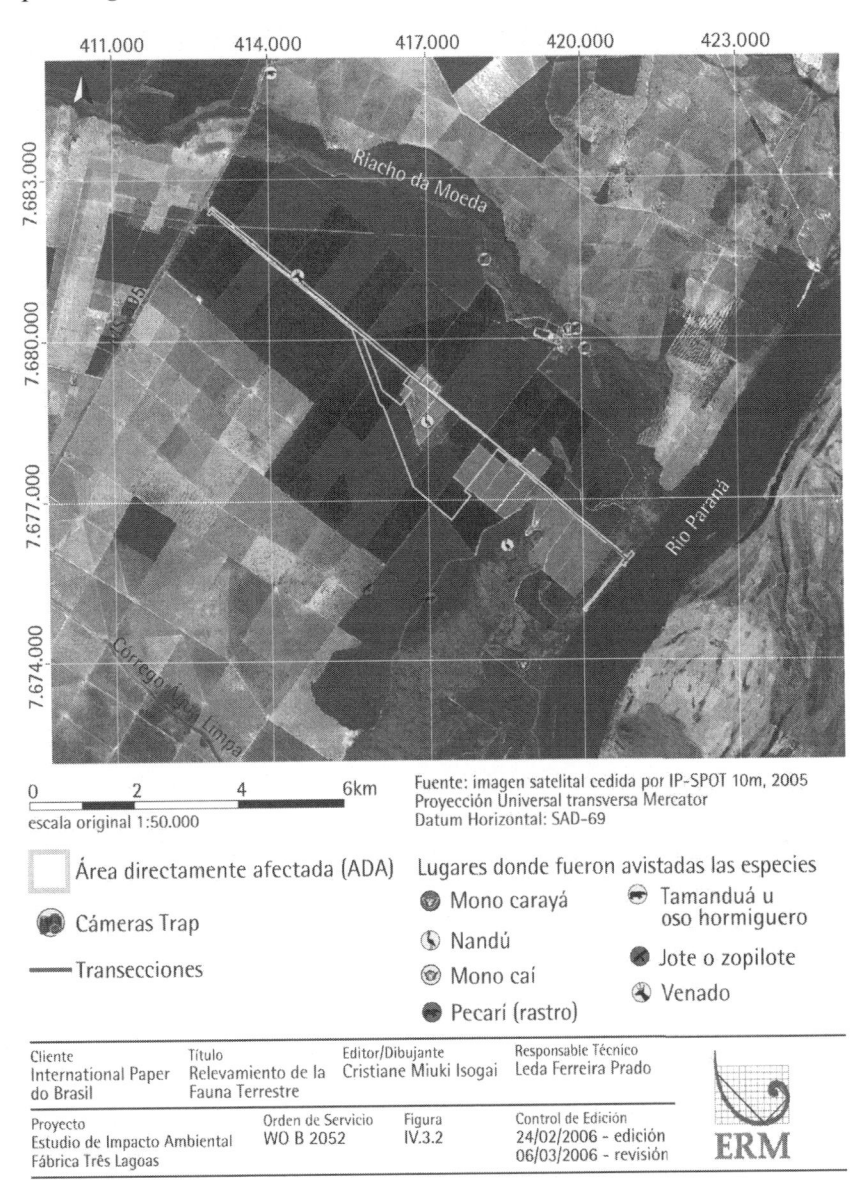

Fig. 13.2 *Ejemplo de figura inserta en un EsIA que contiene los principales elementos de un mapa o imagen (ver lámina en color 37)*
Fuente: modificado de ERM Brasil Ltda. (2005) - EIA Fábrica Três Lagoas. Reproducido con autorización.

Muchos Rimas son elaborados de manera burocrática, sólo para cumplir con la exigencia de que es necesario presentar un documento con dicho nombre. Es muy común que éstos sean elaborados de manera apresurada, cortando párrafos o secciones enteras de los estudios de impacto ambiental. Dichos Rimas ciertamente no cumplen con el objetivo de la comunicación con el gran público. No obstante, hay excepciones. Algunos proponentes preparan e imprimen centenares de ejemplares de resúmenes de los Rimas a fin de promover una verdadera divulgación del proyecto. Hay resúmenes de pocas páginas con ilustraciones abundantes, como fue el caso del proyecto de dragado del canal de Piaçaguera, en Cubatão, São Paulo. Esta iniciativa no puede ser confundida con la preparación de folletos promocionales, que pueden explicar el proyecto, pero básicamente procuran defenderlo. Otro enfoque, mucho más raro, es preparar un Rima más atractivo para la lectura, como el que se hizo para la central hidroeléctrica de Tijuco Alto, en el frontera entre los estados de Paraná y São Paulo.

Dicho Rima tiene 140 páginas y fue impreso como un folleto a colores con una tirada de mil ejemplares, para distribuir entre los interesados y, en particular, para la comunidad local. Presenta la estructura del EsIA. Se mantuvo en parte la terminología y el estilo de un informe técnico, pero el texto está entremezclado con dibujos de personajes (un adulto y dos niños) que van explorando la región y las consecuencias del proyecto. Un capítulo esencialmente basado en dibujos artísticos describe el emprendimiento. Ese fue el segundo estudio de impacto preparado para el proyecto. El primero se terminó a comienzos de la década del 90 y llegó a recibir la aprobación de los órganos estaduales de Paraná y de São Paulo, pero una acción judicial tuvo éxito al negarle la competencia a dichos estados en el otorgamiento de la licencia, por lo que el análisis pasó al Ibama, que no aceptó el primer EsIA. El proyecto es controvertido.

El documento preparado para el dragado del canal de Piaçaguera es un folleto de cuarenta páginas que traza un historial del problema, justifica el proyecto, informa cuáles fueron las principales alternativas estudiadas, explica con diseños y fotos cómo se realizará la alternativa elegida y explica cuáles son las medidas mitigadoras y de monitoreo, pero es económico en la presentación de los impactos. Fotos aéreas oblicuas y ortogonales dan información sobre el proyecto y su contexto, y están acompañadas por las clásicas imágenes de aves y puestas de sol.

La eficacia de la comunicación puede ser un factor determinante en la aprobación de un proyecto, pero muchos emprendedores y sus consultores menosprecian el riesgo de no ser satisfactoriamente comprendidos por la comunidad.

Es importante tener claro que la eventual formulación de una estrategia de comunicación con el público en el momento en que se otorga una licencia para un nuevo proyecto no es una campaña de relaciones públicas ni una acción de marketing, sino el establecimiento de un canal de comunicación de doble sentido, tanto un emisor como un receptor de mensajes, que permita que los mensajes recibidos se decodifiquen, analicen y tal vez transformen en cambios, ajustes o correcciones de ruta en el proyecto propuesto, o inclusive en medidas mitigadoras o compensatorias que vuelvan aceptable el proyecto o que lo hagan contribuir al desarrollo local (conforme el Cap. 15, en especial la sección 15.6).

Análisis técnico de los estudios ambientales

14

Los estudios de impacto ambiental normalmente se hacen dentro de un contexto legal que establece requisitos a observar y procedimientos a cumplir. Dentro del proceso de EIA, la etapa de evaluación o análisis técnico de los estudios ambientales presentados[1] tiene la función de verificar la *conformidad* de los estudios presentados con los criterios preestablecidos. Normalmente, los criterios observados son la reglamentación en vigencia en la jurisdicción en la que se presentó el estudio y los términos de referencia previamente formulados. Eventualmente, el objetivo del análisis puede ser verificar la conformidad con alguna práctica recomendada, como las referencias internacionales o las recomendaciones de alguna organización internacional.

[1] A veces denominada revisión, *por semejanza con el término inglés* review.

Un balance adecuado entre descripción y análisis, rigor metodológico e imparcialidad, están entre las cualidades deseables de todo estudio ambiental. Un estudio exhaustivamente descriptivo, sin interpretación de datos y con escasa aplicación de éstos para el análisis de los impactos, tiene tan poca utilidad como una colección de opiniones que no se encuentre sólidamente basada en datos rigurosamente recolectados o compilados.

Una definición muy simple de lo que sería un buen EsIA es la dada por Lee (2000, p. 138): "es el que presenta, de manera apropiada para los usuarios, constataciones y conclusiones que cubran todas las tareas de evaluación, empleando métodos apropiados de recolección de información, análisis y comunicación". En otras palabras, un buen EsIA es el que tiene las cualidades de todos los buenos informes técnicos. Por lo tanto, será necesario analizar forma y contenido.

14.1 Fundamentos

En cada sistema de EIA, la reglamentación establece de quién es la responsabilidad de analizar los estudios. En muchos países, los órganos ambientales gubernamentales son responsables por el análisis de los estudios ambientales. En cuanto a otros contextos de uso de la EIA – como su aplicación por agentes financieros multilaterales como el Banco Mundial, la a *International Finance Corporation* (IFC) y el Banco Interamericano de Desarrollo (BID), dicho análisis es tarea del equipo interno de medio ambiente de esas instituciones, las que frecuentemente emplean consultores externos. Existen también otros modelos, adoptados en diferentes jurisdicciones, como el *interagency review*, previsto en la legislación americana, o las comisiones independientes de evaluación, empleadas en Canadá o en Holanda.

En Canadá, esas comisiones de evaluación están reglamentadas, a nivel federal, por la Canadian Environmental Assessment Act, de 1993, pero el modelo ya había sido adoptado desde que se implantara la evaluación de impacto ambiental, en 1973 (Ross, 1987). Para cada proyecto que requiera un estudio profundo, se nombra una comisión (*panel*). En Holanda, los miembros de la Comisión de Evaluación de Impacto Ambiental tienen un mandato predeterminado y son inamovibles; emiten una opinión sobre todos los EsIAs preparados en el ámbito de su competencia.

Independientemente de las modalidades y competencias determinadas por los reglamentos aplicables, el objetivo del análisis técnico de los estudios de impacto ambiental es básicamente evaluar si el estudio presentado: (i) cumple con los requisitos mínimos establecidos por la reglamentación aplicable; (ii) tiene suficiente calidad técnica para ayudar en la toma de decisiones sobre el emprendimiento. En otras palabras, se procura determinar si el estudio de impacto tiene forma y contenido satisfactorios y adecuados.

El nivel de análisis más elemental es aquel que se preocupa por la forma de los estudios, o sea, el denominador común establecido por la reglamentación. En Brasil, el contenido mínimo de los estudios de impacto ambiental está determinado por la Resolución Conama 1/86, pero los órganos licenciadores pueden tener sus propios criterios (en tanto éstos no contradigan o sean menos restrictivos que los establecidos en la norma federal). Evidentemente, no se puede aceptar un estudio que no cumpla con el contenido mínimo. Aun más, las decisiones eventualmente tomadas en base a dicho estudio (por ejemplo, la concesión de una licencia ambiental) pueden ser cuestionadas jurídicamente y consideradas nulas.

El análisis del contenido de los estudios ambientales debe hacerse en base a ciertos criterios preestablecidos, por medio de los cuales se evalúa la calidad y la adecuación de los estudios presentados. El juicio sobre la calidad de los estudios normalmente se efectúa en base a una comparación con aquello que se esperaría. De manera general, hay dos grandes líneas de criterios de comparación: (i) los términos de referencia establecidos para el estudio de impacto ambiental analizado y (ii) las buenas prácticas, o las mejores prácticas adoptadas internacionalmente (*best practice*).

El criterio de comparación con los términos de referencia tiene la ventaja de proveer un marco sistemático para el análisis de los estudios presentados: básicamente, el analista va a comparar lo que piden los términos de referencia con lo que se presentó en los estudios. La desventaja del abordaje es no dar espacio a una evaluación crítica de los propios términos de referencia. En otras palabras, si los términos de referencia son baja calidad o insuficientes para determinar el ámbito y la focalización de los estudios ambientales, su análisis también se verá perjudicado, ya que se contemplarán los aspectos formales pero no los sustantivos.

El criterio de comparación con las mejores prácticas utiliza como referencia (*benchmark*) lo mejor y más consistente en la actualidad en lo referido a estudios ambientales, a nivel internacional, para el tipo de emprendimiento analizado. La ventaja de ese criterio es que pone un mayor énfasis en el contenido, en los aspectos sustantivos de los estudios presentados. Este también se puede utilizar cuando el estudio de impacto ambiente se llevó a cabo sin preparación previa de términos de referencia especialmente concebidos para el proyecto en evaluación. Por otro lado, una posible desventaja es establecer un nivel demasiado alto para el país en el que se sitúa el proyecto: los estudios de mayor calidad normalmente exigen más en términos de costo y tiempo de realización, y los estudios realizados en países desarrollados pueden beneficiarse con una base preexistente de datos ambientales que muchas veces está ausente en los países en desarrollo.

Las mejores prácticas internacionales de evaluación de impacto ambiental se vienen invocando y citando a menudo en este libro. Estas consisten en recomendaciones emanadas de entidades de reconocida credibilidad – como las asociaciones profesionales y las organizaciones internacionales –, refrendadas por convenciones internacionales, como las Conferencias de las Partes de la Convención de Diversidad Biológica y la Convención de Ramsar (documentos citados en el Apéndice "Recursos").

Es oportuno destacar que el criterio de comparación con términos de referencia y el criterio de mejores prácticas no son excluyentes. Si existió una preparación previa de términos de referencia particulares, entonces el análisis de los estudios obligatoriamente debe tomarlos como base, pero no tiene por qué limitarse a ellos. Para muchos países de Latinoamérica, el criterio de las mejores prácticas es no solamente pasible de aplicación, sino también deseable, dado que ya existe una gran experiencia acumulada en evaluación de impacto ambiental y que los servicios de consultoría en ese campo son, generalmente, competentes técnicamente. Además, y lo más importante, en gran parte del continente hay tal acumulación de presiones sobre el ambiente natural y social, que cualquier nueva obra de envergadura (que puede implicar impactos significativos) debe analizarse y discutirse cuidadosa y detalladamente.

El análisis técnico de un estudio de impacto ambiental no es de exclusivo interés del agente decisorio. Todos los protagonistas pueden analizar los estudios y tratar de influir en el proceso decisorio, como por ejemplo:

- Empresas que contratan estudios de impacto ambiental pueden analizarlos antes de someterlos a la aprobación de los órganos gubernamentales o agentes financieros.
- Asociaciones que representan al público, como las organizaciones no gubernamentales y las asociaciones de moradores, pueden analizar los estudios para buscar una mejor comprensión del proyecto y de sus consecuencias; en el caso de las posturas contrarias al emprendimiento, el análisis puede señalar fallas y olvidos que pueden presentarse como argumentos en el debate; dicho análisis también puede indicar las deficiencias del proyecto o apuntar a iniciativas no estudiadas, o inclusive sugerir nuevas medidas mitigadoras o compensatorias, no consideradas en el estudio.
- Miembros del Ministerio Público, asistentes técnicos y peritos judiciales, en el caso de las disputas judiciales que involucran actividades sujetas al proceso de evaluación de impacto ambiental.
- Agencias sectoriales reguladoras y otros órganos gubernamentales interesados en el emprendimiento presentado.
- Agentes financiadores públicos o privados, cuya política incluya la discusión de la viabilidad ambiental de los emprendimientos presentados para financiación.
- Órganos gubernamentales con atribuciones específicas, cuya opinión debe ser consultada para el licenciamiento de una actividad.

En todos los casos, el análisis se puede hacer internamente o a través de una tercera parte contratada para ese fin. En general, se espera que los órganos ambientales responsables del licenciamiento dispongan de equipos multidisciplinarios capacitados para realizar el análisis técnico. No obstante, incluso los organismos mejor dotados en cuanto a personal técnico pueden depararse con proyectos muy complejos o con situaciones que superen la experiencia de su equipo técnico, ocasiones en las que deben recurrir a consultores especializados para complementar la capacitación interna.

14.2 El problema de la calidad de los estudios ambientales

Investigadores de varios países publicaron estudios retrospectivos cuyo objetivo era realizar una evaluación crítica de los estudios ambientales y, principalmente, indicar

Lámina 21 *Elemento notable del patrimonio geológico y espeleológico, el Pozo Encantado (Itaetê, Bahía) es una caverna calcárea en donde hay un impresionante lago de cerca de 30 m de profundidad y aguas muy cristalinas. Durante un período muy corto del año, en invierno, el sol se filtra por la apertura lateral y penetra oblicuamente en el lago*

Lámina 22 *Cementerio de Santa Isabel, en Mucugê, ciudad de la Chapada Diamantina, Bahía, preservado en 1980 por el Instituto del Patrimonio Histórico y Artístico Nacional*

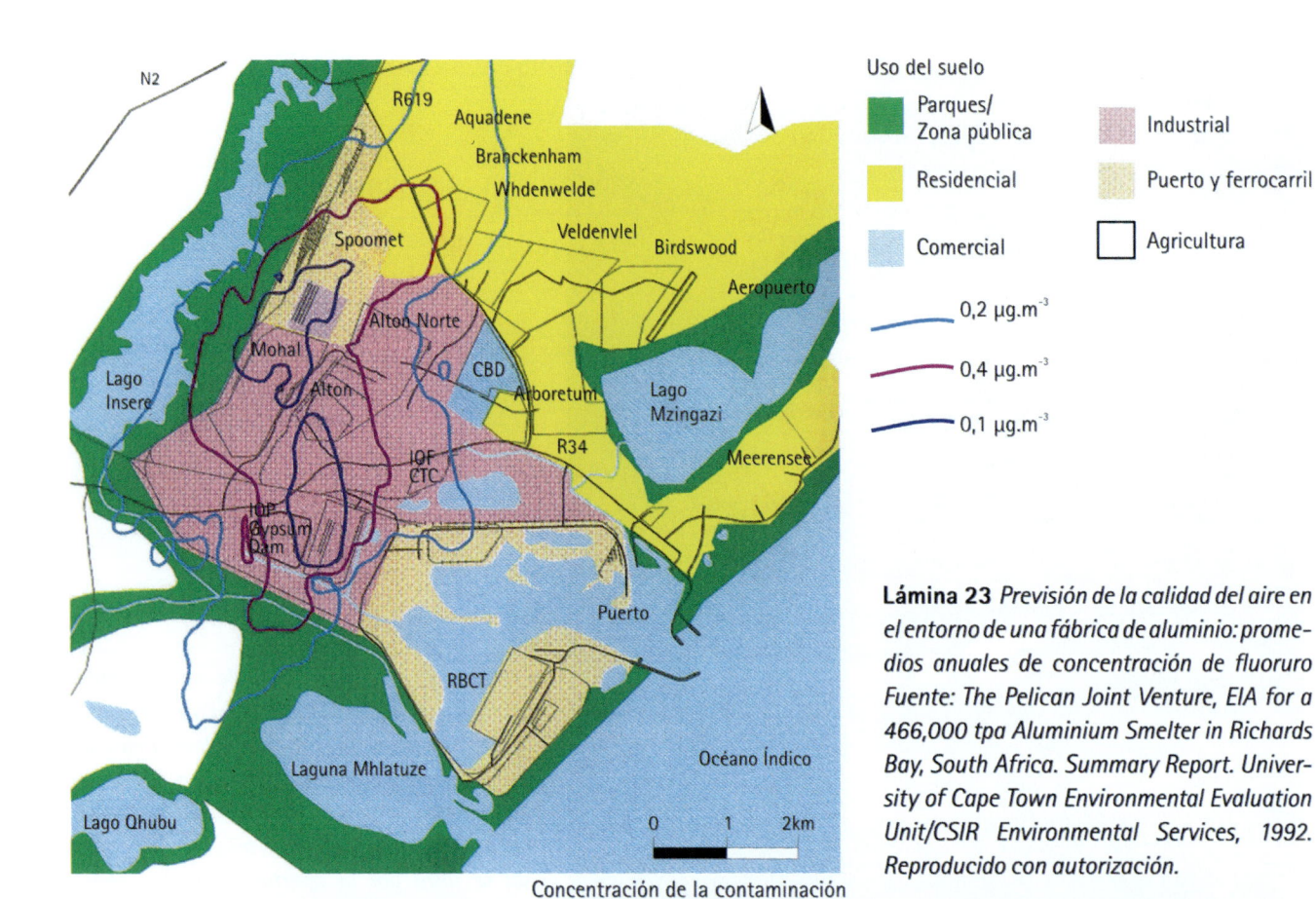

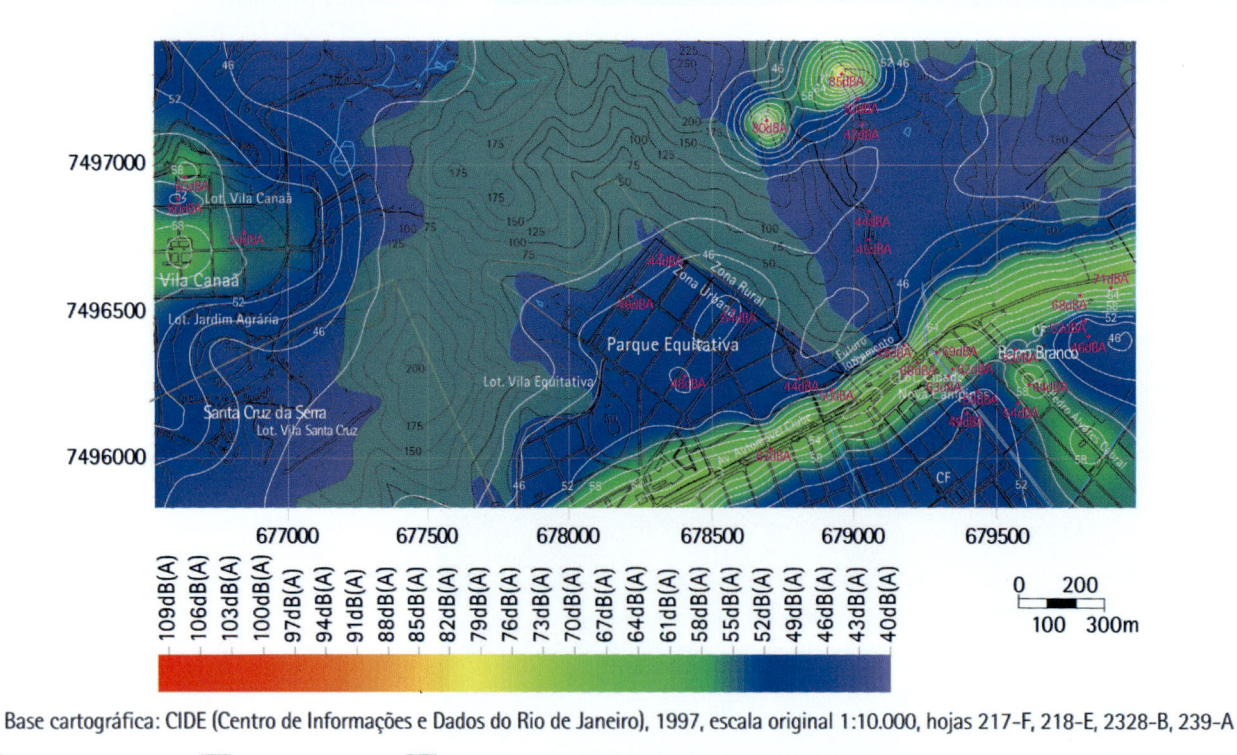

Lámina 23 *Previsión de la calidad del aire en el entorno de una fábrica de aluminio: promedios anuales de concentración de fluoruro*
Fuente: The Pelican Joint Venture, EIA for a 466,000 tpa Aluminium Smelter in Richards Bay, South Africa. Summary Report. University of Cape Town Environmental Evaluation Unit/CSIR Environmental Services, 1992. Reproducido con autorización.

Lámina 24 *Mapa de la probable distribución del ruido diurno actual en un lugar en el que se piensa implantar una mina*
Fuente: Schrage (2005).

Base cartográfica: CIDE (Centro de Informaciones y Datos de Río de Janeiro), 1997, escala original 1:10.000, hojas 217-F, 218-E, 2328-B, 239-A

- Isolíneas de ruido
- Talud
- Curvas de nivel
- Galería subterránea
- Vegetación
- Pilares y galerias (mina subterránea)
- Drenaje
- Barrera Vegetal
- Edificaciones
- 67dBA Nivel de ruido diurno futuro estimado

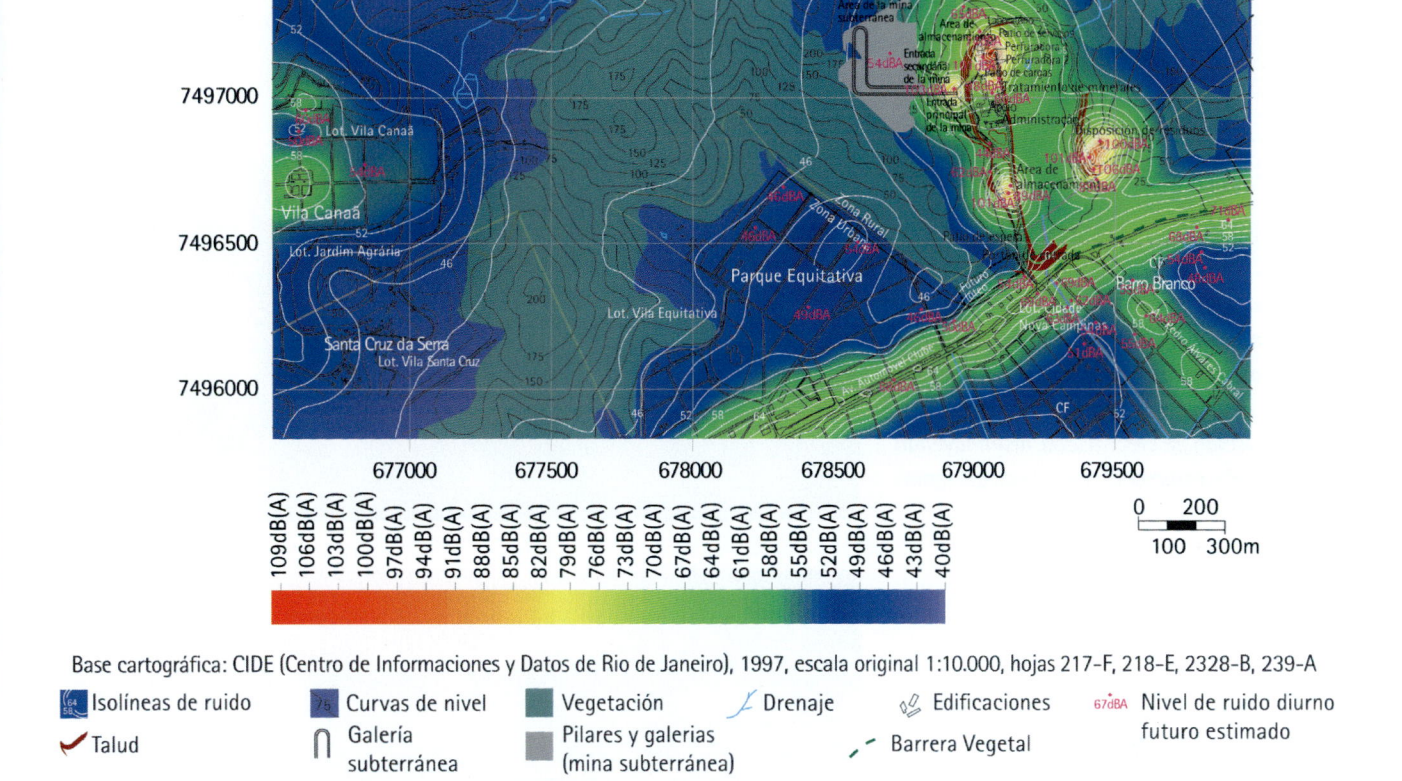

Lámina 25 *Mapa de la probable distribución de los niveles de ruido diurno luego de la implantación de una mina subterránea*
Fuente: Schrage (2005).

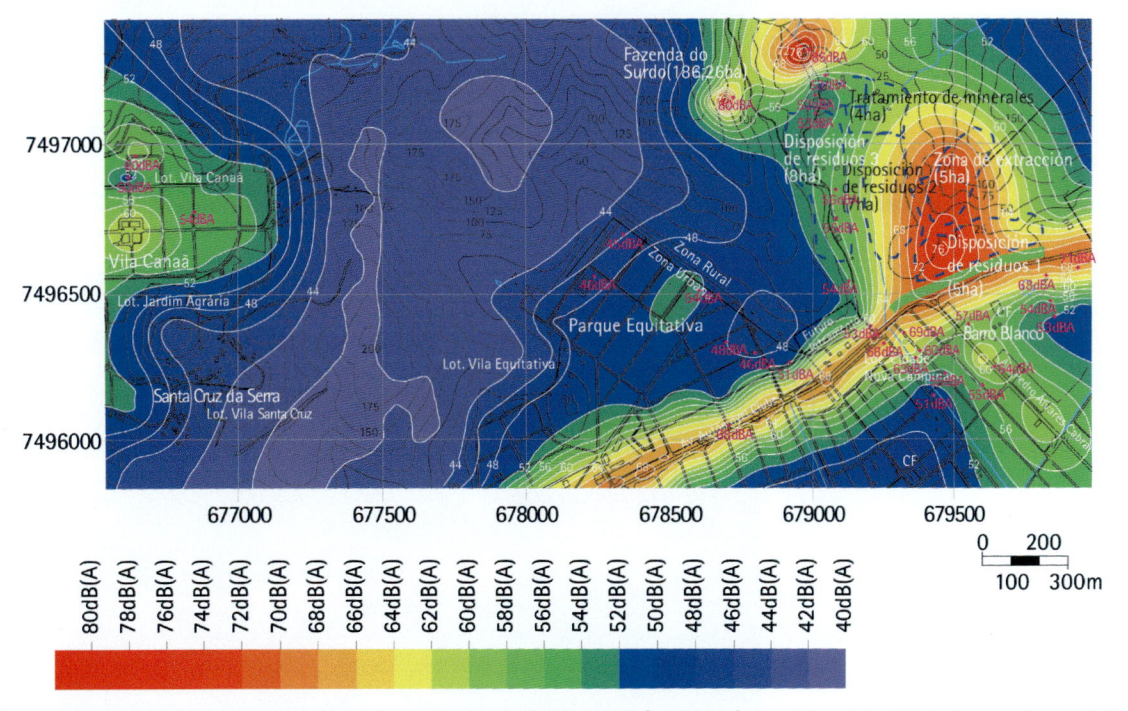

Base cartográfica: CIDE (Centro de Informaciones y Datos de Río de Janeiro), 1997, escala original 1:10.000, hojas 217-F, 218-E, 2328-B, 239-A

Lámina 26 *Mapa de la probable distribución de los niveles de ruido diurno luego de la implantación de una mina a cielo abierto*
Fuente: Laboratorio de Control Ambiental, Higiene y Seguridad en la Minería (Lacasemin, 2004).

Lámina 27 *Vista parcial de la represa y del embalse de Nangbéto, Togo, que, como todas las represas, afecta el régimen hídrico del río, al regular el caudal para garantizar la producción de electricidad, disminuyendo la variación estacional, con impactos aguas abajo*

Lámina 28 *Detonación de explosivos para fragmentación de roca en una mina*

Lámina 29 *Pila de roca que genera ácido, debido a la presencia de sulfuros. Mina de uranio de Caldas, Minas Gerais, uno de los muchos lugares en los cuales no se previó el impacto durante la preparación del proyecto*

Lámina 30 *Vista de la región de la bahía James en las proximidades de la represa La Grande 2, con gran cantidad de lagos naturales, turberas y gran acumulación de materia orgánica biodegradable*

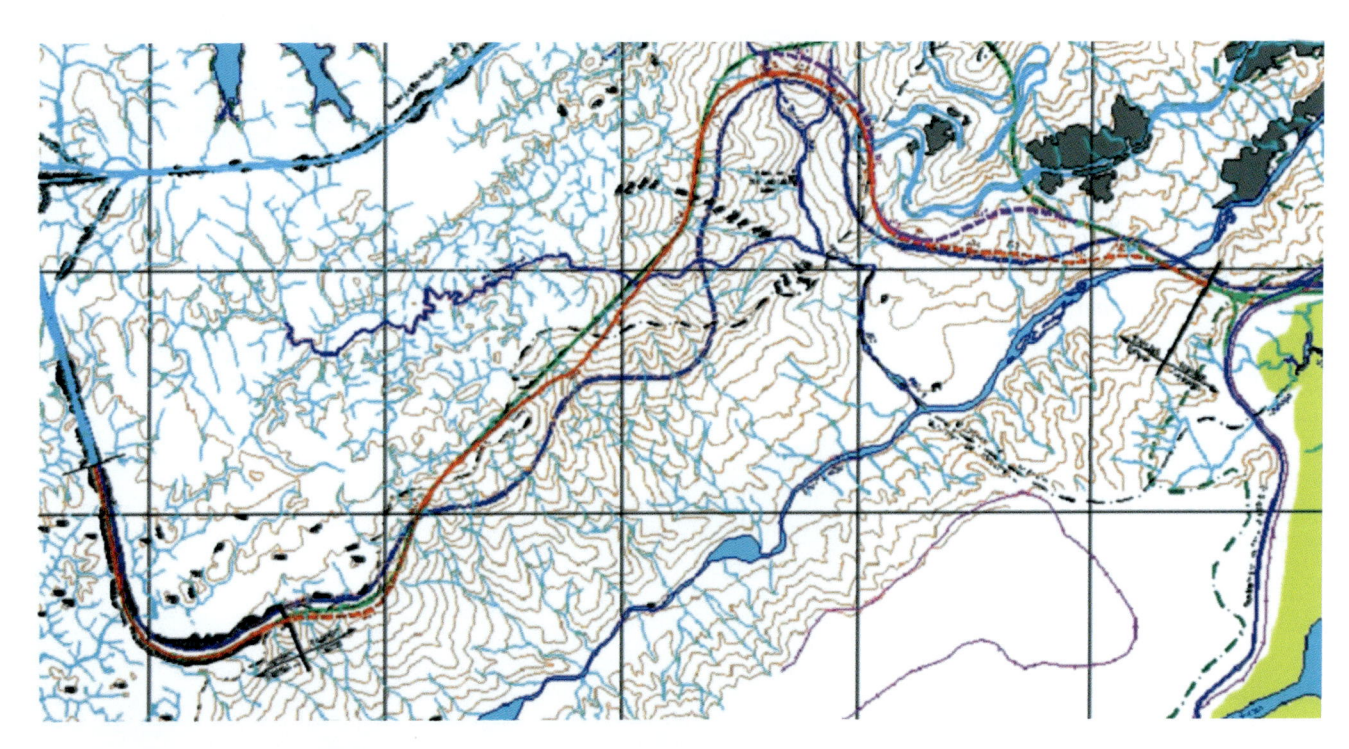

― Proyecto original - 17 viaductos, 10 túneles
― Proyecto revisado en el EsIA (1988) - 11 viaductos, 5 túneles
― Proyecto revisado para licencia de instalación (1999) - 7 viaductos, 4 túneles
― Proyecto ejecutivo - 6 viaductos, 3 túneles

Lámina 31 *Alternativas de trazado para el carril descendente de la carretera dos Imigrantes, São Paulo*
Fuente: Gallardo (2004).

■ Pista ascendente construida anteriormente ▪▪▪▪ Tramos en túnel del nuevo carril ▬ Tramos a cielo abierto del nuevo carril

Lámina 32 *Bloque-diagrama con la ubicación del carril descendiente de la carretera dos Imigrantes, São Paulo*
Fuente: Gallardo (2004).

Lámina 33 *Los depósitos de contención alrededor de tanques de almacenamiento de productos químicos (a la izquierda) y los sistemas de tratamiento de efluentes (en el caso, exudado graso de un relleno sanitario) están entre las medidas corrientes de prevención y corrección de impactos adversos. Relleno sanitario instalado en la antigua cantera Miron, Montreal, Canadá, en donde también funciona una central termoeléctrica alimentada por los gases generados en el relleno*

Lámina 34 *Los pequeños depósitos de retención de sedimentos provenientes de zonas de rellenado y protección con césped en taludes en suelo, realizada inmediatamente después de concluir los trabajos de excavación, son medidas que disminuyen la degradación de la calidad de las aguas superficiales. Construcción del carril descendente de la carretera dos Imigrantes, SP*

Lámina 35 *Dique de cola de la mina Neves Corvo, Portugal, cuya función es almacenar a perpetuidad los residuos provenientes del tratamiento del mineral; a la izquierda, se ve el depósito de desechos, permanentemente cubierto de agua para prevenir la formación de un drenaje ácido; al mismo tiempo que es una medida mitigadora, un dique de cola es un componente del proyecto que demanda gran atención en cuanto a la administración de riesgos*

Lámina 36 *Comunidad indígena reasentada en la región de la bahía James, Quebec, Canadá. Los detalles físicos de las construcciones fueron discutidos y negociados con los interesados y reproducen el patrón de asentamiento de una comunidad tradicional*

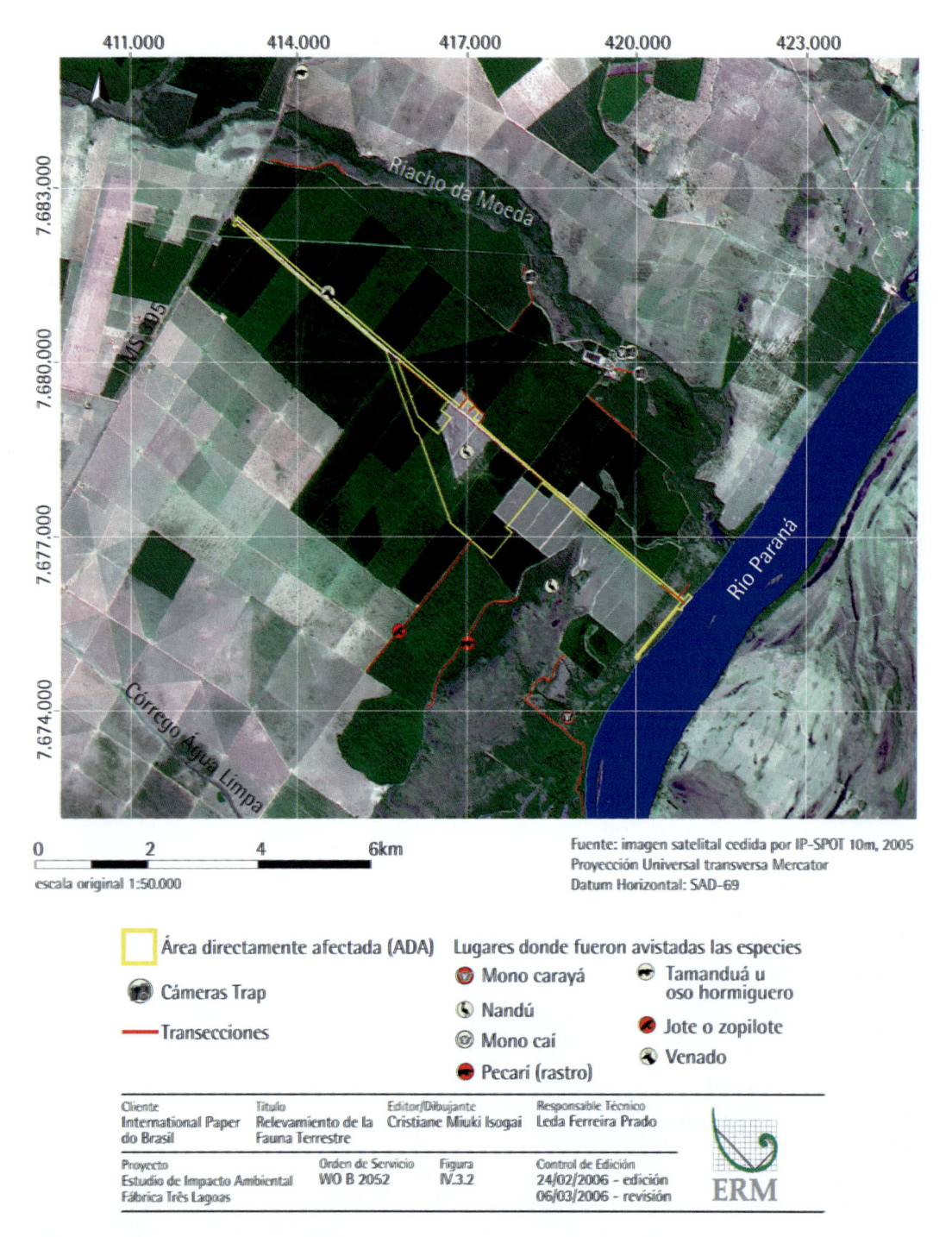

Lámina 37 *Ejemplo de figura inserta en un EsIA que contiene los principales elementos de un mapa o imagen*
Fuente: modificado de ERM Brasil Ltda. (2005) – EIA Fábrica Três Lagoas. Reproducido con autorización.

sus deficiencias. Una línea de investigación aborda la capacidad predictiva de los EsIAs (como se ve en la sección 9.4), pero dichos estudios solamente pueden realizarse para los proyectos que siguieron adelante y fueron implantados, luego de la aprobación de los estudios. El trabajo clásico de Beanlands y Duinker (1983) no sólo señaló deficiencias recurrentes en EsIAs canadienses, sino que formuló diversas recomendaciones que hoy en día integran el conjunto de buenas prácticas de EIA.

La calidad de los EsIAs realizados en Brasil fue analizada en varios estudios retrospectivos. Agra Filho (1993) analizó veinte EsIAs y Rimas preparados para proyectos de diversos sectores de la actividad, en diferentes regiones del país, durante los cinco primeros años de vigencia de la Resolución Conama 1/86. Una de sus principales constataciones está relacionada con la pobre definición de la focalización de los estudios que, en los casos analizados, no tomó en cuenta aspectos fundamentales de referencia para su realización, o sea, el autor concluyó que la ausencia o la debilidad de términos de referencia es un factor que incide en todo el proceso de EIA, comenzando por la calidad de los estudios presentados. El autor también constató que (i) se dejó a un lado la consideración de alternativas; (ii) las medidas mitigadoras propuestas muchas veces eran genéricas y no correspondían a las características del ambiente afectado; (iii) los planes de monitoreo eran superficiales y no señalaban indicadores; (iv) hay una carencia de procedimientos técnicos adecuados para identificar y prever impactos; y (v) los procedimientos de valoración e interpretación del significado e importancia de los impactos no permiten una evaluación conclusiva.

Teixeira *et al.* (1994) revieron siete de los diez primeros Informes de Impacto Ambiental preparados para emprendimientos hidroeléctricos en Brasil, entre 1986 y 1988[2]. En esa época, las grandes represas estaban fuertemente cuestionadas debido a la extensión y gravedad de sus impactos ecológicos y sociales y a un historial de daños irreversibles, como la inundación de las Sete Quedas del río Paraná (Fig. 4.1), aparte del desplazamiento forzado de miles de personas sin compensaciones adecuadas. Por tales razones, la empresa estatal Eletrobrás había preparado un Manual de Estudios de Efectos Ambientales de Sistemas Eléctricos, pasó a ser público (Eletrobrás, 1986), cuyo contenido coincide en parte con las exigencias de la Resolución Conama 1/86. El manual aborda tres tipos de emprendimientos – centrales hidroeléctricas, centrales termoeléctricas, líneas de transmisión y subestaciones –, describiendo, para cada tipo, requisitos para estudios de planificación; en el caso de las hidroeléctricas, existe un "plan de relevamientos básicos" y un "plan de control ambiental".

En ese contexto, los estudios ambientales de proyectos del sector eléctrico probablemente representaban, en la época, lo más avanzado que había en Brasil. Aun así, Teixeira y colaboradores encontraron innumerables deficiencias importantes en los Rimas, pudiendo destacarse:
- omisiones y previsiones de impactos subestimadas;
- criterios de valoración de impactos "subjetivos y técnicos, en detrimento de la percepción que las poblaciones tienen de dichos impactos sobre ellas y las consecuencias sobre su propio universo";
- falta de mención a los estudios de alternativas de ubicación y tecnológicas;
- las poblaciones humanas son vistas como "fácilmente desplazables y convenientemente adaptables a nuevas condiciones", mereciendo un "trato igual al

[2] *En Brasil, los informes de impacto ambiental son los resúmenes no técnicos de los EsIA. Los primeros estudios de impacto aparecían relatados solamente em los Rimas, no existiendo un volumen denominado EsIA, según uma interpretación textual de la Resolución Conama 1/86.*

aplicado en los aspectos biológicos o físicos de los espacios ocupados por las hidroeléctricas" (p. 176-177);
* no tomar en cuenta los procesos sociales en los diagnósticos altamente descriptivos que ponen el énfasis en los aspectos demográficos;
* imprecisión de criterios para definir la población y el área afectadas, también llamada área de influencia.

Es interesante observar que ese análisis, si se lo compara con el de Monosowski (1994) sobre los estudios ambientales realizados para la hidroeléctrica Tucuruí (Cap. 2), permite inferir que habría habido poco o ningún avance en relación a la época anterior a la exigencia de preparación previa de EsIAs. La central de Tucuruí, cuya construcción tuvo comienzo en 1976, empezó a funcionar en 1984. El diagnóstico ambiental fue fragmentario, elaborado durante la etapa de construcción, y compuesto por diversos estudios especializados preparados por instituciones de investigación de la Amazonia, que realizaron relevamientos muy completos, llegando a identificar nuevas especies. No obstante, afirma la autora:

> Se observa un gran contraste entre el gran número de estudios realizados y la dificultad de traducir sus conclusiones en propuestas concretas de acción. De manera general, los estudios fueron concebidos como actividades regulares de investigación científica. Los esfuerzos del equipo se concentraron sobre todo en las actividades de inventario y descripción de los elementos del medio natural, lo que se justificaba por el profundo desconocimiento inicial de los ecosistemas de la región (p. 130).

De esta forma, la débil conexión entre las diferentes partes del estudio de impacto ambiental persistía como un problema.

[3] *El caso de las represas del Xingu tuvo amplia repercusión en los medios internacionales (Hildyard, 1989). En fines del 2010, una de las represas, cuyo proyecto se reformuló drásticamente, recibió su licencia ambiental previa.*

Las deficiencias no eran solamente de los estudios ambientales sino, antes de éstos, de los proyectos de ingeniería, concebidos previamente a que las exigencias se hicieran explícitas. Es así que las represas propuestas para el río Xingu eran criticadas debido a los impactos muy significativos que tendrían sobre el ambiente natural y sobre las comunidades indígenas (Santos e Andrade, 1988)[3]. Sin duda, hay cualidades y deficiencias intrínsecas a cada estudio de impacto ambiental, y que están bajo control del equipo multidisciplinario que lo prepara, pero si el proyecto analizado es de alto impacto o afecta recursos muy valorizados, por mejor que sea el EsIA, el proyecto será severamente criticado. Dos décadas después, ese problema todavía perdura. En el análisis de un EsIA, aunque se deba diferenciar entre las deficiencias del estudio y los problemas del proyecto, no es posible hacer una separación completa.

En la opinión de Moreira (1993a), la práctica de los primeros años de EIA en Brasil padecía de una serie de dificultades. Entre los problemas atinentes a la preparación de los EsIAs, la autora comenta que

> [...] lo que más afecta los estudios son los problemas de coordinación técnica. Las empresas de consultoría tienden a abordar la organización de los estudios de impacto como abordan los trabajos con los que están más familiarizados. El coordinador se limita a distribuir y hacer cumplir las tareas, controlar los gastos y los cronogramas y brindar apoyo a los profesionales de las diferentes discipli-

> nas, descuidando la integración de los aspectos sectoriales del medio ambiente, casi siempre interdependientes. El producto son informes confeccionados a partir de estudios sectoriales yuxtapuestos que no logran representar las posibles alteraciones que se producirán en los sistemas ambientales por la realización del proyecto. Los equipos encargados de un estudio de impacto ambiental necesitan coordinación y métodos apropiados [...] (p. 43).

La percepción de que muchos consultores no estaban bien capacitados, de que no entendían los objetivos y mucho menos los fundamentos de la EIA, y que reducían su actividad a preparar documentos que pudieran facilitar la obtención de una licencia ambiental llevó al surgimiento de la expresión "industria del Rima", indicando la preparación en serie de informes casi idénticos, aunque para proyectos distintos.

Parte de los problemas puede atribuirse a deficiencias de la etapa de tamizado, que llevaron a la preparación de una gran cantidad de EsIAs para emprendimientos de impacto poco significativo o, peor, para emprendimientos ya en operación hace años, aunque situación irregular ante la legislación de licenciamiento ambiental. Ese problema fue diagnosticado claramente en el estado de São Paulo para el sector de producción de arena para la construcción civil, que en los primeros años de aplicación de la EIA era responsable de más de la mitad de los EsIAs protocolizados en la Secretaría de Medio Ambiente, en un claro descompás con su importancia en la economía estadual o su potencial de causar impactos adversos. Dichos emprendimientos son muy semejantes entre sí, sus impactos se repiten y pueden prevenirse y corregirse con medidas semejantes, lo que hace que la mayor parte de sus problemas ambientales pueda resolverse con procedimientos más simples, mediante la aplicación de normas técnicas.

Libanori e Rodrigues (1993, p. 127) informan que, hasta septiembre de 1991, de un total de 145 EsIAs analizados por el Departamento de Evaluación de Impacto Ambiental de la Secretaría de Medio Ambiente del Estado de São Paulo, 96 eran de emprendimientos mineros, la mayor parte de los cuales tenían que ver con extracción de arena para usar en la construcción civil. La extracción de arena para la construcción civil forma parte de la lista de actividades del Art. 2º de la Resolución Conama 1/86. Existía un debate acerca de la aplicación de esa lista, habiendo los que defendían que ésta ejemplifica los tipos de emprendimientos cuya implantación está sujeta a la presentación previa del EsIA, en el sentido de que todos los que figuran en la lista son obligatorios, pudiendo el órgano licenciador exigir el EsIA a otras actividades que no figuran en la lista (Machado, 1993). Otros defendían que el carácter ejemplificador de la lista faculta al órgano licenciador a eximir de la presentación del EsIA a algunos tipos de emprendimientos que constan en la lista, pero de impacto poco significativo (Gouvêa, 1993). Esta última interpretación terminó prevaleciendo en el estado de São Paulo (Gouvêa, 1998) y fue resuelta por el propio Conama, primeramente para actividades mineras (en 1990) y luego para otros tipos de actividad.

Un cierto desencanto con los primeros resultados de las leyes que hicieron obligatoria la evaluación de impacto ambiental parece algo casi universal. Sin embargo, hay que discernir las críticas a los procedimientos, que no estarían alcanzando los resultados esperados y deberían mejorarse, de las críticas a los propios principios y fundamentos

[4] *Puede citarse como ejemplo de ese tipo de crítica las reflexiones de Fairfax (1978), para quien la Nepa fue "un desastre para el movimiento ambientalista y para la búsqueda de una mejor calidad ambiental", por desviar la atención del "cuestionamiento y redefinición de poderes y responsabilidades de las agencias gubernamentales para el análisis de documentos".*

del EIA, que tampoco faltaron[4]. En los primeros años de su aplicación en los Estados Unidos, diversos analistas sugirieron que los resultados alcanzados estarían bastante lejos de lo esperado, y entre las razones señaladas primaba la idea de que la mayoría de los estudios de impacto ambiental serían de calidad razonable, lo que no permitiría tomar decisiones adecuadas si se tiene esos estudios como base. Los críticos sugerían que los estudios deberían ser más científicos, lo que podría alcanzarse mediante una revisión por parte de los pares, haciéndolos pasar por un proceso semejante al de una publicación científica (Schlinder, 1976) o bien publicando las investigaciones que servirían de base a esos estudios (Loftin, 1976). Pero otras opiniones eran favorables a fortalecer la revisión realizada por los analistas de los órganos gubernamentales –y no la crítica de parte de los científicos– y el papel del público, también interesado en la calidad de los estudios presentados y en su contenido (Auerbach et al., 1976).

Los primeros años de aplicación de la EIA en Canadá también generaron "un alto nivel de frustración" entre los principales involucrados (Beanlands, 1993). En Francia, las críticas se centraron más en los procedimientos administrativos y en lo que muchos percibían como una insuficiente independencia de los servicios administrativos que analizan los estudios de impacto, en tanto que el contenido propiamente dicho de los estudios no fue objeto de discusiones profundas.

Una vertiente que fue objeto de investigaciones empíricas sistemáticas en diversos estudios internacionales es la calidad de las previsiones presentadas en los EsIAs. A comienzos de los años 80, uno de los focos de las investigaciones sobre la eficacia de la EIA era la calidad y el cumplimiento de las previsiones realizadas en los estudios de impacto ambiental (como se ve en 9.4). Entre los trabajos pioneros, suelen citarse Bisset (1984b), Buckley (1991a, 1991b), Culhane (1987) y Culhane et al. (1987). Estos autores, analizando, respectivamente, casos de Gran Bretaña, Australia y los Estados Unidos, que hasta incluyó una muestra de cerca de cien estudios de impacto ambiental en el caso australiano, sacaron básicamente dos conclusiones. La primera es que muchas de las previsiones presentadas en dichos estudios no era pasibles de verificación, o bien por no ser cuantitativas, o bien por diversas otras deficiencias relacionadas con la forma como se las presentaba, como falta de indicación de la amplitud espacial de los impactos (área de influencia) o falta de elección de indicadores apropiados para monitorear los impactos reales. Los estudios brasileños realizados bajo esa óptica llegaron a conclusiones similares (Dias y Sánchez, 2001; Prado Filho y Souza, 2004).

Dichos estudios, denominados auditoría de evaluación de impacto ambiental, tuvieron una segunda conclusión consistente: la de que muchos proyectos realmente implantados eran muy diferentes de los que habían sido descriptos en los estudios de impacto ambiental, una situación que, evidentemente, dificulta o incluso impide toda comparación entre impactos previstos e impactos reales. Las razones de dichas alteraciones tienen que ver con el tiempo transcurrido desde la planificación del proyecto y la preparación del estudio de impacto hasta su aprobación e inicio de la construcción. Las modificaciones también están vinculadas al bajo nivel de detalles de los proyectos cuando se preparan los estudios de impacto ambiental; entre un proyecto básico de ingeniería –la etapa en la que muchas veces se hacen los estudios ambientales– y un proyecto ejecutivo, suelen introducirse muchas modificaciones. Además, si una de las funciones del EsIA es hacer que las acciones humanas tengan el menor impacto posible, entonces es de esperarse que haya modificaciones entre la concepción inicial del proyecto y una versión modificada, en la cual hayan sido incorporados los factores ambientales (como el ejemplo de la carretera dos Imigrantes, presentado en la sección 12.2 y en el Cuadro 12.3).

Los órganos ambientales brasileños, como por otra parte la mayoría de sus congéneres de otros países, no hacen un análisis o una clasificación sistemática de la calidad de los estudios presentados, de forma tal que se pueda hacer una comparación o evaluación de su calidad. Es lícito pensar que la calidad de los EsIAs vaya mejorando a lo largo del tiempo, a medida que tanto los equipos que los preparan como los que los analizan ganen más experiencia y puedan – es lo que se espera – aprender a partir de sus errores y aciertos. Lee (2000a) reporta que dos relevamientos encomendados por la Comisión Europea, respectivamente al inicio y al final de la década del 90, para analizar la calidad de los EsIAs producidos en ocho países, concluyeron que hubo una mejora en la calidad de los estudios. Ambos relevamientos, evidentemente, emplearon los mismos criterios para evaluar sus muestras de EsIAs. En Holanda, la Comisión de Evaluación de Impacto Ambiental publica informes anuales de actividades, presentando balances y análisis; cerca del 40% de los EsIAs analizados presentan algún tipo de deficiencia que implica el pedido de informaciones complementarias (Ceia, 2002b); entre las deficiencias más comunes se encuentran la falta de una presentación detallada de alternativas y una descripción incompleta de los impactos.

En Brasil, en donde hay pocos estudios sistemáticos, lo que más predominan son los análisis impresionistas, basados en la percepción de profesionales involucrados hace años en la preparación o análisis de los estudios ambientales, testimonios que en general indican una mejora. Sin embargo, un equipo de analistas del Ministerio Público Federal (MPF) realizó una compilación a la vez amplia y detallada de las principales deficiencias de los EsIAs. Estudiando una población de ochenta EsIAs de proyectos sometidos a licenciamiento federal o que implicaron, por diversas razones, la participación del MPF, los autores de dicho estudio identificaron las fallas más frecuentes o más graves (MPF, 2004), que se hallan resumidas en el Cuadro 14.1.

Es extensa la lista de los problemas que los analistas del MPF encuentran en los diagnósticos ambientales, problemas que abarcan desde cuestiones de orden metodológico hasta relevamientos incompletos. El diagnóstico ambiental es la parte más fácilmente criticable de los EsIAs, teniendo en cuenta que los inventarios siempre pueden ser más detallados y los análisis más profundos. Por lo tanto, hay que establecer cuál es la extensión y el grado de detalle de los estudios necesarios para fundamentar el análisis de los impactos y la proposición de medidas de gestión, de modo que el análisis técnico del EsIA tenga como referencia esos requisitos mínimos. Por lo tanto, donde deben buscarse las causas de las fallas más comunes de los diagnósticos ambientales es en la etapa de preparación de los términos de referencia, ya que los relevamientos necesarios, la extensión del área de estudio, los métodos a emplear y varios otros parámetros para orientar el estudio a realizarse deben ser definidos antes del comienzo de la preparación propiamente dicha del EsIA. Con términos de referencia equivocados, es alta la posibilidad de encontrar estudios ambientales equivocados. Naturalmente, un EsIA realizado a partir de excelentes términos de referencia también puede ser de mala calidad, concurriendo para ello otros factores, como la capacitación del equipo y los recursos disponibles.

Cuadro 14.1 *Deficiencias en estudios de impacto ambiental en Brasil*

Elemento del EsIA	Principales deficiencias
Estudio de alternativas	Ausencia de propuestas de alternativas Presentación de alternativas reconocidamente inferiores a la seleccionada en el EsIA Prevalencia de los aspectos económicos sobre los ambientales en la elección de alternativas Comparación de alternativas a partir de una base conocimiento diferente
Delimitación de las áreas de influencia[1]	No tomar en cuenta la cuenca hidrográfica Delimitación de las áreas de influencia sin basarse en las características y vulnerabilidades de los ambientes naturales y en las realidades sociales regionales
Diagnóstico ambiental	Plazos insuficientes para la realización de investigaciones de campo Caracterización del área en base, fundamentalmente, a datos secundarios Ausencia o insuficiencia de informaciones sobre la metodología utilizada Propuesta de ejecución de actividades de diagnóstico en etapas del licenciamiento posteriores a la Licencia Previa Falta de integración de los datos de estudios específicos
Diagnóstico ambiental — medios físico y biótico	Ausencia de mapas temáticos Utilización de mapas a escala inadecuada, desactualizados y/o con ausencia de informaciones Ausencia de datos que abarquen un año hidrológico, como mínimo Presentación de informaciones inexactas, imprecisas o contradictorias Deficiencias en el muestreo para el diagnóstico Caracterización incompleta de aguas, sedimentos, suelos, residuos, aire, etc. No tomar en cuenta la interdependencia entre precipitación y escurrimiento superficial y subterráneo Superficialidad o ausencia de análisis de eventos singulares en proyectos que involucran recursos hídricos Ausencia o insuficiencia de datos cuantitativos sobre la vegetación Ausencia de datos sobre organismos de determinados grupos o categorías Ausencia de diagnóstico de sitios de reproducción (criaderos) y alimentación de animales
Diagnóstico ambiental — medio antrópico	Investigaciones insuficientes y metodológicamente ineficaces Conocimiento insatisfactorio de los modos de vida de las colectividades socioculturales singulares y sus redes intercomunitarias Ausencia de estudios guiados por la amplia acepción del concepto de patrimonio cultural No adopción de un abordaje urbanístico integrado en diagnósticos de áreas y poblaciones urbanas afectadas Caracterizaciones socioeconómicas regionales genéricas, no articuladas con las investigaciones directas locales
Identificación, caracterización y análisis de los impactos	No identificación de determinados impactos (omisiones en términos de impactos pasibles de previsión, impactos negativos indirectos ni siquiera mencionados) Identificación parcial de impactos Identificación de impactos genéricos (a veces son tantos los impactos agrupados bajo un solo título que su importancia y significado no pueden establecerse satisfactoriamente) Identificación de impactos mutuamente excluyentes Subutilizar o no tomar en cuenta datos de los diagnósticos Omisión de datos y/o de justificaciones en cuanto a la metodología utilizada para asignar pesos a los atributos de los impactos

Cuadro 14.1 *(continuación)*

Elemento del EsIA	Principales deficiencias
Acumulatividad y sinergismo de impactos	Aspectos no considerados
Mitigación y compensación de impactos	Propuesta de medidas que no son la solución para la mitigación del impacto Recomendación de medidas mitigadoras poco detalladas Recomendación de obligaciones o impedimentos, técnicos e legales, como propuestas de medidas mitigadoras Ausencia de evaluación de la eficiencia de las medidas mitigadoras propuestas Desplazamiento obligatorio de poblaciones: propuestas iniciales de compensaciones de pérdidas basadas en diagnósticos inadecuados No incorporación de propuestas de los grupos sociales afectados, en la etapa de formulación del EsIA Propuesta de Unidad de Conservación de la categoría de uso sustentable para la aplicación de los recursos, en los casos no previstos por la legislación
Programa de monitoreo y seguimiento ambiental	Errores conceptuales en la recomendación de monitoreo Ausencia de propuesta de programa de monitoreo de impactos específicos
Rima	El Rima es un documento incompleto Uso de un lenguaje inadecuado para la comprensión del público

[1] En rigor, áreas de estudio.
Fuente: MPF (2004).

También es preocupante la observación del trabajo del MPF de que existe desconexión entre el diagnóstico ambiental, el análisis de impactos y las propuestas de mitigación, deficiencia ya señalada en el caso de Tucuruí y aún persistente y algunos EsIAs. Un buen EsIA no se hace solamente con un buen diagnóstico, sino con un adecuado balance entre diagnóstico, pronóstico y propuestas factibles y eficaces de atenuación de los impactos adversos y valorización de los impactos benéficos.

Finalmente, aunque se haya insistido en las deficiencias de los estudios ambientales, es obvio que muchísimos de ellos tienen diversos méritos y que muchos pueden incluso ser excelentes. Señalar las deficiencias ciertamente indica caminos para corregirlas, en tanto que identificar los puntos fuertes contribuye a difundir las buenas prácticas.

14.3 Herramientas para análisis y evaluación de los estudios ambientales

El análisis técnico de un estudio ambiental puede verse facilitado si se cuenta con un conjunto de criterios o directrices preestablecidos para orientar el trabajo del analista. Estos criterios ayudan a disminuir la subjetividad del análisis y pueden conducir a resultados más consistentes y reproducibles (grupos diferentes de analistas pueden llegar a las mismas conclusiones). Unep (1996, p. 509) destaca, apropiadamente, que "el análisis consistente y previsible de los EsIAs es importante para el tomador de decisiones, para el proponente y para el público", en tanto que "la calidad de los EsIAs puede mejorarse cuando el proponente conoce las expectativas de la autoridad pública que administra el proceso de EIA".

Por ejemplo, una prueba simple consiste en verificar la coherencia de la evaluación de la importancia de los impactos identificados. En muchos EsIAs, los impactos benéficos sistemáticamente son vistos como de gran importancia, en tanto que a los adversos siempre se los presenta como de menor importancia. De esta forma, compilar una lista de los impactos, según sean positivos o negativos y a continuación verificar qué grado de importancia se le atribuyó a cada uno, puede revelar un EsIA tendencioso. Aunque sea teóricamente posible encontrar un proyecto para el cual predominen los impactos positivos, los EsIAs están mayoritariamente hechos para las propuestas que puedan causar una significativa degradación ambiental, de donde se puede esperar que, en la mayoría de los casos, los impactos adversos sean más frecuentes. Para iniciativas cuyas consecuencias probables sean mayormente positivas, la etapa de tamizado debe haber llevado a desechar la posibilidad de un estudio ambiental.

Para facilitar el trabajo de los analistas, pueden prepararse previamente listas de verificación, con la función de guiar el análisis. Estas listas contienen una enumeración de los principales elementos que deben estar presentes en un estudio de impacto ambiental y pueden también contener recomendaciones para su evaluación. Existen en la literatura listas para la verificación formal (para evaluar el grado de aceptación del contenido previsto en la reglamentación) y listas para la verificación del contenido de los estudios de impacto ambiental; naturalmente esas dos dimensiones pueden juntarse en una sola lista. Las listas de verificación son herramientas relativamente simples para analizar estudios de impacto ambiental y tienen la ventaja de que son utilizadas por diferentes interesados.

La elaboración de una lista de verificación deberá reflejar los requisitos de la legislación y la reglamentación en vigencia en la jurisdicción en que se da el proceso de EIA, y también las prioridades del organismo que realiza el análisis de los estudios de impacto ambiental. De ese modo, no se puede pensar en una lista universal, sino en listas adaptadas a cada jurisdicción. Por ejemplo, en Hong Kong, HKEDP (1997) presenta una lista con 79 preguntas, distribuidas en diez secciones, sobre la estructura y el contenido de los EsIAs. El Cuadro 14.2 muestra algunas cuestiones de dicha lista.

Un grupo de la Universidad de Manchester, en Inglaterra, desarrolló un procedimiento de análisis basado en la evaluación del contenido de cada uno de los principales componentes que normalmente se encuentran en un EsIA. Conocido como *Lee and Colley review package*, del nombre de los principales autores, este procedimiento se usó o adaptó en numerosos estudios sobre la calidad de los EsIAs (Lee, 2000a). A fin de efectuar un análisis, los estudios ambientales se dividen en cuatro áreas; (i) descripción del proyecto y del ambiente afectado; (ii) identificación y evaluación de impactos claves; (iii) consideración de alternativas y medidas mitigadoras; y (iv) comunicación de los resultados. Cada área está subdividida en categorías, que a su vez se subdividen en subcategorías, éstas con mayor nivel de detalles. Por ejemplo, el área "identificación y evaluación de impactos claves" está compuesta por las siguientes categorías: (a) identificación de impactos potenciales; (b) jerarquización de los impactos; (c) previsión de la magnitud de los impactos; (d) evaluación de la importancia de los impactos. El área "comunicación de los resultados" incluye las siguientes categorías: (a) organización y presentación del EsIA; (b) accesibilidad del contenido para no especialistas; (c) impedimento de opiniones tendenciosas; (d) presentación de las fuentes de datos y métodos de análisis utilizados; (e) presencia de un resumen no técnico suficientemente amplio.

El método de Lee y Colley también utiliza criterios para la asignación de un concepto o nota a cada subcategoría, categoría y área, y de una nota general al estudio de impacto ambiental, como se puede ver en el Cuadro 14.3. Se puede adoptar "C" como nota mínima para que el estudio sea considerado satisfactorio y estipular, además, que cada capítulo también debe obtener esa nota mínima. En caso contrario, el estudio deberá corregirse, en su totalidad o en parte.

Cuadro 14.2 *Extracto de una lista de verificación del contenido de un EsIA*

2. Descripción del proyecto

2.1 ¿Se explicaron los propósitos y objetivos del proyecto?

2.13 ¿Se indicaron los medios a través de los cuales se calcularon las cantidades de residuos y contaminantes? ¿Se reconoció el nivel de no certeza en relación a las estimativas? ¿Se indicaron las franjas de variación?

5. Descripción de los impactos

5.1 ¿Se consideraron los efectos directos e indirectos/secundarios de la construcción, funcionamiento y, si es relevante, de la desactivación del proyecto (incluyendo los efectos positivos y negativos)?

5.5 ¿La investigación de cada tipo de impacto es apropiada en relación a su importancia para la decisión, evitando informaciones innecesarias y concentrándose en las cuestiones claves?

5.9 ¿Los impactos están descriptos en términos del tipo y magnitud de los cambios característicos del receptor afectado (ubicación, cantidad, valor, sensibilidad)?

6. Mitigación

6.2 ¿Se describieron las razones para elegir determinado tipo de mitigación? ¿Se presentaron otras opciones disponibles?

6.8 ¿Se investigó y describió algún efecto ambiental adverso de las medidas de mitigación?

9. Dificultades en la compilación de la información?

9.2 ¿Se reconoció o explicó alguna dificultad en la recolección o análisis de los datos necesarios para prever impactos?

10. Resumen ejecutivo

10.1 El resumen ejecutivo (o resumen no técnico) contiene al menos una breve descripción del proyecto y del ambiente, una lista de las principales medidas mitigadoras y una descripción de los impactos ambientales remanentes o residuales?

Fuente: HKEDP (1997).

Cuadro 14.3 *Conceptos para evaluar estudios de impacto ambiental*

Nota	Criterio
A	Tarea bien ejecutada, ninguna tarea importante incompleta.
B	Generalmente satisfactorio y completo, contiene solamente omisiones menores y pocos puntos inadecuados.
C	Satisfactorio o aceptable, a pesar de las omisiones o puntos inadecuados.
D	Contiene partes satisfactorias, pero el conjunto es considerado insatisfactorio debido a omisiones importantes o puntos inadecuados.
E	Insatisfactorio, omisiones o puntos inadecuados significativos.
F	Muy insatisfactorio, tareas importantes desempeñadas de manera inadecuada o dejadas a un lado.
N/A	Criterio no aplicable.

Fuente: Unep (1996, p. 528).

También la universidad inglesa Oxford-Brookes desarrolló una lista de verificación (Glasson, Therivel e Chadwick, 1999). Está organizada en ocho secciones, cada una de ellas con puntos o preguntas a evaluar de acuerdo a una notación idéntica a la de Lee y Colley (A-F). Las secciones son: (i) descripción del proyecto; (ii) descripción del ambiente; (iii) *scoping*, consulta e identificación de impactos; (iv) previsión y evaluación de impactos; (v) alternativas; (iv) mitigación y monitoreo; (vii) resumen no técnico; (viii) organización y presentación de la información. El total de preguntas de las ocho secciones es de 92.

La Dirección General de Medio Ambiente de la Comisión Europea también publicó directrices para el análisis de los EsIAs, acompañadas por una lista de verificación (European Commission, 1994, 2001b). El Cuadro 14.4 contiene una lista de conceptos para la evaluación (notas), sugeridos en la edición de 1994; nuevamente, se trata de una escala usada para separar los estudios aceptables de los que deben rechazarse por no alcanzar el nivel de calidad exigible.

Cuadro 14.4 *Conceptos para evaluar estudios de impacto ambiental*

Concepto	Criterio
Completo	Se presentó toda la información relevante para el proceso decisorio; no se requiere ninguna información adicional.
Aceptable	La información presentada no está completa, no obstante lo cual las omisiones no deben impedir que el proceso decisorio prosiga.
Inadecuado	La información presentada tiene omisiones significativas; es necesario presentar información adicional antes que el proceso decisorio pueda proseguir.

Fuente: European Commission (1994, p. 8).

La asignación de una nota para cada EsIA, basada en el cumplimiento de criterios previamente definidos, también está presente en la *Environmental Protection Agency*, de los Estados Unidos (Cuadro 14.5). En este caso, se trata más de un análisis cualitativo cuya resultante es una clasificación final que de una nota que sea resultado de una puntuación de cada componente del EsIA.

Cuadro 14.5 *Conceptos para evaluar estudios de impacto ambiental adoptados por la USEPA*

Concepto	Criterio
1 (adecuado)	El EsIA presenta adecuadamente los impactos ambientales de la alternativa preferida y de las alternativas razonables para el proyecto o acción, no siendo necesaria una nueva recolección de datos u otros análisis; sin embargo, el analista puede sugerir el agregado de información o aclaraciones.
2 (información insuficiente)	El EsIA no contiene información suficiente para una evaluación completa de los impactos ambientales que se deberían evitar, a fin de proteger completamente el ambiente, o bien el analista identificó nuevas alternativas razonables que están dentro del espectro de alternativas analizadas en el EsIA y que podrían disminuir los impactos ambientales de la propuesta.
3 (inadecuado)	El EsIA no evalúa adecuadamente los impactos ambientales potencialmente significativos de la propuesta, o bien el analista identificó nuevas alternativas razonables que están fuera del espectro de alternativas analizadas en el EsIA, que podrían ser analizadas a fin de disminuir los impactos ambientales potencialmente significativos. Las necesidades de información, datos, análisis o discusiones son de tal magnitud que debería haber una nueva consulta pública completa.

Fuente: USEPA (1984).

La *Environmental Protection Agency* (EPA) también evalúa el proyecto (o acción) analizado en el EsIA. Puede haber un EsIA muy bien hecho para un proyecto malo o que cause muchos impactos significativos. Inversamente, un equipo incompetente puede preparar un EsIA de pésima calidad para un proyecto viable y de bajo impacto ambiental. Es verdad que si la evaluación ambiental de un proyecto concluye que éste es inviable a nivel ambiental, el EsIA no llegaría ni a ser presentado o bien el proyecto debería modificarse hasta que la evaluación lo considerara viable. En la práctica, esto puede no ocurrir porque algunos emprendedores son demasiado obtusos como para aceptar que la evaluación ambiental puede interferir con "su" proyecto o por creer que, aun siendo malo, el proyecto puede ser aprobado, tal vez por los beneficios económicos que pueda generar o por los empleos que pueda llegar a crear o mantener. Por ello, es justificable la actitud de la EPA de asignar conceptos distintos al EsIA y al proyecto. El Cuadro 14.6 muestra la clasificación usada por la EPA.

Cuadro 14.6 *Conceptos para la evaluación de la viabilidad de las acciones causantes de impacto ambiental adoptadas por la USEPA*

CONCEPTO	CRITERIO
LO (*lack of objections*) – sin objeción	El análisis de la EPA no identificó impactos ambientales potenciales que requieran cambios sustantivos de la propuesta presentada. El análisis señaló las oportunidades para aplicar medidas mitigadoras que pueden implementarse con pequeños cambios en la propuesta presentada.
EC (*environmental concerns*) – preocupaciones de orden ambiental	El análisis de la EPA identificó impactos ambientales que se deben evitar a fin de proteger completamente el ambiente. Las medidas correctivas pueden requerir cambios en la alternativa preferida o la aplicación de medidas mitigadoras que disminuyan el impacto ambiental.
EO (*environmental objections*) – objeciones de orden ambiental	El análisis de la EPA identificó impactos ambientales, objeciones de orden ambiental, proyecciones de orden ambiental significativas que deben evitarse para una protección adecuada del ambiente. Las medidas correctivas pueden requerir cambios en la alternativa preferida o la consideración de algún otra alternativa de proyecto (incluyendo la alternativa de no realizar el proyecto o una nueva alternativa).
EU (*environmentally unsatisfactory*) – ambientalmente insatisfactoria	El análisis de la EPA identificó impactos ambientales adversos de magnitud suficiente como para considerarlos insatisfactorios desde el punto de vista de la salud pública, del bienestar o de la calidad ambiental.

Fuente: USEPA (1984).

La aplicación de listas de verificación, criterios de puntuación y otros procedimientos similares no solamente orienta la tarea de análisis técnico, sino que también puede establecer un método de comparación de EsIAs a los fines de una investigación o una evaluación de desempeño de la EIA en una determinada jurisdicción, por ejemplo procurando evidenciar alguna mejora a lo largo del tiempo o identificando sectores de la economía en los cuales los EsIAs podrían ser de mejor calidad.

Bojórquez-Tapia y García (1998), habiendo analizado EsIAs de 33 proyecto viales aprobados en México, también verificaron que las evaluaciones son subjetivas y tendenciosas. Además, su análisis mostró problemas de *scoping*, dado que los estudios no estuvieron dirigidos a los probables conflictos ambientales generados por los proyectos.

Estos autores emplearon dos enfoques para analizar los EsIAs: (i) conformidad con las directrices gubernamentales para la preparación de EsIAs; y (ii) calidad de los datos, análisis y conclusiones. Para hacer operativo un abordaje según este último enfoque, los autores definieron de antemano un conjunto de criterios de evaluación y una escala de puntos para cada criterio; a continuación, la suma de puntos daba como resultado una nota de cada EsIA, expresada como porcentaje de la nota máxima posible. El Cuadro 14.7 muestra una selección y adaptación de algunos criterios empleados por Bojórquez-Tapia y García, elegidos por su potencial de aplicación a otras jurisdicciones, superando, por lo tanto, el contexto de la reglamentación mexicana.

Cuadro 14.7 *Criterios para la evaluación de la calidad de los estudios ambientales*

Criterio	Descripción	Puntos
Información	Los datos necesarios para la identificación y análisis de los impactos son presentados y analizados formalmente (características técnicas del proyecto y diagnóstico ambiental)	no = 0 sí, con omisiones importantes = 1 sí, pero insuficiente para analizar = 2 sí, pero de difícil comprensión = 3 sí, pequeñas correcciones necesarias = 4 sí, presentación exacta y correcta = 5
Documentación	Las fuentes de información están claramente referidas	no = 0 sí = 1
Relevamientos	Los relevamientos de datos primarios y secundarios están descriptos con metodología, resultados e interpretación.	no = 0 sí, pero de manera vaga = 1 sí, con exactitud y rigor = 2
Metodología	Las técnicas usadas para el análisis de los impactos están descriptas y usadas de acuerdo con la descripción presentada.	no = 0 sí, pero no usadas = 1 sí, pero usadas indirectamente = 2 sí, usadas directamente = 3
Coherencia	Los datos presentados en capítulos anteriores se utilizan para el análisis de los impactos	no = 0 sí, parcialmente = 1 sí, íntegramente = 2
Cuantificación	Estimaciones cuantitativas del área afectada, actividades de proyecto e indicadores de impactos, si es necesario	no = 0 sí, parcialmente = 1 sí, claramente = 2
Consistencia	Definición previa y aplicación de criterios de evaluación de la importancia de los impactos	no = 0 sí, pero con aplicación ilógica = 1 sí, pero con aplicación inconsistente = 2 sí, aplicación consistente = 3
Objetividad	Los análisis y conclusiones son imparciales, los impactos relevantes están destacados	no = 0 sí, pero abundan los comentarios tendenciosos = 1 sí = 2
Especificidad	Las medidas mitigadoras están relacionadas con los impactos	no = 0 sí = 1
Auditabilidad	Las medidas mitigadoras están formuladas de modo de permitir la verificación posterior de su aplicación y eficiencia	no = 0 sí, pero la formulación es imprecisa = 1 sí, pero solo algunas medidas = 2 sí, para todas las medidas = 3

Fuente: adaptado de Bojórquez-Tapia y García (1998); algunos términos y descriptores de ese cuadro son muy cercanos al original, pero algunos criterios se renombraron y redefinieron

Se pueden desarrollar otras formas de puntuación a fin de colaborar con el análisis de los estudios ambientales, pero es necesario ser muy cuidadoso en el desarrollo y aplicación de un enfoque de puntuación en el análisis de un estudio ambiental. Tal como en la evaluación de la importancia de los impactos, el uso de una escala de puntos puede dar una apariencia de objetividad o de posibilidad de cuantificación para una actividad que fundamentalmente es cualitativa.

En conclusión, el análisis criterioso y balanceado de un EsIA requiere discernimiento, rigor y competencia técnica. Como expresa Wood (1995, p. 162), hay diferentes maneras de buscar la objetividad en el análisis, pero "no hay sustituto para los profesionales calificados".

14.4 Los comentarios del público y las conclusiones del análisis técnico

Si hay un procedimiento de participación pública, entonces es necesario que existan maneras de incluir los comentarios y las opiniones del público en algún documento de síntesis, para que también se tomen en cuenta en el momento de la toma de decisiones sobre la aprobación del proyecto. Hay diferentes maneras de hacerlo, según cual sea la autoridad encargada del análisis técnico y de su relación con el tomador de decisiones.

En el modelo de comisiones independientes, adoptado en Canadá, los comisarios reciben el dictamen de un análisis hecho por un equipo técnico multidisciplinario y, luego, promueven una consulta pública[5], al final de la cual formulan su dictamen conclusivo, incorporando el punto de vista del emprendedor (expresado en el EsIA), el de los analistas (expresado en el dictamen técnico) y el del público (por medio de la consulta pública). En Holanda, los informes de la Comisión de Evaluación de Impacto Ambiental están enfocados en el contenido de los EsIAs y no en la aceptabilidad de la propuesta (Wood, 1995), que es competencia de la autoridad sectorial responsable. Los informes son publicados con claras recomendaciones para los responsables de la decisión.

[5] Como figura en el Cap. 15, en donde se dará el ejemplo del procedimiento de consulta pública en Quebec

En el modelo americano, la agencia responsable (*lead agency*) prepara el borrador del EsIA (*draft EIS*), somete el proyecto a la consulta pública, recoge los comentarios del público y de las demás agencias que puedan tener competencia en la materia (*interagency review*), y divulga el EsIA corregido y revisado (*final EIS*), documentando su decisión en un registro (*record of decision*). Es tarea de la agencia principal, por lo tanto, evaluar los comentarios del público a la vez que los dictámenes técnicos.

En Brasil, en los estados y municipios en los que la decisión sobre licenciamiento la toma un órgano colegiado, éste recibe un dictamen técnico elaborado por el servicio especializado del órgano ambiental. Dicho dictamen, fundamentalmente, analiza y evalúa el EsIA, pero debe tener en cuenta, en ese análisis, los comentarios y las recomendaciones de otros órganos gubernamentales, así como las manifestaciones del público, expresados en una audiencia o enviados directamente por escrito[6]. Los analistas ambientales, por lo tanto, deben realizar la tarea de integración de las opiniones técnicas y las de los ciudadanos.

[6] Machado (2003, p. 238) observa: "Los comentarios son escritos. No tienen una forma prevista, pudiendo presentarse manuscritos o dactilografiados; se puede exigir recibo contra su entrega a un órgano público ambiental"

Por lo tanto, el dictamen técnico sobre el EsIA y sobre el proyecto es uno de los documentos más relevantes del proceso de EIA (como figura en el Cuadro 3.2). Esencialmente, éste es el documento que ayudará y fundamentará la decisión, aun cuando no son los analistas quienes la toman directamente. En principio, los resúmenes no técnicos deberían brindar una descripción concisa y a la vez amplia del proyecto y sus impactos, pero se sabe que éstos suelen ser poco sintéticos y a menudo también poco objetivos. Los EsIAs, por su parte, además de ser generalmente largos – lo que los vuelve de difícil lectura para los tomadores de decisiones –, pueden suplantarse rápidamente por análisis de informaciones complementarias que no siempre son de conocimiento público. Por ese motivo, Wood (1995, p. 180) cree que, cuando hay un pedido de informaciones complementarias, "la forma de ese material adicional puede ser dispar y consistir en varios documentos diferentes", razón por la cual señala que "una ventaja de los EsIAs revisados (*final EIS*) es que toda la información está contenida en un solo documento".

De esta forma, *también el dictamen técnico debería mostrar las mismas cualidades de un buen EsIA*, dejando claras, para los encargados de la toma de decisiones, qué implicaciones están en juego. Unep (1996) señala que el análisis técnico debería observar dos requisitos:

- identificar las deficiencias de los EIAs;
- identificar los problemas cruciales y determinar cuáles pueden llegar a influenciar directamente en la decisión, "separando claramente los defectos cruciales de las deficiencias menos importantes"; en caso de que no se verifique ninguna omisión, se debe exponer claramente esa conclusión.

Por lo tanto, legibilidad, claridad y concisión son las cualidades requeridas de un dictamen técnico. Obviamente, no se puede establecer un tamaño máximo o mínimo para dicho documento, ya que el tamaño ideal dependerá de la complejidad del proyecto y de la importancia de los impactos más relevantes. Es bastante común encontrar dictámenes que son verdaderos resúmenes del EsIA, con largas transcripciones e incluso con la reproducción de su estructura, pero sin mapas, figuras y fotografías que puedan facilitar la comprensión del proyecto, lo que obliga al lector interesado a consultar necesariamente el EsIA, si realmente quiere entender el proyecto. Otro inconveniente de las largas transcripciones es que las afirmaciones hechas por el emprendedor o su consultor pasan a ser las firmadas por los analistas del órgano gubernamental, no siempre con las debidas verificaciones u observaciones. Mucha descripción y poco análisis son lo contrario de lo que se espera de un dictamen conclusivo.

También en esa tarea debería imponerse el sentido común (Ross, Morrison-Saunders y Marshall, 2006; Sánchez, 2006a). No se debe dejar a un lado, sin embargo, la posibilidad de un control judicial (como la sección 16.4), o sea, de cuestionamientos en la Justicia sobre la decisión tomada, siendo importante, pues, que las recomendaciones del dictamen técnico estén adecuadamente fundamentadas y justificadas, aunque ello no significa que haya necesidad de realizar un largo resumen del EsIA.

Participación Pública

15

Una de las características más notables del proceso de evaluación de impacto ambiental es la importancia que tiene la participación del público. Esta importancia deviene de las cuestiones que están en juego cuando se trata de proyectos que pueden causar impactos significativos. Si las decisiones en cuanto a la factibilidad técnica y a la viabilidad económica de proyecto privados son únicamente de la esfera privada, no ocurre lo mismo con las decisiones acerca de la viabilidad ambiental, que son necesariamente públicas. Ello es así por razones muy sencillas: los emprendimientos que tienen el potencial de causar impactos ambientales significativos normalmente afectan, degradan o consumen recursos que pertenecen a la comunidad y que están relacionados con el bienestar de todos. Por lo tanto, su apropiación no puede decidirse en el ámbito privado. La participación pública es esencial para el proceso de EIA.

Informar, escuchar y decidir son tareas atinentes a la participación pública en el proceso, y están directamente relacionadas entre sí. Para tomar decisiones que tomen en consideración las opiniones y puntos de vista del público, éste debe tener la oportunidad de hacerse oír. El público se manifiesta como reacción a una propuesta, que generalmente es un proyecto sometido al proceso de EIA. Por lo tanto, es necesario informarle al público acerca de las intenciones del proponente y del carácter de la decisión a tomar (la mayoría de las veces, la emisión de una autorización gubernamental y sus condicionantes).

En este capítulo se presentarán los fundamentos de la participación pública en el proceso de EIA, las modalidades y los niveles de participación de los ciudadanos, las técnicas de consulta más usadas y un esbozo de los procedimientos reglamentarios de consulta. El capítulo estará enfocado a la tarea de escuchar al público. La tarea de informar fue abordada en el Cap. 13 (aunque el tema sea más amplio que el contenido del capítulo), en tanto que decidir es el tema del Cap. 16.

15.1 La ampliación de la noción de derechos humanos

En la actualidad, el derecho a un ambiente sano para las presentes y futuras generaciones está ampliamente reconocido, pero esta situación es reciente y, obviamente, el reconocimiento legal de dicho derecho no implica automáticamente su reconocimiento de hecho.

Durante mucho tiempo, en el mundo occidental, los únicos derechos reconocidos eran los individuales, emanados del derecho natural y validados a medida que los otros individuos los respetaban. Los derechos sociales, de ámbito colectivo, se afirmaron a lo largo del siglo XX, fruto de las luchas sindicales y políticas, y aún estaban directa y nítidamente vinculados a individuos y a grupos en los que recaían esos derechos, o sujetos de derecho. La novedad, a partir de los años 60, es el surgimiento y la progresiva consolidación, como nuevos sujetos derecho, de las generaciones futuras y la propia naturaleza, con la característica inédita de constituirse en sujetos a los cuales no se les puede exigir deberes (Silva-Sánchez, 2010). Nash (1989), al hacer una "historia de la ética ambiental" asocia la ampliación de la noción de derechos a una "evolución de la ética", la cual, originalmente circunscripta al "derecho natural" de un grupo limitado de seres humanos, se expandió hacia los "derechos de la naturaleza".

Desde mediados del siglo XX, el derecho a un ambiente sano empezó a recibir el reconocimiento explícito en las leyes nacionales y en los tratados internacionales. El sujeto de derecho no es más el individuo en su singularidad, sino la colectividad, la nación, los grupos étnicos y regionales; se trata de derechos de "titularidad colectiva" (Silva-Sánchez, 2010). Las declaraciones de Estocolmo y de Río de Janeiro, emanadas de conferencias intergubernamentales promovidas por la Organización de las Naciones Unidas, son hitos fundamentales en la explicitación del derecho a un ambiente sano y ecológicamente equilibrado como un nuevo derecho humano.

Además, para efectivizar el derecho de los ciudadanos a un ambiente de calidad, también ha sido reconocido el derecho a la participación en el proceso decisorio. La Declaración de Río es uno de los documentos internacionales que hace mención directa a la participación pública. Su principio 10 establece que:

> El mejor modo de tratar las cuestiones ambientales es con la participación de todos los ciudadanos interesados, en el nivel que corresponda. En el plano nacional, toda persona deberá tener acceso adecuado a la información sobre el medio ambiente de que dispongan las autoridades públicas, incluida la información sobre los materiales y las actividades que encierran peligro en sus comunidades, así como la oportunidad de participar en los procesos de adopción de decisiones. Los Estados deberán facilitar y fomentar la sensibilización y la participación de la población poniendo la información a disposición de todos. Deberá proporcionarse acceso efectivo a los procedimientos judiciales y administrativos, entre éstos el resarcimiento de daños y los recursos pertinentes.

En el plano de los tratados internacionales, existe un documento específico sobre participación pública, la Convención de Aarhus, ciudad dinamarquesa en donde se firmó, el 25 de junio de 1998. Dicho convención, que entró en vigencia el 30 de octubre de 2001, fue promovida por la Comisión Económica de las Naciones Unidas para Europa, habiendo sido preparada y ratificada por sus integrantes, los países europeos y los de Asia Central, pertenecientes a la ex Unión Soviética.

La convención está asentada sobre tres bases: (i) el acceso a la información; (ii) la participación en el proceso decisorio; (iii) el acceso a la Justicia[1], pues se considera que no puede haber participación genuina sin información, ni garantía de resultados sin que esté garantizado el derecho de los ciudadanos a cuestionar en los tribunales las decisiones tomadas. Estos tres fundamentos son los mismos que constan en el principio 10 de la Declaración de Río. La convención es considerada un nuevo tipo de acuerdo ambiental, ya que asocia derechos ambientales con derechos humanos y, en el fondo, versa sobre la democracia, la transparencia y la responsabilidad gubernamental, tomando al medio ambiente como punto de partida.

Aunque formalmente la aplicación de la Convención de Aarhus se restrinja a los países signatarios, sus principios son de alcance universal, de modo que la convención constituye una excelente referencia para el análisis de las cuestiones relativas a la participación pública en los procesos decisorios. Además, cuando se firmó, diversos países (signatarios o no) ya disponían de leyes propias acerca de algunos de los tres fundamentos de la convención, que acabó teniendo la función de difundir a nivel

[1] *Su denominación oficial es Convención sobre el Acceso a la Información Ambiental, la Participación Pública en la Toma de Decisiones y el Acceso a la Justicia en Cuestiones Ambientales.*

internacional esos principios y esas prácticas, y de promover el reconocimiento de los derechos ambientales y humanos.

El acceso a la información ambiental se aborda en el Art. 4º de la convención, el cual establece que las autoridades gubernamentales deben poner a disposición del público las informaciones que solicite y "sin que el público tenga que invocar un interés particular". En Brasil, la Ley Federal Nº 10.650, del 16 de abril de 2003, dispone sobre el derecho a la información ambiental. Tratándose de un derecho universal, no es necesario que el ciudadano demuestre las razones de su interés al demandar una determinada información de corte ambiental. Evidentemente, debe haber excepciones, en respeto a la propiedad intelectual y a la seguridad pública, entre otros.

La participación del público en las decisiones relativas a ciertas actividades es el tema del Art. 6º de la convención. En este punto, ésta se relaciona estrechamente con la evaluación de impacto ambiental. Las disposiciones acerca de la participación pública preconizadas en ese artículo se aplican cuando se trata de autorizar actividades propuestas "que puedan tener un efecto importante sobre el medio ambiente", y que se enumeran en el Anexo I de la convención. Este anexo no es otra cosa que una lista de actividades que deberían ser sujetas a participación pública antes de la tomada de decisiones de la parte de las autoridades gubernamentales; por lo tanto, es el equivalente a una lista positiva de proyectos que debe someterse al proceso de EIA.

Para conocimiento del público, el texto de la convención determina que es necesario informar cuál es la actividad propuesta, cuáles los procedimientos informativos y decisorios previstos, cuáles son las posibilidades de participación, cuál es la autoridad a la cual las personas deben dirigirse para obtener informaciones y enviar observaciones o preguntas, y cuáles son los respectivos plazos. Adicionalmente, el Art. 6º estipula que el público puede consultar, de manera gratuita, todas las informaciones de interés para la toma de decisiones, que contenga como mínimo:

- una descripción del lugar y de las características físicas y técnicas de la actividad propuesta;
- una descripción de los efectos importantes de la actividad propuesta sobre el medio ambiente;
- una descripción de las medidas previstas para prevenir o para disminuir dichos efectos, en particular las emisiones;
- un resumen no técnico de los puntos precedentes;
- una síntesis de las principales soluciones y alternativas estudiadas por el proponente.

Evidentemente, no es coincidencia que esa lista refleje el contenido mínimo de un estudio de impacto ambiental.

En lo que se refiere al acceso a la Justicia, el Art. 9º de la convención determina que:

> Cada Parte velará, en el marco de su legislación nacional, por que toda persona que estime que la solicitud de informaciones que ha presentado en aplicación del artículo 4 ha sido ignorada, rechazada abusivamente, en todo o en parte, o insuficientemente tenida en cuenta o que no ha sido tratada conforme a las

disposiciones del presente artículo, tenga la posibilidad de presentar un recurso ante un órgano judicial o ante otro órgano independiente e imparcial establecido por la ley.

El derecho de acceso a la Justicia, con plazos y costos razonables, es esencial para que se hagan valer los otros dos: el derecho a la información ambiental y el derecho a la participación en el proceso decisorio. Brasil está muy avanzado en esa área, teniendo en cuenta que desde 1985 los ciudadanos y las asociaciones civiles tienen asegurado el acceso a la Justicia a fines de la protección ambiental, sin que sea necesario demostrar un interés directo en el tema o porque los derechos individuales puedan verse afectados. La Ley Federal N° 7.347, del 24 de julio de 1985, conocida como Ley de los Intereses Difusos, posibilitó una gran divulgación de las posibilidades de una efectiva aplicación de la legislación ambiental, proceso que se consolidó con la Constitución Federal de 1998 y la nueva función del Ministerio Público, que ahora se extiende a la protección ambiental y al derecho de los consumidores.

Entre juristas, existe un debate acerca de las nociones como el interés público, el interés colectivo, el interés social, el interés supraindividual y el interés difuso. Mancuso (1997, p. 73) expresa que "el interés difuso concierne a un universo mayor que el interés colectivo". En la misma línea, Milaré (1990, p. 10) define los intereses difusos como "los comunes a un grupo indeterminado o indeterminable de personas".

Más adelante, en este capítulo, al tratarse los procedimientos de participación pública adoptados en algunas jurisdicciones, se podrá ver la aplicación práctica de los principios de la Convención de Aarhus.

La convención contiene también otras disposiciones, relativas a la participación del público durante la elaboración de propuestas de normas administrativas en aras de la protección ambiental, en las discusiones de planes, programas y políticas, y sobre la recolección y difusión de informaciones sobre el estado del medio ambiente, pero dichas disposiciones no se abordarán aquí.

15.2 Los diferentes grados de participación pública

Para Webler y Renn (1995), la participación pública puede justificarse en base a dos tipos de argumentos. Fundamentalmente, la participación se justificaría por motivos éticos, como uno de los valores centrales de la democracia; la participación sería necesaria para hacer valer principios como la equidad y la justicia. Sin embargo, en contraposición a una argumentación ética y normativa, la participación también se justificaría por razones puramente funcionales: en las sociedades contemporáneas, la participación daría más legitimidad a las decisiones, haría más eficiente el proceso decisorio y facilitaría la implementación de las decisiones tomadas.

Darle legitimidad al proceso de toma de decisiones es algo deseable en las sociedades democráticas, en que la libre discusión y la inclusión de nuevos temas en la vida pública son valores fundamentales. Se trata de una idea de democracia ampliada, como propone Habermas, o sea, la democracia vinculada a un proceso societario de discusión y al uso público de la razón: no una razón instrumental o subjetiva, sino una razón comunicativa.

> "Habermas, en su teoría de la acción comunicativa, crea un nuevo concepto de razón –la razón comunicativa- constituida socialmente en el proceso de interacción dialógica entre los sujetos de una determinada situación; una razón intersubjetiva, o sea, hecha posible por el *medium* lingüístico"
>
> (Silva-Sánchez, 2003, p. 71)

Para el filósofo, la sociedad civil tiene capacidad de dar resonancia a temas típicos de los dominios de la vida privada de los ciudadanos, transformándolos en cuestiones de interés público, tornándose, de esta forma, en mediadora entre la vida privada y el sistema político.

> Las estructuras comunicacionales de la esfera pública están muy ligadas a los dominios de la vida privada, haciendo que la periferia, o sea, la sociedad civil, tenga una mayor sensibilidad hacia los nuevos problemas, logrando captarlos e identificarlos antes del centro de la política. Esto se puede comprobar a través de los grandes temas surgidos en las últimas décadas: [...] pensemos en las amenazas ecológicas que ponen en riesgo el equilibrio de la naturaleza [...]. No es el aparato de Estado [...] que toma la iniciativa de plantear esos problemas[2] (Habermas, 1997).

[2] *El tema se retomará, desde otra perspectiva, en la sección 16.3.*

Cuando se habla de consulta, participación o compromiso público en el proceso decisorio en materia ambiental, naturalmente surge la pregunta: ¿de qué tipo de participación se trata? ¿Hasta dónde iría el poder popular? ¿El gobierno abdicaría de su poder decisorio a favor de un plebiscito o de otra forma de decisión soberana?

No se trata de eso, o por lo menos muy raramente se trata de eso. La mayoría de las veces, la participación pública se limita al derecho a ser informado y de expresar sus puntos de vista, con la expectativa de que eso influenciará en la decisión que la autoridad competente va a tomar. Los procedimientos de participación pública, en realidad, tratan de poner algún orden en las discusiones y establecer canales formales de expresión de la voluntad de los ciudadanos. La Fig. 15.1 muestra un diagrama con las diferentes formas de manifestación de opinión en una democracia. Aparte de los procesos tradicionales de participación en una democracia participativa, mediante elecciones, plebiscitos o referendos, un concepto amplio de lo que es la participación pública la define como cualquier forma de expresión de los puntos de vista de los ciudadanos. Esta expresión puede darse de forma autónoma, por medio de manifestaciones públicas, marchas, actos, petitorios, campañas mediáticas y otras acciones, o en forma de manifestación por invitación, en la cual las opiniones de los ciudadanos se exponen, se registran y se debaten siguiendo ciertas reglas previamente establecidas.

La ausencia de procedimientos formales de participación canaliza todas las manifestaciones para los medios espontáneos y autónomos de expresión y de presión de la opinión pública, incluyendo los *lobbies*. La falta de mecanismos de consulta pública también torna menos transparentes las decisiones y amplía el poder de influencia de los grupos de interés, trátese de intereses económicos o políticos de corto plazo, y que pueden influenciar en la aprobación de un proyecto tenga el potencial de causar un impacto ambiental significativo. Adviértase que la organización de la participación pública por medio de procedimientos establecidos por ley no significa una manipulación o un encuadramiento del público, puesto que siguen abiertas todas las posibilidades de expresión compatibles con la democracia. La realización de una audiencia pública cuyo objetivo es el licenciamiento ambiental de un nuevo proyecto no impide que los mismos ciudadanos que se manifiesten en ésta, en contra o a favor, también lo hagan por otros medios; al contrario, la audiencia (uno entre varios modos de participación pública) puede favorecer el compromiso de las personas que tal vez no se expresan en otros foros. La consulta pública no cercena la libertad ni reemplaza el derecho de expresión de los ciudadanos, tan sólo lo complementa.

De esta forma, usando la tipología de la Fig. 15.1, la participación pública en el proceso decisorio en materia de medio ambiente es vista como una participación "por invitación", en la cual los ciudadanos se manifiestan en el momento apropiado y en base a informaciones previamente difundidas, no obstante su derecho a expresarse fuera del procedimiento formal de participación pública, garantizado en cualquier régimen democrático. Los tratados internacionales y las leyes nacionales imponen a las autoridades gubernamentales la obligación de promover una consulta pública dentro del proceso de EIA, siendo tarea de cada jurisdicción definir sus mecanismos y reglas.

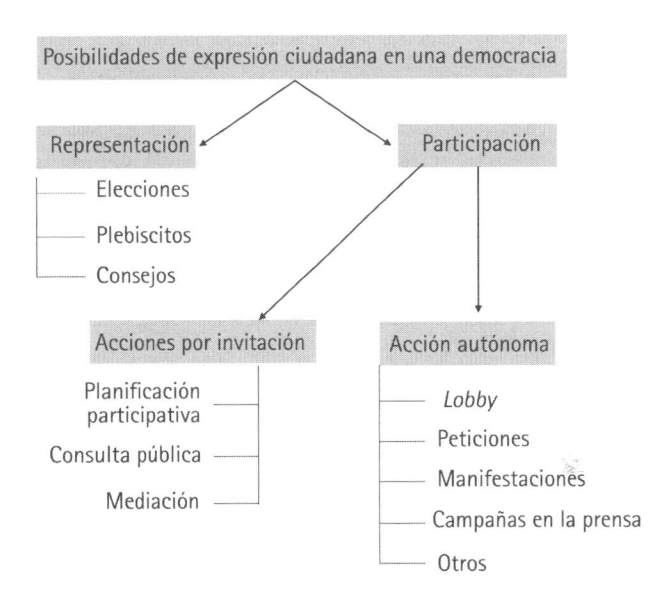

Fig. 15.1 *Tipología de las formas de expresión del ciudadano en una democracia*
Fuente: modificado de Thibault (1991) y Vincent (1994).

Establecidos dichos principios generales para la consulta pública, no se puede dejar de recordar que, evidentemente, las tradiciones democráticas y la tendencia al diálogo varían enormemente según la cultura política de cada país y cada grupo social. Las organizaciones empresariales también tienen una amplia variedad de formas de encarar la participación pública en las decisiones relativas a sus inversiones; muchas veces representantes de empresas que nunca se confrontaron con una consulta pública tienen una gran dificultad para comprender las razones subyacentes al proceso.

La participación del público es un tema muy estudiado en las disciplinas de la planificación y en las ciencias sociales. La evaluación de impacto ambiental, que también es una forma de planificación, significó una ampliación de la participación pública, que empezó a abarcar también ciertas decisiones privadas. Entonces, ¿de qué grado de participación se trata? Algunos autores proponen una tipología de grados de participación pública en los procesos decisorios. Una de las más conocidas es la escala de Arnstein (1969), que se puede ver en la Fig. 15.2.

Para Arnstein, hay simulacros de participación presentados con ese nombre, pero que, en realidad, constituyen una manipulación de la opinión pública, a veces bajo los nombres de educación o información. Los grados 3 y 4, denominados información y consulta, tampoco constituyeron una verdadera participación, dado que el

Fig. 15.2 *Escala de grados de participación pública en las decisiones*
Fuente: Arnstein, 1969.

público no tiene ningún control sobre la decisión tomada. Inclusive la conciliación no es otra cosa que una deferencia, una gesto de delicadeza del tomador de decisiones, que invita al público a discutir, pero que se reserva el poder de decidir. La conciliación sería también una manera de cumplir con las formalidades legales (*tokenism*) sin permitir que eso cuestione los fundamentos de la decisión a tomar. Solo los grados superiores constituirían la verdadera participación. Para la autora, en la asociación es en donde existiría una verdadera negociación, en tanto que en la delegación de poder las decisiones las tomarían los representantes del público. Para Arnstein, la participación es compartir el poder.

Cuando Arnstein publicó dicho trabajo, aún no había comenzado en los EEUU la consulta pública dentro del proceso de EIA, y la autora se refiere fundamentalmente a procesos decisorios acerca de otros asuntos de interés público, como la planificación territorial y las decisiones en materia de educación, salud, vivienda y derechos civiles. Parenteau (1988) destaca el uso de la consulta pública en Canadá como forma de participación en la creación y planificación de parques nacionales y en la elaboración de planes de desarrollo regional, además de la EIA.

Eidsvik (1978), al abordar la participación pública en la planificación de parques nacionales en Canadá, adopta una escala pragmática, que aparece en la Fig. 15.3. La planificación de parques y de otras unidades de conservación es también un campo en el que la participación pública puede aportar beneficios, derivados del mayor compromiso de los que forman parte del proceso participativo – y de un sentimiento de que la decisión también les pertenece –, a la vez que la falta de participación en la elección e implantación de nuevas unidades de conservación muchas veces fue criticada por no tomar en cuenta los intereses de las poblaciones tradicionales (Diegues, 1994).

Roberts (1995) adopta una escala con siete estadios de participación, desde la persuasión hasta la "autodeterminación", colocando la consulta justamente a mitad de camino, en tanto que la "planificación conjunta" y la "decisión compartida" se sitúan en un escalón inmediatamente superior. El autor prefiere designar la relación con el público en el proceso de EIA con un término amplio y más neutral – involucramiento público –, que se subdivide en consulta y participación. La consulta incluye educación, información compartida y negociación, con el objetivo de tomar mejores decisiones. En tanto que la participación significa incorporar al público al proceso decisorio. Roberts reconoce que la principal forma de involucramiento público ha sido la consulta, señalando que hay razones pragmáticas para que una organización trate de involucrar al público en su proceso decisorio, dado que el involucramiento permitiría evitar problemas, impedir confrontaciones e inclusive obtener el apoyo y la colaboración de los involucrados.

Poder decisorio de la organización

Información	Persuasión	Consulta	Asociación	Control
Se toma la decisión y es comunicada al público	Se toma la decisión y se intenta convencer al público al respecto	Se presenta el problema, se recaban opiniones y se toma la decisión	Se definen los limites previamente; se comparten las informaciones y la decisión es conjunta	La decisión la toma el público, que asume la responsabilidad pública

Participación del público en las decisiones

Fig. 15.3 *Una tipología de grados de participación pública en el proceso decisorio*
Fuente: Eidsvik (1978).

Sus cinco niveles de participación también incluyen la "no participación" de Arnstein y los niveles superiores de participación en los que la decisión la toma el público. De acuerdo con esa tipología, la participación pública en el proceso de EIA normalmente se da a nivel de la consulta. Es verdad que, en esos casos, la autoridad puede tomar una decisión contraria a la voluntad de la mayoría, pero también es verdad que la participación masiva e intensa del público interesado puede tornar políticamente inviable una decisión contraria a sus intereses. Por ejemplo, al comienzo de los años 90, una empresa estatal de São Paulo, la Cesp, presentó un proyecto de construcción de una central termoeléctrica, que tendría como combustible el residuo viscoso de una refinería de petróleo (denominado "aceite ultraviscoso"), una mezcla de hidrocarburos muy pesados, cuya quema sería potencialmente muy contaminante. Aunque los estudios ambientales habían llegado a la conclusión de que los efectos sobre la calidad del aire serían pequeños y poco significativos, hubo una fuerte oposición popular, lo que llevó a la empresa a cambiar el lugar del proyecto, de Paulínia (donde se sitúa la refinería) a Mogi-Mirim, ubicada a algunas decenas de kilómetros. En ese lugar, la población también se movilizó en contra del proyecto, a pesar de las iniciativas de la empresa de divulgar las supuestas ventajas del emprendimiento, incluso llevando una comisión de ediles a visitar una central similar en Japón. La movilización fue tal que el Concejo Deliberante Municipal votó una ley que prohibía los emprendimientos de ese tipo en su territorio. Como la Constitución brasileña les otorga a los municipios la prerrogativa de controlar el uso del suelo, la decisión municipal impidió la implantación de la central también en Mogi-Mirim. En vez de continuar buscando lugares para construir la central, el gobernador del Estado, en vísperas de la Conferencia de Río de Janeiro sobre Medio Ambiente y Desarrollo, de 1992, ordenó que el proyecto fuera archivado (Balby, Napolitano y Fernandes, 1995).

De la misma forma, el proyecto de construcción de un rellenado de residuos industriales en el municipio de Piracicaba, también en el interior del estado de São Paulo, no se llevó adelante por decisión del emprendedor. A pesar de que el proyecto había recibido la licencia previa, la discusión del EsIA y su aprobación fueron muy difíciles y conflictivas (Sánchez *et al.*, 1996), lo que llevó al emprendedor, que no actuaba en ese ramo de negocios, a invertir en otros sectores. Otros emprendedores también desistieron de sus proyectos cuando encontraron una oposición organizada por parte de sectores del público, a veces conjugada con acciones en la Justicia, en diversas demostraciones prácticas de la eficacia de los tres pilares de la Convención de Aarhus: la información, la consulta y el acceso a la Justicia.

En Australia, se dio una amplia controversia pública a comienzos de la década del 80, debido al proyecto de construcción de una represa en el río Franklin, en el estado de Tasmania. La polémica llevó al gobierno estadual a organizar un plebiscito, preguntándoles a los ciudadanos cuál de las dos opciones de represa era la que preferían, pero un 45% de los votos fueron anulados por ciudadanos que escribieron *no dams* en las papeletas de votación. El proyecto se transformó en un objeto de disputa entre sucesivos gobiernos estaduales y federales: estos últimos pretendían declarar el lugar como área protegida, por lo que la cuestión terminó siendo zanjada por la Suprema Corte, que tornó inviable el proyecto. "La campaña para salvar al Franklin sigue siendo la más famosa batalla ambiental en el historia de nuestra nación" (Toyne, 1994, p. 45). La zona actualmente forma parte del Franklin-Gordon Wild Rivers National Park.

En la Argentina, la movilización pública contraria a una nueva mina de oro que se abriría en Esquel, ciudad turística dedicada a la práctica de deportes de nieve ubicada en el sur del país, en la Cordillera de los Andes, paralizó el proyecto. Presionada por los votantes, por las ONGs y por los medios, la municipalidad local convocó a un plebiscito, en 2002, en el que la población votó mayoritariamente contra el proyecto. Si alguien se dedica a coleccionar casos o eventos de proyectos rechazados debido a su impacto ambiental o a la oposición popular, probablemente se sorprenderá con la cantidad. La situación se repite en muchos países.

15.3 Objetivos de la consulta pública

La consulta pública tiene varias funciones y sirve a múltiples objetivos en el proceso de EIA. La literatura sobre este asuntos enumera varios de dichos objetivos. Entre otros autores, Ortolano (1997, p. 403) destaca los siguientes:

- perfeccionar las decisiones que tienen el potencial de causar impactos en comunidades o en el medio ambiente;
- posibilitarles a los ciudadanos la oportunidad de expresarse y de ser escuchados;
- posibilitarles a los ciudadanos la oportunidad de influenciar en los resultados;
- evaluar la aceptación pública de un proyecto y agregarle medidas mitigadoras;
- desarmar la oposición de la comunidad al proyecto;
- legitimar el proceso de decisión;
- cumplir con los requisitos legales de participación pública;
- desarrollar mecanismos de comunicación de doble vía entre el proponente del proyecto y los ciudadanos; identificar las preocupaciones y los valores del público; brindarles a los ciudadanos informaciones sobre el proyecto; informar a los responsables acerca de las alternativas e impacto del proyecto.

Los beneficios de la consulta pública también se invocan con frecuencia. World Bank (1999, p. 2) señala los siguientes:

- la reducción de la cantidad de conflictos y de los plazos de aprobación se traduce en una mayor lucro para los inversores;
- los gobiernos mejoran los procesos decisorios y demuestran una mayor transparencia y responsabilidad (accountability);
- los órganos públicos y ONGs ganan credibilidad y mejor comprensión de su misión;
- el público afectado puede influenciar en el proyecto y disminuir los impactos adversos, maximizar beneficios y asegurar que reciba una compensación apropiada;
- hay mayores posibilidades de que los grupos vulnerables reciban atención especial, que se tomen en cuentan las cuestiones de equidad y que las necesidades de los pobres tengan prioridad;
- los planes de gestión ambiental son más efectivos.

En teoría, todos saldrían ganando con la vinculación de la consulta pública con el proceso de EIA, pero en la práctica se observa mucha resistencia a la realización de consultas amplias y el temor de que, en vez de disminuir el tiempo de análisis, la consulta lo prolongue, o incluso, desde el punto de vista del emprendedor, que una decisión "técnica" sobre la viabilidad ambiental del proyecto se torne "política" cuando existe un debate público (en el Cap. 16 se abordará la tensión entre la dimensión técnica y la dimensión política de las decisiones en materia ambiental). Por otro lado, también es un hecho comprobado que muchos inversores privados tienen temor a asignar recursos en proyectos que no tengan una buena aceptación pública. La expresión "licencia social para funcionar" se usa con frecuencia para designar la aceptación pública de un proyecto, independientemente de la existencia de autorizaciones o licencias gubernamentales. Además, en proyectos de cooperación internacional, los países donantes pueden condicionar la liberación de recursos no sólo a la preparación de un EsIA, sino también a una consulta pública, en tanto que los bancos de desarrollo obligan a los tomadores de préstamos a consultar a las poblaciones afectadas y a otros grupos de interés.

Las ventajas de la consulta pública serán limitadas si ésta se realiza sólo después de concluir el EsIA. Cuando el emprendedor o el órgano gubernamental percibe la consulta sólo como una obligación legal o una formalidad administrativa, es evidente que sus beneficios serán inexistentes o muy pequeños. En esos casos, la consulta, a los ojos del público, parecerá "un ritual vacío de participación" (Arnstein, 1969, p. 216). Muchos analistas y observadores, insatisfechos con el grado de participación alcanzado, empezaron a adjetivar las recomendaciones de consulta pública, y ciertos guías de buenas prácticas y documentos oficiales claman por una participación efectiva, o por una consulta significativa o real.

Lo ideal es que la consulta pública (efectiva o real) se desarrolle en diferentes etapas del proceso de EIA, con objetivos específicos en cada momento. El Cuadro 15.1 señala los principales objetivos de la consulta, según las etapas de consulta. Ante objetivos diferentes es necesario asociar técnicas y procedimientos apropiados de consulta. De esta forma, si en la etapa decisoria una audiencia pública puede representar una herramienta adecuada, en la etapa de seguimiento los grupos de supervisión o los comités de ciudadanos pueden revelarse como los mecanismos más viables para alcanzar los objetivos de participación. Es evidente que el momento crucial es el de la toma de decisiones, pero es importante comprender que la influencia real que el público puede ejercer allí dependerá mucho de su involucramiento en las etapas anteriores. Del mismo modo, el efectivo cumplimiento de las promesas contenidas en el EsIA y de los compromisos asumidos por medio de la licencia ambiental sólo puede garantizarse si el público también está comprometido con las etapas post-aprobación.

De esta forma, los objetivos instrumentales de la participación pública en las etapas pre-decisión están contenidos en la lógica de que es necesario fortalecer todo el proceso de EIA para tomar las mejores decisiones. No obstante, no se puede perder de vista que la consulta pública puede cuestionar el propio proyecto, sus fundamentos y justificaciones. En algunas ocasiones, la mejor decisión puede ser justamente el rechazo.

15.4 Formatos de consulta pública

En el proceso de EIA, la consulta pública implica información bidireccional (del proponente hacia el público y viceversa) con participación e intermediación de un agente gubernamental, lo cual significa negociación entre las partes involucradas y con el público interesado. También existe la modalidad de consulta directa volun-

Cuadro 15.1 *Objetivos de consulta pública durante el proceso de EIA*

Etapa del proceso	Objetivos de la consulta
Presentación de la propuesta	Divulgar las intenciones del proponente y los objetivos del proyecto
Tamizado	Permitir eventuales cuestionamientos sobre la clasificación del proyecto en términos de impacto potencial y de los estudios ambientales necesarios
Determinación de la focalización del EsIA	Identificar grupos interesados
	Identificar y mapear preocupaciones del público
	Incluir o excluir cuestiones de la focalización del EsIA
	Perfeccionar los términos de referencia
	Considerar alternativas al proyecto
Preparación del EsIA	Identificar y caracterizar impactos
	Difundir información sobre métodos de estudio y sus resultados
	Incluir en el diagnóstico ambiental el conocimiento que la población local tiene del medio ambiente y aprovecharlo en el análisis de los impactos
	Identificar medidas mitigadoras y compensatorias
Análisis técnico	Conocer los puntos de vista del público para su eventual consideración e incorporación al parecer del análisis
Decisión	Tomar en cuenta las opiniones de los interesados
	Analizar la distribución social de las cargas y los beneficios del proyecto como uno de los elementos de la decisión
Seguimiento	Contribuir a verificar el cumplimiento satisfactorio de compromisos y condicionantes
	Posibilitar que los reclamos puedan formularse y atenderse

taria, sin intermediación gubernamental. Sin embargo, cuando se trata de obtener la autorización o licencia, la consulta voluntaria no reemplaza la consulta pública oficial, aunque pueda complementarla. Para poder tener resultados, la consulta pública necesita reglas claras (el procedimiento de consulta) y acceso a la información (cuyas reglas deben definirse en leyes y reglamentos). Una actitud abierta al diálogo por parte del emprendedor (y del agente gubernamental) será una verdadera ayuda, ya que las leyes, reglamentos y procedimientos pueden funcionar sólo en la medida en que exista compromiso de las partes.

Hay diferentes maneras de estructurar la consulta pública, pudiendo emplearse distintas herramientas para conducir el proceso. Existen formas más apropiadas para determinadas etapas del proceso de EIA. Uno de los formatos más conocidos es la audiencia pública. Las *public hearings* anglosajonas están profundamente incorporadas en la cultura política de esos países, siendo mucho más antiguas que la evaluación de impacto ambiental[3], en contraste con países como Brasil, en donde fue la legislación ambiental la que inauguró la práctica de la realización de audiencias públicas, actualmente muy difundidas y llevadas a cabo para una serie de finalidades. Las *public hearings* pronto fueron asociadas al proceso establecido por la Nepa, en los EEUU, y se las emplea en varios países como parte indisociable del proceso de EIA. Por ejemplo, la amplia consulta conocida como Berger Inquiry, realizada en Canadá entre 1974 y 1977, acerca del trazado preferencial de un oleoducto en el extremo norte del país, es descripta como "uno de los más significativos eventos en el desarrollo del

[3] *El primer registro de una audiencia pública data del año 1403, en Londres (Webler e Renn, 1990, p. 24)*

proceso de evaluación de impacto ambiental en Canadá" (Sewell, 1981, p. 77), habiendo contribuido decisivamente a establecer la consulta pública como parte indisociable de la EIA.

Las audiencias públicas encuentran una aplicación más amplia para las etapas de *scoping* y de toma de decisiones. Las formalidades, la dinámica y la duración de las audiencias varían enormemente, pero ese tipo de evento participativo tiene características comunes en muchos lugares. Las audiencias públicas ambientales son eventos formales, convocados y conducidos por un organismo gubernamental, cuya dinámica sigue reglas previamente establecidas, y que tiene por finalidad realizar un debate público – abierto a todos los ciudadanos – sobre un proyecto y sus impactos.

Normalmente, en una audiencia pública que forma parte del proceso de EIA, hay una exposición sobre el proyecto y sus impactos, seguida de preguntas del público, aclaraciones del proponente, consultores y agentes gubernamentales, y debates o cuestionamientos. Los objetivos de las audiencias públicas se superponen a los objetivos generales de la consulta pública y pueden resumirse en:

- brindar a los ciudadanos informaciones sobre el proyecto;
- dar a los ciudadanos la oportunidad de expresarse, de ser escuchados y de influenciar en los resultados;
- identificar las preocupaciones y los valores del público;
- evaluar la aceptación pública de un proyecto a fin de perfeccionarlo;
- identificar la necesidad de medidas mitigadoras o compensatorias;
- legitimar el proceso de decisión;
- perfeccionar las decisiones;
- cumplir con los requisitos legales de participación pública.

Sin embargo, las audiencias no son la única técnica para cumplir con esos objetivos. Es más, tienen muchas limitaciones, a pesar de tratarse de valiosos instrumentos para la democratización del proceso decisorio. Parenteau (1988), al estudiar la participación pública en los procesos decisorios ambientales en Canadá, identificó diversas deficiencias o inclusive limitaciones estructurales de esos procesos, fundamentados en audiencias públicas. Para él, la participación del público se ve limitada por algunos "filtros", factores que dificultan o incluso imposibilitan una participación plena.

Para participar efectivamente de una audiencia, hay muchas dificultades de orden práctico, empezando por el tiempo que los ciudadanos pueden dedicarle. Aunque se lleven a cabo de noche, si alguien realmente quiere participar de los debates, no basta con asistir y oír las exposiciones; es necesario tener conocimiento del EsIA, leerlo atentamente. Un EsIA mal escrito puede acentuar esa dificultad. En segundo lugar, está la dificultad de acceso intelectual al EsIA o a su resumen no técnico. No sólo se trata de información técnica a decodificar, sino de dificultades aún más básicas de comprensión de textos de parte de personas con poca instrucción o de analfabetos funcionales.

Dichas limitaciones no son características de países subdesarrollados, aunque en éstos puedan estar exacerbadas. En Canadá, país que tiene uno de los más altos índices de desarrollo humano, Parenteau (1988, p. 59) constata que la participación en audiencias públicas se centra mucho en los "especialistas en audiencias públicas", que están presentes en varias de éstas y que frecuentemente hacen uso de la palabra. Militantes, abogados y técnicos se reencuentran con asiduidad y hacen interpretaciones fundadas en su conocimiento y su capacidad. De esa forma, el "objetivo inicial [de las audiencias públicas], que consistía en producir un debate público lo más amplio y diversificado posible, con la participación de las personas directamente afectadas, tiende a verse seriamente disminuido". En las consultas públicas promovidas por el Banco Mundial acerca de proyectos de significativo impacto potencial, el propio banco identifica aspectos que deben mejorarse, entre ellos la participación de las minorías y de grupos que hallan en desventaja y la inclusión de todos los grupos que puedan tener algún interés en relación al proyecto (World Bank, 1999, p. 1).

No obstante, son las limitaciones propias del público general las que justifican el papel de público esclarecido que asumen muchas ONGs. Si no fuera por la actuación de algunas asociaciones de la sociedad civil, como las ONGs ambientalistas, las entidades profesionales y las asociaciones vecinales entre otras, el debate público se empobrecería o estaría sujeto a la dicotomía actualmente muy superada y encapsulada en el mote "economía vs. ecología".

Otra crítica frecuente a las audiencias públicas es que tienden a favorecer la confrontación y no la negociación. En muchos casos, hay un inevitable clima de enfrentamiento no cooperativo que se asemeja más a un embate en los tribunales que a una situación de consulta y diálogo. Es obvio que una audiencia puede ser muy diferente de otra. El nivel de participación puede ser muy pequeño o muy grande; el proyecto puede ser relativamente consensuado y esperado por la comunidad o bien altamente polémico; la actitud del proponente y del consultor puede ser de arrogancia o de humildad; el público puede tener mayor o menor grado de organización, en virtud de luchas anteriores; la comunidad local puede estar dividida debido a las expectativas positivas o negativas en relación a las consecuencias del proyecto o porque algunos esperan beneficiarse con el mismo, en tanto que otros se verán negativamente afectados.

En Brasil, las audiencias públicas ambientales representan un importante espacio de debate y participación, pero enfrentan muchas limitaciones, similares a las de las audiencias de los países anglosajones. En el estado de São Paulo, la primera audiencia se realizó en enero de 1988. Ferrer (1998) estudió cuarenta audiencias públicas realizadas en el Estado entre 1988 y 1996. en algunos casos, la participación fue baja en la audiencia, como por ejemplo en un proyecto de rellenado de residuos industriales de Piracicaba (como se ve en la sección 15.2); sólo sesenta personas asistieron, pero sólo cuando el emprendimiento llegó al plenario del Consema, las entidades de la región se movilizaron para tratar de frenarlo. Por otro lado, hubo series de audiencias sobre determinados emprendimientos que reunieron a más de 2 mil participantes. En el análisis de la autora, las audiencias ayudan a perfeccionar el proceso de licenciamiento ambiental y, principalmente, constituyen foros en los cuales se explicitan los conflictos, lo que contribuye a su resolución. Sin embargo, "su formato es inadecuado", ya que impide que se brinden aclaraciones efectivas, no propician informaciones imparciales, el tiempo de réplica es corto (aunque la duración de las audiencias pueda ser larga, extendiéndose más allá del "límite de asimilación de las personas"), posibilitan tomas de posición e "informaciones engañosas" sin que sus locutores puedan ser responsabilizados, entre otras deficiencias.

En síntesis, algunas deficiencias de las audiencias públicas ambientales son:

- tienen una dinámica que favorece un clima de confrontación;
- representan un juego de suma nula, ya que, debido a la confrontación, raramente se logra converger hacia algún punto en común;
- dan margen a la manipulación por parte de los tienen más poder económico o mayor capacidad de movilización;
- se llevan a cabo muy tardíamente en el proceso de EIA, cuando ya se tomaron muchas decisiones importantes en referencia al proyecto[4];
- la mayor parte del público dispone de poquísima información sobre el proyecto y sus impactos;
- los procesos de información pública que deberían preceder la audiencia son deficientes;
- gran parte del público no tiene condiciones de decodificar y comprender la información de carácter técnico y científico puesta a su disposición;
- los tomadores de decisiones raramente se hallan presentes (sólo sus asesores);
- hay un "déficit comunicativo implícito", dado que los "técnicos se sitúan en un escalón superior al de los ciudadanos" (Webler e Renn, 1990, p. 24);
- uso frecuente de argumentos de cuño técnico-científico en el cual no se puede verificar la verdad (Parenteau, 1988);
- surgimiento de una categoría de "especialistas en audiencias públicas" que hablan en nombre del público (Parenteau, 1988);
- uso frecuente de argumentos jurídicos y de amenazas de acciones en la Justicia, tratando de invalidar o de tornar ilegítimas las decisiones tomadas anteriormente o que se van a tomar.

[4] *Se trata, en este caso, de audiencias públicas realizadas al final del proceso, cuando el EsIA ya está terminado. Como se indica en el Cap. 5 y en la Sección 15.3, también pueden realizarse audiencias antes de la preparación del EsIA, con el objetivo de ayudar a identificar las cuestiones relevantes.*

También se pueden emplear en el proceso de EIA otras técnicas para facilitar la participación, la consulta o el diálogo con los interesados. Las más simples son las reuniones públicas, eventos informales promovidos por el proponente, a los cuales los interesados son invitados a asistir a fin de conocer el proyecto propuesto y debatir sobre sus consecuencias. Las reuniones públicas pueden realizarse en diversas etapas del proceso de EIA, destacándose: (i) tamizado; (ii) determinación de la focalización; (iii) preparación del EsIA; (iv) análisis técnico; y (v) decisión.

Para el éxito de una reunión de ese tipo – con gran afluencia de interesados y la presencia de líderes o personas influyentes de la comunidad – es esencial que previamente se realice un intenso trabajo de divulgación. La cooperación de las instituciones locales, como iglesias, escuelas o asociaciones comunitarias, es de gran valor para difundir la realización de una reunión pública. La elección de un lugar neutral y ya conocido por la población, como un salón parroquial, una escuela o un gimnasio municipal, facilita la participación.

Las reuniones en grupos grandes, así como las audiencias públicas, no tienen un formato muy bueno ni una dinámica adecuada para informar a los interesados acerca del proyecto y sobre las intenciones de su proponente. Lo ideal es que la información haya sido difundida anticipadamente, a través de diferentes medios (impresos, audiovisuales, etc.)[5].

En una reunión pública, el proponente del proyecto y su consultor pueden hacer una exposición sobre el tema, seguida de preguntas y debates, en una secuencia parecida a

[5] *El Cap. 14 señaló algunas cuestiones vinculadas a la comunicación en el proceso de EIA. Entre las deficiencias, se advierte que raramente el resumen no técnico tiene valorizada su función de comunicación con el público.*

la de una audiencia pública. La reunión puede ser muy útil para oír las preocupaciones de la comunidad y conocer sus expectativas en relación al proyecto. Por ejemplo, en una reunión pública promovida por una empresa minera en el estado de Río de Janeiro, acerca de un nuevo proyecto que preveía abrir una mina de una sustancia no metálica de uso industrial, varios moradores manifestaron sus inquietudes en relación a la provisión de agua, ya que en el barrio más cercano, a pesar de estar situado en una zona urbana, las casas estaban abastecidas mediante cisternas individuales y no por una red pública. Como el estudio de impacto ambiental aún estaba en marcha, los consultores y el proponente decidieron que sería conveniente invitar a algún especialista vinculado a una universidad pública para realizar un estudio hidrogeológico independiente del EsIA. Aunque sus conclusiones fuesen utilizadas en el EsIA, dicho estudio sería anexado íntegramente, para evitar toda sospecha de manipulación de datos. Es interesante observar que los términos de referencia de ese EsIA (que en Río de Janeiro se denominan Instrucciones Técnicas) le habían dado poca importancia a las aguas subterráneas, porque el análisis preliminar había indicado que era muy baja la posibilidad de que hubiera algún impacto sobre la disponibilidad de agua subterránea. Al tornarse evidente la preocupación del público con el tema, hubo que rever la programación del EsIA.

Las reuniones públicas también pueden llevarse a cabo en un clima tenso y altamente emocional, como por ejemplo las audiencias públicas, y ello se debe a que ambas tienen una dinámica parecida, aunque la primera sea menos formal. Una alternativa es la realización de reuniones con pequeños grupos, talleres o reuniones de trabajo, que no están abiertas a la presencia de todos, pero en las cuales la participación se realiza por invitación. Los líderes locales y los formadores de opinión pueden ser invitados a las sesiones de información, de discusión o incluso a las reuniones tendientes a la negociación de temas tales como las modificaciones del proyecto o las medidas compensatorias. Aunque la autoridad pública siempre mantenga su derecho a decidir, sus representantes pueden también estar presentes y, en ciertos casos, actuar como mediadores informales de algún conflicto real o latente. Ese formato de consulta puede usarse en las mismas etapas del proceso de EIA que las reuniones públicas.

Si el objetivo es ampliar la consulta y alcanzar el mayor número posible de interesados, la realización de una o más audiencias o la invitación a participar en reuniones tal vez no sea la mejor estrategia, o no sea suficiente. Puede ser más eficaz que técnicos y consultores se desplacen por la región y conversen directamente con líderes y ciudadanos comunes. Sin embargo, hay que remarcar que dicho procedimiento puede no estar de acuerdo con las formalidades legalmente requeridas, situación en la que sería necesario realizar también audiencias.

La realización de encuestas de opinión conocidas como *surveys* es un método de relevar opiniones, preocupaciones y puntos de vista que tal vez no lleguen a expresarse en foros, como las audiencias o las reuniones públicas. Estas encuestas pueden guiarse a través de cuestionarios que contengan una serie de preguntas preestablecidas, o bajo la forma de entrevistas abiertas, en las cuales el encuestador llega con algunos temas previamente definidos, pero deja un amplio espacio para que el entrevistado introduzca otros asuntos de su interés. Esta técnica puede ser útil para la selección de las cuestiones relevantes y para la preparación del EsIA.

Se desarrollaron diversas herramientas para fomentar la participación pública en la formulación y evaluación de proyectos de desarrollo, superando la noción de consulta y entrando en grados superiores de participación, como la "asociación" de Arnstein (1969). En vez de que la participación sea una respuesta (o una reacción) a un proyecto ya definido, se utilizan métodos participativos para generar, concebir o delinear proyectos desde la base hacia la cúspide. Según el método conocido como "Evaluación Rural Participativa" (Participatory Rural Appraisal – PRA) o "Evaluación Rural Rápida" (Rapid Rural Appraisal – RRA), las poblaciones locales recaban y analizan sus propios datos, ayudadas por facilitadores que organizan discusiones en grupos, ayudan a desarrollar criterios de clasificación y ordenamiento de prioridades, entre otras tareas. Muchos otros métodos de planificación participativa se pueden adaptar o usar parcialmente en la evaluación de impacto ambiental, casi siempre en una perspectiva que supera la simple consulta pública, lo cual ya está más allá del objetivo de este capítulo[6].

[6] *Hay muchas fuentes sobre métodos de planificación participativa. World Bank (1995) aporta una síntesis.*

15.5 Procedimientos de consulta pública en algunas jurisdicciones

En muchos países la EIA fue pionera en la institucionalización de procedimientos formales de consulta y participación, como las audiencias públicas. En los EEUU, la *National Environmental Policy Act* obligó a los agentes gubernamentales a informar y oír al público – según reglas detalladas – antes de que se tomen las decisiones. En la actualidad, la consulta pública realizada en diversos momentos del proceso de EIA es una buena práctica recomendada a nivel internacional.

La convocatoria, la organización y el funcionamiento de una audiencia pública deben tener reglas definidas de antemano, y ser de conocimiento de todos los participantes. En Brasil, las audiencias públicas ambientales tienen una reglamentación mínima. Existen reglas sobre las condiciones en las que deben convocarse, pero son pocas las reglas de procedimiento o de contenido. La convocatoria está reglamentada por la Resolución Conama 9, del 3 de diciembre de 1987, según la cual se debe realizar al menos una audiencia cuando:

* el órgano ambiental encargado del licenciamiento así lo decida;
* exista una solicitud de una entidad civil;
* exista una solicitud por parte del Ministerio Público;
* la soliciten al menos cincuenta ciudadanos.

En el estado de São Paulo, por Decisión Consema nº 34/2001, para todos los proyectos que necesiten de estudio de impacto ambiental, se debe realizar por lo menos una audiencia pública. Es un reconocimiento de que si los impactos potenciales se consideraran significativos en la etapa de tamizado, la audiencia pública es importante y no se puede dejar de realizar. Antes de esa decisión, no todo proyecto sujeto a un EsIA se debatía en una audiencia pública.

En cuanto al desarrollo de una audiencia pública, el Cuadro 15.2 muestra de manera resumida el procedimiento adoptado en el estado de São Paulo. La convocatoria y la organización de una audiencia pública la realiza la Secretaría Ejecutiva del Consejo Estadual de Medio Ambiente (Consema), cuerpo colegiado integrante de la Secretaría de Medio Ambiente. La realización de la audiencia se debe divulgar a través

Cuadro 15.2 *Reglas para Conducir Audiencias Públicas en el estado de São Paulo*

Organización de la audiencia	Agente
1ª parte: apertura	Secretario de Medio Ambiente (palabras de bienvenida) Coordinador de la Secretaría de Medio Ambiente (aclaraciones sobre el proceso)
2ª parte: exposiciones sobre el proyecto en discusión	Emprendedor – quince minutos Equipo responsable de la elaboración del estudio ambiental – treinta minutos
3ª parte: manifestación de entidades ambientalistas	Treinta minutos
4ª parte: manifestación de entidades de la sociedad civil	Cinco minutos para cada uno
5ª parte: manifestación de personas en particular	Tres minutos para cada uno
6ª parte: manifestación de representantes de órganos públicos	Cinco minutos para cada uno
7ª parte: manifestación de los miembros del Consema	Cinco minutos para cada uno
8ª parte: manifestación de los parlamentarios	Cinco minutos para cada uno
9ª parte: manifestación de alcaldes, secretarios municipales y estaduales	Cinco minutos para cada uno
10ª parte: respuestas y comentarios	Equipo responsable de la elaboración del estudio ambiental – quince minutos Consejero del Consema – diez minutos Emprendedor – cinco minutos
11ª parte: cierre	Secretario de Medio Ambiente

Fuente: Decisión Consema nº 34, del 27 de noviembre de 2001.

de diarios y otros medios comunicación locales (por ejemplo, radiodifusión y coches con altavoces); el EsIA y el Rima deben estar a disposición del público por un período mínimo de quince días, en algún lugar de fácil acceso. Durante el período de consulta, los EsIAs se hallan a disposición también en internet. Se marcan las audiencias para la noche, a fin de facilitar la participación del mayor número de personas, y pueden durar varias horas. Se puede realizar más de una audiencia para debatir el mismo proyecto, pero cada una no se prolonga más allá de un día.

Amén de manifestarse verbalmente, los participantes pueden presentar documentos o requerimientos durante la audiencia. Además, cualquier interesado, incluso si no ha participado de la audiencia pública, también puede enviar a la Secretaría de Medio Ambiente documentos o peticiones relativas al proyecto en cuestión. Para cada audiencia, la Secretaría Ejecutiva del Consema prepara un acta que contiene la síntesis de las intervenciones de los participantes y la lista de los documentos entregados durante la audiencia. Normalmente, también se graban los debates y las presentaciones.

Una audiencia pública nunca es resolutiva. Nada se vota ni se decide, dado que la decisión es una tarea propia del órgano licenciador. Sin embargo, los debates y cuestionamientos efectuados pueden influenciar en la decisión, incluso en lo referido a la mitigación o compensación de impactos adversos, así como acerca de los compromisos que públicamente pueda asumir el emprendedor, aunque no lleguen a constar en las condiciones de la licencia ambiental.

Hay otro ejemplo de procedimiento para el funcionamiento de las audiencias públicas ambientales en el Cuadro 15.3, el cual resume los procedimientos empleados en Quebec. En esa provincia, existe una entidad independiente creada por ley, la Oficina de Audiencias Públicas Ambientales (*Bureau d'Audiences Publiques sur l'Environnement* – Bape), compuesto por comisarios nombrados por el Ministro de Medio Ambiente, que tienen como única función la de promover las consultas públicas. Los comisarios son elegidos para períodos de seis meses, siendo inamovibles durante sus mandatos.

Una vez concluido el estudio de impacto ambiental y considerado adecuado por los servicios técnicos del Ministerio de Medio Ambiente, el mismo es puesto a disposición del público durante 45 días. En ese lapso, cualquier ciudadano, asociación o alcaldía puede solicitar la realización de una audiencia pública. Es potestad del Ministro aceptar el pedido y ordenarle al Bape que realice la audiencia (Grandbois, 1993). En Brasil, la audiencia pública también se realiza luego de concluido el EsIA, pero antes de que el órgano licenciador termine de analizarlo. La diferencia entre el procedimiento brasileño y el canadiense se debe a la competencia para tomar decisiones de autorización: en el caso quebequense es del Consejo de Ministros, en tanto que en Brasil la decisión recae en la autoridad ambiental. En Quebec, el servicio de evaluaciones ambientales del Ministerio administra todo el proceso de EIA, desde el tamizado hasta el análisis

Cuadro 15.3 *Reglas para Conducir Audiencias Públicas en Quebec, Canadá*

Etapas del proceso de consulta
1. Un ciudadano o una asociación solicita al ministro de Medio Ambiente la realización de una audiencia pública para discutir un proyecto.
2. Si el pedido es aceptado, el presidente de la Oficina de Audiencias Públicas Ambientales (Bape) nombra una comisión de consulta y su responsable.
3. La realización de la audiencia se publica en los periódicos y en internet.
4. La comisión de consulta realiza reuniones preparatorias con el proponente del proyecto y con el solicitante de la audiencia.
5. Realización de la primera parte de la audiencia con la siguiente secuencia: - explicaciones preliminares (comisión de consulta); - explicación del solicitante acerca de los motivos del pedido de audiencia; - presentación del proponente del proyecto, principalmente sobre el EsIA; - declaraciones de otras personas; - cuestiones planteadas por el público.
6. Remisión de documentos, pareceres o informes de los interesados (incluso alcaldías).
7. Realización de la segunda parte de la audiencia, con la siguiente secuencia: - alocución de los representantes de entidades o ciudadanos que presentaron previamente documentos o pareceres o que deseen expresarse verbalmente; - la comisión de consulta puede escuchar o hacerles preguntas al proponente del proyecto, al solicitante de la audiencia pública o a cualquier otra persona.
8. Preparación del informe final de la comisión de consulta.
9. Publicación y divulgación del informe final.

Fuente: Règles de Procédure Relatives au Déroulement des Audiences Publiques, Q-2, r. 19.

técnico, y puede no aceptar un EsIA a raíz de deficiencias que perjudiquen la correcta evaluación del proyecto propuesto. No obstante, una vez que el EsIA es considerado satisfactorio (o sea, describió y analizó adecuadamente las consecuencias del proyecto, aunque haya impactos adversos significativos), la decisión pasa a una instancia superior. Ninguna de estas dos filosofías puede ser vista como superior, ya que su práctica depende de las condiciones objetivas de cada jurisdicción. Se profundizará en esta cuestión en el Cap. 16.

El Bape dispone de cuatro meses para realizar la audiencia y preparar su informe. Las audiencias se llevan a cabo en dos partes, con un intervalo de 21 días. Cada parte puede durar varios días, consecutivos o no (la duración usual es de tres a cinco días). La primera parte de la audiencia tiene una función informativa. En ésta, el proponente presenta el proyecto, sus justificaciones y sus principales impactos, así como las medidas mitigadoras propuestas. El público puede hacer preguntas sobre el proyecto, sus alternativas, los estudios realizados, pero la formulación de críticas y opiniones debe dejarse para la segunda parte de la audiencia, y los comisarios tienen el poder de cortar la palabra de los participantes durante la audiencia. Los comisarios también le hacen preguntas al emprendedor y a su consultor y pueden convocar a representantes de órganos públicos para que brinden aclaraciones. La secuencia de presentaciones y preguntas, los tiempos y la propia disposición de los participantes en la sala siguen un orden preciso.

Los pareceres, las opiniones y cualquier otro documento pueden ser enviados al Bape antes de la segunda parte de la audiencia, cuando se establece un debate sobre el proyecto, sus justificaciones, alternativas, sus impactos directos e indirectos, siempre mediado por la comisión, que también en esa parte tiene un rol activo al dirigir preguntas no solamente al proponente, sino también a los participantes de la audiencia. Según el propio Bape, la división de la audiencia en dos partes es "lo que torna original el procedimiento, que garantiza la exactitud y la integridad de la información, permitiendo la despolarización del debate" (Bape, 1994, p. 11).

Terminada la segunda parte, los comisarios preparan un informe dirigido al Ministro que se imprime y publica rápidamente. El Bape no tiene ningún poder de decisión, pero cumple una función de promover activamente una consulta pública. Todos sus informes se vuelven públicos, así como los documentos presentados durante la audiencia. Muchas veces existe una duplicación entre el trabajo de análisis técnico del EsIA realizado por la Dirección de Evaluaciones Ambientales del Ministerio de Medio Ambiente y el contenido de los informes del Bape, pero la independencia de los comisarios es un factor de credibilidad muy preciado por la sociedad local.

Es digno de mencionar el mecanismo existente en la legislación federal canadiense, y también en algunas provincias, de ayuda financiera para que los interesados participen del proceso de consulta pública. A semejanza del procedimiento de Quebec, en el proceso federal las audiencias también son largas y están dirigidas por una comisión con poder para solicitar documentos y pedir declaraciones. La participación del ciudadano común no es muy simple: para disminuir las dificultades de acceso y decodificación de la información técnica, hay fondos a disposición, pero en cantidades limitadas, que los ciudadanos, las asociaciones locales y otras entidades pueden llegar a obtener, con las debidas justificaciones, a fin de contratar asesoría técnica que les ayude a comprender y analizar los estudios y documentos presentados. Dichos recursos también pueden emplearse para producir documentos, adquirir ciertos materiales informativos y cubrir gastos de viajes, entre otros.

Estos ejemplos ilustran la existencia de abordajes muy diferentes en cuanto a la consulta pública. Hay muchos otros formatos en uso en otras partes del mundo. Posiblemente, la consulta pública sea la etapa del proceso de EIA en la cual haya menos convergencia internacional, y los probables motivos no son difíciles de entender, ya que democracia y transparencia no son, infelizmente, valores igualmente compartidos por todos los pueblos.

15.6 La consulta pública voluntaria

La consulta pública se puede hacer no solamente a través de los canales oficiales, vinculada al proceso de EIA y al licenciamiento ambiental, sino también por iniciativa voluntaria de una empresa, con el propósito de mejorar su relación con la comunidad o conocer sus preocupaciones, valores y perspectivas. Durante la planificación de un nuevo proyecto, una interacción precoz con la comunidad local y con los grupos de interés, como las organizaciones no gubernamentales, puede facilitar su futura aprobación. Ciertamente, es por interés propio (así como para honrar eventuales compromisos de responsabilidad social) que una empresa que actúe en sectores de significativo impacto ambiental debería comprometerse activamente en las consultas públicas, independientemente de toda exigencia legal:

> La experiencia es un gran profesor. Recientemente, las compañías más avanzadas (...) adoptaron un proceso [de participación pública] genuinamente positivo, abierto, cooperativo e interactivo. Están listas para comenzar lo más pronto posible, para escuchar tanto como para informar. Aprendieron los beneficios de escuchar atentamente. (EPA, 1995, p. 4)

El pragmatismo y la eficiencia son ilustrados por Millison y Hettige (2005, p. 40), los cuales, al analizar retrospectivamente proyectos financiados por el Banco Asiático de Desarrollo, observan que "el proceso de consulta [pública] no fue muy eficaz (...) [y cuyo] resultado fue una incorrecta identificación de impactos, el surgimiento de expectativas irreales entre las personas afectas y medidas mitigadoras inadecuadas".

Las corporaciones apoyarían y promoverían voluntariamente la consulta pública por razones meramente funcionales, usando el concepto de Webler y Renn (1995), o sea, porque la consulta "produce resultados". Esta actitud sólo puede contribuir a establecer buenas relaciones con los futuros vecinos, en el caso de un nuevo emprendimiento, o para mejorar las relaciones con los actuales vecinos, pero sin contar, sin embargo, con la garantía de que el proyecto sea aceptado. Entre los posibles beneficios de la participación pública incluso antes de la preparación del estudio de impacto ambiental, se enumeran:
- mejor entendimiento mutuo;
- mejor comprensión de las características y de los impactos del proyecto;
- mejor comprensión de los puntos de vista del público;
- contribución a un ambiente de respeto por los valores de la comunidad;
- libre expresión y manifestación de aprensiones, dudas y necesidades;
- identificación de cuestiones que causen preocupación.

Una situación similar a la de la consulta voluntaria es la establecida por la legislación de diversos estados australianos, en donde no existen audiencias públicas vinculadas al proceso de EIA, pero el proponente de un proyecto está obligado a realizar – por su cuenta y según los medios que crea más convenientes – la consulta pública sobre su proyecto. En estos casos, el proponente debe documentar todas las iniciativas de consulta (como las listas de presencia y las actas de reuniones) y sus resultados (como los acuerdos o la realización de determinados estudios), presentando los documentos pertinentes como anexo al EsIA o como parte de la documentación requerida para el análisis de un proyecto.

Puede ser necesario un vigoroso esfuerzo para lograr la aceptación pública (la "licencia social") de un nuevo proyecto, pero no hay garantías de que se lo conseguirá en todos los casos. En el lapso de dos años que precedió a la aprobación de la primera mina canadiense de diamantes, situada al norte del país, en una región poco poblada pero situada dentro de un territorio tradicional de comunidades indígenas (denominadas, en Canadá, como "Primeras Naciones", o sea, las que procedieron la llegada de los colonizadores europeos), el equipo del proponente (una gran empresa australiana que opera en muchos países) realizó cerca de trescientas reuniones con más de cincuenta diferentes grupos de interés (Azinger, 1998). Naturalmente, no se trató de meras reuniones de información, sino encuentros de discusión y negociación, cuyo resultado fueron los compromisos asumidos por la empresa, como por ejemplo la contratación preferencial de personal de la región.

En los procesos voluntarios de consulta es importante tratar de identificar cuáles son los potenciales grupos de interés, en vez de esperar que éstos "aparezcan". En el caso de un proyecto de una nueva mina de arena industrial (para la fabricación de vidrio) en el interior de São Paulo, los equipos involucrados en el EsIA y en la preparación del proyecto se limitaron a esperar los procedimientos oficiales de consulta pública y acabaron por "descubrir" que el propietario de un inmueble rural vecino era un militante ambientalista muy activo y un hábil orador en audiencias y reuniones públicas. El proyecto terminó siendo aprobado, pero no con la configuración deseada por la empresa.

[7] *Existen diversas publicaciones con directrices y recomendaciones para la consulta pública, hasta una norma técnica canadiense: CSA, Canadian Standards Association/ Association Canadienne de Normalisation, Z764-96 A Guide to Public Involvement/ Guide pour la Participation du Public, 143 p.*

Azinger (1998) recomienda que, inmediatamente después de establecer sus objetivos de consulta pública, una empresa debe identificar los grupos de interés (*stakeholders*), que, en algunos casos, pueden abarcar comunidades situadas a grandes distancias. En el ejemplo de la mina canadiense de diamantes, grupos nativos ubicados a 550 km fueron incluidos en la consulta, ya que cazaban renos, cuyas manadas, migratorias, utilizaban el área del proyecto. Una de las principales recomendaciones de guías y manuales de consulta pública[7] es "ser inclusivo", no dejando afuera a ningún grupo o individuo que declare tener interés. World Bank (1999, p. 6) señala que la identificación de grupos de interesados es un "elemento crítico" del proceso de consulta, sugiriendo que se trate de identificar a: (i) aquellos que se verán afectados en forma directa; (ii) aquellos que se verán afectados en forma indirecta; (iii) aquellos que tengan algún interés; y (iv) aquellos que sientan que pueden verse afectados.

Una herramienta útil para las tareas de consulta pública es el mapeo de *stakeholders*, en el que se procura identificar a los diferentes grupos potencialmente interesados o potencialmente afectados por el proyecto, identificando también sus intereses y evaluando su posible grado de influencia sobre las decisiones del proyecto. El perfil de cada grupo interesado incluye una descripción de su interés relativo al proyecto, su grado de influencia y su importancia para el emprendedor. Se pueden planificar acciones de comunicación tomando en cuenta el perfil de cada grupo, en vez de promover una comunicación "genérica", dirigida a cualquier interesado.

La divulgación pública del proyecto ayuda a identificar los grupos de interés. Muchas veces, hay poca participación por falta de información (el primer pilar de la Convención de Aarhus), y los ciudadanos descubren demasiado tarde que se verán afectados. Por ejemplo, la construcción de la línea 4 del tren subterráneo de São Paulo obligó al cierre de algunas calles y al aislamiento permanente de algunas cuadras, causando un aumento en los tiempos de viaje (para automóviles, ómnibus, ciclistas y peatones) en los desplazamientos transversales cercanos a un extremo de la línea. Cuando los comerciantes y moradores descubrieron esto y se dieron cuenta de que iban a perjudicarse, se movilizaron para tratar de mantener abierta una calle, pero era demasiado tarde para modificar el proyecto, incluso con la presión política de los ediles.

En ese caso, el descontento popular no tuvo ninguna influencia sobre el proyecto, pero en otros puede conducir a cuestionamientos por la vía judicial y a atrasos en la implantación. World Bank (1999) recuerda que la inadecuada identificación de los interesados puede representar costos adicionales para el proyecto, y también hacer circular públicamente información incompleta o incorrecta, creando un clima de hostilidad a la propuesta.

La difusión de la información y el intercambio con los interesados son los pasos siguientes de una estrategia de consulta pública voluntaria. Se deberán elegir los medios de divulgación (material escrito, visual, exposiciones orales, charlas frente a frente, etc.) de acuerdo con las características de cada grupo de interesados. Claramente, la manera de abordar a las poblaciones tradicionales no puede ser la misma que la que usa para comunicarse con una ONG ambientalista de actuación internacional, por ejemplo.

La riqueza del proceso está en los intercambios que se pueden establecer y en el entendimiento mutuo que se pueda construir. Luego de la difusión de información sobre el proyecto y de un primer mapeo de los puntos de vista, expectativas, demandas y objeciones de los interesados, se deben organizar las discusiones en torno a algunos puntos clave. Por ejemplo: ¿hay asuntos a dilucidar en el EsIA? ¿Hay demandas específicas que se pueden atender? ¿Hay alternativas que se deben explorar? Esta última cuestión puede ilustrarse mediante una demanda frecuente en los proyecto industriales, la de disminuir las molestias causadas por el tráfico de vehículos creado por el emprendimiento, particularmente los camiones. Al identificar previamente esta demanda, la empresa puede explorar vías de acceso alternativas antes de incurrir en gastos de construcción y, más tarde, tener que hacer modificaciones, invariablemente más caras.

Intercambio y diálogo forman el caldo de cultivo necesario para que avance la consulta pública. Para ver los frutos, es necesario vencer resistencias (incluso internas de la empresa u organización que promueve la consulta voluntaria) y forjar un clima de confianza, lo que siempre lleva tiempo. Aunque las discusiones pueden ampliar el horizonte inicial del proponente, es importante no perder de vista el objetivo del trabajo, organizando las actividades y manteniendo un registro de los avances. Planillas, diagramas y versiones sucesivamente actualizadas de los puntos acordados son algunas de las herramientas que ayudan a no perder objetividad durante el proceso de consulta y negociación.

Una vez alcanzados los consensos, todos tienen para ganar si se firman compromisos escritos, como memorandos de entendimiento, por lo menos entre algunas de las partes involucradas. El paso siguiente será implementar las decisiones y monitorear sus resultados. No es extraño que grupos o individuos inicialmente muy interesados desaparezcan súbitamente, o que nuevos grupos o individuos vengan a juntarse o aparezcan en el transcurso o en el final del proceso de consulta. No se trata de cerrar la puerta ni de recomenzar con cada cambio, sino de mantener alguna referencia que posibilite el compromiso de los nuevos interesados sin frenar el avance de la consulta y las negociaciones.

Incluso después de aprobado el proyecto, es recomendable mantener un centro de información durante todo el período de construcción, en el cual sea posible recibir reclamos, aclarar dudas y difundir informaciones sobre el proyecto. Lo ideal es que ese centro cuente al menos con una persona permanente, suficiente y adecuadamente informada y conocedora del proyecto. El centro debe instalarse en un local visible y de fácil acceso, ubicado fuera del obrador o de las áreas industriales u operativas. Naturalmente, éste puede complementarse con un centro virtual (internet), cuya función no es reemplazar el centro físico.

Resumiendo, tanto las empresas privadas como los emprendedores públicos tienen para ganar al promover una consulta pública referente a los proyectos que pueden causar impactos ambientales. El Cuadro 15.4 condensa las principales etapas normalmente recomendadas, pero no existe una receta que garantizar los resultados. Nunca está demás recordar que recurrir a profesionales capacitados es una de las claves del éxito, que tampoco puede prescindir de un compromiso genuino de los cuadros directivos de la empresa o del organismo promotor. Dicho compromiso se vuelve más necesario cuando el tema de la apertura al público es una novedad en la organización. Serán inevitables los conflictos con profesionales técnicos, particularmente los ingenieros, pocas veces dispuestos a explicarles a los legos las razones que fundamentan las soluciones técnicas adoptadas, y aun menos preparados para escuchar cuestionamientos que pueden poner en jaque los propios paradigmas de su trabajo. Pero ése es un riesgo de toda consulta pública.

Cuadro 15.4 *Principales tareas en una consulta pública voluntaria*

Etapa del proceso de consulta
1. Definir los objetivos de la consulta pública.
2. Identificar a las partes interesadas.
3. Preparación del material para divulgación y difusión de información.
4. Intercambio y diálogo.
5. Determinación de compromisos.
6. Establecimiento y mantenimiento de un canal de comunicación durante todas las etapas del ciclo de vida del emprendimiento.

Fuentes: adaptado de Azinger (1998), EPA (1995) y World Bank (1995, 1999).

La Toma de Decisiones en el Proceso de Evaluación de Impacto Ambiental

16

A lo largo del proceso de evaluación de impacto ambiental, diferentes protagonistas toman variadas decisiones. Hay decisiones acerca de las alternativas del proyecto, del alcance y profundidad de los estudios, de las medidas mitigadoras y compensatorias, de las modalidades y del alcance de las consulta pública, etc. Pero la principal decisión tiene que ver con la aprobación del proyecto que se está analizando y las condiciones para su implementación. De esta forma, se configura "una sucesión de decisiones parciales que conducen a una toma final de decisión" (André *et al.*, 2003, p. 158).

Algunas decisiones las toma básicamente el proponente (al cual, frecuentemente, lo ayuda un consultor), como por ejemplo las relativas a la formulación de alternativas y la elección de una de ellas. Otras son resultado de la interacción entre el proponente, su consultor y la autoridad reguladora, que a veces incluye al público, como es el caso de los términos de referencia para la realización de un EsIA. Durante la realización de los estudios, se toman diversas decisiones sobre la necesidad de implementar medidas mitigadoras o acerca de las modificaciones al proyecto que puedan disminuir la magnitud o la importancia de los impactos adversos. Esa es, por otra parte, una de las partes más ricas del proceso de evaluación de impactos, en la cual la EIA se usa como auxiliar en la planificación de proyectos, pero que muchas veces se da en el ámbito privado, en reuniones, discusiones (e incluso disputas) entre el proponente, el proyectista y el consultor ambiental, y los resultados se hacen públicos recién a través del EsIA.

Otras decisiones, además, son el resultado de negociaciones con las partes interesadas, como los programas de compensación. No obstante, la decisión más importante se toma al final del proceso: la aceptación o el rechazo del proyecto. En realidad, esas dos alternativas extremas son poco frecuentes, y la situación más usual es que los asuntos a decidir se relacionan con las condiciones para la realización del proyecto. En ciertos casos, tales condiciones pueden ser tan severas que implican costos elevados y llevan a desistir del proyecto. En su examen comparativo de procedimientos de EIA en diversos países desarrollados, Wood (1995, p. 183) advirtió, respecto al balance entre objetivos de protección ambiental y beneficios económicos y sociales que orienta la mayoría de las decisiones, que "es probable (...) que los tomadores de decisiones tiendan a aprobar la acción, a menos que haya razones políticamente avasalladoras para rechazarla, pero negocien mejoras en los beneficios y una mayor mitigación de los impactos negativos".

Finalmente, no hay que olvidar que una vez aprobado el proyecto se toman otras decisiones, durante su implantación y, posteriormente, en la etapa de funcionamiento. Los resultados del monitoreo ambiental y de los programas de seguimiento pueden conducir a nuevas modificaciones del proyecto o a la necesidad de nuevas medidas mitigadoras, en caso de que se detecten impactos significativos no previstos.

Se trata, pues, de decisiones múltiples y secuenciales, en las que sobresale la decisión sobre la aprobación del proyecto.

16.1 Modalidades de procesos decisorios

El poder decisorio acerca de los emprendimientos sujetos al proceso de EIA varía entre una jurisdicción y otra. Hay lugares en los que la decisión es competencia de una autoridad ambiental; en otros, la competencia es de una autoridad sectorial, cuya competencia abarca un sector de la actividad económica, por ejemplo, el sector energético o el sector forestal. Hay jurisdicciones, por otra parte, en que son las instancias gubernamentales que congregan diferentes intereses – como los consejos de ministros – las que toman formalmente las decisiones. Cualquiera sea la modalidad, las decisiones las toman directamente los representantes políticos (ministros) o se delegan en altos funcionarios indicados políticamente. Para darle mayor credibilidad al proceso, algunos países, como Holanda y Canadá, entregan el análisis del EsIA y la consulta pública a organismos independientes, cuyos integrantes tienen autonomía y mandatos fijos, siendo inamovibles durante el mandato.

El tomador de decisiones político es probable que no lea la totalidad del estudio de impacto ambiental, sus anexos y documentos complementarios. Su decisión se basará en informaciones brindadas por asesores y eventualmente en presiones políticas cuyo objetivo es promover intereses casi siempre contradictorios (como se observa en la sección 13.1).

En realidad, aunque la formalidad del proceso decisorio sea sin dudas importante para la eficacia del proceso de EIA, lo más relevante es su aspecto sustantivo. Dicho en otras palabras, la cuestión clave es si las conclusiones de la EIA se reflejan realmente en las decisiones tomadas. Muchos autores señalan esta cuestión como algo central; por ejemplo, Lee (2000b) advierte las evidencias de una escasa integración de los resultados del proceso de EIA a las decisiones tomadas, particularmente en los países menos desarrollados.

El caso americano

El caso americano es siempre una referencia en los estudios sobre EIA, debido al espíritu pionero de la Nepa, la National Environmental Policy Act. Según esta ley, son las agencias del gobierno federal las responsables de la conducción del proceso de EIA y también las responsables de la toma de decisiones[1]. Dichas agencias pueden ser las propias promotoras del proyecto (principalmente obras públicas), proveedoras de fondos o financiadoras (por ejemplo, para la construcción de conjuntos habitacionales), o pueden tener la atribución de autorizar proyectos privados, en virtud de otras leyes. Así, en muchos casos, el tomador de decisiones es el propio interesado en la aprobación y ejecución del proyecto o programa, característica que le propicia severas críticas a la ley americana, de la cual se considera que ejerce "influencia limitada sobre las decisiones" (Ortolano, 1997, p. 325).

[1] *Las leyes estaduales estadounidenses pueden diferir mucho de la ley federal en cuanto a las modalidades de decisión, entre otras diferencias.*

En los EEUU, la Agencia de Protección Ambiental (EPA – Environmental Protection Agency) tiene la función de analizar todos los EsIAs y emitir un parecer, pero no tiene poder decisorio ni de veto. El Consejo de Calidad Ambiental puede ser convocado en caso de discordancia de la EPA o de cualquier otra agencia federal, pero sus pareceres tampoco son de cumplimiento obligatorio. Sin embargo, cuando se da una discordancia intragubernamental, la amenaza misma de llevar el caso a dicho Consejo ha sido un estímulo para llegar a un acuerdo (Wood, 1995).

Aun así, la Nepa parece haber tenido una significativa influencia sobre la manera de formular los proyectos, y principalmente sobre la transparencia del proceso decisorio, dado el carácter público de los documentos que integran el proceso de EIA, las oportunidades de consulta y manifestación públicas, y el control judicial que ejercen los tribunales, con su interpretación muy estricta de que todos los procedimientos establecidos por la Nepa deben cumplirse rigurosamente (Kennedy, 1984).

El procedimiento americano es esencialmente de autoevaluación, cabiéndole la decisión a las agencias sectoriales o responsables de la gestión de tierras públicas. En el caso de los proyectos privados, los proponentes ponen a consideración sus proyectos y estudios, pero es la agencia que lo autoriza la que tiene la obligación legal de preparar el EsIA y someterlo a la consulta pública. Lo que otorga coherencia al proceso son las disposiciones legales que garantizan la transparencia y la posibilidad de control del público, de control judicial y de control administrativo, que llevan a cabo otras agencias. La reglamentación del CEQ sobre los estudios de impacto ambiental de 1978 contribuyó a esa coherencia, al estipular la publicación obligatoria de un registro de decisiones (Record Of Decision – ROD), documento público en el cual la agencia que conduce el proceso (*lead agency*) debe explicar las razones de su decisión, presentar las medidas mitigadoras y el programa de monitoreo que se adoptará.

EL CASO CANADIENSE

El proceso federal canadiense es también, esencialmente, de autoevaluación. Cada ministerio debe examinar sus actividades y encuadrarlas de acuerdo a los criterios de evaluación ambiental establecidos por la ley – la Ley Canadiense de Evaluación Ambiental (Canadian Environmental Assessment Act, Loi Canadienne d'Évaluation Environnementale, de 1993) –. En la mayoría de los casos, las decisiones se toman dentro de la esfera de cada "autoridad responsable", pero sólo después de que se cumpla todo el procedimiento establecido por la ley y su reglamento y una vez observadas hasta las prescripciones de consulta pública. Es interesante destacar que la ley se aplica a toda la administración federal, incluyendo los ministerios con competencias ambientales, como el Ministerio de Parques Nacionales y el Ministerio de Medio Ambiente, cuyas acciones, evidentemente, también pueden tener impactos adversos significativos. La Agencia Canadiense de Evaluación Ambiental (ACAA) debe ser notificada de todo procedimiento llevado a cabo en cumplimiento de la ley, teniendo la atribución de llevar un registro público de todas las evaluaciones ambientales. Naturalmente, los proyectos privados también están sujetos a este proceso, bastando para ello que necesiten de una autorización federal o demanden fueros federales.

Según la ley canadiense, una decisión sólo puede tomarse luego del término de la evaluación ambiental (Art. 13). La decisión relativa a la ejecución del proyecto la toma la autoridad responsable (Art. 37), "teniendo en cuenta la aplicación de las medidas mitigadoras". El proyecto podrá ser aprobado en el ámbito de la autoridad responsable si "no es probable que cause efectos ambientales adversos significativos" o incluso "si puede causar efectos ambientales adversos significativos que pueden justificarse por las circunstancias". En todos los casos, la autoridad responsable debe garantizar la aplicación de las medidas mitigadoras.

El ministro de Medio Ambiente tiene un rol importante en las iniciativas de impacto potencial significativo, que demandan la realización de un estudio detallado (como lo muestra la sección 5.3). En esos casos, luego del análisis de la ACAA, el ministro decide si devuelve el proceso a la autoridad responsable (para su posible implementación) o si es necesario un examen más cuidadoso, por medio de una comisión (*panel review*) o un mediador. En ese caso, la ACAA establece los términos de referencia para la comisión (o para el mediador), y el ministro designa a los miembros de la comisión o elige un mediador[2]. Concluidos los trabajos, la comisión o el mediador preparan un informe público que contiene recomendaciones, que la autoridad responsable, por otra parte, no está obligada a acatar. En caso de desacuerdo, no obstante, el asunto se eleva a la decisión del Consejo de Ministros (*cabinet*) (Wood, 1995).

[2] *Vale decir que, aunque esté prevista en la ley, la mediación no se viene utilizando.*

El caso holandés

También en los Países Bajos, para tomar decisiones en materia ambiental la autoridad competente puede ser el proponente del proyecto (en el caso de obras públicas), pero las decisiones provisorias a menudo son modificadas como resultado de las recomendaciones de la Comisión de Evaluación de Impacto Ambiental y de la participación del público (Wood, 1995).

Dicha comisión, independiente y permanente, es uno de las más notables características del procedimiento holandés. Se la consulta para la preparación de los términos de referencia y para el análisis técnico del EsIA, pero no tiene poder decisorio, que es siempre de la autoridad competente. Sin embargo, su independencia es una garantía de credibilidad y de "transparencia del proceso decisorio", según la opinión de otra comisión, temporaria, el comité de evaluación de los resultados del proceso de EIA (Evaluation Committee, 1996). Se considera que la actuación de la Comisión de EIA produce resultados concretos en términos de "mejora de la calidad de la información utilizada en la EIA, valorización del contenido científico, disminución de la parcialidad y realce de la importancia de la EIA para el proceso decisorio" (Idem).

La Comisión de Evaluación de Impacto Ambiental actúa con un grupo de delegados y una secretaría ejecutiva que reúne al personal técnico y administrativo; para realizar su trabajo, también utiliza los servicios de consultores externos[3]. Su rol en el proceso de EIA es el de efectuar recomendaciones en cuanto a los términos de referencia de los EsIAs y de analizar esos estudios, una vez realizado el análisis por parte de la autoridad competente. De esta forma, el EsIA es elevado para una nueva evaluación de la Comisión sólo después que la autoridad que posee el poder de decisión lo considera aceptable. La ley determina que la autoridad competente está "obligada a incorporar las conclusiones del EsIA y del parecer de la Comisión" (Wood, 1995, p. 189).

[3] *La Comisión tiene estatuto jurídico de fundación privada, mantenido con subsidios gubernamentales; sus atribuciones están establecidas en la Ley de Gestión Ambiental (Ceia, 2002b).*

Los informes de la Comisión son públicos y contienen recomendaciones relativas a la aceptación del EsIA como fundamento para la toma de decisiones. Para cada análisis se arma un grupo de trabajo, que a menudo incluye consultores externos y cuya composición es decidida por una autoridad competente, la cual tiene el derecho de hacer objeciones en cuanto a la composición del grupo, "en caso de existir buenas razones para dudar de su imparcialidad" (Ceia, 2002b). La Comisión también actúa en proyectos de cooperación internacional en los cuales el gobierno holandés sea dador.

El caso francés

También es objeto de críticas en el sistema francés la decisión por parte de la propia parte interesada. Los estudios de impacto son analizados por servicios administrativos dependientes de ministerios sectoriales, proceso en el que el Ministerio de Medio Ambiente sólo tiene una participación restringida. El país no se rige por un sistema federal, sino por un gobierno central que actúa en subdivisiones administrativas denominadas departamentos (*départements*), a través de un administrador nombrado denominado prefecto (*préfet*). Ese administrador coordina los servicios departamentales de los ministerios y tiene la atribución de conceder autorizaciones (licencias) para nuevos emprendimientos. Ha ciertas excepciones; pero, en general, un servicio departamental sectorial recibe y analiza un EsIA, recomendando al prefecto - que es la autoridad competente para emitir la autorización- su aprobación o su rechazo, normalmente con condicionantes. La consulta pública debe preceder la toma de decisiones.

Una particularidad del procedimiento francés es que los mismos tipos de autorización previamente existentes (para ciertos emprendimientos, desde 1917) continuaron en vigencia luego de la introducción de la exigencia de presentación de un estudio de impacto en 1976. Además, no se creó ninguna nueva institución para administrar el proceso de EIA y monitorear sus resultados, manteniéndose el *status quo* y las competencias decisorias.

El caso brasileño

La legislación brasileña les atribuye un inequívoco poder de decisión a los órganos ambientales (y no a los organismos sectoriales). El licenciamiento ambiental siempre lo realiza un órgano gubernamental (federal, estadual o municipal) integrante del Sistema Nacional de Medio Ambiente (Sisnama), introducido por la Ley de la Política Nacional de Medio Ambiente. La evaluación de impacto ambiental está integrada al licenciamiento y es tarea del Sisnama decidir qué tipo de estudio ambiental es necesario, establecer sus procedimientos internos (respetando las normas generales establecidas por la Nación, en Brasil denominada "Unión") y sus criterios de toma de decisiones.

La decisión la puede tomar directamente el órgano licenciador, como ocurre con el licenciamiento federal (Ibama) en ciertos estados, o por órganos colegiados que cuentan con representantes de diferentes sectores de la sociedad civil, además de representantes gubernamentales: los consejos de medio ambiente. Esta última modalidad se usa en algunos estados, como São Paulo, Bahía y Minas Gerais, y en diversos municipios.

La decisión tomada a través de órganos colegiados significa la búsqueda de un cierto nivel de consentimiento por parte de la sociedad, representada en esos consejo por organizaciones no gubernamentales ambientalistas, asociaciones profesionales, asociaciones empresarias y otras representaciones. Aunque el parecer u opinión resultante del análisis técnico realizado por el equipo de analistas del órgano ambiental parezca prevalecer como fundamento de la decisión, los consejeros pueden imponer o negociar condiciones adicionales para la licencia, o pueden, ocasionalmente, divergir del parecer técnico. Por ejemplo, en julio de 1994, al discutirse un proyecto de implantación de una cantera en el municipio de Barueri, situado en la región metropolitana de São Paulo, propuesta para un lugar designado como zona de explotación minera en el plan director municipal, los consejeros del Consejo Estadual de Medio Ambiente (Consema), por primera vez votaron en contra de un parecer favorable preparado por el equipo técnico de la Secretaría de Medio Ambiente.

La vinculación de la EIA con el licenciamiento ambiental dota de gran poder a los órganos gubernamentales encargados de la protección ambiental. En efecto, la Ley de Política Nacional de Medio Ambiente, al atribuir la tarea de licenciamiento primordialmente a los estados, obligó a equiparse a aquellos que no disponían de órganos ambientales, creando nuevas instituciones o adaptando organismos ya existentes.

En ese contexto, la función de los estudios ambientales es principalmente la de demostrar la viabilidad ambiental del proyecto analizado, suponiendo que la viabilidad económica y la factibilidad técnica hayan sido comprobadas o sean decisiones tomadas exclusivamente en la esfera privada.

Sin embargo, no es extraño, principalmente para los proyectos públicos, que la viabilidad económica o la propia utilidad pública del proyecto sea impugnada a partir del proceso de EIA. Dicho proceso muchas veces se transforma en el *locus* de un debate público sobre la viabilidad y la sustentabilidad, vistas desde múltiples enfoques (sociales, económicos, políticos, culturales). Por ejemplo, el proyecto de mejora de las condiciones de navegación en la hidrovía Paraguay-Paraná fue duramente criticado no sólo por sus probables impactos sobre el Pantanal, sino también por su viabilidad económica (Cebrac/ICV/WWF, 1994), sus costos ambientales (Bucher y Huzsar, 1995) y la severidad de los impactos socioambientales (Bucher *et al.*, 1994). También se criticó el proyecto de desvío de las aguas hacia cuencas del semiárido nordestino, no sólo por sus impactos ambientales sino basándose en su (in)viabilidad económica (Silva *et al.*, 2005).

16.2 ¿Decisión técnica o política?

Existe una percepción recurrente en ciertos círculos de que las decisiones basadas en el proceso de EIA muchas veces se toman por motivaciones políticas en vez de fundamentarse en criterios técnicos. Es así como los empresarios se quejan frecuentemente de que los intereses que se manifiestan con mayor visibilidad en las audiencias públicas o los más "ruidosos" pesan más en las decisiones, en tanto que las asociaciones de la sociedad civil piensan que el poder económico de las corporaciones es mucho más influyente que la presión popular. Cuando hay una disputa polarizada, que abarca un campo nítidamente contrario a un proyecto en oposición a otro campo favorable, parece inevitable que el perdedor lamente que sus argumentos – indiscutiblemente razonables – hayan sido descartados por razones "políticas". ¿Hasta qué punto tienen fundamento esas quejas? Es necesario aclarar el sentido de esos términos para entender el proceso decisorio.

En esta sección, el análisis se restringirá a la decisión pública – que se toma al final del proceso de EIA – de autorizar o no la iniciativa propuesta. En este caso, se inviste a un agente público del poder decisorio, estando obligado a observar todos los principios que guían la gestión pública, como la impersonalidad y la moralidad. Además, su decisión estará sujeta al control ejercido en el ámbito de la administración pública, hasta el control judicial. De esta forma, toda decisión debe estar debidamente motivada y fundamentada. En materia ambiental, el poder público debe también observar otros principios, como el de la precaución y la prevención.

Pocos dudan de que la decisión tiene que ser racional, pero raramente hay acuerdo sobre los principios y criterios que deben orientarla. ¿Se basa en una racionalidad económica o ecológica? ¿Se deben privilegiar los beneficios de corto plazo en detrimento de los costos a largo plazo? ¿Se deben tomar en consideración las cuestiones de carácter ético – como los derechos de las futuras generaciones –? (Pearce, 1983).

Para Godelier (1983, p. 114),

> la racionalidad intencional del comportamiento económico de los miembros de una sociedad se inscribe (...) siempre en una racionalidad fundamental, no intencional, de la estructura jerarquizada de las relaciones sociales que caracterizan a esa sociedad. No existe, pues, una racionalidad económica 'en sí', ni, definitivamente, un 'modelo' de racionalidad económica.

El autor emplea una perspectiva antropológica para relativizar las elecciones racionales de la sociedad, argumentado que toda racionalidad está socialmente determinada.

En dicho contexto, las decisiones tienen intrínseca e inevitablemente un carácter político, en el sentido de que afectan o modifican el *status quo*. Un nuevo proyecto que acarree impactos significativos necesariamente cambiará una situación preexistente y, por lo tanto, afectará intereses. Habrá sectores, grupos o personas que se beneficiarán con la nueva situación, en tanto que otros se verán perjudicados, y ello necesariamente implica una decisión política: toda redistribución es una decisión política.

Aunque el término "decisión política" sea incómodo para muchos profesionales que tienen formación técnica o científica – como es el caso de los que preparan los estudios de impacto ambiental y el de los que elaboran los proyectos de ingeniería –, no debe ser pensado en términos de política partidaria o de la "politiquería" de intereses mezquinos e inmediatistas, aunque esos aspectos a veces se presenten en las decisiones. Incluso la subjetividad de la EIA o de partes del EsIA, tan deplorada por muchos técnicos y científicos naturales, y que la mayoría de los autores ven como "inevitable", es para algunos una característica deseable (Wilkins, 2003).

Wiklund (2005) entiende que el proceso de EIA tiene grandes posibilidades de fortalecer un "estilo decisorio deliberativo", entendido como un diálogo no coercitivo que permite legitimar las decisiones, al posibilitar que las opiniones de los ciudadanos sea escuchadas y consideradas, lo que implica "búsquedas colectivas de intereses comunes y negociación entre intereses privados conflictivos" (p. 284). De hecho, el proceso de EIA hace posible que los conflictos, las demandas y las reivindicaciones ganen visibilidad y resonancia en la esfera pública, en el sentido que le da Habermas (1984), el de un espacio público político accesible a los argumentos y al uso público de la razón, en el que se torna posible "una política deliberativa" (Wiklund, 2005). Se trata exactamente de eso, cuando se deben tomar decisiones sobre proyectos que causen impactos significativos, en las cuales las cargas y los beneficios se distribuyen de manera desigual, inclusive entre generaciones presentes y futuras.

Otros autores han caracterizado al EIA como una herramienta o como un proceso deliberativo que tiene el potencial de mejorar el proceso decisorio en materia ambiental (Petts, 2000), o incluso como un "foro que promueve el discurso" (Wilkins, 2003), el que, a su vez, es visto como un "proceso deliberativo ideal" (Wilkins, 2005).

Considerando que los conflictos y desacuerdos son inherentes a la democracia y que tienen como causa no sólo los intereses económicos y personales, sino también razones de orden moral, Gutmann e Thompson (1996, p. 52) afirman que "la disposición a buscar razones mutuamente justificables expresa el corazón del proceso deliberativo". De acuerdo con Wiklund (2005), los diversos modelos de democracia deliberativa (uno de los cuales es el de Habermas) tienen en común el énfasis puesto en la importancia de la "voz" o del discurso, instrumento por excelencia de la construcción de consensos y de la búsqueda de soluciones socialmente aceptables[4].

No se trata de una visión ingenua o idealizada de que los ciudadanos pasan a tener el poder real de influenciar las decisiones por medio del proceso de EIA, como tampoco de atribuirles al ciudadano y a la sociedad civil el lugar de un "macrosujeto", sino, como señala Habermas (1997), cuando los problemas relevantes se identifican y debaten en la esfera pública, los ciudadanos "pueden asumir un rol sorprendentemente activo y pleno de consecuencias". Si la capacidad de los ciudadanos de influenciar la decisión puede ser limitada, no se puede negar su capacidad de reorientar los procesos de toma de decisiones en el ámbito de la evaluación de impacto ambiental. Muchas dificultades y limitaciones han sido ampliamente reconocidas y se han reportado y discutido regularmente en la literatura (como se observa en la sección 15.4) – algunas se retomarán en la próxima sección –, pero lo notable es que son muchas las ocasiones en las que el potencial de la EIA de producir mejores decisiones se concretiza. Estudiando esos casos se puede identificar las condiciones que contribuyen al éxito y a la eficacia del proceso de EIA, a fin de tratar de reproducirlas para nuevos casos.

[4] *Algunos empresarios y dirigentes de empresas tienen muchas dificultades para comprender o admitir que la oposición a sus proyectos puede tener algún fundamento ético o moral, y siempre suponen que los opositores están al "servicio de intereses ocultos y no declarados", que buscan una autopromoción que posteriormente les brindará una ventaja personal, o incluso que son agentes a sueldo de la competencia.*

16.3 Negociación

Si hay conflicto, debe haber negociación o, por lo menos, diálogo en torno de las divergencias. La negociación es una característica inherente al proceso de EIA, es más, se trata de una de las funciones de la EIA (Sánchez, 1995a). Hay negociación entre consultor y proponente, y entre ambos y el proyectista, acerca de las características del proyecto, como su ubicación y el diseño físico de las instalaciones (*layout*), alternativas de mitigación, alternativas ecológicas, posibilidades técnicas y costos para evitar ciertos impactos y muchos otros tópicos. Tales negociaciones raramente son visibles para los demás involucrados en el proceso de EIA, no se realizan en la esfera pública, pero pueden tener una gran influencia sobre la viabilidad ambiental del emprendimiento.

Hay también negociación entre proponente y consultor con el órgano gestor del proceso de EIA, con relación a los términos de referencia del estudio y, en cierta medida, muchas veces puede haber negociación acerca de las complementaciones necesarias para el completo análisis de la viabilidad del proyecto. En ese ámbito, también suelen haber negociaciones sobre mitigación y compensación, y puede haber negociación sobre alternativas y modificaciones del proyecto que puedan significar ganancias ambientales, trayendo al ámbito gubernamental discusiones que antes se daban sólo en la esfera privada.

Negociar, indudablemente, forma parte de las relaciones humanas, en el ámbito personal, interpersonal, social y político; pero las negociaciones en torno a los conflictos ambientales tienden a ser especialmente difíciles, ya que dichos conflictos son, muchas veces, de mayor complejidad que los de otras fuentes. Bingham (1989, p. 21) señala las siguientes particularidades de los conflictos ambientales:

- involucran a múltiples partes;
- involucran a organizaciones, no a individuos;
- abarcan múltiples cuestiones;
- la "solución" de una de las cuestiones en forma individual puede dificultar la "solución" de las demás;
- las cuestiones en juego requieren conocimientos técnicos y científicos; muchas veces no existe consenso entre técnicos y científicos sobre la interpretación de las cuestiones en juego;
- las partes tienen acceso desigual a la información técnica y científica;
- las partes tienen acceso desigual a la decodificación de la información técnica y científica.

Además de estas características, las controversias de orden ambiental no pocas veces implican conflictos de valor u objeciones de orden moral (Crowfoot y Wondolleck, 1990). ¿El único río libre (sin represas) de una región debería construirlas? ¿Debería mantenerse en estado salvaje para el disfrute de las futuras generales o para investigaciones en ciencias naturales? ¿Debería permitirse la extracción de mineral en una región particularmente rica en términos de biodiversidad?

[5] *"A Price on the Priceless", The Economist, 17 ago. 1991, y Resource Assessment Commission, 1991.*

En el caso de Kakadu, en Australia (Fig. 1.1), en el cual había conflicto entre los puntos de vista económicos, ambientales y culturales, una encuesta reveló que los australianos estaban dispuestos a pagar para que no hubiera nuevos emprendimiento mineros en la zona de amortiguamiento del Parque Nacional, que terminó incorporándose al parque[5].

Negociación directa

Aunque intrínseca al proceso de EIA, la negociación no siempre es explícita (o formal), y pocas veces está estructurada a fin de alcanzar una solución aceptable para las partes en conflicto. Las condiciones que normalmente se señalan para el inicio de una negociación formal son:

- una clara definición del conflicto;
- que las partes estén dispuestas y listas para negociar;
- que las partes sean interdependientes, o que ninguna de ellas pueda, unilateralmente, alcanzar sus objetivos.

Gorczynski (1991) entiende que existe una permanente negociación ambiental, pero no siempre de carácter formal (que cumpla con los requisitos antes citados). Muchas negociaciones son informales y se dan a contragusto del proponente del proyecto.

Cuando los conflictos comienzan a madurar, "sería un error monumental presumir que no se está llevando a cabo ninguna negociación importante (...) ambos lados están explorando y testeando al otro (...) para ver hasta dónde éste es capaz de ir" (p. 14). Gorczynski ironiza que, en una negociación formal, "ambos lados concedieron al otro la suprema condescendencia de estar de acuerdo en negociar".

"Un prerrequisito de toda negociación es que las partes acepten negociar. Ello implica el reconocimiento de la legitimidad de la otra parte" (Sánchez, Silva y Paula, 1993, p. 489), lo que no siempre es fácil de lograr. Sin embargo, un factor que impulsa la negociación es la amenaza de una disputa judicial, que puede ser larga y, si es hasta el final, resulte en una parte ganadora y otra perdedora. Para las disputas ambientales, esta gama de opciones es muy pobre, un "juego de suma cero" en el cual necesariamente hay un vencedor y su corolario, el derrotado. La negociación, por el contrario, torna posible que las partes involucradas en una disputa puedan obtener alguna ganancia, a través de un "uso productivo del conflicto" (Bape, 1986).

Cuando un grupo de ciudadanos ve que una posible amenaza a sus intereses o sus valores emerge de un proyecto público o privado, puede usar diversas estrategias para reaccionar. Barouch y Theys (1987) mapean los tipos de reacción a tales situaciones. En un extremo, hay "una indignación moral" que desemboca en una oposición cerrada, por principio contraria a todo tipo de negociación, y que se funda en principios morales o éticos; reacción muchas veces rebatida por la otra parte, con otros argumentos morales, como la defensa del empleo. Una postura de "resignación razonable" reconoce una relación de fuerzas frecuentemente desfavorable a los ideales conservacionistas, y por ello avanza con argumentos pragmáticos, como el valor económico y el uso sustentable de los recursos ambientales. Los que adhieren a esta postura "reivindican que la negociación se sitúe únicamente en el terreno de la racionalidad" (p. 4). Barouch y Theys entienden que este tipo de "legitimación por competencia" es una estrategia eficaz, por ubicarse en un campo familiar al proponente del proyecto. Demostrar competencia técnica "en el 90% de los casos funciona mejor que la legitimación ética" (p. 8).

Los investigadores que adhieren a la escuela de la economía ecológica desarrollan varios trabajos en esa línea (Costanza, 1991), como la estimación de que el valor global de los servicios ambientales que brinda la naturaleza se elevaría a cerca de US$ 33 billones* por año (en valores de 1998), cerca del doble de la suma de los productos brutos nacionales de todos los países del globo en dicho año (Costanza *et al.*, 1997). Balmford *et al.* (2002) sostienen que se pueden obtener más beneficios económicos de la conservación de los hábitats naturales que de su conversión a otras formas de uso, y que el beneficios de "un programa global de conservación de los remanentes naturales" sería cien veces mayor que los costos.

* La cifra expresada en números es 33.000.000.000.000, o sea 33 millones de millones de dólares (N. del T.)

Para los emprendedores, la oposición ambientalista muchas veces es descripta con adjetivos como "radical", "poética", "no realista" y las ONGs puede ser clasificadas como "opositoras" o "constructivas", que serían las que colaboran. Los emprendedores, a su vez, se distribuyen en un amplio espectro, representando intereses privados o empresas estatales, en calidad de directores muy bien pagos, de *self-made men* o de subalternos que representan los intereses de sus patrones. Su discurso en la actualidad va de la responsabilidad social y la contribución al desarrollo sustentable hasta los términos que imperaban antiguamente, con palabras claves como "progreso" y "pago de impuestos", además de "generación de empleos".

Gorczynski sugiere que el negociador serio debe comprender bien lo que piensa su adversario, pero en la negociación formal deben imperar las buenas maneras: "es contraproducente y tonto ridiculizar a su oponente y persistir en distorsionar sus posiciones si éste mostró la cortesía y el respeto de estar de acuerdo en negociar con usted" (p. 15) Pero el autor, como sutil observador, jocosamente traza caricaturas de los principales protagonistas. Como toda caricatura, las características exacerbadas parecen ayudar a comprender mejor al personaje: los emprendedores se creen "los verdaderos héroes de este mundo", cuyos esfuerzos "crean riqueza y empleos y los incontables beneficios de la moderna civilización"; en cambio, los activistas "creen estar imbuidos de una misión divina (...) y buscan perfección y pureza y no compromiso y victoria"; los ingenieros son penosos en las negociaciones "y hablan un lenguaje que el 99% de la raza humana no logra entender", usando sólo uno de los hemisferios de su cerebro, el lógico y analítico; ellos y sus colegas científicos "se sienten superiores al resto de los mortales por poseer un conocimiento especial que los demás no tienen"; los abogados son como "los pistoleros de alquiler del viejo Oeste"; los políticos, a su vez, "no saben de lo que están hablando el 90% del tiempo"; en cuanto a los periodistas, debe ser tratados "como personas armadas" que pueden disparar contra usted; finalmente, en lo que respecta a los burócratas, se debe saber por qué eligieron ese servicio, ya que la manera de tratarlos va a depender de su motivación. En la negociación directa, conocer el perfil de los interlocutores y saber anticipar sus jugadas es todo un arte.

La negociación directa implica estrategia y táctica. Parte de la estrategia es identificar y comprender los intereses, entendidos como las "necesidades que tienen las partes". En una disputa, los intereses están frecuentemente escondidos atrás de posiciones, que son "preferencias sustantivas verbalizadas"[6]. Las posiciones forman parte del discurso de las partes en litigio, pero pueden ser meras piezas de retórica. Los intereses pueden ser (1) sustantivos (referentes al contenido de una decisión); (2) procesales (referentes a las formas y mecanismos a través de los cuales se toman las decisiones); o (3) psicológicos (referentes a la forma como las personas se sienten tratadas). Descubrir cuáles son los reales intereses de las otras partes está señalando cuáles son las posibles soluciones. Un líder comunitario puede posicionarse contra un proyecto porque no se le comunicó su posible realización antes que a las demás personas y directamente por parte del emprendedor (interés psicológico), porque la comunidad no fue consultada (interés procesal) o porque cree que su grupo se verá excesiva o injustamente perjudicado con la implantación del proyecto (interés sustantivo).

Los estilos de negociación varían entre la discusión sobre posiciones (*positional bargaining*) y la negociación sobre intereses. En el primer tipo, la conversación ya comienza con una solución, expresada mediante posiciones y ofertas, continuando con una contraoferta de la otra parte. El proceso se asemeja al acto de regatear en el mercado. Suares (1996) denomina la discusión sobre posiciones como "modelo distributivo o convergente", dado que se trata de convergir en algún acuerdo situado en un punto intermedio entre las posiciones iniciales.

---

[6] *La inspiración y los conceptos presentados en este párrafo y en los siguientes son producto de un taller sobre Effective Negotiation dictado por Christopher W. Moore, en septiembre de 1995, en Chiang Mai, Tailandia, en el marco del Programa Lead (Leadership for Environment and Development)*

La negociación basada en intereses tiende a mantener relaciones buenas y duraderas; las partes "educan" a las otras sobre sus necesidades, justifican sus posiciones y tratan de encontrar o desarrollar, juntas, soluciones aceptables para todos. La modalidad permite explorar opciones, que son soluciones potenciales que responden a uno o más intereses. El autor denomina la negociación sobre intereses como "modelo integrador o de beneficio mutuo", en el cual ambas partes pueden salir ganando. Se pueden generar varias opciones, evaluar cada una de éstas (hasta qué punto responden a los intereses o necesidades de las partes) y seleccionar las más viables. Es también un proceso más lento y que puede demandar recursos, como mínimo durante el tiempo insumido en las negociaciones y en la preparación para los encuentros. La negociación termina, luego de un acuerdo, con un plan de implementación.

En el mundo real, esas dos modalidades no se eligen antes, como se eligen las armas en un duelo cinematográfico. La parte más experimentada puede tratar de transformar la negociación de un duelo sobre posiciones en un diálogo sobre intereses. De esta forma, no responder a una posición retórica con otra declaración efectista, identificar y resaltar los puntos comunes en vez de marcar las diferencias, buscar primero un acuerdo sobre las cuestiones más fáciles, sugerir el hipotético cumplimiento de una determinada reivindicación a fin de explorar las opciones que éste aparejaría, son algunas de las tácticas que se pueden usar en el curso de una negociación.

Negociación asistida

La negociación entre las partes en conflicto puede facilitarse mediante la participación de especialistas. En varios casos de conflictos ambientales se han usado métodos alternativos de resolución de controversias, pero con una aparente predominancia en situaciones ya establecidas, cuando ya ocurrieron impactos o daños, o cuando un daño es inminente. Una probable razón para esto es que los emprendimientos en etapa de evaluación previa son, justamente, sólo proyectos de situaciones potenciales pero no todavía concretas.

No obstante, los métodos alternativos de resolución de controversias encuentran su aplicación en las EIA, particularmente donde los pleitos judiciales son frecuentes, como en los Estados Unidos (Bingham y Landstaff, 1997). El proceso de EIA ofrece diversas oportunidades para la negociación, y muchas veces la autoridad responsable o la que promueve la consulta pública puede actuar como facilitadora de la negociación (aunque raramente la autoridad con poder decisorio). Ejemplo de esta última modalidad es la actuación del *Bureau d'Audiences Publiques sur l'Environnement* (*Bape*) de Quebec (como se ve en la sección 15.5), que, en vez de realizar una consulta amplia y abierta a todos, puede decidir recurrir a una modalidad de negociación, la mediación. La experiencia de dicho organismo es de un proceso de mediación "menos conflictivo que la audiencia pública" y que "ayuda a mejorar los proyectos, a la vez que respeta las expectativas y los condicionantes de todas las partes involucradas" (Bape, 1994, p. 14).

Se define la mediación como el "modo amigable de resolución de litigios en el cual un tercero es el encargado de proponerles a las partes una solución para sus conflictos". Es una modalidad de negociación que se diferencia de la conciliación, a la que se define como un "modo amigable de resolución de litigios en el cual las partes tratan de entenderse directamente, si es necesario con la ayuda de un tercero, para poner fin a sus controversias". La diferencia entre conciliación y mediación es que un tercero no necesariamente interviene en la primera, en tanto que en la mediación la tercera parte tiene un rol activo (Bape, 1994, p. 27). En la Justicia brasileña, los casos llevados ante los tribunales de pequeñas causas primero son tratados por un conciliador, quien convoca una reunión entre las partes en litigio y les pregunta si hay alguna posibilidad de acuerdo.

Al advertir que la mayoría de los conflictos que abarcan múltiples partes y diferentes asuntos, como los ambientales, sólo se resuelven con ayuda externa, Susskind y Cruikshank (1987, p. 240) identifican tres formas de "negociación asistida": facilitación, mediación y arbitraje no vinculante. El arbitraje no vinculante es una categoría diferente del arbitraje comercial. Los contratos privados que establecen el mecanismo de arbitraje para la resolución de controversias estipulan que las decisiones del árbitro son inapelables; en caso contrario, el arbitraje es ineficaz. En el arbitraje no vinculante, el árbitro ofrece una opinión sobre la manera en que las partes podrían resolver su disputa. Esa es normalmente la "última etapa antes de que las partes atraviesen la frontera rumbo a una solución no consensual" (Susskind y Cruikshank, 1987, p. 241). La mediación no es vinculante.

El facilitador lleva a cabo tareas pre-negociación, como formular reglas para orientar la negociación y establecer una agenda; también puede cumplir servicios de secretaría, como identificar y preparar los lugares para los encuentros, así como las actas y las exposiciones.

La mediación se da por la actuación de una tercera parte, imparcial, en el proceso de negociación, parte que no tiene interés en ningún resultado en particular. El mediador no es un mero interlocutor, sino alguien que busca activamente posibilidades de solución y asiste a las partes en la búsqueda de un acuerdo. Un mediador se reunirá separadamente con cada parte, tantas veces como sea necesario, para entender sus necesidades e intereses, y sólo después promoverá uno o más encuentros entre las partes. El debe identificar y comprender los *intereses* de las partes y no dejarse influenciar por sus *posiciones* y por su retórica.

El concepto de mediación del Bape es el de

> un proceso en el cual una tercera parte, independiente e imparcial y que no tiene ni el poder ni la misión de imponer una solución, ayuda a las partes, generalmente el proponente de un proyecto y ciudadanos que requieren una audiencia pública, a resolver sus controversias o a entenderse acerca de puntos precisos (Bape, 1994, p. 18)

La autoridad que tiene el poder de decisión – el órgano licenciador en Brasil – no puede actuar como mediador. En los Estados Unidos, diversos casos de mediación involucran a la EPA y a otra parte. Para Susskind y Cruikshank (1987, p. 10), "no es realista esperar que agencias administrativas (como la EPA) nos ayuden cuando otros mecanismos fallan", no es su misión, ya que su rol es hacer cumplir la ley. Susskind y Cruikshank van aún más lejos; "la resolución administrativa de las disputas públicas tiende a favorecer a los que tienen poder de *lobby* y pueden actuar en los bastidores de la política".

El Bape actúa como mediador público, pero en los Estados Unidos hay muchos casos de mediación privada. Sánchez, Silva y Paula (1993) relatan un caso de mediación, conducida por una empresa de consultoría ambiental, entre una cantera y la comunidad vecina, pero no se trataba de un proyecto nuevo sino de un emprendimiento que funcionaba hacía más de 40 años. La dificultad de un mediador privado en un conflicto ambiental es tener credibilidad y conquistar la confianza de la otra parte, ya que una de ellas (normalmente, el emprendedor) paga por los servicios de mediación. Se hicieron varias reuniones con cada parte, negociándose un acuerdo. Las partes en conflicto sólo se encontraron personalmente en el momento de la firma del acuerdo, en un territorio neutral, la oficina del consultor-mediador.

El empleo de cualquier tipo de mediación requiere adhesión voluntaria y que el conflicto admita la posibilidad de compromiso. Al ser voluntario, naturalmente las partes pueden abandonar el proceso en cualquier momento. El tipo de mediación preconizado por el Bape es interesante porque se aplica al tipo exacto de problema planteado por la toma de decisiones en el proceso de EIA, o sea, no se trata solamente de mediación, en el sentido amplio, ni siquiera de mediación ambiental (aplicada a varias modalidades de conflictos de orden ambiental), sino de facilitar las decisiones sobre emprendimientos que causan impactos significativos. De esta manera, "recurrir a la mediación sólo es posible cuando hay acuerdo sobre la justificación del proyecto y su eventual realización" (Bape, 1994). La ley federal canadiense también abrió la posibilidad de mediación, en vez de un *panel review*, pero la realidad ha venido mostrando que la mayoría de los conflictos que surgen en el marco del proceso federal no se prestan a ello.

16.4 Mecanismos de control

Cada país introdujo, en su legislación, algunos mecanismos que le permiten a la sociedad ejercer cierto control sobre las decisiones gubernamentales. La clásica separación de poderes, la libertad de prensa y, más modernamente, la fiscalización llevada a cabo por el Ministerio Público, son algunos de los mecanismos de control democrático. En el campo de la evaluación de impacto ambiental, existen mecanismos que le permiten al Estado controlar la calidad de los estudios de impacto ambiental y mecanismos que le permiten a la sociedad ejercer cierto control sobre las decisiones. Hay tres tipos de mecanismos de control principales:

* Control administrativo, ejercido por una autoridad gubernamental encargada de conducir el proceso de EIA; dicho control se aplica claramente durante el análisis técnico de los estudios ambientales, pero está presente en otras partes del proceso, como en la formulación de los términos de referencia para un EsIA.
* Control del público, ejercido mediante procesos participativos previstos por la legislación, como las audiencias públicas o la participación en organismos colegiados, o incluso mediante el derecho de los ciudadanos a manifestar libremente sus opiniones.
* Control judicial, ejercido a través del Poder Judicial, interpuesto por ciudadanos, ONGs o por el Ministerio Público.

Además de éstos, se pueden llevar a cabo, en el marco del proceso de EIA, otros dos mecanismos de control (Ortolano, Jenkins y Abracosa, 1987):
* Control instrumental, cuando un agente financiador evalúa la calidad de los estudios y puede exigir modificaciones al proyecto o estudios complementarios,

además de acompañar la implantación del emprendimiento mediante supervisión o auditoría; los bancos de desarrollo y agencias bilaterales de cooperación ejercen ese tipo de control.

* Control profesional, cuando los códigos de ética o incluso los procedimientos sancionatorios en el ámbito de un colegio profesional tienen influencia sobre las actitudes de los profesionales que participan en la elaboración de los EsIAs.

Las modalidades prácticas de control y la importancia relativa de cada uno de éstos varían de una jurisdicción a otra. La importancia del control judicial, por ejemplo, depende del acceso a la Justicia, de los riesgos y costos en caso de perder una causa y también de las tradiciones jurídicas y democráticas del país. En los Estados Unidos, cerca de un 10% de los estudios de impacto ambiental realizados entre 1970 y 1982 fueron objeto de disputa en la Justicia (Kennedy, 1984), en tanto que, en Francia, país con mayor tradición en cuanto a resolver disputas mediante negociaciones de índole política, sólo el 0,65% de dichos estudios fueron cuestionados judicialmente durante los cinco primeros años de aplicación de la ley que introdujo la exigencia de presentar estudios de impacto (Hébrard, 1982).

En Holanda, el control judicial es visto por Soppe y Pieters (2002) no sólo como efectivo, sino también como capaz de cubrir las lagunas de la propia ley. La cuestión que con mayor frecuencia es llevada a los tribunales es la de la necesidad de un EsIA, cuyos pareceres sean "rigurosos y normalmente lógicos", además de "razonablemente consistentes", haciendo de la suspensión o nulidad de una licencia una sanción suficientemente fuerte, porque implica un "desperdicio de tiempo y dinero, algo que todo proponente desea evitar a toda costa" (p. 30).

El alcance del control administrativo depende de los procedimientos de análisis de los estudios. Como se mencionó antes, en los Estados Unidos, en donde la propia agencia gubernamental con responsabilidades sobre el proyecto lleva a cabo su evaluación de impacto, el control administrativo lo ejercen otras agencias del gobierno federal (el procedimiento denominado *inter-agency review*) y la Environmental Protection Agency. En Francia, los proyectos públicos y privados son analizados por una agencia sectorial que ejerce un primer nivel de control administrativo; otras agencias sectoriales dan, a continuación, su parecer, y el Ministerio de Medio Ambiente, que sólo interviene si se lo requiere formalmente, constituye un tercer nivel de control administrativo.

El control del público es, por lejos, el más importante, y debe ser visto en dos dimensiones, de las cuales la más inmediata es el control directo mediante los mecanismos formales de consulta y participación públicas. Tal vez más importante sea la dimensión del control indirecto, cuando el público presiona para que el control administrativo y el control judicial sean más efectivos. Aun sin mecanismos formales de participación, es posible la existencia de un control por parte del público, mediante denuncias, manifestaciones y presión pública. La formalización de los procedimientos de consulta intenta justamente reglamentar el acceso del público a la información y minimizar la probabilidad de conflictos, canalizando el potencial hacia un foro que las partes involucradas reconozcan como legítimo. El derecho a la información dentro de un plazo razonable es el punto neurálgico para que pueda haber un real control del público.

La Etapa de Seguimiento en el Proceso de Evalución de Impacto Ambiental

17

La aprobación del emprendimiento significa que, en caso de considerarse viable a nivel ambiental, el proyecto deberá ejecutarse de acuerdo con un plan preestablecido, siendo tarea del emprendedor cumplir con todas las condiciones impuestas a fin de evitar, disminuir o compensar los impactos adversos y valorizar los benéficos. Cabe recordar que esa aprobación puede ser interna, cuando una organización adopta la evaluación de impacto ambiental independientemente de las exigencias legales, o externa, cuando una tercera parte (como el órgano licenciador o financiador) se declara formalmente de acuerdo con el proyecto propuesto e impone sus condiciones.

No obstante, la aprobación no significa que se haya dado fin a la evaluación de impacto ambiental. Por el contrario, ésta continúa durante todas las etapas del período de vida del emprendimiento, aunque con un énfasis diferente y mediante la aplicación de herramientas apropiadas. George (2000, p. 177) es incisivo: "si el camino que lleva al infierno está asfaltado de buenas intenciones, las evaluaciones ambientales que terminan en el momento de la decisión constituyen un asfalto costoso y equivocado".

Como se verá, si el objetivo es garantizar la protección y la mejora de la calidad ambiental, la etapa de seguimiento es crucial para que el proceso de EIA desempeñe satisfactoriamente sus roles. El seguimiento tiene como funciones:

- garantizar la implementación de los compromisos asumidos por el emprendedor (descriptos en los estudios ambientales y en las licencias ambientales);
- adaptar el proyecto o sus programas de gestión en caso de impactos no previstos o si éstos tienen una magnitud mayor a la esperada;
- demostrar el cumplimiento de dichos compromisos y la consecución de ciertos objetivos y metas (como el cumplimiento de los requisitos legales);
- brindar elementos para el perfeccionamiento del proceso de EIA, identificando los problemas generados en las etapas anteriores.

17.1 La importancia de la etapa de seguimiento

La importancia de la etapa de seguimiento ha sido cada vez más reconocida por estudiosos y participantes directos del proceso de EIA, ya que no son pocas las ocasiones en las que muchos de los compromisos asumidos por los emprendedores no se cumplen satisfactoriamente, llegando a veces a ser ignorados. Esa es una percepción recurrente entre muchos analistas de órganos gubernamentales y entre profesionales que trabajan en ONGs. Un estudio realizado por Dias (2001), con una muestra representativa de proyectos que pasaron por el proceso de EIA en el estado de São Paulo, confirmó tal percepción: al investigar cómo se daba la real implementación de las medidas mitigadoras, la autora constató un amplio desfasaje entre lo propuesto y lo realizado. Esa es también una deficiencia frecuentemente citada en la literatura. Wood (1995) afirma que la implementación de las medidas mitigadoras es escasa en muchos países en desarrollo. Glasson, Therivel y Chadwick (1999, p. 209), refiriéndose principalmente al Reino Unido, entienden que hay muy poco seguimiento luego de la implantación de los proyectos, y que esa etapa es "probablemente la más débil en muchos países". Shepherd (1998, p. 164) asevera que el monitoreo es poco practicado en los Estados Unidos; consecuentemente, es difícil verificar la efectiva aplicación de las medidas mitigadoras. Sadler (1988) sintetiza tales preocupaciones: "Lo paradójico de la evaluación de impacto ambiental, tal como se la practica convencionalmente, es que se da relativamente poca atención a los efectos ambientales y sociales que efectivamente son resultado de un proyecto o a la eficacia de las medidas mitigadoras y de gestión que se adoptan".

Esos análisis no significan la ausencia de la etapa de seguimiento, pero indican que tiene un peso relativamente pequeño ante la importancia y los recursos insumidos en las etapas pre-aprobación. Ello puede indicar una excesiva preocupación por los aspectos formales del proceso de EIA en detrimento de su contenido sustantivo. Dicho de otra forma, se le dedica gran atención a la preparación de un EsIA y a la exigencia de que el proyecto incorpore un extenso programa de mitigación de impactos, pero, una vez aprobado el proyecto, hay un interés sorprendentemente pequeño por verificar si éste fue realmente implantado de acuerdo con lo prescripto y si las medidas mitigadoras alcanzaron sus objetivos de protección ambiental.

Diversos autores discuten los resultados efectivos de la aplicación de los principales instrumentos de planificación y gestión ambiental – su eficacia –, en el contexto de diferentes sistemas jurídicos. Varios estudios tuvieron como foco la evaluación de impacto ambiental. En los primeros años de su aplicación en los Estados Unidos, distintos analistas sugirieron que los resultados alcanzados estarían mucho más acá de lo esperado, y entre las razones señaladas sobresalía la idea de que la mayoría de los estudios de impacto ambiental sería de pasable calidad, lo que no permitiría tomar decisiones adecuadas teniendo dichos estudios como base. Los críticos sugerían que los estudios deberían ser más científicos, lo que se podría alcanzar mediante una revisión por sus pares, haciéndolos pasar por un proceso semejante al de una publicación científica (Schlinder, 1976) o publicando las investigaciones que servirían de base a los estudios (Loftin, 1976). Otras opinaban que era necesario fortalecer la revisión hecha por los analistas de los órganos gubernamentales y el rol del público (Auerbach et al., 1976).

Uno de los hitos de los primeros debates sobre la eficacia de la evaluación de impacto ambiental fue el estudio de Beanlands y Duinker (1983), basado en *workshops* realizados con científicos, consultores, profesionales de organismos públicos y otros actores del proceso en Canadá, además de una serie de estudios de caso, también de proyectos canadienses que habían sido sometidos a la evaluación de impacto ambiental. Los autores señalaron numerosas fallas de planificación y conducción de los estudios. Los primeros años de aplicación de la EIA en Canadá también generaron "un alto nivel de frustración" entre los principales involucrados (Beanlands, 1993). Las deficiencias encontradas sólo podrían resolverse si hubiera, al mismo tiempo, un mayor rigor técnico en la preparación y el análisis de los estudios, así como un sistemático monitoreo de las condiciones ambientales luego de la implementación del proyecto.

A inicios de los años 80, uno de los focos de las investigaciones respecto a la eficacia de la EIA estaba dirigido a la calidad y al acierto de las previsiones hechas en los estudios de impacto ambiental. Trabajos como los de Bisset (1984b), Buckley (1991a, 1991b), Culhane (1985) y Culhane et al. (1987), como se ve en la sección 10.4, tuvieron como conclusión, básicamente, que muchas de las previsiones presentadas en los estudios no eran pasibles de verificación, o bien por no ser cuantitativas, o bien por la forma como eran presentadas, con deficiencias como la falta de indicación del alcance espacial de los impactos (área de influencia) o la ausencia de indicadores apropiados para monitorear los impactos reales. Estudios realizados en Brasil siguiendo ese criterio llegaron a conclusiones similares (Dias y Sánchez, 2001; Prado Filho y Souza, 2004).

Esos estudios, a los cuales se denominaba "auditoría" de la evaluación de impacto ambiental, tuvieron un segunda conclusión consistente: la de que muchos proyectos realmente implantados eran significativamente diferentes de los que habían sido descriptos en los estudios de impacto ambiental, una situación que, evidentemente, dificulta o incluso impide toda comparación entre impactos previstos e impactos reales. Las razones de esas modificaciones están relacionadas con el tiempo transcurrido desde la planificación del proyecto y la preparación del estudio de impacto hasta su aprobación e inicio de construcción. Las modificaciones también están vinculadas con el bajo nivel de detalles de los proyectos cuando se preparan los estudios de impacto ambiental; entre un proyecto básico de ingeniería – la etapa en la que muchas veces se hacen los estudios ambientales – y un proyecto ejecutivo, suelen introducirse muchas modificaciones (como se ve en el ejemplo de la carretera dos Imigrantes, presentando en la sección 12.2). Además, si una de las funciones del estudio de impacto ambiental es hacer que las acciones humanas tengan el menor impacto adverso posible, es de esperarse, pues, que haya modificaciones entre la concepción inicial del proyecto y una versión final, en la cual fueron incorporados los factores ambientales.

Las investigaciones en esa línea no parecieron ser muy promisorias, pero la cuestión de la eficacia de la evaluación de impacto ambiental siguió estando abierta. Por un lado, el instrumento estaba sujeto a críticas en cuanto a la morosidad del proceso de análisis de los estudios y los costos de los relevamientos detallados. Por otro lado, se cuestionaba acerca de la efectiva protección ambiental alcanzada por los proyectos que habían pasado por el cedazo de la evaluación de impacto ambiental. Diferentes trabajos teóricos y estudios de casos sobre los criterios de evaluación de la eficacia discutieron las razones del éxito y las causas de la inadecuación de los resultados (Ortolano, Jenkins y Abracosa, 1987; Ortolano y Shepherd, 1995a, 1995b; Sánchez, 1993a, 1993b).

Sánchez (1993a) propuso que todo juicio sobre la eficacia de la EIA debería tomar en cuenta en qué medida su aplicación habría tenido éxito en promover cuatro roles complementarios: (i) brindar información relevante para ayudar en la decisión; (ii) colaborar en la concepción de proyectos que minimicen los impactos ambientales adversos; (iii) funcionar como instrumento de negociación entre las partes interesadas: (iv) servir de fundamento para la gestión ambiental, una vez aprobado el proyecto.

Durante los años 90 se realizó un gran estudio comparativo internacional, que incluía a decenas de especialistas, sobre la eficacia de la evaluación de impacto ambiental (Sadler, 1996). Partiendo del principio de que era necesario evaluar las prácticas para mejorar el desempeño, o sea, el resultado de la aplicación del instrumento, el estudio identificó tres grupos de criterios, con distintos objetivos, para evaluar la eficacia:

* relativos a los procedimientos: criterios para verificar en qué medida el proceso de EIA cumple con los requisitos legales o normativos de cada país o con lineamientos internacionales de buenas prácticas;

* sustantivos: criterios para verificar si el proceso de EIA cumple con un conjunto de objetivos preestablecidos, como soporte a la decisión, constituir un mecanismo para tomar en cuenta las preocupaciones del públicos y garantizar la protección ambiental;
* transaccionales: criterios para evaluar en qué medida se alcanzan esos objetivos al menor costo y en el menor tiempo posible

Bailey, Hobbs y Morrison-Saunders (1992) argumentan que la utilidad de la EIA no se encuentra tanto en el acierto de las previsiones de impacto sino "en el foco puesto en la gestión de impactos". En esa línea de razonamiento, la etapa de seguimiento del proceso de EIA es considerada crítica para su éxito (Arts, 1998; Arts, Caldwell y Morrison-Saunders, 2001; Dias y Sánchez, 2001; Gallardo y Sánchez, 2004; Morrison-Saunders *et al.*, 2001). Tal vez los más sólidos argumentos que fundamentan tal afirmación se vinculen al hecho de que los estudios de impacto abordan situaciones ideales, en el sentido de que son proyectos a realizar: recién cuando empiezan a implementarse, dichos proyectos se materializan y, por lo tanto, se manifiestan también sus impactos. Como se vio en el Cap. 7, algunos impactos se dan en la etapa de preparación del proyecto, pero en una buena parte de los casos los impactos más significativos ocurren luego del inicio de la implantación. Hay una falta de certeza inherente a muchas previsiones de impactos y no son pocos los casos de impactos a los que el EsIA no identifica o no prevé correctamente (como se ve en la sección 9.4), pero que se pueden corregir a través de medidas mitigadoras desarrolladas luego de la aprobación del proyecto.

Una insuficiente exploración de las vinculaciones entre evaluación previa y gestión *ex post* "es una deficiencia perceptible de la literatura teórica" sobre EIA (Bailey, 1997, p. 317), tendiente más bien a analizar su influencia sobre el proceso decisorio que conduce a la aprobación de una iniciativa. Wilson (1988) entiende que no sólo es necesario implementar los compromisos asumidos por los proponentes sino que se debería ser monitorear la implementación, relatarla en documentos y auditarla a fin de verificar su conformidad.

Trabajos recientes han advertido que las variables de orden gerencial del proceso de EIA son determinantes de su éxito, mucho más que la calidad técnica o el contenido científico de un estudio de impacto ambiental. Se ha argumentado que un buen sistema de gerenciamiento de la implantación y funcionamiento (y de la desactivación, cuando fuere necesario) de un emprendimiento puede corregir imperfecciones resultantes de las etapas previas del proceso de EIA (Marshall, 2002, 2005), considerando que lo que se debe gerenciar realmente son "los impactos reales y no los previstos" (Noble y Storey, 2004).

Paralelamente, se reconoce que un seguimiento eficaz necesita de la actuación del emprendedor y de los agentes gubernamentales, y que la participación del público tiende a mejorar los resultados.

De esta forma, es tarea del emprendedor (y de sus contratados):
* cumplir con los requisitos legales (control de contaminación, protección de los recursos naturales, etc.);

- observar todos los condicionantes de la licencia ambiental;
- implementar todos los programas y planes de acción;
- demostrar el cumplimiento de todos los requisitos aplicables;
- recabar evidencias o pruebas documentales del cumplimiento de los requisitos;
- organizar y mantener registros de su actuación y de los resultados alcanzados.

Es tarea del agente gubernamental:
- verificar y fiscalizar el cumplimiento de las exigencias;
- imponer sanciones en caso de no cumplimiento;
- demostrar a las partes interesadas el cumplimiento de todos los requisitos aplicables;
- cotejar y validar evidencias o pruebas documentales brindadas por el emprendedor acerca del cumplimiento de los requisitos legales.

Se utilizan diferentes instrumentos para realizar las tareas de seguimiento, en tanto que el rol de los actores principales (emprendedor y órgano ambiental) y de los demás actores puede coordinarse de diferentes formas, aquí denominadas acuerdos para el seguimiento ambiental.

17.2 Instrumentos para el seguimiento

El término seguimiento en evaluación de impacto ambiental (*EIA follow-up*) describe un conjunto de actividades realizadas luego de la aprobación del emprendimiento. Dichas actividades pueden agruparse en tres categorías: (1) monitoreo, (2) supervisión, fiscalización o auditoría, (3) documentación y análisis.

La responsabilidad del seguimiento es compartida entre el emprendedor y el órgano gubernamental responsable. El monitoreo, la implementación de los programas de gestión, la documentación y el análisis son responsabilidades del emprendedor, quien eventualmente también puede verse obligado a realizar auditorías, o puede realizarlas voluntariamente. La fiscalización y el examen crítico de los informes de monitoreo y de seguimiento son responsabilidades del agente público. El público también puede tener un rol en la etapa de seguimiento, como se verá en los ejemplos presentados en la próxima sección, pero no se trata de una responsabilidad asumida sino del ejercicio del derecho a estar informado acerca de las condiciones ambientales[1].

[1] *El acceso a la información ambiental es uno de los fundamentos de la Convención de Aarhus, como se observa en la sección 15.1.*

El monitoreo ambiental se refiere a la recolección sistemática y periódica de datos previamente seleccionados, con el objetivo principal de verificar el cumplimiento, voluntario u obligatorio, de requisitos predeterminados, como los niveles legales y las condiciones impuestas por la licencia ambiental. Los ítem monitoreados abarcan parámetros del ambiente afectado y parámetros del emprendimiento. Cuando el monitoreo ambiental usa los mismos parámetros, las mismas estaciones de muestreo y los mismos métodos de recolección y análisis que se usaron para la preparación del diagnóstico ambiental, es posible constatar los impactos reales del proyecto, mediante una comparación con la situación pre-proyecto (dada en el diagnóstico ambiental previo). Sin embargo, ello presupone calidad y consistencia en el monitoreo pre-proyecto, que de esta forma se revela como uno de los puntos críticos para promover la integración entre la planificación y la gestión ambiental.

La supervisión, la fiscalización y la auditoría son actividades complementarias que se superponen parcialmente y no se definen de manera consistente. En el sentido más común de esos términos, la *supervisión* es una actividad continua que realiza el emprendedor o su representante, con la finalidad de verificar el cumplimiento de las exigencias legales o contractuales por parte de contratistas y de cualquier otro que participe de la implantación, funcionamiento o desactivación de un emprendimiento. La supervisión también es utilizada por los agentes financieros con el mismo sentido de verificar el cumplimiento de las exigencias de tipo contractual. *Fiscalización* es una actividad correlativa, aunque realizada por agentes gubernamentales en el cumplimiento del poder de policía del Estado. La fiscalización muchas veces se realiza por muestreo y es discreta, en contraposición al carácter continuo y permanente de la supervisión[2]. La *auditoría*, en tanto, es una actividad sistemática, documentada, objetiva y periódica cuyo objetivo es analizar la conformidad con los criterios prescriptos, en ese caso, el cumplimiento de los requisitos legales, de los términos y condiciones de la licencia ambiental o de otros criterios, como los que pueden llegar a imponer los agentes financieros.

[2] *Hay cierta fuerza de expresión en esa afirmación; el uso del término "continuo" no significa una observación prolongada y cerrada de las actividades de terceros.*

Una de las modalidades de auditoría ambiental es la que integra los sistemas de gestión ambiental y de calidad, cuya orientación está dada por la norma ISO 19.011: 2002. A ese tipo de auditoría se lo define como "proceso sistemático, documentado e independiente para obtener evidencias de auditoría y evaluarlas objetivamente para determinar el alcance del cumplimiento de los criterios de auditoría" (ítem 3.1). La definición del párrafo anterior es más general y condice mejor con la literatura y con la evolución histórica del concepto de auditoría ambiental.

Se ha demostrado, en varios estudios de casos, que la supervisión ambiental es una herramienta de gran importancia para garantizar: (i) el cumplimiento efectivo de las medidas mitigadoras y demás condiciones impuestas (Goodland y Mercier, 1999; Küller y Machado, 1998); (ii) la adaptación del proyecto o de sus programas de gestión, en el caso de impactos no previstos o de impactos de mayor magnitud que lo esperado (Gallardo y Sánchez, 2004; Sánchez y Gallardo, 2005).Entre otras ventajas, la supervisión y la auditoría pueden detectar alguna no conformidad[3] antes que el monitoreo (o la fiscalización, o alguna denuncia) indique un problema o una no conformidad legal.

[3] *No conformidad es un término muy usado en auditoría. Designa cualquier situación que no esté de acuerdo con lo esperado (por ejemplo, en desacuerdo con una condición estipulada en la licencia ambiental). Aunque de uso corriente, el término no está definido en la norma ISO 19.011: 2002.*

Documentación forma parte de la etapa de seguimiento que implica el registro sistemático de resultados de monitoreo, de constataciones de no conformidades, de evidencias de cumplimiento o no de requisitos y de cualquier otra información relevante. Los registros deben ser recabados, almacenados de modo tal que permitan su fácil recuperación, y sometidos a un análisis que pueda alertar acerca de la necesidad de adoptar medidas correctivas, en caso de que los criterios preestablecidos no se cumplan.

Según USEPA (1989), las autoridades ambientales emplean diferentes medios para verificar el cumplimiento de las obligaciones de las empresas, destacándose el análisis de resultados de automonitoreo y las inspecciones de campo. Las inspecciones se utilizan para las siguientes funciones:
- evaluar el grado de cumplimiento de los requisitos legales;
- determinar si el automonitoreo y los informes resultantes están de acuerdo con los protocolos establecidos;
- detectar y documentar las violaciones de los requisitos legales.

También según USEPA (1989, p. 3-12), existen tres niveles de profundización para que se realice una inspección:

- Inspección visual (*walk-through*), limitada a una caminata por la zona, verificando la existencia de dispositivos de control, observando las prácticas laborales y verificando si existe un almacenamiento adecuado de datos; normalmente, dichas inspecciones tienen una duración de algunas horas.
- Inspección de evaluación de cumplimiento (*compliance evaluation*), que, además de las observaciones visuales, incluye el análisis y la evaluación de registros de monitoreo, documentos, entrevistas y otras actividades de recolección de evidencias (incluyendo la recolección de muestras físicas en algunos casos). También puede incluir tests de procesos y equipos de control.
- Inspección con muestreo (*sampling inspection*), que incluye la recolección planificada de muestras para chequear resultados del automonitoreo; es una investigación completa que puede durar semanas.

Las inspecciones sirven tanto a la supervisión como a la fiscalización y a la auditoría. Frecuentemente, una inspección sigue un recorrido preestablecido, de acuerdo con su objetivo. De esta forma, las inspecciones de rutina a los fines de la fiscalización normalmente se basan en los requisitos de una ley o reglamento cuyo cumplimiento se desea verificar; en caso de que el inspector o fiscal constate alguna irregularidad, debe encuadrarla en alguna categoría que tipifique una conducta que esté en desacuerdo con la ley, para que el transgresor pueda ser notificado, multado o recibir otras sanciones previstas. Esas inspecciones tienen una focalización limitada por la competencia legal del agente fiscal. Un ejemplo es el sistema de fiscalización empleado en el estado de São Paulo, que es extremadamente fragmentado. Un agente de un departamento sólo verifica el cumplimiento de la legislación de control de la contaminación, a la vez que un agente de otro sector sólo verifica el cumplimiento de la legislación de protección a los manantiales; a su vez, un agente de un tercer departamento sólo fiscaliza el cumplimiento de la legislación forestal, aunque todos esos órganos pertenezcan a la Secretaría de Medio Ambiente. Dias (2001) comprobó que la compartimentación es uno de los principales obstáculos para el seguimiento ambiental de proyectos sometidos al proceso de EIA.

Hay que considerar que, si la aprobación de un proyecto dependió de la preparación de un estudio de impacto ambiental, ello se debe a su característica de poder ocasionar impactos significativos. Dichos proyectos, las más de las veces, causan múltiples impactos, incluyendo impactos sociales, que no están cubiertos por una legislación específica. Por lo tanto, la fiscalización sólo puede ser eficaz si supera los límites formales y burocráticos de las inspecciones de rutina. Además, el seguimiento también se vería beneficiado si lo llevaran a cabo equipos multidisciplinarios, de la misma forma que la preparación del EsIA y su análisis.

La demostración de los resultados suele hacerse mediante informes que pueden o no divulgarse públicamente. El contenido de un informe público está ilustrado en el Cuadro 17.1, que muestra la estructura de un "balance de actividades ambientales" anual preparado por Hydro-Québec durante la construcción de la central hidroeléctrica Sainte-Marguerite 3, situada en un afluente de la margen izquierda del río San Lorenzo. Varios ejemplares del informe-síntesis fueron impresos y distribuidos para los interesados, además de los documentos protocolizados en los organismos gubernamentales competentes. Ese es el primero de una serie de informes anuales sobre la situación del monitoreo y la implementación de medidas de gestión de ese emprendimiento, cuya construcción tuvo comienzo en abril de 1994 y terminó en 2004. Se trata de un proyecto de gran envergadura, constituido por una represa de 410 m de altura, un embalse de 25.300 ha y una central de 884 MW de potencia instalada.

Cuadro 17.1 *Balance de actividades ambientales – construcción de la central hidroeléctrica Sainte-Marguerite 3, Quebec, Canadá*

RESUMEN
INTRODUCCIÓN
ESTUDIOS DE MONITOREO AMBIENTAL
Estudio morfosedimentológico del estuario del río Sainte-Marguerite
Calidad del agua
Fauna terrestre
Avifauna
Utilización del territorio
Economía regional
Actualización del contexto socioeconómico
Evaluación de los impactos económicos regionales
Eficacia de las medidas de optimización de las consecuencias económicas regionales
Aspectos sociales [para cada ítem del monitoreo se presentan objetivos, métodos y resultados]
MEDIDAS MITIGADORAS
Aprovechamiento de madera
Arqueología
Documentación audiovisual de cascadas y rápidos
Control de las rutas de acceso
Programa de comunicación ambiental
Optimización de los impactos económicos
MEDIDAS DE VALORIZACIÓN E INDEMNIZACIÓN
Compensación para la población autóctona
Apoyo al desarrollo regional y valorización ambiental
ESTUDIOS SOBRE LA BIOLOGÍA DEL SALMÓN
SUPERVISIÓN AMBIENTAL
AUTORIZACIONES GUBERNAMENTALES
Lista de las autorizaciones obtenidas en el período
ANEXOS
Condicionantes de las licencias ambientales (39 condicionantes provinciales y once federales)
Avance en el cumplimiento de los condicionantes
Actas de infracción recibidas
Principales documentos elevados al Ministerio de Medio Ambiente
Cronogramas (monitoreo, implementación de las medidas)
Lista de estudios realizados
Lista de cartas preparadas o actualizadas

Fuente: Hydro-Québec, Aménagement Hydroélectrique de Sainte-Marguerite 3. Bilan des Activités Environnementales 1994-1995.

17.3 Acuerdos para el seguimiento

El proponente del proyecto y el poder público tienen roles centrales (diferentes y complementarios) en la etapa de seguimiento, pero otros protagonistas pueden desempeñar un papel relevante para el éxito de esta etapa, en particular el público. No existe una fórmula ideal para organizar el seguimiento, que se puede hacer con diferentes formatos o acuerdos. A continuación, se discuten cuatro formatos, los que, evidentemente, no agotan las posibilidades de organización para el seguimiento ambiental.

Fiscalización y supervisión

La fiscalización es el mecanismo más común de seguimiento, pero no siempre el más eficaz. Las leyes generalmente imponen a los órganos gubernamentales el deber de fiscalizar la conducta de individuos o empresas, y prevén sanciones en caso de que no cumplan con las disposiciones de los agentes de fiscalización. Sin embargo, la fiscalización requiere procedimientos preestablecidos y rutinas de trabajo que no siempre se adaptan a las necesidades de los proyectos que se hallan sujetos a la evaluación de impacto ambiental, dado que justamente es a raíz de sus características que dichos proyectos fueron sometidos al proceso de evaluación. Por otro lado, toda fiscalización actúa por muestreo, y para muchos emprendimientos sujetos al proceso de EIA el seguimiento es esencial, y no debería ser optativo.

Se pueden emplear criterios de tamizado a fin de seleccionar los emprendimientos que necesitan de un seguimiento más estricto, como por ejemplo inspecciones más frecuentes. De esta forma, el seguimiento de ciertos emprendimientos de alto impacto podría realizarlo una comisión mixta (que se discutirá a continuación), a la vez que los emprendimientos triviales (como la extracción de arena) quedarían sujetos a una fiscalización regular y de rutina. Además, las actividades de seguimiento también pueden ser más o menos intensas según la etapa del emprendimiento; es así que para proyectos de infraestructura, la etapa de implantación suele ser crítica, pudiendo provocar gran parte de los impactos más significativos, de modo que el seguimiento generalmente demanda más atención en esta etapa.

Para la etapa de construcción, nunca está de más enfatizar en el rol de la supervisión que el emprendedor debe ejercer sobre las empresas contratadas y los demás tipos de cuidados, como la imposición de cláusulas que establecen obligaciones ambientales en los contratos de prestación de servicios.

Automonitoreo

Verificar si sus actividades cumplen con los requisitos legales de protección ambiental es una de las obligaciones de toda empresa. Los costos de monitoreo ambiental forman parte de los costos operativos de toda actividad económica. Lo ideal es que la empresa recabe datos sobre su desempeño – de acuerdo con un plan previamente establecido –, los registre, los interprete y prepare informes periódicos, que sirven para comunicar los resultados interna y externamente.

La preparación de informes sobre la marcha de los programas de gestión o informes conclusivos sobre la implementación de medidas mitigadoras o compensatorias es una exigencia habitual en muchas licencias ambientales. La elección previa de indicadores en el momento de la preparación del plan de gestión y la recolección sistemática de datos mediante programas de monitoreo son una condición necesaria para el seguimiento a través de dichos informes. Estos son preparados por el emprendedor, muchas veces con la ayuda de consultores, y, para validarlos, es necesario someterlos a la evaluación del órgano fiscalizador o de una comisión externa, ya que, de lo contrario, pueden tener una baja credibilidad. El Cuadro 17.1 mostró un ejemplo de relato de actividades de seguimiento ambiental durante la etapa de construcción de una central hidroeléctrica. Es un informe público sintético que presenta los más importantes resultados de los trabajos realizados durante el período; informa cuáles fueron los diferentes estudios en marcha o concluidos y dónde es posible consultarlos.

Comisiones especiales de seguimiento

El empleo de comisiones de seguimiento ha sido una solución adoptada en algunos casos polémicos, por ejemplo, cuando la confianza del público en los órganos de gobierno es escasa o incluso cuando éstos padecen de falta de recursos humanos o financieros para fiscalizar eficazmente. Las comisiones pueden ser interinstitucionales o incluir representantes comunitarios o de organizaciones no gubernamentales.

Las *comisiones interinstitucionales* pueden ser un mecanismo eficaz de seguimiento cuando existen diversos órganos gubernamentales con atribuciones diferentes para fiscalizar un emprendimiento, como se discutió hacia el final de la sección precedente. Se forman grupos con un representante de cada órgano que realizan inspecciones en conjunto, discuten en grupo y también pueden formular exigencias conjuntas coherentes. Ello requiere, obviamente, de disposición para colaborar y un inequívoco reparto de responsabilidades. El seguimiento ambiental de la construcción de la pista descendente de la carretera dos Imigrantes utilizó dicho modelo, el cual congregó diversos departamentos, con atribuciones distintas, de la Secretaría de Medio Ambiente de São Paulo (Gallardo y Sánchez, 2004).

Durante el período de construcción (1999-2002), equipos mixtos realizaban inspecciones periódicas. Esa fue la etapa más crítica del proyecto, y los impactos más significativos se daban en el medio físico. Para reforzar la acción de los órganos directamente involucrados, se contrató al Instituto de Investigaciones Tecnológicas (IPT), que participó con un equipo especializado en procesos de dinámica superficial del medio físico, uno de los problemas más importantes, ya que la construcción se hizo en una zona de laderas escarpadas y de alta pluviosidad, la Sierra del Mar. El IPT informaba mensualmente al agente gubernamental (Daia) y al emprendedor sobre eventuales problemas encontrados.

Paralelamente, el emprendedor contaba con su propio equipo ambiental y contrató los servicios de una empresa de consultoría para, entre otras funciones, implementar el programa de monitoreo ambiental, implantar un sistema de gestión y detectar no conformidades con relación a las buenas prácticas ambientales o procedimientos establecidos por la propia empresa. A su vez, el consorcio constructor también tenía su equipo ambiental, encargado de resolver los problemas a medida que eran detectados. Sánchez y Gallardo (2005) destacan la importancia de la organización interna del proponente y de los contratistas como un factor esencial para la satisfactoria implementación de las medidas mitigadores, junto al control externo llevado a cabo a nivel administrativo.

Las *comisiones mixtas* incluyen la participación de representantes de la comunidad, normalmente como observadores. Un ejemplo innovador es el caso de la apertura de la mina do Trevo, una mina subterránea de carbón ubicada en Siderópolis, Santa Catarina, cuyo proceso de EIA fue muy conflictivo y que contó con una intensa participación de la comunidad, registrándose varias veces manifestaciones contrarias al emprendimiento. La mina se sitúa en una zona rural caracterizada por pequeñas propiedades y agricultura familiar. Los agricultores temían principalmente que ésta llegara a interferir en el régimen de circulación de las aguas subterráneas y pudiera secar las nacientes y cisternas (Crepaldi, 2003, p. 47), alterando, pues, la producción agrícola y la calidad de vida. Con la mediación del fiscal de Justicia de la región se formó una comisión que contaba con la participación de moradores que, no bien iniciados los trabajos de apertura de la mina, pasaron a tener libre acceso a todos los datos de monitoreo y a realizar inspecciones mensuales en la mina, verificando el avance del proyecto y el cumplimiento de las medidas mitigadoras. Además, un morador local fue contratado por la empresa, actuando como una especie de fiscalizador interno y verificando "si los órganos ambientales hacen cumplir los términos del acuerdo", además de informar al Ministerio Público sobre la marcha de los trabajos (Crepaldi, 2003, p. 49). Este acuerdo reveló ser capaz de forjar una relación de confianza mutua entre las partes y también ayudó a garantizar el cumplimiento de los compromisos firmados por la empresa.

El intenso programa de monitoreo fue un elemento esencial de la estrategia de seguimiento. Varios puntos de monitoreo estaban ubicados en las propiedades de los que protestaron contra la implantación de la mina. Con la intención de aumentar la credibilidad del programa de monitoreo, parte de las mediciones y muestreos fueron realizadas inicialmente por la Universidad del Extremo Sur Catarinense, en tanto que los datos de los impactos más críticos – los relativos a los recursos hídricos subterráneos – fueron interpretados y analizados por un instituto especializado vinculado a la Universidad Federal de Rio Grande do Sul. En las situaciones – muy comunes – en las que la comunidad desconfía de la empresa y hasta de los órganos gubernamentales, la aprobación por parte de un organismo independiente puede ser la única salida para resolver el conflicto, ya que las modificaciones ambientales observadas o medidas en el área de influencia de un proyecto pueden deberse a sus actividades, pero también a otros agentes degradantes o incluso a causas naturales. La interpretación de los resultados puede incluso poner en jaque elementos esenciales del programa de monitoreo, como los procedimientos de muestro o la calidad de los análisis de laboratorio, y tal vez se hagan necesarias modificaciones al programa

El caso de la mina do Trevo también incluye una garantía interesante: el Ministerio Público obligó a la empresa a contratar un seguro contra daños ambientales, según el cual, en caso de que los hubiesen, la aseguradora resarciría a los damnificados. La exigencia de garantías financieras, como seguros, cauciones u otras modalidades, es un mecanismo para garantizarles al público, al gobierno y a otras partes interesadas que los compromisos asumidos por el proponente del proyecto se cumplirán realmente de manera satisfactoria. En diversos países se exigen garantías financieras para las actividades como la minería, la disposición de residuos y ciertas actividades industriales (Sánchez, 2001).

Se creó también una *comisión mixta* para efectuar el seguimiento en caso de aumento de las concentraciones de mercurio en los embalses de las centrales hidroeléctricas del norte de Quebec, Canadá (como figura en la sección 9.4 y Figura 7-1). Sus funciones incluían el seguimiento del problema ya identificado en las represas existentes y de las medidas preventivas o compensatorias para nuevos emprendimientos. La cuestión del aumento de las concentraciones de mercurio en las aguas y en los tejidos de los peces era algo de gran relevancia, ya que afectaba no solamente la salud, sino también el modo de vida tradicional de las comunidades locales (los Cri), para los cuales los peces representan una parte importante de la dieta, y la pesca, un elemento indisociable de su cultura.

Para acompañar la situación, orientar el monitoreo y establecer lineamientos sobre las investigaciones necesarias para fundamentar las acciones de mitigación, se creó el "Comité de la Bahía James sobre el Mercurio", compuesto por representantes de los Cri, del gobierno provincial y del emprendedor (Hydro-Québec), dotado de un presupuesto de CAN$ 18,5 millones para un período de diez años (1987-1996). Monitoreo, investigación y mitigación fueron los fundamentos del programa de seguimiento. El monitoreo incluyó, entre otros, la determinación del nivel de mercurio en los tejidos de algunas especies de peces (ver Fig. 9.11) consumidos por los Cri, y la determinación del contenido de ese metal en el cabello de la población (que es el procedimiento estándar para el seguimiento de poblaciones humanas, como las afectadas por el uso del mercurio en las minas de oro). La investigación estuvo orientada, básicamente, a la comprensión y el modelaje de los procesos de transformación del mercurio metálico (Hg_0) en metilmercurio (CH_3Hg), compuesto orgánico fácilmente absorbido por los organismos. Finalmente, la mitigación trató de desarrollar fuentes alternativas de pescado con bajos niveles de mercurio (Comité de la Baie James sur le Mercure, 1988, 1992).

INSTITUCIONES ESPECIALIZADAS

Otra alternativa, sofisticada y costosa, se ha empleado en algunos casos altamente polémicos. Se trata de la *creación de instituciones* independientes para efectuar el seguimiento de un emprendimiento. Uno de los primeros casos se dio en Australia a fines de los años 70. Luego de años de debates que abarcaron todo el país, el gobierno federal australiano decidió autorizar la apertura de dos minas de uranio en el norte, en territorio federal. No obstante, la falta de certeza en cuanto a los impactos potenciales de los emprendimientos, y en relación a la capacidad de las empresas interesadas en controlar dichos impactos, motivó la decisión de crear, a través de una ley de 1978, tres instituciones para ejercer el control y el monitoreo de las nuevas minas[4]. Las instituciones creadas fueron:

- el Comité Coordinador para la Región de los Ríos Alligator;
- el Instituto de Investigación de la Región de los Ríos Alligator;
- la Agencia del Científico Supervisor (Office of the Supervising Scientist) para la Región de los Ríos Alligator.

Las funciones de la agencia fueron definidas así:
- "investigar los efectos de los trabajos de extracción de uranio sobre el medio ambiente de la región de los ríos Alligator;
- "coordinar y supervisar la implementación de las exigencias ambientales relativas a la extracción de uranio impuestas por la legislación vigente";

[4] *Una medida compensatoria fue la creación del Parque Nacional Kakadu, uno de los más importantes de Australia y también designado como sitio del patrimonio mundial (Fig. 1.1)*

* "desarrollar y promover normas, procedimientos y medidas para la protección y la restauración del medio ambiente";
* "aconsejar al ministro (y al Parlamento) sobre esos temas" (OSS, 1986).

No obstante, el gobierno, por medio del Departamento de Minas y Energía de los Territorios del Norte, mantiene su función legal de "licenciamiento y reglamentación de la extracción de uranio", ya que el científico supervisor "no impone condiciones ambientales sobre la minería y no tiene poderes para hacer cumplir la legislación (OSS, 1986). El *Office of the Supervising Scientist*, cuyas funciones se vieron ampliadas por leyes posteriores, es una importante institución de investigación, produciendo anualmente decenas de informes y artículos científicos. Anualmente, se presenta ante el Parlamento un informe de actividades (OSS, 1993).

Una alternativa semejante, especie de "perro guardián", fue la solución que se encontró para el seguimiento ambiental de una nueva mina de diamantes abierta a fines de los años 90 en los territorios del noroeste canadiense. Se creó una agencia independiente de monitoreo ambiental, que empleó a personas de la comunidad local (comunidades indígenas) para el monitoreo de la fauna, dado que los principales impactos potenciales del emprendimiento se darían sobre la fauna autóctona, principalmente las especies utilizadas por las poblaciones humanas (Ross, 2002).

Hay diversas maneras de realizar el seguimiento y no existe una solución universal. Esa es la conclusión de Morrison-Saunders, Baker y Arts (2003, p. 53) al analizar más de una decena de casos en diferentes países, desarrollados y en desarrollo, ya que "el éxito de la etapa de seguimiento depende de factores contextuales" como recursos, capacitación técnica, requisitos legales, tipo de proyecto y participación del público. En cada país habrá el mejor o los mejores acuerdos, en función no sólo de la legislación sino muchas veces de las condiciones particulares de cada caso, como el grado de interés y compromiso de la comunidad.

17.4 INTEGRACIÓN ENTRE PLANIFICACIÓN Y GESTIÓN

Diversos autores (Jones y Mason, 2002; Ridgeway, 1999; Sánchez y Hacking, 2002; van der Vorst, Grafé-Buckens y Sheate, 1999) destacan los beneficios de integrar la etapa previa de evaluación a las acciones de gestión ambiental durante las actividades de implantación, funcionamiento y desactivación de los emprendimientos, como una nueva oportunidad de mejorar los resultados concretos de protección ambiental. En ese sentido, se apunta como positiva la integración de la EIA a las diversas herramientas de gestión que se desarrollaron después de ésta, como la auditoría ambiental, los sistemas de gestión ambiental y la evaluación de desempeño ambiental, todas, además, inspiradas y adaptadas a partir de la propia EIA.

La Fig. 17.1 ilustra la relación entre planificación y gestión ambiental de un nuevo emprendimiento. Para la etapa de seguimiento, se utilizan algunas herramientas de gestión ambiental, como el monitoreo y la auditoría. Mientras en la etapa de seguimiento, como se vio, la responsabilidad es compartida entre el emprendedor y el agente público, la gestión del emprendimiento es responsabilidad del emprendedor, que puede utilizar herramientas como el sistema de gestión ambienta (SGA) o sistemas integrados de gestión (medio ambiente, salud y seguridad) y la evaluación de desempeño ambiental.

La auditoría ambiental puede ser parte del SGA, y sirve para verificar su conformidad en relación a criterios preestablecidos, entre los cuales necesariamente figura el cumplimiento de los requisitos legales y de las condiciones impuestas por la licencia ambiental. En cuanto a la evaluación de desempeño ambiental, ésta permite demostrar si se están alcanzando los resultados esperados en términos de protección ambiental e implementación de programas compensatorios. La Fig. 17.2 ilustra el ciclo de planificación, implementación, control y mejora[5] que orienta y estructura los sistemas de gestión.

Fig. 17.1 *Relación entre los roles de la evaluación de impacto ambiental y de las herramientas de gestión ambiental según las principales etapas del período de vida de un emprendimiento.*

[5]*También conocido como "ciclo PDCA" – plan, do, check, act*

Aunque los sistemas de gestión ambiental tengan una mayor aplicación en la etapa de funcionamiento de los emprendimientos, también pueden emplearse con éxito en la etapa de implantación, como se ha demostrado en algunos casos (Marshall, 2002; Sánchez y Gallardo, 2004).

Identificar aspectos e impactos ambientales, establecer programas de gestión y realizar monitoreos son algunos de los puntos en común entre la evaluación de impacto ambiental y los sistemas de gestión ambiental. Esa es una de las razones de que haya un "alto grado de congruencia" (van der Worst, Grafe-Buckens y Sheate, 1999) entre la evaluación de impacto y los instrumentos, como los sistemas de gestión ambiental y el análisis de ciclo de vida. Ridgeway (2005) defiende el punto de vista de que, a medida que se va acumulando la experiencia con los sistemas de gestión ambiental, se va volviendo más claro cómo pueden usarse algunas de las herramientas del SGA para colaborar en la implementación de los resultados de la EIA. La Fig. 17.3 muestra un obrador de una empresa que adopta un SGA de acuerdo con la norma ISO 14.001; se organizan actividades como el tratamiento de efluentes de excavación de un túnel, el almacenamiento de derivados de petróleo y la gestión de residuos, entre otras, a fin de cumplir con objetivos y metas de protección ambiental y prevención de la contaminación.

La principal ventaja de organizar la implementación de las medidas mitigadoras y, de manera general, de los compromisos de la empresa y de los condicionantes de la licencia ambiental

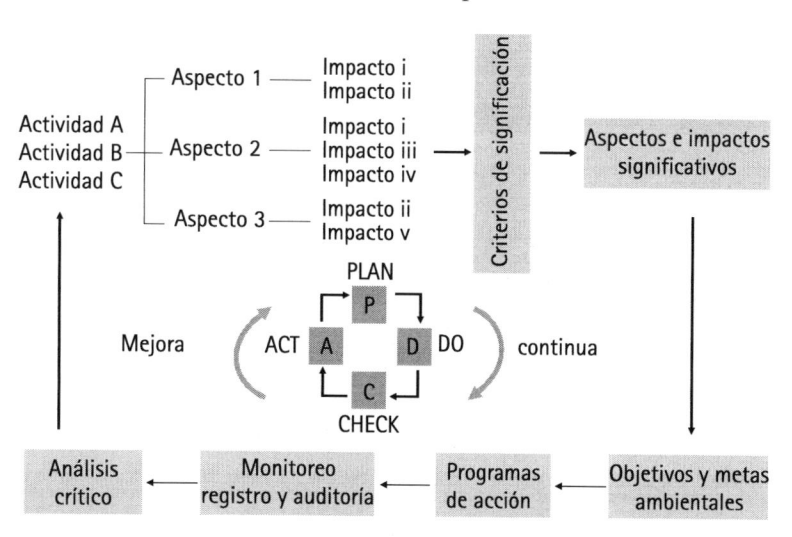

Fig. 17.2 *Identificación y evaluación de aspectos e impactos ambientales y ciclo PDCA, para la mejora de la gestión del desempeño ambiental*

Fig. 17.3 *Obrador de construcción de la central hidroeléctrica San Francisco, Ecuador, que cuenta con un sistema de gestión ambiental. Véase, en la parte inferior izquierda de la foto, una instalación de tratamiento de efluentes de los túneles en construcción*

en torno de un sistema de gestión, es que se trata de un modo práctico y fácilmente reconocible (por estar normalizado) de traducir los compromisos y las obligaciones del proponente en un conjunto de tareas pasible de verificación y control. Como lo constatan Dias y Sánchez (2001), entre otros autores, muchos compromisos asumidos por el proponente están dispersos en diferentes partes del EsIA o de informes posteriores, y la verificación de su cumplimiento fácilmente puede saltear los trabajos de supervisión y fiscalización. Por otro lado, algunos de esos compromisos (incluyendo las exigencias de licencias ambientales) también deben traducirse en instrucciones precisas para los equipos encargados del proyecto.

Como manera de corregir esas deficiencias, se le puede dar una mayor atención a la elaboración detallada de un plan de gestión ambiental (Goodland y Mercier, 1999). En Hong Kong se adoptó una solución práctica, por la cual los proponentes deben preparar un "Manual de Monitoreo y Auditoría" para cada proyecto; en ese manual debe constar un resumen de las recomendaciones del EsIA (HKEPD, 1996). El Cuadro 17.2, a semejanza del Cuadro 12.7, ilustra una manera de sintetizar la transformación de las recomendaciones del EsIA y de las exigencias de la licencia ambiental en tareas pasibles de verificación o auditoría.

Dias (2001), resaltando el carácter público del proceso de EIA, va más lejos en su propuesta de traducción de las condiciones impuestas para el emprendimiento, proponiendo que el resultado de la etapa decisoria debería ser un "documento de aprobación" del proyecto. Dicho documento, a diferencia de las licencias actuales, que sólo hacen mención a la obligatoriedad de adoptar las "medidas propuestas en el EsIA", debería compilar todas esas medidas en un formato adecuado para la etapa de seguimiento, facilitando la supervisión, la fiscalización y la auditoría. En esa perspectiva, Morrison-Saunders, Baker y Arts (2003) observan que en el estado de Australia Occidental los proponentes deben presentar, en el EsIA, una "lista consolidada de compromisos de mitigación y monitoreo", que normalmente se incorpora a los condicionantes de la autorización gubernamental.

Finalmente, si el EsIA demuestra la viabilidad del emprendimiento, ésta siempre estará condicionada al cumplimiento de las medidas mitigadoras y demás programas de gestión. Si los compromisos asumidos por el emprendedor no están redactados de manera clara, será muy difícil o casi imposible verificar su cumplimiento. Lo que se requiere, de esta forma, es una especie de contrato público entre el emprendedor y la sociedad, en el cual ésta se halla representada por el agente gubernamental.

Cuadro 17.2 *Registro de requisitos de gestión ambiental para verificación de la marcha y funcionamiento*

Número de orden	Tipo de medida	Descripción de la medida	Fuente y referencia	Responsable	Plazo	Situación actual	Registro de no conformidad	Documentos comprobatorios
1	M	Las actividades de construcción se deben realizar sólo entre 7h e 19h	EIA, vol. 2, p. 425	João Pereira	Todo o período de construcción	En marcha	05 – doc 3-05/06	
2	V	Registración de mano de obra local	Término de compromiso firmado con la alcaldía	Pedro Silva	Um mes antes del inicio de las contrataciones	Totalmente implementado	Sin registro	Informe 1-03/04
3	C							
4	E	Realizar salvamento arqueológico en los sitios Piraquara y Angelim	EIA, vol. 2, p. 432 LI condicionante #4	Contratación de la empresa "Archeos" supervisión de Ana Macieira	Término antes del inicio de las actividades en el sector norte	En marcha	Sin registro	Informe Archeos 325A-E-01
	E							
n	G							

M – medidas de mitigación o atenuación de impactos negativos
C – medidas de compensación de impactos negativos
V – medidas de valorización de impactos positivos
E – estudios complementarios
G – medidas de capacitación y gestión

GLOSARIO

Análisis de resgos
Conjunto de actividades de identificación, estimativa y gestión de riesgos.

Análisis de los impactos
En un estudio ambiental, designa la actividad de identificar, prever la magnitud y evaluar la importancia de los impactos generados por la propuesta en estudio.

Área de estudio
Área geográfica en la cual se realizan los relevamientos que tienen por finalidad el diagnóstico ambiental.

Área de influencia
Área geográfica en la cual son detectables los impactos de un proyecto.

Aspecto ambiental
Elemento de las actividades, productos o servicios de una organización que puede interactuar con el medio ambiente (según ISO 14.001:2004).

Atributo (de un impacto)
Característica o propiedad de un impacto, pudiendo usarse para describirlo o calificarlo.

Auditoría ambiental
Actividad sistemática, documentada, objetiva y periódica tendiente a analizar la concordancia de una actividad con criterios preestablecidos.

Evaluación (de la importancia) de los impactos
Atribución de un calificativo de importancia o significación a un impacto ambiental, calificativo éste siempre referido al contexto socioambiental en el que el emprendimiento está inserto.

Evaluación de impacto ambiental
Proceso de análisis de las consecuencias futuras de una acción en curso o que ha sido propuesta.

Evaluación de risco
Proceso por el cual los resultados del análisis de riesgo se utilizan para la toma de decisiones.

Campo de aplicación de la evaluación de ompacto ambiental
Conjunto de acciones humanas (actividades, obras, emprendimientos, proyectos, planes, programas) sujetas al proceso de EIA en una determinada jurisdicción.

Compensación ambiental
Sustitución de un bien que se perderá, modificará o que perderá sus características por otro, entendido como equivalente o que desempeñe una función equivalente.

Contaminación
Introducción, en el medio ambiente, de cualquier forma de materia o energía que pueda afectar negativamente al hombre u otros organismos.

Criterio de evaluación
Regla o conjunto de reglas para evaluar la importancia de un impacto.

Degradación ambiental
Cualquier modificación adversa de los procesos, funciones o componentes ambientales, o modificaciones adversas de la calidad ambiental.

Desempeño ambiental
Conjunto de resultados concretos y demostrables de protección ambiental. Resultados de la gestión de los aspectos ambientales de una organización (según ISO 14.031:1999).

Diagnóstico ambiental
Descripción y interpretación de las condiciones ambientales existentes en determinada área en el momento presente. Descripción y análisis de la situación actual de un área de estudio efectuada mediante relevamientos de componentes y procesos del medio ambiente físico, biótico y antrópico y de sus interacciones.

Efecto ambiental
Modificación de un proceso natural o social resultante de una acción humana.

Estudio de impacto ambiental
Documento integrante del proceso de evaluación de impacto ambiental, cuya estructura y contenido deben cumplir con los requisitos legales establecidos por el sistema de evaluación de impacto ambiental en el cual dicho estudio debe ser realizado y presentado. Estudio o informe que analiza las consecuencias ambientales futuras de una acción propuesta. El término "estudio de impacto ambiental" recibe diferentes nombres en distintos países, como informe de impacto ambiental.

Estudios de lineabase
Relevamientos acerca de algunos componentes y procesos seleccionados del medio ambiente que pueden verse afectados por la propuesta (proyecto, plan, programa, política) objeto de análisis.

Gestión ambiental
Conjunto de medidas de orden técnico y gerencial que tienden a asegurar que el emprendimiento sea implantado, operado y desactivado de conformidad con la legislación ambiental y otras directrices relevantes, a fin de minimizar los riesgos ambientales y los impactos adversos, además de maximizar los efectos benéficos.

Identificación de impactos
Descripción de las consecuencias esperadas de un determinado proyecto y de los mecanismos por los cuales se dan las relaciones de causa y efecto, a partir de las acciones modificadoras del medio ambiente que forman parte de un emprendimiento u otra acción humana.

Impacto ambiental
Modificación de la calidad ambiental resultante de la modificación de procesos naturales o sociales provocada por la acción humana.

Impactos acumulativos
Impactos que se acumulan en el tiempo o en el espacio, siendo resultado de una combinación de efectos generados por una o diversas acciones.

Impactos de mediano (o de largo) plazo
Aquellos que suceden con un cierto desfasaje en relación a la acción que los genera.

Impactos directos
Aquellos que son producto de las actividades o acciones realizadas por el emprendedor, por empresas que éste contrató, o por las que puedan ser controladas por éste.

Impactos inmediatos
Aquellos que ocurren simultáneamente a la acción que los genera.

Impactos indirectos
Aquellos que son producto de un impacto directo causado por el proyecto en análisis, o sea, son impactos de segundo o tercer orden.

Impactos irreversibles
Alteraciones para las cuales existe una imposibilidad o una dificultad extrema de retornar a la condición precedente; alteraciones ambientales que no pueden ser corregidas por la iniciativa humana, debido a razones de orden técnico, económico o social.

Impactos permanentes
Alteraciones definitivas del medio ambiente o alteraciones que tienen una duración indefinida (un impacto permanente puede ser reversible o irreversible).

Impactos reversibles
Alteraciones del medio ambiente que pueden ser corregidas por la iniciativa humana (acciones de recuperación ambiental).

Impactos temporales
Aquellos que sólo se manifiestan durante una o más etapas del proyecto, y que cesan en el momento de su desactivación; impactos que cesan cuando cesa la acción que lo causó (la alteración del ambiente sonoro termina cuando cesa la fuente de ruido).

Informe no técnico de impacto ambiental
Documento preparado a intención del público que presenta un proyecto y sintetiza las conclusiones del estudio de impacto ambiental.

Matriz de impactos
Cuadro o planilla estructurado en líneas y columnas, que puede presentarse en diferentes formatos, y que muestra correlaciones entre (1) las acciones o actividades del emprendimiento analizado y (2) los componentes o elementos ambientales, o entre (1) las acciones o actividades del emprendimiento analizado y (3) los aspectos y/o impactos ambientales.

Medidas compensatorias
Acciones tendientes a compensar la pérdida de un bien o función que se perderá como consecuencia del proyecto en análisis.

Medidas mitigadoras
Acciones propuestas con la finalidad de disminuir la magnitud o la importancia de los impactos adversos.

Medidas potenciadoras (o de valorización)
Acciones propuestas con la finalidad de realzar la magnitud o la importancia de los impactos benéficos.

Monitoreo ambiental
Recolección sistemática y periódica de datos previamente seleccionados, con el objetivo principal de verificar el cumplimiento de requisitos predeterminados.

Peligro
Condición o situación física capaz de generar consecuencias indeseadas.

Plan de gestión ambiental
En un estudio de impacto ambiental, un conjunto de medidas propuestas para prevenir, atenuar o compensar impactos adversos y riesgos ambientales, además de medidas tendientes a valorizar los impactos positivos.
El conjunto de medidas necesarias, en cualquier etapa del período de vida del emprendimiento, para evitar, atenuar o compensar los impactos adversos y realzar o acentuar los impactos benéficos.

Proceso de evaluación de impacto ambiental
Un conjunto de procedimientos concatenados de manera lógica, con la finalidad de analizar la viabilidad ambiental de proyectos, planes y programas, y fundamentar una decisión al respecto.

Previsión de impactos
Uso de métodos y técnicas para anticipar la magnitud o la intensidad de los impactos ambientales.

Pronóstico ambiental
Proyección de la probable situación futura del ambiente potencialmente afectado, en caso de que se implemente la propuesta en análisis (proyecto, política, plan, programa); también se puede hacer un pronóstico ambiental considerando que la propuesta en análisis no se llegue a implementar.

Recuperación ambiental
Aplicación de técnicas de manejo cuyo objetivo es transformar un ambiente degradado en uno apto para un nuevo uso productivo, en tanto sea sustentable.

Riesgo ambiental
Potencialidad de presencia de efectos adversos indeseados para la salud o vida humana, para el ambiente o para los bienes materiales (según Society for Risk Analysis)

Sistema de evaluación de impacto ambiental
Mecanismo legal e institucional que hace operativo el proceso de evaluación de impacto ambiental en una determinada jurisdicción.
Expresión legal del proceso de evaluación de impacto ambiental en una determinada jurisdicción.

Sistema de gestión ambiental
Conjunto de compromisos, procedimientos, documentos y recursos humanos para planificar, implementar, controlar y mejorar las acciones de una organización, a fin de que cumpla con sus obligaciones y compromisos de naturaleza ambiental.

Sustancia peligrosa
Toda sustancia o mezcla que, en razón de sus propiedades químicas, físicas o toxicológicas, sola o en combinación con otras, represente un peligro (Convenio OIT 174: 1993).

Supervisión ambiental
Actividad continua realizada por el emprendedor o su representante, con la finalidad de verificar el cumplimiento de las exigencias legales o contractuales por parte de contratistas u otros que hayan sido contratados para la implantación, operación o desactivación de un emprendimiento.
Toda verificación de cumplimiento de las obligaciones de naturaleza contractual, inclusive el cumplimiento de las obligaciones legales.

Términos de referencia
Directrices para la preparación de un Estudio de Impacto Ambiental.
Un documento que (i) orienta la elaboración de un EIA; (ii) define su contenido, alcance, métodos; y (iii) establece su estructura.

APÉNDICE A

Guía para el análisis técnico de estudios de impacto ambiental

Este apéndice presenta una guía para el análisis de un estudio de impacto ambiental de un proyecto vial, que se puede aplicar en las nuevas carreteras o en ampliaciones y mejorías de las carreteras existentes. Esta guía puede adaptarse fácilmente a otros tipos de proyectos.

Esta guía sigue la estructura típica de un EIA. Para cada subdivisión importante de un capítulo del estudio, el equipo de análisis da un concepto. Para ello, algunas subdivisiones típicas fueron agrupadas por afinidad.

Para apreciar cualitativamente cada ítem, se pueden adoptar los conceptos propuestos por la Universidad de Manchester, o los sugeridos por la Comisión Europea. El analista también puede desarrollar sus propios criterios para dotar de conceptos a cada ítem. Lo importante es aplicarlos de manera sistemática durante todo el análisis. Para aquellas organizaciones que continuamente deben analizar estudios de impacto ambiental, la utilización de criterios sistemáticos y homogéneos les permite realizar un trabajo consistente y abre la posibilidad de hacer comparaciones: por ejemplo, se pueden comparar estudios realizados para el mismo tipo de emprendimiento o analizar la evolución temporal de la calidad de los estudios presentados.

Se considera que los ítem que figuran en bastardilla son fundamentales para comprender bien el proyecto y sus impactos, y por ello deberán recibir como mínimo el concepto "C" o "aceptable". Se debe atribuir un concepto a cada uno de los puntos que componen un ítem y, a continuación, atribuirle un concepto general al ítem. En el caso de que exista solamente un punto, el concepto atribuido valdrá como concepto del ítem.

Esa lista de criterios no pretende ni puede sustituir un análisis crítico del proyecto presentado o la discusión de sus eventuales méritos o deficiencias. Tiene como única finalidad colaborar con el analista en su lectura del estudio de impacto ambiental y demás documentos pertinentes. Es siempre conveniente que el resultado del análisis técnico se plasme con los parámetros de un informe o dictamen técnico, exponiendo las conclusiones y las principales observaciones del análisis efectuado. No es adecuado ni eficaz presentar solamente una "nota" o concepto basado en la aplicación de una lista de verificación. Se debe explicar y fundamentar los motivos por los cuales un estudio de impacto ambiental es considerado suficiente o no. En esa apreciación, es necesario discernir entre problemas menores y fallas graves, o cruciales. Para ello, una lista de verificación bien estructurada puede ser una poderosa herramienta de ayuda para un análisis sistemático y riguroso.

Lista de verificación para el análisis de un estudio de impacto ambiental de un proyecto vial

Ítem del estudio	Criterios de análisis/puntos	Concepto
Sumario	¿Existe un sumario paginado que permita encontrar rápidamente un tema de interés?	
1. Introducción	¿Hace una buena contextualización del proyecto y del estudio realizado?	
2. Informaciones Generales		
2.1. Identificación del emprendedor	¿La información presentada es completa?	
2.2. Identificación de la empresa responsable por el EIA	¿La información presentada es completa?	
2.3. *Historial del emprendimiento*	¿Permite un buen entendimiento del historial del proyecto actual y de los proyectos que lo precedieron?	
	¿Hay una descripción de los estudios previos que llevaron a la formulación del proyecto actual?	
2.4. *Objetivos del emprendimiento y su justificación*	¿Los objetivos están claramente expuestos?	
	¿Las justificaciones pueden ser fácilmente refutadas?	
	¿Hay inconsistencias entre los objetivos y justificaciones aquí expuestos y los que circularon en otros documentos o declaraciones verbales?	
2.5 Ubicación del emprendimiento	¿Los mapas y plantas permiten ubicarlo inequívocamente?	
2.6 Etapas de implantación del emprendimiento	¿Hay una descripción satisfactoria?	
	¿Existe un cronograma?	
2.7 Planes y programas gubernamentales ubicados en la misma zona	¿Han sido descriptos?	
	¿Falta algún programa importante de conocimiento del analista?	
2.8 Fuentes de recursos financieros	¿La información es clara?	
	¿Se presentó un análisis o un simple listado de leyes y reglamentos?	
2.9 *Compatibilidad del emprendimiento con la legislación ambiental*	¿Existe una descripción detallada o una remisión a otros documentos pertinentes?	
2.10 *Actividades de consulta pública realizadas*	¿Existe una descripción de los principales puntos relevados en la consulta pública?	
	¿Hay una mención acerca de en qué parte del EIA se abordan dichos puntos?	
3. Caracterización del emprendimiento		
3.1 Proyecto funcional	¿La descripción facilita una buena comprensión del proyecto?	
	¿Los eventuales proyectos de reasentamiento han sido debidamente descriptos?	
	¿Las expropiaciones necesarias han sido descriptas y cuantificadas?	
3.2 Alternativas tecnológicas	¿Hay una mención a estudios sobre otros modales de transporte?	
	¿Hay una justificación de la elección del modal vial?	
3.3 *Alternativas de ubicación y trazado*	¿Se describen detalladamente las alternativas de acceso a las ciudades, contorneo de zonas urbanas y equipamientos sociales?	
	¿Se describen detalladamente las alternativas de trasposición o contorneo de zonas de interés ambiental?	
	¿Han sido consideradas las alternativas razonables presentadas en reuniones y audiencias públicas?	
	¿Se presentaron razones de orden ambiental para las alternativas seleccionadas?	
3.4. Descripción de la carretera proyectada	¿La descripción permite una buena comprensión del proyecto?	
	¿Las plantas, mapas, fotos y figuras esclarecen el proyecto?	

(continuación)

Ítem del estudio	Criterios de análisis/puntos	Concepto
3. Caracterización del emprendimiento		
3.5 *Descripción de los principales servicios en la etapa de construcción*	¿Las actividades causantes de impactos ambientales se describen detalladamente?	
	¿Se describen la ubicación y características de los obradores?	
	¿Se registra el número estimado de trabajadores de la constructora y de terceros?	
	¿Se presentan los criterios de contratación y despido de trabajadores?	
	¿Se describen adecuadamente las necesidades de insumos, materias primas y otros rubros?	
	¿Fue omitida alguna importante actividad generadora de impactos?	
	¿Se presenta un cronograma consistente?	
	¿Se describen las emisiones de contaminantes y las actividades que utilicen recursos ambientales (como el agua)?	
	¿Están cuantificadas las necesidades de remoción de vegetación nativa?	
3.6 *Descripción de los principales servicios en la etapa de funcionamiento*	¿Las actividades causantes de impactos ambientales se describen detalladamente?	
	¿Fue omitida alguna importante actividad causante de impactos?	
4. Diagnóstico ambiental		
4.1 Delimitación del área de estudio	¿Están justificadas las eventuales modificaciones del área de estudio con relación a la definida en los términos de referencia (TR)?	
4.2 *Medio físico*	¿Las informaciones sobre el medio físico cumplen con las demandas de los TR?	
	¿Los métodos utilizados para los diferentes relevamientos están adecuadamente escritos en detalle?	
	¿Fueron relevados los datos primarios en los casos necesarios?	
	¿Se les ha dado importancia a los relevamientos que esclarecen acerca de los principales impactos o sobre las cuestiones controvertidas?	
	¿Hay informaciones superfluas o irrelevantes en relación a la toma de decisiones?	
	¿Las escalas de los mapas presentados permiten una buena representación de los procesos o fenómenos del medio físico?	
	¿Han sido identificadas áreas con potenciales problemas de orden geotécnico? En ese caso, ¿la información brindada es adecuada?	
	¿Fueron identificados y descriptos los recursos hídricos de utilización real o potencial, como los manantiales?	
	¿Se describieron los principales usos del agua en declive natural?	
	¿Fueron identificadas y mapeadas la zonas con problemas críticos de ruido?	
4.3 *Medio biótico*	¿Las informaciones sobre el medio biótico cumplen con las demandas del TR?	
	¿Los métodos utilizados para los diferentes relevamientos están adecuadamente descriptos en detalle?	
	¿Fueron relevados los datos primarios en los casos necesarios?	
	¿Se les ha dado importancia a los relevamientos que esclarecen acerca de los principales impactos o sobre las cuestiones controvertidas?	
	¿Hay informaciones superfluas o irrelevantes en relación a la toma de decisiones?	
	¿La presencia de vegetación nativa fue identificada y mapeada?	
	¿Se han identificado y mapeado los hábitats importantes o los ecosistemas frágiles?	

(continuación)

Ítem del estudio	Criterios de análisis/puntos	Concepto
4. Diagnóstico ambiental		
4.4. *Medio antrópico*	¿Las informaciones sobre el medio antrópico cumplen con las demandas del TR?	
	¿Los métodos utilizados para los diferentes relevamientos están adecuadamente descriptos en detalle?	
	¿Fueron relevados los datos primarios en los casos necesarios?	
	¿Se les ha dado importancia a los relevamientos que esclarecen acerca de los principales impactos o sobre las cuestiones controvertidas?	
	¿Hay informaciones superfluas o irrelevantes en relación a la toma de decisiones?	
	¿Las formas de uso del suelo están adecuadamente descriptas y mapeadas?	
	¿Fueron descriptas las poblaciones a desplazar?	
	¿Han sido identificados, descriptos y mapeados los elementos significativos del patrimonio natural y cultural?	
4.5 *Calidad ambiental*	¿El texto trae una síntesis de la situación previa al proyecto?	
5. Análisis de los impactos		
	¿Los métodos y procedimientos de análisis están explicados?	
	¿Existe una clara distinción entre identificación, previsión y evaluación de los impactos?	
5.1 *Identificación de los impactos ambientales*	¿El método usado para la identificación está claramente explicado?	
	¿Los impactos están descriptos a través de enunciados claros?	
	¿Los impactos indirectos también fueron identificados?	
	¿Se omitió algún impacto significativo que sea de conocimiento del analista?	
5.2 *Previsión y evaluación de los impactos ambientales*	¿Fueron presentadas estimaciones cuantitativas de impactos, en caso de corresponder?	
	¿Está justificada la utilización de modelos matemáticos?	
	¿Hay informaciones sobre su adaptación para las condiciones locales?	
	En el caso de las previsiones cuantitativas, ¿existe información sobre las incertezas asociadas?	
	¿Han sido explicitados los criterios de atribución de importancia a los impactos? ¿Se los utiliza de forma coherente?	
	En caso de haberse realizado alguna evaluación, ¿los criterios de atribución de pesos han sido claramente definidos? ¿Se informa el número de personas que participó de las sesiones de evaluación? ¿Ha sido explicitado el procedimiento para dirimir divergencias?	
	¿Han sido considerados los impactos acumulativos resultantes de acciones inducidas por el proyecto en análisis?	
	¿Han sido considerados los impactos acumulativos resultantes de otras acciones o emprendimientos en curso o previstos para el área de influencia del proyecto analizado?	
5.3 *Análisis preliminar de riesgos*	¿Se realizó una adecuada identificación de los peligros?	
	¿Las hipótesis de accidentes son plausibles?	
	¿Se dejó de considerar alguna hipótesis importante de accidente?	
5.4 *Pronóstico de la calidad ambiental futura con y sin el emprendimiento*	¿Se ha hecho una síntesis de la calidad ambiental futura?	
6. Programas de gestión ambiental		
6.1 *Programas de administración*	¿Las medidas mitigadoras son compatibles con los impactos causados?	
	¿Se proponen medidas para todos los impactos relevantes, directos e indirectos?	

(continuación)

Ítem del estudio	Criterios de análisis/puntos	Concepto
6. Programas de gestión ambiental		
6.1 *Programas de administración*	¿La forma de presentación de las medidas mitigadoras permite confiar en su eficacia? ¿Hay dudas respecto a su eficacia?	
	¿Hay medidas que permitan valorizar los impactos positivos?	
	¿Las medidas de compensación han sido negociadas previamente con las partes interesadas y las autoridades involucradas? ¿Se presentan evidencias de negociaciones o acuerdos?	
	¿Se han mencionado y descripto eventuales efectos negativos de los programas de administración?	
	En caso de que otros agentes –no promotores del proyecto– deban implementar alguna medida de administración, ¿existe documentación que testimonie el compromiso de estos otros agentes?	
	¿El programa de gestión está descripto de manera de permitir una verificación o auditoría de su implementación?	
	¿Está prevista la preparación de informes de seguimiento de las medidas propuestas en el plan de gestión?	
6.2 *Plan de monitoreo ambiental*	¿Están contemplados en el plan los principales impactos?	
	¿Es adecuada la ubicación de las estaciones de muestreo?	
	¿Son adecuadas las frecuencias de muestreo?	
	¿Se ha brindado información de los métodos de recolección y análisis de datos?	
6.3 Sistema de gestión ambiental de la carretera	¿El sistema es compatible con las medidas de administración propuestas?	
7. Síntesis y conclusiones		
	¿Las principales conclusiones del EIA se retoman en esta sección?	
Referencias Bibliográficas		
	¿Todas las citas bibliográficas del texto se hallan adecuadamente referenciadas?	
	¿Hay una referencia completa a estudios no publicados, indicando los lugares en donde pueden ser consultados?	
Glosario de términos técnicos utilizados		
	¿Los principales términos han sido adecuadamente definidos?	
Equipo Técnico		
	¿Los participantes del estudio están identificados con sus respectivos números de matrícula profesional?	
	¿La parte de cada uno en el estudio se encuentra mencionada de manera suficientemente detallada?	
Anexos		
	¿Algún anexo citado en el texto no ha sido presentado?	
	¿Las informaciones presentadas son claras?	
Informe no técnico de impacto ambiental		
	¿Está redactado en un lenguaje accesible al público?	
	¿Es suficientemente conciso para permitir una lectura rápida?	
	¿Presenta ilustraciones que expliquen satisfactoriamente el proyecto?	
	¿Presenta los objetivos y justificaciones del emprendimiento?	
	¿Describe con claridad los principales impactos ambientales?	

Recursos

Como en otras especialidades, también el profesional en evaluación de impacto ambiental necesita una continua actualización. La experiencia individual es, sin dudas, inestimable, pero un profesional competente no puede prescindir de la experiencia colectiva acumulada para formar y consolidar su base de conocimiento. Este apéndice aporta referencias internacionales, a la vez que señala algunos recursos para la buena práctica de la evaluación de impacto ambiental.

International Association for Impact Assessment – IAIA www.iaia.org

La IAIA es una asociación profesional fundada en 1980. Con sede en los EEUU, tiene asociados en decenas de países, además de asociaciones nacionales o regionales afiliadas, congregando a más de dos mil personas. También edita *Impact Assessment and Project Appraisal*, una de las principales publicaciones periódicas internacionales sobre evaluación de impactos. Su página de internet se actualiza con regularidad. Entre los documentos de interés (algunos disponibles en español), podemos citar:
- Princípios de la Mejor Práctica para la Evaluación de Impacto Ambiental
- Biodiversidad y Evaluación de Impacto
- Participación Pública
- SEA Performance Criteria
- International Principles for Social Impact Assessment
- Health International Best Practice Principles

que conforman un conjunto de documentos sintéticos con directrices de buenas prácticas de la EIA. El *site* de la IAIA también contiene decenas de indicaciones de otras páginas.

Programa de las Naciones Unidas para el Medio Ambiente – PNUMA/ División de Economía y Comercio www.unep.ch

La página de esta división del PNUMA contiene abundante material de interés para la gestión ambiental y la evaluación de impactos de políticas agrícolas y de comercio internacional. Específicamente acerca de la evaluación de impacto ambiental de proyectos, se destaca:
- *Training Resource Manual for Environmental Impact Assessment* (2nd edition) se trata de un compendio escrito por un grupo de especialistas en programas de capacitación y entrenamiento en evaluación de impacto ambiental, a partir de una óptica internacional; presenta fundamentos y herramientas de EIA; disponible en www.unep.ch/etb/publications/enviImpAsse.php

Secretaría del Convenio Internacional sobre la Diversidad Biológica – www.biodiv.org

Este tratado internacional reconoce la importancia de la evaluación de impacto ambiental y su potencial contribución a la protección de la biodiversidad. Además de que el texto original del Convenio preconiza su aplicación, otros documentos producidos bajo la égida de la Convención y aprobados por los países adherentes, promueven el uso de la EIA, aportando directrices específicas para incorporar la protección de la biodiversidad a los estudios ambientales y a la evaluación ambiental estratégica. Se mencionan, en particular:

* *Guidelines for Incorporating Biodiversity-Related Issues into Environmental Impact Assessment Legislation and/or Process and in Strategic Environmental Assessment*
  documento aprobado por la 6ª. Conferencia de las Partes (La Haya, abril de 2002), como "Decisión VI/7" y anexo a dicha decisión.

* *Impact Assessment: Voluntary Guidelines on Biodiversity-Inclusive Impact Assessment*
  documento aprobado por la 8ª. Conferencia de las Partes (Curitiba, marzo de 2006), como "Decisión VIII/28" y anexo a dicha decisión.
  Ambos documentos se hallan disponibles en www.biodiv.org/convention/cops.asp

BANCO MUNDIAL – www.worldbank.org

Como principal agente financiero internacional, el Banco reconoce la importancia de la EIA en su proceso decisorio. Sus políticas y procedimientos están disponibles para el público. El *site* también contiene información actualizada sobre solicitudes de préstamos y sus condicionantes ambientales, así como diversos documentos acerca de la aplicación de la EIA. El *site* es modificado frecuentemente, pero las informaciones sobre evaluación de impactos suelen encontrarse en el tópico "environmental assessment". Se destacan:

* *Environmental Assessment Sourcebook*
  manual con informaciones sobre los procedimientos adoptados por el Banco y discusión sobre los principales impactos y medidas mitigadoras de diferentes tipos de proyectos; publicado en 1991 y complementado por diversos capítulos de actualización publicados hasta 2002.

* *Safeguard Policies*
  conjunto de documentos que explicitan las políticas del Banco en relación con la protección de los recursos ambientales y culturales en proyectos elevados para su posible financiamiento; una de éstas define los procedimientos de EIA del Banco.

INTERNATIONAL FINANCE CORPORATION – www.ifc.org/enviro

La IFC (Corporación Financiera Internacional, por su sigla en español) es el brazo del Banco Mundial que financia proyectos privados, por lo cual se rige por los mismos principios que el Banco, pero también desarrolla y publica sus propios procedimientos y recomendaciones, adaptados a las características de los proyectos de inversores privados. Se destacan:

* *Estándares de Desempeño (Performance Standards)*
  conjunto de documentos sintéticos que describen los roles y las responsabilidades de los clientes en la gestión de sus proyectos, con recomendaciones para el tratamiento de cuestiones socioambientales.

* *Good Practice Guidance*
  serie de documentos que acompañan los estándares de desempeño, detallándolos y brindando directrices para los proyectos privados; sus recomendaciones pueden usarse en cualquier tipo de proyecto.

❋ *Good Practice Notes*
conjunto de guías y directrices sobre temas socioambientales específicos, como *Addressing the Social Dimensions of Private Sector Projects, Handbook for Preparing a Resettlement Action Plan, Doing Better Business Through Effective Public Consultation* e *Pollution Prevention and Abatement Handbook*, entre otros.

❋ *Environmental, Health and Safety Guidelines*
conjunto de guías y directrices sobre los principales problemas ambientales encontrados en decenas de rubros de la actividad económica; varios se hallan disponibles en español.

Banco Interamericano de Desarrollo – www.iadb.org/topics/sustainability/
Banco multilateral que atiende a toda América Latina, el BID tiene su propia política ambiental y de sustentabilidad. Los estudios de impacto ambiental de los proyectos elevados al Banco están a disposición para la consulta pública durante el período de análisis.

Principios de Ecuador – www.equator-principles.com/
Grupo de instituciones financieras públicas y privadas que se comprometen a seguir determinados estándares acerca de la protección ambiental y de responsabilidad social en su operaciones, inclusive en el financiamiento de proyectos. El documento de mayor interés para la evaluación ambiental es

❋ *Guidance to EPFIs on Incorporating Environmental and Social Documentaion into Loan Documentation*
Documento que agrupa las principales recomendaciones a los agentes de crédito, inclusive las relativas a la evaluación ambiental y social.

Sites gubernamentales
La mayoría de las agencias ambientales dedicadas a evaluación de impacto ambiental disponen de *sites* con informaciones sobre leyes y reglamentos y proyectos en marcha, con la posibilidad, en algunas de ellas, de consultar o copiar estudios ambientales.

En Brasil, se puede citar:
- Ibama, Instituto Brasileño de Medio Ambiente y Recursos Naturales Renovables: www.ibama.gov.br/licenciamento/, que ofrece la posibilidad de consultar diversos EsIAs, organizados por tipo de emprendimiento.
- Secretaria de Medio Ambiente del Estado de São Paulo, Consejo Estadual de Medio Ambiente: www.ambiente.sp.gov.br/consema.php# , de donde es posible bajar EsIAs de proyectos en consulta pública y dictámenes sobre emprendimientos aprobados.

En Chile, el Sistema de Evaluación de Impacto Ambiental http://www.sea.gob.cl/ brinda acceso a (1) estudios de impacto ambiental de proyectos en análisis y ya aprobados y diversos documentos administrativos relativos al análisis de cada EsIA, inclusive la Resolución de Calificación Ambiental (2) un sistema de información de líneas de bases de los proyectos sometidos a evaluación de impacto ambiental, georreferenciado y de acceso público; (3) guías para evaluación de impacto ambiental.

En México, la Secretaría de Medio Ambiente y Recursos Naturales permite consultar "trámites de impacto ambiental" en http://app1.semarnat.gob.mx/portal/NvoPortal/consulta.php?tema=02000000 y se puede bajar manifestaciones de impacto ambiental.

Na Espanha, el portal del Ministerio de Medio Ambiente (www.mma.es/portal/secciones/evaluacion_ambiental/eval_impacto_proyectos/index.htm) permite la consulta por tipo de proyecto y acceso solamente a la memoria resumen de los estudios de impacto ambiental.

En los EEUU, las informaciones sobre la aplicación de la NEPA (*National Environmental Policy Act*) pueden encontrarse en los *sites* de las diferentes agencias del gobierno federal. Un buen punto de acceso es la Red NEPA (*NEPA Net*): www.nepa.gov/nepa/nepanet.htm. Por medio de la red, se accede al texto de la ley y su reglamento y a las páginas correspondientes de las agencias federales, así como a informaciones sobre los estados que tienen requisitos semejantes a los federales. También se pueden consultar informaciones sobre la NEPA a través de la página del Consejo de Calidad Ambiental: www.whitehouse.gov/ceq

En Canadá, se puede encontrar informaciones sobre evaluación de impacto ambiental en las páginas de los gobiernos provinciales y, sobre el gobierno federal, en la Agencia Canadiense de Evaluación Ambiental: www.ceaa-acee.gc.ca, que lleva un registro de todos los estudios ambientales hechos en su jurisdicción y los que se hicieron en conjunto con las provincias, pudiéndose consultar informaciones sobre los proyectos, su situación, actas de las audiencias públicas e informes de las comisiones de evaluación.

Es posible encontrar documentos de la Unión Europea sobre EIA en el Dirección General de Medio Ambiente, sector responsable por la integración de las políticas europeas y seguimiento de su implementación por parte de los países miembros; la página correspondiente, que indica documentos y estudios disponibles es: www.ec.europa.eu/environment/eia, en lo que se destacan las guías para focalización, *scoping* y análisis de EsIAs. Las informaciones sobre cada país de la Unión Europea se deben buscar en los respectivos gobiernos nacionales y regionales.

La página del Departamento de Medio Ambiente de la Región Administrativa Especial de Hong Kong www.epd.gov.hk/eia/ fue organizada a fin de brindar a los ciudadanos la mayor parte de las informaciones que podrían buscarse en archivos o documentos impresos; hay informaciones actualizadas sobre proyectos en curso, especialmente sobre la etapa de seguimiento, como informes parciales y consolidados de monitoreo, manuales de gestión y auditoría y la compilación de las condicionantes de las licencias ambientales, además de los propios estudios de impacto ambiental.

LISTA DE ESTUDIOS AMBIENTALES CITADOS

Botnia. 2004. *Environmental Impact Assessment Summary 2004/14001/1/01177*, 1 volumen. [Construcción de una fábrica de celulosa en Fray Bentos, Uruguay.]

BRGM, Bureau de Recherches Géologiques et Minières. 1981. *Étude d'Impact sur l'Environnement de l'Extension de la Mine à Ciel Ouvert de Montroc (Tarn)*. Sogerem, 22 p. + anexos.

Multigeo Meio Ambiente. 2004. *Estudo de Impacto Ambiental, Mineração de Argila Vieira e Pirizal*, Camargo Corrêa Cimentos, 3 volúmenes.

Centro de Tecnologia Promon. 1988. *Estudo de Avaliação de Impacto Ambiental, Fábrica de Cimento Eldorado, Bodoquena, MS*, Camargo Corrêa Industrial – S/A CCI, 2 volúmenes.

CESP – Companhia Energética de São Paulo. 1990. *Usina Termoelétrica de Paulínia. Relatório de Impacto Ambiental*, 1 volumen.

CNEC –Consórcio Nacional de Engenheiros Consultores. 1996. *Estudo de Impacto Ambiental, Usina Hidrelétrica Piraju*, Companhia Brasileira de Alumínio – CBA, 5 volúmenes.

CNEC –Consórcio Nacional de Engenheiros Consultores. 2005. *Relatório de Impacto Ambiental, Usina Hidrelétrica Tijuco Alto*, Companhia Brasileira de Alumínio – CBA.

Consultoria Paulista de Estudos Ambientais S/C Ltda. 2005. *Estudo de Impacto Ambiental, Dragagem do Canal de Piaçagüera e Gerenciamento dos Passivos Ambientais*, Companhia Siderúrgica Paulista - Cosipa, 3 volúmenes.

CSIR, Environmental Services. 1994. *Impact Assessment Report, Environmental Impact Assessment for Exploration Drilling in Offshore Area 2815, Namibia*.

Ecology Brasil/ Agrar/ JP Meio Ambiente. 2004. *Relatório de Impacto Ambiental, Projeto de Integração do Rio São Francisco com Bacias Hidrográficas do Nordeste Setentrional*, Ministério da Integração Nacional.

Equipe Umah. 2000. *Relatório Ambiental Preliminar Terminal Portuário do Rio Sandi*, Empresa Brasileira de Terminais Portuários S.A.

ERM Brasil Ltda. 2005. *Estudo de Impacto Ambiental, Fábrica Três Lagoas*, International Paper do Brasil Ltda., 3 volúmenes.

FADESP, Fundação de Amparo e Desenvolvimento da Pesquisa. 1997. *Estudo de Impacto Ambiental, Hidrovia Araguaia-Tocantins*, Administração das Hidrovias do Tocantins e Araguaia – Ahitar, Companhia Docas do Pará, 8 volúmenes. (versión preliminar)

Fundação Escola de Sociologia e Política de São Paulo. 2004. *Estudo de Impacto Ambiental, Programa Rodoanel Mario Covas Trecho Sul Modificado*, Dersa/Secretaria dos Transportes, 9 volúmenes.

GEAB, Grupo de Empresas Associadas Barra Grande. 2001. *Projeto Básico Ambiental, UHE Barra Grande*, 2 volúmenes.

Habtec Engenharia Ambiental. 2002. *Relatório de Impacto Ambiental, FPSO P-50. Atividade de Produção e Escoamento de Petróleo e Gás Natural. Campo de Albacora Leste*, Petrobras.

Houillères de Bassin du Centre et du Midi/Houllères d'Aquitaine. 1982. *Étude d'Impact, Exploitation par Grandes Découvertes des Stots de Carmaux*. 1 volumen.

Hydro-Québec. 1991. *Aménagement Hydroélectrique d'Eastmain 1, Rapport d'Avant Projet*.

JGP Consultoria e Participações Ltda. 2003. *Estudo de Impacto Ambiental, Loteamento Alphaville Santana*.

JP Engenharia. 2000. *Estudo de Impacto Ambiental, Central de Co-Geração da Baixada Santista*, Marubeni Corporation, 5 volúmenes.

Lower Manhattan Development Corporation. 2004. *The World Trade Center Memorial and Redevelopment Plan, Final Generic Environmental Impact Statement*, 3 volúmenes.

Mineral/Agrar. 2000. *Estudo de Impacto Ambiental, Usina Termelétrica Riogen Merchant*, Sociedade Fluminense de Energia Ltda., 2 volúmenes.

MKR Tecnologia, Serv., Ind. e Com. Ltda./E.labore Assessoria Ambiental Estratégica/Companhia de Cimento Ribeirão Grande - CCRG. 2003. *Estudo de Impacto Ambiental, Ampliação da Mina Limeira*, Companhia de Cimento Ribeirão Grande – CCGR, 6 volúmenes.

Pacific Hydro Chile S.A. sin fecha. *Estudio Impacto Ambiental, Proyecto Hidroeléctrico Nido de Águila*.

Prominer Projetos S/C Ltda. 1991. *Estudo de Impacto Ambiental, Minas de Calcário de Corumbá, Arcos, MG*, Companhia de Cimento Portland Itaú S.A., 2 volúmenes.

Prominer Projetos S/C Ltda. 2001. *Estudo Comparativo de Alternativas Locacionais do Projeto Fartura*. Mineração Jundu Ltda., 1 volumen [Informes complementarios al EsIA].

Prominer Projetos S/C Ltda. 2002. *Estudo de Impacto Ambiental, Lavra de Bauxita para Fabricação de Alumínio*, Companhia Geral de Minas – Alcoa Alumínio S.A., 2 volúmenes.

Prominer Projetos S/C Ltda. 2003. *Estudo de Impacto Ambiental, Lavra de Bauxita para Fabricação de Alumínio*, Companhia Brasileira de Alumínio – CBA, 2 volúmenes.

Tecsult/Roche. 1993. *Environmental Assessment, Lachine Canal Decontamination Project*, Parks Canada/Société du Vieux-Port de Montréal, *Summary*.

The Pelican Joint Venture. 1992. *Environmental Impact Assessment for a 466,000 tpa Aluminium Smelter in Richards Bay, South Africa. Summary Report.* University of Cape Town Environmental Evaluation Unit/CSIR Environmental Services.

The University of Aberdeen. 1995. *Removal and Disposal of the Brent Spar, A Safety and Environmental Assessment of the Options*, Shell UK Exploration and Production.

U.S. Army Corps of Engineers. 1995. *Draft Environmental Impact Statement for the Buckhorn Reservoir Expansion, City of Wilson, North Carolina* 2 volúmenes.

VicRoads. 1993. *Colder Highway Woodend Bypass, Environmental Effects Statement*, 1 volumen + suplementos técnicos.

Tratados Internacionales Citados

Tratado	Citación
Convención Relativa a los Humedales de Importancia Internacional, especialmente como Hábitat de Aves Acuáticas (Ramsar, 1971)	Capítulo 2
	Capítulo 4
	Capítulo 5
	Capítulo 12
Convención sobre la Protección del Patrimonio Mundial Cultural y Natural (Paris, 1972)	Capítulo 4
	Capítulo 5
	Capítulo 8
Convención sobre el Comercio Internacional de Especies Amenazadas de Fauna y Flora Silvestres (CITES) (Washington, 1973)	Capítulo 5
Convención sobre la Conservación de Especies Migratorias de Animales Salvajes (Bonn, 1979)	Capítulo 2
Convención sobre el Derecho del Mar (Montego Bay, 1982)	Capítulo 5
Protocolo de Madrid al Tratado Antártico sobre Protección del Medio Ambiente (Madrid, 1991)	Capítulo 4
Convención sobre la evaluación del impacto ambiental en un contexto transfronterizo (Espoo, 1991)	Capítulo 2
Convención sobre la Diversidad Biológica (Río de Janeiro, 1992)	Capítulo 2
	Capítulo 3
	Capítulo 5
	Capítulo 12
Convención sobre el Cambio Climático (Río de Janeiro, 1992)	Capítulo 2
	Capítulo 5
Declaración de Río (Río de Janeiro, 1992)	Capítulo 2
Agenda 21 (Río de Janeiro, 1992)	Capítulo 2
Convenio 174 de la Organización Internacional del Trabajo sobre la Prevención de Accidentes Industriales Mayores (Ginebra, 1993)	Capítulo 11
Convenio sobre el Acceso a la Información Ambiental, la Participación Pública en Materia de Medio Ambiente y Acceso a la Justicia en Materia de Medio Ambiente (Aarhus, 1998)	Capítulo 15
	Capítulo 17
Convención sobre la Pretección del Patrimonio Cultural Subacuático (París, 2001)	Capítulo 5

AB'SÁBER, A. N. Diretrizes para uma política de preservação de reservas naturais no Estado de São Paulo. *Geografia e planejamento*, v. 30, p. 1-8, 1977.

ABBRUZZESE, B.; S. G. LEIBOWITZ. A synoptic approach for assessing cumulative impacts to Wetlands. *Environmental management*, v. 21, n. 3, p. 457-475, 1997.

AGRA FILHO, S. S. Situação atual e perspectivas da avaliação de impacto ambiental no Brasil. In: SÁNCHEZ, L. E. (Org.). *Avaliação de impacto ambiental:* situação atual e perspectivas. São Paulo: Epusp, 1993. p. 153-156.

AHAMMED, R.; HARVEY, N. Evaluation of environmental impact assessment procedures and practices in Bangladesh. *Impact assessment and project appraisal*, v. 22, n. 1, p. 63-78, 2004.

ALLOWAY, B. J.; AYRES, D. C. *Chemical principles of environmental pollution.* London: Blackie Academic & Professional, 1993.

ALTON, C. C.; UNDERWOOD, P. B. Let us make impact assessment more accessible. *Environmental impact assessment review*, v. 23, p. 141-153, 2003.

ANDRÉ, P. et al. *L'évaluation des impacts sur l'environnement. Processus, acteurs et pratique pour un développement durable.* 2. ed. Montreal, Presses Internationales Polytechnique, 2003.

ANDREWS, R. L. N. Environmental impact assessment and risk assessment: learning from each other. In: WATHERN, P. (Org.). *Environmental impact assessment:* theory and practice. London: Unwin Hyman, 1988. p. 85-97.

ARMOUR, A. Methodological problems in social impact monitoring. *Environmental impact assessment review*, v. 8, p. 249-265, 1988.

ARNSTEIN, S. R. A ladder of citizen participation. *Journal of the american institute of planners*, v. 35, n. 4, p. 216-224, 1969.

ARTS, J. *EIA follow-up:* on the role of ex post evaluation in environmental impact assessment. Groningen: Geo Press, 1998.

ARTS, J.; CALDWELL, P.; MORRISON-SAUNDERS, A. Environmental impact assessment follow-up: good practice and future directions – findings from a workshop at the IAIA 2000 Conference. *Impact assessment and project appraisal*, v. 20, n. 4, p. 229-304, 2001.

AUERBACH, S. I. et al. Environmental Impact Statements. *Science,* v. 193, p. 248, 1976.

AWAZU, L. A. M. Análise, avaliação e gerenciamento de riscos no processo de avaliação de impactos ambientais. In: JUCHEM, P.A. (Org.). *Manual de avaliação de impactos ambientais.* 2. ed. Curitiba, Instituto Ambiental do Paraná/Deutsche Gesellschaft für Technische Zusammenarbeit, 1993. p. 3200-3254.

AZINGER, K. L. Methodology for developing a stakeholder-based external affairs strategy. *CIM Bulletin*, p. 87-93, April 1998.

BACK, P. A. A. Designing safety into dams. *Water Power & Dam Construction*, p. 11-12, February, 1990.

BAILEY, J. Environmental impact assessment and management: an underexplored relationship. *Environmental management*, v. 21, n. 3, p. 317-327, 1997.

BAILEY, J.; HOBBS, V.; MORRISON-SAUNDERS, A. Environmental auditing: artificial waterway developments in Western Australia. *Journal of environmental management*, v. 34, p. 1-13, 1992.

BALBY, C. N; NAPOLITANO, C. M.; FERNANDES, E. S. L. Usina termoelétrica de Paulínia. In: LIMA, A. L. B. R.; H. R. TEIXEIRA; SÁNCHEZ, L. E. (Orgs.). *A efetividade do processo de avaliação de impacto ambiental no Estado de São Paulo: uma análise a partir de estudos de caso.* São Paulo: Secretaria do Meio Ambiente do Estado, 1995. p. 67-75.

BALMFORD, A. et al. Economic reasons for conserving wild nature. *Science*, v. 297, p. 950-953, 2002.

BAPE – BUREAU D'AUDIENCES PUBLIQUES SUR L'ENVIRONNEMENT. *Le BAPE et la gestion des conflits: bilan et perspectives.* Québec: BAPE, 1986.

_____. *La médiation en environnement: une nouvelle approche du BAPE.* Québec: BAPE, 1994a.

_____. *Rapport Annuel 1993-1994.* Sainte-Foy: Les Publications du Québec, 1994b.

BARBOSA, R.I.; FEARNSIDE, P. M. Erosão do solo na Amazônia: estudo de caso na região de Apiaú, Roraima, Brasil. *Acta Amazonica* v. 30, n. 4, p. 601-613, 2000.

BAROUCH, G.; THEYS, J. L'Environnement dans la négotiation et l'analyse des projets: que faire de plus que les études d'impact? *Cahiers du GERMES*, v. 12, p. 3-23, 1987. (Groupe d'Explorations et de Recherches Multidisciplinaires sur l'Environnement, Paris.)

BARRASS, R. *Os cientistas precisam escrever*. São Paulo: T. A. Queiroz/Edusp, 1979.

BARTHES, R. *Le texte et l'image*. Paris: Ed. Paris Musées, 1986.

BAXTER, W.; ROSS, W. A.; SPALING, H. Improving the practice of cumulative effects assessment in Canada. *Impact assessment and project appraisal*, v. 19, n. 4, p. 253-262, 2001.

BEANLANDS, G. Scoping methods and baseline studies in EIA. In: WATHERN, P. (Org.). *Environmental impact assessment. Theory and practice*. London: Unwin Hyman, 1988. p. 31-46.

_____. Environmental assessment requirements at the World Bank. In: SÁNCHEZ, L. E. (Org.). *Avaliação de impacto ambiental*: situação atual e perspectivas. São Paulo: Epusp, 1993a. p. 91-101.

_____. Forecasts, uncertainties and the scientific contents of environmental impact assessment. In: SÁNCHEZ, L. E. (Org.). *Avaliação de impacto ambiental:* situação atual e perspectivas. São Paulo: Epusp, 1993. p. 59-65.

BEANLANDS, G. E.; P. N. DUINKER *An ecological framework for environmental impact assessment in Canada*. Halifax: Institute for Resource and Environmental Studies, Dalhousie University, 1983.

BECKER, D. R. et al. A comparison of a technical and a participatory application of social impact assessment. *Impact assessment and project appraisal*, v. 22, n. 3, p. 177-189, 2004.

BEDÊ, L. C. et al. *Manual para mapeamento de biótopos no Brasil*. 2. ed. Belo Horizonte: Fundação Alexander Brandt, 1997.

BELLINGER, E. et al. *Environmental assessment in countries in transition*. Budapest: CEU Press, 2000.

BENSON, J. F. What is the alternative? impact assessment tools and sustainable planning. *Impact assessment and project appraisal*, v. 21, n. 4, p. 261-266, 2003.

BERGER, A. R. The geoindicator concept and its application: an introduction. In: BERGER, A.R.; IAMS, W.J. (Orgs.), *Geoindicators*. Rotterdam, Balkema, 1996. p. 1-14.

BINGHAM, G. Must the Courts Resolve All Our Conflicts? *Phi Kappa Phi Journal*, p. 20-21, winter 1989.

BINGHAM, G.; LANDSTAFF, L. M. Alternative dispute resolution in the NEPA process. In: CLARCK, R.; CANTER, L. (Orgs.). *Environmental policy and NEPA. Past, present and future*. Boca Raton, St. Lucie Press, 1997. p. 277-288.

BISSET, R. A critical survey of methods for environmental impact assessment. In: O'RIORDAN, T.; TURNER, R.K. (Orgs.). *An annotated reader in environmental planning and management*. Oxford, Pergamon, 1984a. p. 168-186.

_____. Post development audits to investigate the accuracy of environmental impact predictions. *Zeitschrift für Umweltpolitik*, v. 7, p. 463-484, 1984b.

_____. Development of EIA methods. In: WATHERN, P. (Org.). *Environmental impact assessment: theory and practice*. London: Unwin Hyman, 1988. p. 47-61.

BITAR, O. Y. et al. *Indicadores geológico-geotécnicos na recuperação ambiental de áreas degradadas em regiões urbanas*. In: VIII CONGRESSO BRASILEIRO DE GEOLOGIA. Poços de Caldas, v. 2, 1993. Anais... p. 177-183.

BITAR, O. Y.; CERRI, L. E. S.; NAKAZAWA, V. A. *Carta de risco geológico e carta geotécnica:* uma diferenciação a partir de casos em áreas urbanas no Brasil. In: II SIMPOSIO LATINOAMERICANO SOBRE RIESGO GEOLÓGICO URBANO, 1992. Pereira, Colombia. p. 35-41.

BLOCK, M. R. *Identifying environmental aspects and impacts*. Milwaukee, Quality Press, 1999.

BOFFEY, P. M. Teton dam verdict: a foul-up by the engineers. *Science* v. 195, p. 270-272, 1977.

BOJÓRQUEZ-TAPIA, L. A.; GARCÍA, O. An approach for evaluating EIAs – deficiencies of EIA in Mexico. *Environmental impact assessment review*, v. 18, p. 218-240, 1998.

BOM, A. E. R.; MORAIS, N. A. Normas Técnicas para Apresentação de Mapas em Estudos de Impactos Ambientais. In: JUCHEM, P. A. (Org.). *Manual de avaliação de impactos ambientais*. 2. ed. Curitiba, Instituto Ambiental do Paraná/Deutsche Gesellschaft für Technische Zusammenarbeit, 1993. p. 3217-3221.

BOOTHROYD, P. Policy assessment. In: VANCLAY, F.; BRONSTEIN, D. A.(Orgs.). *Environmental and social impact assessment*. Chichester: John Wiley & Sons, 1995. p. 83-126.

BOOTHROYD, P. *An overview of the issues raised at the international conference on social impact assessment*, Vancouver, October 24-27, 1982, não publicado.

BOSI, A. *A dialética da colonização*. 2. ed. São Paulo: Companhia das Letras, 1992.

BOWONDER, B.; KASPERSON, J. X.; KASPERSON, R. E. Avoiding Future Bhopals. *Environment*, v. 27, n. 7, p. 6-13, 31, 1985.

BRANCO, G. M. et al. Impacto do sistema Anchieta-Imigrantes sobre a qualidade do ar e modelagem estatística para a intervenção e gerenciamento da sua operação. In: III CONGRESSO BRASILEIRO DE CONCESSÕES DE RODOVIAS, Gramado, 2003.

BREGMAN, J. I.; MACKENTHUN, K. M. *Environmental impact statements*. Boca Raton: Lewis, 1992.

BUCHER, E. H.; HUZSAR, P. C. Critical environmental costs of the Paraguai-Paraná waterway project in South America. *Ecological Economics*, v. 15, p. 3-9, 1995.

BUCHER, E. H. et al. *Hidrovia*: uma análise ambiental inicial da via fluvial Paraguai-Paraná. Buenos Aires, Manomet, Humedales para las Américas, 1994.

BUCKLEY, R. Auditing the precision and accuracy of environmental impact predictions in Australia. *Environmental monitoring and assessment*, v. 18, p. 1-23, 1991a.

_____. How accurate are environmental impact predictions? *Ambio* v. 20, n. 3-4, p. 161-162, 1991b.

BURDGE, R. J. Social impact assessment: definition and historical trends. In: BURDGE, R. J. (Org.). *The concepts, process and methods of social impact assessment*. Middleton: Social Ecology Press, 2004. p. 1-11.

BURDGE, R. J.; VANCLAY, F. Social impact assessment. In: VANCLAY, F.; BRONSTEIN, D. A. (Orgs.), *Environmental and social impact assessment*. Chichester: John Wiley & Sons, 1995. p. 31-65.

BYRON, H. *Biodiversity and environmental impact assessment: a good practice guide for road schemes*. Royal Society for the Protection of Birds/WWF-UK/English Nature/The Wildlife Trust, Sandy, 2000.

CAIRNS Jr., J. Restoration, reclamation, and regeneration of degraded or destroyed ecosystems. In: SOULÉ, M. E. (Org.). *Conservation biology*. Sunderland: Sinauer, 1986. p. 465-484.

CALDARELLI, S. B. Levantamento arqueológico em planejamento ambiental. *Revista do museu de arqueologia e etnologia*, Suplemento 3, p. 347-369, 1999.

CALDARELLI, S. B.; SANTOS, M. C. M. M. Arqueologia de contrato no Brasil. *Revista USP*, n. 44, p. 52-73, 2000.

CALDWELL, L. The environmental impact statement: a misused tool. In: JAIN, R. K.; HUTCHINGS, B. L. (Orgs.). *Environmental impact analysis*. Urbana: Univ. of Illinois Press, 1977. p. 11-25.

_____. 20 years with NEPA indicates the need. *Environment*, v. 31, n. 10, p. 6-28, 1989.

CANTER, L. *Environmental impact assessment*. 2. ed. New York: Mc-Graw-Hill, 1996.

CARDOSO, F. H; MULLER, G. *Amazônia: expansão do capitalismo*. 2. ed. São Paulo: Brasiliense, 1978.

CARPENTER, R. A. Risk assessment. In: VANCLAY, F.; BRONSTEIN, D.A. (Orgs.), *Environmental and social impact assessment*. Chichester: John Wiley & Sons, 1995. p. 193-219.

CARVALHO, J.; ALMEIDA, R. O. P. O.; BASTOS, R. L. *Análise crítica do processo de avaliação de impacto ambiental da UHE Piraju*. Trabalho da disciplina PMI-5705 Estudos Comparativos em Avaliação de Impacto Ambiental: Canadá, França, Brasil. Escola Politécnica da USP, 1998. (Inédito)

CASSETI, W. *Ambiente e apropriação do relevo*. 2. ed. São Paulo: Contexto, 1995.

CEBRAC/ICV/WWF. *Hidrovia Paraguai-Paraná. Quem paga a conta?* Brasília: 1994.

CEIA, COMMISSION FOR ENVIRONMENTAL IMPACT ASSESSMENT. *Annual Report 2001*. Utrecht: Commission for Environmental Impact Assessment, 2002a.

_____. *Environmental Impact Assessment in the Netherlands. Views from the Commission for EIA in 2002*. Utrecht: Commission for Environmental Impact Assessment, 2002b.

CETESB, COMPANHIA ESTADUAL DE TECNOLOGIA DE SANEAMENTO AMBIENTAL. *Baixada Santista. Carta do meio ambiente e de sua dinâmica*. São Paulo: Cetesb, 1985 + carta.

_____. *Manual de Gerenciamento de Áreas Contaminadas*. 2. ed. São Paulo: Cetesb, 2001.

_____. Norma Técnica P 2461. Manual de orientação para a elaboração de estudos de análise de riscos, *Diário Oficial do Estado de São Paulo* v. 113, n. 156, Seção I, 2003. p. 34-43.

LAGADEC, P. 1981. La Civilisation du Risque. Seuil, Paris, 238 p.

CLARK, R. NEPA: the rational approach to change. In: CLARK, R.; CANTER, L. (Orgs.). *Environmental policy and NEPA. Past, present and future.* Boca Raton: St. Lucie Press, 1997. p. 15-23.

CLOQUELL-BALLESTER et al. Indicators validation for the improvement of environmental and social impact quantitative assessment. *Environmental impact assessment review,* n. 26, p. 79-105, 2006.

COMITÉ DE LA BAIE JAMES SUR LE MERCURE. *Rapport d'Activités 1988-1987.* Montreal: 1988.

_____. *Rapport d'Activités 1990-1991.* Montreal: 1992.

COOPER, L.M.; SHEATE, W. R. Cumulative effects assessment: a review of UK environmental impact statements. *Environmental impact assessment review,* n. 22, p. 415-439, 2002.

COPPEDÊ JR., A.; BOECHAT, E.C. Avaliação das interferências ambientais da mineração nos recursos hídricos na bacia do Alto Rio das Velhas. In: X *CONG. BRAS. GEOLOGIA DE ENGENHARIA,* Ouro Preto, 2002. *Anais...* CD-ROM.

CORTELETTI, R. C.; SÁ, F. F. Metodologia e tratamento cartográfico na análise para fins de licenciamento ambiental de loteamentos. In: PEJON, O. J.; ZUQUETTE, L. V. (Orgs.). *Cartografia geotécnica e geoambiental. Conhecimento do meio físico: base para a sustentabilidade. V Simpósio Brasileiro de Cartografia Geotécnica e Geoambiental, São Carlos.* São Paulo: Associação Brasileira de Geologia de Engenharia e Ambiental, 2004. p. 351-357.

COSTANZA, R. *Ecological economics:* the science and management of sustainability. Columbia University Press, 1991.

COSTANZA, R. et al. The value of the world's ecosystem services and natural capital. *Ecological economics,* v. 25, n. 1, p. 3-15, 1997.

COUCH, W. J. *L'Évaluation environnementale au Canada: Sommaire des pratiques actuelles.* Conseil Canadien des Ministres des Resources et de l'Environnement, 1988.

CPRM, COMPANHIA DE PESQUISA DE RECURSOS MINERAIS. *Contribuição da CPRM para os planos diretores municipais. Orientações básicas.* Brasília: CPRM, 1991.

CREPALDI, C. *Análise de parâmetros de monitoramento ambiental da mina do Trevo Siderópolis.* São Paulo: Escola Politécnica da USP, Dissertação de Mestrado, 2003.

CRIÊ, H. Tchernobyl: une catastrophe sans precêdent. *La Recherche,* supplement, n. 212, p. 48-49, 1989.

CROWFOOT, J. E.; WONDOLLECK, J. M. Citizen organizations and environmental conflict. In: CROWFOOT, J. E.; WONDOLLECK, J. M. (Orgs.). *Environmental disputes:* community involvement in conflict resolution. Washington: Island Press, 1990. p. 1-16.

CRUMP, A. *Dictionary of environment and development.* Cambridge: MIT Press, 1993.

CULHANE, P. J. Decision making by voluminous speculation: the contents and accuracy of U.S. environmental impact statements. In: SADLER, B. (Org.). *Audit and evaluation in environmental assessment and management:* canadian and international experience. Ottawa: Environment Canada, 1985. v. II, p. 357-378.

CULHANE, P. J. et al. *Forecasts and environmental decision-making. The content and accuracy of environmental impact statements.* Boulder: Westview Press, 1987.

CUPEI, J. Estudo de impacto ambiental (UVP) e processos de decisão. In: MÜLLER-PLANTENBERG, C.; AB'SÁBER, A. N. (Orgs.). *Previsão de impactos.* São Paulo: Edusp, 1994. p. 419-437.

CUPERUS, R. et al. Ecological compensation in dutch highway planning. *Environmental management,* n. 27, v. 1, p. 75-89, 2001.

DAWSON, D. G. Roads and habitat corridors for animals and plants. In: SHERWOOD, B.; CUTLER, D.; BURTON, J. A. (Orgs.). *Wildlife and roads:* the ecological impact. London: Imperial College Press, 2002. p. 185-198.

DE BROISSIA, M. *Selected mathematical models in environmental impact assessment in Canada.* Hull: Canadian Environmental Assessment Research Council, 1986.

DE GROOT, R. S. *Functions of Nature:* Evaluation of Nature in Environmental Planning, Management and Decision-Making. Groningen: Wolters-Noordhoff, 1992.

DE JONGH, P. Uncertainty in EIA. In: WATHERN, P. (Org.). *Environmental impact assessment:* theory and practice. London: Unwin Hyman, 1988. p. 62-84.

DEAN, W. *A ferro e fogo. A história e a devastação da mata atlântica brasileira.* São Paulo: Companhia das Letras, 1997.

DEE, N. et al. An environmental evaluation system for water resource planning. *Water resource research,* v. 9, n. 3, p. 523-535, 1973.

DEPARTMENT OF ENVIRONMENTAL AFFAIRS *Checklist of Environmental Characteristics.* Pretoria: Integrated Environmental Management Guideline Series, Guideline Document 5, 1992.

DIAS, E. G. C. S. *Avaliação de impacto ambiental de projetos de mineração no Estado de São Paulo; a etapa de acompanhamento.* São Paulo: Escola Politécnica da USP, tese de doutorado, 2001.

DIAS, E. G. C. S.; SÁNCHEZ, L. E. Deficiências na implementação de projetos submetidos à avaliação de impacto ambiental no Estado de São Paulo. *Revista de Direito Ambiental,* v. 6, n. 23, p. 163-204, 2001.

_____. A participação pública *versus* os procedimentos burocráticos no processo de avaliação de impactos ambientais de uma pedreira. *Revista de Administração Pública,* v. 33, n. 4, p. 81-91, 1999.

DIEGUES, A. C. *O mito moderno da natureza intocada.* São Paulo: Nupaub/USP, 1994.

DONNELY, C. R.; MORGENROTH, M. Risky business. *International water power & dam construction,* May 2005, p. 16-23.

DORNEY, R. S. *The professional practice of environmental management.* New York: Springer-Verlag, 1989.

DREYER-EIMBCKE, O. *O descobrimento da terra:* história e histórias da aventura cartográfica. São Paulo: Melhoramentos/Edusp, 1992.

DREYFUS, D. A.; INGRAM, H. M. The national environmental policy act: a view of intent and practice. *Natural resources journal,* v.16, n. 2, p. 243-262, 1976.

DUBLER, J. R.; GRIGG, N. S. Dam safety policy for spillway design floods. *Journal of professional issues in engineering education and practice,* v. 122, n. 4, p. 163-169, 1996.

DUINKER, P. N.; BEANLANDS, G. E. The significance of environmental impacts: an exploration of the concept. *Environmental management,* v. 10, n. 1, p. 1-10, 1986.

ECCLESTON, C. H. *Environmental impact statement: a comprehensive guide to project and strategic planning.* New York: John Wiley & Sons, 2000.

ECO, U. *Come si fa una tesi di laurea.* 10. ed. Milano: Tascabili Bompiani, 1986.

EIDSVIK, H. K. Involving the public in park planning: Canada. *Parks* v. 3, n. 1, p. 3-5, 1978.

ELETROBRÁS. *Manual de estudos de efeitos ambientais dos sistemas elétricos,* 1986.

ELLIS, D. *Environments at risk. Case histories of impact assessment.* New York: Springer-Verlag, 1989.

ELSOM, D. M. Air quality and climate. In: MORRIS, P.; THERIVEL, R. (Orgs.). *Methods of environmental impact assessment.* 2. ed. London: Spon Press, 2001. p.145-169.

_____. *Fundamentals of environmental compliance inspections.* Rockville: Government Institutes, 1989.

_____. *Overview of best practice environmental management in mining.* Barton, 1995a.

_____. *Community consultation and involvement. Best practice in environmental management in mining.* Barton, 1995b.

ERICKSON, P. A. *A practical guide to environmental impact assessment.* San Diego: Academic Press, 1994.

ERL, ENVIRONMENTAL RESOURCES LTD. *Handling uncertainty in environmental impact assessment.* Gravenhage: Ministerie van Volkshuisvesting, Ruimtelijke Ordening en Milieubeheer/Ministerie van Landbouw en Visserj, 1985.

ESPINOZA, G.; ALZINA, V. *Review of environmental impact assessment in selected countries of Latin America and the Caribbean:* methodology, results and trends. Santiago: Inter-American Development Bank, Center for Development Studies, 2001.

ESTEVES, F. A.; BOZELLI, R. L.; ROLAND, F. Lago Batata: um laboratório de limnologia tropical. *Ciência Hoje,* n. 11, n. 64, p. 26-33, 1990.

ESTEVES, O. Résistances Populaires. *Le Monde Diplomatique,* p.16-17, jan. 2006.

EUROPEAN COMMISSION. *Guidance on EIA. EIS review.* Directorate General for Environment, Nuclear Safety and Civil Protection, 1994.

_____. *Guidance on EIA – Scoping.* Luxembourg: Office for Official Publications of the European Communities, 2001a.

_____. *Environmental impact assessment review.* Luxembourg: Office for Official Publications of the European Communities, 2001b.

EVALUATION COMMITTEE. *Towards a sustainable system of environmental impact assessment. Second advisory report on the EIA regulations contained in the environmental management act, Summary.* The Hague: Ministry of Housing, Spatial Planning and the Environment, 1996.

FAIRFAX, S. K. A disaster in the environmental movement. *Science*, v. 199, p. 743-748, 1978.

FARIA, A. A. C. A Contestação do relatório ambiental preliminar – RAP como instrumento de avaliação de impacto ambiental. In: GOLDENSTEIN, S. et al. *Avaliação de impacto ambiental.* São Paulo: Secretaria do Meio Ambiente, Série Documentos Ambientais, 1998. p. 31-34.

FEARNSIDE, P. Brazil's Balbina dam: environment versus the legacy of the pharaohs in Amazonia. *Environmental management*, v. 13, n. 4, p. 401-423, 1989.

FEININGER, A. *La nueva técnica fotográfica.* Barcelona: Editorial Hispano Europea, 1972.

FELDMANN, F. *Tratados e organizações internacionais em matéria de meio ambiente.* 2. ed. São Paulo: Secretaria do Meio Ambiente, 1997.

FERC, FEDERAL ENERGY REGULATORY COMMISSION. Silver lake fuse plug activation, dead river project, P-10855, Summary of Conclusions, 4/13/04. Disponível em www.ferc.org, acesso em 24 de setembro de 2006.

FERNÁNDEZ-VÍTORA, V. C. *Guía metodológica para la evaluación del impacto ambiental.* 3. ed. Madrid: Mundi-Prensa, 2000.

FERRER, J. T. V. Audiências públicas realizadas no processo de licenciamento e avaliação de impacto ambiental no Estado de São Paulo. *Avaliação de impactos*, n. 4, v. 1, p. 79-100, 1998.

FISCHER, F. Risk assessment and environmental crisis: towards an integration of science and participation. *Industrial crisis quarterly*, n. 5, p. 113-132, 1991.

FORNASARI FILHO, N. et al. *Alterações no meio físico decorrentes de obras de engenharia.* Boletim 61, São Paulo: Instituto de Pesquisas Tecnológicas, 1992.

FORSBERG, B. et al. Development and erosion in the brazilian Amazon: a geochronological case study. *GeoJournal*, n. 19, v. 4, p. 399, 402-405, 1989.

FUGGLE, R. Integrated environmental management. In: FUGGLE, R.; RABIE, M. A. (Orgs.). *Environmental management in South Africa.* Cape Town: Juta & Co., 1992. p. 748-761.

FUGGLE, R. et al. *Guidelines for scoping.* Pretoria: Department of Environmental Affairs, 1992.

FURTADO, C. *O Mito do desenvolvimento econômico.* Rio de Janeiro: Paz e Terra, 1974.

_____. *O Brasil pós-"milagre".* 7. ed. Rio de Janeiro: Paz e Terra, 1982.

GALLARDO, A. L. C. F. *Análise das práticas de gestão ambiental da construção da pista descendente da rodovia dos Imigrantes.* Escola Politécnica da USP, tese de doutorado, 2004.

GALLARDO, A. L. C. F.; SÁNCHEZ, L. E. Follow-up of a road building scheme in a fragile environment. *Environmental impact assessment review*, n. 24, v. 2, p. 47-58, 2004.

GANDOLFI, N. A cartografia geotécnica no planejamento do uso e ocupação do solo. In: CHASSOT, A.; CAMPOS, H. (Orgs.). *Ciências da terra e meio ambiente:* diálogos para (inter)ações no planeta. São Leopoldo: Editora Unisinos, 1999. p. 113-127.

GARCEZ, L. N. Efeitos de grandes barragens no meio ambiente e no desenvolvimento regional. *Inter-Fácies – escritos e documentos*, n. 64, p. 1-21, 1981. (Instituto de Biociências, Letras e Ciências Exatas, Unesp, São José do Rio Preto.)

GARIS, Y. What is the alternative? Response to Benson. *Impact Assessment and Project appraisal*, n. 21, v. 4, p. 272, 2003.

GASPAR, A.L.S. et al. *Análise crítica de estudo ambiental.* Usina Hidrelétrica de Irapé. Trabalho de disciplina Avaliação de Impacto Ambiental I, Programa de Educação Continuada em Engenharia, Escola Politécnica da USP, 2005.

GEORGE, C. Environmental monitoring, management and auditing. In: LEE, N.; GEORGE, C. (Orgs.). *Environmental assessment in developing and transitional countries.* Chichester: John Wiley & Sons, 2000. p. 177-193.

GILPIN, A. *Environmental impact assessment.* Cambridge University Press, 1995.

GLASSON, J.; SALVADOR, N. N. B. EIA in Brazil: a procedures-practice gap. A comparative study with reference to the European Union, and especially the UK. *Environmental impact assessment review,* n. 20, p. 191-225, 2000.

GLASSON, J.; THERIVEL, R.; CHADWICK, A. *Introduction to Environmental Impact Assessment.* 2. ed. London: UCL Press, 1999.

GODARD. O. *Aspects institutionnels de la gestion intégrée des ressources naturelles et de l'environnement.* Paris: Éditions de la Maison des Sciences de l'Homme, 1980.

_____. L'Environnement, une polysémie sous-exploitée. In: JOLLIVET, M. (Org.). *Sciences de la nature, sciences de la société:* les passeus de frontières. Paris: CNRS Éditions, 1992. p. 337-344.

GODELIER, M. *Rationalité & irrationalité en économie.* Paris: Maspero, 1983. v. I.

GODET, M. Méthode des scénarios. *Futuribles,* n. 71, p. 110-120, 1983a.

_____. Sept idées-clés. *Futuribles,* n. 71, p. 5-9, 1983b.

GONTIER, M.; BALFORS, B.; MÖRTBERG, U. Biodiversity in environmental impact assessment — current practice and tools for prediction. *Environmental impact assessment review,* n. 26, p. 268-286, 2006.

GOODLAND, R. Social and environmental assessment to promote sustainability. An informal view. *The World Bank environment department papers,* n. 74, p. 1-36, 2000.

GOODLAND, R.; IRWIN, H. *A selva amazônia:* do inferno verde ao deserto vermelho? São Paulo/Belo Horizonte: Edusp/Itatiaia, 1975.

GOODLAND, R.; MERCIER, J. R. *The evolution of environmental assessment in the World Bank: from "Approval" to Results.* The World bank environment department papers, n. 67, 1999.

GOODLAND, R.; WEBB, M. The management of cultural property in World-Bank assisted projects. Archaeological, historical, religious, and natural unique sites. *World Bank technical paper,* n. 62, p. 1-102, 1987.

GORCZYNSKI, D.M. *Insider's guide to environmental negotiation.* Chelsea: Lewis, 1991.

GOUTAL, N. The malpasset dam failure: an overview and test case fefinition. In: Proceedings of the 3rd Cadam Workshop, Zaragoza, 1999.

GOUVÊA, Y. M. G. Situação atual e perspectivas da avaliação de impacto ambiental no Brasil. In: SÁNCHEZ, L. E. (Org.), *Avaliação de impacto ambiental:* situação atual e perspectivas. São Paulo: Epusp, 1993. p. 147-151.

_____. GOUVÊA, Y. M. G. A interpretação do artigo 2º da Resolução Conama 01/86. In: GOLDENSTEIN, S. et al. *Avaliação de impacto ambiental.* São Paulo: Secretaria do Meio Ambiente, 1998. p. 11-23.

GRANDBOIS, M. O estudo de impacto ambiental e as audiências públicas no Quebec. In: SÁNCHEZ, L. E. (Org.). *Avaliação de impacto ambiental:* situação atual e perspectivas. São Paulo: Epusp, 1993. p. 71-78.

GRIMA, A. P. et. al. *Risk management and EIA:* research needs and opportunities. Hull: Canadian Environmental Assessment Research Council, 1986.

GUIMARÃES, R. P. *The ecopolitics of development in the third world:* politics and environment in Brazil. Boulder/London: Lynne Rienner, 1991.

GUTMANN, A.; THOMPSON, D. *Democracy and disagreement.* Cambridge, The Belknap Press of Harvard University Press, 1996.

HABERMAS, J. *Mudança estrutural da esfera pública:* investigações quanto a uma categoria da sociedade burguesa. Rio de Janeiro: Tempo Brasileiro, 1984.

_____. *Direito e democracia:* entre facticidade e validade. Rio de Janeiro: Tempo Brasileiro, 1997. v. II.

HAMMOND, A. et al. *Environmental indicators: a systematic approach to measuring and reporting on environmental policy performance in the context of sustainable development.* Washington: World Resources Institute, 1995.

HARRISON, E. B. *Environmental communication and public relations handbook.* 2. ed. Government Institutes, Rockville: 1992.

HÉBRARD, S. *L'étude d'impact sur l'environement:* révolution ou evolution dans l'aménagement du territoire? Paris: Univ. Paris II, tese de doutorado, 1982.

HICHAO, D.; RUSHU, W. Managing the Environment. *International water power & dam construction*, March 2006. p. 16-19.

HILDYARD, N. Adios Amazonia? a report from the Altimira gathering. *The Ecologist*, v. 19, n. 2, p. 53-62, 1989.

HIRATA, R. C. A. Os recursos hídricos subterrâneos e as novas exigências ambientais. *Revista do instituto geológico*, v. 14, n. 1, p. 39-62, 1993.

HKEPD, HONG KONG ENVIRONMENTAL PROTECTION DEPARTMENT. *Generic environmental monitoring and audit manual.* Hong Kong: HKEPD, 1996.

_____. *Technical memorandum on environmental impact assessment process.* Hong Kong: HKEPD, 1997.

HODSON, M. J.; STAPLETON, C.; EMBERTON; R. Soils, geology and geomorphology. In: MORRIS, P.; THERIVEL, R. (Orgs.), *Methods of environmental impact assessment.* 2. ed. London: Spon Press, 2001. p. 170-196.

HOLLICK, M. Environmental impact assessment: an international evaluation. *Environmental management* v. 10, n. 2, p. 157-178, 1986.

HOLLING, C. S. Resilience and stability of ecological systems. *Annual review of ecology and systematics*, v. 4, p. 1-23, 1973.

HORBERRY, J. Status and application of environmental impact assessment (EIA) for development. In: ENVIRONMENTAL IMPACT ASSESSMENT FOR DEVELOPMENT. Feldafing: Deutsche Stiftung für Internationale Entwicklung/United Nations Environment Program, 1984. *Proceedings...* p. 269-377.

_____. Fitting USAID to the environmental assessment provisions of NEPA. In: WATHERN, P. (Org.). *Environmental impact assessment:* theory and practice. London: Unwin Hyman, 1988. p. 286-299.

HYDRO-QUÉBEC. *Méthode d' évaluation environnementale. Lignes e postes.* Montreal, Hydro-Québec, 1990.

_____. *Matrice des impacts potentiels et mesures d'atténuation.* Méthode d'évaluation environnementale lignes et postes, *Techniques et Outils 1 et 7, revision.* Montreal: Hydro-Québec, 1994.

IAIA, INTERNATIONAL ASSOCIATION FOR IMPACT ASSESSMENT. *Principles of Environmental Impact Assessment Best Practice.* Fargo: IAIA, Special Publication v. 1, 1999.

IBAMA, INSTITUTO BRASILEIRO DO MEIO AMBIENTE E DOS RECURSOS NATURAIS RENOVÁVEIS. *Avaliação de impacto ambiental:* agentes sociais, procedimentos e ferramentas. Brasília: Ibama, 1995.

_____. *GEO Brasil 2002, Perspectivas do Meio Ambiente no Brasil.* Brasília: Ibama, 2002.

IBGE, INSTITUTO BRASILEIRO DE GEOGRAFIA E ESTATÍSTICA. *Manual técnico da vegetação brasileira.* Rio de Janeiro: IBGE, 1992.

_____. *Manual de normas, especificações e procedimentos técnicos para a carta internacional do mundo ao milionésimo – CIM 1:1.000.000.* Rio de Janeiro: IBGE, 1993.

IBRAHIM, M. M. C. et al. Poliduto São Paulo-Brasília/Osbra. In: LIMA, A. L. B. R.; TEIXEIRA, H. R.; SÁNCHEZ, L. E. (Orgs.). *A efetividade da avaliação de impacto ambiental no Estado de São Paulo:* uma análise a partir de estudos de caso. São Paulo: Secretaria do Meio Ambiente, 1995. p. 35-40.

ICOLD, INTERNATIONAL COMMISSION ON LARGE DAMS. *Tailings dams:* risk of dangerous occurrences. Paris: ICOLD, 2001.

IFC, INTERNATIONAL FINANCE CORPORATION. Addressing the social dimensions of private sector projects. *Good Practice Note* 3, p. 1-28, 2003.

IG/CETESB/DAEE, INSTITUTO GEOLÓGICO/COMPANHIA DE TECNOLOGIA DE SANEAMENTO AMBIENTAL/DEPARTAMENTO DE ÁGUAS E ENERGIA ELÉTRICA. *Mapeamento da vulnerabilidade e risco de poluição das águas subterrâneas no Estado de São Paulo*, v. 1. São Paulo: Instituto Geológico, 1997.

IIED/WBCSD, INTERNATIONAL INSTITUTE FOR ENVIRONMENT AND DEVELOPMENT/ WORLD BUSINESS COUNCIL FOR SUSTAINABLE DEVELOPMENT. *Breaking new ground. Mining, minerals and sustainable development, The Report of the MMSD Project.* London: Earthscan, 2002.

IPT/ CEMPRE, INSTITUTO DE PESQUISAS TECNOLÓGICAS DO ESTADO DE SÃO PAULO/ COMPROMISSO EMPRESARIAL PELA RECICLAGEM. *Lixo municipal:* manual de gerenciamento integrado. 2. ed. São Paulo: IPT, 2000.

ISA, INSTITUTO SOCIOAMBIENTAL. *Almanaque Brasil socioambiental.* São Paulo: ISA, 2004.

ITGE, INSTITUTO TECNOLÓGICO GEOMINERO DE ESPAÑA. *El patrimônio geológico.* Madrid: ITGE, s/d.

JABLONSKI, S.; AZEVEDO, A. F.; MOREIRA, L. H. A. Fisheries and Conflicts in Guanabara Bay, Rio de Janeiro, Brazil. *Brazilian Archives of Biology and Technology,* v. 49, n. 1, p. 79-91, 2006.

JOÃO, E. How Scale affects environmental impact assessment. *Environmental impact assessment review,* v. 22, p. 289-310, 2002.

JOHNSON, D. L. et al Meanings of environmental terms. *Journal of environmental quality,* n. 26, p. 581-589, 1997.

JONES, S. A.; MASON, T. W. Role of impact assessment for strategic environmental management at firm level. *Impact assessment and project appraisal,* v. 19, n. 3, p. 175-185, 2002.

JOURNAUX, A. (Org.) Cartographie integrée de l'environnement: un outil pour la recherche et pour l'aménagement. *Notes Techniques du MAB.* Paris: Unesco, 1985, 55p + 8 cartas.

KASPERSON, R. E. et al. The social amplification of risk: a conceptual framework. *Risk analysis* v. 8, n. 2, p. 177-187, 1988.

KATES, R. W. *Risk assessment of environmental hazard.* Chichester: John Wiley & Sons, 1978.

KENNEDY, W. V. The West German experience. In: O'RIORDAN, T.; SEWELL, W.R.D. (Orgs.). *Project appraisal and policy review.* Chichester: John Wiley & Sons, 1981. p. 155-185.

_____. U. S. and Canadian experience with environmental impact assessment: relevance for the European Community? *Zeitschrift für Umweltpolitik,* v. 7, p. 339-366, 1984.

_____. Environmental impact assessment and bilateral development aid: an overview. In: WATHERN, P. (Org.). *Environmental impact assessment:* theory and practice. London: Unwin Hyman, 1988. p. 272-285.

KENNET, S. A. Cumulative effects assessment and the Cheviot Project: what's wrong with this picture? *Resources* 68, p. 1-7, 1999.

_____. The future for cumulative effects management: beyond the environmental assessment paradigm. *Resources* 69, p. 1-7, 2000.

KING, T. F. How the archeologists stole culture: a gap in american environmental impact assessment practice and how to fill it. *Environmental impact assessment review,* v. 18, n. 2, p. 117-133, 1998.

KIPNIS, P. O Uso de modelos preditivos para diagnosticar recursos arqueológicos em áreas a serem afetadas por empreendimentos de impacto ambiental. In: CALDARELLI, S.B. (Org.). *Atas do Simpósio sobre Política Nacional do Meio Ambiente e Patrimônio Cultural.* Goiânia, 1996, p. 34-40.

KOLLURU, R. V. Risk assessment and management. In: KOLLURU, R.V. (Org.). *Environmental strategies handbook.* New York: McGraw-Hill, 1993. p. 327-403.

KRAWETZ, N. *Social impact assessment:* an introductory handbook. Halifax/Jakarta: Environmental management in Indonesia Project, 1991.

KRIWOKEN, L. K.; ROOTES, D. Tourism on ice: environmental impact assessment of Antarctic tourism. *Impact assessment and project appraisal,* v. 18, n. 2, p. 138-150, 2000.

KUHN, T. S. *The structure of scientific revolutions.* 2. ed. Chicago: The Univeristy of Chicago Press, 1970.

KÜLLER, M. L.; MACHADO, P. R. O acompanhamento ambiental na construção do gasoduto Bolívia-Brasil nos trechos III e IV. In: *Rio Oil & Gas Conference.* Instituto Brasileiro do Petróleo, 1998.

LAGADEC, P. *La civilisation du risque:* catastrophes tecnhnologiques et responsabilité sociale. Paris: Seuil, 1981.

_____. Risques, crises et gouvernance: ruptures d'horizons, ruptures de paradigmes. *Réalités industrielles — Annales des mines,* maio 2003. p. 5-11.

LAGO, A.; PÁDUA, J. A. *O que é ecologia.* São Paulo: Brasiliense, 1984.

LAMONTAGNE, S. L. *Le patrimoine immatériel. méthodologie d'inventaire pour les savoires, les savoir-faire et les porteurs de traditions.* Québec: Les Publications du Québec, 1994.

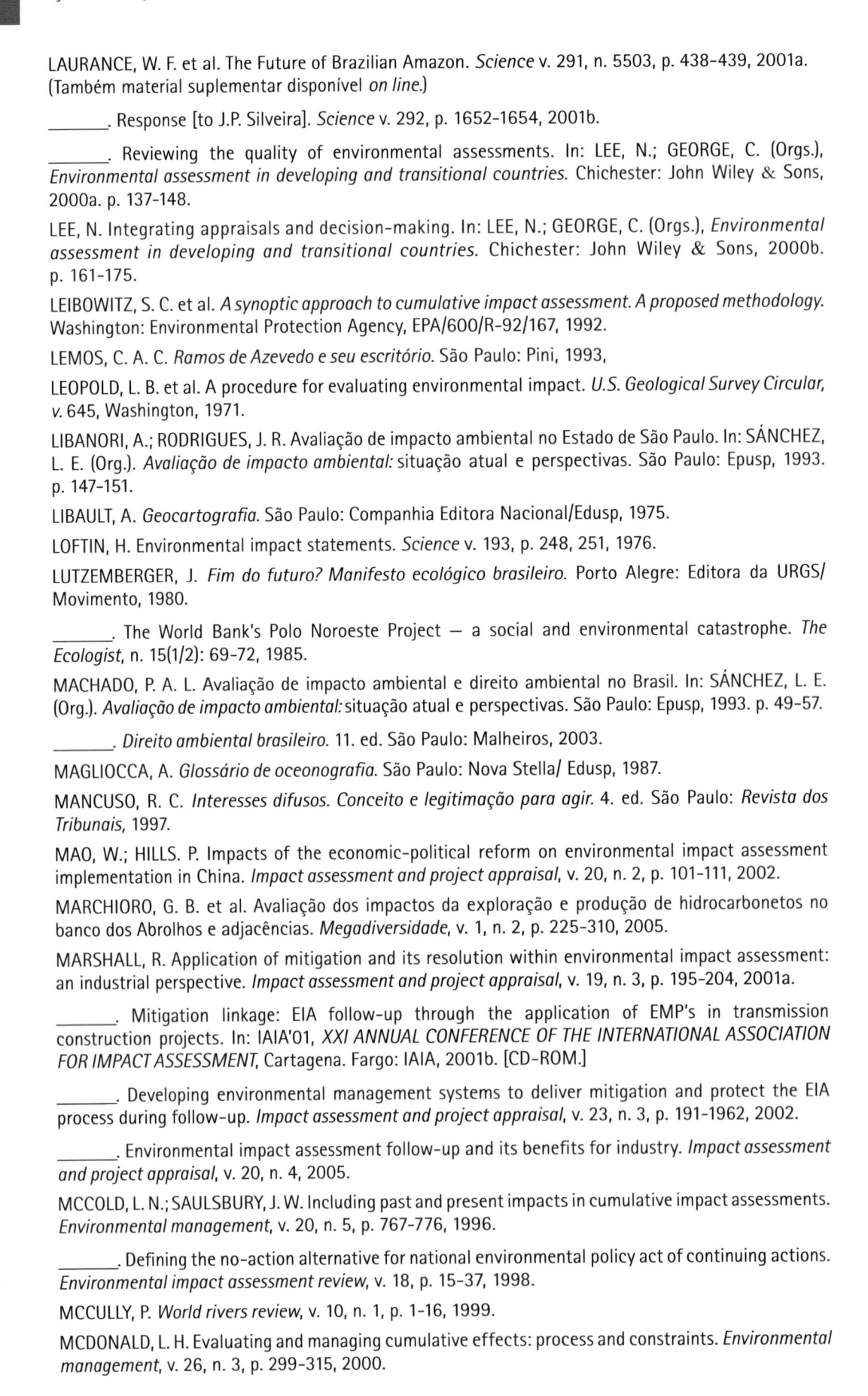

LAURANCE, W. F. et al. The Future of Brazilian Amazon. *Science* v. 291, n. 5503, p. 438-439, 2001a. (Também material suplementar disponível *on line*.)

_____. Response [to J.P. Silveira]. *Science* v. 292, p. 1652-1654, 2001b.

_____. Reviewing the quality of environmental assessments. In: LEE, N.; GEORGE, C. (Orgs.), *Environmental assessment in developing and transitional countries*. Chichester: John Wiley & Sons, 2000a. p. 137-148.

LEE, N. Integrating appraisals and decision-making. In: LEE, N.; GEORGE, C. (Orgs.), *Environmental assessment in developing and transitional countries*. Chichester: John Wiley & Sons, 2000b. p. 161-175.

LEIBOWITZ, S. C. et al. *A synoptic approach to cumulative impact assessment. A proposed methodology*. Washington: Environmental Protection Agency, EPA/600/R-92/167, 1992.

LEMOS, C. A. C. *Ramos de Azevedo e seu escritório*. São Paulo: Pini, 1993,

LEOPOLD, L. B. et al. A procedure for evaluating environmental impact. *U.S. Geological Survey Circular*, v. 645, Washington, 1971.

LIBANORI, A.; RODRIGUES, J. R. Avaliação de impacto ambiental no Estado de São Paulo. In: SÁNCHEZ, L. E. (Org.). *Avaliação de impacto ambiental:* situação atual e perspectivas. São Paulo: Epusp, 1993. p. 147-151.

LIBAULT, A. *Geocartografia*. São Paulo: Companhia Editora Nacional/Edusp, 1975.

LOFTIN, H. Environmental impact statements. *Science* v. 193, p. 248, 251, 1976.

LUTZEMBERGER, J. *Fim do futuro? Manifesto ecológico brasileiro*. Porto Alegre: Editora da URGS/Movimento, 1980.

_____. The World Bank's Polo Noroeste Project — a social and environmental catastrophe. *The Ecologist*, n. 15(1/2): 69-72, 1985.

MACHADO, P. A. L. Avaliação de impacto ambiental e direito ambiental no Brasil. In: SÁNCHEZ, L. E. (Org.). *Avaliação de impacto ambiental:* situação atual e perspectivas. São Paulo: Epusp, 1993. p. 49-57.

_____. *Direito ambiental brasileiro*. 11. ed. São Paulo: Malheiros, 2003.

MAGLIOCCA, A. *Glossário de oceonografia*. São Paulo: Nova Stella/ Edusp, 1987.

MANCUSO, R. C. *Interesses difusos. Conceito e legitimação para agir*. 4. ed. São Paulo: Revista dos Tribunais, 1997.

MAO, W.; HILLS. P. Impacts of the economic-political reform on environmental impact assessment implementation in China. *Impact assessment and project appraisal*, v. 20, n. 2, p. 101-111, 2002.

MARCHIORO, G. B. et al. Avaliação dos impactos da exploração e produção de hidrocarbonetos no banco dos Abrolhos e adjacências. *Megadiversidade*, v. 1, n. 2, p. 225-310, 2005.

MARSHALL, R. Application of mitigation and its resolution within environmental impact assessment: an industrial perspective. *Impact assessment and project appraisal*, v. 19, n. 3, p. 195-204, 2001a.

_____. Mitigation linkage: EIA follow-up through the application of EMP's in transmission construction projects. In: IAIA'01, *XXI ANNUAL CONFERENCE OF THE INTERNATIONAL ASSOCIATION FOR IMPACT ASSESSMENT*, Cartagena. Fargo: IAIA, 2001b. [CD-ROM.]

_____. Developing environmental management systems to deliver mitigation and protect the EIA process during follow-up. *Impact assessment and project appraisal*, v. 23, n. 3, p. 191-1962, 2002.

_____. Environmental impact assessment follow-up and its benefits for industry. *Impact assessment and project appraisal*, v. 20, n. 4, 2005.

MCCOLD, L. N.; SAULSBURY, J. W. Including past and present impacts in cumulative impact assessments. *Environmental management*, v. 20, n. 5, p. 767-776, 1996.

_____. Defining the no-action alternative for national environmental policy act of continuing actions. *Environmental impact assessment review*, v. 18, p. 15-37, 1998.

MCCULLY, P. *World rivers review*, v. 10, n. 1, p. 1-16, 1999.

MCDONALD, L. H. Evaluating and managing cumulative effects: process and constraints. *Environmental management*, v. 26, n. 3, p. 299-315, 2000.

MEHTA, C.; BAIMAN, R. e PERSKY, J. *The economic impact of Wal-Mart*: an assessment of the Wal-Mart store proposed for Chicago's West Side. Chicago, UIC Center for Urban Economic Development, 2004.

MELLO, P. J. C. Levantamento arqueológico, para fins de diagnóstico de bens pré-histórico, em áreas de implantação de empreendimentos hidrelétricos. In: CALDARELLI, S. B. (Org.). *Atas do Simpósio sobre Política Nacional do Meio Ambiente e Patrimônio Cultural*. Goiânia, 1996. p. 17-21.

MEMON, P. A. Devolution of environmental regulation: environmental impact assessment in Malaysia. *Impact assessment and project appraisal*, v. 18, n. 4, p. 283-293.

MILARÉ, E. *A ação civil pública na nova ordem constitucional*. São Paulo: Saraiva, 1990.

MILARÉ, E.; BENJAMIN, A. H. V. *Estudo prévio de impacto ambiental*. São Paulo: Revista dos Tribunais, 1993.

MILLISON, D.; HETTIGE, M. Financial advice. *International water power & dam construction*, October 2005. p. 40-42.

MINISTÈRE DE L'ENVIRONNEMENT *Impact sur l'environnement. les mesures compensatoires*. Neuilly-sur-Seine: Délégation à la Qualité de la Vie, 1985.

MINISTERIO DE MEDIO AMBIENTE *Indicadores ambientales:* una propuesta para España. Madrid: Dirección General de la Calidad y Evaluación Ambiental, 1996.

MINISTÉRIO DO MEIO AMBIENTE/IBAMA. *Manual de normas e procedimentos para licenciamento ambiental no setor de extração mineral*. Brasília: Ministério do Meio Ambiente, 2001.

MONMONIER, M. *How to lie with maps*. 2. ed. Chicago: The University of Chicago Press, 1996.

MONOSOWSKI, E. Brazil's tucuruí dam: development at environmental cost. In: GOLDSMITH, E.; HILDYARD, N. (Orgs.), *The social and environmental effects of large dams*. Camelford: Wadebridge Ecological Centre, 1986. v. 2, p. 191-198.

_____. Políticas ambientais e desenvolvimento no Brasil. In: MONOSOWSKI, E. (Org.). *Planejamento e gerenciamento ambiental*. São Paulo: Cadernos Fundap 16, p. 15-24, 1989.

_____. Lessons from the Tucuruí experience. *Water power & dam construction*, v. 42, n. 2, p. 29-34, 1990.

_____. Avaliação de impacto ambiental na perspectiva do desenvolvimento sustentável. In: SÁNCHEZ, L. E. (Org.). *Avaliação de impacto ambiental:* situação atual e perspectivas. São Paulo: Epusp, 1993. p. 3-10.

_____. O sertão vai virar mar. In: MÜLLER-PLANTENBERG, C.; AB'SÁBER, A. N. (Orgs.). *Previsão de impactos*. São Paulo: Edusp, 1994. p. 123-141.

MORÁN, E. F. *A ecologia humana das populações da Amazônia*. Petrópolis: Vozes, 1990.

MOREIRA, I. V. D. EIA in Latin America. In: WATHERN, P. (Org.). *Environmental impact assessment:* theory and practice. London: Unwin Hyman, 1988. p. 239-253.

_____. *Vocabulário básico de meio ambiente*. Rio de Janeiro: Feema/Petrobrás, 1992.

_____. A experiência brasileira em avaliação de impacto ambiental. In: SÁNCHEZ, L. E. (Org.). *Avaliação de impacto ambiental:* situação atual e perspectivas. São Paulo: Epusp, 1993a. p. 39-48.

_____. Origem e síntese dos principais métodos de avaliação de impacto ambiental (AIA). In: JUCHEM, P. A. (Org.). *Manual de avaliação de impactos ambientais*. 2. ed. Curitiba, Instituto Ambiental do Paraná/Deutsche Gesellschaft für Technische Zusammenarbeit, 1993b.

MORIN, E.; KERN, A. B. *Terre-Patrie*. Paris: Seuil, 1993.

MORRIS, P.; EMBERTON, R. Ecology — overview and terrestrial systems In: MORRIS, P.; THERIVEL, R. (Orgs.), *Methods of environmental impact assessment*. 2. ed. London: Spon Press, 2001. p. 241-285.

MORRISON-SAUNDERS, A.; BAILEY, J. Transparency in environmental impact assessment decision-making: recent developments in Western Australia. *Impact assessment and project appraisal*, v. 18, n. 4, p. 260-270, 2000.

MORRISON-SAUNDERS, A.; BAKER, J.; ARTS, J. Lessons from practice: towards successful follow-up. *Impact assessment and project appraisal*, v. 21, n. 1, p. 43-56, 2003.

MORRISON-SAUNDERS, A. et al Roles and stakes in environmental assessment follow-up. *Impact assessment and project appraisal*, v. 19, n. 4, p. 289-296, 2001.

MPF, MINISTÉRIO PÚBLICO FEDERAL. *Deficiências em estudos de impacto ambiental:* síntese de uma experiência. Brasília: Escola Superior do Ministério Público, 2004.

MUKAI, T. *Direito ambiental sistematizado.* Rio de Janeiro: Forense Universitária, 1992.

MÜLLER-PLANTENBERG, C.; AB'SÁBER, A. N. (Orgs.). *Previsão de impactos.* São Paulo: Edusp, 1994.

MULLER-SALZBURG, L. Vajont catastrophe – a personal review. *Engineering Geology*, v. 24, n. 1-4, p. 423-444, 1987.

MUNN, R. E. *Environmental impact assessment:* principles and procedures. SCOPE report 5. Toronto: John Wiley & Sons, 1975.

NAKASHIMA, D. J. *Application of native knowledge in EIA:* Inuit, Eiders and Hudson bay oil. Hull: Canadian Environmental Assessment Research Council, 1990.

NASH, R. F. *The rights of nature. A history of environmental ethics.* Madison: The University of Wisconsin Press, 1989.

NAVEH, Z.; LIEBERMAN, A. *Landscape ecology:* theory and application. 2. ed. New York: Springer-Verlag, 1994.

NEUMARK, D.; ZHANG, J. e CICARELLA, S. *The Effects of Wal-Mart on Local Labor Market*, Public Policy Institute of California, 2005, 54 p.

NOBLE, B.; STOREY, K. Towards increasing the utility of follow-up in Canadian EIA. In: IAIA'04, *XIV ANNUAL CONFERENCE OF THE INTERNATIONAL ASSOCIATION FOR IMPACT ASSESSMENT*, Vancouver. Fargo: IAIA, 2004. [CD-ROM.]

OECD, ORGANIZATION FOR ECONOMIC COOPERATION AND DEVELOPMENT. *Environmental Monographs 4.* Paris: OECD, 1986.

OLIVEIRA, A. I. A. *O licenciamento ambiental.* São Paulo: Iglu, 1999.

OLIVEIRA, F. *A Economia da dependência imperfeita.* 3. ed. Rio de Janeiro: Graal, 1980.

OLIVRY, D. Participation publique à la planification et à la gestion des resources en eau: cas des grands projets hydrauliques. In: INTERNATIONAL SYMPOSIUM ON THE IMPACT OF LARGE WATER PROJECTS ON THE ENVIRONMENT. Paris: UNESCO/UNEP/IIASA/IAHS, 1986.

ORTOLANO, L. *Environmental planning and decision making.* New York: John Wiley & Sons, 1984.

_____. *Environmental regulation and impact assessment.* New York: John Wiley & Sons, 1997.

ORTOLANO, L.; SHEPHERD, A. Environmental impact assessment: challenges and opportunities. *Impact Assessment* 13, n. 1, p. 3-30, 1995a.

_____. Environmental Impact Assessment. In: VANCLAY, F.; BRONSTEIN, D.A. (Orgs.), *Environmental and social impact assessment.* Chichester: John Wiley & Sons, 1995b. p. 3-30.

ORTOLANO, L; JENKINS, B.; ABRACOSA, R. Speculations on when and why EIA is effective. *Environmental impact assessment review*, v. 7, n. 4, p. 285-292, 1987.

OSS, OFFICE OF THE SUPERVISING SCIENTIST FOR THE ALLIGATOR RIVERS REGION *Annual report 1985-86.* Canberra: Australian Government Publishing Service, 1986.

PÁDUA, J. A. Natureza e projeto nacional: as origens da ecologia política no Brasil. In: PÁDUA, J. A. (Org.). *Ecologia e Política no Brasil.* Rio de Janeiro: Espaço e Tempo/Iuperj, 1987. p. 11-62.

_____. O nascimento da política verde no Brasil: fatores exógenos e endógenos. In: LEIS, H. R. (Org.). *Ecologia e política mundial.* Rio de Janeiro: Fase/Vozes, 1991. p. 135-161.

_____. *Um sopro de destruição. Pensamento político e crítica ambiental no Brasil escravista (1786-1888).* Rio de Janeiro: Jorge Zahar, 2002.

PÁDUA, M. T. J.; COIMBRA FILHO, A. F. *Os parques nacionais do Brasil.* Madrid: Instituto de Cooperação Ibero Americana/Instituto de la Caza Fotográfica y Ciências de la Naturaleza, 1979.

PAGE, J. M.; SKINNER, N. T. *Writing user-friendly environmental impact documentation.* Trabalho não publicado, apresentado na XV Conferência Anual da IAIA – International Association for Impact Assesment –, Quebec, Canadá, jun. 1994.

PALERM, J. Public participation in environmental impact assessment in Spain: three case studies evaluating national, Catalan and Balearic legislation. *Impact assessment and project appraisal*, v. 17, n. 4, p. 259-271, 1999.

PANIZZO, A. et al. Great landslide event in italian artificial reservoirs. *Natural Hazards and Earth Sciences 5*, p. 733-740, 2005.

PARENTEAU, R. *La participation du public aux décisions d'aménagement.* Federal Environmental Assessment Review Office, 1988.

PEARCE, D. Accounting for the future. In: O"RIORDAN, T.; TURNER, R. K. (Org.). *An annotated reader in environmental planning and management.* Oxford: Pergamon Press, 1983. p. 117-122.

PETTS, J. Municipal waste management: inequalities and the role of deliberation. *Risk analysis*, v. 20, n. 6, p. 821-832, 2000.

PINCHEMEL, P.; PINCHEMEL, G. *La face de la Terre.* Paris: A. Colin, 1988.

PISANIELLO, J. D.; ZHIFANG, W.; MCKAY, J. M. Small dams safety issues – engineering/policy models and community responses from Australia. *Water Policy 8*, p. 81-95, 2006.

PRADO FILHO, J. F.; SOUZA, M. P. Auditoria em avaliação de impacto ambiental: um estudo sobre a previsão de impactos ambientais em EIAs de mineração do Quadrilátero Ferrífero (MG). *Solos e rochas*, v. 27, n. 1, p. 83-89, 2004.

PRANDINI, F. L. et al. *Carta geotécnica dos morros de Santos e São Vicente.* São Paulo: Instituto de Pesquisas Tecnológicas do Estado de São Paulo, 1980.

PRITCHARD, S. Will rare Tanzanian toad stallhydro operation? *Internacional water power & dam construction*, p. 23, december 2000.

PROUS, A. *Arqueologia brasileira.* Brasília: Editora UnB, 1991.

PURNAMA, D. Review of the EIA process in Indonesia: improving the role of public involvement. *Environmental impact assessment review*, v. 23, p. 415-439, 2003.

RENN, O. Risk perception and risk management. Part I: risk perception. *Risk abstracts*, v. 7, n. 1, p. 1-9, 1990a.

_____. Risk perception and risk management. Part II: risk management. *Risk abstracts*, v. 7, n. 2, p. 1-9, 1990b.

RESOURCE ASSESSMENT COMMISSION. *Kakadu conservation zone inquiry. Final report.* Canberra: Australian Government Publishing Office, 1991. v. I.

RICH, B. Multi-lateral development banks. Their role in destroying the global environment. *The Ecologist*, v. 15, n. 1-2, p. 56-68, 1985.

RIDEWAY, B. The project cycle and the role of EIA and EMS. *Journal of environmental assessment policy and management*, v. 1, n. 4, p. 393-405, 1999.

_____. Environmental management system provides tools for delivering on environmental impact assessment commitments. *Impact assessment and project appraisal*, v. 23, n. 4, p. 325-331, 2005.

RIJKSWATERSTAAT. *Nature across motorways.* Delft: Rijkswaterstaat, 1995.

ROBERTS, R. Public involvement: from consultation to participation. In: VANCLAY, F.; BRONSTEIN, D. A. (Orgs.), *Environmental and social impact assessment.* Chichester: John Wiley & Sons, 1995. p. 221-246.

ROBINSON, A. H. et al. *Elements of cartography.* 6. ed. New York: John Wiley & Sons, 1995.

RODRIGUES, R. R.; GANDOLFI, S. Conceitos, tendências e ações para a recuperação de florestas ciliares. In: RODRIGUES, R. R.; LEITÃO FILHO, H. F. (Orgs.). *Matas ciliares:* conservação e recuperação. 2. ed. São Paulo: Edusp, 2001. p. 235-247.

RODRÍGUEZ-BACHILLER, A.; WOOD, G. Geographical information systems (GIS) and EIA. In: MORRIS, P.; THERIVEL, R. (Orgs.), *Methods of environmental impact assessment.* 2. ed. London: Spon Press, 2001. p. 381-401.

ROE, D.; DALAL-CLAYTON, B.; HUGHES, R. *A directory of impact assessment guidelines.* London: International Institute for Environment and Development, 1995.

ROLNIK, R. et al. *Estatuto da cidade:* guia para implementação pelos municípios e cidadãos. 2. ed. Brasília: Câmara dos Deputados, Comissão de Desenvolvimento Urbano e Interior/Secretaria Especial de Desenvolvimento Urbano da Presidência da República/Caixa Econômica Federal/Instituto Pólis, 2002.

RONZA, C. Piraju hydroelectric plant: a real case of environmental assessment effectiveness. In: MCCABE, M. (Org.). *Environmental impact asseessment*: Case studies from developing countries. Fargo, IAIA, 1997 (mimeo).

ROSS, W.; MORRISON-SAUNDERS, A.; MARSHALL, R. Common sense in environmental impact assessment: it is not as common as it should be. *Impact assessment and project appraisal*, v. 24, n. 1, p. 3-22, 2006.

ROSS, W. A. Evaluating environmental impact statements. *Journal of environmental management*, v. 25, p. 137-147, 1987.

_____. Reflections of an environmental assessment panel member. *Impact assessment and project appraisal*, v. 18, n. 2, p. 91-98, 2000.

_____. The Independent Environmental Watchdog. A Canadian Experiment in EIA Follow-up. In: IAIA'02, *XXI ANNUAL CONFERENCE OF THE INTERNATIONAL ASSOCIATION FOR IMPACT ASSESSMENT*, DenHaag. Fargo: IAIA, 2002. [CD-ROM.]

ROSSI, G.; ANTOINE, P. Impacts hydrologiques et sédimentologiques d'um grand barrage: l'exemple de Nangbéto (Togo – Benin). *Revue de géomorphologie dynamique*, v. 39, n. 2, p. 63-77, 1990.

ROSSOUW, N. et al. South Africa. In: SOUTHERN AFRICA INSTITUTE FOR ENVIRONMENTAL ASSESSMENT. *Environmental impact assessment in Southern Africa*. Windhoek: Southern Africa Institute for Environmental Assessment, 2003. p. 201-225.

RUNNALS, D. Factors influencing environmental policies in international development agencies. In: ASIAN DEVELOPMENT BANK. *Environmental planning and management*. Manila: ADB, 1986. p. 185-229.

RUSHU, W. Balancing environment and development. *International water power & dam construction*, May 2003. p. 34-38.

SACHS, I. Environnement et styles de développement. *Annales (économies, sociétés, civilisations)*, p. 553-570, mai-juin 1974.

SADLER, B. The evaluation of assessment: post-EIS research and process development. In: WATHERN, P. (Org.). *Environmental impact assessment: theory and practice*. London: Unwin Hyman, 1988. p. 129-142.

SADLER, B. (Org.). *Environmental assessment in a changing world: evaluating practice to improve performance*. Canadian Environmental Assessment Agency International Association for Impact Assessment, 1996.

SALMON, G. M.; HARTFORD, D. N. D. Risk analysis for dam safety. *International water power & dam construction*, p. 42-47, March 1995.

SÁNCHEZ, L. E. Ecologia: da ciência pura à crítica da economia política. In: SÁNCHEZ, L. E. et al. *Ecologia*. Rio de Janeiro: Codecri, 1983. p. 7-34.

_____. *Les Rôles des Études d'Impact des Projets Miniers*. Paris: École Nationale Supérieure des Mines de Paris, tese de doutorado, 1989.

_____. Considerações preliminares sobre a aplicação da avaliação de impacto ambiental a atividades de mineração no Estado de São Paulo. In: *CONVEGNO MINERARIO ITALO-BRASILIANO*. Cagliari, 1990. Anais... p. 463-483.

_____. Os papéis da avaliação de impacto ambiental. In: SÁNCHEZ, L. E. (Org.). *Avaliação de impacto ambiental:* situação atual e perspectivas. São Paulo: Epusp, 1993a. p. 15-33.

_____. Environmental impact assessment in France. *Environmental impact assessment review*, v. 13, n. 4, p. 255-265, 1993b.

_____. O Processo de avaliação de impacto ambiental, seus papéis e funções. In: LIMA, A. L. B. R.; TEIXEIRA, H. R.; SÁNCHEZ, L. E. (Orgs.). *A efetividade da avaliação de impacto ambiental no Estado de São Paulo:* uma análise a partir de estudos de caso. São Paulo: Secretaria do Meio Ambiente, 1995a. p. 13-19.

_____. Análises e discussões. In: LIMA, A. L. B. R.; TEIXEIRA, H. R.; SÁNCHEZ, L. E. (Orgs.). *A efetividade da avaliação de impacto ambiental no Estado de São Paulo: uma análise a partir de estudos de caso*. São Paulo: Secretaria do Meio Ambiente, 1995b. p. 13-19.

_____. Ruído y sobrepresión atmosférica. In: REPETTO, F.; KAREZ, C. (Orgs.). *Aspectos geológicos de protección ambiental*. Montevideo: Unesco/PNUMA, 1995c. p. 189-196.

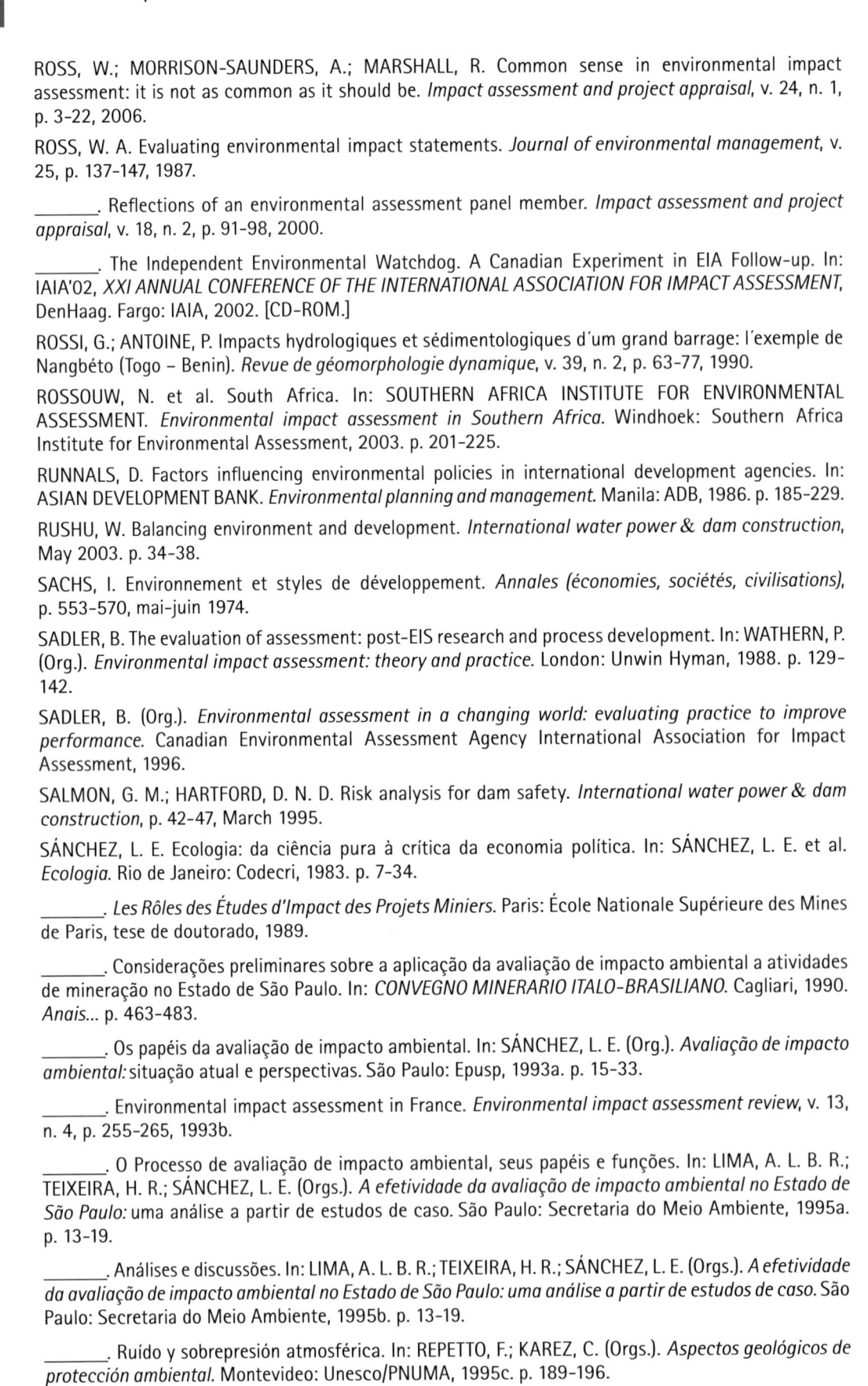

_____. Control de vibraciones. In: REPETTO, F.; KAREZ, C. (Orgs.). *Aspectos geológicos de protección ambiental*. Montevideo: Unesco/PNUMA, 1995d. p. 179-188.

_____. A diversidade dos conceitos de impacto ambiental e avaliação de impacto ambiental segundo diferentes grupos profissionais. In: VII ENCONTRO ANUAL DA SEÇÃO BRASILEIRA DA IAIA-INTERNATIONAL ASSOCIATION FOR IMPACT ASSESSMENT. Rio de Janeiro, 1998a. (inédito.)

_____. As etapas iniciais do processo de AIA. In: GOLDENSTEIN, S. et al. *Avaliação de impacto ambiental*. São Paulo: Secretaria do Meio Ambiente, Série Documentos Ambientais, 1998b. p. 33-55.

_____. *Desengenharia:* o passivo ambiental na desativação de empreendimentos industriais. São Paulo: Edusp, 2001.

_____. Evaluación de impacto ambiental. In: REPETTO, F. L.; KAREZ, C. S. (Orgs.). *Aspectos geológicos de protección ambiental*. Montevideo: Unesco, 2002a. p. 46-78.

_____. Auditorías ambientales. In: REPETTO, F. L.; KAREZ, C. S. (Orgs.). *Aspectos geológicos de protección ambiental*. Montevideo: Unesco, 2002b. p. 88-98.

_____. A produção mineral brasileira: cinco séculos de impacto ambiental. In: RIBEIRO, W. (Org.). *Patrimônio ambiental brasileiro*. São Paulo: Edusp, 2003. p. 125-163.

_____. Danos e passivo ambiental. In: PHILIPPI JR., A.; ALVES A. C. (Org.). *Curso interdisciplinar de direito ambiental*. Barueri: Manole, 2005. p. 261-293.

_____. Avaliação de impacto ambiental e seu papel na gestão de empreendimentos. In: VILELA JR., A.; DEMAJOROVIC, J. (Orgs.), *Modelos e ferramentas de gestão ambiental:* desafios e perspectivas para as organizações. São Paulo: Senac, 2006a.

_____. On common sense and EIA. *Impact assessment and project appraisal*, v. 24, n. 1, p. 10-11, 2006b.

SÁNCHEZ, L. E.; GALLARDO A. L. F. C. On the successful implementation of mitigation measures. *Impact assessment and project appraisal*, v. 23, n. 3, p. 182-190, 2005.

SÁNCHEZ, L. E.; HACKING, T. An approach to linking environmental impact assessment and environmental management systems. *Impact assessment and project appraisal*, v. 20, n. 1, p. 25-38, 2002.

SÁNCHEZ, L. E.; SILVA, S. S.; PAULA, R. G. Gerenciamento ambiental e mediação de conflitos: um estudo de caso. In: II CONGRESSO ÍTALO-BRASILEIRO DE ENGENHARIA DE MINAS. São Paulo, 1993. Anais... p. 474-496.

SÁNCHEZ, L. E. et al. The endless search for scientific information in environmental decision-making: examples from a NIMBY case study. In: IAIA'96, XVI ANNUAL MEETING OF THE INTERNATIONAL ASSOCIATION FOR IMPACT ASSESSMENT. Estoril, 1996. Proceedings... v. 1, p. 407-412.

SANEJOUAND, R. *La cartographie géotechnique en France*. Paris: Laboratoire Central des Ponts et Chaussées, 1972.

SANTOS, M. C. S. R. *Manual de fundamentos cartográficos e diretrizes gerais para elaboração de mapas geológicos, geomorfológicos e geotécnicos*. São Paulo: Instituto de Pesquisas Tecnológicas, 1989.

SANTOS, L. A. O.; ANDRADE, L. M. M. *As hidrelétricas do Xingu e os povos indígenas*. São Paulo: Comissão Pró-Índio de São Paulo: 1988.

SANTOS, R. F. *Planejamento ambiental:* teoria e prática. São Paulo: Oficina de Textos, 2004.

SCHLINDER, W. The impact statement boondoggle. *Science* v. 192, p. 509, 1976.

SCHLÜPMANN, K. Direito do cidadão e estrada real – sobre a pré-história da lei da UVP. In: MÜLLER-PLANTENBERG, C.; AB'SÁBER, A. N. (Orgs.). *Previsão de impactos*. São Paulo: Edusp, 1994. p. 351-376.

SCHOFIELD, D.; COX, C. J. B. The use of virtual environments for percentage view analysis. *Journal of environmental management*, n. 76, p. 342-354, 2005.

SCHRAGE, M. W. *Mapa de ruído como ferramenta de diagnóstico do conforto acústico da comunidade*. São Paulo: Escola Politécnica da USP, dissertação de mestrado, 2005.

SECRETARÍA DE LA CONVENCIÓN DE RAMSAR. *Manual 11 - Evaluación del impacto*. Manuales Ramsar para el uso racional de los humedales. Gland: 2004.

SEINFELD, J. H. *Contaminación atmosférica: fundamentos físicos y químicos*. Madrid: Instituto de Estudios de Administración Local, 1978.

SENNER et al. *A Systematic but not too-complicated approach to cumulative effects assessment*, 2002. Apresentado no 22th Annual Meeting of the International Association for Impact Assessment, The Hague (inédito).

SERRES, M. *Hermès V. Le passage du nord-ouest*. Paris: Les Éditions de Minuit, 1980.

SETRA, SERVICE D'ÉTUDES TECHNIQUES DES ROUTES ET AUTOROUTES. *Passages pour la grande faune. Guide technique*. Bagneux: Setra, 1993a.

_____. *L'Eau & la route. Volume 3 – la gestion de la route. Guide technique*. Bagneux: Setra, 1993b.

SEWELL, W. R. D. (1981) How Canada responded; the Berger inquiry. In: O'RIORDAN, T.; SEWELL, W. R. D. (Orgs.). *Project appraisal and policy review*. Chichester: John Wiley & Sons, 1981. p. 77-94.

SHELL INTERNATIONAL B. V. *technical guidance for environmental assessment*. The Hague: Shell Health, Safety and Environment Panel, 2000.

SHEPHERD, A. Post-project impact assessment and monitoring. In: PORTER, A. L.; FITTIPALDI, J. F. (Orgs.). *Environmental methods review:* retooling impact assessment for the new century. Atlanta/Fargo: Army Environmental Policy Institute/International Association for Impact Assessment, 1998. p. 164-170.

SHIVA, V. *Biopirataria. A pilhagem da natureza e do conhecimento*. Petrópolis: Vozes, 2001.

SHOPPLEY, J. B.; FUGGLE, R. F. A comprehensive review of current environmental impact assessment methods and techniques. *Journal of environmental management*, n. 18, p. 25-47, 1984.

SHRADER-FRECHETTE, K. S. Environmental impact assessment and the fallacy of unfinished business. *Environmental ethics*, n. 4, p. 37-47, 1982.

SHU-YAN, G. Innovations and firsts in resettlement at Three Gorges. *HRW,* December 2002. p. 20-23.

SILVA, A. F. D. et al. As incertezas da transposição. *Ciência Hoje*, n. 217, p. 48-52, 2005.

SILVA, G. E. N. *Direito ambiental internacional*. Rio de Janeiro: Thex, 2002.

SILVA, J. M. C.; FONSECA, M. Uma vitória para a conservação da biodiversidade marinha brasileira. *Megadiversidade*, v. 1, n. 2, p. 219-221, 2005.

SILVA-SÁNCHEZ, S. S. *Cidadania ambiental:* novos direitos no Brasil. São Paulo:Annablume/Humanitas, 2000.

_____. *Crítica e reação em rede:* o debate sobre os transgênicos no Brasil. São Paulo: Faculdade de Filosofia, Letras e Ciências Humanas da USP, tese de doutorado, 2003.

SILVEIRA, J. P. Development of the Brazilian Amazon. *Science* v. 292, p. 1651-1652, 2001.

SIMOS, J. *Évaluer l'impact sur l'environnement: une approche originale par l'analyse multicritère et la négociation*. S.l: Presses Polytechniques et Universitaires Romandes, 1990.

SLOOTWEG, R. Biodiversity assessment framework: making biodiversity part of corporate social responsibility. *Impact assessment and project appraisal,* v. 23, n. 1, p. 37-46, 2005.

SLOOTWEG, R.; VANCLAY, F.; VAN SCHOOTEN, M. Function evaluation as a framework for the integration of social and environmental impact. *Impact assessment and project appraisal*, v. 19, n. 1, p. 19-28, 2001.

SMITH, B.; SPALING, H. Methods for cumulative effects assessment. *Environmental impact assessment review*, v. 15, n. 1, p. 81-106, 1995.

SMITH, N. A. Unhappy anniversary - the disaster at Bouzey in 1895. *International Water Power & Dam Construction*, p. 40, April 1995.

SNELL, T.; COWELL, R. Scoping in environmental impact assessment: balancing precaution and efficiency? *Environmental impact assessment review*, n. 26, p. 359-376, 2006.

SOARES, G. F. S. *A proteção internacional do meio ambiente*. Barueri: Manole, 2003.

SOPPE, M.; PIETERS, S. The Dutch courts and EIA: troubleshooter or troublemaker? In: COMMISSION FOR ENVIRONMENTAL IMPACT ASSESSMENT (Org.). *Environmental impact assessment in the Netherlands. Views from the Commission for EIA in 2002*. Utrecht: CEIA, 2002. p. 29-32.

SOUZA, M. A. T. Levantamento arqueológico para fins de diagnóstico de bens históricos, em áreas de implantação de empreendimentos hidrelétricos. In: CALDARELLI, S.B. (Org.). *Atas do Simpósio sobre Política Nacional do Meio Ambiente e Patrimônio Cultural*. Goiânia, 1996. p. 22-27.

SOUZA, M. P. *Instrumentos de gestão ambiental:* fundamentos e prática. São Carlos: Riani Costa, 2000.

SPENSLEY, J. W. National environmental policy act. In: SULLIVAN, T. F. P. (Org.). *Environmental law handbook*. 13. ed. Rockville: Government Institute, 1995. p. 308-332.

SPRAGENS, L. C.; MAYFIELD, S. M. In safe hands. *International water power & dam construction*, p. 20-23, April 2005.

STEINEMANN, A. Improving alternatives for environmental impact assessment. *Environmental impact assessment review*, n. 21, p.3-21, 2001.

STEVENSON, M. G. Indigenous knowledge in environmental assessment. *Arctic*, n. 49, v. 3, p. 278-291, 1996.

STOLP, A. et al. Citizen values assessment: incorporating citizens' value judgements in environmental impact assessment. *Impact Assessment and Project Appraisal* 20, v. 1, p. 11-23, 2002.

SUARES, M. *Mediación. Conducción de disputas, comunicación y técnicas*. Buenos Aires: Piados, 1996.

SUMMERER, S. O estudo de impacto ambiental: forma jurídica, processo, participantes. In: MÜLLER-PLANTENBERG, C.; AB'SÁBER, A. N. (Orgs.). *Previsão de impactos*. São Paulo: Edusp, 1994. p. 407-418.

SUSSKIND, L.; CRUIKSHANK, J. *Braking the impasse:* consensual approaches to resolving public disputes. New York: Basic Books, 1987.

TECHNICA LTD. Techniques for assessing industrial hazards: a manual. *World Bank technical paper* 55, Washington, 1988.

TEIXEIRA, M.G. et al. Análise dos relatórios de impactos ambientais de grandes hidrelétricas no Brasil. In: MÜLLER-PLANTENBERG, C.; AB'SÁBER, A. N. (Orgs.). *Previsão de impactos*. São Paulo: Edusp, 1994. p. 163-186.

THEYS, J. *L'Environnement à la recherche d'une définition*. Institut Français de l'Environnement, Note de Méthode n. 1, 1993.

THIBAULT, A. *Comprendre et planifier la participation publique*. Montreal: Bureau de Consultation de Montreal, 1991.

THOMPSON, M. A. Determining impact significance in EIA: a review of 24 methodologies. *Journal of environmental management*, n. 30, p. 235-250, 1990.

TOMLINSON, P. The use of methods in screening and scoping. In: CLARK, B.D. et al. (Orgs.). *Perspectives on environmental impact assessment*. Dordrecht: D. Riedel, 1984. p.163-194.

_____. What is the alternative? A practitioner's response to Benson. *Impact assessment and project appraisal*, v. 21, n. 4, p. 275-277, 2003.

TORQUETTI, Z. S. C.; FARIAS, R. S. Barragens industriais em MG: classificação quanto ao potencial de dano. *Brasil Mineral*, n. 232, p. 32-38, 2004.

TOYNE, P. *The reluctant nation. Environment, law and politics in Australia*. Sydney: ABC Books, 1994.

TREMBLAY, A.; LUCOTTE, M.; HILLAIRE-MARCEL, C. Mercury in the environment and in hydroelectric reservoirs. In: *Great whale environmental assessment background paper*, n. 2. Montreal: Great Whale Public Review Support Office, 1993.

TUNDISI, J. Construção de reservatórios e previsão de impactos ambientais no baixo Tietê: Problemas limnológicos. *Biogeografia* 13, p. 1-19, 1978. (Instituto de Geografia da Universidade de São Paulo)

TURLIN, M.; LILIN, C. Les etudes d'impact sur l'environnement: l'expérience française. *Aménagement et nature*, n. 102, p.4-7, 1991.

UICN, UNIÃO INTERNACIONAL PARA A CONSERVAÇÃO DA NATUREZA/PNUMA, PROGRAMA DAS NAÇÕES UNIDAS PARA O MEIO AMBIENTE/WWF, FUNDO MUNDIAL PARA A NATUREZA. *Cuidando do planeta Terra:* uma estratégia para o futuro da vida. São Paulo: CL-A Cultural, 1991.

UNEP, UNITED NATIONS ENVIRONMENT PROGRAMME. *Environmental impact assessment training resource manual*. Nairobi/Canberra: *UNEP* Environment and Economics Unit/Australia Environmental Protection Agency, 1996.

_____. *APELL for mining*. Paris: UNEP Technical Report 41, 2001.

URBAN, T. *Saudade do Matão. Relembrando a história da conservação da natureza no Brasil*. Curitiba: Ed. UFPR, 1998.

USEPA, ENVIRONMENTAL PROTECTION AGENCY. *Policy and procedures for the review of federal actions impacting the environment*. Washington: EPA Manual 1640, 1984.

USFWS, UNITED STATES FISH AND WILDLIFE SERVICE. *Habitat evaluation procedures (HEP)*. Washington: Division of Ecological Services, 102-ESM, 1980.

VAN DER VORST, R.; GRAFÉ-BUCKENS, A.; SHEATE, W. R. A systemic framework for environmental decision-making. *Journal of environmental assessment policy and management*, v. 1, n. 1, p. 1-26, 1999.

VERDON, R. et al. Mercury evolution (1978-1988) in fishes of the la grande hydroelectric complex, Québec, Canada. *Water, air & soil pollution*, v. 56, n. 1, p. 405-417, 1991.

_____. Évolution de la concentration en mercure des poissons du Complexe La Grande. In: CHARTRAND, N.; THÉRIEN, N. (Orgs.). *Les enseignements de las phase I du Complexe La Grande*. Hydro-Québec/Université de Sherbrooke, 1992. p. 66-78.

VIELLIARD, J. M. E.; SILVA, W. R. E. Avifauna. In: LEONEL, C. (Org.). *Intervales*. São Paulo: Fundação para a Conservação e a Produção Florestal do Estado, 2001. p. 124-145.

VILLAMERE, J. A.; NAZRUDDIN, N. *EIA procedures and guidelines in the Department of Mines and Energy*. Jakarta/Halifax, 1992.

VINCENT, S. Consulting the population: definition and methodological questions. In: *Great Whale Environmental Assessment Background Paper* 10. Montreal: Great Whale Public review Support Office, 1994.

VIOLA, E. O movimento ecológico no Brasil (1974-1986): do ambientalismo à ecopolítica. In: PÁDUA, J.A. (Org.). *Ecologia e política no Brasil*. Rio de Janeiro: Espaço e Tempo/Iuperj, 1987. p. 63-109.

_____. O movimento ambientalista no Brasil (1971-1991): da denúncia e conscientização pública para a institucionalização e o desenvolvimento sustentável. In: GOLDENBERG, M. (Org.). *Ecologia, ciência e política*. Rio de Janeiro: Revan, 1992. p. 49-75.

VON BERTALLANFY, L. *General System Theory*. New York: George Braziller, 1968.

VUONO, Y. S. Inventário fitossociológico. In: SILVESTRE, L. S.; ROSA, M. M. T. (Orgs.). *Manual metodológico para estudos botânicos na mata atlântica*. Seropédica: Editora Universidade Rural, 2002. p. 50-65.

WALSH, J. World Bank pressed on environmental reforms. *Science* v. 236, p. 813-815, 1986.

WANDESFORDE-SMITH, G.; MOREIRA, I. V. D. Subnational government and EIA in the developing world: bureaucratic strategy and political change in Rio de Janeiro: Brazil. *Environmental impact assessment review*, v. 5, p. 223-238, 1985.

WARD, B.; DUBOS, R. *Only one Earth. The care and maintenance of a small planet*. New York: Norton, 1972.

WARNER, L. L.; DIAB, R. D. Use of geographic information systems in an environmental impact assessment of an overhead power line. *Impact assessment and project appraisal*, v. 20, n. 1, p. 39-47, 2002.

WATHERN, P. An introductory guide to EIA. In: WATHERN, P. (Org.). *Environmental impact assessment: theory and practice*. London: Unwin Hyman, 1988a. p. 3-30.

_____. The EIA directive of the European Community. In: WATHERN, P. (Org.). *Environmental impact assessment: theory and practice*. London: Unwin Hyman, 1988b. p. 192-209.

WATTS, R. et al. *Failure of the teton dam*: geotechnical aspects. International Water Power and Dam Construction, p. 30-31, July 2002.

WCD, WORLD COMMISSION ON DAMS. *Dams and development:* a new framework for decision-making. The report of the World Commission on Dams. London: Earthscan, 2000.

WCED, WORLD COMMISSION ON ENVIRONMENT AND DEVELOPMENT. *Our common future*. Oxford: Oxford University Press, 1987.

WEAVER, A. EIA and sustainable development: key concepts and tools. In: SOUTHERN AFRICA INSTITUTE FOR ENVIRONMENTAL ASSESSMENT. *Environmental impact assessment in Southern Africa*. Windhoek: SAIEA, 2003. p. 3-10.

WEBLER; T.; RENN, O. A brief primer on participation: philosophy and practice. In: RENN, O.; WEBLER, T.; WIEDEMANN, P. (Orgs.). *Fairness and competence in citizen participation*. Dordrechet: Kluwer, 1995. p. 17-33.

WEBSTER, R. D.; FITTIPALDI, J. J. The army's interest in impacts assessment methods review: relevance and efficiency. In: PORTER, A.L.; FITTIPALDI, J.J. (Orgs.). *Environmental methods review:* retooling impact assessment for the new century. Atlanta/Fargo: Army Environmental Policy Institute/International Association for Impact Assessment, 1998. p. 15-29.

WEEMS, W. A.; CANTER, L. W. Planning and operational guidelines for mitigation banking for wetland impacts. *Environmental impact assessment review,* v. 15, n. 3, p. 197-218, 1995.

WEINER, K. S. Basic purposes and policies of the NEPA regulations. In: CLARCK, R.; CANTER, L. (Orgs.). *Environmental policy and NEPA. Past, present and future.* Boca Raton: St. Lucie Press, 1997. p. 61-83.

WEISS, E. H. An unreadable EIS is an environmental hazard. *The environmental professional,* v. 11, p. 236-240, 1989.

WELLES, H. The CEQ NEPA effectiveness study: learning from our past and shaping our future. In: CLARCK, R.; CANTER, L. (Orgs.). *Environmental policy and NEPA. Past, present and future.* Boca Raton: St. Lucie Press, 1997. p. 193-214.

WENDE, W.; HERBERG, A.; HERZBERG, A. Mitigation banking and compensation pools: improving the effectiveness of impact mitigation in project planning procedures. *Impact assessment and project appraisal,* v. 23, n. 2, p. 101-111, 2005.

WESTMAN, W. E. Measuring the inertia and resilience of ecosystems. *BioScience,* v. 28, n. 11, p. 705-710, 1978.

_____. *Ecology, Impact Assessment, and Environmental Planning.* New York: Wiley, 1985.

WIKLUND, H. In search of arenas for democratic deliberation: a habermasian review of environmental assessment. *Impact assessment and project appraisal,* v. 23, n. 4, p. 281-292, 2005.

WILKINS, H. The need for subjectivity in EIA: discourse as a tool for sustainable development. *Environmental impact assessment review* v. 23, p. 401-414, 2003.

WILSON, L. A practical method for environmental assessment audits. *Environmental impact assessment review,* v. 18; 59-71, 1998.

WINTERHALDER, K. Early history if human activities in the Sudbury area and ecological damage to the landscape. In: GUNN, J.M. (Org.). *Restoration and recovery of an industrial region:* progress in restoring the smelter-damaged landscape near Sudbury, Canada. New York: Springer-Verlag, 1995. p. 17-31.

WOLF, C. P. Social impact assessment: The state of the art. In: PADC, PROJECT APPRAISAL AND DEVELOPMENT CONTROL. *Environmental impact assessment.* The Hague: Martinus Nijhoff, 1983. p. 391-401.

WOOD, C. *Environmental impact assessment. A comparative review.* Harlow: Longman, 1995.

_____. Screening and scoping. In: LEE, N.; GEORGE, C. (Orgs.). *Environmental assessment in developing and transitional countries.* Chichester: John Wiley & Sons, 2000. p. 71-84.

WOOD, D. B. A new twist in the Wal-Mart wars, *The Christian Science Monitor,* 12 ago. 2004.

WORLD BANK Environmental assessment sourcebook – Volume I. policies, procedures, and cross-sectoral issues. *World Bank Technical Paper* 139, Washington, 1991a.

_____. Environmental assessment sourcebook – Volume II. sectoral guidelines. *World Bank Technical Paper* 140, Washington, 1991b.

_____. Environmental assessment sourcebook – Volume III. guidelines for environmental assessment of energy and industry projects. *World Bank Technical Paper* 154, Washington, 1991c.

_____. Cultural heritage in environmental assessment. *Environmental assessment sourcebook,* Update 8, p. 1-8, 1994.

_____. Environmental assessment: challenges & good practice. *Environment department papers* 18, p. 1-24, 1995a.

_____. *World Bank participation sourcebook.* Washington: Environment Department Papers, 1995b.

_____. Public consultation in the EA process: A strategic approach. *Environmental assessment sourcebook update* 26, p. 1-14, 1999.

ZUQUETTE, L. V.; NAKAZAWA, V. A. Cartas de geologia de engenharia. In: OLIVEIRA, A. M. S.; BRITO, S. N. A. (Orgs.). *Geologia de engenharia.* São Paulo: Associação Brasileira de Geologia de Engenharia, 1998, p. 283-300.

A

Acuífero 39, 91, 105, 127, 177, 217, 218, 219, 221, 277, 319
Aguas subterráneas 35, 37, 39, 91, 112, 123, 132, 169, 183, 184, 186, 208, 216, 217, 218, 219, 220, 221, 246, 255, 260, 296, 297, 358, 400, 438
Alemania 52, 61, 224, 332, 336
Alternativas, comparación de 131, 140, 286, 293
Ambiente urbano 224, 259
Antártida 54
Aprendizaje 23, 53, 72
Área de estudio 144, 148, 149, 152, 181, 201, 207, 208, 209, 211, 212, 215, 216, 218, 221, 223, 225, 227, 231, 234, 237, 238, 252, 273, 291, 292, 354, 361, 375, 377, 446, 451
Argentina 62, 394
Arrecifes del coral 105
Aspecto ambiental 33, 34, 35, 185, 190, 296
Atributos ambientales relevantes 129, 202
Audiencia pública 78, 81, 82, 343, 357, 391, 395, 396, 397, 400, 401, 402, 403, 423, 424
Auditoría 33, 67, 79, 80, 123, 153, 263, 306, 307, 317, 345, 374, 426, 430, 432, 433, 434, 440, 441, 442, 453
Australia 19, 33, 49, 50, 53, 61, 122, 126, 140, 159, 212, 264, 374, 393, 420, 439, 442, 460, 462, 470, 472, 476

B

Banco Asiático de Desarrollo 405
Banco Interamericano de Desarrollo 54, 336, 368
Banco Mundial 54, 55, 56, 63, 88, 105, 106, 107, 119, 122, 132, 153, 183, 232, 243, 333, 334, 336, 337, 346, 368, 398, 455
Biodiversidad 24, 60, 74, 98, 105, 150, 177, 256, 420
Biotopos 224, 225
Bolivia 57, 60
Buenas prácticas 55, 116, 128, 130, 154, 160, 326, 327, 344, 369, 371, 377, 395, 401, 430, 437

C

Calidad ambiental 18, 26, 27, 28, 30, 33, 34, 40, 42, 44, 60, 64, 75, 132, 149, 152, 185, 187, 274, 275, 284, 285, 316, 329, 331, 342, 374, 381, 428, 445, 446, 452
Canadá 20, 22, 28, 29, 48, 49, 50, 53, 77, 93, 95, 98, 102, 105, 120, 131, 132, 159, 167, 171, 181, 211, 237, 255, 263, 266, 267, 271, 300, 326, 327, 335, 368, 374, 383, 392, 396, 397, 403, 406, 413, 429, 435, 439, 456, 462, 471
Carretera 33, 36, 56, 63, 93, 112, 135, 147, 154, 162, 164, 166, 185, 213, 217, 224, 234, 235, 245, 247, 248, 249, 250, 252, 253, 254, 258, 259, 260, 265, 275, 276, 286, 298, 302, 316, 318, 320, 321, 322, 323, 326, 327, 328, 330, 331, 333, 334, 339, 344, 345, 375, 430, 437, 449, 450, 453
Cárstica 37
Caverna 24, 32, 37, 76, 97, 98, 119, 125, 127, 202, 204, 213, 233, 272
Celulosa, industria de 62, 131, 299
Central hidroeléctrica 27, 63, 73, 92, 118, 135, 136, 173, 189, 208, 235, 236, 265, 272, 319, 333, 366, 434, 435, 437, 442
Central termoeléctrica 135, 205, 209, 248, 252, 327, 393
Chile 20, 57, 60, 96, 149, 211
China 53, 57, 135, 234, 302, 333, 469
Colombia 57, 461
Comparación paritaria 286
Conflicto 22, 62, 98, 105, 178, 291, 313, 381, 394, 398, 400, 409, 418, 419, 420, 421, 423, 424, 425, 426, 438
Conocimiento 20, 21, 23, 24, 26, 41, 65, 76, 118, 121, 129, 138, 141, 142, 143, 144, 145, 147, 148, 149, 150, 152, 158, 159, 160, 161, 173, 178, 180, 182, 183, 195, 197, 202, 203, 210, 216, 225, 236, 237, 248, 251, 262, 265, 266, 270, 317, 325, 327, 338, 339, 340, 342, 343, 348, 350, 351, 353, 356, 361, 376, 384, 388, 396, 397, 398, 401, 420, 422, 450, 452
Convención
    de Aarhus 387, 389, 393, 407, 432
    de Espoo 62
    de Ramsar 61, 99, 127, 369
    sobre Diversidad Biológica 60
Cultura popular 19, 23, 126, 184, 230, 237

D

Datos
    primarios 113, 148, 203, 206, 208, 221, 242, 336, 382, 451, 452
    secundarios 109, 113, 148, 203, 206, 220, 222, 228, 234, 376
Desplazamiento de personas 34, 185, 325, 333
Diagramas de interacción 190, 191
Dique de cola 329
Dragado 96, 132, 165, 202, 261, 288, 290, 366
Drenaje ácido 265, 329
Ducto 96, 213, 258, 292, 300, 304, 305

E

Ecuador 57, 442
Efecto ambiental 34, 35, 184, 185, 190, 282, 379
Eficacia 76, 84, 112, 151, 230, 326, 330, 346, 349, 355, 366, 374, 393, 413, 419, 429, 430, 453
Elementos relevantes del ambiente, elementos valorizados del ambiente 127, 129, 202, 215, 285
Equipo multidisciplinario, trabajo multidisciplinario 56, 67, 78, 81, 144, 147, 149, 158, 160, 173, 182, 183, 206, 211, 232, 233, 237, 286, 291, 351, 359, 372
Erosión 34, 35, 36, 37, 42, 123, 173, 175, 183, 184, 217, 218, 242, 244, 254, 255, 291, 318
Escala 22, 42, 106, 117, 119, 120, 128, 143, 144, 148, 161, 162, 164, 183, 186, 188, 192, 212, 213, 215, 216, 218, 219, 220, 224, 225, 228, 231, 246, 250, 251, 256, 261, 273, 274, 275, 276, 277, 278, 279, 280, 281, 282, 283, 284, 285, 287, 292, 293, 363, 376, 380, 382, 383, 391, 392, 451

ESPAÑA 49, 50, 51, 53, 61, 151, 171, 175, 340, 470
ESPECIES AMENAZADAS 105, 127, 129, 223, 226, 228, 285, 360
ESTADOS UNIDOS 24, 25, 40, 46, 48, 50, 51, 52, 56, 77, 83, 88, 93, 95, 102, 107, 115, 116, 134, 159, 167, 179, 180, 185, 186, 225, 246, 259, 264, 276, 307, 331, 374, 380, 423, 424, 425, 426, 428, 429
EVALUACIÓN AMBIENTAL ESTRATÉGICA 53, 58, 60, 62, 71, 74, 99, 140

F
FINLANDIA 31, 62
FRANCIA 49, 51, 52, 134, 174, 217, 267, 300, 302, 326, 330, 374, 426
FUNCIONES
- ambientales 196, 197, 277
- de la naturaleza 196
- de los ecosistemas 196

H
HIDROVÍA 113, 202, 203, 209, 358, 417
HIPERMERCADO 259, 260
HOLANDA 49, 60, 103, 110, 131, 159, 230, 286, 287, 288, 291, 326, 331, 365, 368, 375, 383, 413, 426
HONG KONG 20, 31, 49, 53, 119, 167, 224, 312, 378, 442, 456, 467
HUMEDALES 61, 94, 95, 276, 277, 331, 474

I
IAIA – INTERNATIONAL ASSOCIATION FOR IMPACT ASSESSMENT 40, 73, 74, 128, 454, 460, 467, 469, 471, 472, 473, 474
IMPACTO
- acumulativo 105, 109, 179, 180, 181, 182, 197, 274, 452
- directo 209, 229, 273, 274, 275, 326, 404, 447
- indirecto 191, 274, 275, 452
- irreversible 274, 276, 278, 279
- permanente 274, 275, 280
- significativo 54, 68, 75, 76, 84, 88, 89, 90, 92, 93, 99, 101, 105, 108, 109, 112, 113, 117, 125, 161, 162, 165, 179, 183, 229, 238, 265, 270, 278, 282, 332, 341, 345, 349, 370, 381, 386, 412, 418, 419, 425, 434, 452
- temporario 273, 274, 275

INCERTIDUMBRE 188, 202, 241, 248, 256, 262, 263, 268, 277, 317, 327
INDICADOR 30, 52, 150, 203, 207, 225, 242, 243, 270, 284, 339
ISO 14.001 30, 33, 34, 44, 75, 79, 185, 190, 320, 328, 441, 445
ISO 14.031 79, 243, 316, 446
ISO 19.011 79, 433
ITAIPÚ 27, 63, 90, 91, 92, 99, 326
IUCN – UNIÓN INTERNACIONAL PARA LA CONSERVACIÓN DE LA NATURALEZA Y SUS RECURSOS 128, 228

L
LICENCIA SOCIAL 395, 406
LÍNEA DE TRANSMISIÓN 107, 112, 135, 163, 164, 169, 171, 175, 260, 292, 320

LISTAS DE VERIFICACIÓN 146, 178, 183, 185, 187, 308, 357, 378, 379, 380, 381, 449
LOTEO 36, 39, 218, 257, 339

M
MANGLAR 27, 32, 129
MATRIZ
- de identificación de aspectos e impactos 193
- de identificación de impactos 188, 189, 191
- de Leopold 186, 187, 285

MEJORES PRÁCTICAS 74, 326, 327, 369, 370
MERCURIO 266, 267, 296, 297, 439
MÉXICO 25, 43, 57, 94, 100, 128, 149, 300, 304, 381
MINA, MINERÍA 19, 36, 42, 43, 80, 84, 98, 99, 106, 117, 122, 123, 161, 163, 166, 171, 174, 176, 181, 186, 195, 204, 217, 245, 252, 253, 254, 255, 257, 260, 267, 293, 307, 326, 329, 340, 394, 400, 406, 438, 440, 463
MINAS GERAIS (ESTADO) 36, 64, 80, 117, 218, 225, 235, 264, 265, 307, 338, 416, 456
MODELO 40, 48, 51, 55, 63, 64, 75, 76, 78, 83, 118, 122, 140, 149, 150, 181, 182, 190, 205, 225, 237, 240, 241, 246, 247, 248, 249, 250, 252, 253, 255, 256, 257, 260, 261, 262, 305, 307, 310, 321, 329, 339, 343, 357, 368, 383, 418, 419, 422, 423, 437, 452, 468
MONUMENTO HISTÓRICO 128

N
NATIONAL ENVIRONMENTAL POLICY ACT – NEPA 83, 88, 93, 105, 108, 115, 134, 180, 374, 396, 413, 414, 456

O
OLEODUCTO 94, 96, 115, 291, 296, 298, 300, 396
ORGANIZACIÓN INTERNACIONAL DEL TRABAJO 299, 301, 448

P
PATRIMONIO
- cultural 23, 24, 31, 78, 98, 136, 151, 176, 184, 186, 230, 232, 233, 236, 272, 325, 376
- geológico 232, 233
- histórico 128, 204, 233, 236
- natural 28, 95, 97, 125, 232, 238, 318, 452

PETRÓLEO 29, 94, 96, 99, 103, 106, 107, 122, 124, 130, 132, 178, 209, 237, 245, 256, 291, 296, 298, 299, 300, 301, 304, 305, 312, 324, 328, 393, 441
PLAN
- de administración de riesgos 306, 328
- de atención de emergencias 306, 328
- de gestión ambiental 85, 148, 151, 153, 200, 316, 317, 318, 321, 328, 329, 344, 345, 442
- de trabajo 63, 77, 82, 109, 123, 137, 143, 144, 148, 206, 230

PLATAFORMA CONTINENTAL 122, 124, 130, 178
PLEBISCITO 259, 390, 393, 394
POLÍTICA NACIONAL DE MEDIO AMBIENTE (BRASIL) 48, 64, 416, 417
PORTUGAL 30, 51, 77, 95, 110, 320, 329
PUEBLOS INDÍGENAS 56, 105, 107, 122

R
RAMSAR 61, 99, 126, 127, 369, 459, 474
REASENTAMIENTO 23, 56, 105, 106, 164, 167, 208, 229, 318, 325, 333, 334, 335, 336, 337, 450
RECUPERACIÓN DE ZONAS DEGRADADAS 42, 43, 80, 163, 165, 167, 321, 354
REDES DE INTERACCIÓN 178, 190, 191
REGIÓN DE INFLUENCIA 275
REINO UNIDO 24, 53, 103, 181, 232, 300, 320, 428
RELLENO DE RESIDUOS 168, 296
RELLENO SANITARIO 73, 91, 94, 96, 170, 327
REPRESA 19, 22, 32, 33, 55, 56, 63, 64, 77, 90, 91, 94, 99, 106, 132, 134, 135, 136, 137, 142, 145, 159, 160, 161, 162, 164, 166, 170, 171, 172, 181, 206, 208, 213, 217, 222, 228, 230, 234, 254, 255, 261, 266, 267, 273, 296, 299, 302, 303, 307, 308, 318, 326, 327, 329, 330, 333, 334, 339, 340, 344, 371, 372, 393, 420, 435, 439
RESILIENCIA 28, 29, 43, 90, 91, 202

S
SALUD PÚBLICA 32, 61, 94, 191, 290, 381
SÃO PAULO 25, 43, 64, 68, 80, 81, 82, 83, 92, 98, 99, 102, 105, 109, 112, 118, 123, 125, 126, 130, 131, 132, 136, 137, 143, 154, 180, 191, 203, 219, 220, 222, 227, 235, 236, 238, 242, 243, 245, 248, 249, 250, 284, 288, 291, 292, 293, 299, 304, 305, 322, 323, 328, 331, 334, 366, 373, 393, 398, 401, 402, 406, 407, 416, 417, 428, 434, 437, 456, 457, 460, 461, 462, 463, 464, 465, 466, 467, 468, 469, 470, 471, 472, 473, 474, 475, 476, 477, 478
SEDIMENTOS CONTAMINADOS 132
SISTEMA DE EVALUACIÓN DE IMPACTO AMBIENTAL 57, 70, 73, 96, 446, 448
SISTEMA DE GESTIÓN AMBIENTAL 75, 172, 178, 190, 286, 320, 343, 442, 448, 453
SISTEMA DE INFORMACIÓN GEOGRÁFICA (SIG) 222, 291, 292, 293
SITIO CONTAMINADO 43, 140
SITIOS ARQUEOLÓGICOS 24, 97, 173, 186, 215, 232, 233, 234, 235, 236, 273, 325, 332, 339
SUDÁFRICA 57, 83, 84, 85, 125, 127, 154, 171, 183, 248, 292

T
TANZANIA 228
TÉRMINOS DE REFERENCIA 77, 78, 82, 96, 114, 119, 120, 121, 122, 123, 127, 129, 130, 134, 137, 138, 144, 148, 181, 202, 204, 205, 206, 211, 212, 220, 223, 232, 237, 241, 336, 354, 360, 368, 369, 370, 371, 375, 396, 400, 412, 415, 419, 425, 451

TOGO 254, 255, 473
TUCURUÍ 55, 63, 372, 377, 470

U
UNESCO 99, 128, 468, 473, 474
URUGUAY 57, 60, 62, 149

V
VIABILIDAD AMBIENTAL 70, 72, 77, 82, 88, 131, 135, 140, 145, 151, 200, 296, 339, 352, 370, 386, 394, 417, 419, 448
VULNERABILIDAD 90, 91, 92, 98, 102, 103, 202, 218, 219, 259, 304, 305

Z
ZONA DEGRADADA 28, 29, 42, 43, 152, 318, 330, 331
ZONAS HÚMEDAS 61, 76, 95, 99, 105, 107, 124, 125, 179, 331
ZONIFICACIÓN 65, 66, 75, 90, 92, 98, 103, 104, 110, 145, 179, 218, 222, 325